石油化工职业技能培训教材

化工化纤基础知识

中国石油化工集团公司人事部
中国石油天然气集团公司人事服务中心 编

中国石化出版社

内 容 提 要

《化工化纤基础知识》为《石油化工职业技能培训教材》系列之一，涵盖石油化工生产人员《国家职业标准》中，对脂肪烃生产工、环烃生产工，烃类衍生物生产工、化纤聚合工、纺丝工等职业(工种)的专业基础及相关知识的要求。主要内容包括：无机化学、有机化学、高分子化工、电工、化工仪表及自动化、化工机械与设备、流体流动与输送、传热传质、分离方法等基础知识。

本书是化工化纤专业操作人员进行职业技能培训的必备教材，也是专业技术人员必备的参考书。

图书在版编目(CIP)数据

化工化纤基础知识 / 中国石油化工集团公司人事部，中国石油天然气集团公司人事服务中心编．—北京：中国石化出版社，2007 (2013.2 重印)
石油化工职业技能培训教材
ISBN 978-7-80229-272-7

Ⅰ．化… Ⅱ．①中…②中… Ⅲ．化学纤维-生产工艺-技术培训-教材 Ⅳ．TQ340.6

中国版本图书馆 CIP 数据核字 (2007) 第 058570 号

中国石化出版社出版发行
地址：北京市东城区安定门外大街 58 号
邮编：100011 电话：(010)84271850
读者服务部电话：(010)84289974
http://www.sinopec-press.com
E-mail：press@sinopec.com
北京科信印刷有限公司印刷
全国各地新华书店经销

*

787×1092 毫米 16 开本 24 印张 597 千字
2013 年 2 月第 1 版第 6 次印刷
定价：50.00 元

《石油化工职业技能培训教材》

开发工作领导小组

编审专家组

（按姓氏笔画顺序）

编审委员会

前言

为了进一步加强石油化工行业技能人才队伍建设，满足职业技能培训和鉴定的需要，中国石油化工集团公司人事部、中国石油天然气集团公司人事服务中心联合组织编写了《石油化工职业技能培训教材》。本套教材的编写依照劳动和社会保障部制定的石油化工生产人员《国家职业标准》及中国石油化工集团公司人事部编制的《石油化工职业技能培训考核大纲》，坚持以职业活动为导向，以职业技能为核心，以“实用、管用、够用”为编写原则，结合石油化工行业生产实际，以适应技术进步、技术创新、新工艺、新设备、新材料、新方法等要求，突出实用性、先进性、通用性，力求为石油化工行业生产人员职业技能培训提供一套高质量的教材。

根据国家职业分类和石油化工行业各工种的特点，本套教材采用共性知识集中编写，各工种特有知识单独分册编写的模式。全套教材共分为三个层次，涵盖石油化工生产人员《国家职业标准》各职业(工种)对初级、中级、高级、技师和高级技师各级别的要求。

第一层次《石油化工通用知识》为石油化工行业通用基础知识，涵盖石油化工生产人员《国家职业标准》对各职业(工种)共性知识的要求。主要内容包括：职业道德，相关法律法规知识，安全生产与环境保护，生产管理，质量管理，生产记录、公文和技术文件，制图与识图，计算机基础，职业培训与职业技能鉴定等方面的基本知识。

第二层次为专业基础知识，分为《炼油基础知识》和《化工化纤基础知识》两册。其中《炼油基础知识》涵盖燃料油生产工、润滑油(脂)生产工等职业(工种)的专业基础及相关知识，《化工化纤基础知识》涵盖脂肪烃生产工、烃类衍生物生产工等职业(工种)的专业基础及相关知识。

第三层次为各工种专业理论知识和操作技能，涵盖石油化工生产人员《国家职业标准》对各工种操作技能和相关知识的要求，包括工艺原理、工艺操作、设备使用与维护、事故判断与处理等内容。

《化工化纤基础知识》为第二层次教材，各章内容均为化工化纤各工种所需基础理论知识，主要内容包括无机化学、有机化学、高分子化工、电工、化工仪表及自动化、化工机械与设备、流体流动与输送、传热传质、分离方法等基础知识。经学习或培训后对所从事专业需要的理论水平将有较大提高。各工种可根据具体情况选学所需内容。

《化工化纤基础知识》教材由齐鲁石化负责组织编写，主编刘志高，参加编写的人员有孙庆玉、孙振华、高顺长、古平；本教材已经中国石油化工集团公司人事部、中国石油天然气集团公司人事服务中心组织的职业技能培训教材审定委员会审定通过，主审王强，参加审定的人员有于进军、刘惠明、郑春光、薛南锦、汤雪辉、孙华平、柳文杰、徐增花、王伯升、严治祥、郭荣绵、丁连杰、唐杰、黎宗坚、杨徐、李庆萍、于天学、任翠霞；中国石化出版社对教材的编写和出版工作给予了通力协作和配合，在此一并表示感谢。

由于石油化工职业技能培训教材涵盖的职业(工种)较多，同工种不同企业的生产装置之间也存在着差别，编写难度较大，加之编写时间紧迫，不足之处在所难免，敬请各使用单位及个人对教材提出宝贵意见和建议，以便教材修订时补充更正。

目录

第1章　无机化学基础知识

1.1　化学基本概念和计算 ……………………………………（1）
1.1.1　物质的量 ……………………………………（1）
1.1.2　理想气体状态方程式 ……………………………………（3）
1.1.3　混合气体的分压定律 ……………………………………（6）
1.1.4　物质的相态及其变化 ……………………………………（8）
1.2　化学反应速率和化学平衡 ……………………………………（10）
1.2.1　化学反应速率 ……………………………………（11）
1.2.2　影响化学反应速率的因素 ……………………………………（11）
1.2.3　化学平衡 ……………………………………（15）
1.2.4　化学平衡的移动 ……………………………………（20）

第2章　有机化学基础知识

2.1　有机化合物的分类、命名和结构 ……………………………………（22）
2.1.1　有机化合物的分类 ……………………………………（22）
2.1.2　有机化合物的命名 ……………………………………（23）
2.1.3　有机化合物的结构 ……………………………………（29）
2.1.4　有机反应的类型和试剂类型 ……………………………………（32）
2.2　烃 ……………………………………（33）
2.2.1　烷烃 ……………………………………（33）
2.2.2　烯烃 ……………………………………（35）
2.2.3　炔烃 ……………………………………（38）
2.2.4　共轭二烯烃的化学性质 ……………………………………（40）
2.2.5　芳香烃 ……………………………………（41）
2.3　烃的衍生物 ……………………………………（43）
2.3.1　卤代烃 ……………………………………（43）
2.3.2　醇 ……………………………………（45）
2.3.3　酚 ……………………………………（48）
2.3.4　醚 ……………………………………（51）
2.3.5　醛、酮 ……………………………………（53）
2.3.6　羧酸 ……………………………………（58）
2.4　含氮有机化合物 ……………………………………（61）
2.4.1　胺的分类 ……………………………………（61）
2.4.2　胺的物理性质 ……………………………………（61）

2.4.3 胺的化学性质 …………………………………………………………………………（62）
2.4.4 腈的简介 ………………………………………………………………………………（64）

第3章 高分子化工基础知识

3.1 高聚物的基本知识 …………………………………………………………………（66）
3.1.1 高聚物的基本概念 ……………………………………………………………………（66）
3.1.2 高聚物的基本特征 ……………………………………………………………………（67）
3.1.3 高聚物的命名和分类 …………………………………………………………………（67）
3.1.4 高聚物的合成反应 ……………………………………………………………………（68）
3.2 自由基聚合 ………………………………………………………………………………（69）
3.2.1 自由基聚合反应机理 …………………………………………………………………（69）
3.2.2 链引发 …………………………………………………………………………………（70）
3.2.3 阻聚剂和缓聚剂 ………………………………………………………………………（72）
3.2.4 聚合速率与平均聚合度 ………………………………………………………………（73）
3.3 离子聚合 …………………………………………………………………………………（74）
3.3.1 阳离子聚合 ……………………………………………………………………………（75）
3.3.2 阴离子聚合 ……………………………………………………………………………（77）
3.4 配位聚合 …………………………………………………………………………………（78）
3.4.1 配位聚合的一般描述 …………………………………………………………………（78）
3.4.2 高聚物的立构规整性 …………………………………………………………………（79）
3.4.3 齐格勒－纳塔(Ziegler－Natta)引发剂 ………………………………………………（80）
3.4.4 齐格勒－纳塔引发剂的立体定向聚合机理 …………………………………………（81）
3.5 共聚合反应 ………………………………………………………………………………（82）
3.5.1 概述 ……………………………………………………………………………………（82）
3.5.2 二元共聚物的组成 ……………………………………………………………………（82）
3.5.3 共聚物组成曲线 ………………………………………………………………………（84）
3.5.4 共聚物组成控制 ………………………………………………………………………（85）
3.6 聚合方法 …………………………………………………………………………………（85）
3.6.1 本体聚合 ………………………………………………………………………………（86）
3.6.2 溶液聚合 ………………………………………………………………………………（86）
3.7 缩聚反应 …………………………………………………………………………………（86）
3.7.1 概述 ……………………………………………………………………………………（86）
3.7.2 线型缩聚反应 …………………………………………………………………………（87）
3.8 高聚物的结构与性能 ……………………………………………………………………（93）
3.8.1 高聚物的结构和物理状态 ……………………………………………………………（93）
3.8.2 高聚物的物理性能 ……………………………………………………………………（98）
3.8.3 高聚物的化学性能 ……………………………………………………………………（101）
3.9 高聚物的黏性流动 ………………………………………………………………………（104）
3.9.1 高聚物黏性流动的特点 ………………………………………………………………（104）
3.9.2 影响高聚物熔体黏度的因素 …………………………………………………………（104）

3.10 高分子溶液 …………………………………………………………（105）
3.10.1 高分子溶液的特点及分类 ……………………………………（105）
3.10.2 高聚物的溶解过程 …………………………………………（105）
3.10.3 溶剂的选择 …………………………………………………（106）

第4章 电 工 知 识

4.1 电工基础知识 ……………………………………………………（108）
4.1.1 电路基础 ……………………………………………………（108）
4.1.2 电路基本物理量及参数 ……………………………………（108）
4.1.3 电磁基础 ……………………………………………………（113）
4.2 直流电路 …………………………………………………………（114）
4.2.1 电阻串并联 …………………………………………………（114）
4.2.2 欧姆定律 ……………………………………………………（115）
4.3 交流电 ……………………………………………………………（116）
4.3.1 单相交流电 …………………………………………………（116）
4.3.2 三相交流电 …………………………………………………（117）
4.4 基本电气设备 ……………………………………………………（119）
4.4.1 变压器 ………………………………………………………（119）
4.4.2 三相异步电动机 ……………………………………………（121）
4.4.3 变频器 ………………………………………………………（123）
4.4.4 不间断电源(UPS)……………………………………………（125）
4.5 安全用电 …………………………………………………………（127）
4.5.1 化工生产对电气要求 ………………………………………（127）
4.5.2 人身防护 ……………………………………………………（127）
4.5.3 静电防护 ……………………………………………………（128）

第5章 化工仪表及自动化

5.1 基础知识 …………………………………………………………（130）
5.1.1 化工仪表基本知识 …………………………………………（130）
5.1.2 计量基础知识 ………………………………………………（133）
5.2 压力测量 …………………………………………………………（134）
5.2.1 基本知识 ……………………………………………………（134）
5.2.2 弹性式压力计 ………………………………………………（134）
5.2.3 电气式压力计 ………………………………………………（135）
5.2.4 智能变送器 …………………………………………………（136）
5.2.5 压力计选用 …………………………………………………（136）
5.3 流量测量 …………………………………………………………（137）
5.3.1 基本知识 ……………………………………………………（137）
5.3.2 差压式流量计 ………………………………………………（137）
5.3.3 其他流量计 …………………………………………………（139）

5.4　物位测量 ………………………………………………（141）
5.4.1　基本知识 ………………………………………………（141）
5.4.2　差压式液位计 ………………………………………………（142）
5.4.3　其他物位计 ………………………………………………（143）
5.5　温度测量 ………………………………………………（145）
5.5.1　基本知识 ………………………………………………（145）
5.5.2　热电偶温度计 ………………………………………………（146）
5.5.3　热电阻温度计 ………………………………………………（148）
5.6　基本控制规律 ………………………………………………（148）
5.6.1　位式控制 ………………………………………………（148）
5.6.2　比例控制 ………………………………………………（149）
5.6.3　积分控制 ………………………………………………（150）
5.6.4　微分控制 ………………………………………………（151）
5.6.5　比例积分微分控制 ………………………………………………（152）
5.7　气动执行器 ………………………………………………（152）
5.7.1　气动执行器组成与分类 ………………………………………………（152）
5.7.2　气动执行器的应用 ………………………………………………（154）
5.8　自动控制系统 ………………………………………………（155）
5.8.1　基本知识 ………………………………………………（155）
5.8.2　简单控制系统 ………………………………………………（156）
5.8.3　复杂控制系统 ………………………………………………（159）
5.9　集散控制系统 ………………………………………………（164）
5.9.1　集散控制系统的基本构成 ………………………………………………（164）
5.9.2　显示操作画面 ………………………………………………（166）
5.9.3　先进控制技术（APC）简介 ………………………………………………（168）
5.10　其他控制设备 ………………………………………………（169）
5.10.1　可编程序控制器 ………………………………………………（169）
5.10.2　紧急停车系统（ESD） ………………………………………………（170）

第6章　化工机械与设备基础

6.1　化工机械基础 ………………………………………………（172）
6.1.1　化工常用材料 ………………………………………………（172）
6.1.2　化工常用零件 ………………………………………………（175）
6.1.3　机械传动 ………………………………………………（179）
6.2　转动设备简介 ………………………………………………（183）
6.2.1　泵 ………………………………………………（183）
6.2.2　压缩机、风机 ………………………………………………（190）
6.2.3　真空设备 ………………………………………………（198）
6.2.4　制冷机 ………………………………………………（198）
6.2.5　离心机、过滤机 ………………………………………………（200）

6.2.6 润滑 ······ (203)
6.3 静止设备简介 ······ (206)
6.3.1 塔器 ······ (206)
6.3.2 换热器及空冷设备 ······ (209)
6.3.3 干燥设备 ······ (213)
6.3.4 常用阀门及管件 ······ (214)
6.3.5 化工容器 ······ (221)
6.3.6 安全附件 ······ (223)
6.4 密封 ······ (224)
6.4.1 静态密封 ······ (224)
6.4.2 动态密封 ······ (226)
6.5 化工防腐基础知识 ······ (228)
6.5.1 化工腐蚀的危害 ······ (228)
6.5.2 腐蚀机理及常见的腐蚀类型 ······ (228)
6.5.3 化工机械常用的防腐措施 ······ (231)

第7章 流体流动与输送

7.1 流体流动 ······ (233)
7.1.1 流体静力学 ······ (233)
7.1.2 流体动力学 ······ (239)
7.1.3 流体阻力的计算 ······ (245)
7.1.4 化工管路布置与安装的一般原则 ······ (254)
7.2 液体输送机械——离心泵 ······ (255)
7.2.1 离心泵的工作原理 ······ (256)
7.2.2 离心泵的主要性能参数 ······ (256)
7.2.3 离心泵的特性曲线 ······ (258)
7.2.4 离心泵安装高度的确定 ······ (259)
7.2.5 离心泵工作点与流量调节 ······ (261)
7.2.6 离心泵安装与运转中的注意事项 ······ (263)
7.2.7 离心泵的类型 ······ (263)
7.2.8 离心泵的选用 ······ (265)
7.3 气体压缩与输送机械 ······ (265)
7.3.1 往复式压缩机 ······ (265)
7.3.2 透平式压缩机 ······ (268)

第8章 传热传质基础

8.1 传热 ······ (272)
8.1.1 导热 ······ (273)
8.1.2 对流传热 ······ (277)
8.1.3 间壁两侧流体的热交换 ······ (280)

8.1.4 强化传热的途径 …… (292)
8.2 干燥 …… (294)
8.2.1 湿空气的性质和湿度图 …… (294)
8.2.2 干燥器的物料衡算 …… (297)
8.2.3 干燥速率和干燥时间 …… (300)
8.3 吸附 …… (302)
8.3.1 概述 …… (302)
8.3.2 吸附平衡 …… (304)
8.3.3 吸附机理和吸附速率 …… (308)

第9章 分离方法

9.1 气体吸收 …… (309)
9.1.1 吸收的物理基础 …… (309)
9.1.2 吸收速率方程式 …… (313)
9.1.3 吸收过程的计算 …… (318)
9.2 液体精馏 …… (321)
9.2.1 相平衡的基本概念 …… (321)
9.2.2 连续精馏塔的计算 …… (326)
9.3 非均相物系的分离 …… (337)
9.3.1 重力沉降 …… (337)
9.3.2 过滤 …… (340)
9.3.3 离心分离 …… (344)
9.3.4 气体净制 …… (345)
9.3.5 固体流态化 …… (348)
9.3.6 气力输送 …… (351)
9.4 液－液萃取 …… (353)
9.4.1 概述 …… (353)
9.4.2 萃取过程的相图 …… (354)
9.4.3 液－液萃取操作过程的主要影响因素 …… (358)
9.5 膜分离技术 …… (359)
9.5.1 概述 …… (359)
9.5.2 反渗透 …… (360)
9.5.3 超滤和微滤 …… (363)
9.5.4 电渗析 …… (364)
附表 …… (368)
参考文献 …… (370)

第 1 章　无机化学基础知识

1.1　化学基本概念和计算

1.1.1　物质的量

原子、分子、离子和电子等微粒的质量都非常小。例如 1 个 ^{12}C 原子的质量只有 1.9923×10^{-26}kg。这样小的微粒既看不到，又难以称量，对科学研究和应用都很不方便，何况参加化学反应时，根本不是几个分子或原子，而是亿万个分子或原子。因此，为了使用上的方便，1971 年 10 月第 14 届国际计量大会决定，在国际单位制中增加第七个基本物理量——"物质的量"，其单位为"摩尔"(符号是 mol)。

1.1.1.1　物质的量

0.012kg ^{12}C 应该含有碳原子数为

$$\frac{0.012}{1.9923 \times 10^{-26}} \approx 6.023 \times 10^{23}(\text{个碳原子})$$

0.012kg ^{12}C 所含有碳原子数的多少，叫做阿佛加德罗常数。阿佛加德罗常数的近似值为 6.023×10^{23}。

"物质的量"是表示组成物质的基本单元数目多少的物理量，某物质中所含基本单元数是阿佛加德罗常数的多少倍，则该系统中"物质的量"就是多少摩尔。

6.023×10^{23}个 Fe 原子是 1mol Fe。

6.023×10^{23}个 Na^+ 是 1mol Na^+。

9.0345×10^{23}个 O_2 分子是 1.5mol O_2。

国际计量大会对"物质的量"的单位摩尔定义如下：

(1) 摩尔是一个系统的物质的量的单位，该系统中所包含基本单元数与 0.012kg ^{12}C 原子数相等，即 1mol 任何物质均含有阿佛加德罗常数个微粒。

(2) 使用摩尔时，基本单元应予指明，可以是分子、原子、离子、电子及其他粒子，或这些粒子的特定组合。

例如：1mol H_2O、OH^-、电子含有 6.023×10^{23}个 H_2O、OH^-、电子。

1.1.1.2　摩尔质量

每一种结构粒子(严格的讲应该是基本单元)都有一定的质量，因此 1mol 任何物质也有一定的质量。我们把 1mol 物质的质量叫做摩尔质量，用符号 M 表示，单位是克/摩尔(g/mol)。

由于不同物质结构粒子的质量不同，因此相同数目不同结构粒子的质量不同，即不同物质的摩尔质量不同。根据摩尔质量的定义，碳原子的摩尔质量是 12g/mol(即 0.012kg/mol)。由此我们可以推导出其他原子、分子或离子的摩尔质量。

例如：硫的相对原子质量为 32.06

$$\frac{32.06}{M_{\mathrm{S}}} = \frac{12}{M_{\mathrm{C}}^{12}}$$

得出硫原子的摩尔质量 M_S 为 32.06g/mol。

可以说任何原子、分子或离子的摩尔质量，当单位是 g/mol 时，数值上等于其相对原子质量、相对分子质量或离子式量。

1.1.1.3 物质的量的计算

用 m 表示物质的质量，用 n 表示物质的量，用 M 表示物质的摩尔质量，则计算"物质的量"(n)的一般公式如下：

$$n = \frac{m}{M} \tag{1-1}$$

【例 1-1】 求 200g NaCl 的物质的量？

解：NaCl 的相对分子质量为 58.5

$$M_{NaCl} = 58.5 g/mol$$

$$n = \frac{m}{M} = \frac{200}{58.5} = 3.42(mol)$$

【例 1-2】 试计算 5mol H_2O 的质量是多少克？

解：H_2O 的相对分子质量为 18

$$M_{H_2O} = 18 g/mol$$

由

$$n = \frac{m}{M}$$

$$m = n \times M = 5 \times 18 = 90(g)$$

【例 1-3】 计算 22g CO_2 的物质的量，并求出其中含有多少个 CO_2 分子、多少个碳原子、多少个氧原子？

解：CO_2 的相对分子质量为 44

$$M_{CO_2} = 44 g/mol$$

$$n = \frac{m}{M} = \frac{22}{44} = 0.5(mol)$$

0.5 mol CO_2 的分子数为

$$0.5 \times 6.023 \times 10^{23} = 3.0115 \times 10^{23}(个)$$

0.5mol CO_2 中含有的碳原子数为：

$$3.0115 \times 10^{23} \times 1 = 3.0115 \times 10^{23}(个)$$

0.5mol CO_2 中含有的氧原子数为：

$$3.0115 \times 10^{23} \times 2 = 6.023 \times 10^{23}(个)$$

1.1.1.4 物质的量浓度及应用

用在 1L 溶液中所含溶质的物质的量表示的浓度，叫做物质的量浓度，简称浓度。常用符号 c 表示，单位是摩尔/升(mol/L)。

设溶液的体积为 V，L；溶液中溶质的质量为 m，g；溶液中溶质的摩尔质量为 M，g/mol；溶质的量为 n，mol。则：

$$c = \frac{n}{V} = \frac{\frac{m}{M}}{V} \tag{1-2}$$

$$m = cVM \tag{1-3}$$

下面讨论有关浓度的计算。

1. 已知溶液的体积和溶质的质量，求溶液的浓度

【例 1-4】 在 200mL 稀盐酸中，含有 0.73g 氯化氢，求该溶液的浓度？

解： 根据公式 $c = \frac{n}{V} = \frac{\frac{m}{M}}{V}$

$$c = \frac{0.73/36.5}{200/1000} = 0.1(\text{mol/L})$$

【例 1-5】 在 200mL Na_2CO_3 溶液中，含有 6.36g Na_2CO_3，求该溶液的浓度？若取这种溶液 50mL，问其中含 Na_2CO_3 的物质的量是多少？

解：（1）求该溶液的浓度

根据公式 $$c = \frac{n}{V} = \frac{\frac{m}{M}}{V}$$

$$c = \frac{6.36/106}{200/1000} = 0.3(\text{mol/L})$$

（2）求 50mL 0.3mol/L 溶液中含 Na_2CO_3 的物质的量

根据公式 $$c = \frac{n}{V} = \frac{\frac{m}{M}}{V}$$

$$n = cV = 0.3 \times \frac{50}{1000} = 0.015(\text{mol})$$

2. 已知溶液浓度，计算一定体积溶液中所含溶质

【例 1-6】 配制 500mL 0.1 mol/L 的 NaOH 溶液，需要多少克 NaOH？

解： 所需 NaOH 的质量

$$m = cVM = 0.1 \times \frac{500}{1000} \times 40 = 2.0(\text{g})$$

3. 溶液稀释后浓度的计算

对溶液进行稀释，稀释前后溶液的体积和浓度发生改变，但溶质的物质的量不变。所以

$$c_1 V_1 = c_2 V_2 \tag{1-4}$$

式中 c_1、V_1——稀释前溶液的浓度、体积；

c_2、V_2——稀释后溶液的浓度、体积。

【例 1-7】 配制 1mol/L 的 NaOH 溶液 3L，需要 2mol/L 的 NaOH 溶液多少升？

解： $c_1 = 2\text{mol/L}$，$c_2 = 1\text{mol/L}$，$V_2 = 3\text{L}$

由 $c_1 V_1 = c_2 V_2$ 得

$$V_1 = \frac{c_2 V_2}{c_1} = \frac{1 \times 3}{2} = 1.5(\text{L})$$

取原溶液 1.5L，加蒸馏水至 3L，即得 1mol/L NaOH 的溶液。

1.1.2 理想气体状态方程式

1.1.2.1 理想气体的概念

气体的基本特征是具有扩散性和可压缩性。物质处于气体状态时，分子彼此相距甚远，分子间的引力非常小，各个分子都在无规则地快速运动。通常气体的存在状态几乎和它们的化学组成无关，致使气体具有许多共同的性质。气体的存在状态主要决定于四个因素，即体

积、压力、温度和物质的量。为了便于讨论气体的存在状态，首先假设一种气体模型，它要求气体分子之间完全没有作用力，气体分子本身也只是一个几何点，只具有位置而不占有体积，把这种假设的气体模型称为理想气体。

实际使用的气体都是真实气体，真实气体与理想气体不同，各种真实气体分子间有作用力，分子本身也具有体积。在通常的分子平均距离下，分子间力表现为吸引力，使真实气体应比理想气体易于压缩。另一方面，因真实气体分子本身具有体积，因而会减少气体所占体积中可以压缩的空间，这将使真实气体应比理想气体难以压缩。上述两种相反的因素总是同时存在，故真实气体的 p、V、T 行为总是偏离理想气体的 p、V、T 行为。只有在压力不太高和温度不太低的情况下，分子间的距离很大，气体所占有的体积远远超过分子本身的体积，分子间的作用力和分子本身的体积均可忽略时，真实气体的存在状态才接近于理想气体，用理想气体的定律进行计算，才不会引起显著的误差，使计算过程大大简化。

1.1.2.2 气体的标准状况和摩尔体积

在科研和化工生产中，经常使用各种气体，如 O_2、N_2、CO_2、H_2 等，因此经常需要知道气体的质量。由于测定气体的体积比测定气体的质量更方便，所以常利用气体体积与质量之间的关系，通过测定气体的体积，再来计算气体的质量。但是，气体的体积和温度、压力有关。一定质量的气体，在压力不变时，体积与温度成正比，温度升高，体积增大；温度降低，体积减少。在温度不变时，体积和压力成反比，压力增大，体积减少；反之，压力减少，体积增大。因此要测量气体的体积或比较气体体积大小时，必须在相同的温度和压力下进行。

为了研究上的方便，人们规定温度为 0℃（273.15K）、压力为 1 大气压（1.01325×10^5Pa）时的状况为标准状况。经实验测定，在标准状况时，1L H_2 的质量为 0.0899g，H_2 的摩尔质量为 2.016g/mol，所以 1mol H_2 在标准状况下所占的体积为：

$$\frac{2.016}{0.0899}\approx 22.4(\mathrm{L})$$

在标准状况时，1L CO 的质量为 1.25g，CO 的摩尔质量为 28.01g/mol，所以 1mol CO 在标准状况下所占的体积为：

$$\frac{28.01}{1.25}\approx 22.4(\mathrm{L})$$

在标准状况时，用同样的测定方法和计算方法得出 1mol N_2、O_2、SO_2、CO_2 等气体都约为 22.4L。由此我们得出如下结论：

1mol 的任何气体，在标准状况下所占的体积都约为 22.4L。这个体积叫做标准状况下的气体摩尔体积，符号为 $V_{m,0}$，单位是 L/mol，即 $V_{m,0}=22.4$L/mol。标准状况下，22.4L 任何气体的物质的量均为 1mol，其中都含有 6.023×10^{23} 个该气体分子。

下面进行有关标准状况下气体摩尔体积的计算。一般计算公式为：

$$n=\frac{V}{V_{m,0}} \tag{1-5}$$

式中 V——标准状况下气体的体积，L；

$V_{m,0}$——标准状况下气体摩尔体积，其值为 22.4L/mol；

n——物质的量，mol。

【例 1-8】 试计算 45g N_2 在标准状况下所占的体积是多少升？

解：（1）先计算 45g N_2 的物质的量

$$m = 45\text{g} \quad M = 28\text{g/mol}$$

$$n = \frac{m}{M} = \frac{45}{28} = 1.61(\text{mol})$$

(2) 求标准状况下的体积

$$V = nV_{\text{m},0} = 1.61 \times 22.4 = 36(\text{L})$$

【例 1-9】 试计算标准状况下，11.2L O_2 的质量是多少克？

解：(1) 求物质的量

$$n = \frac{V}{V_{\text{m},0}} = \frac{11.2}{22.4} = 0.5(\text{mol})$$

(2) 求质量

$$m = nM = 0.5 \times 32 = 16(\text{g})$$

1.1.2.3 理想气体状态方程及应用

在标准状况下，1mol 的任何气体所占的体积都约为 22.4L。但是科学实验和化工生产中，技术条件和工艺要求的温度和压力往往不是在标准状况下，这时气体的体积和质量之间存在什么关系呢？下面讨论这个问题。

1. 理想气体状态方程式

我们已经知道，一定量的气体，在温度不变的情况下，它的体积随压力的增大而减少；在压力不变的情况下，它的体积随温度的升高而增大。根据这种物理现象，科学家经过反复实验，得出如下结论：

(1) 当温度不变时，一定质量的气体的体积(V)和它所受的压力(p)成反比，即

$$V \propto \frac{1}{p} \quad \text{（玻义耳定律）}$$

(2) 当压力不变时，一定质量的气体的体积(V)和绝对温度(T)成正比，即

$$V \propto T$$

(3) 当压力和温度不变时，气体的体积(V)和物质的量(n)成正比，即

$$V \propto n$$

把影响气体体积的温度、压力和物质的量三个因素综合起来，可以得到：

$$V \propto \frac{nT}{p}$$

设 R 为比例系数，则上式变为等式：

$$pV = nRT \tag{1-6}$$

或

$$pV = \frac{m}{M}RT \tag{1-7}$$

上述两个方程式，叫做理想气体状态方程式，它只适用于理想气体。对于真实气体在使用理想气体状态方程式时，存在一定误差。不过在温度不太低和压力不太高的情况下，这种误差是可以忽略的。

2. 常数 R 的值和单位

常数 R 的值因压力、体积使用的单位不同，可以有不同的值。当压力以大气压(atm)为单位、体积以升(L)为单位时，1mol 理想气体在标准状况下，所占有的体积是 22.4L，代入 $pV = nRT$ 得：

$$1\text{atm} \times 22.4\text{L} = R \times 1\text{mol} \times 273.15\text{K}$$

$$R = \frac{1 \times 22.4}{1 \times 273.15} \text{atm} \cdot \text{L/mol} \cdot \text{K} \approx 0.082 \text{atm} \cdot \text{L/mol} \cdot \text{K}$$

如果压力的单位为帕斯卡(Pa)，体积的单位用立方米(m^3)，则 $R = 8.314 \text{J/K} \cdot \text{mol}$。因此在计算时，一定要注意 R 值与各物理量单位的统一。

3. 理想气体状态方程式的应用

【例 1－10】 温度为 25℃，压力为 1atm 时，1mol O_2 所占有的体积为多少升？

解： $T = 298.15\text{K}$　$p = 1\text{atm}$　$n = 1\text{mol}$　$R = 0.082 \text{L} \cdot \text{atm/K} \cdot \text{mol}$

由 $pV = nRT$ 得

$$V = \frac{nRT}{p} = \frac{1 \times 0.082 \times 298.15}{1} = 22.45(\text{L})$$

【例 1－11】 温度为 298.15K，压力为 2.5×10^5Pa 时，100L 容器中能装多少千克 CO_2 气体？

解： $T = 298.15\text{K}$　$p = 2.5 \times 10^5 \text{Pa}$　$V = 100\text{L} = 0.1\text{m}^3$　$M = 44\text{g/mol} = 0.044\text{kg/mol}$

$R = 8.314 \text{ J/K} \cdot \text{mol}$

代入 $pV = \frac{m}{M}RT$ 得

$$m = \frac{pVM}{RT} = \frac{2.5 \times 10^5 \times 0.1 \times 0.044}{8.314 \times 298.15} = 0.4443(\text{kg})$$

1.1.3 混合气体的分压定律

在日常的生活、科学研究以及工业生产中，我们经常遇到能以任意比例混合的气体混合物。例如：空气是由氧气、氮气、二氧化碳、稀有气体(即惰性气体)等几种气体的混合物；合成氨的原料气是氢气、氮气的混合物。混合气体中各组分气体的相对含量，可以用气体的分体积或体积分数来表示，也可以用气体的分压或摩尔分数来表示。

1.1.3.1 分体积、体积分数、摩尔分数

在恒温时，于固定的压力下，将 0.03L N_2 和 0.02L H_2 混合，可以得到 0.05L 混合气体。所以混合气体的总体积(V)等于各组分气体的分体积(V_i)之和。即

$$V = V_1 + V_2 + V_3 + \cdots + V_i \tag{1－8}$$

所谓分体积是指相同温度下，组分气体具有和混合气体相同压力时，单独存在时所占有的体积。0.05LN_2 和 H_2 混合物中，N_2 的分体积是 0.03L，H_2 的分体积是 0.02L，分别记作：$V_{N_2} = 0.03\text{L}$；$V_{H_2} = 0.02\text{L}$。

我们可以用组分气体的体积分数，表示各组分气体在混合气体中的相对含量。每一组分气体的体积分数等于该组分气体的分体积(V_i)与混合气体的总体积(V)之比。体积分数常用 x_i 表示。

$$x_i = \frac{V_i}{V} \tag{1－9}$$

上述混合气体中，氮气和氢气的体积分数分别为：

$$x_{N_2} = \frac{V_{N_2}}{V} = \frac{0.03\text{L}}{0.05\text{L}} = 0.6$$

$$x_{H_2} = \frac{V_{H_2}}{V} = \frac{0.02\text{L}}{0.05\text{L}} = 0.4$$

对气体 A(状态分别为 p、T、V_A、n_A)和气体 B(状态分别为 p、T、V_B、n_B)混合组成

的混合气体(状态分别为 p、T、V、n)，使用理想气体状态方程式得

$$pV_A = n_ART \tag{1-10}$$

$$pV_B = n_BRT \tag{1-11}$$

将以上两式两边相加得

$$p(V_A + V_B) = (n_A + n_B)RT$$

$(V_A + V_B)$是混合气体的总体积 V，$(n_A + n_B)$是混合气体的总物质的量 n，所以

$$pV = nRT \tag{1-12}$$

将式(1-10)、式(1-11)分别与式(1-12)相比，则得

$$\frac{V_A}{V} = \frac{n_A}{n} \quad \frac{V_B}{V} = \frac{n_B}{n}$$

用通式表示：

$$\frac{V_i}{V} = \frac{n_i}{n} \tag{1-13}$$

$\frac{n_i}{n}$是组分气体的物质的量与混合气体总物质的量之比，这个比值叫做组分气体的摩尔分数。上式说明在混合气体中，组分气体的体积分数等于摩尔分数。

1.1.3.2 分压、分压定律、压力分数

1. 分压、分压定律、压力分数

恒温条件下，将相同体积的气体 A(状态为 p_A、V、T、n_A)和 B(状态为 p_B、V、T、n_B) 混合到一个容器中组成混合气体(状态为 p、V、T、n)，使用理想气体状态方程式

$$p_AV = n_ART \tag{1-14}$$

$$p_BV = n_BRT \tag{1-15}$$

将式(1-14)和式(1-15)等式两边相加，得

$$(p_A + p_B)V = (n_A + n_B)RT$$

$(p_A + p_B)$是混合气体的总压力 p，$(m_A + n_B)$是混合气体的总物质的量 n，所以

$$pV = nRT \tag{1-16}$$

将式(1-14)、式(1-15)分别与式(1-16)等式两边相比，则得

$$\frac{p_A}{p} = \frac{n_A}{n} \text{和} \frac{p_B}{p} = \frac{n_B}{n}$$

用通式表示：

$$\frac{p_i}{p} = \frac{n_i}{n} \tag{1-17}$$

式中：$\frac{p_i}{p}$是组分的压力和混合气体总的压力之比，这个比值叫做组分气体的压力分数。上式表明在混合气体中，组分气体的压力分数等于摩尔分数。即

$$p_i = px_i \tag{1-18}$$

p_i 叫做组分气体的分压，它是在恒温时，组分气体占有与混合气体相同体积时对容器所产生的压力；p 叫做混合气体的总压，它等于混合气体中各组分气体的分压之和。即

$$p = p_1 + p_2 + p_3 + \cdots + p_i \tag{1-19}$$

式(1-18)和式(1-19)两式是分压定律的数学表达式，其文字表述为：混合气体的总压等于各组分气体分压之和；某组分气体分压的大小和它在气体混合物中的摩尔分数成正比。

2. 有关计算

根据分压定律，可以计算混合气体的总压，也可以根据总压、摩尔分数计算组分气体的

分压。在进行计算时，必须弄清楚分体积、分压的概念。

【例 1-12】 当温度为 25℃时，把 17g NH_3、48g O_2和 14g N_2，装放在一体积为 5L 的密闭容器中。试计算：(1)三种气体的物质的量；(2)各组分的分压；(3)混合气体的总压。

解：(1) 求三种气体的物质的量

$$n_{NH_3} = \frac{m_{NH_3}}{M_{NH_3}} = \frac{17}{17} = 1(\text{mol})$$

$$n_{O_2} = \frac{m_{O_2}}{M_{O_2}} = \frac{48}{32} = 1.5(\text{mol})$$

$$n_{N_2} = \frac{m_{N_2}}{M_{N_2}} = \frac{14}{28} = 0.5(\text{mol})$$

(2) 求各组分的分压

由 $p_iV = n_iRT$ 得

$$p_{NH_3} = \frac{n_{NH_3}RT}{V} = \frac{1 \times 8.314 \times 298}{0.005} = 495.51(\text{kPa})$$

$$p_{O_2} = \frac{n_{O_2}RT}{V} = \frac{1.5 \times 8.314 \times 298}{0.005} = 743.27(\text{kPa})$$

$$p_{N_2} = \frac{n_{N_2}RT}{V} = \frac{0.5 \times 8.314 \times 298}{0.005} = 247.76(\text{kPa})$$

(3) 混合气体的总压

由 $p = p_1 + p_2 + p_3 + \cdots + p_i$ 得

$$p = p_{NH_3} + p_{O_2} + p_{N_2} = 495.51 + 743.27 + 247.76 = 1486.54(\text{kPa})$$

1.1.4 物质的状态及其变化

1.1.4.1 物质的聚集状态

物质总是以一定的聚集状态存在。常温、常压下，通常物质有气态、液态和固态三种存在形式，在一定条件下这三种状态可以相互转变。此外，现已发现物质还有第四种存在形式——等离子体状态。

1. 气体

气体的存在状态主要决定于四个因素，即体积、压力、温度和物质的量。反映这四个物理量之间关系的方程式称为气体状态方程式，见式(1-6)和式(1-7)。

2. 液体

液体内部分子之间的距离比气体小的多，分子间的作用力较强。液体具有流动性，有一定的体积而无一定的形状。与气体相比，液体可视为几乎不可压缩。

(1) 液体的蒸气压 在液体中分子运动的速率以及分子具有的能量各不相同，速率有快有慢，大多处于中间状态。液体表面某些运动速率较大的分子所具有的能量足以克服分子间的吸引力而逸出液面，成为气态分子，这一过程叫做蒸发。在一定温度下，蒸发以恒定的速率进行。液体如处于敞口容器中，液态分子不断吸收周围的热量，使蒸发过程不断进行，液体将逐渐减少。若将液体置于密闭容器中，情况就有所不同：一方面，液体分子进行蒸发变成气态分子；另一方面，一些气态分子撞击液体表面重新返回液体，这个与液体蒸发现象相反的过程叫做凝聚。初始时，由于没有气态分子，凝聚速率为零，随着气态分子逐渐增多，凝聚速率逐渐增大，直到凝聚速率等于蒸发速率，即在单位时间内，脱离液面变成气体的分子数等于返回液面的分子数，达到蒸发与凝聚的动态平衡：

$$\text{液体} \underset{\text{凝聚}}{\overset{\text{蒸发}}{\rightleftharpoons}} \text{气体}$$

此时，在液体上部的蒸气量不再改变，蒸气便具有恒定的压力。在恒定温度下，与液体平衡的蒸气称为饱和蒸气，饱和蒸气的压力就是该温度下的饱和蒸气压，简称蒸气压。

蒸气压是物质的一种特性，常用来表征液态分子在一定温度下蒸发成气态分子的倾向大小。在某温度下，蒸气压大的物质为易挥发物质，蒸气压小的为难挥发物质。如25℃时，水的蒸气压为3.24kPa，酒精的蒸气压为5.95kPa，则酒精比水易挥发。

液体的蒸气压随温度的升高而增大。

还需指出，只要某物质处于气－液动态平衡状态，则该物质蒸气压的大小就与液体的质量及容器的体积无关。

(2) 液体的沸点　在敞口容器内加热液体，最初会看到不少细小气泡从液体中逸出，这种现象是由于溶解在液体中的气体因温度升高，溶解度减少所引起的。当达到一定温度时，整个液体内部都冒出大量气泡，气泡上升至表面，随即破裂而逸出，这种现象叫做沸腾。此时，气泡内部的压力至少应等于液面上的压力，即外界压力(对敞口容器即大气压力)，而气泡内部的压力为蒸气压。故液体沸腾的条件是液体的蒸气压等于外界压力，沸腾时的温度叫做该液体的沸点。换言之，液体的蒸气压等于外界压力时的温度即为液体的沸点。如果此时外界压力为标准大气压(101.325kPa)，液体的沸点就叫做正常沸点。例如，水的正常沸点为100℃，乙醇为78.4℃。

显然，液体的沸点随外界压力而变化。若降低液面上的压力，液体的沸点就会降低。用真空泵将水面上的压力减至3.2kPa时，水在25℃就能沸腾。利用这一性质，对于一些在正常沸点下易分解的物质，可在减压下进行蒸馏，以达到分离或提纯的目的。

3. 固体

固体可由原子、分子或离子组成。这些粒子排列紧凑。有强烈的作用力(化学键或分子间力)，使它们只能在一定的平衡位置上振动。因此固体具有一定体积、一定形状及一定程度的刚性(硬度)。

多数固体物质受热时能融化为液体，但有少数固体物质并不经过液体阶段而直接变成气体，这种现象叫做升华。如放在箱子里的樟脑精，过一段时间后变少或者消失，箱子里却充满其特殊气味。在寒冷的冬天，冰和雪会因升华而消失。另一方面，一些气体在一定条件下也能直接变成固体，这一过程叫凝华，晚秋降霜就是凝华过程。与液体一样固体物质也有饱和蒸气压，并随温度的升高而增大。但绝大多数固体的饱和蒸气压很小。利用固体物质的升华现象可以提纯一些挥发性固体物质，如碘、萘等。

固体可以分为晶体和非晶体(无定形体)两大类，多数固体物质是晶体。与非晶体比较，晶体有一定的几何外形、固定的熔点和各向异性等特征。

1.1.4.2　相态及其变化

物质的相态是在一定的条件下物质的存在形式。常见的相态有气体(g)、液体(l)、固体(s)。

系统中物理性质及化学性质完全均匀一致的部分称为相。在多相系统中，相与相之间有着明显的界面，超过界面时，物理或化学性质发生突变。根据系统中所含相的数目，可将系统分为两大类：一是均相系统(或称单相系统)，即系统中只含有一个相；二是非均相系统(或称多相系统)系统中含有两个或两个以上的相。

注意，不要将聚集状态与相的概念混淆。例如，碳酸钙的分解反应

$$CaCO_3(s) \xrightarrow{加热} CaO(s) + CO_2(g)$$

是一个包括固相 $CaCO_3$、固相 CaO 和气相 CO_2 平衡共存的三相系统，而非仅含固、气两相。

系统中发生聚集状态的变化过程称为相变化过程，如液体的汽化、气体的液化、液体的凝固、固体的熔化、固体的升华、气体的凝华以及固体不同晶型间的转化等。通常，相变化是在等温、等压的条件下进行的。

我们通常所说的相变热均是指一定量(1kg)的物质在恒定的温度及压力下(通常是在相平衡的温度、压力下)且没有非体积功时，发生相变化的过程中，系统与环境之间传递的热量。由于上述相变化过程能满足等压且没有非体积功的条件，所以相变热在数值上等于过程的相变焓。由于在相变过程中，体系的温度没有发生变化，所交换的热量只用于相态的改变，所以相变热又称为潜热。固体和液体、液体和气体、固体和气体之间的互相相变，它们的相变热(潜热)是相等的。例如，液体的汽化潜热等于气体的液化潜热，常用符号 R 表示，所交换的热量为：

$$Q = WR \tag{1-20}$$

式中 Q——所交换的热量，J；

R——汽化潜热或液化潜热，J/kg；

W——质量流量，kg/s。

一些物质在某些条件下的相变热是由实验测定，实测数据可以从化学、化工手册上查到。在使用这些数据时要注意条件(温度、压力)和单位。此外，如果所求的相变过程为手册上所给相变过程的逆过程，则在同样的温度、压力下，二者的相变热数值相等，符号相反。

一个系统在不发生相变和化学变化的情况下，和外界所交换的热量用于自身温度的变化，这一部分热量称为显热。在一个没有非体积功的封闭系统，在不发生相变和化学变化的情况下，若系统的体积保持不变，1kg 某物质温度升高(或降低)单位热力学温度时所吸收(或放出)的热量成为定容热容；若系统的压力保持不变，1kg 某物质温度升高(或降低)单位热力学温度时所吸收(或放出)的热量成为定压热容。由于化工生产中的单元操作大部分是在等压下完成的，所交换的热量也是在等压下完成的，此时热交换量应用定压热容进行计算。即

$$Q = Wc_p\Delta T \tag{1-21}$$

式中 Q——系统所交换的热量，J/s；

W——质量流量，kg/s；

ΔT——系统的热力学温度差，K；

c_p——物质的定压热容，J/kg·K。

1.2 化学反应速率和化学平衡

在化工生产中，人们经常关心的是如何能使产品生产周期短，即在单位时间内生产的产品多；如何使生产消耗的原料少，即反应物最大限度地转化为产品。这些内容从化学的角度

看，主要涉及两个方面的问题：一是化学反应速率；一是化学平衡。

1.2.1 化学反应速率

各种化学反应的进行有快有慢，如氢氧气体的爆炸反应、酸碱溶液的中和反应等瞬间就可完成，而石油的形成要经过亿万年的时间。可见化学反应是有一定速率的，我们可以用一定的方程式表示化学反应速率。

化学反应速率是用单位时间内反应物浓度的减少或生成物浓度的增加来表示。如果某一反应物的浓度，在 1 秒钟内从 0.2mol/L 减小到 0.18mol/L，这时这个化学反应速率为 0.02mol/L·s。

在化学反应中，反应物的减少和生成物的增加，是按化学反应方程式中的系数所表示的定量关系进行的。例如：

$$N_2 + 3H_2 \xlongequal{\quad} 2NH_3$$

从反应方程式中的系数表示的定量关系可以看出，每生成 2mol NH_3，需要消耗掉 1mol N_2 和 3mol H_2。所以在同一段时间内不同反应物浓度的减少和不同生成物浓度的增加值是不同的。也就是说在同一个反应方程式中，用不同物质浓度的变化来表示反应速率，其数值可能不相同，但意义相同。因为化学反应中各物质之间是按化学反应方程式中的系数表示的定量关系进行反应，其数值可以换算。例如：

	N_2 +	$3H_2$ =	$2NH_3$
开始浓度(mol/L)	2	3	0
1 秒钟后浓度(mol/L)	1.9	2.7	0.2

根据化学反应速率的表示方法，得

$$\overline{v}_{N_2} = \frac{2-1.9}{1} = 0.1(mol/L \cdot s)$$

$$\overline{v}_{H_2} = \frac{3-2.7}{1} = 0.3(mol/L \cdot s)$$

$$\overline{v}_{NH_3} = \frac{0.2-0}{1} = 0.2(mol/L \cdot s)$$

从以上例子可以看出，用三种物质的浓度变化表示同一反应的速率的值不同，但由于化学反应中各物质之间是按化学反应方程式中的系数表示的定量关系进行反应，其数值可以换算。如果用不同物质浓度变化表示的速率除以它在反应方程式中的系数，所得数值是相等的。

$$\frac{\overline{v}_{N_2}}{1} = \frac{\overline{v}_{H_2}}{3} = \frac{\overline{v}_{NH_3}}{2} = \frac{0.1}{1} = \frac{0.3}{3} = \frac{0.2}{2} = 0.1$$

因此，我们说用不同物质浓度的变化来表示反应速率，其数值可能不相同，但意义相同。

以上讨论的是在一段时间间隔里平均每单位时间内反应物浓度的减小或生成物浓度的增加，这种方式表示的反应速率叫做平均反应速率($\overline{v}$)。

在化学反应过程中，随着反应的进行，反应物浓度在不断地减小，生成物浓度在不断地增大，因此，在一段时间间隔里，每一单位时间内反应物(或生成物)浓度的改变是不同的。所以，反应速率精确地表示方法应该用瞬时速率(v)。瞬时速率是指反应在某一具体时刻的速率。

1.2.2 影响化学反应速率的因素

1.2.2.1 *浓度对化学反应速率的影响*

我们都知道，可燃物在氧气中燃烧比在空气中燃烧的速率快，因为氧气是助燃性气体，它比空气中氧的浓度大，所以氧气浓度越大，燃烧反应速率越快。

人们经过大量实验之后，总结出了有关化学反应速率与反应物浓度之间的定量关系：在恒温条件下，对于简单反应，反应速率与各反应物浓度以反应方程式中系数为方次的乘积成正比。这一关系叫做质量作用定律。

若反应：$aA + bB = C$ 为简单反应，则质量作用定律表达式为：

$$v = kc_A^a c_B^b \tag{1-22}$$

式中 k 称为反应速率常数。当 A、B 两物质的浓度为 1mol/L 时，反应速率 v 在数值上等于反应速率常数 k，因此，k 实质上是反应物在单位浓度时的反应速率，故它的数值与反应物浓度无关，只与温度有关，通常温度越高，k 值越大。

如果已知某浓度时的反应速率，就可以计算出反应速率常数 k 值；知道 k 值便可以计算任一浓度时的反应速率。

【例 1－13】 在一定温度下，$A + 2B = C$ 为简单反应，当 $c_A = 0.5$mol/L、$c_B = 0.6$mol/L 时，测得 A 的反应速率为 0.018mol/L·s。计算该反应的速率常数以及 $c_A = 0.4$mol/L、$c_B = 0.4$mol/L 时的反应速率。

解： (1)求 k 值

根据质量作用定律，得

$$v = kc_A c_B^2$$

$$k = \frac{V}{c_A c_B^2} = \frac{0.018}{0.5 \times (0.6)^2} = 0.1(\text{L} \cdot \text{s/mol})$$

(2) 求 v'

$$v' = kc'_A(c'_B)^2 = 0.1 \times 0.4 \times (0.4)^2 = 0.0064(\text{mol/L} \cdot \text{s})$$

质量作用定律只适用于简单反应。所谓简单反应是指一步完成的化学反应，只有简单反应才可以按化学反应方程式中反应物的系数作为反应物浓度的方次来书写质量作用定律表达式。实际上有许多化学反应不是简单反应，这些反应是分步完成的。例如下列反应：

$$A_2 + 2B \longrightarrow 2AB$$

如果这个反应要分两步完成，即先有第一步(简单反应)

$$A_2 \longrightarrow 2A \quad (\text{慢反应})$$

而后再发生第二步反应(另一个简单反应)

$$2A + 2B \longrightarrow 2AB \quad (\text{快反应})$$

这两步反应的反应速率不同。对总反应来说，决定整个过程反应速率的是慢反应而不是快反应。因此这个反应 $A_2 + 2B \longrightarrow 2AB$ 的反应速率只与第一步反应有关，即 $v = kc_{A_2}$ 而不是 $V = kc_{A_2}c_B^2$。因此，对于复杂反应(非简单反应)来说，质量作用定律表达式，不能按反应方程式来书写，只能通过实验来确定。至于一个反应是简单反应还是复杂反应，也要通过实验来确定。

对于有气体参加的反应，压力对反应速率也有影响。由 $p_iV = n_iRT$ 可以导出：$p_i = \frac{n_i}{V}RT$，式中 $\frac{n_i}{V}$ 即浓度 c_i。因为在一定温度下，浓度与压力成正比，压力增大，浓度就增大，反应速率增大；反之，压力减小，浓度减小，反应速率减小。

例如下列反应

$$2NO + O_2 = 2NO_2$$

为简单反应，其质量作用定律表达式为：

$$v = kc_{NO}^2 c_{O_2}$$

若压力改变前 $c_{NO} = a$，$c_{O_2} = b$，则：

$$v = kc_{NO}^2 c_{O_2} = ka^2 b$$

如果压力增大为原来的两倍，则 $c_{NO} = 2a$，$c_{O_2} = 2b$，k 是常数不受浓度(或压力)的影响，则

$$v = kc_{NO}^2 c_{O_2} = k(2a)^2(2b) = 8ka^2 b$$

这表明压力增大为原来的两倍后，该反应的速率增加为原来的 8 倍。

压力对固体和液态物质的体积影响很小，只要压力的改变程度不是很大，它们的浓度可以认为基本上不变。

对有固体参加的化学反应，反应速率与固体物质的接触表面积有关，接触面积增大，就会使反应速率加快。反应速率与固体物质的量无关，所以在质量作用定律表达式中不包括固体物质。例如碳的燃烧反应，在一定条件下，燃烧速率只与氧气的浓度有关

$$C + O_2 = CO_2$$

$$v = kc_{O_2}$$

为什么反应物的浓度能够影响反应速率呢？

因为化学反应是分子的分解和原子重新化合的过程，要实现这一过程，首先必须使参加反应的各物质分子之间互相接触乃至发生碰撞，当增大反应物浓度时，即有利于分子之间碰撞次数的增加。例如当 A 和 B 反应时，在一定温度下，设 A 和 B 在单位体积内分子数都是 4 时，则不同分子之间互相碰撞的次数为 $4^2 = 16$ 次；如果把 A 和 B 的浓度增大，使 A 和 B 在单位体积内分子数增加为 8 时，则不同分子之间互相碰撞的次数就变为 $8^2 = 64$ 次。通过这一碰撞关系的对比，可以看出，当增大反应物浓度时，反应物分子之间的碰撞次数就明显增加。

分子之间发生互相碰撞，仅仅是提供化学反应的一个机会(可能性)，这些碰撞有的能引起化学反应，有的不能引起化学反应。根据气体分子运动论计算证明，在一般条件下，每秒钟、每升气体分子之间的碰撞次数可以达到 10^{32} 以上，这样多的碰撞次数，每次都能发生化学反应是不可能的，其中只有很少一部分的碰撞能引起化学反应。我们把能引起化学反应的碰撞叫做有效碰撞，把能发生有效碰撞的分子叫做活化分子。活化分子比普通分子具有更高的能量。

气体分子运动论认为，在一定温度下气体分子具有一定的平均能量，大部分分子的能量都接近这一平均值，少数分子的能量较高或较低，其中还有极少数分子的能量特别高，只有能量特别高的这些分子才能发生有效碰撞。凡是能量高于活化分子所应具备的最低能量的分子都是活化分子。活化分子的最低能量与气体分子平均能量之差叫做活化能。活化能越低，活化分子比例越大，反应速率越快；反之，活化能越高，活化分子比例越小，反应速率越慢。

对某一反应来说，温度一定时，反应物中活化分子的百分比是一定的。单位体积内的活化分子数与反应物分子的总数成正比，也就是与反应物的浓度成正比。因为当反应物浓度增大时，单位体积内活化分子的数目增多，使单位时间内发生有效碰撞的次数增多，反应速率

加快。这就是反应物浓度影响反应速率的原因。

1.2.2.2 温度对化学反应速率的影响

温度对反应速率的影响比较明显，温度升高，一般使反应速率加快。例如氢和氧的混合物在常温下几乎不发生反应，在400℃完全化合成水需要80天，在500℃约需要2h，而到600℃则立即爆炸(反应瞬间就完成了)。

从碘化氢与过氧化氢的反应来看，若反应开始时，$c_{H_2O_2} = c_{HI} = 1mol/L$ 时，温度与反应速率的实验数据如下：

温度(℃)	0	10	20	30	40	50
反应速率(mol/L·s)	1.00	2.08	4.32	8.38	16.19	39.95

从这些数据中可以看出温度每升高10℃，这个反应的速率大约增大2倍。

为什么升高温度会使反应速率加快呢?

因为升高温度，使分子的热运动速率加快，从而增加了分子之间的碰撞次数，使反应速率加快。

进一步研究表明，升高温度会使一部分分子获得能量而成为活化分子，从而增加了活化分子的百分数，结果使单位时间内的有效碰撞次数增加很多，反应速率明显加快。

根据质量作用定律，如果反应物浓度恒定，升高温度时反应速率加快，表明了改变温度，反应速率常数 k 也随之改变。温度越高，k 值越大；温度越低，k 值越小。

1.2.2.3 催化剂对化学反应速率的影响

实验现象表明，过氧化氢水溶液在室温下能缓慢地分解，当加入二氧化锰后，分解速率明显加快，但反应前后二氧化锰并没有发生改变。像二氧化锰这种能改变化学反应速率而反应前后本身的化学组成和数量保持不变的物质叫做催化剂。催化剂所起的改变反应速率的作用叫做催化作用。有催化剂参加的反应叫做催化反应。例如二氧化锰对过氧化氢的分解具有催化作用，这个反应就属于催化反应，二氧化锰是这个反应的催化剂。

催化剂有正催化剂和负催化剂之分。凡能加快反应速率的物质叫做正催化剂；凡能减慢反应速率的物质叫做负催化剂。例如促使过氧化氢分解的二氧化锰属于正催化剂，在橡胶和塑料制品中为防止其老化而加入的防老剂属于负催化剂。一般所说的催化剂都是指正催化剂。

催化剂在现代化学中占有极其重要的地位，据统计约有85%的化学反应需要使用催化剂，尤其是在当前大型化工生产、石油化工生产中，很多反应都是依靠使用性能优良的催化剂来实现。

催化剂具有两个基本性质：一是改变反应速率；二是具有特殊的选择性。分述如下：

(1) 催化剂可以大大改变反应速率。

催化剂有时可以使某反应速率增加千万倍。例如在常温下氢和氧化合成水的反应是观察不到的(反应速率极慢)，但在有钯(Pd)粉做催化剂时，还是在常温常压下，氢气和氧气可以迅速化合成水，工业上利用这个反应来除去氢气中的少量氧气，以获得纯净的氢气。又如硫酸工业中制取 SO_3 的反应，只要加入少量五氧化二钒，就可以使反应速率提高一亿六千多倍。

催化剂为什么能够如此明显地改变化学反应速率呢?

许多实验测定证明，催化剂之所以能加快(减慢)反应速率，是因为它参与了变化过程，改变了原来的反应途径，降低(提高)了反应的活化能。

(2) 催化剂具有特殊的选择性。

当一个反应可能有许多平行反应时，常常使用高选择性的催化剂来增大工业上所需要的某个指定反应的速率，同时对其他不必要的反应(叫做副反应)加以控制。根据催化剂的这种特性，为我们从简单易得的原料，通过采用不同的催化剂制取更多的产品创造了条件。

1.2.2.4 影响化学反应速率的其他因素

在非均相系统中进行的反应，如固体和液体、固体和气体或液体和气体的反应等，除了上述几种影响因素外，还与反应物接触面的大小和接触机会有关。对固液反应来说，如将大块固体破碎成小块或磨成粉末，反应速率必然增大。对于气液反应，可将液态物质采用喷淋的方式以扩大与气态物质的接触面。当然，对反应物进行搅拌，同样可以增加反应物的接触机会。此外，让生成物及时离开反应界面也能增大反应速率。超声波、紫外光、激光和高能射线会对某些反应的速率产生影响。

1.2.3 化学平衡

前面讨论了化学反应速率及其影响因素，运用这些规律，固然可以使化学反应以合适的速率进行，力争在单位时间内获得较高产量，然而这仅仅是问题的一个方面。对化工生产来说，产量和原料的消耗是密切相关的，只有那些反应速率快、反应物又能最大限度地转化为产物的反应，才能保证生产上的高产量、低消耗，所以对化学反应进行的程度——化学平衡问题的研究，显得特别重要。

1.2.3.1 可逆反应与化学平衡

在同一条件下，既能向正反应方向进行，同时又能向逆反应方向进行的反应叫做可逆反应。

按照反应方程式，自左向右进行的反应叫做正反应，自右向左进行的反应叫做逆反应。可逆反应用"$\rightleftharpoons$"来表示。如：$N_2O_4 \rightleftharpoons 2NO_2$，由 N_2O_4 分解生成 NO_2 的反应为正反应，NO_2 结合生成 N_2O_4 的反应为逆反应。

绝大多数的化学反应都具有一定的可逆性，但是有的逆反应倾向比较弱，从整体上看反应几乎向一个方向进行。例如氯酸钾(MnO_2 作催化剂)受热分解反应，还有氯化银的沉淀反应，其可逆程度都非常小，习惯上称之为不可逆反应。

化学反应中逆反应比较显著时，整个反应不能正向进行到底。例如，373K 时，将 0.100mol 无色的 N_2O_4 气体放入体积为 1L 的密闭容器中，立刻出现红棕色。颜色是由于 N_2O_4 分解为 NO_2 而产生的。

$$\underset{(无色)}{N_2O_4} \longrightarrow \underset{(红棕色)}{2NO_2}$$

N_2O_4 是否能够完全转化为 NO_2 呢？隔一定时间对该反应容器内的组成进行分析，可得到表 1－1中的数据。由表中数据可以看出，最多只可能有 0.06mol N_2O_4 分解为 NO_2。为什么这个分解反应不能进行到底呢？因为该反应的逆反应不能忽略，这样的反应就是典型的可逆反应。

表 1－1　373K 时，$N_2O_4 \rightleftharpoons 2NO_2$ 平衡体系的建立

时间/s	0	20	40	60	80	100
N_2O_4 浓度/(mol/L)	0.100	0.070	0.050	0.040	0.040	0.040
NO_2 浓度/(mol/L)	0.00	0.060	0.100	0.120	0.120	0.120

下面对该反应在表 1－1 中表现的数据加以分析：

反应开始，容器中仅有 N_2O_4 的分解反应。NO_2 一旦生成，逆反应便立即发生：

$$2NO_2 \longrightarrow N_2O_4$$

随着反应的进行，反应物 N_2O_4 的浓度不断减小，正反应速率逐渐减慢；产物 NO_2 的浓度不断增大，逆反应速率逐渐加快。经过一段时间后，正反应速率和逆反应速率相等了，从这时开始 N_2O_4 和 NO_2 的浓度都不再变化，这时就建立了化学平衡。

$$N_2O_4 \rightleftharpoons 2NO_2$$

在可逆反应中，当正反应速率和逆反应速率相等时，反应物和生成物浓度不再随时间而改变的状态，叫做化学平衡。到达平衡状态之后，如果条件不改变，这种状态可以维持下去，表面看来反应好像已经停止，实际上正、逆反应都在进行，只不过正、逆反应速率相等、方向相反，两个方向的反应结果正好互相抵消。因此化学平衡是一种动态平衡。

综合起来，化学平衡状态有以下几个重要特点：

(1) 只有温度一定，密闭容器中进行的可逆反应才能建立化学平衡，这是建立平衡的前提。

(2) 正反应速率和逆反应速率相等，这是建立平衡的条件。

(3) 平衡状态下，可逆反应进行到最大限度(转化率达到最大)，各物质浓度不再随时间的延续而发生改变，这是建立平衡的标志。

(4) 化学平衡是有条件的平衡，如果改变平衡状态下的条件之一(如温度、压力、某物质的浓度等)，正、逆反应速率发生变化，原来的平衡被破坏，直到建立新的动态平衡。

1.2.3.2 化学平衡常数

1. 实验平衡常数的概念

如上节所述，对几种可逆反应平衡体系的组分进行取样做浓度(或分压)分析，以期找出可逆反应处于平衡状态时的特征，表 1－2 给出了三组不同的实验数据。

表 1－2 $N_2O_4 \rightleftharpoons 2NO_2$ 反应的平衡浓度(373K)

		原始浓度/(mol/L)	平衡浓度/(mol/L)	$[NO_2]^2/[N_2O_4]$
实验一	NO_2	0.000	0.120	$\frac{(0.120)^2}{0.040}=0.36$
	N_2O_4	0.100	0.040	
实验二	NO_2	0.100	0.072	$\frac{(0.072)^2}{0.014}=0.37$
	N_2O_4	0.000	0.014	
实验三	NO_2	0.100	0.160	$\frac{(0.160)^2}{0.070}=0.36$
	N_2O_4	0.100	0.070	

经过大量的实验，归纳总结出作为平衡特征的实验平衡常数(也称经验平衡常数)。

对于液相中的化学平衡系统，例如：

$$aA + bB \rightleftharpoons dD + eE$$

其实验平衡常数为以化学计量数为指数的产物浓度系数次方的乘积与反应物浓度系数次方的乘积之比，也称为浓度平衡常数(K_c)。即

$$K_c = \frac{c_D^d c_E^e}{c_A^a c_B^b} \tag{1-23}$$

对于气相平衡系统，例如：

$$aA(g) + bB(g) \rightleftharpoons dD(g) + eE(g)$$

其实验平衡常数为以化学计量数为指数的产物平衡分压系数次方的乘积与反应物平衡分压系数次方的乘积之比，也称为压力平衡常数(K_p)。即

$$K_p = \frac{p_D^d p_E^e}{p_A^a p_B^b} \tag{1-24}$$

同一反应的 K_p 和 K_c 之间的关系为：

$$K_p = K_c(RT)^{\Delta n} \tag{1-25}$$

Δn 为反应方程式中气态生成物系数和与气态反应物系数和之差，即

$$\Delta n = (d + e) - (a + b)$$

2. 标准平衡常数

标准平衡常数也称热力学平衡常数，以 $K^\ominus$表示。它只是温度的函数。由于最新的国家标准中将标准压力 $p^\ominus$定为 100kPa，所以本书进行有关计算时，均采用 100kPa 下的热力学数据。

(1) 标准平衡常数表达式。对于既有固相 A，又有 B 和 D 的水溶液，以及气体 E 和 H_2O 参与的一般反应，其通式为

$$aA(s) + bB(aq) \rightleftharpoons dD(aq) + fH_2O + eE(g)$$

系统达到平衡时，其标准平衡常数表达式为

$$K^\ominus = \frac{(c_D/c^\ominus)^d (p_B/p^\ominus)^e}{(c_B/c^\ominus)^b} \tag{1-26}$$

即以配平后的化学计量数为指数的反应物的 $c/c^\ominus$(或 $p/p^\ominus$)的乘积除以生成物的 $c/c^\ominus$(或 $p/p^\ominus$)的乘积所得的商(对于溶液的溶质取 $c/c^\ominus$，对于气体取 $p/p^\ominus$)。

标准平衡常数 $K^\ominus$，无压力平衡常数和浓度平衡常数之分。在以后各章节中涉及到的平衡常数均为标准平衡常数 $K^\ominus$。

(2) 书写和应用平衡常数须注意以下几点：①写入标准平衡常数表达式中各物质的浓度或分压，必须是在系统达到平衡状态时相应的值。生成物为分子项，反应物为分母项，式中各物质浓度或分压的指数，就是反应方程式中相应的化学计量数。气体只可用分压表示，而不能用浓度表示，这与气体规定的标准状态有关。②平衡常数表达式必须与计量方程式相对应，同一化学反应以不同计量方程表示时，平衡常数表达式不同，其数值也不同。③反应式中若有纯固态、纯液态，它们的浓度在平衡常数表达式中不必列出。④由于化学反应的平衡常数随温度而改变，使用时必须注意相应的温度。

(3) 平衡常数表达式的意义：①平衡常数的大小是反应自左向右进行的标志。一个反应的平衡常数越大，正向反应进行的程度越大，平衡时的转化率越高；反之，一个反应的平衡常数越小，正向反应进行的程度越小，平衡时的转化率越低。平衡转化率是指平衡时已转化了的某反应物(i)的量与反应前该反应物的量之比，即

$$\begin{aligned}\text{平衡转化率}(\alpha_i) &= \frac{\text{已转化的某反应物}(i)\text{的量}}{\text{反应前反应物}(i)\text{的量}} \times 100\% \\ &= \frac{\text{反应物}(i)\text{的起始物质的量} - \text{反应物}(i)\text{的平衡物质的量}}{\text{反应物}(i)\text{的起始物质的量}} \times 100\% \\ &= \frac{\text{反应物}(i)\text{的起始浓度} - \text{反应物}(i)\text{的平衡浓度}}{\text{反应物}(i)\text{的起始浓度}} \times 100\%\end{aligned}$$

② 由平衡常数可以判断反应是否处于平衡态和处于非平衡态时反应进行的方向。若在一容器中置入任意量的A、B、D、E四种物质，在一定温度下进行下列可逆反应：

$$aA + bB \rightleftharpoons dD + eE$$

此时系统是否处于平衡态？如处于非平衡态，则反应进行的方向如何？为了回答这一问题，引入反应商 Q 的概念。在一定温度下对于任一可逆反应(包括平衡态和非平衡态)，将其各物质的浓度或分压按平衡常数表达式列成分式，即得到反应商 Q。对溶液中的反应：

$$Q = \frac{(c_D/c^{\ominus})^d (c_B/c^{\ominus})^e}{(c_A/c^{\ominus})^a (c_B/c^{\ominus})^b} \tag{1-27}$$

对于气体反应：

$$Q = \frac{(p_D/p^{\ominus})^d (p_B/p^{\ominus})^e}{(p_A/p^{\ominus})^a (p_B/p^{\ominus})^b} \tag{1-28}$$

当 $Q < K^{\ominus}$ 时，说明生成物的浓度(或分压)小于平衡浓度(或分压)，反应处于不平衡的状态，反应将正向进行。反之，当 $Q > K^{\ominus}$ 时，系统也处于不平衡的状态，但这时生成物将转化为反应物，即反应逆向进行。只有当 $Q = K^{\ominus}$ 时，系统才处于平衡的状态，这就是化学反应进行方向的反应商判据。

1.2.3.3 化学平衡常数和平衡转化率的计算

【例 1-14】 合成氨的反应 $N_2 + 3H_2 \rightleftharpoons 2NH_3$ 在某温度下达到平衡时，各物质的浓度是：$c_{N_2} = 3mol/L$，$c_{H_2} = 9mol/L$，$c_{NH_3} = 4mol/L$。求该温度下的实验平衡常数和 N_2、H_2 的原始浓度。

解：(1)求平衡常数 K_c

根据化学平衡定律，得

$$K_c = \frac{c_{NH_3}^2}{c_{N_2} c_{H_2}^3} = \frac{4^2}{3 \times 9^2} = 7.32 \times 10^{-3}$$

(2) 求原始浓度

解决这类问题，首先要根据反应方程式，搞清楚反应物消耗量和产物生成量之间的比例。其次要搞清楚原始浓度、转化浓度和平衡浓度间的关系。

根据反应方程式的系数，可以找出消耗氮气、氢气的物质的量和生成氨气的物质的量之比为1:3:2。

对于反应物：平衡浓度 = 原始浓度 - 转化浓度

对于生成物：平衡浓度 = 原始浓度 + 转化浓度

设生成 4mol/L NH_3 消耗 N_2 $x$mol/L，消耗 H_2 $y$mol/L

$$\begin{array}{ccc} N_2 + & 3H_2 \rightleftharpoons & 2NH_3 \\ 1 & 3 & 2 \\ x & y & 4 \end{array}$$

解得 $x = 2mol/L$；$y = 6mol/L$

氮气的原始浓度 = 平衡浓度 + 转化的浓度 = 2 + 3 = 5(mol/L)

氢气的原始浓度 = 平衡浓度 + 转化的浓度 = 6 + 9 = 15(mol/L)

【例 1-15】 一氧化碳变换反应 $CO + H_2O \rightleftharpoons CO_2 + H_2$，在 773K 时 $K_c = 9$，如果反应开

始时 CO 和 H_2O 的浓度都是 2mol/L，计算在这个条件下 CO 的转化率最大是多少？

解：设平衡时生成 $x$mol/L CO_2

$$CO + H_2O \rightleftharpoons CO_2 + H_2$$

	CO	H_2O	CO_2	H_2
原始浓度	2	2	0	0
平衡浓度	$2-x$	$2-x$	x	x

$$K_c = \frac{c_{H_2}c_{CO_2}}{c_{CO}c_{H_2O}} = \frac{x^2}{(2-x)^2} = 9$$

解得　$x = 1.5$

CO 的转化率最大是：$\alpha_{CO} = \frac{1.5}{2} \times 100\% = 75\%$

【例 1－16】 $AgNO_3$ 和 $Fe(NO_3)_2$ 两种溶液会发生下列反应：

$$Fe^{2+} + Ag^+ \rightleftharpoons Fe^{3+} + Ag$$

在 25℃时，将 $AgNO_3$ 和 $Fe(NO_3)_2$ 两种溶液混合，开始时溶液中 Fe^{2+} 和 Ag^+ 离子浓度各为 0.100mol/L，达到平衡时 Ag^+ 的转化率为 19.4%。求：(1)平衡时 Fe^{2+}、Ag^+ 和 Fe^{3+} 各离子的浓度；(2)该温度下的平衡常数。

解：(1)

	Fe^{2+} +	$Ag^+ \rightleftharpoons$	Fe^{3+} + Ag
起始浓度 c_0(mol/L)	0.100	0.100	0
变化浓度 $c_{变}$(mol/L)	$-0.1\times19.4\%$	$-0.1\times19.4\%$	$0.1\times19.4\%$
平衡浓度 c(mol/L)	0.1－0.0194	0.1－0.0194	0.0194

平衡时：$c_{Fe^{2+}} = c_{Ag^+} = 0.0806$mol/L

$c_{Fe^{3+}} = 0.0194$mol/L

(2)

$$K^{\ominus} = \frac{c_{Fe^{3+}}/c^{\ominus}}{(c_{Fe^{2+}}/c^{\ominus})(c_{Ag^+}/c^{\ominus})} = \frac{0.0194}{0.0806\times0.0806} = 2.99$$

【例 1－17】 水煤气的转化反应为

$$CO(g) + H_2O(g) \rightleftharpoons CO_2(g) + H_2(g)$$

在 850℃，平衡常数 $K^{\ominus}$ 为 1.0。在该温度下于 5.0L 密闭容器中加入 0.040molCO 和 0.040mol H_2O，求该条件下 CO 的转化率和达到平衡时各组分的分压。

解：设 CO 的转化率为 α

	$CO(g)$ +	$H_2O(g) \rightleftharpoons$	$CO_2(g)$ +	$H_2(g)$
起始物质的量 n_0(mol)	0.04	0.04	0	0
平衡时物质的量 n(mol)	$0.04-0.04\alpha$	$0.04-0.04\alpha$	0.04α	0.04α

$$p_{CO} = \frac{n_{CO}RT}{V}$$

$$p_{H_2O} = \frac{n_{H_2O}RT}{V}$$

$$p_{CO_2} = \frac{n_{CO_2}RT}{V}$$

$$p_{H_2} = \frac{n_{H_2}RT}{V}$$

将分压代入 $K^{\ominus}$ 表达式：

$$K^{\ominus} = \frac{(p_{CO_2}/p^{\ominus})/(p_{H_2}/p^{\ominus})}{(p_{CO}/p^{\ominus})/(p_{H_2O}/p^{\ominus})} = \frac{\frac{n_{CO_2}RT}{V} \times \frac{n_{H_2}RT}{V}}{\frac{n_{CO}RT}{V} \times \frac{n_{H_2O}RT}{V}}$$

$$= \frac{n_{CO_2}n_{H_2}}{n_{CO}n_{H_2O}} = \frac{(0.04\alpha)^2}{[0.04(1-\alpha)]^2} = \frac{\alpha^2}{(1-\alpha)^2}$$

则 $\alpha = 50\%$

平衡时各组分的分压为

$$p_{CO} = p_{H_2O} = \frac{0.040(1-0.50) \times 8.314 \times 1123}{5.0 \times 10^{-3}} = 37.3(\text{kPa})$$

$$p_{CO_2} = p_{H_2} = \frac{0.040 \times 0.5 \times 8.314 \times 1123}{5 \times 10^{-3}} = 37.3(\text{kPa})$$

1.2.4 化学平衡的移动

可逆反应中的正反应和逆反应是互相对立的。在一定条件下，当正反应速率和逆反应速率相等时，可逆反应处于平衡状态，这时反应物和生成物的浓度不再随时间而改变。条件(如浓度、压力、温度等)一旦改变，这种平衡就被破坏，可逆反应又处于不平衡状态，经过一段时间后，在新的条件下又会建立起新的平衡状态。在新平衡状态下，反应物、生成物的浓度和原来的平衡状态比较已经不同了。

因为条件改变，旧的平衡被破坏，引起混合物中各物质的含量随之改变，进而达到新平衡状态的过程叫做化学平衡移动。我们讨论化学平衡，就是要使化学平衡向着有利于生产需要的方向移动。

1.2.4.1 浓度对化学平衡的影响

当把三氯化铁溶液和硫氰化钾溶液混合时，便生成血红色的硫氰化铁，其反应如下：

$$FeCl_3 + 3KSCN \rightleftharpoons Fe(SCN)_3 + 3KCl$$

当反应达到平衡时 $v_{正} = v_{逆}$。在平衡体系中加入饱和的 $FeCl_3$ 溶液(或 KSCN 溶液)，可使溶液颜色加深，这是由于反应物浓度的增大，加快了正反应速率，破坏了平衡状态。正反应速率增大后，随着反应的进行，$FeCl_3$ 和 KSCN 的浓度逐渐减小，而 $Fe(SCN)_3$ 和 KCl 的浓度逐渐增大，即正反应速率不断减小，逆反应速率不断增大，最后 $v_{正}$ 又等于 $v_{逆}$，就建立了新的平衡。这时四种物质的浓度和原来平衡状态时各自的浓度不同了，其中 $Fe(SCN)_3$ 和 KCl 的浓度比原来有所增大，所以平衡向右移动了。

同理，在上述平衡体系中，加入饱和 KCl 溶液，则溶液的血红色变浅，这是由于 KCl 的加入使逆反应速率增大，破坏了原来的平衡状态，平衡向左移动。

大量的实验和理论都证明，浓度对化学平衡的影响规律为：在平衡系统中，增大反应物浓度(或减小生成物浓度)，平衡向右(生成物方向)移动；减小反应物浓度(或增大生成物浓度)，平衡向左(反应物方向)移动。

根据这个规律，工业上使平衡尽量向生成物方向移动。

(1) 增大反应物浓度：在化工生产中使较便宜的原料过量，从而使较贵重的原料得到充分利用，例如 SO_2 生成 SO_3 时，就是通入过量的空气，充分使 SO_2 转化为 SO_3($2SO_2 + O_2 \rightleftharpoons 2SO_3$)。

(2) 减小生成物浓度：在反应中不断地将某种生成物取走，则平衡将不断地向生成物方向移动，这样常可以使可逆反应进行到底。例如煅烧石灰石制造生石灰的反应：$CaCO_3 \xrightleftharpoons{加热} CaO + CO_2\uparrow$，将 CO_2 不断地从窑炉中排出，可以使 $CaCO_3$ 几乎全部生成 CaO。

1.2.4.2 压力对化学平衡的影响

压力的改变可以引起气体物质浓度的改变，因此压力的改变对反应速率的影响和浓度对反应速率的影响是一致的。

对于有气体物质参加的化学平衡系统，压力的改变同时引起反应物和生成物中所有气体浓度的变化。这样，也就有可能使得正反应速率和逆反应速率不再相等，从而使化学平衡发生移动。

实验和理论都证明，压力对化学平衡的影响规律为：在平衡系统中，增大气体反应的压力，平衡向气体分子数减少的方向移动；减小气体反应的压力，平衡向气体分子数增加的方向移动；如果反应前后气体的分子数相等，则压力的改变对平衡没有影响。例如在 $2NO_2 \rightleftharpoons N_2O_4$ 的平衡系统增大压力，平衡向右移动：反之，减小压力，平衡向左移动。

1.2.4.3 温度对化学平衡的影响

化学反应总是伴随着热量的变化。对于一个可逆反应来说，如果正反应是放热的，则逆反应一定是吸热的；反之，若正反应是吸热的，则逆反应一定是放热的。例如：在 $2NO_2 \rightleftharpoons N_2O_4 + 54.5kJ$ 反应中，2mol NO_2 化合为 1mol N_2O_4 时放出 54.4kJ 热量；反过来，1mol N_2O_4 分解为 2mol NO_2 时吸收 54.4kJ 热量。

当可逆反应达到平衡后，再升高温度，这时正反应速率和逆反应速率都要加快，但两者加快的程度不同。其中向吸热方向进行的反应速率增大的程度大于向放热方向进行的反应速率增大的程度。所以，总起来说，升高温度，平衡向吸热方向移动。

实验和理论都证明，温度对化学平衡影响的规律为：在平衡系统中，升高温度，平衡向吸热方向移动；降低温度，平衡向放热方向移动。

1.2.4.4 催化剂对化学平衡的影响

催化剂对可逆反应中的正反应速率和逆反应速率都有影响，而且影响程度相同，它能同等程度地加快正反应速率和逆反应速率。因此，催化剂不能改变反应物的转化率，它在化工生产中的重要作用就是加快反应速率，缩短可逆反应达到平衡的时间。在平衡系统中加入催化剂，化学平衡不受影响(即化学平衡不移动)。

1.2.4.5 吕·查德里原理

综合以上影响化学平衡的各种规律，可以得出一个更为概括的结论：假如改变平衡系统的条件之一，如温度、压力或浓度，平衡就向减弱这个改变的方向移动。这个结论对一切动态平衡都适用，人们把这个结论又叫做吕·查德里原理。

关于外界条件对化学反应速率和化学平衡的影响，综合如下(表 1－3)。

表 1－3 外界条件对化学反应速率和化学平衡的影响的结论

反应条件	反应速率	反应速率常数	化学平衡	平衡常数
恒温、恒压下增大反应物浓度	加快	不变	向生成物方向移动	不变
恒温下增大压力(气体反应)	加快	不变	向气体分子数减少的方向移动	不变
恒浓度升高反应温度	加快	增大	向吸热方向移动	变大或变小
恒温、恒压、恒浓度加催化剂	加快	改变	不变	不变

第 2 章　有机化学基础知识

在化学上通常把化合物分为两大类：一类是不含碳的化合物，例如水(H_2O)、硫酸(H_2SO_4)等，叫做无机化合物；另一类是含碳的化合物，例如甲烷(CH_4)、乙烯(C_2H_4)、乙炔(C_2H_2)、苯(C_6H_6)等，叫做有机化合物。历史上，最初是把来源于无生命的矿物的化合物叫做无机化合物；来源于有生命的动植物的化合物叫做有机化合物。由于这个历史原因，像一氧化碳(CO)、二氧化碳(CO_2)、碳酸钠(Na_2CO_3)、碳酸钙($CaCO_3$)等这些来源于无生命的矿物的化合物，虽然含碳，但是并不叫做有机化合物，而是叫做无机化合物。

从本质上讲，有机化合物的最大特点是：(1)数目巨大；(2)异构现象普遍存在。导致有机化合物具有这两大特点的根本原因是来自碳原子独有的性质——碳原子和碳原子之间可以以强的共价键连接起来形成碳链(开链)和碳环(闭链)。正是由于碳原子的这种独有的性质，才使有机化合物具有上述特点。

2.1　有机化合物的分类、命名和结构

2.1.1　有机化合物的分类

分子中原子间互相连接的顺序和方式叫做分子构造。换句话说，分子构造表示分子中哪个原子和哪个原子相连接，以及是怎样连接的。有机化合物就是按照它们的分子构造进行分类的。分类时既要考虑到碳骨架，又要考虑到官能团。

1. 按碳骨架分类

按照碳骨架，通常把有机化合物分为四大类。

(1) 开链化合物(脂肪族化合物) 这类化合物的共同特点是分子的链都是张开的。开链化合物最初是从动植物油脂中获得的，所以也叫脂肪族化合物。如乙烷、乙烯、乙醇等是脂肪族化合物。

$CH_3—CH_3$　　$CH_2═CH_2$　　$CH_3—CH_2—OH$

乙烷　　乙烯　　乙醇

(2) 脂环化合物　这类化合物的共同特点是，分子中具有由碳原子连接而成的环状结构(苯环结构除外)。这类环状化合物的性质与脂肪族化合物相似，所以叫做脂环化合物。如环己烷、环己烯、环己醇等是脂环化合物。

环己烷　　环己烯　　环己醇

(3) 芳香族化合物　这类化合物的共同特点是，在它们的分子中一般具有苯环结构。如苯、甲苯、苯酚等是芳香族化合物。

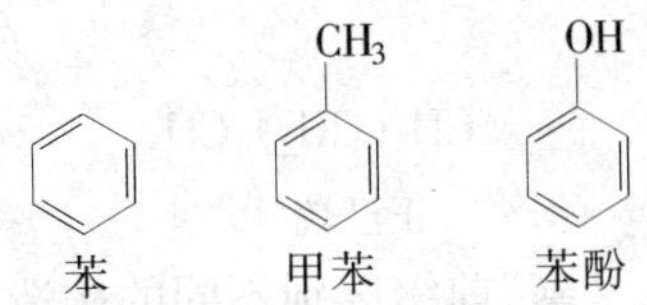

(4) 杂环化合物　这类化合物的共同特点是，在它们的分子中也具有环状结构，但是，在环中除碳原子外，还有其他原子(例如O、S、N等)存在。如糠醛、噻吩、吡啶等是杂环化合物。

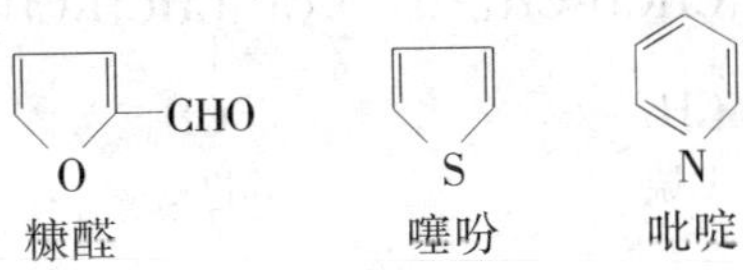

2. 按官能团分类

官能团指的是有机化合物分子中那些特别容易发生反应的原子或基团，这些原子或基团决定这类有机化合物的主要性质。例如，烯烃中的C═C双键，炔烃中的C≡C三键，卤代烃中的卤原子(F、Cl、Br、I)，醇中的羟基(OH)等。

一些常见的、重要的官能团见表2-1。

表2-1　一些常见的、重要的官能团

名　称	官 能 团	官能团名称	名　称	官 能 团	官能团名称
烯烃	$>C=C<$	双键	羧酸	$-\overset{O}{\overset{\parallel}{C}}-OH$	羧基
炔烃	—C≡C—	三键	腈	—CN	氰基
醇、酚	—OH	羟基		$-NO_2$	硝基
卤代烃	—X(F，Cl，Br，I)	卤原子	胺	$-NH_2$(—NHR，$-NR_2$)	氨基
醚	(C)—O—(C)	醚键	磺酸	$-SO_3H$	磺酸基
醛	$-\overset{O}{\overset{\parallel}{C}}-H$	醛基	酮	$(C)-\overset{O}{\overset{\parallel}{C}}-(C)$	酮基

分类时，一般是先按照碳骨架分类，再按照官能团分类。本书是按照这种分类方法逐类介绍有机化合物。因为含相同官能团的化合物具有类似的性质，将它们归于一类进行研究较为方便，而且还能反映它们之间的相互联系。

2.1.2　有机化合物的命名

2.1.2.1　烷烃的命名

烃分子中去掉一个氢原子后剩下的基团称为烃基。烷烃分子中去掉一个氢原子后剩下的基团称为烷基。如CH_4去掉一个氢原子后，剩下的$-CH_3$叫甲基，依次类推CH_3-CH_2-(乙基)等等。烷基通常用-R表示。

烷烃的命名方法有三种：习惯命名法、衍生物命名法、系统命名法。其中最普遍使用的是系统命名法。下面简单介绍习惯命名法和系统命名法。

1. 习惯命名法

在习惯命名法中，把直链烷烃叫做正某烷。分子中碳原子数在十个以下时，用甲、乙、丙、丁、戊、己、庚、辛、壬、癸表示，碳原子数十个以上的，直接用中文数字表示。

例如：

$CH_3(CH_2)_2CH_3$　　　　$CH_3(CH_2)_4CH_3$　　　　$CH_3(CH_2)_{10}CH_3$

正丁烷　　　　正己烷　　　　正十二烷

对于带支链的烷烃，以“异”、“新”前缀区别不同的构造异构体。直链上第二个碳上有一个甲基的烷烃叫异某烷；直链上第二个碳上连有两个甲基的烷烃叫新某烷。例如：

$$\begin{array}{l} CH_3CHCH_3 \\ \qquad | \\ \qquad CH_3 \end{array} \qquad \begin{array}{l} CH_3CHCH_2CH_3 \\ \qquad | \\ \qquad CH_3 \end{array} \qquad \begin{array}{l} CH_3CHCH_2CH_2CH_3 \\ \qquad | \\ \qquad CH_3 \end{array} \qquad \begin{array}{c} CH_3 \\ | \\ CH_3CCH_3 \\ | \\ CH_3 \end{array}$$

异丁烷　　　　异戊烷　　　　异己烷　　　　新戊烷

2. 系统命名法

系统命名法是最普遍使用的命名法。它是采用国际上通用的 IUPAC 命名原则，结合我国文字特点制订的一种命名方法。

对于直链烷烃，按照它所含有的碳原子数叫做某烷，只是不加“正”字。例如：

$CH_3(CH_2)_4CH_3$　　　　$CH_3(CH_2)_7CH_3$　　　　$CH_3(CH_2)_{10}CH_3$

己烷　　　　壬烷　　　　十二烷

对于带支链的烷烃，则把它看作是直链烷烃的烷基衍生物，按照下列规定命名：

(1) 从构造式中选定最长的碳链作为主链，把支链看作取代基，以主链为标准，根据主链所含碳原子的数目称为某烷。

(2) 把主链上的碳原子从靠近支链的一端开始编号，依次标以阿拉伯数字 1，2，3…。取代基的位置，由它所在的主链上碳原子的号数表示。

(3) 把取代基的名称写在烷烃名称之前，在取代基名称的前面注明它所在的位置。在号数和取代基之间加一横线。例如：

$$\begin{array}{ccccccc} \scriptstyle 1 & & \scriptstyle 2 & & \scriptstyle 3 & & \scriptstyle 4 \\ CH_3 & — & CH & — & CH_2 & — & CH_3 \\ & & | & & & & \\ & & CH_3 & & & & \end{array} \qquad \begin{array}{ccccccccccc} \scriptstyle 6 & & \scriptstyle 5 & & \scriptstyle 4 & & \scriptstyle 3 & & \scriptstyle 2 & & \scriptstyle 1 \\ CH_3 & — & CH_2 & — & CH_2 & — & CH & — & CH_2 & — & CH_3 \\ & & & & & & | & & & & \\ & & & & & & CH_2—CH_3 & & & & \end{array}$$

2－甲基丁烷　　　　3－乙基己烷

(4) 如果含有几个不同的取代基，把简单的写在前面，复杂的写在后面，取代基和取代基之间用横线隔开。

$$\begin{array}{ccccccccccc} \scriptstyle 1 & & \scriptstyle 2 & & \scriptstyle 3 & & \scriptstyle 4 & & \scriptstyle 5 & & \scriptstyle 6 \\ CH_3 & — & CH & — & CH_2 & — & CH & — & CH_2 & — & CH_3 \\ & & | & & & & | & & & & \\ & & CH_3 & & & & CH_2—CH_3 & & & & \end{array}$$

2－甲基－4－乙基己烷

(5) 如果在带有的取代基中，有几个是相同的取代基，则在相同的取代基前面用数字二、三、四等表明取代基的数目，其位置则须逐个注明。例如：

$$\begin{array}{ccccccccc} & & CH_3 & & & & & & \\ \scriptstyle 1 & & \scriptstyle 2\,| & & \scriptstyle 3 & & \scriptstyle 4 & & \scriptstyle 5 \\ CH_3 & — & C & — & CH_2 & — & CH_2 & — & CH_3 \\ & & | & & & & & & \\ & & CH_3 & & & & & & \end{array} \qquad \begin{array}{ccccccccccc} & & & & CH_3 & & CH_2—CH_3 & & & & \\ & & \scriptstyle 3 & & \scriptstyle 4\,| & & \scriptstyle 5\,| & & \scriptstyle 6 & & \scriptstyle 7 \qquad \scriptstyle 8 \\ CH_3 & — & CH & — & CH & — & C & — & CH_2 & — & CH_2—CH_3 \\ & & \scriptstyle 2\,| & & \scriptstyle 1 & & | & & & & \\ & & CH_2—CH_3 & & & & CH_2—CH_3 & & & & \end{array}$$

2，2－二甲基戊烷　　　　3，4－二甲基－5，5－二乙基辛烷

(6) 如果含有两个相等的最长碳链，应选择带支链多的为主链。例如：

$$\overset{1}{CH_3}—\overset{2}{CH}(CH_3)—\overset{3}{CH}(CH_3)—\overset{4}{CH}(CH_2—CH_2—CH_3)—\overset{5}{CH}(CH_3)—\overset{6}{CH_2}—\overset{7}{CH_3}$$

2，3，5－三甲基－4－丙基庚烷

(7) 有些结构比较复杂的烷烃，不管从哪端开始编号，第一个取代基的位次都相同。在命名时，应使第二个取代基的位次尽可能小。如果从两端编号取代基的位次完全一样，则小取代基以较小的位次。

$$\overset{1}{CH_3}—\overset{2}{CH_2}—\overset{3}{CH}(CH_3)—\overset{4}{CH_2}—\overset{5}{CH}(CH(CH_3)_2)—\overset{6}{CH_2}—\overset{7}{CH_2}—\overset{8}{CH_2}—\overset{9}{CH}(CH_2CH_3)—\overset{10}{CH_2}—\overset{11}{CH_3}$$

3－甲基－9－乙基－5－异丙基十一烷

2.1.2.2 含官能团化合物的命名

1. 烯烃和炔烃的系统命名法

烯烃的系统命名法与烷烃相似，只把“烷”字改成“烯”字，碳原子数在十个以下的烯烃用天干表示，称为某烯；十个碳原子以上的烯烃用中文数字表示，再加上“碳”字，称为某碳烯。四个碳原子以上的烯烃，双键的位置可以不同，因此必须标明双键的位次，才能正确反映分子结构。命名的要求如下：

(1) 选择含有双键的最长碳链作为主链，按主链上碳原子的数目而称为某烯。

(2) 主链上的碳原子，从靠近双键的一端开始，用阿拉伯数字依次编号。双键的位次以双键上编号较小的数字表示，写在烯烃名称之前。

(3) 支链作为取代基。取代基的位次、数目和名称，写在双键的位次之前。

$$\overset{5}{CH_3}—\overset{4}{CH_2}—\overset{3}{CH}(CH_3)—\overset{2}{CH}=\overset{1}{CH_2}$$

3－甲基－1－戊烯

$$\overset{5}{CH_3}—\overset{4}{CH}(CH_3)—\overset{3}{CH}=\overset{2}{C}(CH_3)—\overset{1}{CH_3}$$

2,4－二甲基－2－戊烯

$$CH_3(CH_2)_{15}CH=CH_2$$

1－十八碳烯

炔烃的命名方法也和烯烃相似，把“某烯”变为“某炔”即可。

2. 单环芳烃的命名

单环芳烃指的是苯和它的脂肪烃基取代物。

(1) 简单的一元取代苯以苯为母体、烷基为取代基来命名，称为某烷基苯。对于≤10个碳的烷基，常省略某基的“基”字；对于>10个碳的烷基，一般不省略“基”字。例如：

$C_6H_5—CH_3$ 甲苯　　$C_6H_5—CH_2CH_3$ 乙苯　　$C_6H_5—CH_2(CH_2)_{10}CH_3$ 十二烷基苯

(2) 相同二元取代苯命名时是以邻、间、对作为字头来表明两个取代基的相对位次，也可以用阿拉伯数字来表明取代基的位次。例如：

邻二甲苯　　间二甲苯　　对二甲苯

或1，2－二甲苯　　或1，3－二甲苯　　或1，4－二甲苯

(3) 当苯环上边有两个或两个以上取代基时，可用阿拉伯数字表明取代基的相对位置，苯环编号一般选择含碳原子数最少的取代基为1号，并使取代基的号数尽可能减小。

1－甲基－3－乙苯　　1，4－二甲基－2－乙苯　　1－甲基－4－乙基－2－异丙苯

(4) 当苯环上有三个相同的取代基时，也常用“连”、“偏”、“均”等字头表明取代基的相对位置。例如：

连三甲苯　　偏三甲苯　　均三甲苯

1,2,3－三甲苯　　1,2,4－三甲苯　　1,3,5－三甲苯

(5) 芳烃分子中从苯环上去掉一个或几个氢原子后剩下的基团称为芳基。去掉一个氢原子后所得到的芳基叫一价芳基，常用 Ar－表示。常见的一价芳基，如苯基(苯环上去掉一个氢原子后剩下的基团)一般是用 Ph－表示。

当苯环连接的脂肪烃基比较复杂，或连接的是不饱和烃基，或烃链上有多个苯环时，则以脂肪烃作为母体，苯作为取代基来命名。例如：

2－甲基－3－苯基丁烷　　邻甲苯基乙炔　　5－甲基－1－苯基－2－庚烯

从单环芳烃的侧链上去掉一个或几个氢原子后剩下的基团则是以苯作为取代基的链烃基来命名的。例如：

苯甲基　　三苯甲基

3. 醇的系统命名法

(1) 羟基为官能团，以醇为母体命名，其命名原则是：选择含有羟基的最长碳链作为主

链，支链为取代基；主链碳原子的编号从靠近羟基的一端开始，以主链碳原子的数目称为某醇；醇名前按次序规则冠以取代基的位次、数目、名称及羟基的位次、数目。

(2) 不饱和醇应选择同时含有羟基和不饱和键的最长碳链作为主链。

4. 酚的命名法

酚的命名一般是在“酚”字前加上芳烃的名称作为母体，按最低系列原则和立体化学中次序规则再冠以其他取代基的位次、数目和名称。当芳环上连有—COOH、—SO_3H、—CHO 等基团时，则把羟基作为取代基来命名。例如：

间甲苯酚　5－甲基－2－异丙基苯酚　1－萘酚　对羟基苯甲醛　对羟基苯磺酸

多元酚则需要表示出羟基的位次和数目。例如：

对苯二酚　1,2,3－苯三酚　1,2,4－苯三酚

5. 醚的命名法

简单的醚命名时，先写出烃基的名称，再加上“醚”字；并常省去烃基的“基”字。命名单醚时省略名称前的“二”字。命名混醚时，则将较小的烃基放在名称的前面，芳烃基放在烷基的前面。例如：

$CH_3OCH_2CH_3$　甲乙醚

$CH_3CH_2OCH_2CH_3$　二乙醚

$CH_3OCH_2CH=CH_2$　甲基烯丙基醚

$C_6H_5—O—CH_3$　苯甲醚

结构比较复杂的醚用系统命名法。选择与氧相连碳原子数较多的烃基为主链，当作母体；而把另一烃基和氧原子看作烃氧基，即将 RO—作为取代基，烃氧基的命名只要将相应的烃基名称后加“氧”字即可。命名原则与前面已经讨论过的系统命名法的原则相同。例如：

$CH_3CH_2CH_2CH_2CH(OCH_3)CH_3$　2－甲氧基己烷

$HOCH_2CH_2CH_2CH_2OCH(CH_3)CH_3$　4－异丙氧基－1－丁醇

6. 醛、酮的命名法

(1) 习惯命名法　醛的习惯命名和伯醇相似，只要把“醇”字改为“醛”字便可。例如：

$CH_3CH_2CH_2CHO$　正丁醛

$(CH_3)_2CHCHO$　异丁醛

命名酮时，则只需在羰基所连接的两个烃基名称后面加上“酮”字。脂肪混酮命名时，要把简单的烃基写在前面；但芳基和脂基的混酮却要把芳基写在前面。例如：

CH_3COCH_3　二甲酮

$CH_3COCH_2CH_3$　甲基乙基酮(甲乙酮)

$C_6H_5COCH_2CH_3$　苯基乙基酮

(2) 系统命名法　选择含有羰基的最长碳链作为主链，从离羰基最近的一端开始，将主链碳原子编号，然后把取代基的位次、数目及名称写在醛、酮母体名称前面。此外，还需在酮名称前面标明羰基的位次。因醛基总在碳链一端，永远是1号，在命名醛时没有必要标出其位次。

$CH_3CH(CH_3)CH_2CHO$　3－甲基丁醛

邻羟基苯甲醛（水杨醛）（邻-HOC_6H_4CHO）

$C_6H_5CH_2CH_2COCH_3$　4－苯基－2－丁酮

不饱和醛、酮命名时，应选择同时含有羰基和不饱和键的最长碳链作为主链，主链编号时仍从靠近羰基的一端开始，称为某烯醛或某烯酮，并在名称中标明不饱和键的位次。例如：

$CH_3CH=CHCHO$　2－丁烯醛

$CH_3COCH_2CH=CH_2$　4－戊烯－2－酮

$C_6H_5CH=CHCHO$　3－苯基丙烯醛

7. 羧酸的命名方法

脂肪酸的系统命名原则与醛相同，即选择含有羧基的最长碳链作为主链，按主链碳原子的数目称为某酸，编号从羧基碳原子开始，用阿拉伯数字标明取代基的位次，并将取代基的位次、数目、名称写于酸名称之前。对于不饱和酸，则选取含有不饱和键和羧基的最长碳链称为某烯酸或某炔酸，并标明不饱和键的位次。例如：

$\overset{4}{C}H_3-\overset{3}{C}H(CH_3)-\overset{2}{C}H_2-\overset{1}{C}OOH$　3－甲基丁酸

$Cl\overset{5}{C}H_2-\overset{4}{C}H=\overset{3}{C}H-\overset{2}{C}H_2-\overset{1}{C}OOH$　5－氯－3－戊烯酸

命名脂肪二元羧酸时，则选择含有两个羧基的最长碳链作为主链，称为某二酸。例如：

$HOOC-CH_2-CH_2-CH_2-COOH$　戊二酸

$HOOC-CH(Cl)-CH_2-COOH$　氯代丁二酸

芳香酸分为两类：一类是羧基连在芳环上，一类是羧基连在侧链上。前者以芳甲酸为母体，环上其他基团作为取代基来命名；后者以脂肪酸为母体，芳基作为取代基来命名。例如：

邻甲基苯甲酸（邻-$CH_3C_6H_4COOH$）　1,4－苯二甲酸（$HOOC-C_6H_4-COOH$）　3－苯丙烯酸（$C_6H_5CH=CH-COOH$）　β－萘乙酸（$C_{10}H_7CH_2COOH$）

羧酸分子中的羧基除去羟基后的基团（ $R-\overset{O}{\overset{\|}{C}}-$ ， $Ar-\overset{O}{\overset{\|}{C}}-$ ）按原来酸的名称而称某酰基。对于 $R-\overset{O}{\overset{\|}{C}}-O-$ 或 $Ar-\overset{O}{\overset{\|}{C}}-O-$ 基团则称为某酰氧基。例如：

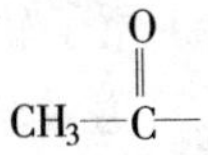

$$\underset{\text{乙酰基}}{CH_3-\overset{\overset{O}{\|}}{C}-}\qquad \underset{\text{乙酰氧基}}{CH_3-\overset{\overset{O}{\|}}{C}-O-}\qquad \underset{\text{苯乙酰基}}{C_6H_5-CH_2-\overset{\overset{O}{\|}}{C}-}\qquad \underset{\text{苯乙酰氧基}}{C_6H_5-CH_2-\overset{\overset{O}{\|}}{C}-O-}$$

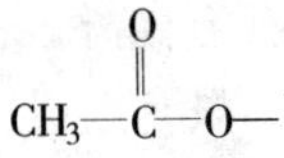

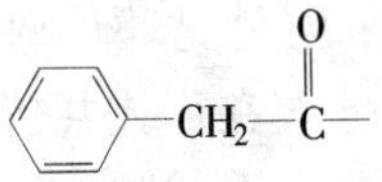

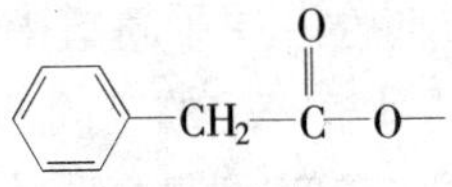

2.1.3 有机化合物的结构

2.1.3.1 共价键的形成

1. 原子轨道

用量子力学描述核外电子运动状态的数学函数式叫原子轨道。主量子数 n、角量子数 l 和磁量子数 m 可以表示原子轨道或电子云离核的远近、形状极其在空间伸展的方向。此外，还有用来描述电子自旋运动的自旋量子数 m_s。下面分别予以说明。

(1) 主量子数 n　主量子数 n 的取值数为从 1 开始的正整数(1，2，3，4…)。主量子数表示电子离核的平均距离，n 越大，电子离核的平均距离越远。电子离核越近，其能量越低，因此电子的能量随 n 的增大而升高。n 是决定电子能量的主要量子数。n 值又代表电子层数，电子层用(K，L，M，N…)表示。

(2) 角量子数 l　根据光谱实验及理论推导，即使在同一电子层内，电子的能量、运动状态也有所差别，即一个电子层还可以分为若干个能量稍有差别、原子轨道形状不同的亚层。角量子数 l 就是用来描述不同亚层的量子数。l 的取值受 n 的制约，可以取从 0 到 $n-1$ 的正整数。

每个 l 值代表一个亚层。第一电子层只有一个亚层，第二电子层有二个亚层，以此类推。亚层用光谱符号 s，p，d，f 等表示。同一电子层中，随着 l 数值的增大原子轨道能量也依次升高。

(3) 磁量子数 m　磁量子数是用来描述原子轨道在空间的伸展方向的。原子轨道不仅有一定的形状还有不同的空间伸展方向。当角量子数为 l 时，m 的取值可以从 $+1$ 到 -1 并包括 0 在内的整数。每个取值表示亚层中的一个有一定空间伸展方向的轨道。因此一个亚层中 m 有几个数值，该亚层中就有几个伸展方向不同的轨道。

(4) 自旋量子数 m_s　描述电子自旋运动的量子数称为自旋量子数 m_s。取值为 $+1/2$ 和 $-1/2$，符号用"↑"和"↓"表示。由于自旋量子数只有两个取值，因此每个原子轨道最多能容纳 2 个电子。

2. 价键理论的要点

价键理论的基本要点为：

(1) 电子配对原理　两个键合原子互相接近时，各提供 1 个自旋方向相反的电子彼此配对，形成共价键，故价键理论又称电子配对法。例如，H_2 分子的形成可表示为

H [↑] + H [↓] → H [↓↑] H 或简写成 H—H 或 H:H

(2) 最大重叠原理　成键电子的原子轨道重叠越多，则两核间的电子概率密度越大，形成的共价键越牢固。

3. 共价键的特征

价键理论的两个基本要点，决定了共价键具有的两种特性，即饱和性和方向性。

(1) 饱和性　根据自旋方向相反的两个未成对电子，可以配对形成一个共价键，推知一个原子有几个未成对电子，就只能和同数目自旋方向相反的未成对电子配对成键，即原子所能形成共价键的数目受未成对电子数所限制。这一特性称为共价键的饱和性。

(2) 方向性　原子轨道中，除 s 轨道是球形对称没有方向外，p，d，f 原子轨道中的等价轨道，都具有一定的空间伸展方向。在形成共价键时，只有当成键原子轨道沿合适的方向相互靠近，才能达到最大程度的重叠，形成稳定的共价键。因此，共价键必然具有方向性，称为共价键的方向性。

4. 共价键的类型

共价键可以从不同角度进行分类。根据原子轨道的重叠方式可以将共价键分为 σ 键和 π 键。

(1) σ 键　原子轨道沿两原子核的连线(键轴)，以“头顶头”方式重叠，重叠部分集中于两核之间，通过并对称于键轴，这种键称为 σ 键。形成 σ 键的电子称为 σ 电子。

(2) π 键　原子轨道垂直于两核连线，以“肩并肩”方式重叠，重叠部分在键轴的两侧并对称于与键轴垂直的平面。这样形成的键称为 π 键。形成 π 键的电子为 π 电子。

通常 π 键形成时原子轨道重叠程度小于 σ 键的，故 π 键没有 σ 键稳定，π 电子容易参与化学反应。

当两原子形成双键或三键时，既有 σ 键又有 π 键。例如，N_2 分子的 2 个 N 原子之间就有一个(且只能有一个)σ 键和两个 π 键。N 原子的价层电子构型为 $2s^22p^3$，三个未成对的 2p 电子分布在三个互相垂直的 $2p_x$，$2p_y$，$2p_z$ 原子轨道上。当两个 N 原子形成 N_2 分子时，若两个 N 原子的 $2p_x$ 以“头顶头”方式重叠形成 $\sigma_{p_x-p_x}$ 键，则垂直于 σ 键键轴的 $2p_y$，$2p_z$ 只能分别以“肩并肩”方式重叠，形成 $\pi_{p_y-p_y}$ 和 $\pi_{p_z-p_z}$ 键。

2.1.3.2　甲烷的结构

碳原子基态时，电子层的构型是 $1s^22s^22p^2$，也就是在它最外层的四个电子中，两个 s 电子已经配对，另外为两个未配对的 p 电子按照共价键理论，它似乎只能形成两个共价键。这与事实不符，因为甲烷分子中碳原子是四价的。为解决这一矛盾，杂化轨道理论认为，碳原子在形成共价键时接受能量，其中一个 2s 电子被激发到 2p 空轨道上，激发态的价电子是 $(2s)^1(2p_x)^1(2p_y)1(2p_z)^1$。四个外层电子分别占据四个轨道，于是变成了四价。同时，2s 和 2p 轨道由于能量相近，它们在一定条件下可以“混合”起来，组成能量相等的新轨道。这个组合新轨道的过程叫杂化。由一个 s 轨道和三个 p 轨道杂化形成的新轨道称为 sp^3 杂化轨道。这种方式的杂化叫 sp^3 杂化。

sp^3 杂化轨道形状既不像 s 轨道呈球形，也不像 p 轨道呈现哑铃形。而是分成大小两瓣，原子核位于两瓣的交点。大的一瓣是成键的方向，四个 sp^3 杂化轨道对称轴的夹角均为 109°28′。此时轨道之间彼此距离最远，排斥最小，体系也最稳定。

形成 CH_4 分子时，四个氢原子是以其 s 轨道沿着碳原子 sp^3 杂化轨道对称轴的方向分别与四个等同的 sp^3 轨道大头一瓣“头顶头”地重叠——形成 σ 键。在重叠的轨道上有两个自旋相反的电子，形成四个 C—H 键。所以，这四个 C—H 键是等同的，各个 C—H 键间的夹角均为 109°28′，组成了具有正四面体结构的甲烷分子。

除甲烷以外的其他烷烃，都含有两个以上碳原子，因此分子中除存在 C—H 键外，还存在 C—C 键。而 C—C 键则是由两个碳原子分别以一个 sp^3 杂化轨道沿对称轴方向重叠而成的。键与键的夹角为 109°28′。

2.1.3.3　烯烃的结构

1. 乙烯的结构

乙烯分子由两个碳原子和四个氢原子所组成，每个碳原子分别与一个碳原子和两个氢原子相连接，碳原子也发生了原子轨道的杂化，但杂化的方式不同于烷烃。乙烯碳原子的杂化轨道是由一个2s轨道和两个2p轨道重新组合形成的，这种杂化方式称为sp^2杂化。由sp^2杂化所形成的新轨道称sp^2杂化轨道，其形状与sp^3杂化轨道相似，三个sp^2杂化轨道的对称轴分布在同一个平面上，键轴间夹角为120°。余下的一个2p轨道未参与轨道的杂化，则垂直于sp^2杂化轨道对称轴所在的平面。

在形成乙烯分子时，两个碳原子各以一个sp^2杂化轨道，沿对称轴方向发生，"头对头"式的正面重叠，组成一个C—Cσ键；其余的四个sp^2杂化轨道，则沿对称轴方向分别与四个氢原子的1s轨道重叠，组成四个C—Hσ键。这五个σ键同处于一个平面，相邻两个σ键的夹角近于120°。同时，两个未杂化的2p轨道因垂直于共同的平面而相互平行，它们彼此在侧面发生"肩并肩"式的重叠——形成π键。

乙烯分子的碳碳双键，不是碳碳单键简单的相加，而是由一个σ键和一个π键组成的，并且π键垂直于σ键所在的平面，对称分布在这个平面的两侧。虽然乙烯双键中的两个键不是等同的，但为了书写方便起见，仍将碳碳双键写成C═C。

2. 1,3－丁二烯的结构

实验测定，1，3－丁二烯(CH_2═CH—CH═CH_2)分子中的4个C原子和6个H原子都在同一个平面内。由于所有的键角都接近120°，所以这4个C原子是以sp^2轨道成键——互相以sp^2轨道形成3个C—Cσ键，并与6个H原子的s轨道形成6个C—Hσ键。4个C原子、6个H原子和9个σ键的键轴都在同一个平面内。每1个C原子还剩余(例如p_z轨道)和1个p电子(例如p_z电子)。这4个p轨道垂直于C原子核所在的平面，互相平行。结果是，不仅C^1与C^2原子、C^3与C^4原子的p轨道能够"肩并肩"地重叠，而且C^2与C^3原子的p轨道也能够"肩并肩"地重叠(虽然重叠得少些)，使所有这4个C原子的p轨道都"肩并肩"地重叠起来，形成一个整体。在这个整体中有4个电子，形成一个包括4个原子、4个电子的共轭π键。

包括3个或3个以上原子的π键叫做共轭π键。共轭π键也叫做大π键。含有共轭π键的分子叫做共轭分子。共轭π键也叫做离域π键。这是因为形成共轭π键的电子并不是运动于相邻的两个原子之间，或者说，并不是定域于相邻的两个原子之间，而是离域扩展到共轭π键包括的所有原子之上。

由此可见，电子离域的先决条件是组成共轭π键的sp^2杂化碳原子必须共平面，否则离域将减弱，甚至不能产生。

1,3－丁二烯分子中虽然有共轭π键，但是，1,3－丁二烯的分子构造一般仍用构造式CH_2═CH—CH═CH_2表示。当然采用这个构造式时，要知道1,3－丁二烯分子中具有共轭π键。

2.1.3.4 乙炔的结构

乙炔含有两个碳原子和两个氢原子，每个碳原子各与一个碳原子和一个氢原子相连。碳原子也发生了原子轨道的杂化，即由2s轨道和一个2p轨道重新组合，形成两个相同的sp杂化轨道，其形状与sp^2杂化轨道相似。两个sp杂化轨道对称轴的夹角为180°。每个碳原子还余下两个2p轨道，这两个2p轨道各自垂直于sp杂化轨道的对称轴，彼此又相互垂直。

成键时，两个碳原子各以一个sp杂化轨道沿着对称轴方向重叠，形成一个碳碳σ键，其余两个sp杂化轨道分别与两个氢原子的1s轨道重叠，分别组成两个碳氢σ键。三个σ键成一直线。在形成σ键的同时，两对相互平行的p轨道从侧面"肩并肩"地重叠，形成两个互

相垂直的 π 键。一个是在 C≡C 三键键轴的上面和下面，另一个在前面和后面。从电子云来看，这两个 π 键的电子云是以 C—Cσ 键键轴为对称轴，对称的分布在 C—Cσ 键的上、下、前、后，呈圆筒形。

2.1.3.5　苯环的结构

苯的分子组成为 C_6H_6，碳氢原子数之比为 1∶1，和乙炔的碳氢比相同，但其性质和乙炔相差甚远。这与苯的特殊结构是分不开的。

经过近代物理方法的研究证明，苯分子中的六个碳原子都采取了 sp^2 杂化，每个碳原子分别以两个 sp^2 杂化轨道分别和相邻的两个碳原子的 sp^2 杂化轨道重叠，形成了六个碳碳 σ 键，每个碳原子又以一个 sp^2 杂化轨道，分别与氢原子的 1s 轨道相重叠，又形成了六个碳氢 σ 键。这样，六个碳原子便通过 sp^2 杂化轨道连接起来，组成一个正六边形，它们与六个氢原子同处于一个平面上，并且相邻两个 σ 键之间的夹角都是 120°。每个碳原子还剩余一个未参与杂化的 2p 轨道，分别垂直于碳环所在的平面且彼此平行。它们又发生侧面重叠，使六个 p 轨道连接起来，形成一个环状大 π 键。

在苯分子的大 π 键中电子运动范围不再局限于某两个碳原子之间，而是扩展到六个碳原子周围，产生了电子的离域现象。苯分子中 p 轨道的重叠程度完全相同，并且 π 电子离域范围是连续不断的，成为一个闭合的共轭体系。

由于环状的、六原子、六电子大 π 键的形成，使苯分子内六个碳碳键完全平均化，此时整个分子能量最低，体系也最稳定。所以苯的性质不同于一般不饱和烃。

苯的这种结构，到目前为止还没有一个统一的结构式。一般采用较多的有以下两种：

无论采用哪种结构式都必须注意，苯分子中的碳碳键既不是单键，也不是一般的双键，而是六个等同的碳碳键，组成了一个均匀的闭合的共轭体系。

2.1.4　有机反应的类型和试剂类型

1. 有机反应的类型

有机反应总的来说可以分为均裂(或均解)反应、异裂(或异解)反应、协同反应等几类。均裂反应和异裂反应是其中的两大类。

在有机反应中，连接两个原子或基团(例如 X 和 Y)之间的共价键断裂时，有两种不同的方式。一种是共价键断裂的结果使 X 和 Y 之间的共有电子对中的一个电子属于了 Y，另一个电子属于了 X。

$$X:Y \longrightarrow X\cdot + \cdot Y$$

X 和 Y 各带有一个未配对电子，是自由基。也就是说，共价键断裂的结果生成了两个自由基——X·和·Y。共价键的这种断裂方式叫做均裂。反应中有均裂发生的，叫做均裂反应。均裂反应也叫做自由基反应。

另一种是共价键断裂的结果使 X 和 Y 之间的共有电子对属于了 X，或者属于了 Y，生成正离子、负离子或者分子。

$$X:Y \longrightarrow X^+ + :Y^-$$

$$X:Y \longrightarrow X:^- + Y^+$$

X 或者 Y，一个带有孤对电子，另一个则带有空轨道。共价键的这种断裂方式叫做异裂。反应中有异裂发生的，叫做异裂反应。异裂反应也叫做离子反应。

2. 试剂类型

对应于自由基反应和离子反应，试剂分为自由基试剂和离子试剂。

烷烃的光氯化或热氯化是自由基反应。反应时，进攻烷烃的是 Cl·原子，即氯自由基。在这个反应中，产生 Cl·原子的氯(Cl_2)是自由基试剂。

在离子反应中，根据试剂本身是亲核的、还是亲电的，离子试剂分为亲核试剂和亲电试剂两类。亲核试剂是，反应时把它的孤对电子作用于有机化合物分子中与它发生反应的那个原子，与之共有。例如 $:OH^-$，$:NH_2^-$，$:CN^-$，$:Cl^-$，$H_2O:$，$:NH_3$ 等都是亲核试剂。有机化合物与亲核试剂的反应叫做亲核反应，例如，1－氯丁烷的碱性水解

$$CH_3CH_2CH_2CH_2—Cl + :OH^- \longrightarrow CH_3CH_2CH_2CH_2—OH + :Cl^-$$

亲电试剂是，反应时试剂从有机化合物分子中与它发生反应的那个原子接受电子对，而与之共用。例如 H^+，Cl^+(反应时瞬间产生的)，BF_3 等都是亲电试剂。有机化合物与亲电试剂的反应叫做亲电反应，例如，乙醚与三氟化硼生成乙醚－三氟化硼络合物的反应。

$$CH_3CH_2—\ddot{\underset{..}{O}}—CH_2CH_3 + BF_3 \longrightarrow CH_3CH_2—\underset{\underset{\cdots}{BF_3}}{\overset{+}{\ddot{\underset{..}{O}}}}—CH_2CH_3$$

2.2 烃

2.2.1 烷烃

只由碳、氢两种元素组成的化合物叫做碳氢化合物，简称烃。烃是一切有机化合物的母体。按照分子中碳架结构的不同，烃可以分为脂肪烃、脂环烃、芳香烃三大类。开链的烃也叫做脂肪烃，脂肪烃又可分为烷烃、烯烃、炔烃三类。碳原子之间都以单键相互结合，成链状结构，碳原子的其余价键全部被氢原子所饱和的碳氢化合物，称为饱和烃或烷烃。从组成和结构上看，烷烃是最简单的一类有机化合物。

2.2.1.1 烷烃的通式和同分异构

能够代表任意一个烷烃组成的式子，称为烷烃的通式。如：甲烷(CH_4)、乙烷(C_2H_6)、丙烷(C_3H_8)、丁烷(C_4H_{10})等都是烷烃。从这几个烷烃的分子式可以看出，在任何一个烷烃分子中，如果 C 原子数是 n，H 原子数则是 $2n+2$。因此烷烃的通式是 C_nH_{2n+2}。

凡组成上可由一个通式所代表，结构和性质相似的一系列化合物称为同系列。所有烷烃属于一个同系列。同系列的各个化合物称为同系物。同系列中相邻的两个化合物在组成上的差别，称为系差。烷烃的系差是 CH_2。同系列中，所有化合物的物理性质，均随相对分子质量的增加而有规律地变化着。利用这一规律，可以推测某一同系物的物理性质。同系物还具有相似的化学性质。因此只要对同系列中某一典型化合物的化学性质进行详尽的研究，就可以类推其他化合物的基本性质。有机化合物的种类虽然很多，但同系列的数目并不太多。同系物具有相似性质这一规律，为我们学习和研究有机化学提供了极为方便的条件。

分子式相同的不同化合物叫做同分异构体，简称异构体。这种现象叫做异构现象。分子式相同，分子构造不同的化合物叫做构造异构体。这种现象叫做构造异构现象。甲烷、乙烷、丙烷没有构造异构体。丁烷有两个构造异构体——正丁烷和异丁烷。戊烷有三个构造异构体——正戊烷、异戊烷和新戊烷。随着分子中碳原子数的增大，烷烃构造异构现象变得越

来越复杂，构造异构体的数目也越来越多。

2.2.1.2 烷烃的物理性质

烷烃是无色物质，具有一定的气味。直链烷烃的物理性质，例如熔点、沸点、相对密度等，随着分子中碳原子数的增大，而呈现规律性的变化。

(1) 在室温(20℃)和常压(1大气压)下，从甲烷到丁烷均为气体，含有五至十七个碳原子的直链烷烃是液体，十八个以上碳原子的是固体。

(2) 烷烃的熔点、沸点都随着相对分子质量的增加而升高。如果相同碳原子数的烷烃，直链烷烃沸点比带支链的高，并且支链越多，沸点越低。

(3) 烷烃相对密度随着碳原子数的增加而增大，但总是小于1。

(4) 烷烃不溶于水而易溶于有机溶剂中，有些烷烃(如汽油)还常做有机溶剂。烷烃在溶解度方面的这种特性，符合"相似相溶"的经验规律。

从以上事实可以看出，在烷烃的同系列中，随着相对分子质量的增加，化合物的物理性质发生规律性的变化。这种现象也普遍存在于其他各个同系列中。

2.2.1.3 烷烃的化学性质

烷烃是十分稳定的一类化合物。在常温下，它们不与强酸、强碱、强氧化剂作用，即使高温下，也不与强还原剂作用。正因为如此，我们常利用这种特殊的稳定性来保护金属，如机械零件常用相对分子质量较大的烷烃——凡士林加以保护。烷烃只有在高温下或光照下，才能和少数几种比较活泼的试剂发生某些化学反应。

1. 氯化

有机化合物中的某些原子或原子团被其他原子或原子团所代替的反应称为取代反应。烷烃分子中的氢原子被氯原子取代的反应称为氯代反应，也称氯化。

(1) 甲烷的氯化。烷烃与氯常温时在暗处并不反应。在日光或紫外线照射下，或加热时，烷烃则能与氯反应。反应有时很剧烈，控制不好甚至会爆炸。例如，甲烷和氯的混合物，当比例适当时，在日光照射下，会发生爆炸生成游离碳和氯化氢。

$$CH_4 + 2Cl_2 \xrightarrow{\text{强烈日光}} C + 4HCl$$

但是，控制好反应条件，烷烃与氯能顺利发生反应生成氯代烷——烷烃分子中一个或几个氢原子被氯原子取代。例如，在350~400℃，甲烷与氯反应可以生成氯甲烷、二氯甲烷、三氯甲烷(氯仿)、四氯甲烷(四氯化碳)。一般情况下，产物经常是这四种氯化物的混合物，调节甲烷和氯气的比例，使甲烷过量到一定程度(体积比为10:1时)，主要产物为CH_3Cl；甲烷与氯气的体积比为0.26:1时，则主要产物是四氯化碳。

(2) 其他烷烃氯代反应。丙烷和丙烷以上的烷烃发生一元氯化时，生成的氯代烷一般是两种或两种以上的构造异构体。例如：

$$\underset{\text{丙烷}}{CH_3CH_2CH_3} \xrightarrow[25℃]{Cl_2} \underset{\text{1-氯丙烷(45\%)}}{CH_3CH_2CH_2—Cl} + \underset{\text{2-氯丙烷(55\%)}}{CH_3\overset{\overset{\displaystyle Cl}{|}}{C}HCH_3}$$

2. 氧化反应

在有机反应中，凡是化合物分子中引入氧或去掉氢，或者在加入氧的同时也失去氢的反应都属于氧化反应。反之则属于还原反应。

常温时，烷烃一般不与氧化剂反应，也不与空气中的氧气反应。但是，在特定的条件下可以发生反应。

(1) 烷烃能在空气中燃烧，完全燃烧后生成二氧化碳和水，同时放出大量的热。反应式如下：

$$C_nH_{2n+2}+\left(\frac{3n+1}{2}\right)O_2 \xrightarrow{燃烧} nCO_2+(n+1)H_2O$$

(2) 在控制的条件下，用空气氧化烷烃可以生成醇、醛、酮、酸等含氧有机化合物。例如，工业上生产乙酸的一个新方法就是以乙酸钴或乙酸锰为催化剂，350～400℃、5MPa，在乙酸溶液中用空气氧化正丁烷(液相氧化)

$$CH_3CH_2CH_2CH_3+\frac{5}{2}O_2 \longrightarrow 2CH_3COOH+H_2O$$

烷烃的氧化反应非常复杂。在上述反应中，还有许多副产物生成。

3. 异构化反应

由一种异构体转变成另一种异构体的反应，叫做异构化反应。直链烷烃在适当的温度和催化剂作用下可异构化为带支链的烷烃。如：

$$\underset{正丁烷}{CH_3CH_2CH_2CH_3} \xrightarrow{催化剂} \underset{异丁烷}{CH_3-\overset{\overset{\large CH_3}{|}}{C}H-CH_3}$$

此反应在炼油工业中得到应用，可用来改变汽油组成的结构，提高汽油的质量。

4. 裂化、裂解和脱氢

(1) 在高温及隔绝空气的条件下，有机物分子中的共价键断裂，生成较小分子的反应叫做热裂化，简称裂化。烷烃在不同温度下热裂化，产物是不同的。裂化在500℃左右温度下，把重油、石蜡等相对分子质量大、沸点高的烷烃断裂为相对分子质量小、沸点低的烷烃过程。有催化剂存在叫催化裂化，不用催化剂的叫热裂化。现在生产中一般采用催化裂化。

(2) 裂解是在石油化工生产过程中，常以石油分馏产品(包括石油气)作原料，采用比裂化更高的温度(一般720～850℃)，使具有长链分子的烷烃断裂为烃链不饱和烃，以提供有机化工原料。工业上把这种方法称为石油的裂解。石油裂解是深度裂化，裂解气中主要含有乙烯、丙烯、丁烯和丁二烯等不饱和烃，此外还含有甲烷、乙烷、氢气和硫化氢等气体。

(3) 脱氢　烷烃 C—H 键断裂，烷烃脱氢生成烯烃。例如：

$$CH_3CH_2CH_2CH_3 \xrightarrow{500℃} CH_3CH=CHCH_3+H_2$$

2.2.2　烯烃

在链状烃中，有一类化合物，它们的氢原子比相应的烷烃少，这类化合物称为不饱和烃。按照不饱和烃分子结构的不同，又可分为烯烃、二烯烃、炔烃。烯烃是含有一个碳碳双键的链状不饱和烃。烯烃比相应的烷烃少两个氢原子。烯烃也形成一个系列，它们的通式是 C_nH_{2n}，系差是 CH_2。

C=C 双键位于碳链末端的烯烃通常叫做末端烯烃或 α－烯烃。

2.2.2.1　烯烃的物理性质

烯烃的物理性质和烷烃相似。烯烃是无色物质，具有一定的气味。在常温常压下，乙烯、丙烯、丁烯是气体，从1－戊烯开始是液体，从1－二十碳烯是固体。直链 α－烯烃的沸点、熔点、相对密度也都随着分子中碳原子数(或相对分子质量)的增加而升高。所有烯烃的相对密度都小于1，难溶于水而易溶于有机溶剂。

2.2.2.2 烯烃的化学性质

烯烃分子中的碳碳双键是由σ键和π键组成的。π键容易断裂，也易于极化。所以烯烃的性质比较活泼，主要表现在它的双键上容易和某些试剂发生加成反应。除碳碳双键外，还有烷基，在一定条件下，也能发生烷烃的一些反应。

1. 加成反应

烯烃和某些试剂作用时，双键中的π键易断裂，两个一价的原子或原子团，分别加到两个双键碳原子上，形成两个新的σ键。这种反应称为加成反应。

(1) 催化加氢　在催化剂铂、钯或雷尼(Raney M)镍的催化下，烯烃能与氢加成生成烷烃。例如：

$$R—CH═CH—R + H_2 \xrightarrow{催化剂} R—CH_2—CH_2—R$$

烯烃催化加氢难易程度取决于烯烃分子的结构和所选用的催化剂。

工业上和实验室里，都可以利用烯烃的加氢反应，除掉烷烃中含有的少量烯烃。

(2) 加氯或溴　烯烃能与氯或溴加成，生成连二氯代烷或连二溴代烷。例如：

$$CH_2═CH_2 + Br_2 \longrightarrow \underset{Br}{\underset{|}{CH_2}}—\underset{Br}{\underset{|}{CH_2}}$$

1,2－二溴乙烷是无色的。当烯烃通入溴水中时，溴与烯烃发生加成反应，溴水的黄色很快地消失。所以，这个反应也常用来检验烯烃和其他含碳碳双键的化合物。

(3) 加卤化氢　烯烃容易和卤化氢发生加成反应，生成相应的卤代烷。在加成时，不同卤化氢活泼程度依次为：HI > HBr > HCl

$$CH_2═CH_2 + HBr \longrightarrow CH_3—CH_2Br$$

不对称烯烃与卤化氢加成时显然可以生成两种产物。例如：

$$CH_3—CH═CH_2 + HBr \longrightarrow CH_3—CH_2—CH_2Br \quad (1－溴丙烷)$$

$$CH_3—CH═CH_2 + HBr \longrightarrow CH_3—CHBr—CH_3 \quad (2－溴丙烷)$$

不对称烯烃与卤化氢加成时遵循马尔可夫尼可夫规则。其内容为：当不对称烯烃与极性试剂发生加成反应时，试剂中带负电荷的部分总是和含氢原子较少的碳原子相连。

(4) 加次氯酸　烯烃能与次氯酸($Cl_2—H_2O$)加成生成氯代醇。例如：

$$CH_2═CH_2 + H—O—Cl \longrightarrow \underset{Cl}{\underset{|}{CH_2}}—\underset{OH}{\underset{|}{CH_2}}$$

在工业生产中，通常用氯气加水代替次氯酸。氯乙醇易溶于水，用于制备环氧乙烷和乙二醇等。

(5) 加硫酸　烯烃与浓硫酸加成，硫酸中的一个氢原子加到一个双键碳原子上，其余的部分加到另一个双键碳上，生成硫酸氢乙酯。

$$CH_2═CH_2 + HO—SO_2—OH \longrightarrow HO—SO_2—O—CH_2—CH_3$$

从丙烯与硫酸的加成产物可看出，不对称烯烃与硫酸加成是马尔可夫尼可夫加成。

烯烃与硫酸的加成产物硫酸氢酯与水共热时则水解生成醇，并重新给出硫酸。例如：

$$CH_3CH_2O—SO_2—OH + H_2O \longrightarrow CH_3—CH_2—OH + H_2SO_4$$

因此，工业上可用这种方法合成醇，称为间接水合法。

(6) 加水　烯烃难与水发生加成反应，但条件适当，也可直接反应生成醇。例如：

$$CH_2=CH_2+H_2O\xrightarrow[\sim 300℃,\ \sim 7MPa]{磷酸-硅藻土}CH_3-CH_2-OH$$

这种烯烃与水直接加成反应制备醇，称为烯烃的直接水合法。其他烯烃也可能与水加成，同样服从马尔可夫尼可夫规则。

2. 氧化反应

烯烃的双键容易被氧化，生成含氧化合物。当原料烯烃、氧化剂和反应条件不同时，可以得到不同的产物。

(1) 氧化剂氧化　在非常缓和的条件下，例如，使用适量的稀高锰酸钾冷溶液(1%～5%，或更稀)，烯烃被氧化生成连二醇，高锰酸钾则被还原成为棕色的二氧化锰从溶液中析出。

$$RCH=CHR'+[O]+H_2O\xrightarrow{KMnO_4}R-\underset{OH}{\underset{|}{CH}}-\underset{OH}{\underset{|}{CH}}-R'$$

在较剧烈的氧化条件下，例如，使用过量的高锰酸钾，并使反应在加热的条件下进行，烯烃被氧化的结果是在原来 C═C 双键的位置上发生碳链断裂，生成氧化裂解产物。例如：

$$R-CH=CH-R'\xrightarrow{[O]}R-\overset{O}{\overset{\|}{C}}-OH+R'-\overset{O}{\overset{\|}{C}}-OH$$

(2) 催化氧化　烯烃催化氧化可以生成不同的产物。例如：

$$CH_2=CH_2+\frac{1}{2}O_2\xrightarrow[100\sim125℃]{PdCl_2-CuCl_2}CH_3CHO$$

$$CH_3-CH=CH_2+\frac{1}{2}O_2\xrightarrow[120℃]{PdCl_2-CuCl_2}CH_3-\overset{O}{\overset{\|}{C}}-CH_3$$

$$CH_2=CH_2+\frac{1}{2}O_2(空气)\xrightarrow[220\sim280℃]{Ag}\underset{\diagdown\ O\ \diagup}{CH_2-CH_2}$$

3. 聚合反应

在一定条件下，烯烃能以双键加成的方式互相结合，生成相对分子质量较高的化合物。这种反应称为聚合反应。聚合生成的产物叫做聚合物。

烯烃最重要的聚合反应是由千百个烯烃分子聚合生成高分子聚合物(简称高聚物)的聚合反应。例如：

$$nCH_2=CH_2\longrightarrow\!\left(CH_2-CH_2\right)_n$$

4. α－氢原子的反应

除乙烯以外的其余烯烃都含有烷基。这些烷基具有和烷烃相似的某些性质，例如，也能发生取代反应。但烯烃的烷基是和碳碳双键相连的，受双键的影响，其活泼性发生了变化。这种影响的大小，同碳原子与双键的距离有关。碳原子距双键越近，受双键的影响愈大，其性质也愈活泼。通常把与双键相邻的碳原子称为 α－碳原子，α－碳原子上的氢原子称为 α－氢原子。烯烃烷基上的反应，一般发生在 α－H 上。

丙烯($CH_3-CH=CH_2$)分子中含有乙烯基($-CH=CH_2$)和甲基(CH_3-)，在一定条件下，C═C 双键可以与氯加成，α－C—H 键中的 H 原子可以被氯原子取代。因此，当丙烯与氯反应时，就会发生两个互相竞争的反应——加成与取代，生成两种不同的产物：

$$CH_3—CH=CH_2 + Cl_2 \xrightarrow{<300℃，加成} CH_3—CHCl—CH_2Cl \quad （主要反应）$$

$$CH_3—CH=CH_2 + Cl_2 \xrightarrow{>300℃，取代} ClCH_2—CH=CH_2 \quad （主要反应）$$

实验发现，温度越高，越有利于取代。300℃以下，主要反应是加成；300℃以上，主要反应变成了取代。

α-氢原子不仅易被卤素取代，也易被氧化。在不同的催化条件下，用空气或氧气作氧化剂，氧化产物不同。例如，丙烯在下列条件下，可氧化生成丙烯醛：

$$CH_3—CH=CH_2 + O_2(空气) \xrightarrow[350℃，0.25MPa]{Cu_2O} CH_2=CH—CHO$$

这是工业上生产丙烯醛的主要方法。

在钼酸铋或磷钼酸铋的催化下，丙烯高温气相氧化生成丙烯酸。

$$CH_3—CH=CH_2 + \frac{3}{2}O_2 \xrightarrow[300\sim400℃]{催化剂} CH_2=CH—COOH + H_2O$$

这是工业上生产丙烯酸的一个方法。

2.2.3 炔烃

分子中含有一个碳碳叁键的开链不饱和烃，称为炔烃。炔烃比相应的烯烃又少两个氢原子。炔烃同系列的通式是 C_nH_{2n-2}。碳碳叁键是炔烃的官能团。

2.2.3.1 炔烃的物理物质

纯的乙炔是无色、无臭味的气体。由电石制得的乙炔，因含有少量硫化氢、磷化氢等气体，而具有难闻的臭味。乙炔的临界温度是36.5℃，临界压力是6.17MPa。所以常温时增大压力可使乙炔液化。液态乙炔受到震动会发生爆炸，而乙炔的丙酮溶液却很稳定。工业上根据这种特性，在贮存乙炔的钢瓶中充填浸透丙酮的多孔物质(如石棉、活性炭等)，再将乙炔压入钢瓶，就可以安全地运输和使用。

乙炔难溶于水而易溶于丙酮中。常温时1体积水约能溶解1体积乙炔；在12MPa下，1体积丙酮能溶解300体积的乙炔。

炔烃的熔点、沸点与相应的烷烃、烯烃相比，稍高一些，相对密度稍大一点。

2.2.3.2 炔烃的化学性质

乙炔的叁键和乙烯的双键同属于不饱和键，所以它的许多化学性质和乙烯很相似，如也能发生加成反应、聚合反应和氧化反应。但叁键和双键在结构上有所不同，因此乙炔又表现出一定的特殊性，例如，能与两分子的试剂加成，氢原子可被金属取代等。

1. 加成反应

(1) 催化加氢　与烯烃相似，在催化剂铂、钯或雷尼镍的催化下，炔烃也与氢加成。根据反应条件，既可以加上一分子氢部分氢化生成烯烃，也可以加上两分子氢完全氢化生成烷烃。例如：

$$CH\equiv CH + H_2 \xrightarrow{催化剂} CH_2=CH_2$$

$$CH\equiv CH + 2H_2 \xrightarrow{催化剂} CH_3—CH_3$$

当氢过量，使乙炔反应完全，乙炔就加上二分子氢生成乙烷；控制反应条件，在乙炔分子加上一分子氢后立即将反应停止，得到的则是部分氢化产物乙烯。使 $C\equiv C$ 参键部分氢化生成 C=C 双键合适的方法是使用钝化了的催化剂。例如，在钯-碳酸钙中加入一些乙酸铅使钯钝化[林德拉(Lindlar H)催化剂]。使用这类钝化了的催化剂，可以较容易地控制 C≡C 参键的催化加氢停止在 C═C 双键上，而不再反应下去。

(2) 加氯或溴　与乙烯相似，乙炔也能与氯加成。乙炔可以加上一分子或两分子氯，生成 1,2 - 二氯乙烯或 1,1,2,2 - 四氯乙烷。

$$CH{\equiv}CH \xrightarrow{Cl_2} CHCl{=}CHCl \xrightarrow{Cl_2} CHCl_2{-}CHCl_2$$

乙炔也能与溴发生加成反应。加上一分子或两分子溴，生成 1,2 - 二溴乙烯或 1,1,2,2 - 四溴乙烷。如果将乙炔通入溴水中，溴水的黄色很快消失，可用于乙炔和其他炔烃的检验。

(3) 加卤化氢　乙炔也与氯化氢加成。例如，在氯化汞 - 活性炭的催化下，气相，150 ~ 160℃，乙炔与氯化氢加成生成氯乙烯。

$$CH{\equiv}CH + HCl \xrightarrow[150\sim160℃]{HgCl_2-活性炭} CH_2{=}CHCl$$

这是工业上生产氯乙烯的一个方法。

不同卤化氢与乙炔加成，活泼性的顺序依次是：HI > HBr > HCl。

不对称炔烃与卤化氢的加成产物与马尔可夫尼可夫规则一致。

(4) 加水　一般情况下，乙炔与水不发生反应。但在硫酸汞的稀硫酸溶液中(硫酸汞是催化剂)，乙炔则可与水加成，首先生成乙烯醇，乙烯醇不稳定，立即异构化生成乙醛。

$$CH{\equiv}CH + H_2O \xrightarrow[98\sim105℃，\sim0.15MPa]{HgSO_4，稀\ H_2SO_4} CH_2{=}CH{-}OH \longrightarrow CH_3{-}CH{=}O$$

这是工业上生产乙醛的一个方法。不对称炔烃与水的加成产物与马尔可夫尼可夫规则一致。

(5) 加乙酸　在乙酸锌 - 活性炭的催化下，气相，170 ~ 230℃，乙炔可与乙酸加成生成乙酸乙烯酯。

$$CH{\equiv}CH + CH_3COOH \xrightarrow[170\sim230℃]{乙酸锌-活性炭} CH_3CO{-}O{-}CH{=}CH_2$$

这是工业上生产乙酸乙烯酯的一个方法。乙酸乙烯酯是生产聚乙烯醇与合成纤维维纶的原料。

2. 聚合反应

乙炔也能发生聚合反应；当使用的催化剂和反应条件不同时，聚合的产物也不同。如：

$$2CH{\equiv}CH \xrightarrow[少量\ HCl，\sim70℃]{CuCl-NH_4Cl\ 水溶液} \underset{乙烯基乙炔}{CH_2{=}CH{-}C{\equiv}CH}$$

3. 氧化反应

乙炔易被氧化剂氧化。如将乙炔通入 $KMnO_4$ 溶液中，$KMnO_4$ 溶液的紫色褪去，同时生成 MnO_2。

$$3HC{\equiv}CH + 10KMnO_4 + 2H_2O \longrightarrow 6CO_2\uparrow + 10KOH + 10MnO_2\downarrow$$

如果是非末端炔烃，氧化的最终产物则是羧酸。例如：

$$R{-}C{\equiv}C{-}R' \xrightarrow{KMnO_4(过量)} R{-}COOH + R'{-}COOH$$

由于反应中现象明显，所以这个反应常被用于乙炔和其他炔烃的定性检验。

4. 金属炔化物的生成

乙炔和具有 RC≡CH 结构的炔烃分子中，连接在三键碳原子上的氢原子比较活泼，通常把它叫做活泼氢。炔烃的活泼氢可被某些金属原子取代，生成金属炔化物。例如，将乙炔通入硝酸银的氨水溶液或氯化亚铜的氨水溶液中，乙炔的活泼氢被银或铜取代，生成白色的乙炔银或棕红色乙炔亚铜沉淀。

$$HC\equiv CH + 2\ [Ag(NH_3)_2]NO_3 \longrightarrow AgC\equiv CAg\downarrow + 2NH_4NO_3 + 2NH_3\uparrow$$

$$HC\equiv CH + 2\ [Cu(NH_3)_2]Cl \longrightarrow CuC\equiv CCu\downarrow + 2NH_4Cl + 2NH_3\uparrow$$

上述反应极为灵敏，常用来检验乙炔和具有 $RC\equiv CH$ 型结构的炔烃。

$RC\equiv CR$ 型的炔烃没有活泼氢，所以不能生成金属炔化物。

2.2.4 共轭二烯烃的化学性质

脂肪烃分子中含有两个 C═C 双键的，叫做二烯烃。两个双键被一个单键隔开的(也就是双键和单键相互交替的)，叫做共轭双键。含有共轭双键的二烯烃叫做共轭双键二烯烃。共轭二烯烃分子中的含有 C═C—C═C 共轭 π 键。与 C═C 双键相似，C═C—C═C 共轭 π 键的化学性质主要是加成和聚合。现以 1,3 - 丁二烯为例，讲述共轭二烯烃的化学性质。

1. 加成

(1) 催化加氢　在催化剂铂、钯或雷尼(Raney M)镍的催化下，1,3 - 丁二烯既可以与一分子氢加成生成 1,2 - 加成产物(1 - 丁烯)与 1,4 - 加成产物(2 - 丁烯)，又可以与两分子氢加成生成正丁烷。

$$\overset{1}{C}H_2{=}\overset{2}{C}H{-}\overset{3}{C}H{=}\overset{4}{C}H_2 + H_2 \xrightarrow[1,\ 2-加成]{催化剂} CH_3{-}CH_2{-}CH{=}CH_2$$

$$\overset{1}{C}H_2{=}\overset{2}{C}H{-}\overset{3}{C}H{=}\overset{4}{C}H_2 + H_2 \xrightarrow[1,\ 4-加成]{催化剂} CH_3{-}CH{=}CH{-}CH_3$$

$$CH_2{=}CH{-}CH{=}CH_2 + 2H_2 \xrightarrow{催化剂} CH_3{-}CH_2{-}CH_2{-}CH_3$$

(2) 加氯或溴　1,3 - 丁二 烯可与氯或溴发生亲电加成。1,3 - 丁二 烯与一分子氯加成时，既生成 1,2 - 加成产物，又生成 1,4 - 加成产物。生成的产物再与一分子氯加成，最后生成 1,2,3,4 - 四氯丁烷。

$$CH_2{=}CH{-}CH{=}CH_2 + Cl_2 \xrightarrow{常温} \underset{(1,2-加成,\ \sim 60\%)}{CH_2Cl{-}CHCl{-}CH{=}CH_2} + \underset{(1,4-加成,\ \sim 40\%)}{CH_2Cl{-}CH{=}CH{-}CH_2Cl}$$

1,3 - 丁二烯与溴加成与此相似。

(3) 加氯化氢或溴化氢　1,3 - 丁二 烯与一分子氯化氢或溴化氢发生亲电加成时，既可以生成 1,2 - 加成产物，又可以生成 1,4 - 加成产物。例如：

$$CH_2{=}CH{-}CH{=}CH_2 + HCl \xrightarrow[或乙酸\ 25℃]{无溶剂\ -80\sim 25℃} \underset{(75\%\sim 80\%)}{CH_2{=}CH{-}CHCl{-}CH_3} + \underset{(20\%\sim 25\%)}{CH_2Cl{-}CH{=}CH{-}CH_3}$$

如果在 25℃，用氯化氢长时间处理上述产物，则 1,2 - 加成产物逐渐转变成为 1,4 - 加成产物，最后到达平衡时，1,2 - 加成产物占 25%，1,4 - 加成产物占 75%。又如：

$$CH_2{=}CH{-}CH{=}CH_2 + HBr \xrightarrow{-80℃} \underset{(80\%)}{CH_2{=}CH{-}\underset{Br}{\underset{|}{C}H}{-}\underset{H}{\underset{|}{C}H_2}} + \underset{(20\%)}{\underset{Br}{\underset{|}{C}H_2}{-}CH{=}CH{-}\underset{H}{\underset{|}{C}H_2}}$$

温度升高，1,2 - 加成产物逐渐转变成为 1,4 - 加成产物，在 40℃到达平衡时。在平衡体系中，1,2 – 加成产物占 20%，1,4 – 加成产物占 80%。

2. 聚合

含有共轭双键的二烯烃，也容易发生聚合反应。与加成反应相似，既可以进行 1,2 – 加成聚合，也可以进行 1,4 – 加成聚合，或两种聚合反应同时进行。其中 1,4 – 加成聚合反应是制备橡胶的基本反应。

2.2.5 芳香烃

芳香族碳氢化合物简称芳香烃或芳烃，一般是指分子中含有苯环结构的烃。芳烃是芳香族化合物的母体，芳烃及其衍生物统称为芳香族化合物。历史上，芳香族化合物曾经同某些具有芳香气味的物质相联系，因此用“芳香”两字定名。

芳烃按分子中所含苯环的数目和结构，可以分为三大类：

(1) 单环芳烃　分子中只含有一个苯环结构的芳烃。例如苯、甲苯、乙苯。

(2) 多环芳烃　分子中含有两个或两个以上独立苯环结构的芳烃。例如联苯、三苯甲烷。

(3) 稠环芳烃　分子中含有两个或两个以上苯环彼此通过共用相邻的两个碳原子稠合而成的芳烃。例如萘、蒽。

芳香烃是芳香族化合物的母体，也是有机合成的主要原料，其中单环芳烃尤为重要，本章主要介绍单环芳烃。

2.2.5.1 苯及其同系物的物理性质

苯及其同系物多数为无色液体，相对密度小于 1，一般在 0.86 ~ 0.9 之间。不溶于水，可以溶于乙醚、四氯化碳、乙醇、石油醚等溶剂中。与脂肪烃不同，芳烃易溶于环丁砜、*N*,*N* – 二甲基甲酰胺等溶剂，利用此性质可从脂肪烃和芳烃的混合物中萃取芳烃。甲苯、二甲苯等对某些涂料有良好的溶解性，可做涂料工业的稀释剂。苯及其同系物有特殊的气味，蒸气有毒，其中苯的毒性较大，长期吸入它们的蒸气有害于健康，使用时应注意。

苯及其同系物的沸点随相对分子质量的增加而升高。它们的熔点与相对分子质量和分子形状有关。分子对称性高，熔点也高。例如，苯的熔点就大大高于甲苯。对于二元取代苯，对位异构体的对称性较高，其熔点也比其他两个异构体高。一般来说，熔点越高，异构体的溶解度也就越小，易结晶，利用这一性质，通过重结晶可以从二甲苯的邻、间、对位三种异构体中分离出对位异构体。

2.2.5.2 单环芳烃的化学性质

苯环是一个闭合的共轭体系，因此它不易发生加成反应和氧化反应，而易发生氢原子被取代的反应。苯的同系物除苯环上的反应外，侧链上也能发生一些反应。

1. 取代反应

(1) 硝化反应　苯及其同系物与浓硝酸和浓硫酸的混合物(通常叫做混酸)在一定温度下可发生硝化反应，苯环上的氢原子被硝基(—NO_2)取代，生成硝基化合物。例如，苯硝化生成硝基苯。

$$C_6H_6 + HNO_3 \xrightarrow[50\sim60℃]{H_2SO_4} C_6H_5NO_2 + H_2O$$

这种在有机物分子内引入硝基的反应叫做硝化反应。

(2) 卤化　在铁、三卤化铁或三氯化铝的催化作用下，苯环上的氢原子被卤素原子取代生成卤代苯。例如：

$$\text{C}_6\text{H}_6 + Cl_2 \xrightarrow{Fe} \text{C}_6\text{H}_5\text{Cl} + HCl$$

卤化时卤素的活泼次序为 F > Cl > Br > I。苯的直接氟化反应很猛烈，而碘化反应由于生成的 HI 是强还原剂，可与产物碘苯反应。所以反应是可逆的，若想法除掉 HI，反应可顺利进行。

(3) 磺化反应　苯及其同系物和浓硫酸发生磺化反应，苯环上的氢原子被磺酸基($—SO_3H$,简称磺基)取代，生成苯磺酸。例如：

$$\text{C}_6\text{H}_6 + H_2SO_4 \xrightleftharpoons{70 \sim 80℃} \text{C}_6\text{H}_5\text{SO}_3\text{H} + H_2O$$

这种在有机物分子中引入磺基的反应叫做磺化反应。

与硝化、氯化和溴化不同，磺化反应是可逆的。磺化的逆反应称为脱磺基反应或水解反应。高温和低的硫酸浓度对脱磺基反应有利。利用磺化反应的可逆性，在有机合成中，可把磺基作为临时占位基团，以得到所需的产物。

(4) 烷基化反应　在催化剂作用下，苯与卤烷、醇和烯烃等试剂反应，苯环上的氢原子被烷基取代，生成烷基苯。这种反应叫做烷基化反应。例如：

$$\text{C}_6\text{H}_6 + CH_3CH_2Cl \xrightarrow{AlCl_3} \text{C}_6\text{H}_5\text{CH}_2\text{CH}_3 + HCl$$

在烷基化中，引入的烷基含有三个或三个以上碳原子时，常常发生重排，生成重排产物。例如：

$$\text{C}_6\text{H}_6 + CH_3CH_2CH_2Cl \xrightarrow{AlCl_3} \underset{\text{较多(重排产物)}}{\text{C}_6\text{H}_5\text{CH(CH}_3)_2} + \underset{\text{较少}}{\text{C}_6\text{H}_5\text{CH}_2\text{CH}_2\text{CH}_3}$$

烷基化反应在工业生产上有重要的意义。例如，苯分别与乙烯和丙烯反应，是工业上生产乙苯和异丙苯的方法。烷基化产物中的乙苯、异丙苯、十二烷基苯等都是重要的化工原料。乙苯经催化脱氢后生成苯乙烯，是合成树脂和合成橡胶的重要单体；异丙苯是生产苯酚、丙酮的主要原料；十二烷基苯磺化、中和后生成的十二烷基苯磺酸钠是重要的合成洗涤剂。

(5) 酰基化反应　在无水氯化铝催化下，芳烃与酰氯(R—CO—Cl)、酸酐反应生成芳酮。例如：

$$\text{C}_6\text{H}_6 + \underset{\text{乙酰氯}}{CH_3-\overset{O}{\overset{\|}{C}}-Cl} \xrightarrow{AlCl_3} \underset{\text{苯乙酮}}{\text{C}_6\text{H}_5\text{CO—CH}_3} + HCl$$

酰基化反应是不可逆的，是制备芳酮的一个重要方法。

2. 氧化反应

苯环很稳定不易氧化，在催化剂存在下，高温时苯才会氧化开环，生成顺丁烯二酸酐。

$$2\,C_6H_6 + 9O_2 \xrightarrow[400\sim500℃]{V_2O_5} 2\ \begin{matrix} H-C-C(=O) \\ \| \quad\quad O \\ H-C-C(=O) \end{matrix} + 4CO_2 + 4H_2O$$

这是工业上生产顺丁烯二酸酐的方法之一。

3. 芳烃侧链上的反应

(1) 卤化　芳烃侧链上的卤化与烷烃卤化一样，是自由基反应。在加热或日光的照射下，反应主要发生在与苯环直接相连的 α－H 上。例如：

$$C_6H_5CH_3 + Cl_2 \xrightarrow[或\triangle]{光照} C_6H_5CH_2Cl + HCl$$

(2) 侧链的氧化　苯的同系物的侧链比苯容易被氧化。在强烈的氧化条件下，苯同系物的侧链无论长短，在侧链上只要有 α－H，均被氧化成羧基(—COOH)。反应的最终产物都是苯甲酸。例如：

$$C_6H_5CH_3 \xrightarrow[或\ K_2Cr_2O_7-稀\ H_2SO_4,\ \triangle]{KMnO_4,\ OH^-,\ \triangle} C_6H_5COOH$$

当含有 α－H 的侧链互为邻位时，气相高温催化氧化的产物则是酸酐。例如：

$$o\text{-}C_6H_4(CH_3)_2 + 3O_2 \xrightarrow[350\sim400℃]{V_2O_5-TiO_2} C_6H_4(CO)_2O + 3H_2O$$

这是邻苯二甲酸酐的一个工业制法。

若无 α－H，如叔丁苯，一般不能被氧化。

2.3　烃的衍生物

2.3.1　卤代烃

烃分子中一个或多个氢原子被卤素取代后生成的化合物叫做卤代烃。简称卤烃，卤素是卤烃的官能团。

2.3.1.1　卤代烃的物理性质

常温下，氯甲烷、氯乙烷、溴甲烷、溴乙烷等低级卤代烃是气体，其余卤烃是液体或固体。纯净的卤代烃多数是无色的。溴代烷和碘代烷对光较敏感，光照下能缓慢的分解出游离卤素而分别带棕黄色和紫色。它们的蒸气一般都有毒。

卤烃不溶于水。但是，它们彼此可以相互混溶，也能溶于醇、醚烃类等有机溶剂中。卤代烃本身就是有机溶剂。多氯代烷和多氯代烯可用作干洗剂。

卤代烃的沸点随着相对分子质量的增加而升高。烃基相同而卤素原子不同的卤代烃中，碘代烃的沸点最高，溴代烃、氯代烃、氟代烃依次降低。直链氯代烃的沸点高于含相同碳原子数的支链卤代烃，这与烷烃类似。此外，氯代烷、溴代烷、碘代烷与相对分子质量相近的烷烃的沸点相近。

2.3.1.2　卤代烷的化学性质

卤素原子是卤代烷的官能团。卤代烷的化学性质主要表现在卤素原子上：(1)卤素原子被其他原子或基团取代，生成其他类有机化合物——亲核取代；(2)从卤代烷分子中消去卤化氢生成 C ═C 双键——消除反应。反应时，卤代烷的活性顺序是碘代烷 > 溴代烷 > 氯代烷。

1. 取代反应

(1) 水解　伯卤代烷与稀氢氧化钠水溶液反应时，卤原子被羟基取代生成醇。这个反应叫卤烷的水解。例如：

$$CH_3CH_2CH_2—Br + NaOH \xrightarrow[\text{回流}]{H_2O} CH_3CH_2CH_2—OH + NaBr$$

(2) 醇解　在相应的醇中，伯卤代烷与醇钠主要发生取代反应——醇解。例如：

$$CH_3CH_2CH_2CH_2—Br + CH_3CH_2ONa \xrightarrow[\text{回流}]{CH_3CH_2OH} CH_3CH_2CH_2CH_2—O—CH_2CH_3 + NaBr$$

这是制备醚，特别是制备 $R—O—R'$类型的醚，最常用的一种方法。

(3) 氰解　伯卤代烷与氰化钠主要发生取代反应生成腈——氰解。例如：

$$CH_3CH_2CH_2CH_2—Br + NaCN \xrightarrow[\text{回流}]{\text{水-乙醇}} CH_3CH_2CH_2CH_2—CN + NaBr$$

由卤代烷转变为腈时，分子中增加了一个碳原子。在有机合成上，这是增长碳链常用的一种方法。此外，这也是制备腈的一种方法。

2. 消除反应

伯卤代烷与强碱的醇溶液(常用氢氧化钾的乙醇溶液，氢氧化钠在乙醇中溶解度较小)共热时，分子内脱去卤化氢，生成烯烃。这种分子内脱去一个简单分子形成不饱和键的反应叫做消除反应。例如：

$$CH_3CH_2CH_2CH_2—Br + KOH \xrightarrow{\triangle} CH_3CH_2CH═CH_2 + KBr + H_2O$$

在卤代烷分子中，由于卤原子的拉电子诱导效应，导致 β - 氢原子带有一定的酸性，因而在强碱的作用下，卤代烷易于消除 β - 氢原子和卤原子——β - 消除——生成烯烃。卤代烷的活性顺序是：

叔卤代烷 > 仲卤代烷 > 伯卤代烷

在仲卤代烷或叔卤代烷分子中，若存在几种不同的 β - 氢原子，进行消除时，就可能生成几种不同的烯烃。例如：

$$CH_3—CH_2—\underset{\underset{Br}{|}}{CH}—CH_3 \xrightarrow[\triangle]{KOH,\text{乙醇}} \underset{(2\text{-丁烯},81\%)}{CH_3—CH═CH—CH_3} + \underset{(1\text{-丁烯},19\%)}{CH_3—CH_2—CH═CH_2}$$

通过大量实验，札依采夫(Saytzeff A M)总结出以下规律：卤代烷在消除卤化氢时，主要是从含氢较少的 β - 碳原子上消除氢原子形成烯烃，也就是，生成双键碳上连接较多烃基的烯烃。这个规律叫做札依采夫规则。

卤烷的水解和消除反应，都是在碱的作用下进行的。因此两种反应可同时发生。实践证明，强极性溶剂有利于取代反应，弱极性溶剂有利于消除反应。所以卤烷在碱的水溶液中主要发生取代反应(即水解反应)，在碱的醇溶液中主要发生脱卤化氢的反应。

3. 与金属镁反应——格利雅试剂的生成

在干醚中，卤代烷与金属镁反应，生成烷基卤化镁。

$$R—X + Mg \xrightarrow[\text{回流}]{\text{干醚}} R—Mg—X \quad \text{(烷基卤化镁)}$$

烷基卤化镁(RMgX)称为格利雅(Grignard V)试剂。凡是应用格利雅试剂进行的反应，通称为格利雅反应。由于格利雅试剂分子中存在着潜在的 R^- 离子，所以格利雅试剂既是一个极强的碱，又是一个很强的亲核试剂。它与酸、水、醇、氨等反应，分解生成烷烃。

$$R—MgX + H^+ \longrightarrow R—H + MgX^+$$

$$R—MgX + H_2O \longrightarrow R—H + Mg(OH)X$$

这个反应可用来制备烷烃。

制备格利雅试剂时，卤代烷的活性顺序是：碘代烷 > 溴代烷 > 氯代烷。碘代烷太贵，氯代烷的活性较小，所以，实验室中一般是用溴代烷来制备格利雅试剂。

R—MgX 还可以与末端炔烃反应，生成乙炔基型的格利雅试剂。

$$R—MgX + R'—C\equiv C—H \xrightarrow[\text{回流}]{\text{干醚}} R'—C\equiv C—MgX + R—H$$

格利雅试剂作为亲核试剂，在有机合成上有突出的重要性，这些反应将在以后相应的章节中介绍。

2.3.2 醇

醇可以看成是脂肪烃分子中一个或几个氢原子被羟基(—OH)取代的生成物。一元醇也可以看作是水分子中的一个氢原子被脂肪烃基取代的生成物。羟基是醇的官能团。由于羟基的反应活性，使醇成为有机合成中的一类重要原料。醇可以分为以下几类：

(1) 按烃基是饱和的还是不饱和的，醇分为饱和醇和不饱和醇。

(2) 按羟基所连的碳原子类型的不同，醇分为伯醇、仲醇和叔醇。羟基分别与伯、仲和叔碳原子相连，称为伯醇、仲醇和叔醇。

(3) 按分子中所含羟基的数目，醇分为一元醇和多元醇。

(4) 羟基连在芳环的侧链称为芳醇。

2.3.2.1 醇的物理性质

直链饱和一元醇中，C_4 以下的醇为有酒精气味的液体，$C_5 \sim C_{11}$ 的醇为具有不愉快气味的油状液体，C_{12} 以上的醇为无臭无味的蜡状固体。

醇分子中含有羟基，分子间能形成氢键。氢键是一种较大的分子间力，它明显地影响醇的物理性质。

(1) 醇分子间通过氢键而缔合，要使醇达到沸点，除提供克服分子间的范德华力所需能量以外，还需提供破坏氢键所需的能量。因此，低级醇的沸点比相对分子质量相近的烷烃和卤代烃高得多。然而，醇分子中的烃基对缔合有阻碍作用，烃基愈大，位阻愈大，故直链饱和一元醇的沸点随相对分子质量增加愈来愈接近于相应烷烃的沸点。碳原子相同的醇，含支链愈多其沸点愈低。

(2) 醇在水中的溶解度随分子中碳原子数的增多而下降。$C_1 \sim C_3$ 醇能与水互溶，从丁醇开始在水中的溶解度显著降低，C_{10} 以上的醇不溶于水。因为低级醇能与水形成氢键，故能与水混溶。烃基愈大，与水形成氢键的能力愈弱，使它更类似于烃的性质，在水中的溶解度也愈小，甚至不溶。高级醇不溶于水而溶于烃。相反，低级醇不易溶于烃。

(3) 低级醇与水类似，能与某些无机盐类形成结晶醇络合物，如 $MgCl_2 \cdot 6CH_3OH$、$CaCl_2 \cdot 3C_2H_5OH$、$CaCl_2 \cdot 4CH_3OH$ 等，它们不溶于有机溶剂而溶于水。利用这一性质可使醇与其他化合物分离，或从反应产物中除去醇。

2.3.2.2 醇的化学性质

对甲醇的结构测定发现 C—O—H 的键角为 108.9°，由此表明醇分子中的氧原子呈 sp^3 杂化状态，两个 sp^3 杂化轨道分别与氢原子、碳原子成键，两对孤对电子分别占据其他两个 sp^3 杂化轨道。由于醇分子中氧的电负性比氢、碳都强，因此氧原子上电子云密度较高，与其相连的氢原子和碳原子上的电子云密度较低，使分子呈现较强的极性。

醇的化学性质主要由羟基决定的。C—O 键与 O—H 键容易受试剂进攻而发生反应。α－碳原子上的氢，受羟基的影响也具有一定的活性。因此，醇可以发生三种类型的反应：C—O键断裂、O—H 键断裂和 C_α—H 键断裂。

1. 醇的酸碱性

(1) 醇的酸性　连在电负性大的氧上的氢原子具有一定的酸性。醇能与活泼金属如钾、钠、镁或铝反应生成氢气和醇金属，但醇的反应要缓和的多。例如：

$$2(CH_3)_3COH + 2K \longrightarrow 2(CH_3)_3CO^-K^+ + H_2$$

烷氧负离子(RO^-)是醇的共轭碱，是比氢氧负离子(OH^-)更强的碱，它遇水立即发生反应生成相应的醇和氢氧负离子。因此，烷氧负离子常作为非水介质中的碱性试剂，也可以作为亲核试剂。

$$RO^- + H_2O \rightleftharpoons ROH + OH^-$$

(2) 醇的碱性　醇分子中氧上的孤对电子使其具有碱性，能从强酸如盐酸、硫酸中接受一个质子生成质子化的醇(锌离子)。

$$R\ddot{\underset{..}{O}}H + H_2SO_4 \rightleftharpoons [R-\underset{\underset{H}{|}}{\ddot{O}}-H]^+ + HSO_4^-$$

因此不溶于水的醇可溶于这些强酸中(常用的是浓硫酸)。利用这一性质可将不溶于水的醇从烷烃、卤代烷中分离出来。

2. 羟基被卤原子取代的反应

醇与氢卤酸反应是制备卤代烃的一种方法，这个反应是可逆的。如果使一种反应物过量或移去一种生成物，可使平衡向右移动，从而提高卤代烃的产量。氢卤酸的反应活性为：HI > HBr > HCl(HF 通常不反应)；醇活性为：烯丙醇 > 苄醇 > 叔醇 > 仲醇 > 伯醇。

$$R-OH + H-X \rightleftharpoons R-X + H_2O$$

加热醇与浓氢碘酸就可生成碘代烷。溴代烷则要用浓 $HBr + H_2SO_4$(或 $NaBr + H_2SO_4$)加热制得。醇与盐酸反应较困难，只有活泼的醇才能起反应，如叔丁醇与过量的浓盐酸，室温下即可得到高产率(94%)的叔丁基氯。当与溶有无水氯化锌的浓盐酸加热时，活性较低的伯醇也能反应，生成相应的氯代烷。

3. 醇分子的脱水

醇分子内的脱水生成烯烃，醇分子之间脱水生成醚。

(1) 分子内脱水　有机化合物经过化学变化分子内脱去一个小分子的反应，称为消除反应。醇分子内的脱水是消除反应，常通过两种方法实现。

① 醇与强酸共热　常用的酸是 H_2SO_4 或 H_3PO_4。脱水所需要的温度和酸的浓度与醇的构造有关。例如：

$$CH_3CH_2OH \xrightarrow[175℃]{浓\ H_2SO_4} CH_2=CH_2 + H_2O$$

$$CH_3CH_2CH_2CH_2—OH \xrightarrow[150℃]{75\% H_2SO_4} CH_3CH_2CH═CH_2 + CH_3CH═CHCH_3$$

次要产物　　　　（顺和反）主要产物

醇的反应活性是：叔醇 > 仲醇 > 伯醇。反应取向与卤代烃消除卤化氢相似，符合札依采夫规则。脱去的是羟基和含氢较少的 β - 氢原子，即反应主要趋于生成碳碳双键上烃基较多的较稳定的烯烃。某些醇的脱水产物取决于所生成碳正离子的稳定性，如果生成较不稳定的碳正离子，则可重排成更稳定的碳正离子，然后按札依采夫规则消除掉 β - 氢原子。因此某些醇脱水过程中常发生碳骨架的变化或双键重排。

② 醇蒸气高温下通过催化剂(通常用氧化铝)脱水生成烯烃。气相醇脱水反应的温度较高(~360℃)，反应中很少有重排现象发生。

$$CH_3CH_2CH_2CH_2OH \xrightarrow[350\sim400℃]{Al_2O_3} CH_3CH_2CH═CH_2$$

(2) 分子间脱水　醇与浓硫酸反应也可发生分子间脱水生成醚，此反应属于取代反应。

$$R—OH + H—OR' \xrightarrow[\triangle]{H_2SO_4} R—O—R' + H_2O$$

一般而言，在较高温度下，提高酸的浓度有利于分子内脱水生成烯烃；用过量的醇在较低温度下，有利于分子间脱水生成醚。例如：

$$CH_3CH_2OH \xrightarrow[175℃]{浓 H_2SO_4} CH_2═CH_2 + H_2O$$

$$CH_3CH_2OH \xrightarrow[140℃]{浓 H_2SO_4} CH_3CH_2OCH_2CH_3 + H_2O$$

生成醚的反应是一个亲核取代反应。一分子醇作为亲核试剂，另一分子质子化醇作为反应底物。用此反应制醚存在着分子内的脱水和分子间脱水反应的竞争。脱水的方式不仅与反应条件有关，还与醇的构造有关。仲醇易发生分子内的脱水，生成的主要产物为烯烃；叔醇则只能得到烯烃；只有伯醇与浓硫酸共热才能得到醚。

4. 酯化反应

醇与含氧无机酸或有机酸及其酰氯和酸酐反应生成酯的反应称为酯化反应。

(1) 硫酸酯的生成　硫酸和醇发生酯化反应生成酸性硫酸酯

$$ROH + HOSO_2OH \rightleftharpoons ROSO_2OH + H_2O$$

这是一个可逆反应，生成的酸性硫酸酯用碱中和后，得到烷基硫酸钠 $ROSO_2ONa$。当 R 为 $C_{12}\sim C_{16}$时，烷基硫酸钠常用作洗涤剂、乳化剂等的表面活性剂。这类表面活性剂的缺点是高温易水解。

(2) 硝酸酯的生成　醇与硝酸作用生成硝酸酯。

$$CH_3CH_2OH + HO—NO_2 \xrightarrow{H_2SO_4} CH_3CH_2O—NO_2 + H_2O$$

多元醇的硝酸酯是烈性炸药。例如，用浓硫酸和浓硝酸处理甘油得到三硝酸甘油酯。它受热或撞击立即引起爆炸，是常用的炸药。

(3) 磷酸酯的生成　磷酸是三元酸，有三种类型的磷酸酯：

$$RO—\overset{\overset{O}{\|}}{\underset{\underset{OH}{|}}{P}}—OH \qquad RO—\overset{\overset{O}{\|}}{\underset{\underset{OH}{|}}{P}}—OR \qquad RO—\overset{\overset{O}{\|}}{\underset{\underset{OR}{|}}{P}}—OR$$

磷酸酯大多是由醇与磷酰氯反应制得：

$$3ROH + POCl_3 \longrightarrow (RO)_3P{=}O + 3HCl$$

一些脂肪醇的磷酸三酯常用作织物阻燃剂、塑料增塑剂。较高级的脂肪醇的单或双磷酸酯常作为合成纤维油剂用的一类表面活性剂。例如，$C_{16}H_{33}O\overset{\overset{O}{\|}}{P}(OCH_2CH_2OH)_2$ 是腈纶抗静电剂和柔顺剂。

(4) 羧酸酯的生成　醇与有机酸(或酰氯、酸酐)反应生成羧酸酯。

$$R{-}COOH + HOR' \xrightleftharpoons{H^+} R{-}CO{-}OR' + H_2O$$

5. 脱氢和氧化

醇分子中与羟基直接相连的 α - 碳原子上若有氢原子，由于羟基的影响，α - H 较活泼，较易脱氢或氧化生成羰基化合物。

伯醇、仲醇的蒸气在高温下通过铜(或银)催化剂发生脱氢反应，分别生成醛和酮。

$$RCH_2{-}OH \xrightleftharpoons{Cu_2 \sim 300℃} R{-}CHO + H_2$$

$$R{-}\underset{}{\overset{\overset{OH}{|}}{C}H}{-}R' \xrightleftharpoons{Cu_2 \sim 300℃} R{-}\overset{\overset{O}{\|}}{C}{-}R' + H_2$$

若同时通入空气，则氢被氧化成水，反应可进行到底——氧化脱氢。例如：

$$CH_3CH_2OH + O_2 \xrightarrow[550℃]{Cu 或 Ag} CH_3CHO + H_2O$$

叔醇分子中没有 α - H，不能脱氢。将其蒸气于 300℃下通过铜，只能脱水生成烯烃。

2.3.3　酚

羟基直接连在芳环上的化合物称为酚。最简单的酚为苯酚。

2.3.3.1　酚的物理性质

除少数烷基酚为高沸点液体外，大多数的酚都为无色晶体。但酚类在空气中易被氧化而呈粉红色或红色。

由于分子间能形成氢键，酚有较高的沸点，其熔点也比相应的烃高。酚虽然含有羟基，但仅微溶或不溶于水，这是因为芳基在分子中占有较大的比例。酚类在水中的溶解度随羟基数目增加而增大。

在苯酚的芳环上连接一个取代基的三个异构体中(例如硝基苯酚、甲基苯酚)，邻位异构体的熔点、沸点和在水中的溶解度都比间位、对位异构体低得多。由于间位、对位异构体分子间形成氢键而缔合，故沸点较高，它们与水分子也可形成氢键，在水中也有一定的溶解度。邻位异构体则不然，由于相邻的羟基和硝基之间通过分子内氢键螯合成环，难以形成分子间的氢键而缔合，同时也降低了它与水分子形成氢键的能力，因此其熔点、沸点和在水中的溶解度都较低。在三个异构体中只有邻位异构体可随水蒸气蒸馏出来。

2.3.3.2　酚的化学性质

酚与醇分子中都有极性的 C—O 键和 O—H 键，它们能发生相似的反应。但由于酚羟基参与芳环共轭，使 O—H 键极性增大，C—O 键加强，因此，酚一方面酸性比醇大，另一方面较难发生羟基被取代的反应。酚羟基使芳环活化，容易发生环上的亲电取代。

1. 酚羟基的性质

(1) 酸性　酚具有酸性，其酸性(例如苯酚的 $pK_a \approx 10$，水溶液能使石蕊变红)比醇

($pK_a \approx 18$)、水($pK_a \approx 15.7$)强，但比碳酸($pK_a \approx 6.38$)弱。因此酚能溶于氢氧化钠水溶液生成酚钠，但不能与碳酸氢钠反应。相反，将二氧化碳通入酚钠水溶液，酚即游离出来。

$$C_6H_5\text{—}OH + NaOH \xrightarrow{H_2O} C_6H_5\text{—}O^- Na^+ + H_2O$$

$$C_6H_5\text{—}O^- Na^+ + CO_2 + H_2O \longrightarrow C_6H_5\text{—}OH + NaHCO_3$$

这个性质可以用来区别、分离不溶于水的醇、酚和羧酸。醇不溶于稀氢氧化钠溶液；酚不溶于稀碳酸氢钠溶液，而溶于稀氢氧化钠溶液；羧酸溶于稀碳酸氢钠溶液。

苯酚的酸性比醇、水强，是由于酚羟基氧原子上孤对电子与苯环 π 电子共轭，电子离域使氧原子上电子云密度降低，有利于氢以质子形式电离，电离后生成苯氧负离子，其负电荷能更好地离域而分散到整个共轭体系，从而使苯氧负离子比苯酚更稳定，因此酚的酸性比醇强。与酚相比，醇羟基氧原子上孤对电了与氢电离后的烷氧负离子的负电荷都不能与烷基发生共轭作用，故醇的酸性比酚弱得多。

(2) 与氯化铁的显色反应　大多数酚可与氯化铁溶液作用生成有色络离子。

$$6ArOH + FeCl_3 \longrightarrow [Fe(OAr)_6]^{3-} + 3Cl^- + 6H^+$$

不同的酚显示不同的颜色。苯酚和均苯三酚显蓝紫色和紫色，邻和对苯二酚及 β－萘酚显绿色，甲苯酚显蓝色。这种特殊的显色反应，可用来检验酚羟基的存在。

(3) 酚醚的生成　与醇相似，酚也可以生成醚。但酚醚不能通过酚分子之间脱水制得。通常是通过酚钠与比较强的烃基化试剂(如碘甲烷或硫酸二甲酯)反应制得。例如：

$$C_6H_5\text{—}O^- Na^+ + CH_3OSO_2OCH_3 \longrightarrow C_6H_5\text{—}OCH_3 + CH_3OSO_2ONa$$

二芳醚可用酚钠与芳卤制得，因芳环上卤原子不活泼，故需催化加热。

$$C_6H_5\text{—}O^- Na^+ + Br\text{—}C_6H_5 \xrightarrow[210℃]{Cu} C_6H_5\text{—}O\text{—}C_6H_5 + NaBr$$

酚醚的化学性质比较稳定，但与氢碘酸作用可分解为原来的酚。

$$C_6H_5\text{—}OCH_3 + HI \xrightarrow{\triangle} C_6H_5\text{—}OH + CH_3I$$

在有机合成上，常用酚醚来“保护酚羟基”，以免羟基在反应中被破坏，待反应终了后，再将醚分解为相应的酚。

2. 芳环上的反应

羟基是一个较强的邻对位定位基，酚的苯环上的亲电取代反应比苯更容易。

(1) 卤化　苯酚的卤化不需要用路易斯酸催化，却需要仔细地选择反应条件，以便获得一、二或三卤代产物。

苯酚在没有溶剂存在下或在非极性溶剂中卤化，可得到邻和对卤代苯酚的混合物。在酸性溶液中卤化则可得到 2,4－二卤代苯酚。例如：

$$C_6H_5OH \xrightarrow[40 \sim 150℃]{Cl_2} o\text{-}ClC_6H_4OH + p\text{-}ClC_6H_4OH$$

(主要产物)

$$\text{邻溴苯酚}(33\%) + \text{对溴苯酚}(67\%) \xleftarrow[0℃]{Br_2,\ CCl_4} C_6H_5OH \xrightarrow[30℃]{Br_2,\ HBr} \text{2,4-二溴苯酚}(87\%)$$

苯酚与溴水在室温下迅速反应生成2,4,6－三溴苯酚的白色沉淀。

$$C_6H_5OH + Br_2 \xrightarrow{H_2O} \text{2,4,6-三溴苯酚}\downarrow$$

这个反应很灵敏而且是定量完成的，常用于酚的定量、定性检验，测定酚的含量。

(2) 硝化反应　在室温下，用稀硝酸就可使苯酚硝化，生成邻和对硝基苯酚的混合物。由于硝酸的氧化性很强，苯酚又易被氧化，故反应中产生大量的焦油状酚的氧化副产物，产率相当低，无制备意义。多硝基酚不能用酚的直接硝化法制备。

$$C_6H_5OH \xrightarrow[25℃]{20\%HNO_3} \text{邻硝基苯酚}(-NO_2)\ (30\% \sim 40\%) + \text{对硝基苯酚}(NO_2)\ (15\%)$$

(3) 磺化反应　浓硫酸易使苯酚磺化。如果反应在室温下进行，生成几乎等量的邻和对位取代产物；如果反应在较高温度下进行，则对位异构体为主要产物。并且磺化反应是一个可逆反应。

$$C_6H_5OH \xrightarrow{98\%H_2SO_4} \text{邻羟基苯磺酸}(-SO_3H) + \text{对羟基苯磺酸}(SO_3H)$$

	邻位	对位
20℃	49%	51%
100℃	10%	90%

(4) 与烷基化试剂反应　由于酚羟基易与无水氯化铝作用生成不溶于有机溶剂的酚氯化铝盐($PhOAlCl_2$)，使芳环亲电取代活性降低；又由于羟基上酯化反应的竞争，酚类用氯化铝为催化剂的酰化反应产率不高。但如用乙酸和三氟化硼处理苯酚可获得高产率的对羟基苯乙酮。例如：

$$C_6H_5OH + CH_3COOH \xrightarrow{BF_3} \text{对羟基苯乙酮}(COCH_3)\ (95\%) + H_2O$$

酚的烷基化反应常常是以烯烃或醇为烷基化试剂，以浓硫酸、磷酸或酸性离子交换树脂作为催化剂，反应迅速生成二和三烷基化产物。例如：

$$\text{4-甲基苯酚} + (CH_3)_2C{=}CH_2 \xrightarrow{\text{浓 } H_2SO_4} \text{4-甲基-2,6-二叔丁基苯酚}$$

4－甲基－2，6－二叔丁基苯酚

4－甲基－2,6－二叔丁基苯酚(俗称二四六抗氧剂)是无色晶体，熔点70℃，可用作有机物的抗氧剂，也可用作食物防腐剂。

3. 氧化和加氢

(1) 氧化　酚易被氧化。苯酚置于空气中，随氧化作用的深化，颜色由无色逐渐变为粉红色、红色甚至暗红色。氧化剂为 $CrO_3 + CH_3COOH$，0℃时，可将苯酚氧化成对苯醌。

$$\text{苯酚} \xrightarrow[0℃]{CrO_3 + CH_3COOH} \text{对苯醌}$$

二元酚更易被氧化。例如邻或对苯二酚在室温时即可被弱氧化剂(如氧化银、氯化铁)氧化为邻或对苯醌。

苯三酚极易被氧化，是强的还原剂，在气体分析中常用作吸氧剂以移去气流中的痕量氧。

(2) 加氢　酚可通过催化加氢生成环烷基醇。例如，在工业生产中，苯酚在雷尼镍催化下于140～160℃通入氢气可生成环己醇。

$$\text{苯酚} + 3H_2 \xrightarrow[140\sim160℃]{\text{雷尼镍}} \text{环己醇}$$

环己醇是制备聚酰胺类合成纤维的原料。

2.3.4　醚

醚是两个烃基通过氧原子结合起来的化合物。它可以看作是水分子中的两个氢原子被烃基取代的生成物。C—O—C 键称为醚键，是醚的官能团。

醚分子中与氧原子相连的两个烃基相同时叫做单醚；两个烃基不相同时叫做混醚。两个烃基都是饱和的称为饱和醚，两个烃基中有一个是不饱和的或是芳基的则称为不饱和醚或芳醚。如果烃基与氧原子连接成环称为环醚；多氧大环醚称为冠醚。

2.3.4.1　醚的物理性质

在常温下除了甲醚和甲乙醚为气体外，大多数醚在常温下为有香味的无色液体。醚分子中没有与强电负性原子相连的氢，因此分子间不能形成氢键。其沸点比醇或酚低许多。如甲醚和乙醇的沸点分别为－24.9℃和78.5℃。

醚分子能与水分子形成氢键，低级醚在水中的溶解度与相对分子质量相近的醇接近，如甲醚能与水混溶，乙醚与正丁醇在水中溶解度都约为8g/100g水。环醚的水溶液既能溶解离子化合物，又能溶解非离子化合物，为常用的优良溶剂。

2.3.4.2　醚的化学性质

醚与醇、酚不同，分子结构中无活泼的羟基，性质比较稳定，为不活泼的有机化合物。

1. 鲜盐的生成

醚的氧原子有孤对电子，可以与强酸(如浓 HX 或浓硫酸等)的质子结合生成 盐而溶于浓的强酸中。

$$R-\ddot{\underset{..}{O}}-R' + H_2SO_4 \rightleftharpoons [R-\underset{\underset{H}{..}}{\ddot{O}}-R']^+ HSO_4^-$$

鲜盐是弱碱强酸的盐，不稳定，遇水很快分解为原来的醚。醚生成的盐只能在低温下存在于浓酸中，若用水小心稀释，则鲜盐分解而分离出来原来的醚。在实验室中可以利用醚形成鲜盐后，溶于浓酸中这一特性，分离醚与卤代烃或烷烃的混合物。

醚可提供孤对电子与亲电试剂如 BF_3、$AlCl_3$ 或格利雅试剂 R—Mg—X 生成配位络合物。如：

$$(CH_3CH_2)_2\ddot{\underset{..}{O}} + BF_3 \longrightarrow (CH_3CH_2)_2\ddot{O} \rightarrow BF_3$$

$$2(CH_3CH_2)_2\ddot{\underset{..}{O}} + R-Mg-X \longrightarrow (CH_3CH_2)_2\ddot{O} \rightarrow \underset{\underset{R}{|}}{\overset{\overset{X}{|}}{Mg}} \leftarrow \ddot{O}(CH_2CH_3)_2$$

尤其是四氢呋喃，它的溶剂化和络和能力很强，一些难制备的格利雅试剂(如 PhMgCl、$CH_2=CHMgCl$)常用它作为溶剂来制备。

2. 醚键的断裂

鲜盐的生成使醚的碳氧键 C—O 变弱，易发生断裂，将醚与强无机酸如氢碘酸、氢溴酸、浓硫酸作用，首先形成鲜盐，加热则醚键破裂。例如：

$$R-O-R' + HX \rightleftharpoons R-\underset{\underset{H}{|}}{\overset{+}{O}}-R' + X^- \longrightarrow R-X + R'-OH$$

$$Ar-O-R + HX \xrightarrow[\triangle]{} Ar-OH + R-X$$

$$Ar-O-Ar + HX \xrightarrow[\triangle]{} \text{不反应}$$

反应活性：HI > HBr > HCl。通常使用 HI 或 HBr 来断裂醚键。

烷基醚与氢碘酸反应，首先生成碘代烷和醇，醇可以进一步与过量的氢碘酸作用，生成两分子碘代烷。当两个烷基不相同时，往往是含碳原子较少的烷基断裂下来与碘结合，而且反应可定量完成。例如，含甲氧基或乙氧基的醚与氢碘酸反应可定量生成碘甲烷或碘乙烷。若将生成物蒸出，通入硝酸银的乙醇溶液，按照生成碘化银的量就可计算出原来醚分子中甲氧基或乙氧基的含量。

$$CH_3-O-R + HI \longrightarrow CH_3-I + R-OH$$

二芳醚由于碳氧键牢固，甚至与氢碘酸作用，醚键也不断裂。芳基烷基醚则生成酚与卤代烷。

3. 过氧化物的生成

醚对氧化剂较稳定，但长期置于空气中可被空气氧化为过氧化物。过氧化物不稳定，受热易爆炸，沸点又比醚高，因此蒸馏醚时注意不要蒸干，以免发生爆炸事故。尤其是异丙醚特别容易形成过氧化物，乙醚和四氢呋喃贮存时间过长时，蒸干也是危险的。

检测过氧化物存在的简单方法是：将少量的醚、2% 碘化钾溶液、几滴稀硫酸和 2 滴淀粉溶液一起摇动，如有过氧化物则碘离子被氧化为碘，遇淀粉呈蓝色。贮存过久含有过氧化物的醚一定要用硫酸亚铁-硫酸水溶液洗涤或亚硫酸钠等还原剂处理后方能蒸馏。为避免过氧化物生成，贮存时可在醚中加入少许金属钠。

2.3.5 醛、酮

醛、酮的分子中都含有羰基 $\overset{\displaystyle O}{\overset{\|}{—C—}}$ ，统称为羰基化合物。羰基碳原子分别与氢原子和烃基相连接的化合物，称为醛，可用通式 $R—\overset{\displaystyle O}{\overset{\|}{C}}—H$ 表示。 $—\overset{\displaystyle O}{\overset{\|}{C}}—H$ 叫做醛基，是醛的官能团。甲醛 $H—\overset{\displaystyle O}{\overset{\|}{C}}—H$ 是最简单的醛，其羰基碳原子连有两个氢原子。羰基碳原子连有两个烃基的化合物，称为酮，可用通式 $R—\overset{\displaystyle O}{\overset{\|}{C}}—R$ 表示。丙酮 $CH_3—\overset{\displaystyle O}{\overset{\|}{C}}—CH_3$ 是最简单的酮。酮分子中的羰基也叫做酮基。

根据羰基所连接的烃基不同，醛、酮可以分为脂肪醛、酮和芳香醛、酮；根据烃基是否含有不饱和键，分为饱和醛、酮和不饱和醛、酮；根据分子中含有羰基的数目，分为一元醛、酮和多元醛、酮。一元酮又可分为单酮和混酮。羰基连接两个相同烃基的酮，叫做单酮；羰基连接两个不同烃基的酮，叫做混酮。

2.3.5.1 醛、酮的物理性质

在常温下，只有甲醛是气体，低级醛、酮都是液体。低级醛具有强烈刺激气味，中级醛有花果香味，含8~13个碳原子的醛常应用于香料工业中。高级醛、酮为固体。

羰基是极性基团，故醛、酮分子间的引力大。与相对分子质量相近的烷烃和醚相比，醛、酮的沸点较高。又由于醛、酮分子间不能形成氢键，因而沸点低于相对分子质量相近的醇。

对于高级醛、酮，随着羰基在分子中所占比例越来越小，与相对分子质量相近的烷烃的沸点差别也逐步减少。例如，相对分子质量同为156的癸酮和正十一烷，沸点分别是210℃和196℃。

醛、酮分子之间虽不能形成氢键，但羰基氧原子却能和水分子形成氢键。所以相对分子质量低的醛、酮可溶于水。例如，乙醛和丙酮能与水混溶。醛、酮的水溶性随相对分子质量增大逐渐降低，乃至不溶。醛、酮可溶于一般的有机溶剂。丙酮、丁酮能溶解许多有机化合物，故常用作有机溶剂。

2.3.5.2 醛、酮的化学性质

醛、酮的化学性质主要由官能团羰基($\overset{\displaystyle O}{\overset{\|}{—C—}}$)决定。羰基具有平面三角形结构，碳和氧以双键相连(一个 σ 键和一个 π 键)。由于氧的电负性较大，拉电子能力较强，把流动性较大的 π 电子强烈的拉向氧原子一边，使其明显地带有部分负电荷，而碳原子明显地带有部分正电荷，所以羰基是强极性基团。

由于氧原子具有较大的容纳负电荷的能力，带有部分正电荷碳原子比带有部分负电荷氧原子活性大，因此，羰基易受亲核试剂进攻而发生亲核加成反应；受羰基的影响，α-H具

有活性；且醛基氢也具有活性，易被氧化。因此，醛和酮可发生三种类型的反应：羰基的亲核加成，醛基 C—H 键断裂发生氧化还原反应，C_α—H 键断裂。

1. 羰基亲核加成反应

(1) 加成机理　亲核试剂首先进攻带有部分正电荷的羰基碳原子，生成氧负离子中间体。此时，羰基碳原子由 sp^2 杂化变为 sp^3 杂化。然后氧负离子与试剂的亲电部分(通常是 H^+)结合生成产物。由于决定加成反应速率的一步是亲核试剂进攻，故称亲核加成反应，该反应受酸、碱催化。

① 酸催化　当存在酸时，羰基氧首先质子化。

$$-\overset{|}{C}=O + H^+ \rightleftharpoons -\overset{|}{C}=\overset{+}{O}H-$$

其结果则是增加了羰基碳的正电性，使它更容易受亲核试剂进攻。也就是，酸催化是增大羰基化合物的活性。

② 碱催化　当存在碱时，则是增大亲核试剂的活性和浓度，从而加大羰基亲核加成的速率。例如，氢氰酸是弱酸，溶液中 CN^- 浓度很低，氢氰酸与羰基亲核加成反应很慢。当加入一滴氢氧化钠或氢氧化钾溶液则反应很快，可在几分钟内完成。其原因是碱促使氢氰酸电离，从而增大了 CNA^- 浓度；加酸则相反。

$$HCN + OH^- \rightleftharpoons H_2O + CN^-$$

作为亲核试剂，CN^- 的活性显然比 HCN 大得多。

醛和酮进行亲核加成的难易程度是不同的。酮羰基连有两个烃基，使过渡态更拥挤，而两个烃基的推电子性也使过渡态不稳定，由于电子效应和立体阻碍两个因素，亲核加成反应活性酮比醛小。且羰基所连烃基的体积愈大，立体阻碍愈大，愈不利于亲核加成。综上所述，亲核加成反应活性次序大致如下：

$$Cl_3CCHO > HCHO > RCHO > PhCHO > CH_3COCH_3 > RCOCH_3 > PhCOCH_3 > PhCOR > PhCOPh$$

(2) 加成反应　羰基与氢氰酸、亚硫酸氢钠、格利雅试剂等发生加成反应。

① 加氢氰酸　醛以及大多数甲基酮和少于 8 个碳原子的环酮都可以与氢氰酸发生亲核加成反应，产物是 α - 羟基腈(氰醇)

$$R-\overset{\overset{\large O}{\|}}{C}-H(CH_3) + HCN \rightleftharpoons R-\underset{\underset{\large CN}{|}}{\overset{\overset{\large OH}{|}}{C}}-H(CH_3)$$

α - 羟基腈比原料醛或酮增加了一个碳原子，是使碳链增长的一种方法。

② 加亚硫酸氢钠　醛、脂肪族甲基酮和少于 8 个碳原子的环酮都可以和饱和亚硫酸氢钠溶液(浓度约 40%)发生亲核加成反应。产物 α - 羟基磺酸钠能溶于水，但不溶于饱和亚硫酸氢钠溶液中，而以无色晶体析出。

$$O=\underset{\underset{\large R}{|}}{\overset{\overset{\large H}{|}}{C}} + Na\overset{+}{O}\overset{-}{\underset{..}{S}}\overset{\overset{\large O}{\|}}{}OH \rightleftharpoons NaO-\underset{\underset{\large R}{|}}{\overset{\overset{\large H}{|}}{C}}-SO_3H \rightleftharpoons HO-\underset{\underset{\large R}{|}}{\overset{\overset{\large H}{|}}{C}}-SO_3Na$$

加成产物 α - 羟基磺酸钠遇稀酸或稀碱都可以重新分解为原来的醛、酮。利用这个反应可以分离或提纯醛、酮。

$$HO-\underset{R}{\overset{H}{\underset{|}{\overset{|}{C}}}}-SO_3Na \xrightarrow{\text{稀 HCl}} O=\underset{R}{\overset{H}{\underset{|}{\overset{|}{C}}}} + SO_2\uparrow + NaCl + H_2O$$

③ 加格利雅试剂　格利雅试剂 RMgX 的碳原子带有部分负电荷，具有强亲核性，能与醛、酮发生亲核加成反应。加成产物经水解，可以制得不同种类的醇，这是合成醇的一个好方法。

$$RMgX + -\overset{O}{\overset{\|}{C}}- \xrightarrow{\text{干醚}} R-\underset{|}{\overset{|}{C}}-OMgX \xrightarrow{H_3O^+} R-\underset{|}{\overset{|}{C}}-OH$$

格利雅试剂与甲醛反应，可制得伯醇。例如：

$$CH_3CH_2MgBr + HCHO \xrightarrow{\text{干醚}} CH_3CH_2CH_2OMgBr \xrightarrow{H_3O^+} CH_3CH_2CH_2OH$$

与其他醛反应，可制得仲醇。例如：

$$CH_3CH_2MgBr + CH_3CHO \xrightarrow{\text{干醚}} CH_3CH_2\overset{CH_3}{\overset{|}{C}}HOMgBr \xrightarrow{H_3O^+} CH_3CH_2\overset{OH}{\overset{|}{C}}HCH_3$$

与酮反应，可制得叔醇。例如：

$$CH_3CH_2CH_2CH_2MgBr + (CH_3)_2C=O \xrightarrow{\text{干醚}} CH_3CH_2CH_2CH_2\underset{CH_3}{\overset{CH_3}{\underset{|}{\overset{|}{C}}}}OMgBr$$

$$\xrightarrow{H_3O^+} CH_3CH_2CH_2CH_2-\underset{CH_3}{\overset{CH_3}{\underset{|}{\overset{|}{C}}}}-OH$$

由此可见，只要选择适当的原料，除甲醇外，几乎是任何醇都可以通过格利雅试剂来合成。

2. 氧化还原反应

(1) 氧化反应　醛的羰基碳原子连有一个氢原子，容易氧化为羧酸。常用的氧化剂有 Ag_2O、H_2O_2、$KMnO_4$、CrO_3 和过氧酸。例如：

$$CH_3(CH_2)_5CHO \longrightarrow CH_3(CH_2)_5COOH$$

空气中的氧也能将醛氧化，所以在存放时间较长的醛中常含有少量的羧酸。

托伦(Tollens B C)试剂是硝酸银的氨溶液，含有银氨络离子 $Ag(NH_3)_2^+$，属于弱氧化剂。它能将醛氧化为羧酸，自身则还原为金属银。如果反应器事先处理洁净，则金属银将附着在反应器内壁形成银镜，通常称此反应为银镜反应。

$$RCHO + 2Ag(NH_3)_2OH \longrightarrow RCOONH_4 + 2Ag\downarrow + 3NH_3 + H_2O$$

除 α－羟基酮外，所有的酮都不与托伦试剂反应，因此常用托伦试剂区别醛和酮。

$$R-\overset{O}{\overset{\|}{C}}-\overset{OH}{\overset{|}{C}}H-R' + 2Ag(NH_3)_2OH \longrightarrow R-\overset{O}{\overset{\|}{C}}-\overset{O}{\overset{\|}{C}}-R' + 2Ag\downarrow + 4NH_3 + 2H_2O$$

费林(Fehling H von)试剂是由硫酸铜溶液和酒石酸钾钠溶液等量混合而成。酒石酸钾钠

可以和 Cu^{2+} 形成络离子，从而避免生成 $Cu(OH)_2$ 沉淀。费林试剂也是一种弱氧化剂，所有脂肪醛都可被氧化为羧酸，Cu^{2+} 则被还原为砖红色的 Cu_2O 沉淀。

$$RCHO + 2Cu^{2+} + OH^- + H_2O \longrightarrow RCOO^- + Cu_2O\downarrow + 4H^+$$

芳香醛和所有的酮不与费林试剂反应。因此，利用费林试剂既可以鉴别脂肪醛和酮，又可以区别脂肪醛和芳香醛。

这两种弱氧化剂都不能氧化醛分子中的碳碳双键和碳碳三键，以及 β 位或 β 位以外的羟基，所以是良好的选择性氧化剂。例如：

$$CH_3CH{=}CHCHO \xrightarrow{\text{托伦试剂或费林试剂}} CH_3CH{=}CHCOOH$$

酮较难发生氧化。在强烈条件下，例如提高反应温度，使用强氧化剂，才能使酮氧化，碳链发生断裂，生成几种羧酸的混合物。一般来说，酮氧化制羧酸实际意义不大。但是，环己酮在五氧化二钒催化下，用硝酸氧化，生成己二酸，却是工业上生成己二酸(合成尼龙-66 的原料)的一个重要方法。

(2) 还原反应　醛和酮在适宜的条件下，能够发生还原反应，得到不同的目的产物。

① 还原为醇　醛和酮都能容易地分别被还原为伯醇和仲醇。

$$R{-}CHO \xrightarrow{[H]} R{-}CH_2OH$$

$$R{-}\overset{\overset{\displaystyle O}{\|}}{C}{-}R' \xrightarrow{[H]} R{-}\overset{\overset{\displaystyle OH}{|}}{CH}{-}R'$$

还原可以采用催化加氢的方法。铂、钯、雷尼镍、$CuO-Cr_2O_3$ 等是常用的催化剂。如果醛、酮分子中含有碳碳双键和三键、$-NO_2$、$-C\equiv N$ 等基团，这些不饱和基团也能被还原。例如：

$$CH_3CH{=}CHCHO \xrightarrow[\text{雷尼镍}]{H_2} CH_3CH_2CH_2CH_2OH$$

还原也可以采用化学还原剂。硼氢化钠 $NaBH_4$ 是一种常用的络合金属氢化物还原剂，其活性极小，反应选择性较高，只能还原醛和酮，不能还原碳碳双键和三键、羧酸和酯。反应可在水或醇溶液中进行，例如：

$$CH_3CH{=}CHCHO \xrightarrow[H_2O]{NaBH_4} CH_3CH{=}CHCH_2OH$$

② 克莱门森(Clemmensen E Ch)还原反应　在酸性或碱性条件下，用适当的还原剂，可使醛、酮分子中的羰基还原为亚甲基。例如，在酸性条件下，醛或酮与锌汞齐(金属锌与汞形成的合金)和盐酸加热回流，羰基直接还原为亚甲基。这个反应称为克莱门森还原反应。克莱门森还原反应中间并不经过醇的阶段，反应的最后结果生成了亚甲基。对于酮，特别是芳香酮，这个反应具有重要的意义，在有机合成中，常用来合成直链烷基苯。例如：

$$C_6H_5{-}\overset{\overset{\displaystyle O}{\|}}{C}CH_3 \xrightarrow[HCl,\ \triangle]{Zn{-}Hg} C_6H_5{-}CH_2CH_3\ (80\%)$$

③ 歧化反应　不含 α-氢原子的醛，例如 HCHO、R_3CCHO、ArCHO，在浓碱作用下，发生自身氧化还原反应。一分子醛被氧化，生成羧酸(在碱性条件下变为羧酸盐)，另一分子醛被还原生成醇。这种反应称为歧化反应，又称坎尼扎罗(Cannizzaro S)反应。例如：

$$2HCHO + NaOH \longrightarrow HCOONa + CH_3OH$$

两种不含 α－氢原子的醛能发生交叉歧化反应，生成四种产物，不易分离，在合成上通常没有实际意义。但是，如果甲醛和另一种不含 α－氢原子的醛进行交叉歧化反应，由于甲醛具有较强的还原性，总是被氧化为甲酸，另一种醛被还原生成醇。这一反应在有机合成上却是很有用的——把芳醛还原成芳醇。例如：

$$\text{(3-甲氧基苯甲醛: CHO, OCH}_3\text{)} + HCHO \xrightarrow[H_2O,\ CH_3CH_2OH]{30\%\ NaOH} \text{(3-甲氧基苯甲醇: CH}_2\text{OH, OCH}_3\text{)} + HCOONa$$

3.α－氢原子的反应

醛、酮分子中的 α－氢原子受羰基的共轭效应影响，具有一定的酸性，化学性质较活泼。含 α－氢原子的醛、酮能发生以下反应。

(1) 卤化　在酸、碱催化下，醛、酮分子中的 α－氢原子可以逐步地被卤素(氯、溴、碘)取代，生成 α－卤代醛、酮。

酸催化易控制在一元卤代。例如：

$$CH_3COCH_3 + Br_2 \xrightarrow{H^+} CH_2BrCOCH_3 + HBr$$

碱催化、卤化反应很快，具有 $-\overset{O}{\overset{\|}{C}}-CH_3$ 构造的醛(乙醛)、酮(甲基酮)一般不易控制生成一元、二元卤代物，而是生成三卤代物。例如：

$$RCOCH_3 + 3Cl_2 + 3OH^- \longrightarrow RCOCCl_3 + 3Cl^- + 3H_2O$$

卤仿反应是缩短碳链的反应之一，也可用来制取某些羧酸。例如：

$$(CH_3)_2C{=}CHCOCH_3 \xrightarrow[\text{②酸化}]{\text{①}Cl_2,\ OH^-,\ H_2O} (CH_3)_2C{=}CHCOOH + CHCl_3$$

(2) 羟醛缩合反应　在稀碱作用下，两分子含有 α－氢原子的醛可以相互结合，生成β－羟基醛的反应，称为羟醛缩合。生成的羟醛在加热下易失水生成 α、β－不饱和醛。在许多情况下甚至得不到羟醛，而直接得到 α、β－不饱和醛。例如，乙醛在室温或低于室温时，用 10%氢氧化钠溶液处理，生成 3－羟基丁醛，失水后得 2－丁烯醛。

$$CH_3\overset{O}{\overset{\|}{C}}H + HCH_2CHO \xrightarrow[5℃,\ 4\sim5h]{10\%\ NaOH} CH_3\overset{OH}{\overset{|}{C}H}-CH_2CHO \xrightarrow[\triangle]{-H_2O} CH_3CH{=}CHCHO$$

羟醛缩合反应机理：首先是碱(OH⁻)夺取 α－氢原子形成碳负离子。例如：

$$OH^- + HCH_2CHO \rightleftharpoons H_2O + :\overline{C}H_2CHO$$

形成的碳负离子作为亲核试剂进攻另一分子醛的羰基，发生亲核加成反应形成 β－羟基醛。

$$CH_3\overset{O}{\overset{\|}{C}}H + :\overline{C}H_2CHO \rightleftharpoons CH_3\overset{O^-}{\overset{|}{C}H}-CH_2CHO \overset{H_2O}{\rightleftharpoons} CH_3\overset{OH}{\overset{|}{C}H}-CH_2CHO + OH^-$$

β－羟基醛在受热或稍加大碱的浓度时，易脱水生成 α、β－不饱和醛。

$$CH_3\overset{OH}{\overset{|}{C}H}-CH_2CHO \xrightarrow[\triangle]{-H_2O} CH_3CH{=}CHCHO$$

这是制备 α、β－不饱和醛的一种方法。α、β－不饱和醛进一步催化加氢，则得到饱和醇。

$$CH_3CH{=}CHCHO \xrightarrow[Ni]{H_2} CH_3CH_2CH_2CH_2OH$$

通过羟醛缩合可以合成比原料醛增多一倍碳原子的醛和醇。例如，工业上从乙醛合成正丁醇。

除乙醛外，其他醛所得到的羟醛缩合产物都是在 α－碳原子上带有支链的羟醛、烯醛。烯醛进一步催化加氢，则得到 β－碳原子上带有支链的醇。

另外，在碱催化下，具有 α－氢原子的酮也可以发生羟酮缩合反应，但反应比醛困难，生成物的产率很低。如果能够把生成的产物及时分离出来，使平衡向右移动，也可以把许多含有 α－氢原子的酮成功的转化成 β－羟基酮，脱水后的产物是 α、β－不饱和酮。例如：

$$2CH_3\overset{\overset{O}{\|}}{C}CH_3 \underset{}{\overset{Ba(OH)_2}{\rightleftharpoons}} CH_3\underset{\underset{CH_3}{|}}{\overset{\overset{OH}{|}}{C}}-CH_2\overset{\overset{O}{\|}}{C}CH_3 \xrightarrow[\text{蒸馏}]{I_2} CH_3\underset{\underset{CH_3}{|}}{C}=CH\overset{\overset{O}{\|}}{C}CH_3 + H_2O$$

2.3.6 羧酸

分子中含有羧基—COOH 化合物称为羧酸。羧酸可以用通式 RCOOH 和 ArCOOH 表示。

按照与羧基所连的烃基不同，羧酸可分为脂肪酸和芳香酸。

按照分子中所含羧基的数目，羧酸可分为一元羧酸和多元羧酸。自然界存在的脂肪主要成分是高级一元羧酸的甘油酯，因此开链的一元羧酸又称脂肪酸。

2.3.6.1 羧酸的物理性质

直链饱和脂肪酸中，C_1 ~ C_3 酸为具有酸味的刺激性液体，C_4 ~ C_6 酸为有腐败气味的油状液体，C_{10}以上的羧酸为石蜡状固体。芳酸和二元酸都是晶体。固体羧酸基本没有气味。

直链饱和脂肪酸的沸点随相对分子质量增大而升高，熔点则随碳原子数增加而呈锯齿状变化，含偶数碳原子酸的熔点比前、后两个相邻的奇数碳原子酸的熔点都高。

羧酸分子间能形成较强的氢键，羧酸分子间的氢键比醇分子间的氢键更强些。氢键的强度足以使羧酸作为二聚体存在，相对分子质量低的羧酸如甲酸、乙酸即使在气态时，也以二聚体形式存在。分子间的氢键缔合使羧酸的沸点比相对分子质量相当的醇还要高。

羧酸也能与水形成较强的氢键，因此在水中的溶解度也比相对分子质量相当的醇更大。例如，丙酸与 1－丁醇的相对分子质量相当，而丙酸能与水混溶，1－丁醇在水中溶解度仅为 8g/100g 水。C_1 ~ C_4 酸能与水混溶，从戊酸开始，随碳链增长水溶性迅速降低，C_{10}以上的酸不溶于水。羧酸一般都能溶于乙醇、乙醚、氯仿等有机溶剂中。

芳香酸一般具有升华特性，有些能随水蒸气挥发，这些特性可用来分离、精制芳香酸。

2.3.6.2 羧酸的化学性质

羧酸由烃基和羧基组成，其化学反应主要发生在羧基上。羧基形式上是由羰基和羟基组成，它在一定程度上反映了羰基和羟基的某些性质，但又与醛、酮中的羰基和醇中的羟基有显著差别，这是羰基和羟基相互影响的结果。例如，由于羟基氧原子上孤对电子与羰基的 π 电子离域，使羧酸具有明显的酸性，同时也使羧基中羰基碳原子的正电性降低，不利于发生亲核反应。羧酸不能与 HCN、HO—NH_2 等亲核试剂进行羰基上的加成反应。

羧基对烃基的影响是使 α－H 活化；当羧基直接与芳环相连时，使芳环亲电取代反应钝化。

根据羧酸的构造，其化学反应可分为如下四类：O—H 键断裂，C—O 键断裂，C_α—H 键断裂和脱羧反应。

1. 酸性

羧酸在水中可解离出质子而成酸性，能使蓝色石蕊试纸变红。大多数一元羧酸的 pK_a

值在3.5～5范围内，比醇的酸性强10^{10}倍以上。这主要是因为羧酸解离后的负离子发生电荷离域，负电荷完全均等地分布在两个氧原子上，使羧酸根负离子比羧基更为稳定的缘故。

羧酸与无机强酸相比为弱酸，但其酸性比碳酸($pK_a=6.38$)和酚($pK_a\approx10$)强。羧酸能与碱中和生成羧酸盐和水，能分解碳酸盐或碳酸氢盐放出二氧化碳，这个性质常用于鉴别、分离和精制羧酸。

$$R—COOH + NaOH \longrightarrow R—COONa + H_2O$$

$$R—COOH + NaHCO_3 \longrightarrow R—COONa + CO_2\uparrow + H_2O$$

$$R—COONa + HCl \longrightarrow R—COOH + NaCl$$

羧酸盐是离子化合物，钠、钾盐在水中溶解度较大。例如，C_{10}以下的一元羧酸钠盐或钾盐溶于水，C_{10}～C_{18}的羧酸钠盐或钾盐在水中呈胶体溶液。某些羧酸盐有抑制细菌生长的作用，用于食品加工中作为防腐剂，常用的食品防腐剂有苯甲酸钠、乙酸钙和山梨酸钾($CH_3CH═CHCH═CHCOOK$)。

2. 羟基被取代的反应

羧基中的羟基可被其他原子或原子团取代，生成羧酸衍生物。

(1) 酰氯的生成　羧酸(除甲酸外)与三氯化磷、五氯化磷、亚硫酰氯反应生成相应的酰氯。但氯化氢不能使羧酸生成酰氯。

$$3R—\overset{\overset{\displaystyle O}{\|}}{C}—OH + PCl_3 \longrightarrow 3R—\overset{\overset{\displaystyle O}{\|}}{C}—Cl + H_3PO_3$$

$$R—\overset{\overset{\displaystyle O}{\|}}{C}—OH + PCl_5 \longrightarrow R—\overset{\overset{\displaystyle O}{\|}}{C}—Cl + POCl_3 + HCl$$

$$R—\overset{\overset{\displaystyle O}{\|}}{C}—OH + SOCl_2 \longrightarrow R—\overset{\overset{\displaystyle O}{\|}}{C}—Cl + SO_2 + HCl$$

酰氯很活泼，易水解，是一类重要的酰基化试剂，通常用蒸馏法将产物分离。PCl_3适于制备低沸点酰氯如乙酰氯(沸点52℃)。PCl_5适于制备沸点较高的酰氯如苯甲酰氯(沸点52℃)。虽然$SOCl_2$活性比氯化磷低，但它是最常用的试剂。它是低沸点(沸点79℃)的液体，在制备酰氯时，它既可作溶剂又可作试剂。制备时，常将羧酸加到亚硫酰氯中，副产物SO_2和HCl作为气体释出，然后蒸出过量的试剂，所得到的酰氯纯度好、产率高。例如：

$$3CH_3COOH + PCl_3 \longrightarrow 3CH_3COCl + H_3PO_3$$

$$CH_3COOH + SOCl_2 \xrightarrow{\triangle} CH_3COCl + SO_2\uparrow + HCl\uparrow$$

(2) 酸酐的生成　羧酸(除甲酸外)在脱水剂(如P_2O_5)作用下，加热脱水生成酸酐。

$$R—\overset{\overset{\displaystyle O}{\|}}{C}—OH + H—O—\overset{\overset{\displaystyle O}{\|}}{C}—R \xrightarrow[\triangle]{P_2O_5} R—\overset{\overset{\displaystyle O}{\|}}{C}—O—\overset{\overset{\displaystyle O}{\|}}{C}—R + H_2O$$

由于乙酸酐能较迅速地与水反应，价格又较低廉，且与水反应生成沸点较低的乙酸可通过分馏除去，因此常用乙酸酐作为制备其他酸酐时的脱水剂。例如：

$$2CH_3CH_2COOH + (CH_3CO)_2O \longrightarrow CH_3CH_2—\overset{\overset{\displaystyle O}{\|}}{C}—O—\overset{\overset{\displaystyle O}{\|}}{C}—CH_2CH_3 + 2CH_3COOH$$

两个羧基相隔2～3个碳原子的二元酸，不需要任何脱水剂，加热就能脱水生成五元或六元环酐。

(3) 酯的生成　在强酸(如浓 H_2SO_4、干 HCl 或强酸性离子交换树脂)的催化下，羧酸与醇作用生成酯的反应称为酯化反应。酯化反应的反应过程是按照羰基的亲核加成再消除水的机理进行的。最终是烷氧基取代了酰基碳上的羟基。这是制备酯的最重要的方法。

$$R-\overset{O}{\overset{\|}{C}}-OH + H-OR' \xrightleftharpoons{H^+} R-\overset{O}{\overset{\|}{C}}-OR' + H_2O$$

酯化反应是可逆反应。为了提高酯的产率，通常采用加过量的酸或醇，在大多数情况下，是加过量的醇，它既作试剂又作溶剂；或者从反应体系中蒸出沸点较低的酯或水(或加入苯，通过蒸出苯-水恒沸混合物将水带出)。例如：

$$H-\overset{O}{\overset{\|}{C}}-OH + H-OCH_2CH_2CH_3 \xrightleftharpoons{H_2SO_4} H-\overset{O}{\overset{\|}{C}}-OCH_2CH_2CH_3 + H_2O$$

(4) 酰胺的生成　羧酸与氨或胺反应，首先生成铵盐，然后高温(150℃以上)分解得到酰胺。这是一个可逆反应，反应过程中不断蒸出所生成的水使平衡向右移动，产率很高。

$$R-\overset{O}{\overset{\|}{C}}-OH + NH_3 \rightleftharpoons R-\overset{O}{\overset{\|}{C}}-\overset{-}{O}\overset{+}{N}H_4 \xrightarrow{\triangle} R-\overset{O}{\overset{\|}{C}}-NH_2 + H_2O$$

这类反应在工业上用于聚酰胺的制备。例如：

$$n HO-\overset{O}{\overset{\|}{C}}(CH_2)_4\overset{O}{\overset{\|}{C}}-OH + nH_2N(CH_2)_6NH_2 \xrightleftharpoons{ROH溶液} n\ \overset{-}{O}-\overset{O}{\overset{\|}{C}}(CH_2)_4\overset{O}{\overset{\|}{C}}-\overset{-}{O}H_3\overset{+}{N}(CH_2)_6\overset{+}{N}H_3$$

$$\xrightarrow[1MPa-nH_2O]{270℃} HO-\overset{O}{\overset{\|}{C}}(CH_2)_4\overset{O}{\overset{\|}{C}}\!\!\left[HN(CH_2)_6NH-\overset{O}{\overset{\|}{C}}(CH_2)_4\overset{O}{\overset{\|}{C}}\right]_{n-1}NH(CH_2)_6NH_2$$

聚己二酰己二胺树脂经熔融抽丝制成聚酰胺-66(尼龙-66)纤维。

3. 还原

羧基不易被还原，实验室中常用强还原剂氢化铝锂还原为伯醇。例如：

$$(CH_3)_3CCOOH + LiAlH_4 \xrightarrow[②H_2O]{①干醚} (CH_3)_3CCH_2OH$$

$$CH_2=CH(CH_2)_4COOH + LiAlH_4 \xrightarrow[②H_2O]{①干醚} CH_2=CH(CH_2)_4CH_2OH$$

氢化铝锂还原羧酸不仅可获得高产率的伯醇，而且分子中的碳碳不饱和键不受影响，但由于它价格昂贵，仅限于实验室使用。

4. 脱羧反应

羧酸脱去二氧化碳的反应称为脱羧反应。脂肪羧酸的羧基较稳定，不易脱羧。长链脂肪酸的脱羧要求高温，并常伴有大量的分解产物，产率低，在合成上没有什么价值。惟有 α-碳上连有强拉电子基的羧酸或羧酸盐，当加热时可脱羧。芳基作为吸电子基，使芳酸的脱羧比脂肪酸容易。例如：

$$\text{2,4,6-}(O_2N)_3C_6H_2COOH \xrightarrow[H_2O]{100℃} \text{1,3,5-}(O_2N)_3C_6H_3 + CO_2$$

二元羧酸也较易发生脱羧反应。例如：

$$HO-\overset{O}{\overset{\|}{C}}-CH_2-\overset{O}{\overset{\|}{C}}-OH \xrightarrow{120\sim140℃} CH_3-\overset{O}{\overset{\|}{C}}-OH + CO_2\uparrow$$

5. 烃基上的反应

羧基和羰基类似，能使 $\alpha-H$ 活化。但羧基的致活作用比羰基小的多，必须在碘、硫或红磷等催化剂存在下 $\alpha-H$ 才能被卤原子(常用 X 表示)取代。

$$R-CH_2-COOH \xrightarrow[P]{X_2} R-\underset{}{\overset{X}{\overset{|}{C}H}}-COOH \xrightarrow[P]{X_2} R-\underset{\underset{X}{|}}{\overset{X}{\overset{|}{C}}}-COOH$$

控制反应的条件可使反应停留在一元或二元取代阶段。α - 卤代酸可转变为其他的 α - 取代酸和 α、β - 不饱和酸。

2.4 含氮有机化合物

分子内含有氮元素的有机化合物称为有机含氮化合物。它的种类很多，我们主要讨论胺和腈。

2.4.1 胺的分类

氨分子中的一个或多个氢原子被烃基取代的化合物称为胺。根据被取代氢原子的个数可把胺分成伯胺(一个氢原子被烃基取代)、仲胺(二个氢原子被烃基取代)和叔胺(三个氢原子被烃基取代)。伯胺、仲胺和叔胺也分别称为一级胺(1°胺)、二级胺(2°胺)和三级胺(3°胺)。

NH_3	PNH_2	R_2NH	R_3N
氨	伯胺	仲胺	叔胺

应注意，这里伯、仲、叔胺的含义和以前醇、卤代烃等的伯、仲、叔含义是不同的，它是由氨中所取代的氢原子个数决定的，而不是由氨基($-NH_2$)所连接的碳原子的类型决定的，与氨基所连碳原子是伯、仲还是叔无关。例如：

$(CH_3)_2CH-NH_2$	$(CH_3)_2CH-OH$
异丙胺(伯胺)	异丙醇(仲醇)
氨中一个 H 被取代	OH 与仲碳原子相连

根据取代烃基类型的不同，胺可以分为脂肪胺和芳香胺两类。取代烃基中至少有一个芳基的胺称为芳香胺，其余的胺称为脂肪胺。根据分子中氨基的个数，又可把胺分为一元胺和多元胺。

铵盐 $(NH_4)^+X^-$ 分子中的四个氢原子被四个烃基取代后的化合物，称为季铵盐，例如，$[N(CH_3)_4]^+I^-$。

2.4.2 胺的物理性质

低级脂肪胺是气体或易挥发的液体。三甲胺有鱼腥味，某些二元胺有恶臭，例如，1,4 - 丁二胺(腐肉胺)、1,5 - 戊二胺(尸胺)。高级脂肪胺是固体，无臭。芳香胺是高沸点的液体或低熔点的固体，有特殊的气味。芳香胺有毒，吸入蒸气和皮肤接触都可能引起中毒。有些芳香胺，例如联苯胺、β - 萘胺等还有强烈的致癌作用。

与氨相似，伯、仲胺可以通过分子间氢键而缔合。例如：

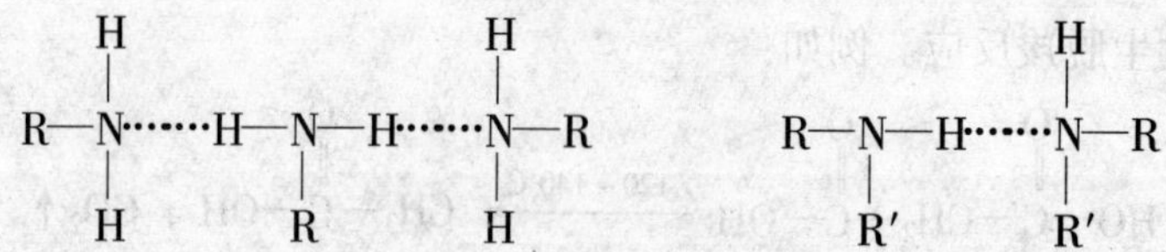

氢键的存在，使伯胺和仲胺的沸点比相对分子质量相近的醚的沸点高，但由于氮的电负性比氧小，形成的氢键比较弱，因此，比相对分子质量相近的醇或酸的沸点要低。

叔胺分子间不能形成氢键，因此沸点比相对分子质量相近的伯胺和仲胺低。伯、仲、叔胺都能与水形成氢键，因此低级胺都可溶于水。胺也溶于醇、醚和苯等有机溶剂。

2.4.3 胺的化学性质

胺的官能团是氨基($—NH_2$)，它决定了胺类的化学性质。

1. 碱性

含有孤对电子的氮原子能接受质子，所以胺都具有碱性。

$$RNH_2 + H^+ \longrightarrow R\overset{+}{N}H_3$$

胺在水溶液中，存在下列平衡：

$$RNH_2 + H_2O \rightleftharpoons RNH_3^+ + OH^-$$

$$K_b = \frac{c_{RNH_3^-} c_{OH^-}}{c_{RNH_2}}$$

一般脂肪胺的 $pK_b = 3 \sim 5$，芳香胺的 $pK_b = 7 \sim 10$(NH_3 的 $pK_b = 4.76$)。

胺是一种弱碱，它同强无机酸反应，生成相应的盐。例如：

$$CH_3NH_2 + HCl \longrightarrow [CH_3NH_3]^+Cl^-$$

甲胺盐酸盐

它们是强酸弱碱盐，遇强碱时，又生成原来的胺。例如：

$$[CH_3NH_3]^+Cl^- \xrightarrow[H_2O]{NaOH} CH_3NH_2 + NaCl + H_2O$$

利用这个性质，可以把胺从其他非碱物质中分离出来，也可定性地鉴别胺。

2. 氮上的烃基化反应

胺与卤代烷、醇、酚等反应能在氮原子上引入烃基，这个反应称为胺的烃基化反应，常用于仲胺、叔胺和季铵盐的制备。

伯胺与卤代烷反应，生成仲胺、叔胺和季铵盐的混合物。例如：

$$Ph—CH_2NH_2 + CH_3I \xrightarrow[60 \sim 70℃]{C_2H_5CH} \underset{(15\%)}{Ph—CH_2NHCH_3} + \underset{(45\%)}{Ph—CH_2N(CH_3)_2} + \underset{(10\%)}{Ph—CH_2\overset{+}{N}(CH_3)_3I^-}$$

控制反应物的配比和反应条件，可得到以某种胺为主的产物。

芳胺烷基化的活性低于脂肪胺。在硫酸等催化剂存在下，芳胺能与醇发生反应。例如：

$$Ph—NH_2 + 2CH_3OH \xrightarrow[210 \sim 215℃,\ 3 \sim 3.5MPa]{H_2SO_4} Ph—N(CH_3)_2 + 2H_2O$$

这是工业上合成 N,N - 二甲基苯胺的一种方法。如苯胺和甲醇的物质的量比为 1:1.2，可合成 N - 甲基苯胺。

芳胺与卤代烷反应时，有卤化氢生成：

$$Ar—NH_2 + RX \longrightarrow Ar—NRH + HX$$

3. 氮上的酰基化反应

伯胺、仲胺与酰氯、酸酐、羧酸等反应，氨基上的氢会被酰基取代，生成 *N*－烷基取代酰胺。这类反应称为胺的酰基化反应，简称酰化。由于叔胺的氮原子上没有可以取代的氢原子，不能发生酰化反应。

$$RNH_2 + R'-\overset{\overset{\displaystyle O}{\|}}{C}-L \longrightarrow RNH-\overset{\overset{\displaystyle O}{\|}}{C}-R' + HL$$

$$R_2NH + R'-\overset{\overset{\displaystyle O}{\|}}{C}-L \longrightarrow R_2N-\overset{\overset{\displaystyle O}{\|}}{C}-R' + HL$$

$$L = -Cl, -O-\overset{\overset{\displaystyle O}{\|}}{C}-R'_2-OH$$

对于胺来说，伯胺活性大于仲胺，脂肪胺活性大于芳香胺。

酰化剂的活性是：酰氯 > 酸酐 > 羧酸。例如：

$$Ph-NH_2 + CH_3COOH \xrightarrow[-H_2O]{回流} Ph-NHCOCH_3 \quad （需不断去水）$$

$$Ph-NHCH_3 + (CH_3CO)_2O \xrightarrow{\triangle} CH_3-\underset{\underset{\displaystyle Ph}{|}}{N}-COCH_3 + CH_3COOH$$

生成的酰胺是中性物质，一般不能再与酸生成盐。因此，伯胺、仲胺和叔胺的混合物经酰化后，再加稀酸可分离出叔胺的铵盐。

胺的酰化产物在酸或碱的催化下，可以水解生成原来的胺。例如：

$$CH_3CONHC_2H_5 + H_2O \xrightarrow{H^+或OH^-} CH_3COOH + C_2H_5NH_2$$

$$CH_3CONH-Ph + H_2O \xrightarrow{H^+或OH^-} CH_3COOH + Ph-NH_2$$

4. 与亚硝酸的反应

脂肪族伯胺与亚硝酸反应，生成不稳定的重氮盐。

$$RNH_2 + NaNO_2 + 2HCl \longrightarrow [R-N\equiv N]^+ Cl^- + NaCl + 2H_2O$$

即使在低温下，重氮盐也易分解放出氮气，生成组成非常复杂的混合物，在合成上没有意义。但重氮盐的放氮反应是定量的，可用于某些脂肪族伯胺的定量分析。

$$RNH_2 \xrightarrow{NaNO_2，H^+} RN_2^+ \longrightarrow R^+ + N_2\uparrow$$

5. 芳胺环上的取代反应

氨基是强的邻对位定位基，它使芳环活化，容易发生亲电取代反应。

(1) 卤化　苯胺与氯和溴发生卤化反应，活性很高，不需催化剂常温下就能进行，并直接生成三卤苯胺。溴化生成三溴苯胺是白色沉淀，反应很灵敏，并可定量完成，常用于苯胺的定性鉴别和定量分析。若要制备苯胺的一卤取代物，可先将氨基酰化，降低它的反应活性，再卤化，然后水解。

$$Ph-NH_2 \xrightarrow{CH_3COOH} Ph-NHCOCH_3 \xrightarrow[CH_3COOH]{Br_2} Br-Ph-NHCOCH_3 \xrightarrow[\triangle]{H^+ H_2O} Br-Ph-NH_2$$

(2) 磺化　苯胺直接磺化时，它首先与硫酸形成盐，得到的是间位氨基苯磺酸。要想使磺基进入氨基的邻、对位，必须先乙酰化，然后再磺化。如果在大约180℃加热苯胺与硫酸生成的硫酸氢盐，也可得到对位取代产物——对氨基苯磺酸。这是工业上生产对氨基苯磺酸的方法。

$$Ph—NH_2 \xrightarrow{H_2SO_4} Ph—\overset{+}{N}H_3HSO_4^- \xrightarrow[-H_2O]{\triangle} Ph—NHSO_3H \xrightarrow{180℃} NH_2—Ph—SO_3H$$

一般情况下，磺基进入氨基的对位。若对位已有取代基，则进入氨基的邻位。萘胺也会发生类似的反应。

对氨基苯磺酸的熔点很高(约280～300℃分解)，不溶于冷水，也不溶于酸的水溶液，能溶于碱的水溶液，呈现出不同于一般芳胺或芳磺酸的特征性质。这是由于对氨基苯磺酸分子实际上是以内盐形式存在的。这种内盐是强酸弱碱型的盐，在强碱性溶液中可形成磺酸钠盐，内盐被破坏。生成的对氨基苯磺酸钠能溶于水，因此，对氨基苯磺酸可溶于碱的水溶液。

6. 胺的氧化

胺易被氧化，芳胺则更易被氧化。例如，苯胺在放置时就会被空气氧化而颜色变深。苯胺被漂白粉氧化，会产生明显的紫色，这可用于检验苯胺。用适当的氧化剂如 $K_2Cr_2O_7 + H^+$ 氧化苯胺，能得到苯胺的黑染料。在酸性条件下，苯胺用二氧化锰低温氧化，则生成对苯醌。

2.4.4 腈的简介

烃分子中的氢原子被氰基(—C≡N)取代生成的化合物称为腈。通常以碳原子的数目命名为某腈。例如：

CH_3CN	$CH_2=CH—CN$	$NCCH_2CH_2CH_2CH_2CN$
乙腈	丙烯腈	1，6-己二腈

1. 腈的性质

低级腈是无色液体，高级腈是固体。纯的腈没有毒性，但腈中常混有毒性较大的异腈(R—N≡C)。腈分子有较大的偶极矩，例如乙腈的偶极矩是 13.34×10^{-30}C·m。由于偶极矩大，腈分子之间不能形成氢键，但腈与相对分子质量相近的酮、胺相比，沸点较高。低级腈可溶于水，随着相对分子质量增加，腈在水中的溶解度下降。

氰基上的碳原子可以接受水、醇等亲核进攻，发生水解和醇解。

腈的水解在酸或碱的催化下进行，水解的中间产物是酰胺，最终产物是羧酸。

$$R—C≡N \xrightarrow[H_2O,\ \triangle]{H^+或OH^-} R—\overset{OH}{\overset{|}{C}}=NH \longrightarrow R—\overset{O}{\overset{\|}{C}}—NH_2 \xrightarrow[H_2O,\ \triangle]{H^+或OH^-} R—\overset{O}{\overset{\|}{C}}—OH$$

工业上用己二腈水解制备己二酸。

腈的醇解反应在酸催化下进行，产物是酯。

$$R—C≡N + R'OH \xrightarrow{H_2SO_4,\ H_2O} R—\overset{O}{\overset{\|}{C}}—OR' + NH_3$$

腈催化加氢生成伯胺，这是伯胺的主要制法之一。

$$R—C≡N + 2H_2 \xrightarrow{雷尼镍} RCH_2NH_2$$

2. 腈的制法

(1) 伯、仲卤代烷与氰化钠(钾)反应

$$CH_2=CH_2 \xrightarrow{Br_2} BrCH_2CH_2Br \xrightarrow[\text{乙醇}]{NaCN} NCCH_2CH_2CN$$

$$(CH_3)_2CH—Br + NaCN \xrightarrow{\text{乙醇}} (CH_3)_2CH—CN + NaBr$$

(2) 氨氧化催化法　在适当催化条件下，丙烯等化合物与氨及氧气反应，发生氨氧化，生成相应的腈。

$$2CH_2=CH-CH_3 + 2NH_3 + 3O_2 \xrightarrow[470℃]{\text{磷钼酸铋}} 2CH_2=CH—CN + 6H_2O$$

这是工业上生产丙烯腈的方法。利用氨氧化反应也可以由甲苯制备苯甲腈。

(3) 酰胺脱水　酰胺在加热下与脱水剂反应生成腈。常用的脱水剂有五氧化二磷和氯化亚砜。

$$RCONH_2 + P_2O_5 \xrightarrow{\triangle} RCN + 2H_3PO_3$$

$$RCONH_2 + SOCl_2 \xrightarrow{\triangle} RCN + 2HCl + SO_2$$

酰胺蒸气高温催化脱水也可生成腈。

$$RCONH_2 \xrightarrow[425℃]{Al_2O_3} RCN + H_2O$$

3. 丙烯腈和丁腈橡胶

丙烯腈是无色液体，沸点78℃，溶于水，有毒。爆炸极限为3.05%~17%(体积分数)，它是合成纤维、合成树脂、合成橡胶的重要原料，也是有机合成中的常用试剂。丙烯腈由丙烯在催化剂存在下，氨氧化制得。

丙烯腈控制水解得丙烯酰胺，丙烯酰胺的聚合物——聚丙烯酰胺，可用作絮凝剂和钻井泥浆调节剂。丙烯腈电解可制己二腈。在有机合成中，它可以作为引入氰乙基的试剂。丙烯腈能聚合生成聚丙烯腈。

$$nCH_2=CH—CN \longrightarrow \left[CH_2—\underset{\displaystyle |}{\overset{CN}{CH}} \right]_n$$

聚丙烯腈纤维的商品名叫腈纶，是一种常见的合成纤维，它强度高、保暖性好、耐晒、不被虫蛀，被称为人造羊毛。

丙烯腈与1,3-丁二烯共聚可得到丁腈橡胶。

$$nCH_2=CH—CH=CH_2 + nCH_2=CH—CN \xrightarrow[\text{RDTA 钠盐，漂白粉，}5\sim10℃]{\text{氢过氧化二异丙苯，}FeSO_4} \left[CH_2—CH=CH—CH_2—\underset{\displaystyle CN}{\underset{|}{CH}}—CH_2 \right]_n$$

丁腈橡胶的最大特点是耐油性和耐热性优于天然橡胶、丁苯橡胶和氯丁橡胶。丙烯腈含量越高，耐油性和耐热性越好。丁腈橡胶可在120℃的空气中或150℃的油中长期使用。它还具有良好的耐老化性、耐水性、气密性及黏结性，但耐低温较差。

丁腈橡胶主要用于制造耐油橡胶制品，如耐油垫圈、垫片、印染胶辊等。

第3章 高分子化工基础知识

3.1 高聚物的基本知识

3.1.1 高聚物的基本概念

高聚物是指相对分子质量(本章简称为分子量)很高并由共价键连接的一类化合物，也可称为聚合物。组成高聚物的分子称为高分子。所有的高分子都有一根贯穿于整个分子的链，这就是高分子的主链，例如：

$$R—CH_2—CH_2\text{-}(CH_2—CH_2)_m\text{-}CH_2—CH_2—R'$$

这样的结构称为线型高分子。除主链外有的高分子还带有长短不一的支链，如低密度聚乙烯：

```
                    C—C
                    |
~~~C—C—C—C—C—C~~~
        |
        C—C—C—C
```

上式中符号~~~代表主链骨架。这样的结构称为支化高分子。线型的或支化的高分子主链再经化学键交联成一体，则形成二维或三维的网状结构，即体型高分子。

```
~~~C—C—C—C—C—C~~~
       |         |
       C         C
       |         |
       C         C
       |         |
       C         C
       |         |
  ~~~C—C—C—C—C—C~~~
         |       |
         C       C
         |       |
         C       C
         |       |
  ~~~C—C—C—C—C—C~~~
```

高聚物分子主链都是由相同或不同结构单元重复排列而形成的，这些结构单元原是一些低分子化合物，只是在形成高分子时电子结构发生了变化，因此高分子是由低分子化合物经过化学反应而形成的。这样的反应称为聚合反应，例如：

$$nH_2C=CH_2 \longrightarrow \sim\sim H_2C—CH_2 \sim\sim \longrightarrow \text{-}(CH_2—CH_2)_n\text{-}$$

式中，参加反应的低分子化合物乙烯称为单体，在高分子链中重复出现的单元—CH_2—CH_3—称为结构单元或链节，结构单元数 n 称为聚合度(DP)。由于大分子是由许许多多单体相结合而成，故高聚物的分子量 M_n 是结构单元分子量 M 与聚合度 DP 的乘积。

$$M_n = DP \cdot M \qquad (3-1)$$

由一种单体聚合而形成的大分子称为均聚物，由两种以上单体聚合而成的大分子称为共聚物。例如丁苯橡胶：

$$\left[\left(CH_2-CH=CH-CH_2\right)_x\left(CH_2-\underset{\displaystyle C_6H_5}{CH}\right)_y\right]_n$$

由于大部分共聚物中单体往往是无规律排列的，很难指出正确的重复单元，上式只能代表大致的结构。

由两种单体经过缩合反应而形成的大分子，其重复单元由两个结构单元组成，例如尼龙－66：

$$nH_2N(CH_2)_6NH_2 + nHOOC(CH_2)_4COOH \longrightarrow$$

$$H\left[\underbrace{HN(CH_2)_6NH}_{\text{结构单元}}-\underbrace{OC(CH_2)_4CO}_{\text{结构单元}}\right]_nOH + (2n-1)H_2O$$

|←结构单元→|←结构单元→|

|←——重复单元——→|

如以结构单元数作为聚合度，这类高聚物的聚合度为 $\bar{X}_n$

$$\bar{X}_n = 2DP = 2n \tag{3-2}$$

3.1.2 高聚物的基本特征

1. 高聚物的分子量大

一般低分子化合物的分子量 $< 10^3$，常用的高分子的分子量范围一般在 $10^4 \sim 10^6$。分子量大是高分子的根本性质，高分子的许多特殊性质都与其大分子量有关。如高分子的溶液性质，高分子难溶，甚至不溶，溶解过程往往要经过溶胀阶段，溶液黏度比同浓度的小分子高得多。高分子之间的作用力大，只有液态和固态，不能气化。固体聚合物具有一定的力学强度，可抽丝、能制膜。

2. 高聚物分子量的多分散性

低分子化合物一般有确定的相对分子质量。在形成高聚物的过程中，由于各种因素的影响，很难使各高分子链增长到同一长度，所以高聚物大多是分子量不等的同系物的混合物，这种特征称为聚合物的多分散性。如平均分子量为 10 万的聚氯乙烯，它可能是分子量从 2 万一直到 20 万的不同大小的聚氯乙烯分子混合而成。因此高聚物的分子量或聚合度是一平均值。

平均分子量常用数均分子量和重均分子量表示。数均分子量是按聚合物中含有的分子数目统计平均的分子量；重均分子量是按照聚合物的质量进行统计平均的分子量。

高聚物的多分散程度，通常用分子量分布指数或分子量分布曲线表示。分子量分布指数 HI 是指重均分子量与数均分子量的比值，即 $HI = \bar{M}_w/\bar{M}_n$，$HI = 1$ 时分子量均一分布，HI 越接近 1 分布越窄，离 1 越远分布越宽。分子量分布曲线如图 3－1 所示，曲线 1 所示的高聚物的多分散性小，曲线 2 所示的高聚物的多分散性大。

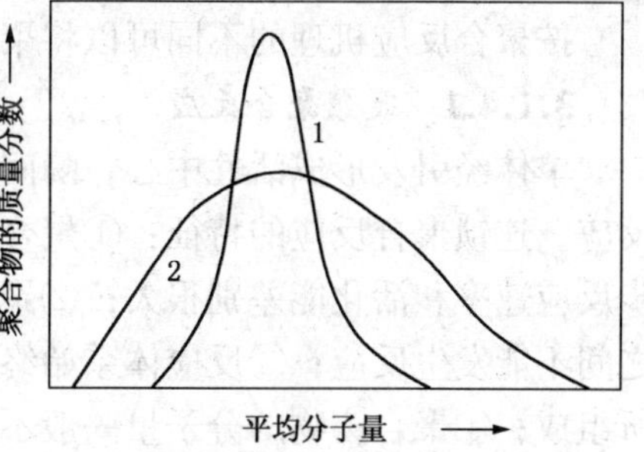

图 3－1　分子量分布曲线

另外高分子还具有结构复杂的基本特征(参见 3.8.1.1)。

3.1.3 高聚物的命名和分类

3.1.3.1 高聚物的命名

高聚物的命名有下列几种方法。

(1) 以单体名称为基础，在前面加“聚”字。例如：

聚乙烯　　　　　　　　　　$\text{+}CH_2—CH_2\text{+}_n$

聚丙烯　　　　　　　　　　$\text{+}CH_2—\underset{\displaystyle CH_3}{\underset{|}{C}H}\text{+}_n$

(2) 取单体简名，在后面加“树脂”、“橡胶”二字。例如：

$$苯酚 + 甲醛 \longrightarrow 酚醛树脂$$

$$丁二烯 + 苯乙烯 \longrightarrow 丁苯橡胶$$

“树脂”习惯上也泛指聚合物的粒料和粉料。

(3) 按高分子链的化学结构特征命名。例如：聚酰胺、聚酯等，这类名称各代表一类聚合物，每一类具有共同的特征基团。聚酰胺类分子链中都含有酰胺基 $—\overset{\displaystyle O}{\overset{\|}{C}}—NH—$，聚酯类分子链中都含酯基 $—\overset{\displaystyle O}{\overset{\|}{C}}—O—$，依此类推。

(4) 商品名称。合成纤维常采用商品名。我国以“纶”作为合成纤维的后缀字，例如，聚对苯二甲酸乙二醇酯(聚酯)称为涤纶。

(5) 外文缩写名称。高聚物的外文名称有时很长，常以大写缩写字母表示。例如：

高聚物	缩写名
聚乙烯	PE
聚丙烯	PP

3.1.3.2　高聚物的分类

聚合物分类方法有多种，常用的有以下两种：

(1) 根据材料的性能和用途分类。分为塑料、橡胶、纤维、涂料、胶黏剂、功能高分子。塑料、橡胶、纤维产量最大，与国民经济、人民生活关系密切，故称为“三大合成材料”。涂料是涂布于物体表面能结成坚韧保护膜的涂装材料。胶黏剂是指具有良好的黏合性能，可将两种相同或不同的物体粘接在一起的连接材料。功能高分子是指在高分子主链和侧链上带有反应性官能团，并具有可逆或不可逆的物理功能或化学活性的一类高分子。

(2) 根据高分子的主链结构分类。分为碳链、杂链和元素有机聚合物三大类。碳链聚合物的大分子主链完全由碳原子组成，绝大部分烯类、二烯类聚合物属于这一类，如：PE，PP等。杂链聚合物的大分子主链中除碳原子外，还有O、N、S等杂原子，如：聚酯、聚酰胺等。元素有机聚合物的大分子主链中没有碳原子，主要由Si、B等原子组成，侧基则由有机基团组成，如：硅橡胶。

3.1.4　高聚物的合成反应

按聚合反应机理的不同可以将聚合反应分为连锁聚合反应和逐步聚合反应。

3.1.4.1　连锁聚合反应

单体经引发形成活性中心，瞬间即与单体连锁聚合形成高聚物的化学反应称为连锁聚合反应。连锁聚合反应的特征：①聚合过程由链引发、链增长和链终止几步基元反应组成，各步反应速率和活化能差别很大；②聚合反应只能发生在单体分子和反应活性中心之间，单体之间不能发生反应；③反应体系始终由单体、聚合物、微量引发剂及浓度极低的增长活性链所组成；④聚合产物的分子量一般不随单体转化率而变(活性聚合除外)，延长反应时间单体转化率增加；⑤连锁聚合反应一般是不可逆反应。

烯烃类单体的加聚反应，绝大多数属于连锁聚合。根据活性中心不同，连锁聚合反应又分为自由基聚合反应、离子型聚合反应和配位型聚合反应。

3.1.4.2 逐步聚合反应

单体之间很快反应形成二聚体、三聚体，再逐步形成高聚物的化学反应称为逐步聚合反应。逐步聚合反应的基本特征：①聚合反应是由单体和单体、单体和聚合中间产物分子之间通过官能团反应逐步进行的；②每一步反应都是相同官能团之间的反应，因而每步反应的反应速率常数和活化能都大致相同；③聚合体系由单体和分子量递增的中间产物所组成，每步反应产物都可单独存在和分离出来；④反应初期单体转化率大，分子量随聚合反应逐步增加；⑤逐步聚合反应大多是可逆平衡反应。

含官能团单体的缩聚反应是最典型的逐步聚合反应。

3.2 自由基聚合

自由基型聚合反应是借引发剂、光、热或辐射的作用，使单体分子活化为活性自由基，并按连锁聚合机理进行的聚合反应。它在高聚物的合成中占有特别重要的地位，常见的高压聚乙烯、聚丙烯腈等都是自由基聚合反应的产物。

3.2.1 自由基聚合反应机理

自由基聚合的反应历程包含链的引发、链的增长和链的终止三个主要的基元反应以及作为副反应的链转移。

1. 链引发

链引发是生成单体自由基的过程，当用引发剂时，它包含两步反应。

(1) 引发剂 I 分解生成初级自由基 R·：

$$\mathrm{I} \longrightarrow 2\mathrm{R}\cdot$$

(2) 初级自由基与烯类单体加成，生成单体自由基：

$$\mathrm{R}\cdot + \mathrm{CH_2{=}\underset{\underset{\textstyle X}{|}}{CH}} \longrightarrow \mathrm{RCH_2\underset{\underset{\textstyle X}{|}}{CH}}\cdot$$

上式中 X 代表取代基。在链引发过程中，第一步是吸热反应，活化能高，反应速率小。第二步是放热反应，活化能低，反应速率大。因此初级自由基的形成速率是链引发的控制步骤，并最终控制总反应速率。

2. 链增长

链增长是单体自由基再与另外的单体分子进行加成，生成二聚体自由基，新的自由基又与单体分子加成，如此反复进行生成长链自由基的过程。

$$\mathrm{RCH_2\underset{\underset{\textstyle X}{|}}{CH}}\cdot + n\mathrm{CH_2{=}\underset{\underset{\textstyle X}{|}}{CH}} \longrightarrow \mathrm{RCH_2\underset{\underset{\textstyle X}{|}}{CH}{+}\!\!\left(CH_2\underset{\underset{\textstyle X}{|}}{CH_2}\right)\!\!_{n}CH_2\underset{\underset{\textstyle X}{|}}{CH}}\cdot$$

为了书写方便，上述链自由基可以简写成 $\sim\sim\mathrm{CH_2\underset{\underset{\textstyle X}{|}}{CH}}\cdot$ ，其中锯齿形代表由许多单元组成的碳链骨架，基团所带的独电子处在碳原子上。

链增长反应活化能低，所以链增长速率极快，在 0.01 ~ 几秒钟内，就可以使聚合度达到数千，甚至上万。链增长反应是放热反应，所以在聚合过程中要不断导出聚合热，以防止爆炸性聚合及爆炸性分解反应。

链增长反应对大分子微结构有影响。在链增长反应中，链自由基与单体的结合方式有两种：

$$\sim\sim CH_2\underset{|\atop X}{CH}\cdot + CH_2{=}\underset{|\atop X}{CH} \begin{cases} \longrightarrow \sim\sim CH_2\underset{|\atop X}{CH}CH_2\underset{|\atop X}{CH}\cdot \\ \longrightarrow \sim\sim CH_2\underset{|\atop X}{CH}\underset{|\atop X}{CH}CH_2\cdot \end{cases}$$

实验证明链增长反应以头－尾连接为主，但也有少量的头－头连接，因此，所得的聚合物往往是无定型的。

3. 链终止

在链增长过程中生成的长链自由基末端仍具有活性，当这种活性消失时，称之为链终止。链终止主要以双基终止为主，双基终止又有两种方式：

(1) 偶合终止，两个活性链相结合生成一个稳定的大分子。

$$\sim\sim CH_2\underset{|\atop X}{CH}\cdot + \cdot\underset{|\atop X}{CH}CH_2\sim\sim \longrightarrow \sim\sim CH_2\underset{|\atop X}{CH}{-}\underset{|\atop X}{CH}CH_2\sim\sim$$

(2) 歧化终止，两个活性链通过氢原子转移，彼此失去活性生成两个稳定的大分子。

$$\sim\sim CH_2\underset{|\atop X}{CH}\cdot + \cdot\underset{|\atop X}{CH}CH_2\sim\sim \longrightarrow \sim\sim CH_2\underset{|\atop X}{CH_2} + \underset{|\atop X}{CH}{=}CH\sim\sim$$

4. 链转移

长链自由基除了发生正常反应以外，还可能与反应体系中的其他物质如引发剂、单体、溶剂、已稳定的大分子或杂质发生反应，从这些物质的分子中夺取一个氢原子，终止了原来的长链自由基而生成一新的自由基，这个反应叫链转移。

$$\sim\sim CH_2\underset{|\atop X}{CH}\cdot + R{-}H \longrightarrow \sim\sim CH_2\underset{|\atop X}{CH_2} + R\cdot$$

长链自由基向低分子转移的结果，使链增长反应结束，聚合物分子量不再增大，利用这一原理可以人为控制聚合物的分子量。为此目的所加入的能发生链转移的低分子物质称为分子量调节剂或调聚剂。

长链自由基若向已稳定的大分子发生转移，一般是从大分子中的叔碳原子上夺取一个氢原子使叔碳原子带上独电子，形成自由基，当它遇到单体时，在此重新发生正常聚合，最终生成带有支链的大分子。

3.2.2 链引发

自由基聚合的活性中心是自由基，在大多数情况下，自由基活性中心起源于引发剂。自由基活性中心也可通过热、光和高能辐射等与单体作用直接产生。

3.2.2.1 引发剂的种类

常用的引发剂分为热分解型和氧化还原型两大类型。

1. 热分解型引发剂

热分解型引发剂往往是带弱键的、在较低温度下可以分解出初级自由基的化合物。常用偶氮类及过氧类化合物作热分解型引发剂。

(1) 偶氮类引发剂　偶氮二异丁腈(AIBN)在高于30℃就可以分解出自由基，是最常用的热分解型引发剂之一。偶氮二异丁腈的分解反应：

$$(CH_3)_2\underset{\underset{CN}{|}}{C}-N=N-\underset{\underset{CN}{|}}{C}(CH_3)_2 \longrightarrow 2(CH_3)_2\underset{\underset{CN}{|}}{\dot{C}} + N_2$$

(2) 过氧类引发剂　分为无机过氧化物和有机过氧化物两大系列。无机过氧化物的代表是过硫酸盐，如过硫酸钾 $K_2S_2O_8$ 和$(NH_4)_2S_2O_8$。这类引发剂能溶于水，多用于乳液聚合和水溶液聚合。

$$KO-\underset{\underset{O}{\downarrow}}{\overset{\overset{O}{\uparrow}}{S}}-O-O-\underset{\underset{O}{\downarrow}}{\overset{\overset{O}{\uparrow}}{S}}-OK \longrightarrow 2KO-\underset{\underset{O}{\|}}{\overset{\overset{O}{\|}}{S}}-O\cdot$$

分解产物 $SO_4^-\cdot$既是离子，又是自由基，可称作离子自由基或自由基离子。

有机过氧化物的典型代表是过氧化二苯甲酰(BPO)。BPO 按两步分解。第一步均裂成苯甲酸基自由基，有单体存在时，即引发聚合；无单体存在时，进一步分解成苯基自由基，并析出 CO_2，但分解不完全。

$$C_6H_5\overset{\overset{O}{\|}}{C}-O-O-\overset{\overset{O}{\|}}{C}C_6H_5 \longrightarrow 2C_6H_5\overset{\overset{O}{\|}}{C}-O\cdot \longrightarrow 2C_6H_5\cdot + CO_2$$

2. 氧化-还原引发体系

将具有氧化性的化合物与具有还原性的化合物配合形成氧化-还原体系，通过电子转移反应产生初级自由基引发聚合反应，该类引发体系被称作氧化-还原引发体系。这类引发剂的分解活化能较低，可在较低温度下引发聚合，低温聚合可以减少链转移、支化、交联等副反应，改善聚合物的性能，多用于乳液聚合。

如异丙苯过氧化氢-Fe^{2+}-雕白粉($NaHSO_2\cdot CH_2O\cdot 2H_2O$)组成的氧化还原引发体系引发作用机理如下式：

$$C_6H_5-\underset{\underset{CH_3}{|}}{\overset{\overset{CH_3}{|}}{C}}-O-OH + Fe^{2+} \longrightarrow C_6H_5-\underset{\underset{CH_3}{|}}{\overset{\overset{CH_3}{|}}{C}}-O\cdot + Fe^{3+} + OH^-$$

生成的 Fe^{3+}被雕白粉还原为 Fe^{2+}，以维持氧化还原引发体系中还原剂的浓度。

3.2.2.2　引发剂引发效率与半衰期

1. 引发剂引发效率

初级自由基用于引发单体的分数称为引发效率，用 f 表示。引发剂产生的初级自由基，一般不能100%用于引发单体，一部分会被各种副反应消耗掉。造成引发效率下降的主要原因有笼蔽效应和诱导分解两种。

(1) 笼蔽效应　所谓笼蔽效应，是指在溶液聚合反应中，浓度很低的引发剂分子被溶剂分子包围，像处在笼子中一样。引发剂分解成初级自由基以后，必须扩散出溶剂笼子，才能引发单体聚合，但部分初级自由基来不及扩散就偶合成稳定物质，使初级自由基浓度下降，导致引发剂效率降低。以 BPO 为例：

$$C_6H_5\overset{O}{\overset{\|}{C}}-O-O-\overset{O}{\overset{\|}{C}}C_6H_5 \longrightarrow 2C_6H_5\overset{O}{\overset{\|}{C}}-O\cdot \longrightarrow 2C_6H_5\cdot + CO_2$$

$$C_6H_5\overset{O}{\overset{\|}{C}}-O\cdot + C_6H_5\cdot \longrightarrow C_6H_5\overset{O}{\overset{\|}{C}}-O-C_6H_5$$

$$C_6H_5\cdot + C_6H_5\cdot \longrightarrow C_6H_5-C_6H_5$$

(2) 诱导分解　诱导分解的实质是自由基向引发剂分子的转移反应。例如，BPO 有以下反应发生：

$$R\cdot + C_6H_5\overset{O}{\overset{\|}{C}}-O-O-\overset{O}{\overset{\|}{C}}C_6H_5 \longrightarrow C_6H_5\overset{O}{\overset{\|}{C}}-OR + C_6H_5\overset{O}{\overset{\|}{C}}-O$$

其结果使原来的自由基 R·终止生成稳定的分子，伴随着生成一新自由基。自由基数目并无增减，但徒然消耗了一个引发剂分子，从而使引发效率降低。

2. 引发剂的半衰期

引发剂的半衰期是引发剂分解一半所需要的时间，用 $t_{1/2}$表示。工业生产中常采用半衰期来衡量引发剂的分解速率。初级自由基应具有适当的活性及分解速率，以保证聚合反应正常平稳地进行。半衰期越短，引发剂活性越高。半衰期过长或过短都不利于聚合反应进行，否则造成聚合时间过长或反应过于激烈发生爆炸事故。

3.2.3　阻聚剂和缓聚剂

3.2.3.1　阻聚作用和缓聚作用

某些物质对自由基聚合有抑制作用，这些物质能与自由基反应，使其成为非自由基或稳定的自由基。根据对聚合反应的抑制程度，可将这类物质分成阻聚剂和缓聚剂。阻聚剂能完全终止自由基而使聚合反应完全停止；而缓聚剂则只使部分自由基失活或使自由基活性衰减，从而使聚合速率下降。阻聚剂和缓聚剂在作用机制上不存在本质区别，只是作用程度不同而已。

阻聚剂有多种用途：①阻止单体在精制和贮运中自聚。②控制聚合速率与转化率，加入缓聚剂可以减缓聚合速率，防止爆聚发生；加入阻聚剂可以终止聚合反应。③作为防老剂加入高分子材料中，可以捕捉游离出的自由基，防止老化。

3.2.3.2　阻聚剂

常用的阻聚剂可以分为两类：分子型阻聚剂和自由基型阻聚剂。多数阻聚剂是分子型的。典型的分子型阻聚剂有苯醌或对苯二酚，用量在 0.01% 即有显著效果。典型的自由基型阻聚剂是 2,2 - 二苯基 - 1 - 三硝基苯肼(DPPH)。DPPH 浓度达 10^{-4}mol/L 时，就可使苯乙烯等单体阻聚，因而是很有效的阻聚剂，有“自由基捕捉剂”之称。

3.2.3.3　氧的阻聚和引发作用

氧对自由基聚合反应呈现两重性，在相对较低温度(如 < 100℃)下聚合时，氧极易与链自由基加成生成再无引发活性的过氧化物，起阻聚作用：

$$2M_x\cdot + O_2 \longrightarrow M_x-O-O-M_x$$

由于以上阻聚作用，聚合前往往需要先除氧，并在惰性气氛(如氮气)下进行反应。但高温时，由上式生成的过氧化物却能分解产生活泼的自由基 $M_xO\cdot$起引发作用，表现出引发剂的作用。工业生产中乙烯高温、高压聚合用氧做引发剂就是这个道理。

3.2.4 聚合速率与平均聚合度

聚合速率是控制聚合反应过程最重要的指标之一，高聚物的平均聚合度是产物性能最基本的特征。因此研究聚合速率与平均聚合度有实际意义。

3.2.4.1 聚合速率

1. 聚合速率方程

自由基聚合反应的总速率取决于链引发、链增长、链终止和链转移等各个基元反应，但在多数情况下，其中的链转移反应一般不影响聚合速率，暂不加以考虑。

为简化处理，特作如下假设：

(1) 自由基的生成速率等于其消耗速率；

(2) 在链增长阶段，自由基的活性与链长无关；

(3) 链自由基的生成速率等于它的终止速率；

(4) 聚合速率等于链增长速率，即在引发过程消耗的单体与链增长过程消耗的单体相比，可以忽略不计。

在上述假设的基础上经推导得聚合速率为

$$R_p = k_p\left(\frac{fk_d}{k_t}\right)^{1/2}[\mathrm{I}]^{1/2}[\mathrm{M}] \qquad (3-3)$$

式中 k_d——引发剂分解速率常数；

k_p——链增长速率常数；

k_t——链终止速率常数，偶合终止和歧化终止速率常数之和；

f——引发效率；

[I]——引发剂的浓度；

[M]——单体的浓度。

式(3-3)说明，聚合物的生成速率与引发剂浓度的平方根和单体浓度的一次方成正比。实验结果证实了在低转化率条件下，聚合速率方程正确反映了自由基型聚合反应的实际规律，并是指导高聚物工业生产的理论基础。

2. 温度对聚合速率的影响

当反应温度升高时，引发剂热分解速率加快，增加了活性中心的数量，也加大了分子运动速率，故聚合速率增加。由理论计算知，聚合反应温度以室温为基础，每升高 10℃，聚合速率约提高 2~3 倍。

必须注意，当反应体系的温度升高到一定程度，链增长反应将不再进行，甚至会导致解聚反应发生，这个最高上限温度称为临界聚合温度。

3. 聚合速率曲线和自加速现象

实验证明，自由基型聚合过程的聚合速率在不断变化。单位时间的转化率就是聚合速率。故用单体转化率随时间的变化曲线就可清楚地描述出聚合速率的变化规律。

自由基聚合反应过程中，单体转化率与反应时间成S形曲线发展(见图 3-2)，聚合反应可分为诱导期、聚合初期、聚合中期、聚合后期几个阶段。

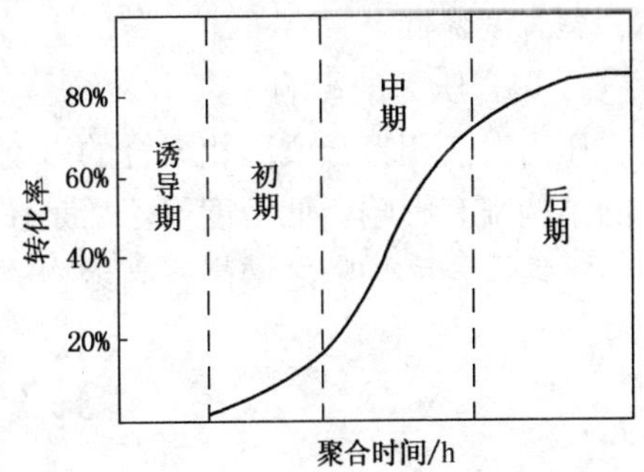

图 3-2 典型的转化率-时间曲线

各个阶段的特点和控制方法不同。诱导期聚合速率为零，引发剂受热分解产生的初级自由基被杂质终止，无高聚物生成。缩短诱导期的主要途径是除尽杂质。聚合初期是聚合反应从开始到转化率达 20%的这段时间，此阶段聚合速率等速平稳，聚合速率方程成立。随着聚合反应进行，当单体转化率达 20%以后，聚合速率呈急剧增加趋势，出现自动加速现象。自加速现象可一直延续到转化率 50% ~ 80%，这阶段称为聚合中期。自动加速现象的产生将加剧放热，此阶段要加强散热，工业上采用分段本体聚合、溶液聚合、低温聚合等办法加以解决。以后随着单体和引发剂的不断消耗，聚合速率转慢进入聚合后期。在聚合后期链转移反应迅速增加，故生产上常在转化率达 90% ~ 95%结束反应。

3.2.4.2 平均聚合度

1. 动力学链长与平均聚合度

一个长链自由基是由一个活性中心连有 n 个单体链节组成的，因此可把每个活性中心所连接的单体链节数定义为活性链长或动力学链长，以 ν 表示。而平均聚合度 $\overline{x}_n$ 是指平均每个聚合物分子中所含单体单元数，它与动力学链长有关。

根据动力学链长的定义可得：

$$\nu = \frac{R_p}{R_t} = \frac{R_p}{R_i} = \frac{k_p}{(2fk_t k_d)^{1/2}} \cdot \frac{[M]}{[I]^{1/2}} \tag{3-4}$$

式中 R_i——引发剂分解速率；

R_t——链终止速率。

其余各参数的含义同式 3－3。

聚合物分子的实际尺寸与链终止机理有关，而动力学链长则与终止机理无关。无链转移时，如果偶合终止，平均聚合度等于动力学链长的两倍，$\overline{x}_n = 2\nu$；如果是歧化终止，平均聚合度等于动力学链长，$\overline{x}_n = \nu$。

在自由基聚合反应中，当有链转移发生时会对聚合物的平均聚合度产生影响，此时在计算 $\overline{x}_n$ 时就应把可能发生的链转移终止考虑进去，有链转移时的平均聚合度应为：

$$\overline{x}_n = \frac{\text{链增长速率}}{\text{链终止速率}} = \frac{R_p}{R_t + \sum R_{tr}} \tag{3-5}$$

$\sum R_{tr}$是向单体、引发剂、溶剂进行链转移速率之和。

2. 温度对聚合度的影响

实验证明，引发剂引发时，聚合反应温度对动力学链长的影响与温度对聚合反应速率的影响正相反。聚合反应温度每升高 1℃，平均动力学链长降低约 6.5%。这是因为反应温度升高，造成活性中心数目大量增加的结果。由于聚合度与动力学链长有关，因此，温度升高，聚合度降低。

3. 聚合压力的影响

压力对液相聚合或固相聚合的影响很小，但对气相聚合的聚合速率、平均聚合度和高聚物的结构都有影响。低密度聚乙烯是在 100 ~ 300MPa 下聚合而成，随聚合压力升高，聚合速率与平均聚合度均随之增高，高聚物的支链数却减少。

3.3 离子聚合

活性中心是离子的聚合称作离子聚合。根据活性中心离子电荷性质的不同，又可分为阳

(正)离子聚合和阴(负)离子聚合。一些重要的聚合物，如丁基橡胶、聚甲醛等，只能通过离子聚合来制备。另外，离子聚合在制备嵌段共聚物、接枝共聚物、星形高聚物、树枝状高聚物方面也起着重要的作用。

离子聚合具有一般连锁聚合反应的特点，也是由链引发、链增长、链终止三个基元反应组成。它具有不同于其他聚合方法的如下特征：

(1) 活性中心是离子。阳离子聚合的活性中心是碳阳离子，阴离子聚合的活性中心为碳阴离子。

(2) 链引发反应活化能低，聚合速率快。因此离子型聚合反应一般在低温和溶液中进行。低温聚合有利于减慢聚合速率，防止链转移反应，因此离子型聚合一般在0℃以下进行。如合成丁基橡胶的阳离子聚合反应在 100℃左右进行。

(3) 链增长反应活性链端总带有电负性相反的离子(简称反离子)。离子聚合反应直到链终止前，链增长的每一步都以离子对的形式存在于反应体系中。以阳离子聚合反应为例，链增长离子与反离子存在如下平衡：

$$\sim\sim M^{+}\ {}^{-}A \longrightarrow \sim\sim M^{+}\ \vdots\vdots\ {}^{-}A \longrightarrow \sim\sim M^{+} + {}^{-}A$$

（紧密离子对）（Ⅰ）　（被溶剂隔开的离子对）（Ⅱ）　（自由离子）（Ⅲ）

离子对以(Ⅰ)和(Ⅱ)方式进行链增长反应时，由于反离子距离近，单体插入难，聚合速率较小，但可得到具有一定立构规整性的聚合物；以(Ⅲ)方式进行链增长时，反离子远离活性中心，单体插入容易，聚合速率较大，但常得到无规立构高聚物。

(4) 链终止反应不能发生活性离子链偶合终止。因为活性链具有相同电性，不能相互反应，通常通过加入终止剂进行活性离子链单基终止。

3.3.1 阳离子聚合

3.3.1.1 单体、引发剂

1. 单体

离子聚合反应对单体有高度的选择性。一般来说带有供电子取代基的单体才能进行阳离子聚合，如异丁烯、烷基乙烯基醚等。其原因在于供电子基的存在，使双键电子云向β-碳原子移动，导致β-碳原子带有一定的电负性，故有利于引发剂形成的阳离子活性中心的进攻，即发生阳离子聚合；同时使新形成的碳阳离子活性中心电子云分散而更为稳定。例如：

$$[BF_3OH]^{-}H^{+} + \overset{\delta-}{CH_2}{=}\overset{\delta+}{C}(CH_3)_2 \longrightarrow H{-}CH_2{-}C^{+}(CH_3)_2\,{}^{-}(BF_3OH)$$

2. 引发剂

阳离子聚合反应的引发剂是亲电试剂，即电子接受体。常用的引发剂可分为两类：

(1) 含氢酸　含氢酸(HA)与单体发生如下反应：

$$H^{+}\,{}^{-}A + CH_2{=}C(CH_3)_2 \longrightarrow CH_3{-}C^{+}(CH_3)_2\,{}^{-}A$$

产物是单体离子对。这里要求 A^- 不能有太强的亲核性，否则会与碳阳离子作用形成稳定共价键而使碳阳离子失活。

$$CH_3-\overset{\overset{CH_3}{|}}{\underset{\underset{CH_3}{|}}{C}}{}^{+-}A \longrightarrow CH_3-\overset{\overset{CH_3}{|}}{\underset{\underset{CH_3}{|}}{C}}-A$$

因此，氢卤酸不适宜做阳离子聚合引发剂，而高氯酸和磷酸也只能使烯类单体聚合成低聚物。

(2) 路易斯酸　路易斯酸泛指缺电子的化合物。在阳离子聚合中单纯使用路易斯酸并不起有效的引发作用，必须在助引发剂的存在下才能发挥引发作用。如异丁烯聚合时，单用 BF_3 引发，反应不进行，但反应器内只要存在微量水(或吹入湿空气)，则立即进行剧烈反应。可见水是该反应的助引发剂，它先与 BF_3 形成不稳定的络合物，再进一步分解产生质子 H^+，质子与单体作用形成阳离子活性中心(具体内容见 3.3.1.2 链引发)。

3.3.1.2 阳离子聚合机理

下面以 BF_3-H_2O 引发异丁烯的聚合为例，说明阳离子聚合反应机理。

1. 链引发

引发体系首先形成质子活性中心：

$$\underset{\text{引发剂}}{BF_3} + \underset{\text{助引发剂}}{H_2O} \longrightarrow \underset{\text{不稳定络合物}}{[HBF_3OH]} \longrightarrow \underset{\text{质子活性中心}}{(F_3BOH)^{-+}H}$$

质子活性中心与异丁烯作用生成单体碳阳离子活性中心，并与其阴离子形成离子对：

$$(BF_3OH)^{-+}H + CH_2=\overset{\overset{CH_3}{|}}{\underset{\underset{CH_3}{|}}{C}} \longrightarrow CH_3-\overset{\overset{CH_3}{|}}{\underset{\underset{CH_3}{|}}{C}}{}^{+-}(BF_3OH)$$

2. 链增长

在引发阶段生成的碳阳离子，按相同方式与单体连续加成形成高分子链：

$$CH_3-\overset{\overset{CH_3}{|}}{\underset{\underset{CH_3}{|}}{C}}{}^{+-}(BF_3OH) + nCH_2=\overset{\overset{CH_3}{|}}{\underset{\underset{CH_3}{|}}{C}} \longrightarrow CH_3-\overset{\overset{CH_3}{|}}{\underset{\underset{CH_3}{|}}{C}}-(CH_2)-\overset{\overset{CH_3}{|}}{\underset{\underset{CH_3}{|}}{C}})n^{+-}(BF_3OH)$$

3. 链终止

在阳离子聚合反应中，有两种主要的链终止方式。

(1) 与反离子或与反离子中一部分阴离子碎片结合终止。增长链阳离子与反离子中的 OH^- 结合终止：

$$\sim\sim CH_2-\overset{\overset{CH_3}{|}}{\underset{\underset{CH_3}{|}}{C}}{}^{+-}(BF_3OH) \longrightarrow \sim\sim CH_2-\overset{\overset{CH_3}{|}}{\underset{\underset{CH_3}{|}}{C}}-OH + BF_3$$

(2) 向单体转移终止。生成含不饱和端基的稳定高分子，并使阳离子活性中心再生：

$$\sim\sim CH_2-\overset{\overset{CH_3}{|}}{\underset{\underset{CH_3}{|}}{C}}{}^{+-}(BF_3OH) + CH_2=\overset{\overset{CH_3}{|}}{\underset{\underset{CH_3}{|}}{C}} \longrightarrow \sim\sim CH_2=\overset{\overset{CH_3}{|}}{\underset{\underset{CH_3}{|}}{C}} + CH_3-\overset{\overset{CH_3}{|}}{\underset{\underset{CH_3}{|}}{C}}{}^{+-}(BF_3OH)$$

这是阳离子聚合反应的主要终止方式。因此阳离子聚合反应需要在低温下进行，以减少链转移反应，提高产物分子量。

3.3.2 阴离子聚合

3.3.2.1 阴离子聚合的单体、引发剂

1. 单体

阴离子聚合单体大多是带有吸电子基团的烯类单体。吸电子基会降低双键上的电子云密度，以利于阴离子进攻，同时，加成后形成的碳阴离子，也因吸电子基的诱导效应使电子云密度分散，从而使碳阴离子稳定。例如：

$$A^{+}B^{-} + \overset{\delta+}{CH_2}{=}\overset{\delta}{CH}(CN) \longrightarrow B{-}CH_2{-}\overset{H}{\underset{CN}{C^{-}}}\,{}^{+}A$$

事实上，具有共轭 π－π 体系的烯类单体才能进行阴离子聚合，如苯乙烯、丁二烯、异戊二烯、硝基乙烯、丙烯腈等。

2. 引发剂

阴离子聚合引发剂都是亲核试剂，根据链引发方式不同可分为两类：

(1) 金属有机化合物　这类引发剂主要有金属烷基化合物和金属氨基化合物。这类引发剂的负离子(如烷基负离子)能直接与单体反应形成碳阴离子活性中心。工业上最广泛使用的金属烷基化合物是丁基锂，常用的氨基化合物有氨基钾和氨基钠。

(2) 碱金属　锂、钠、钾等碱金属原子的最外层只有一个价电子，容易转移给单体或其他化合物而形成阴离子活性中心，即电子直接或间接转移引发。如金属钠引发苯乙烯聚合的过程，钠将最外层电子直接转移给单体，生成单体自由基阴离子，它不稳定，立刻双基偶合成可进行双向增长反应的双阴离子活性中心：

$$Na + CH_2{=}CH(C_6H_5) \longrightarrow Na^{+}\,{}^{-}CH(C_6H_5){-}CH_2\cdot$$

$$2Na^{+}\,{}^{-}CH(C_6H_5){-}CH_2\cdot \longrightarrow Na^{+}\,{}^{-}CH(C_6H_5){-}CH_2{-}CH_2{-}CH(C_6H_5)^{-}\,{}^{+}Na$$

3.3.2.2 阴离子聚合的机理

下面以氨基钾引发苯乙烯的聚合为例，说明阴离了聚合反应机理。

1. 链引发

氨基钾在液氨中几乎离解成 NH_2^- 引发聚合：

$$KNH_2 \rightleftharpoons NH_2^- + K^+$$

$$NH_2^- + CH_2{=}CH(C_6H_5) \longrightarrow H_2N{-}CH_2{-}CH(C_6H_5)^{-}\,{}^{+}K$$

2. 链增长

在引发阶段生成的碳阴离子，按相同方式与单体连续加成形成高分子链：

$$H_2N—CH_2—\underset{\text{C}_6\text{H}_5}{CH^-}{}^+K + nCH_2=\underset{\text{C}_6\text{H}_5}{CH} \longrightarrow H_2N\!\left[CH_2—\underset{\text{C}_6\text{H}_5}{CH}\right]_n\!CH_2—\underset{\text{C}_6\text{H}_5}{CH^-}{}^+K$$

3. 链终止

阴离子聚合反应和阳离子聚合反应一样不能发生双基终止反应，但它不同于阳离子聚合，不易发生链转移，链终止主要通过终止剂终止。阴离子聚合中的一个重要特征是在适当的条件下可以不发生链终止反应，链增长活性中心直到单体耗尽仍可保持活性，当重新加入单体时，聚合反应重新开始，高聚物分子量又可以继续增加。因此，阴离子聚合常被称为活性聚合。阴离子聚合的这个重要特征有很多应用，比如热塑性弹性体 SBS(苯乙烯－丁二烯－苯乙烯的三嵌段共聚物)的生产就是利用了这个特征。

3.4 配位聚合

配位聚合是生产立体规整性聚 α－烯烃和聚双烯烃的重要方法，它广泛用于塑料和橡胶的生产中。例如线型低密度聚乙烯、高密度聚乙烯、全同(等规)聚丙烯等可做塑料用的高聚物；顺式－1,4－聚丁二烯、乙丙共聚物等可做橡胶用的高聚物。

3.4.1 配位聚合的一般描述

配位聚合是指烯类单体的碳－碳双键首先在过渡金属引发剂活性中心上进行配位、活化，随后单体分子相继插入过渡金属－碳键中进行链增长的过程。

配位聚合虽与自由基聚合、离子聚合同属连锁聚合，但活性中心不同。配位聚合活性中心是过渡金属(M_t)－碳键。多数配位聚合的活性中心是带负电荷的碳离子，金属原子带正电荷为反离子，单体则是通过在金属正离子上配位而进行聚合的，所以配位聚合多数属于配位阴离子聚合机理。

配位聚合也包括链引发、链增长、链转移和链终止等基元反应。若先不考虑活性中心的具体结构以及配位定向和吸附等因素，以 $M_t—R$ 表示活性中心，以乙烯单体为例，配位聚合的各基元反应可表示如下：

(1) 链引发

$$\overset{\delta+}{M_t}—\overset{\delta-}{R} + H_2C=CH_2 \xrightarrow{\text{配位}} \underset{H_2C=CH_2}{\overset{\overset{\delta+}{M_t}—\overset{\delta-}{R}}{\uparrow}} \xrightarrow{\text{插入}} \overset{\delta+}{M_t}—\overset{\delta-}{CH_2}CH_2—R$$

即单体首先在金属原子(M_t)上配位并被极化，然后插入金属－碳键之间。

(2) 链增长

$$\overset{\delta+}{M_t}—\overset{\delta-}{CH_2}CH_2—R \xrightarrow[\text{配位}]{H_2C=CH_2} \underset{H_2C=CH_2}{\overset{\overset{\delta}{M_t}—\overset{\delta}{CH_2}CH_2—R}{\uparrow}} \xrightarrow{\text{插入}} \overset{\delta+}{M_t}—\overset{\delta-}{CH_2}CH_2CH_2CH_2—R$$

$$\xrightarrow{nH_2C=CH_2} \overset{\delta+}{M_t}—\overset{\delta-}{CH_2}CH_2\!\left(CH_2CH_2\right)_n\!R$$

即单体重复配位、插入便可实现链增长。

(3) 链转移　活性中心可以向单体、助引发剂[如 $Al(C_2H_5)_3$]、H_2 等转移。

向单体转移

$$M_t—CH_2CH_2 \sim\sim\sim + CH_2{=}CH_2 \longrightarrow M_t—CH_2CH_3 + CH_2{=}CH \sim\sim\sim$$

向烷基金属转移

$$M_t—CH_2CH_2 \sim\sim\sim + Al(C_2H_5)_3 \longrightarrow M_t—C_2H_5 + (C_2H_5)_2Al—CH_2CH_2 \sim\sim\sim$$

向 H_2 分子转移

$$M_t—CH_2CH_2 \sim\sim\sim + H_2 \longrightarrow M_t—H + CH_3CH_2\sim\sim\sim$$

$$M_t—H \xrightarrow[\text{再引发}]{CH_2=CH_2} M_t—CH_2CH_3$$

向 H_2 的链转移反应在工业上被用来调节产物分子量，即 H_2 是分子量调节剂，相应过程称为“氢调”。

(4) 链终止　链终止反应主要是醇、羧酸、胺、水等一些含活泼氢化合物与活性中心反应而使其失活。

$$M_t—CH_2CH_2 \sim\sim\sim + \left\{\begin{matrix} ROH \\ RCOOH \\ RNH_2 \\ H_2O \end{matrix}\right. \longrightarrow \left\{\begin{matrix} M_t—OR \\ M_t—OOCR \\ M_t—NHR \\ M_t—OH \end{matrix}\right. + CH_3CH_2 \sim\sim\sim$$

O_2、CO_2、CO 等也能使链终止。因此聚合前要除尽体系内的活性氢物质，纯化单体和溶剂，体系要严格排除空气。聚合结束时，可以加入活性氢物质使反应停止。

3.4.2　高聚物的立构规整性

3.4.2.1　高聚物的立体异构

聚合物的立体异构现象是由于分子链中的原子或原子团的空间排列即构型不同而引起的。构型异构有两种：光学异构和几何异构。

1. 高聚物光学异构

在烯烃聚合反应中，只要双键碳原子上有一个取代基，聚合产物分子中便存在多个不对称碳原子，产生光学异构体。连接有 4 个不同原子或基团的碳原子称手性中心碳原子或称不对称碳原子，用 C^* 表示。如结晶聚丙烯高分子链中，含有多个不对称碳原子，存在构型问题。

$$nCH_2{=}CH—CH_3 \longrightarrow \sim\sim\sim CH_2—\underset{\displaystyle CH_3}{\underset{|}{C^*H}}—CH_2—\underset{\displaystyle CH_3}{\underset{|}{C^*H}}\sim\sim\sim$$

C^* 是立体异构中心，它与 4 个不同的基团相连，即 H、CH_3 和两个不同链长的高分子链。将聚丙烯主链的碳－碳键角保持 109°28′拉直为平面锯齿形构型时，能观察到与 C^* 相连的甲基可以分布在平面的上方或下方(如图 3－3)。

甲基全在主链平面的一方，称为全同立构；甲基交替出现在平面的上方和下方，称为间同立构；甲基无规律分布在主链平面任一方的称为无规立构。

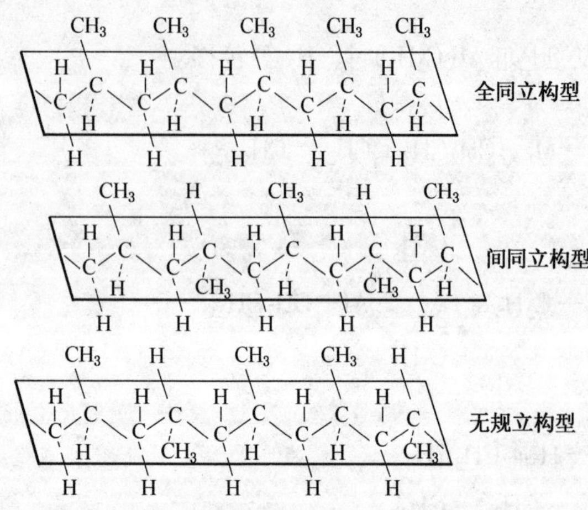

图 3-3 聚丙烯分子的立体异构现象

全同立构与间同立构高聚物统称有规立构高聚物。有规立构高聚物还包括高顺式或高反式高聚物。

2. 高聚物的几何异构

高聚物的几何异构是由高分子链中双键或环上的取代基在空间排布方式不同引起的立体异构现象。如丁二烯单体进行 1,4 - 聚合反应，可以产生顺式聚 1,4 - 丁二烯或反式聚 1,4 - 丁二烯。当然丁二烯聚合除了出现的上述两种有规立构体外还有全同立构聚 1,2 - 丁二烯和间同立构聚 1,2 - 丁二烯。

3.4.2.2 立构规整性聚合物的性能

聚合物的立构规整性影响聚合物的结晶能力。聚合物的立构规整性好，分子排列有序，有利于结晶。高结晶度导致高熔点、高强度、高耐溶剂性，如：无规 PP 是非结晶聚合物、蜡状黏滞体，用途不大；而全同 PP 和间同 PP，是高度结晶材料，具有高强度、高耐溶剂性，可用作塑料和合成纤维。又如顺式 1,4 - 聚丁二烯是不易结晶、高弹性能良好的合成橡胶，而反式 1,4 - 聚丁二烯是易结晶、弹性差、硬度大的塑料。总之，立构规整聚合物在强度、高弹性等性能都优于无规物，因而有更高的使用价值。

聚合物的立构规整性用立构规整度表征。所谓立构规整度是立构规整聚合物占总聚合物的分数，它是评价聚合物性能、引发剂定向聚合能力的一个重要指标。例如全同立构聚丙烯的立构规整度(全同指数、等规度)常用沸腾正庚烷的萃取剩余物所占百分数表示。

3.4.3 齐格勒 - 纳塔(Ziegler - Natta)引发剂

3.4.3.1 齐格勒 - 纳塔引发剂的组成

获得有规立构高聚物的聚合称为定向聚合。实施定向聚合的关键是引发剂，工业生产上常采用齐格勒 - 纳塔引发剂。它由 3 个组分组成：①主引发剂 - 过渡金属卤化物；②共引发剂 - 金属有机化合物；③给电子体 - 多电子化合物。

1. 主引发剂

采用元素周期表中第Ⅳ到Ⅷ族的过渡金属卤化物。如 $TiCl_3$、VCl_3 和 $ZrCl_4$ 等均可以用作主引发剂，其中最常用的是 $TiCl_3$。$TiCl_3$ 随其制备方法不同有 α、β、γ、δ 四种结晶变体。其中 α、γ、δ 三种是合成全同立构聚丙烯的有效引发剂成分，有利于非均相聚合中单体沿引发剂表面取向插入，形成有规立构高聚物。β 型 $TiCl_3$ 没有形成规整高聚物的特效性。

2. 共引发剂

元素周期表中第Ⅰ到Ⅲ族的金属有机化合物都可以用作共引发剂。最常用的烷基铝化合物有三乙基铝[$Al(C_2H_5)_3$]、一氯二乙基铝[$Al(C_2H_5)_2Cl$]、倍半乙基铝[$Al(C_2H_5)_2Cl\ Al(C_2H_5)Cl_2$]。在烷基铝中,$Al(C_2H_5)_3$ 所得聚丙烯全同立构规整度较高,若其中一个烷基被卤素取代后,则立构规整度更高。如 $Al(C_2H_5)_2Cl$ 作为丙烯聚合共引发剂时,立构规整度高达 97%。

3. 给电子体

给电子体是含有多电子原子(N、O、S 等)的第三组分化合物，如六甲基磷酰胺、叔胺等。加入第三组分还可转化聚合过程中有阻聚作用的 $Al(C_2H_5)Cl_2$ 为活性的 $Al(C_2H_5)_2Cl$。

目前使用的高效齐格勒－纳塔引发剂除添加第三组分外，还使用了载体，如：$MgCl_2$、Mg(OH)Cl，大大提高了引发剂活性。

3.4.3.2 使用齐格勒－纳塔引发剂应注意的问题

主引发剂是卤化钛，性质非常活泼，在空气中吸湿后发烟、自燃，并可发生水解、醇解反应；共引发剂烷基铝，性质也极活泼，易水解，接触空气中氧和潮气迅速氧化，甚至燃烧、爆炸。因此使用中要注意以下两点：①在保持和转移操作中必须在无氧干燥的 N_2 中进行。②在生产过程中，原料和设备要求除尽杂质，尤其是氧和水分。另外，聚合完毕后工业上常用醇解法除去残留引发剂。

3.4.4 齐格勒－纳塔引发剂的立体定向聚合机理

关于配位聚合的机理，在众多的假设中，人们普遍接受的是单金属活性中心机理。下面以 $TiCl_3$(α、γ、δ)－AlR_3 引发体系引发丙烯聚合为例说明单金属活性中心机理。

在 $TiCl_3$ 晶粒的边、棱上存在带有一个空位的五氯配位体，烷基铝将其烷基化，形成一个 Ti 上带有一个 R 基、一个空位和四个氯的五配位正八面体的单金属活性中心。如图 3－4 所示。

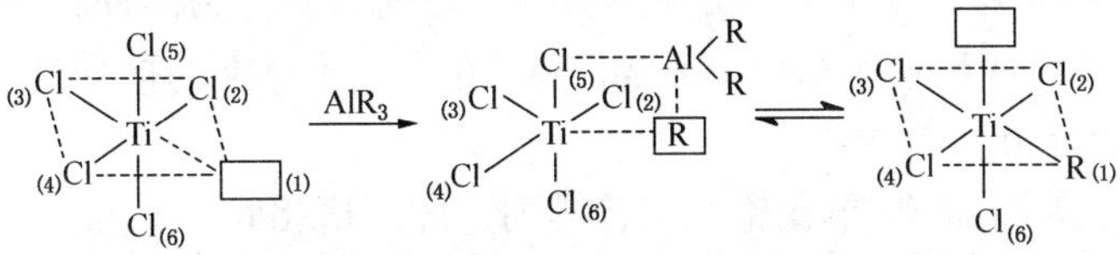

图 3－4　单金属活性中心的形成

如图 3－5 所示，单体的双键先与 Ti 原子的空 d 轨道配位，生成配位化合物，并形成一个四元环过渡态。随后 Ti—R 键打开，单体插入实现一次链增长。此时再生出一个空位(1)，其位置发生了改变，相应地构型也与原来相反。如第二个单体在此位置上配位、插入增长，应得到间同立构聚合物。实际上得到的是全同立构，因而必须假设在下一个丙烯分子占据空位(1)之前，增长链又回到空位(1)。

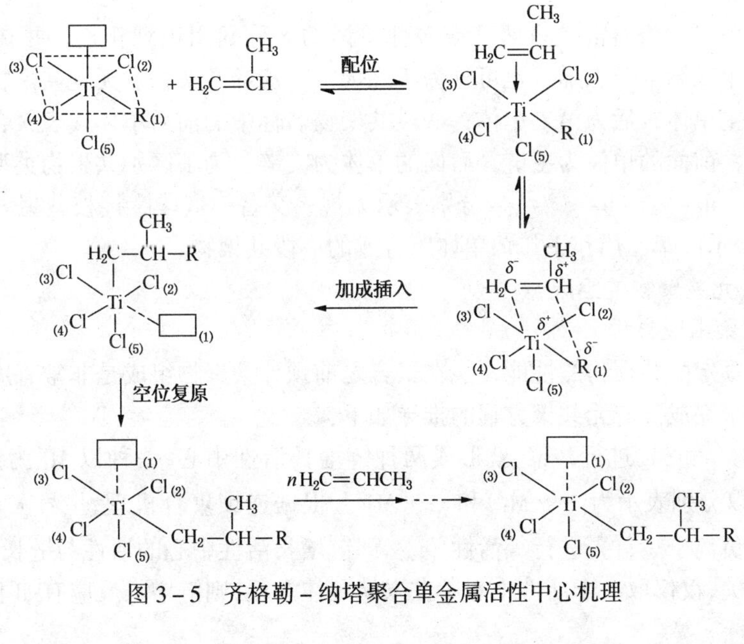

图 3－5　齐格勒－纳塔聚合单金属活性中心机理

3.5 共聚合反应

3.5.1 概述

由两种或多种单体共同参加的聚合反应称为共聚反应，其产物称为共聚物。共聚合反应多用于连锁聚合反应，如自由基共聚、离子共聚和配位共聚。本节主要讨论理论成熟的二元共聚。

共聚合得到的聚合物分子链上含有两种或多种单体链节，因而共聚物比各个单体均聚物具有改善的加工性能和使用性能。如聚苯乙烯均聚物抗冲击强度、耐溶剂性很差，是硬脆的易碎塑料，在应用中受到很大限制。苯乙烯(S)和丙烯腈(A)共聚，增加了抗冲击强度和耐溶剂性；和丁二烯(B)共聚，得到具有弹性和耐磨性的丁苯橡胶；与丁二烯和丙烯腈共聚得到的ABS树脂，既有聚苯乙烯良好的易加工性和聚丁二烯的韧性，又有聚丙烯腈的化学稳定性和表面硬度，是一种很有使用价值的工程塑料。

1. 共聚物的分类

根据两种结构单元在大分子链中的排列方式，二元共聚分为四种类型：

(1) 无规共聚物　两种单体结构单元 M_1、M_2 在高分子链上的排列是无规的。

$\sim\sim\sim M_1M_2M_2M_1M_2M_2M_2M_1M_1 \sim\sim\sim$

(2) 交替共聚物　M_1、M_2 单元轮番交替排列，即严格相间。

$$\sim\sim\sim M_1M_2M_1M_2M_1M_2 \sim\sim\sim$$

(3) 嵌段共聚物　共聚物分子链是由较长的 M_1 链段和另一较长的 M_2 链段构成。

$$\sim\sim\sim M_1M_1M_1M_1 \sim\sim\sim M_2M_2M_2M_2 \sim\sim\sim$$

(4) 接枝共聚物　共聚物主链由单元 M_1 组成，而支链则由单元 M_2 组成。

$$\begin{array}{l}\sim\sim\sim M_1M_1M_1M_1M_1M_1M_1 \sim\sim\sim \\ \qquad\qquad\quad | \\ \qquad\qquad\quad M_2M_2M_2M_2M_2 \sim\sim\sim\end{array}$$

2. 共聚物的命名

共聚物的命名方法通常是将两种或多种单体的名称间用短划相连，并在名称前面冠以“聚”字。如聚丁二烯-苯乙烯，也可称为丁二烯-苯乙烯共聚物。无规共聚物名称中，放在前面的单体为主单体，后为第二单体；嵌段共聚物名称中的前后单体代表聚合的次序；接枝共聚物名称中，前面的单体为主链，后面的单体为支链。为了区别共聚物类型，可在单体间插入-co-、-alt-、-b-、-g-分别表示无规、交替、嵌段、接枝共聚。如聚苯乙烯-b-丁二烯，表示由苯乙烯和丁二烯单体所合成的嵌段共聚物。

3.5.2 二元共聚物的组成

1. 二元共聚组成方程

为了获得预定的共聚物的性能，能在聚合之前预计共聚物组成是非常有用的，这可以利用共聚物方程来完成。二元共聚方程的推导如下：

两种单体 M_1 和 M_2 进行共聚，就形成两种链增长活性中心，一种以 M_1 为链端，另一种以 M_2 为链端，可以分别表示为 $\sim\sim\sim M_1^*$ 和 $\sim\sim\sim M_2^*$。根据连锁聚合机理，星号 * 可以是自由基、碳正离子或碳负离子。首先进行等活性假设，即链增长活性中心的活性与链长无关，也与前末端单体结构无关，仅仅取决于活性中心所在末端单体单元，则链增长反应有如下四种：

$$\sim\sim M_1^* + M_1 \xrightarrow{k_{11}} \sim\sim M_1^* \quad R_{11} = k_{11}[M_1^*][M_1] \tag{3-6}$$

$$\sim\sim M_1^* + M_2 \xrightarrow{k_{12}} \sim\sim M_2^* \quad R_{12} = k_{12}[M_1^*][M_2] \tag{3-7}$$

$$\sim\sim M_2^* + M_1 \xrightarrow{k_{21}} \sim\sim M_1^* \quad R_{21} = k_{21}[M_2^*][M_1] \tag{3-8}$$

$$\sim\sim M_2^* + M_2 \xrightarrow{k_{22}} \sim\sim M_2^* \quad R_{22} = k_{22}[M_2^*][M_2] \tag{3-9}$$

式中，k_{11}和 k_{12}分别为增长链$\sim\sim M_1^*$ 与单体 M_1 和 M_2 加成的速率常数，k_{21}和 k_{22}分别为增长链$\sim\sim M_2^*$ 与单体 M_1 和 M_2 加成的速率常数。

又假设共聚物聚合度很高，以致忽略链引发反应的单体消耗，链增长反应时，两种单体的消耗速率之比等于两种单体进入共聚物的速率。两种单体的消耗速率：

$$\frac{d[M_1]}{dt} = R_{11} + R_{21} = k_{11}[M_1^*][M_1] + k_{21}[M_2^*][M_1] \tag{3-10}$$

$$\frac{d[M_2]}{dt} = R_{12} + R_{22} = k_{12}[M_1^*][M_2] + k_{22}[M_2^*][M_2] \tag{3-11}$$

两种单体的消耗速率之比等于两种单体进入共聚物的速率比，将上两式相除，得共聚物组成 $d[M_1]/d[M_2]$：

$$\frac{d[M_1]}{d[M_2]} = \frac{k_{11}[M_1^*][M_1] + k_{21}[M_2^*][M_1]}{k_{12}[M_1^*][M_2] + k_{22}[M_2^*][M_2]} \tag{3-12}$$

再作稳态假设，即共聚反应是在稳态条件下进行的，体系中两种链增长活性中下面等式成立：

$$k_{12}[M_1^*][M_2] = k_{21}[M_2^*][M_1] \tag{3-13}$$

并令参数 r_1 和 r_2 为：$r_1 = k_{11}/k_{12}$，$r_2 = k_{22}/k_{21}$

经整理得到：

$$\frac{d[M_1]}{d[M_2]} = \frac{[M_1]}{[M_2]} \cdot \frac{r_1[M_1] + [M_2]}{r_2[M_2] + [M_1]} \tag{3-14}$$

方程(3-14)称为二元共聚物组成微分方程，简称二元共聚方程。r_1 和 r_2 定义为每种单体均聚和共聚链增长速率常数之比，称为竞聚率。

上述方程式可以转化为用摩尔分数表示的形式，令 f_1 和 f_2 分别为单体 M_1 和 M_2 的摩尔分数，F_1 和 F_2 分别为共聚物中 M_1 和 M_2 单元的摩尔分数，则有：

$$f_1 = \frac{[M_1]}{[M_1] + [M_2]} = 1 - f_2 \tag{3-15}$$

$$F_1 = \frac{d[M_1]}{d[M_1] + d[M_2]} = 1 - F_2 \tag{3-16}$$

将 f_1 和 F_1 代入式(3-14)得到用摩尔分数表示的二元共聚组成方程。

$$F_1 = \frac{r_1 f_1^2 + f_1 f_2}{r_1 f_1^2 + 2f_1 f_2 + r_2 f_2^2} \tag{3-17}$$

可按实际情况选用公式(3-14)和公式(3-17)，在不同的场合各有方便之处。大量实验证明共聚方程适用于自由基、离子共聚和配位共聚反应。

2. 竞聚率

竞聚率是均聚(自身)增长和共聚(交叉)增长的速率常数的比值($r_1 = k_{11}/k_{12}$，$r_2 = k_{22}/$

k_{21})。它是共聚合反应中最重要的参数。单体结构及所经历的反应历程是决定竞聚率大小的关键因素，温度、压力及反应介质对竞聚率的大小也有影响。竞聚率数值不同，意义也不同。

$r_1=0$，表示 $k_{11}=0$，活性端基只能加上异种单体。

$r_1=1$，表示 $k_{11}=k_{12}$，即加上两种单体难易程度相同，或两者几率相同。

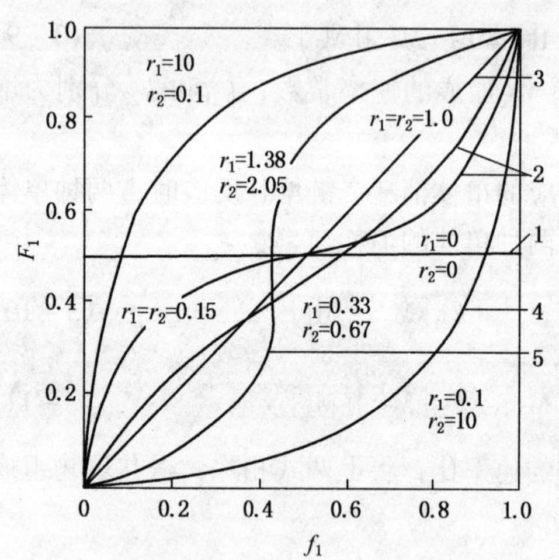

图 3-6　各种不同 r_1 和 r_2 值的共聚物摩尔组成(F_1)与原料单体组成(f_1)的关系图

$r_1=\infty$，表示只能均聚，不能共聚，实际上尚未发现这种情况。

$r_1<1$，活性端基能加上两种单体，但更有利于加上异种单体；$r_1>1$ 则易加上同种单体。

3.5.3　共聚物组成曲线

为了反映原料单体组成与共聚物组成间的关系，可根据二元共聚组成方程(3-17)绘出 $F_1\sim f_1$ 曲线，称为共聚物组成曲线。随 r_1 和 r_2 值的不同，可将 $F_1\sim f_1$ 曲线分成五种类型，如图 3-6 所示。

(1) $r_1=0$，$r_2=0$，为交替共聚（图中曲线 1)。在这种情况下，两种单体都不能自聚，只能共聚，不论原料单体组成 f_1 是何值，共聚物的组成都是各一半，即 $F_1=0.5$。在共聚物链中，两种单体交替排列。共聚物组成曲线为一条 $F_1=0.5$的水平直线。

(2) $r_1<1$，$r_2<1$，有恒比点的无规共聚（图中曲线 2)。两种单体的均聚能力较小，共聚能力较大。F_1　f_1 曲线为一条反“S”形曲线，曲线与对角线有一交点，即恒比点。将恒比点满足的条件 $d[M_1]/d[M_2]=[M_1]/[M_2]$代入公式(3-14)，或将 $F_1=f_1$ 代入公式(3-17)可得恒比点时原料单体组成：

$$\frac{[M_1]}{[M_2]}=\frac{r_2-1}{r_1-1} \tag{3-18}$$

$$F_1=f_1=\frac{1-r_2}{2-r_1-r_2} \tag{3-19}$$

当 $r_1=r_2<1$ 时，恒比点 $F_1=f_1=0.5$，其 F_1-f_1 曲线在恒比点与对角线相交，并呈点对称形状。

(3) $r_1=r_2=1$，理想恒比共聚(图中曲线 3)。每种单体的均聚能力与共聚能力相同。F_1-f_1曲线呈一对角线特征，说明共聚物的组成总是等于原料单体的组成。

(4) $r_1<1$，$r_2>1$，分两种情况：

① 若 $r_1\cdot r_2=1$ 时，则为理想共聚。F_1-f_1 曲线为对角线下方的对称弧形曲线(图中曲线 4)。当 $r_1>1$，$r_2<1$ 且 $r_1\cdot r_2=1$ 时，F_1-f_1 曲线为对角线上方的对称弧形曲线。

② $r_1\cdot r_2<1$ 时，非理想无恒比共聚。当 $r_1<1$，$r_2>1$ 时，F_1-f_1 曲线为处于对角线下方的凹形曲线；当 $r_1>1$，$r_2<1$ 时，为处于对角线上方的凸形曲线。r_1 和 r_2 相差越大，曲线上凸或下凹的程度越大。

(5) 当 $r_1>1$，$r_2>1$ 时，为嵌段共聚。其 F_1-f_1 曲线(图中曲线 5)呈 S 型，也有恒比点。

3.5.4 共聚物组成控制

常用的控制方法有以下三种：

1. 恒比点一次投料法

当 $r_1<1$，$r_2<1$，二元共聚有恒比点时，若共聚物所需的组成与恒比共聚组成相等或非常接近，那就将两种单体按所需的比例一次投入。

2. 控制聚合转化率的一次投料法

根据共聚物组成与转化率间的关系曲线，则可由控制转化率的方法来控制聚合物的组成。如图 3-7 是苯乙烯和反丁烯二酸二乙酯共聚时聚合物组成和转化率关系的曲线，在曲线较平坦部分对应的转化率下终止反应，便可获得组成较均匀的共聚物。若要求 $F=0.5$，当配料中 $f_1^0=0.5$，可在转化率为 90% 时结束反应，当配料中 $f_1^0=0.4$，转化率低于 60% 就得结束反应。

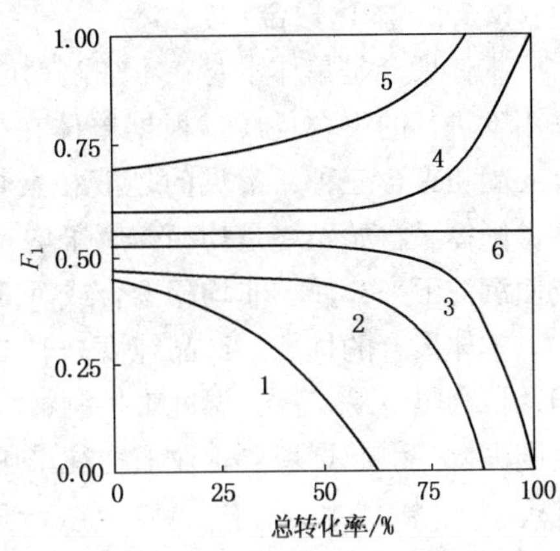

图 3-7 苯乙烯-反丁烯二酸二乙酯共聚物瞬时组成（F_1）与转化率的关系

（$r_1=0.3$，$r_2=0.07$）

f_1^0 值如下：曲线 1—0.2；曲线 2—0.4；曲线 3—0.5；曲线 4—0.6；曲线 5—0.8；曲线 6—0.57

3. 补加活泼单体

通过分批或连续补加活性较大的单体，以保持体系在整个反应过程中单体组成基本恒定，便可得到组成分布较均一的共聚物。

3.6 聚合方法

自由基聚合反应的实施方法通常有本体聚合、溶液聚合、悬浮聚合和乳液聚合等四种，这四种聚合方法的比较如表 3-1 所示。由于水会破坏离子聚合和配位聚合的引发剂活性，故离子聚合和配位聚合只能采用本体聚合、溶液聚合方法。这里只简单介绍本体聚合和溶液聚合。

表 3-1 四种自由基聚合方法比较

	本体聚合	溶液聚合	悬浮聚合	乳液聚合
配方主要成分	单体 引发剂	单体 引发剂 溶剂	单体 引发剂 水 分散剂	单体 水溶性引发剂 水 乳化剂
聚合场所	本体内	溶液内	液滴内	胶束和乳胶粒内
聚合机理	遵循自由基聚合一般机理，提高速率的因素往往使分子量降低	伴有向溶剂的链转移反应，一般分子量较低，速率也较低	与本体聚合相同	能同时提高聚合速率和分子量
生产特征	热不易散出，间歇生产（有些也可连续生产），设备简单，宜制板材和型材	散热容易，可连续生产，不宜制成干燥粉状或粒状树脂	散热容易，间歇生产，须有分离、洗涤、干燥等工序	散热容易，可连续生产，制成固体树脂时，需经凝聚，洗涤、干燥等工序
产物特性	聚合物纯净，宜于生产透明浅色制品，分子量分布较宽	一般聚合液直接使用	比较纯净，可能留有少量分散剂	留有少量乳化剂和其他助剂

3.6.1 本体聚合

本体聚合是单体本身在不加溶剂或分散介质的条件下，由少量引发剂或光、热、辐射的作用下进行的聚合反应。根据单体在聚合体系中的状态，本体聚合可有气相聚合、液相聚合、固相聚合三种，常见的是液相聚合法。如生成的聚合物能溶于单体，如苯乙烯聚合体系，则体系自始至终是均相，属于均相聚合。相反，聚合物不能溶于单体，这聚合物一旦生成便沉淀下来，属于非均相聚合或沉淀聚合，乙烯、丙烯腈等聚合体系属于这一类。

本体聚合的优点是产品纯度高、工艺流程短、设备少、工序简单。缺点是反应体系很黏稠，聚合热不易扩散，温度难控制，轻则造成局部过热，产品有气泡，分子量分布宽；重则温度失调，引起爆聚。工业上往往采用分段聚合工艺解决此问题，即分预聚合和后聚合两段进行。

3.6.2 溶液聚合

溶液聚合是将单体和引发剂溶于适当溶剂进行的聚合反应。溶液聚合也可分为均相与非均相聚合，前者所用的单体能溶解单体和高聚物，产物为高聚物溶液，将此溶液浸入高聚物的非溶剂中，高聚物即可沉析出来，经洗涤、过滤、干燥得最终产品；后者溶剂仅能溶解单体，而不能溶解高聚物，生成的高聚物呈细小的悬浮体，不断从溶液中析出，经洗涤、过滤、干燥得最终产品。

溶液聚合的优点是散热控温容易，可避免局部过热；体系黏度较低，能消除凝胶效应。缺点是溶剂回收麻烦，设备利用率低；聚合速率慢；分子量不高。大多数有规立构聚合物及黏合剂、油漆、涂料、合成纤维纺丝液等采用溶液法聚合而成。

3.7 缩聚反应

3.7.1 概述

缩聚反应是由含有两个或两个以上官能团的单体分子逐步缩合聚合形成高聚物，同时析出低分子副产物(如水、醇等)的化学反应。它是逐步聚合反应中最具代表性的反应类型，广泛应用于制造塑料、合成橡胶、合成纤维、黏合剂和涂料。其突出特点是在单体形成高聚物的同时有低分子副产物析出，所以缩聚反应的化学组成与单体的化学组成不同。

3.7.1.1 单体官能度

缩聚反应是通过官能团相互作用而形成聚合物的过程，单体常带有各种官能团，如：—COOH、—OH 等。反应条件下实际参加反应的单体的官能团数目就称为单体的官能度。

对于不同的官能度体系，其产物结构不同。

(1) 1 - n 官能度体系　一种单体的官能度为 1，另一种单体的官能度大于 1，即 1 - 2、1 - 3、1 - 4 体系，只能得到低分子化合物，属缩合反应。

(2) 2 - 2 官能度体系　每个单体都有两个相同的官能团，可得到线型聚合物，如

$$n\mathrm{HOOC(CH_2)_4COOH} + n\mathrm{HOCH_2CH_2OH} \rightleftharpoons \mathrm{HO{+}CO(CH_2)_4COOCH_2CH_2O{+}_nH} + (2n-1)\mathrm{H_2O}$$

(3) 2 官能度体系　同一单体带有两个不同且能相互反应的官能团，得到线型聚合物。例如：

$$n\mathrm{HORCOOH} \rightleftharpoons \mathrm{H{(}ORCH_2O{)}_nOH} + (n-1)\mathrm{H_2O}$$

(4) 2 - 3、2 - 4 官能度体系　得到体型缩聚物。

3.7.1.2 缩聚反应的分类

缩聚反应的分类可按不同原则分类，几种常见的分类方法如下：

1. 按生成高聚物的结构分类

缩聚反应按生成的高聚物分子结构不同，可分为线型缩聚反应和体型缩聚反应两类：

(1) 线型缩聚反应　线型缩聚反应是 2－2 官能度体系和 2 官能度体系单体分子间的反应，得到线型缩聚物。

(2) 体型缩聚反应　体型缩聚反应是指 2－3、2－4 等多官能度体系单体分子间的缩聚反应，得到体型缩聚物。

2. 按参加反应的单体种类分类

缩聚反应按参加的单体种类分类，可分为均缩聚、混缩聚和共缩聚三种类型。

(1) 均缩聚　由一种单体分子之间进行的缩聚反应称为均缩聚，如 ω－羟基酸的缩聚反应。

(2) 混缩聚　两种分别带有相同官能团的单体进行的缩聚反应，即 2－2 官能度体系，也称为杂缩聚，如二元酸和二元醇生成聚酯的缩聚反应。

(3) 共缩聚　在均缩聚中加入第二种单体进行的缩聚反应或在混缩聚中加入第三或第四种单体进行的缩聚反应称为共缩聚，如邻苯二甲酸酐、乙二醇再加入少量甘油的缩聚反应。

3. 按反应热力学分类

缩聚反应按反应热力学分类，可分为平衡缩聚和不平衡缩聚反应。

(1) 平衡缩聚又称为可逆平衡缩聚，通常指平衡常数小于 10^3 的缩聚反应，如涤纶的生成反应。

(2) 不平衡缩聚即不可逆缩聚，通常指平衡常数大于 10^3 的缩聚反应，如二元胺与二元酰氯的界面缩聚反应。

3.7.2 线型缩聚反应

3.7.2.1 线型缩聚反应机理

实践证明，线型缩聚反应具有逐步、可逆的特性，缩聚过程中伴有副反应。

1. 线型缩聚的逐步特性

缩聚反应中大分子的生长是单体官能团间相互反应的结果。高分子的形成是分子量逐渐增大的过程，每步反应产物都可以单独存在和分离出来。

下面以二元酸和二元醇的缩聚为例说明线型缩聚反应的过程：

缩聚反应开始，单体转化率很高，单体分子相互作用很快生成二聚体：

$$\mathrm{HOROH + HOOCR'COOH \rightleftharpoons HORO\cdot OCR'COOH + H_2O}$$

二聚体的羟端基或羧端基可以与二元酸或二元醇反应生成三聚体：

$$\mathrm{HORO\cdot OCR'COOH + HOROH \rightleftharpoons HORO\cdot OCR'CO\cdot OROH + H_2O}$$

$$\mathrm{HOOCR'COOH + HORO\cdot OCR'COOH \rightleftharpoons HOOCR'CO\cdot ORO\cdot OCR'COOH + H_2O}$$

二聚体之间相互作用生成四聚体：

$$\mathrm{2HORO\cdot OCR'COOH \rightleftharpoons HOOCR'CO\cdot ORO\cdot OCR'CO\cdot OROH + H_2O}$$

生成的二聚体、四聚体可以和单体反应，可以自身反应，也可以相互反应，逐步生成不同链长的低聚体；最后是低聚体与低聚体之间进一步生成高聚物，其反应通式可表述为：

$$n-\text{聚体} + m-\text{聚体} \rightleftharpoons (n+m)-\text{聚体} + \text{水}$$

此式表示了缩聚反应中高分子形成机理的逐步性和高分子之间可以相互反应生成更大分子的基本特征。

2. 线型缩聚的可逆特性

大部分线型缩聚反应是可逆反应，但可逆程度有差别。可逆程度可由平衡常数来衡量，如聚酯化反应：

$$—OH + —COOH \underset{k_-}{\overset{k_+}{\rightleftharpoons}} —OCO— + H_2O$$

平衡常数为：

$$K = \frac{k_+}{k_-} = \frac{[—OCO][H_2O]}{[—OH][—COOH]}$$

根据平衡常数 K 的大小，可将线型缩聚大致分为三类：① K 值小，如聚酯化反应，$K \approx 4$，副产物水对分子量影响很大；② K 值中等，如聚酰胺化反应，$K \approx 300 \sim 500$，水对分子量有所影响；③ K 值很大，在几千以上，如聚碳酸酯的缩聚反应可看成不可逆缩聚。

对所有缩聚反应来说，逐步特性是共有的，而可逆平衡的程度可以有很大的差别。

3. 缩聚中的副反应

缩聚反应通常需要在较高温度和较长时间下完成，往往伴有一些副反应。如成环反应、官能团的消去反应、化学降解、链交换反应等。

(1) 成环反应　缩聚反应中，成链、成环反应是一对竞争反应。双官能团单体除能生成线型缩聚产物外，常有成环反应的趋势。因此在选择单体时必须首先考虑单体成链的可能性，以减少副反应，保证聚合过程的顺利进行。反应条件也影响成链与成环反应，单体浓度高有利于成链反应，聚合温度高有利于成环反应。

(2) 官能团的消去反应　二元羧酸受热会发生脱羧反应：

$$HOOC(CH_2)_nCOOH \xrightarrow{\Delta} HOOC(CH_2)_nH + CO_2$$

脱羧反应会引起原料官能团比的变化。羧酸酯的热稳定性比羧酸好，因此制备聚酯时用羧酸脂代替羧酸。

(3) 化学降解　低分子醇、酸、水可使聚酯、聚酰胺等醇解、酸解、水解。如聚酯可发生醇解：

$$H\text{+}OROCOR'CO\text{+}_m\text{+}OROCOR'CO\text{+}_nOH + HOROH \longrightarrow$$
$$H\text{+}OROCOR'CO)_m + (OROCOR'CO)_n$$
$$\qquad\qquad |\qquad\qquad\qquad\qquad |$$
$$\qquad\qquad OH\qquad\qquad\qquad OROH$$

链的降解反应造成缩聚反应产物分子量较低。

(4) 链交换反应　聚酯、聚酰胺的两个分子可在任何地方的酯键、酰胺键进行链交换反应。如聚酯的链交换反应：

$$H\text{+}OROCOR'CO\text{+}_m \vdots \text{+}OROCOR'CO\text{+}_n OH$$
$$H\text{+}OROCOR'CO\text{+}_p \vdots \text{+}OROCOR'CO\text{+}_q OH$$
$$\downarrow$$
$$\left.\begin{array}{l} H\text{+}OROCOR'CO\text{+}_m \\ HO\text{+}OCR'OCORO\text{+}_q \end{array}\right] + \left[\begin{array}{l} \text{+}OROCOR'CO\text{+}_n OH \\ \text{+}OCR'OCORO\text{+}_p H \end{array}\right.$$

链交换反应使分子量分布更均一。

3.7.2.2 线型缩聚平衡

1. 官能团等活性原理

为了使缩聚反应平衡分析简化，人们提出了官能团等活性的概念。假设在任何反应阶段，不论是单体、低聚体或高聚物，其两端官能团的反应能力不依赖于分子链的长短，那么每一步反应的平衡常数必然相同，这样整个缩聚过程可以用一个平衡常数表示。事实证明这样假设是正确的。

2. 反应程度与平均聚合度

缩聚早期，转化率很高，转化率并无实际意义，故改用反应程度来描述反应的深度。所谓反应程度是指参加反应的官能团数占起始官能团数的分数，用 P 表示。而平均进入大分子链的单体数目称为平均聚合度，用$\overline{X_n}$表示，反应程度的大小决定着聚合度的大小。设有一聚酯反应：

$$n\mathrm{HORCOOH} \rightleftharpoons \mathrm{H{+}ORCO{+}_nOH} + (n-1)\mathrm{H_2O}$$

反应开始时—COOH 的数目是 N_0 个，—OH 也是 N_0 个，反应一段时间后，体系中残余的—COOH 为 N 个，则反应程度为

$$P = \frac{\text{已参加反应的官能团数}}{\text{初始官能团数}} = \frac{2(N_0 - N)}{2N_0} = \frac{N_0 - N}{N_0} = \frac{\dfrac{N_0}{N} - 1}{\dfrac{N_0}{N}}$$

根据平均聚合度的定义：

$$\overline{X_n} = \frac{\text{初始单体总数}}{\text{大分子链数}}$$

每个单体均带一个—COOH，起始—COOH 数目 N_0 在数值上等于初始单体总数；每个大分子链端带有一个残留—COOH，N 在数值上等于大分子链数。所以得到：

$$\overline{X_n} = \frac{N_0}{N}$$

则

$$\overline{X_n} = \frac{1}{1-P} \text{ 或 } P = \frac{\overline{X_n} - 1}{\overline{X_n}} \tag{3-20}$$

式(3-20)是平均聚合度与反应程度的定量关系式。

以涤纶为例，讨论平均聚合度与反应程度的关系见表 3-2。

表 3-2 平均聚合度与反应程度的关系

P	0.500	0.750	0.900	0.980	0.990	0.999
$\overline{X_n}$	2	4	10	50	100	1000
$\overline{M_n}$	194	962	1938	9618	19216	28812

涤纶日用品对强度要求不高时，分子量应在$\overline{M_n} > 10^4$，此时反应程度 P 必须控制在 99.5%左右；若要做高强度纤维，分子量要求在 2.5 万～3 万，反应程度必须控制在 99.9%左右。缩聚反应的反应程度低于 98%时(聚合度$\overline{X_n} < 50$)，已不能满足材料的质量要求，所以，一般要求缩聚反应的反应程度应达到 99%以上。

3. 缩聚平衡方程及应用

(1) 平衡常数和平均聚合度　根据官能团等活性假设，可以简单地用官能团反应来描述

缩聚反应，整个缩聚反应可以用一个平衡反应来替代。例如形成聚酯的可逆平衡反应：

$$—OH + —COOH \underset{k_-}{\overset{k_+}{\rightleftharpoons}} —OCO— + H_2O$$

$t = 0$ 时	N_0	N_0	0	0
$t = t_平$ 时	N	N	$N_0 - N$	N_w

设：$t = 0$ 时，起始官能团—COOH(等物质量反应)的总数为 N_0；

$t = t_平$ 时，反应达到平衡所余官能团—COOH 的数目为 N。

则 $N_0 - N$ 为官能团参加反应生成酯键的数目。反应中析出水，达平衡时的数目用 N_w 表示。若反应是均相体系，物料体积变化可以忽略不计时，可以用官能团数目代表官能团的浓度。由此，平衡常数 K 可以写成：

$$K = \frac{[—OCO][H_2O]}{[—OH][—COOH]} = \frac{(N_0 - N) \cdot N_w}{N^2} = \frac{\frac{N_0 - N}{N_0} \cdot \frac{N_w}{N_0}}{\left(\frac{N}{N_0}\right)_2}$$

已知：

$$(N_0 - N)/N_0 = P$$

$$(N/N_0)^2 = \left(\frac{1}{\overline{X}_n}\right)^2$$

令：

$$N_w/N_0 = n_w$$

式中　P——缩聚反应达平衡时的反应程度；

n_w——反应达平衡时析出低分子物的分子分数。

$\left(\frac{1}{\overline{X}_n}\right)^2$——缩聚物平均聚合度倒数的平方。

将以上三项带入式

$$K = \frac{P \cdot n_w}{\left(\frac{1}{\overline{X}_n}\right)^2}$$

整理后得到平衡常数与平均聚合度的关系式

$$\overline{X_n} = \sqrt{\frac{K}{Pn_w}} \tag{3-21}$$

如反应在密闭体系中进行，小分子在聚合过程中不失散，反应程度(已反应官能团分数)就等于反应中析出的小分子分数，即 $P = n_w$。

$$\overline{X_n} = \frac{1}{n_w}\sqrt{K} = \frac{1}{P}\sqrt{F} \tag{3-22}$$

在平衡常数一定时，缩聚反应产物的平均聚合度与小分子副产物浓度成反比。除非对平衡参数特别大的反应(可以认为是不平衡反应)能得到聚合度较大的产物外，一般情况下，需要从反应体系不断的把小分子移走，降低小分子副产物的浓度以提高产物的分子量。

正常缩聚产物高聚物分子量很大($\overline{M_n} > 10^4$)，可认为反应程度 P 趋近于 1，得到：

$$\overline{X_n} = \sqrt{\frac{K}{n_w}} \tag{3-23}$$

这就是平衡缩聚反应中平均聚合度与平衡常数及反应体系中小分子含量三者之间的近似表达式——缩聚平衡方程。

(2) 缩聚平衡方程的应用

缩聚平衡方程的推导是以下列假定条件为前提：①官能团等活性理论；②体积变化不大的均相体系；③反应程度较高。因此，方程在使用时有一定局限性，只适用于不断移走小分子产物的敞开体系。

根据缩聚平衡方程，若要合成高分子量的高聚物，而反应平衡常数又较小时，必须尽量排除反应介质中的低分子产物。例如聚酯反应的平衡常数值较小，$K=4.9$，要合成平均聚合度$\overline{X_n}=100$的聚酯，在反应达到平衡状态时，系统中残留的水量应在0.5‰(4.9×10^{-4})左右。显然，反应的平衡常数越低，为达到某一平均聚合度所要求的小分子浓度越低，对生产装置的质量要求(如气密性)越高。

4. 影响缩聚平衡的因素

(1) 温度的影响　一般来说，反应温度升高反应速度加快，放热反应的平衡常数K值下降。由缩聚方程可知聚合产物的分子量取决于平衡常数的变化。因此，升高反应温度不利于缩聚反应向生成高聚物方向移动，但是提高反应温度可以加快反应速度，从而也加速了反应向平衡状态的发展。同时提高反应温度有利于低分子副产物的排出，使平衡向有利于生成更高分子量产物方向移动。

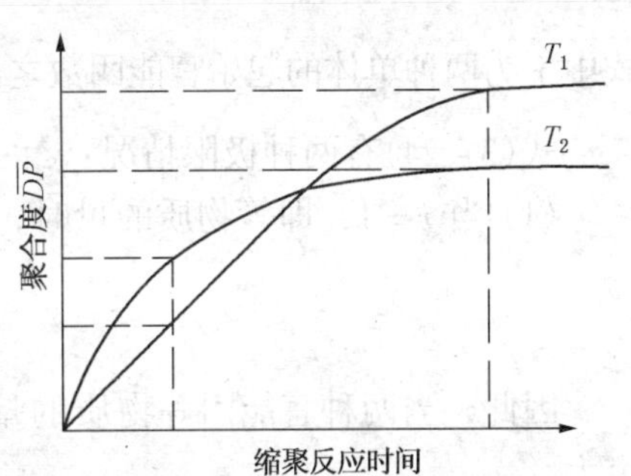

图3-8　缩聚产物聚合度与温度的关系($T_1<T_2$)

图3-8描述了缩聚产物聚合度与反应温度的关系曲线。在缩聚反应达平衡之前，提高反应温度可以加快反应速度，缩短到达平衡的时间，并且能生成较高分子量的聚合产物；到达平衡状态后，降低反应温度，聚合产物的分子量反而增加。利用这一特点，在实际生产中，反应开始可以在较高温度下进行，然后在较低温度下结束缩聚反应。这样操作，既加快了反应速度，缩短了聚合周期，又可以在较短时间内得到较高分子量的产物。

(2) 压力的影响　压力不影响反应的平衡常数，但影响缩聚反应过程。在有小分子析出的反应中，往往采用减压的方法移出小分子副产物，使平衡向有利于生成高分子产物的方向移动。有时将惰性气体通入缩聚反应器中，除了在高温下保护产物不受氧化作用的影响外，还同时起着降低分压、带走低分子物的作用。

(3) 单体浓度的影响　浓度不影响反应的平衡常数(K)，但影响缩聚反应平衡移动的方向。因此可以用改变反应物(或产物)浓度的方法，使平衡向有利的方向移动。如聚酯反应：

$$K=\frac{[\text{—OCO}][\text{H}_2\text{O}]}{[\text{—OH}][\text{—COOH}]}$$

在一定温度下，平衡常数是定值，提高单体的浓度，反应向生成高聚物的方向移动，所以工业上一般都尽可能采用熔融缩聚工艺。单体浓度提高还可以提高反应速率，缩短到达平衡的时间，缩短反应周期。

(4) 催化剂的影响　若在反应中适当加入强酸作催化剂，能降低反应活化能，提高反应速度，加速反应平衡的建立，在较短的反应时间内，获得高分子量产物。加入催化剂不影响平衡常数。

缩聚反应中的催化剂有时可以发生某些副反应。如用对甲苯磺酸引发聚酯反应，若催化剂过量，副反应将导致产物分子量降低。因此，在凡是自身能维持一定反应速率的缩聚反应中，为避免副反应发生，往往不加催化剂。

3.7.2.3 线型缩聚产物分子量控制

反应程度和平衡条件是影响线型缩聚物聚合度的重要因素，但不能用作控制分子量的手段，因为缩聚物的分子两端仍保留着可继续反应的官能团。有效控制分子量的方法是使端基官能团失去再反应的条件和能力。生产中控制分子量的有效方法是在两种基团数相等的基础上，使某种基团微过量或另加少量单官能团物质，来封锁端基。

1. 控制 2－2 官能度体系非等物质量

两种单体(aAa 和 bBb)进行缩聚反应，使其中一种单体(bBb)稍过量，聚合反应终止时，所有的端基都成了过量的那种官能团，分子不能进一步增大，得到预定平均聚合度的稳定高聚物。

根据平均聚合度的定义，可得到平均聚合度与过量官能团之间的定量关系：

$$\overline{X_n} = \frac{(N_a + N_b)/2}{(N_a + N_b - 2N_a P)/2} = \frac{1 + r}{1 + r - 2rp} \qquad (3-24)$$

式中 r 为两种单体的起始官能团数之比，称为摩尔系数，且规定 r 的值小于 1，即 $r = \frac{N_a}{N_b} < 1$。

式(3－24)有两种极限情况：

(1) 当 $r = 1$，即等物质的量时，则

$$\overline{X_n} = \frac{1}{1-p} \qquad (3-25)$$

因此，当两种官能团等物质的量时，若反应程度趋向于 1，则高聚物分子量会变成无穷大。

(2) 当 $p = 1$ 时，即官能团 a 全部反应，则

$$\overline{X_n} = \frac{1+r}{1-r} \qquad (3-26)$$

据此可得出 $p = 1$ 时，不同 r 时的产物的$\overline{X_n}$，如表 3－3 所示。

表 3－3 $p = 1$ 时，不同 r 时的产物的$\overline{X_n}$

r	0.500	0.750	0.900	0.980	0.990	0.999
$\overline{X_n}$	3	7	19	99	199	1999

可见，r 越接近 1，聚合物可能达到的最高$\overline{X_n}$越大($p = 1$ 时)，r 越偏离 1，所得聚合物得$\overline{X_n}$越低。r 对 1 的稍微偏离都可导致聚合产物的$\overline{X_n}$显著降低。如当 r 由 0.999 降低到 0.99 时，虽然 r 的变化不到 1%，但$\overline{X_n}$却由 1999 降低到了 199，降低了 10 倍。

2. 2－2 官能度体系加入单官能团物质

除了采用某一组分过量的办法来控制缩聚物的分子量外，还常采用加入少量单官能团化合物的方法。例如合成尼龙－66 时，两种原料单体已二酸和已二胺以等物质的量加入，所得高聚物两端分别为—NH_2 和—COOH 基。若加入少量一元酸(常用的是乙酸)，以封锁大分子一端的—NH_2 基，就可以稳定大分子：

$$HOOC\sim\sim\sim NH_2 + CH_3COOH \longrightarrow HOOC\sim\sim\sim NH-\overset{\overset{\displaystyle O}{\|}}{C}-CH_3 + H_2O$$

所使用的单元酸称为分子量调节剂。

3.8 高聚物的结构与性能

3.8.1 高聚物的结构和物理状态

3.8.1.1 高聚物的结构

由于高聚物分子量大又有多分散性，使得其结构比低分子化合物复杂得多。整个高分子结构是由不同层次所组成的，可分为以下三个主要结构层次(见表3–4)。

表3–4 高分子的结构层次及其研究内容

名称		内容	备注
链结构	一级结构(近程结构)	结构单元的化学组成 键接方式 构型(光学异构，几何异构) 共聚物的结构 几何形状(线型，支化，网状等)	指单个大分子与基本结构单元有关的结构
	二级结构(远程结构)	高分子的大小(分子量及其分布) 构象(高分子链的形态)	指由若干重复单元组成的链段的排列形状
三级结构(聚集态结构、超分子结构)		晶态 非晶态 取向态 液晶态 织态	指在单个大分子二级结构的基础上，许多这样的大分子聚集在一起而成的聚合物材料的结构

高分子的链结构是反映高分子各种特性的最主要的结构层次，它直接影响高聚物的物理化学性质；聚集态结构则是决定高聚物制品使用性能的主要因素。高聚物的各结构层次紧密相连又相互渗透。

1. 高分子链的近程结构

(1) 结构单元的化学组成　高分子按主链的化学结构可分为三类：碳链高分子，杂链高分子，元素有机高分子(参见3.1.3.2)。碳链高分子一般由加成聚合反应制成，原料易得，产品易于成型加工，产品价格低廉，广泛用作使用要求不很苛刻的通用材料；杂链高分子由于在高分子中引入了电负性较强的杂原子，增强了高分子间的作用力，使产物的耐热性及力学性能均大幅度提高，通常用作工程材料；元素有机高分子具有优异的耐高温性能，可用作特种耐高温材料。

(2) 键接方式　键接方式是指结构单元在高分子链的连接方式(主要对加聚产物而言，缩聚产物的链接方式一般是明确的)。聚 α – 烯烃的键接方式有头 – 尾键接(一般以此种方式为主)和头 – 头(或称尾 – 尾)键接两类。聚二烯烃的键接结构有1,4 – 加成和1,2 – 或3,4 – 加成，如聚丁二烯只有1,4 – 和1,2 – 加成两种，而聚异戊二烯则三种都有。1,2 – 或3,4 – 加成中还会有头 – 尾和头 – 头(或尾 – 尾)键接方式。

聚合反应条件与聚合反应类型是影响高分子链键接方式的主要因素。如升高温度，有利于形成头 – 头键接方式。单体取代基体积小或活性中心的稳定性低时，易出现较多的头 – 头或尾 – 尾键接方式。离子型聚合反应所制成的高分子链中，头 – 尾键接比例高于自由基聚合产物，导致前者分子链规整度高于后者。

结构单元的键接方式对高聚物性能特别是化学性能有很大影响。例如，若用聚乙烯醇制维尼纶，只有头尾连接才能与甲醛缩合生成聚乙烯醇缩甲醛，头－头键接的羟基不易完成缩醛化反应，使产物中保留较多的羟基，这是维尼纶缩水性较大的根本原因。

(3) 高分子链的构型　高分子链的构型是指高分子链某一原子的取代基在空间的排列，构型的改变必须通过化学键的破坏和重新形成才能实现。高分子链的构型异构包括光学异构和几何异构两种(参见 3.4.2)。

(4) 共聚物结构　两种或两种以上单体进行共聚合反应，能形成无规、交替、嵌段、接枝四种结构单元键合序列不同的共聚结构。不同的共聚物结构使共聚物材料呈现不同的物理－力学性能。如乙烯、丙烯共聚，其无规共聚物乙丙橡胶具有高弹性；其嵌段共聚物由于还保留各段的结晶能力，呈塑料性质。

(5) 高分子的几何形状　主要有线型、支化和交联(网状)三类(参见 3.1.1)。多数烯烃单体的聚合产物与双官能团单体的缩聚产物为线型高分子。有少量三官能团单体参加的缩聚反应或在加聚反应中发生向高分子的链转移反应等情况下，可以产生支链型高分子。高分子链之间还能通过支链或化学键生成交联型高分子。

线型高分子在溶剂中可以完全溶解，加热后可软化和熔融，有很好的可塑性和可纺性，易于加工成型，价格低廉，产品种类丰富，大多数通用塑料和纤维是线型高分子。

支化对聚合物的化学和物理性能影响很大，例如，高压聚乙烯和低压聚乙烯在性能上有很大差别。高压聚乙烯由于主链上有很多支链，密度低，结晶度小，熔点低，是软性的，一般用于做薄膜材料；而低压聚乙烯的密度大，结晶度高，熔点高，是硬的，可以制作管材和棒材使用。

线型分子经过交联后，性能上也会发生很大变化。如天然橡胶经硫化交联后，抗张强度、拉伸强度等性能明显提高。交联高聚物既不能溶解也不能熔融。

2. 高分子链结构的远程结构

(1) 高分子链的大小　常用分子量衡量高分子链的大小。由于聚合过程比较复杂，使生成的高分子的分子量不一定相同，有一定分布，因此聚合物的分子量具有多分散性。

高分子的强度与分子量密切相关。聚合物强度随分子量变化如图 3－9 所示。*A* 点是初具强度的最低分子量，约以千计。但极性和非极性聚合物的最低聚合度却有所不同，如聚酰胺约 40，而许多乙烯基聚合物则在 100 以上。*A* 点以上的强度则随分子量迅速增加，到临界点 *B* 以后，强度的增加逐渐减慢。*C* 点以后，强度不再明显增加。关于 *B* 点的聚合度，聚酰胺约 150，而许多乙烯基聚合物则在 400 以上。

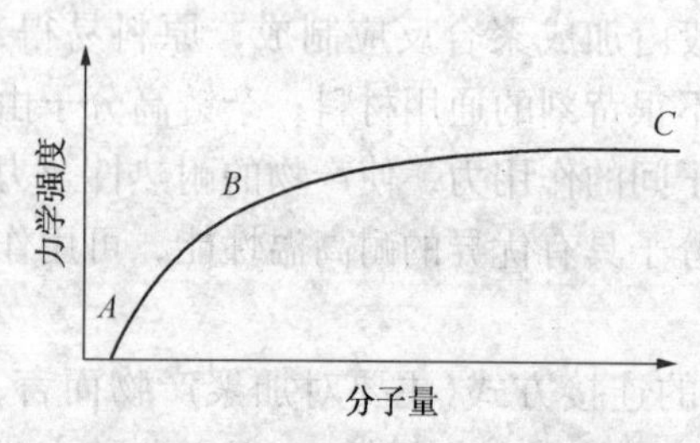

图 3－9　高分子的强度与分子量的关系

高分子的加工性能也与分子量有关。分子量过大，聚合物熔体黏度过高，难以成型加工。故达到一定分子量，保证使用强度后，不必追求过高的分子量。

分子量分布的多分散性也对高分子材料的加工和使用有很大影响。对于合成纤维来说，因其平均分子量比较小，如果分布较宽，小分子量的组分含量高，对其纺丝性能和机械强度不利。对于塑料也是如此，分子量分布窄一些，一般有利于加工条件的控制和提高产品的使用性能。然而，对于橡胶来说，情况恰恰相反。例如天然橡胶，平均分子量很大，加工很困难，因此加工常常要经过塑炼，使分子量降低，而且使分布变宽。这样，其中低分子量部分不仅本身黏度小，而且起增塑剂的作用，便于成型加工。

(2) 高分子链的形态　分子量一定时，高分子链在空间所取的卷曲或伸展形态与高分子链的构象有关，并显示出高分子链的柔顺性。

① 高分子链的构象　由单键的内旋转引起的高分子链中原子在空间的位置变化称为构象。在大多数的高分子主链中，都存在许多的单键，例如聚乙烯、聚丙烯等，主链完全由C—C 单键组成。C—C 单键可以绕着轴线自由旋转。若 C—C 键上不带有任何原子和基团，键的旋转是完全自由的，即旋转中没有位阻效应。一根由 σ 键连接而成的碳链高分子，C—C 键角为109°28′(见图 3－10)，将键(1)固定在 z 轴上，由于键(1)的内旋转，引起键(2)绕键(1)的公转，C_3 可以出现在以键(1)为轴，顶角为 2α 的圆锥体底面圆周的任何位置上；当键(1)、键(2)的位置固定后，由于键(2)的自转又会带动键(3)绕键(2)公转，形成另一个圆锥，使 C_4 出现在另一个圆周的任何一个位置上。可见随着碳原子个数增加，高分子链的构象数也迅速增加，高分子链在空间的形态有无穷多个。由于热运动，分子链呈伸直构象的几率是极小的，而呈卷曲构象的几率较大。因此高分子链正是一个在那里永不停息的运动着的立体乱线团。

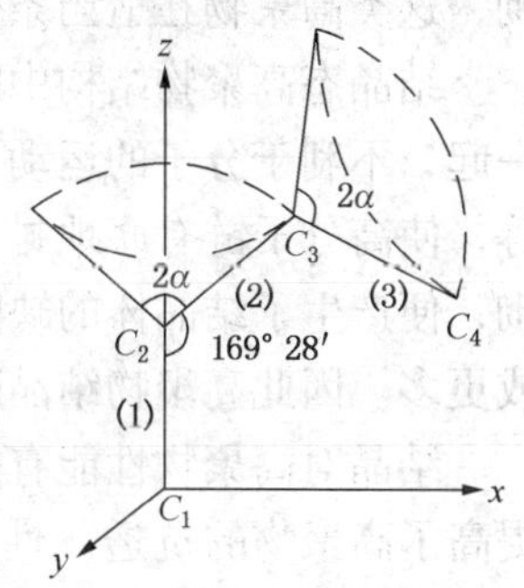

图 3－10　高分子链中单键的内旋转

② 高分子链的柔顺性　高分子链能够改变其构象的特性称为柔顺性，这是高聚物许多性能不同于低分子物质的主要原因。

单个高分子链若无任何取代基的阻碍，则其内旋转是完全自由的，一个结构单元就是一个运动单元，这种链被认为是绝对柔性的，卷曲呈球形，这是一种理想的极限情况。另一种情况是高分子链伸直成锯齿形，保持一定的键角，内旋转不能表现出来，整个链成为一个运动单元，这是绝对刚性的极限情况。实际上，高分子链上总是带有其他原子或基团，这些非键合原子或基团之间充分接近时，有排斥作用，使内旋转受到一定的阻碍，使分子链介于绝对柔性与绝对刚性之间。也就是说，绝大多数高分子链都有一定的柔性，呈一定的卷曲状。在此情况下，运动单元既不是结构单元，也不是整个分子链，而是由数个、数十个乃至数百个结构单元构成的链段。链段是高分子链主链上若干个结构单元组成的能独立内旋转的最小运动单元。链段是描述高分子柔性的尺度，对于不同的高聚物而言，在相同的温度下链段越短，高分子链的柔性越大；链段越长，则高分子链的柔性越小。

不同结构的高分子所具有的柔顺性和刚性不同，如橡胶材料的柔性明显大于刚性，工程塑料的刚性明显大于柔性。大分子链的柔性除了与分子的结构有关外，也与高分子所处的环境条件如温度、外力作用速度、介质等有关。如升高温度，增加了 σ 键热运动能量，使高分子构象数增加，显得很柔顺。

3. 高分子的聚集态结构

高分子的聚集态结构是指聚合物本体中分子链的排列和堆积结构。固然，链结构对高分子材料性能有显著的影响，但因为高分子材料是由许许多多高分子链聚集而成的，即使具有相同链结构的同一种高聚物，在不同加工成型条件下，也会产生不同的聚集态，结果，制品性能迥然不同。如缓慢冷却的涤纶片由于结晶而呈脆性，迅速冷却并经双轴拉伸的涤纶薄膜却是韧性非常好的材料，因为此时只取向而未结晶。由此可见，聚集态结构对材料的影响更为直接，更为重要。

聚集态可分为晶态、非晶态、取向态、液晶态等，晶态与非晶态是高分子最重要的两种聚集态。

(1) 结晶态高聚物的结构与性能。

高分子链如具备结构简单、规整、柔顺、易于运动的特点，则易于规整排列、紧密堆砌，这类高聚物在适当条件下可以结晶，如聚乙烯、等规聚丙烯等。

结晶态高聚物结构中既有结晶区又有非晶区。由于高分子链很长，高分子链互相纠缠在一起，不利于分子的运动，加上高分子链端造成的空间及由此产生的分子错位、高分子扭结等，使高分子链有序地排列到晶格上十分困难。高分子链无法做到整体规整排列、紧密堆砌，便产生了结晶体的缺陷，成为非晶区。如结晶的高密度聚乙烯中，非晶部分常达 20% 或更多。因此高聚物结晶既不完整，结晶度也很难达到 100%。

结晶对高聚物性能有很大影响。结晶使低分子向高聚物内扩散很难甚至不能进行，因此提高了高聚物的抗透气性、耐酸碱腐蚀性、耐氧老化性、耐油性。晶格熔融需吸收大量热量，因此结晶还能提高塑料、纤维的耐热性。结晶对高聚物的物理机械性能有显著影响。结晶能提高高聚物的抗张强度、抗蠕变性能、硬度以及制品的尺寸稳定性，但使高聚物的高弹性、韧性、抗冲击强度等性能有所下降。晶粒的大小对高聚物机械性能也有影响，晶粒过大易造成应力集中，反而使抗张强度与抗冲击强度降低。结晶度和晶粒尺寸对塑料制品的透明性也有影响，结晶度越高、晶粒尺寸越大，透明性就越差。

(2) 非晶态高聚物的结构与性能。

非晶态高聚物中分子链排列的规整性较差，高分子链间的堆砌混乱。非晶态高聚物室温下多为玻璃态或橡胶态固体，如天然橡胶等。非晶态高聚物的硬度和强度明显低于结晶性高聚物。但是非晶态高聚物具有易溶解、易熔融、透明性好等优点。因此，在不太苛刻的工作环境下，非晶态高聚物得到广泛的应用，如聚氯乙烯、聚苯乙烯等。

(3) 取向态高聚物的结构与性能。

高聚物在承受拉力、冲力及抽丝、挤出、注射、压延等加工成型过程中，其分子链或链段会沿力的方向进行的有序排列，这就是高聚物的取向。

取向和结晶都使高聚物有序性提高，但它们有本质的区别。取向是一维或二维有序，是外力作用下被迫发生的过程。结晶是三维有序，是主动发生的过程。

取向的实施方法分单轴取向(又叫单轴拉伸)和双轴取向(双轴拉伸)两种。单轴取向主要用于纤维的成型加工；双轴取向用于薄膜的成型加工。图 3 – 11 是理想的高聚物取向模型。

高分子链的取向分链段和高分子链的取向。高聚物处于高弹状态时，仅发生链段的取向，处于黏流状态时才会产生高分子链的取向。取向使高分子链间距离靠近，链间排斥力增加。当外力取消后，高分子的解取向会自发进行。取向快者解取向也快，一般是链段先解取向，然后是整个高分子链解取向。要维持取向状态，必须在高分子取向后迅速降低温度，把高分子和链段的运动“冻结”起来。

取向后高聚物的性能有显著变化，最突出的是产生各向异性，特别是在力学性能上的各向异性。例如，取向的高聚物，沿取向方向的强度大大增加了，而垂直于取向方向的强度则减小了。这是因为，沿取向方向上的是原子之间的化学键力，而垂直于取向方向的是分子间的范德华力，而前者比后者要大得多。

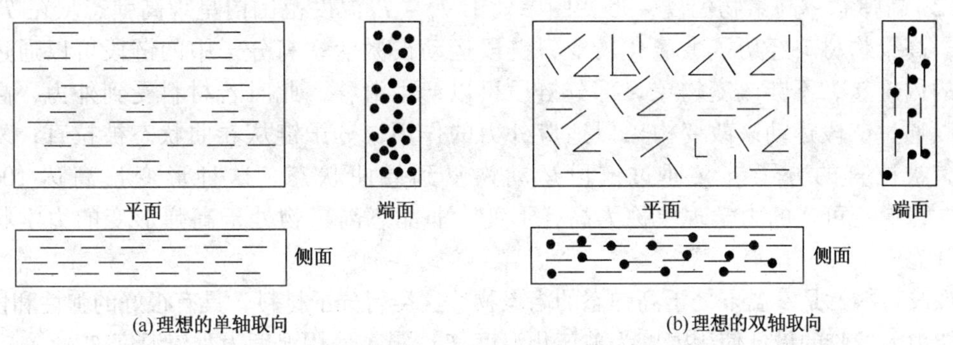

图 3－11　高聚物取向模型

取向在合成纤维的生产中有重要的应用，利用取向可使纤维既具有高强度又有弹性。熔融纺丝或溶液纺丝的喷丝过程和拉丝过程，就是分子链和链段的取向过程，使在取向方向上达到高强度。然后进行短时间的热处理，使部分链段解取向，以获得一定的高弹性。

3.8.1.2　高聚物的物理状态

高聚物的物理状态不存在气态，其固态和液态间的转变，主要是温度变化引起分子链运动的热转变。

1. 线型非晶态高聚物的物理状态

高聚物物理状态的转变过程及情况，常用温度－形变曲线作出直观说明。在恒定外力下，将高聚物试样等速升温，观察其形变量的变化，由此作出的曲线称温度－形变曲线或热机械曲线。

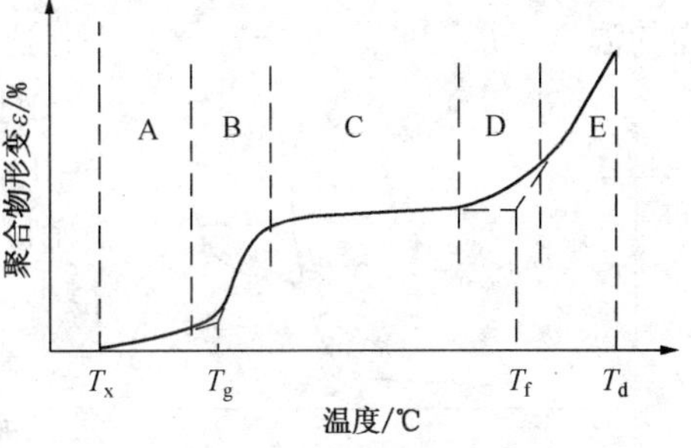

图 3－12　非晶态高聚物的温度－形变曲线

A—玻璃态；B—玻璃化转变区；C—高弹态；D—黏流转变区；E—黏流态

典型的温度－形变曲线如图 3－12 所示。可按温度区域划分为三种物理力学状态：玻璃态、高弹态、黏流态。两个热转变过程：玻璃态向高弹态的转变称为玻璃化转变，对应的转变温度称为玻璃化转变温度，用 T_g 表示；高弹态向黏流态之间的转变，其转变温度称为黏流温度，用 T_f 表示。图中 T_x 是材料发生微小形变就断裂的温度，即脆化温度；T_d 是高分子链发生降解的温度，即分解温度。

(1) 玻璃态　高聚物处于温度－形变图中 $T_x \sim T_g$ 温度范围内呈现玻璃态。此时，由于温度较低，高聚物分子运动能量很低，高分子链段处于被冻结状态。只有原子振动或较小的运动单元如侧基或支链能运动。因此，高分子链不能实现从一种构象向另一种构象的转变。这时高聚物表现出来的物理性质和硅玻璃差不多，受到外力后，只有主链的键长和键角有微小改变，形变量仅为 0.1%～1%。这种形变量很小、形变可逆的力学现象称为普弹形变，非晶态高聚物处于普弹形变类似玻璃的力学状态称为玻璃态。

塑料或纤维材料多数是室温下处于玻璃态的高聚物。在非晶塑料和纤维的使用中，最低使用温度为脆化温度 T_x，低于此温度高聚物材料变脆，失去韧性；最高使用温度是玻璃化转变温度 T_g，高出此温度高聚物材料形变增加，失去了作为塑料、纤维材料的基本条件。

(2) 高弹态　高聚物温度－形变图中处于 $T_g \sim T_f$ 温度范围内呈现高弹态。在 T_g 温度以上，高聚物材料经历了玻璃化转变，链段运动被激活，高分子中的链段可以通过围绕主链的内旋转，不断改变构象，部分链段可以产生滑移。此时若材料受到外力，高分子链可以通过链段运动来改变构象以适应外力的作用，分子链从卷曲状态被拉直；外力解除后，被拉直的分子链又通过链段运动恢复到卷曲状态。这种形变量高达 100% ~ 1000%，形变可逆的力学现象称为高弹形变。非晶态高聚物处于高弹形变的力学状态称为高弹态。

橡胶材料就是室温下处于高弹态的高聚物。这类高分子材料，具有很好的弹性和恢复形变的能力。橡胶的最低使用温度为玻璃化温度 T_g，最高使用温度为黏流温度 T_f。

(3) 黏流态　温度上升至黏流温度以上时，高聚物获得使整个分子链移动的足够能量，在外力作用下，分子链间作用力完全被克服，产生滑动呈现黏性流动。此时高聚物材料的形变很大，且形变不能恢复。这种形变量很大，形变不可逆的力学现象称为塑性形变。非晶态高聚物处于黏性流动的力学状态称为黏流态。

高聚物的加工往往在黏流状态下进行，加工温度范围在 $T_f \sim T_d$ 之间。

2. 晶态高聚物的物理状态

晶态高聚物的温度－形变曲线随结晶度和分子量的不同呈现多种类型。常见的晶态高聚物的温度－形变曲线可分为分子量一般和很大两种情况：

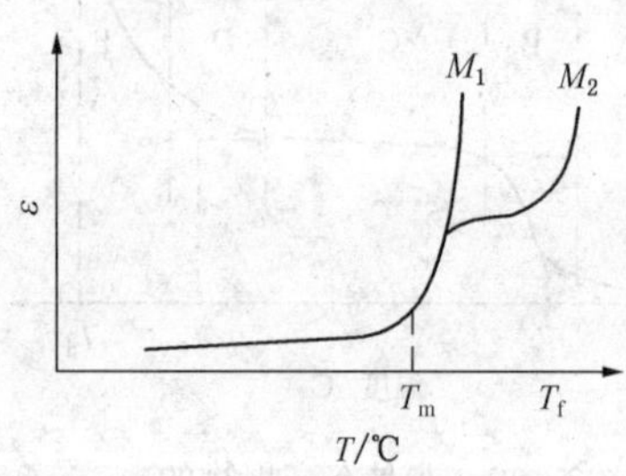

图 3－13　晶态高聚物的温度－形变曲线

① 分子量一般的晶态高聚物的温度－形变曲线如图 3－13的曲线 M_1 所示。在低温时，晶态高聚物受晶格能的限制，高分子链段不能活动(即使温度高于 T_g)，所以形变很小，一直维持到熔点 T_m。这时由于热运动克服了晶格能，高分子突然活动起来，便进入了黏流态，所以 T_m 又是黏流温度。由此可知，一般结晶高聚物只有两态：在 T_m 下处于晶态，这时与非晶态的玻璃态相似，可以做塑料或纤维使用；在 T_m 以上处于黏流态，可以进行成型加工。

② 如果高聚物的分子量很大，如曲线 M_2，温度到达 T_m 时，还不能使整个分子发生流动，只能使链段发生运动，于是进入高弹态，等到温度升高到 T_f 时才进入黏流态。而分子量很大的晶态高聚物则不同，它在温度到达 T_m 时进入高弹态，到 T_f 才进入黏流态。因此，这种高聚物有三种物理力学状态：温度在 T_m 以下时为晶态，温度在于 $T_m \sim T_f$ 之间时为高弹态，温度在 T_f 以上时为黏流态。由于高弹态一般不便成型加工，而且温度高了又容易分解，使成型产品的质量降低，为此，晶态高聚物的分子量不宜太高。

3.8.2　高聚物的物理性能

3.8.2.1　高聚物的力学性能

材料的用途主要取决于它的力学性能。作为一种材料，要求具有一定形状，并在承受一定的质量或力的情况下基本不变形。力学性能便是研究物体受力作用与形变的关系。外力作用下高聚物表现出来的力学性能，通常分为机械性能和形变性能两种。机械性能主要指强度和韧性；形变性能主要指高弹性和黏弹性。

1. 描述高聚物力学性能的基本物理量和力学性能指标

(1) 应力和应变　当材料在外力作用下，材料的几何形状和尺寸就要发生变化，这种变化称为应变。此时材料内部发生相对位移，产生了附加的内力抵抗外力，在达到平衡时，附加内力和外力大小相等，方向相反。定义单位面积上的附加内力为应力。

(2) 弹性模量和柔量

① 弹性模量　对于理想的弹性固体，应力与应变关系服从虎克定律，即应力与应变成正比，比例常数称为弹性模量

$$弹性模量 = \frac{应力}{应变}$$

可见弹性模量是材料发生单位应变时的应力，它表征材料抵抗形变能力的大小。弹性模量越大，材料越不容易变形，刚性越强，硬度越大。

② 柔量　弹性模量的倒数称为柔量。柔量表示可变形的难易程度，显然柔量数值越大，表示越容易变形。

(3) 强度　在一定条件下，材料所能承受的最大应力称为强度。强度是衡量高聚物机械性能的主要指标。按作用力方式的不同，强度可分为拉伸强度(即抗张强度或抗拉强度)、冲击强度等。

① 拉伸强度　拉伸强度是在规定的实验温度、湿度和实验速度下，在标准试样上沿轴向施加拉伸负荷，直到试样被拉断为止。试样断裂前承受的最大载荷与试样截面积的比值称拉伸强度。

② 冲击强度　冲击强度是衡量材料韧性的一种指标，表征材料抵抗冲击载荷破坏的能力。通常定义为试样受冲击载荷而折断时单位截面积所吸收的能量。单位为 J/m^2。如采用带缺口试样测冲击强度，则以单位缺口长度吸收的能量为单位，即 J/m。

(4) 硬度　硬度是衡量材料表面抵抗机械压力能力的一种指标。硬度的大小与材料的抗张强度和弹性模量有关。硬度的实验方法简单，不破坏材料，有时也作为估计材料抗张强度的一种方法。常用的布氏硬度实验是以平稳的载荷将直径为 D 的钢球压入试样表面，测定压痕的直径。

2. 高聚物的机械性能

高聚物在较大外力的持续作用或强大外力的短期作用下，材料将发生形变直至宏观破坏或断裂。对这种破坏的抵抗能力称为机械性能。高聚物在上述过程中失去使用价值的现象称为强度力学破坏，简称力学破坏。

影响高聚物强度的因素很多，简单介绍如下：

(1) 分子量及分布　当分子量小时，分子间相互作用力就较小，在外力大于分子间的相互作用力时，分子间的滑动会使材料开裂破坏。此时，强度随分子量的增高而增大。当分子量足够大时，强度随分子量的增高变化不大。

分子量分布的影响，主要考虑低聚物部分，低聚物增多，强度就会降低。如果分子量在达到足够大以后，分布的宽窄就没有多大影响。

(2) 低分子掺合物的影响　加入低分子掺和物对材料强度的影响，类似于分子量分布中的低聚物，一般会使材料强度降低。例如增塑剂加入后会导致材料强度降低。但对于脆性材料，少量低分子物质的加入却能提高强度。

(3) 交联、结晶、取向的影响

① 交联能使高聚物材料的分子量增加，故使强度提高。但过度交联，材料受力时容易产生局部应力集中，也会造成强度下降。

② 结晶有利于提高拉伸强度、抗弯强度、弹性模量，但结晶度太高，材料性能变脆，反而使材料性能下降。

③ 取向产生各向异性，能提高取向方向的强度。

(4) 材料中缺陷的影响

高聚物材料中存在气泡、杂质、缺口、裂缝等缺陷时，在外力作用下，缺陷附近局部范围内应力集中。集中的应力首先是使缺陷开裂，并使裂缝扩大直至波及材料整体，严重降低材料强度。

3. 高聚物的形变性能

高分子材料的形变分普弹形变、高弹形变和塑性形变(见3.8.1.2)。在形变过程中还表现出黏弹性特征。如外力作用在交联橡胶上，普弹形变瞬时发生，高弹形变缓慢发展；除去外力后形变随时间增加而逐渐恢复，表现出一种与时间有关的滞后形变。

(1) 高弹性　高聚物有别于金属和其他低分子物质的特有性质是具有高弹性。处于高弹平台区的高分子材料具有高弹性能。在常温下，天然橡胶、顺丁橡胶、丁苯橡胶等都表现出高弹性。将聚氯乙烯等非晶塑料的温度提高到玻璃化温度(T_g)以上，也能表现高弹性。

高弹性具有以下特征：①弹性形变高达1000%。②弹性模量只有$10^4 N/m^2$左右，并且随温度的升高而增加。③高弹形变时有明显的热效应，拉伸时放热，材料温度升高；回缩时吸热，材料温度降低。④黏弹性比较明显。

(2) 黏弹性　黏弹性是高聚物的重要力学性质。弹性固体具有确定的外形和尺寸，在外力作用下产生形变。外力除去后，能恢复其原来的的形状和尺寸。黏性液体没有确定的形状和尺寸，在外力作用下发生不可逆流动。高聚物是一类黏弹性材料，其力学行为介于弹性固体和黏性液体之间，因此可看作是黏性和弹性的结合，故称为黏弹性。高聚物黏弹性来源于高分子的力学松弛现象。所谓力学松弛现象是指高分子的力学性质随时间的变化的现象。常见的力学松弛现象有蠕变、应力松弛、滞后和力学内耗。

① 蠕变　在一定温度和较小的恒定外力的作用下，材料的形变随时间增加而逐渐增大的现象称蠕变。在日常生活中经常能观察到高分子材料的蠕变现象，例如挂在钉子上的塑料雨衣，在悬挂处出现不可逆变形。

② 应力松弛　在恒定温度和形变的情况下，高聚物材料为维持此形变所需的应力随时间增加而逐渐衰减的现象称为应力松弛。例如束腰的松紧带，开始用时紧而有力，用过一段时间会觉得松弛无力，即在同样的形变下，松紧带的内应力也会逐步减小。

③ 滞后现象与力学内耗　在交变应力作用下，高聚物的形变落后于应力的现象称滞后现象。承受交变应力作用的高聚物或制品很多，如轮胎、传动带等。以轮胎为例，在车辆行驶时，它上面的某一点受到一定频率的外力，交变的外力使受力点的形变周期性地随时间交替变化。当前一个形变还未来得及恢复，新的力又施加上时，就出现了形变恢复速率低于外力作用速率的滞后现象。其产生的原因为在交变应力作用下，链段与高分子链的重排需要一定的时间，导致了形变落后于应力的现象发生。

高聚物受交变力作用呈现出的滞后现象往往不被人们注意。如高速行驶中的汽车轮胎内层温度，能达到烫手的程度，有时甚至会出现轮胎发黏的现象。这种高聚物在交变应力作用下，因滞后而消耗功的现象称为力学内耗。

3.8.2.2 高聚物的电性能及其他性能

1. 高聚物的电性能

高聚物的电性能是指聚合物在外加电压或电场作用下的行为及其所表现出来的各种物理现象，包括在交变电场中的介电性质，在弱电场中的导电性质，在强电场中的击穿现象以及发生在聚合物表面的静电现象。在这里我们只简单地介绍高聚物的导电性。

固体高聚物内部没有自由电子和离子，所以导电能力很低，大多数是很好的绝缘材料。但由于固体高聚物中可能含有杂质离子，其运动能够引起微量的电流，即通过绝缘体内会有泄漏的电流。

疏水性的不含极性基团的高聚物都是优良的绝缘材料，如聚乙烯、聚丙烯等。但含有极性基团的高聚物，如聚氯乙烯、聚酰胺等，虽然具有一定的绝缘性，但较非极性高聚物差。聚氯乙烯和聚酰胺的导电性能还会受湿度的影响，因此就不宜用作绝缘电缆。

2. 高聚物的光学性能

高聚物的光学性能主要是指对光的透过、吸收、折射、反射、偏振等性质。这里简单介绍高聚物的透光性能。

非晶态高聚物，当不含结晶、杂质、填料和疵痕时，绝大多数是清彻透明的。入射光绝大部分能通过，只有不超过10%的入射光被吸收。如聚甲基丙烯酸甲酯，可以利用这一性质制成有机玻璃板及各种工艺品。

结晶态高聚物的透光性能主要决定于其结晶尺寸的大小。如果它的结晶尺寸小于可见光的波长，便不可能对光产生干涉作用，因此光绝大部分能通过，表现为透明材料。如拉伸的聚乙烯薄膜。如果它的结晶尺寸大于或等于可见光的波长时，便对光产生干涉或散射，使光绝大部分不能通过，表现为不透明的。因此，要使高聚物处于结晶状态下透明，必须设法使其结晶体的尺寸小于可见光的波长。

3. 高聚物的耐热性

聚合物的耐热性，因考虑的角度不同，其意义也有所不同，如塑料一般是指它的 T_g(非晶态)或 T_m(晶态)的高低；对橡胶是指它的 T_f；对加工成型，则一般指分解温度 T_d。

聚合物的耐热性包含两个方面，即热变形性和热稳定性。前者是指聚合物在一定负荷下耐热变形的温度高低，后者则是抵抗热分解的能力。

受热不易变形，能保持尺寸稳定性的聚合物，必然处于玻璃态或结晶态。因此要改善聚合物热变形性就应提高其 T_g 或 T_m。从结构上考虑，凡是引进能束缚分子运动的因素，如增加主链的刚性，使聚合物结晶、交联等均能提高耐热性。

聚合物在高温下会产生降解和交联。降解是分子链的断裂，交联则导致分子量增大。通常，降解和交联几乎同时发生，只有当某一反应占优势时，聚合物才表现出降解发黏或交联发硬。

提高聚合物热稳定性有三条途径：一是在高分子链中避免弱键；二是在高分子主链中避免一长串连接的亚甲基，并尽量引入较大比例的环状结构；三是合成梯形、螺形和片状结构的聚合物。

3.8.3 高聚物的化学性能

3.8.3.1 高聚物的化学反应

高聚物与对应的低分子化合物在化学组成上有所类似，故一般小分子化学反应也适用于聚合物，如氧化、还原、酯化、水解等。但由于聚合物结构及分子量有其特殊性，这些化学反应必然有别于小分子化合物。高分子链上即使带有大量反应性基团，但也并非所有基团都能参与反应。所以，产物的分子链上既有起始官能团，又有反应后形成的官能团；且每一分子链的各种官能团数目又各不相同。因此，要获得含有同一基团的纯的聚合物十分困难。高聚物的化学反应根据聚合度和基团的变化可以分为以下三类：

1. 聚合物的相似转变

聚合物的相似转变是大分子链上的侧基或端基与低分子化合物的反应，聚合度基本不变，故称相似转变。如纤维素的醚化和酯化反应、聚醋酸乙烯酯的醇解、饱和烃的氯化等均属聚合物的相似转变。下面以聚乙烯的氯化为例说明之。

聚乙烯的氯化反应属自由基连锁机理，热、引发剂及紫外光都可引发反应。反应机理如下：

$$Cl_2 \xrightarrow{h\nu,\ I} 2Cl\cdot$$

$$\sim\sim CH_2 \sim\sim + Cl\cdot \longrightarrow \sim\sim \dot{C}H \sim\sim + HCl$$

$$\sim\sim \dot{C}H \sim\sim + Cl_2 \longrightarrow \sim\sim \underset{\displaystyle Cl}{\underset{|}{CH}} \sim\sim + Cl\cdot$$

2. 聚合度变大的反应

(1) 交联　线型高分子链之间进行化学反应，成为网状高分子，这就是交联反应。高分子间的交联可通过化学方法和物理方法来实现。如聚烯烃可用过氧化物进行交联。

(2) 接枝　通过化学反应，在某一聚合物主链接上结构、组成不同的支链，这一过程称为接枝。HIPS 的合成就有接枝过程。将制备好的聚丁二烯橡胶溶于苯乙烯单体中，加引发剂 BPO，加热后苯乙烯发生均聚和接枝。

(3) 嵌段　嵌段聚合物的主链至少有两种单体单元构成足够长的链段组成。可以用多种机理来合成嵌段共聚物。工业上常用活性阴离子聚合方法合成嵌段共聚物。例如 SBS 的生产，其中 S 代表苯乙烯链段，B 代表丁二烯链段。常温下 SBS 反映出 B 段弹性体的性质，S 段处于玻璃态微区，起到物理交联的作用。温度升到聚苯乙烯玻璃化温度（约 100℃）以上，SBS 具有流动性，可以模塑，因此 SBS 可称作热塑性弹性体，具有无需硫化的优点。

(4) 扩链　分子量不高的（如几千）聚合物，通过适当方法，使几个大分子连接在一起，而增大分子量的过程称为扩链。通常是先合成有反应能力的低聚物（端基预聚体），然后使端基预聚体之间或与其他带有功能团的预聚体或低分子进行反应，即可扩链。如环氧类聚合物易与羧酸反应而扩链。

$$\sim\sim \underset{\diagdown O \diagup}{CH-CH_2} + HO-\underset{\underset{\displaystyle O}{\|}}{C}\sim\sim \longrightarrow \sim\sim \underset{\underset{\displaystyle OH}{|}}{CH}-CH_2-O-\underset{\underset{\displaystyle O}{\|}}{C}\sim\sim$$

3. 聚合度变小的反应——降解

降解是聚合物聚合度变小或分子量变小的化学反应的统称。影响降解的因素很多，如化学因素：水、醇、酸等；物理因素：热、光、幅射、机械力等；物理－化学因素：热氧、光氧等。下面仅简单地介绍聚合物的热降解。

聚合物对热不稳定，加热时会引起降解，热降解主要发生解聚、无规断链、侧基脱除三类反应。

(1) 解聚　解聚可看成链增长的逆反应。聚合物在热的作用下大分子链在链端发生断裂，生成活性较低的自由基，然后按连锁机理迅速脱除单体，这就是解聚反应。

如聚甲基丙烯酸甲酯的热解聚：

$$\sim\sim CH_2-\underset{COOCH_3}{\overset{CH_3}{\underset{|}{\overset{|}{C}}}}-CH_2-\underset{COOCH_3}{\overset{CH_3}{\underset{|}{\overset{|}{C}}}}H\cdot \longrightarrow \sim\sim CH_2-\underset{COOCH_3}{\overset{CH_3}{\underset{|}{\overset{|}{C}}}}\cdot + CH_2=\overset{CH_3}{\overset{|}{C}}-COO-CH_3$$

解聚反应主要发生于 1,1－二取代乙烯基单体所得的聚合物，除聚甲基丙烯酸甲酯外还有 α－甲基苯乙烯和聚异丁烯。

(2) 无规断链　聚合物受热时，主链的任何处都可以断裂，分子量迅速下降，单体收率很少，这种反应称为无规断链，也称降解。

如聚乙烯的热降解反应：

$$\sim\sim CH_2-CH_2 \longrightarrow CH=CH_2 + CH_3-CH_2\sim\sim$$

不少聚合物热降解时，既有解聚反应，又有无规断链反应，聚苯乙烯就是一个例子。

(3) 侧基的脱除反应　含有活泼侧基的高聚物在热的作用下，易发生侧基脱离主链的反应，并引起主链结构变化，这类反应称为侧基脱除反应。聚氯乙烯、聚丙烯腈等受热时，都易发生侧基脱除反应，使大分子主链出现不饱和键。

聚氯乙烯受热可脱除氯化氢，反应如下：

$$\sim\sim CH_2-\underset{Cl}{\underset{|}{CH}}-CH_2-\underset{Cl}{\underset{|}{CH}}\sim\sim \longrightarrow \sim\sim CH=CH-CH=CH\sim\sim + 2HCl$$

脱下的氯化氢对脱氯化氢反应有催化作用。

3.8.3.2　高聚物老化和防老化

高聚物或其制品在加工、贮存及使用过程中，会发生老化现象，如橡胶的发黏、变硬或龟裂，塑料制品的变脆、破裂等现象。老化是在光、热、氧、高能射线等长期作用下，使高聚物的组成和结构发生物理和化学变化的过程。

老化主要分为热氧老化与光氧老化两种。

1. 热氧老化与防老化

热氧老化是热和氧综合作用于聚合物的结果，主要表现在机械性能的下降。其主要原因是聚合物受氧的袭击，而热又加速这一氧化作用，使聚合物产生自由基，自由基与氧继续作用，产生过氧自由基及氧化物自由基。这些自由基是按照连锁反应的方式产生自动氧化过程，导致聚合物主链断裂，此过程为热氧化过程。

聚合物的耐热氧化的性能与聚合物的结构有关。饱和聚合物的耐热氧化的性能强于含不饱和键的二烯类聚合物，线型聚合物比支链形聚合物较耐热氧化，聚合物经交联可使耐热氧化性提高。因此可通过化学改性来增强聚合物的抗热氧化的性能，但目前大多数聚合物仍是通过加入抗氧剂来降低热氧老化的速率。

抗氧剂可分为链终止剂(主抗氧剂)和过氧化物分解剂(辅助抗氧剂)。链终止剂的作用是消灭过氧自由基，终止连锁反应。常用的链终止剂是位阻较大的酚类和芳胺，如 2,6－二叔丁基对甲苯酚。过氧化物分解剂的作用是及时与高分子过氧化物反应，生成稳定的化合物，阻止链的发展，抑制自动氧化的发生。常用的过氧化物分解剂有硫醇、硫醚、亚磷酸酯等。

2. 光氧老化和防老化

在聚合物的加工和使用过程中，光的作用几乎是不可避免的。光氧老化就是指聚合物能强烈地吸收紫外线，被紫外线能量所活化，虽然不能使聚合物分子解离，但可以使聚合物呈激发状态，若有氧存在时，还会产生氢过氧化物，进一步发生自动氧化反应，使聚合物性能发生改变。高压聚乙烯、聚丙烯易发生光氧老化。

防止和延缓聚合物光氧老化最常用的方法是在聚合物中添加光稳定剂。常用的光稳定剂有以下三种类型：

(1) 光屏蔽剂　能反射紫外光，防止紫外光透射入聚合物内部，减少光激发效应。如粒度为 15～25nm 炭黑是有效的光屏蔽剂，加入橡胶中不仅有补强作用，而且还可与抗氧剂协同作用，防止橡胶光氧老化。

(2) 紫外光吸收剂　能吸收对聚合物有害的紫外线，保护聚合物分子链不受破坏，如 2－羟基二苯甲酮。

(3) 能量转移剂　能从已受激发的高聚物中吸收能量，使其转为稳定状态。如含 Ni 或 Co 的络合物具有这种性能。

3.9　高聚物的黏性流动

绝大多数聚合物都是利用黏流态下的流动行为来进行加工成型的，因此有必要了解高聚物的黏流特性。

3.9.1　高聚物黏性流动的特点

(1) 高分子的流动是通过链段的位移运动来完成的。实验事实说明，高分子的流动不是简单的整个分子的迁移，而是通过链段的相继跃迁来实现的。形象地说，这种链段的运动类似于蚯蚓的蠕动。

(2) 高分子流动为非牛顿流动。高分子浓溶液和熔体流动时黏度随剪切应力或剪切速率改变，不符合牛顿流体公式，故为非牛顿流体。这是因为高分子流动时各液层间有一定的速度梯度，长链分子同时穿过几个流速不同的液层，其各部分会受不同的力，结果长链分子沿流动方向取向，黏度下降。

(3) 高分子流动时伴有高弹形变。高分子流动时，既有高分子链的相对位移，又有分子链沿流动方向的伸展取向。前者是不可逆的，后者是可逆的高弹形变，只要流动停止，形变可慢慢回复。

3.9.2　影响高聚物熔体黏度的因素

影响高聚物熔体黏度的因素很多，如高分子链的结构、分子量及其分布、温度、压力等。下面着重讨论一下分子量及其分布和温度对黏度的影响。

1. 分子量及其分布的影响

一般情况下，分子量越大，能运动的链段数目愈多，各链段向同一方向取向及流动所需活化能总和就愈大，故黏度也愈大。

分子量分布情况对流动性也有一定影响。通常分子量分布宽的熔体的黏度低，这是由于低分子量部分对高分子量部分起了增塑作用。

2. 温度的影响

高聚物黏度一般随温度的升高而降低。温度升高，链段运动能量增加，体积膨胀，分子间作用力减小，因而流动性增加。

3.10 高分子溶液

高分子溶液是指以高分子化合物为溶质，溶解在适当的溶剂中所构成的均匀稳定的分子分散体系。

3.10.1 高分子溶液的特点及分类

1. 高分子溶液的特点

高分子溶液和小分子溶液一样也是热力学稳定体系，但是由于高分子分子量大且有多分散性，使得高分子溶液具有许多与低分子溶液不同的特点。

(1) 溶解过程缓慢　一般的低分子化合物在几秒至几分钟内即可溶于溶剂中，而高聚物一般需要几小时、几天或更长的时间才能完成溶解过程。如将天然橡胶放入溶剂苯中，它首先出现体积增大，在经过一个缓慢过程后，才能成为天然橡胶溶液。

(2) 溶液黏度很大　高分子溶液的黏度很大，比小分子溶液的黏度大一个或几个数量级。5%的天然橡胶－苯溶液已成为冻胶状态。在高分子溶液的流动中，由于高分子之间的相互缠结，溶液黏度很大。

(3) 与理想溶液偏差大　小分子稀溶液的热力学性质接近理想溶液特征。高分子稀溶液的热力学性质与理想溶液有很大偏差。

(4) 溶液性质随浓度变化　小分子溶液很稳定，无论浓度如何改变，它都是液体，更不会有力学强度。高分子溶液的性质着随浓度不同有很大变化。高分子长链在流动中可产生定向排列。长链间相互缠结交织，使分子间有很大的作用力。因此，多数高分子浓溶液都能抽丝或成膜，如聚丙烯腈纤维、电影胶片等的生产就是利用了高分子溶液的这一性质。

2. 高分子溶液的分类

高分子溶液按浓度大小，大致可分为稀溶液和浓溶液两类。高分子线团在溶液中彼此分离互不相关时称为稀溶液，当溶液浓度增大至高分子线团互相贯穿时成为浓溶液。一般认为，高分子溶液的浓度在1%以下者为稀溶液，在这以上者为浓溶液。

高分子稀溶液性能稳定，在没有化学变化时，性质不随时间发生变化。所以，高分子稀溶液的主要应用是进行溶液热力学、动力学性质的理论研究以及对高聚物分子量及其分布进行测定等工作。在浓溶液范畴中，浓度在15%～50%的溶液，常用作化学纤维的纺丝液。浓度在60%以上的溶液，常用作油漆、涂料的流延成膜及黏合剂等。交联高聚物的溶胀体——凝胶，则为半固体状态；塑料工业中的增塑体，可看作是一种更浓的溶液，呈固体状态，而且有一定的机械强度。

3.10.2 高聚物的溶解过程

1. 非晶态高聚物的溶胀和溶解

聚苯乙烯是一种非晶态高聚物，取几粒聚苯乙烯置于苯中，开始只能看见聚苯乙烯颗粒体积变大而且变软，并不能立即溶解。经过相当长的时间，胀大的聚苯乙烯才逐渐变小，最后消失在溶剂中，形成均一的溶液。溶解过程分两步进行。首先，溶剂分子渗入聚合物内部，即溶剂分子和高分子的某些链段混合，使高分子体积膨胀——溶胀。其次，高分子被分散在溶剂中，即整个高分子和溶剂混合——溶解。溶解度与聚合物的分子量有关，分子量大，溶解度小；分子量小，溶解度大。

2. 结晶聚合物的溶解

结晶聚合物溶解要经过两个过程。一是结晶聚合物的熔融，需要吸热；二是熔融聚合物的溶解。对于非极性的结晶聚合物，在常温下是不溶解的，只能用加热的方法升高温度至熔点附近，待结晶熔融后，小分子溶剂才能渗入到聚合物内部而逐渐溶解。对于极性的结晶聚合物，除了用加热的方法使它们溶解之外，还可以选择一些极性很强的溶剂在室温下溶解。这是因为结晶聚合物中无定形部分与溶剂混合时，两者强烈地相互作用(如生成氢键)放出大量的热，此热量足以破坏晶格能，使结晶部分熔融。例如，涤纶室温下可溶于间甲苯酚。

3. 交联聚合物的溶胀平衡

交联聚合物在溶剂中可以发生溶胀，但是，由于交联键的存在，溶胀到一定程度后，就不再继续胀大(达到溶胀平衡)，更不能发生溶解。交联度大，溶胀度小；交联度小，溶胀度大。

3.10.3　溶剂的选择

根据长期实践经验，高聚物溶剂的选择有以下几条原则：

1. 极性相似的原则

极性聚合物可溶于极性溶剂中，非极性聚合物能溶于非极性溶剂中。如未硫化的天然橡胶为非极性聚合物，可溶于汽油、苯等非极性溶剂，而不溶于水、乙醇中；极性很大的聚丙烯腈可溶于极性的二甲基甲酰胺，不溶于汽油。

2. 溶度参数相近原则

溶质溶解过程实质上是溶剂分子进入溶质中，拆散溶质分子间作用力并将其拉入溶剂中的过程。高聚物分子间作用力的强弱，可以用内聚能密度值(*CED*)描述。内聚能密度的平方根为溶度参数，用 δ 表示。

$$\delta = \sqrt{CED} \tag{3-27}$$

根据热力学分析，当高分子与溶剂的溶度参数相等时，溶解过程能自发进行。溶质与溶剂的溶度参数 δ_1 与 δ_2 数值越接近越有利于自发溶解过程，这就是所谓的溶度参数相近原则。

3. 溶剂化原则

溶度参数相近的原则可说明许多实验事实，但对具有强极性基团或能形成氢键的聚合物却无能为力。如聚氯乙烯($\delta = 20.3$)可溶于环己酮($\delta = 20.2$)，聚碳酸酯($\delta = 20.3$)可溶于二氯甲烷($\delta = 19.9$)；但两种溶剂互换，这两聚合物均不溶解。原因在于氯乙烯有吸电子基团，环己酮有供电子基团，两者能形成氢键，使聚氯乙烯分子链溶剂化溶解。聚碳酸酯有供电子基团，二氯甲烷有吸电子基团，两者之间也能形成氢键(如图 3-14 所示)。如互换溶剂，就破坏了氢键的生成，聚合物就难以溶解。

上述三个原则，在应用时不能只参考其中一个原则，要考虑各种因素(如结晶、氢键)对

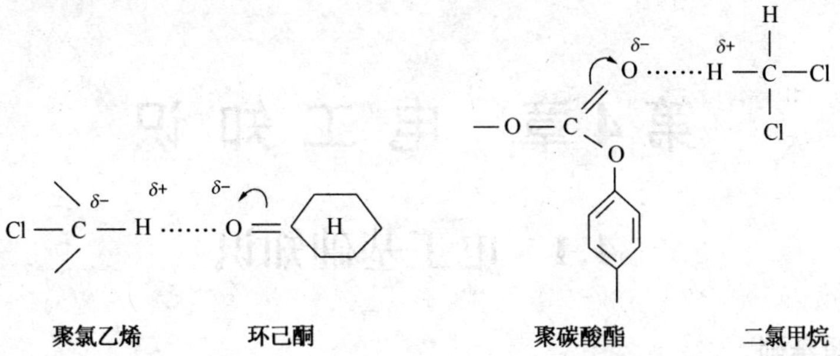

聚氯乙烯　环己酮　聚碳酸酯　二氯甲烷

图 3－14　溶剂化原则示例

结晶的影响，同时还要配合试验结果，才能选出合适的溶剂。

此外，还必须考虑溶剂的毒性、挥发性、经济性、安全性等问题。

第4章 电 工 知 识

4.1 电工基础知识

4.1.1 电路基础

4.1.1.1 电路

为了获得电流而将各种电气设备和元件，按照一定的连接方式构成的电流通路，称为电路。简言之，电流所流经的路径称为电路。不管电路的结构如何，通常总是由电源、负载、导线和开关四个基本部分组成。

(1) 电源 电源是电路中产生电能的设备。发电机、蓄电池、光电池等都是电源。在工作时，电源将机械能、化学能、光能等形式的能量转换为电能。

(2) 负载 负载是电路中的用电设备。电灯、电炉、电动机等都是负载。工作时，它们分别将电能转换为光能、热能和机械能等各种形式的能量。

(3) 导线和开关 导线和开关是连接电源和负载，用来传输、分配和控制电能的设备。

电路中，还有其他辅助设备，如测量仪表是用来执行测量任务的设备，熔丝是用来执行保护任务的设备等。

4.1.1.2 电路图

用电气设备实物图形表示的实际电路，优点是直观，但画起来很麻烦。而且，这些实际设备的电磁性能一般比较复杂，不便于用数学方法进行分析。因此，在分析和研究电路的工作状态时，总是把构成电路的实际设备抽象成一些理想化的模型。这些理想化的模型叫做理想电路元件。用理想电路元件，来模拟各种实际设备的电磁性能并构成电路，再借助一些数学方法对电路进行分析、计算，从而达到掌握实际电路电磁特性的目的。

这里引用的基本理想电路元件有：反映消耗电能的电阻元件，反映储存电场能量的电容元件，反映储存磁场能量的电感元件，以及反映向电路提供电能或电信号的电压源和电流源。用统一规定的设备和元件图形符号画出的电路模型图叫电路图。

4.1.2 电路基本物理量及参数

4.1.2.1 电流

1. 电流概念

当合上电源开关的时候，电灯就会发光，电炉就会发热，电动机就会转动。这是因为在电灯、电炉和电动机中有电流通过。电路中在电场力的作用下电荷的有规则定向移动，就形成电流。

2. 电流大小

衡量电流大小的物理量叫作电流强度，它等于单位时间内通过导体某一横截面的电量。电流强度简称电流，用符号 I 表示。如果在时间 t 内，通过导体某一横截面的电量为 Q，则流过该导体电流的大小为：

$$I = Q/t \qquad (4-1)$$

电流的单位是安培，简称安，用符号 A 表示。如果每秒钟有 1C 的电量通过导体某一横截面，这时的电流就是 1A，即：

$$1A = 1C/s$$

电流的其他单位有毫安(mA)、微安(μA)和千安(kA)，关系如下：

$$1A = 10^3 mA = 10^6 \mu A \quad 1kA = 10^3 A$$

3. 电流的方向

导体中的电流是带负电荷的自由电子作定向移动所形成的，照理说应把负电荷移动的方向定为电流的实际方向。但在电学史上，人们已经习惯于把正电荷移动的方向规定为电流的实际方向。

在简单的电路中，电流的实际方向很容易判断，但在比较复杂的电路中，电流的实际方向往往很难直接看出。为了计算和分析方便，人们首先假定电流的某一方向为电流的正方向(也叫电流参考方向)，用实线箭头表示，并且规定：电流的实际方向与所选的电流的正方向一致，则电流值为正。若电流的实际方向与所选的电流的正方向相反，则电流值为负。这样一来，就可以把电流看成一个有正有负的代数量。在选定的电流正方向的参照下，电流值的正和负，就可以反映出电流的实际方向。

4.1.2.2 电压与电位

1. 电压

电压是衡量电场力移动电荷做功的能力。电压定义为如果正电荷 Q 在电场力作用下，由 a 点移动至 b 点时所做的功记为 A_{ab}，则 a、b 两点间的电压 U_{ab} 为：

$$U_{ab} = A_{ab}/Q \tag{4-2}$$

由此看出电压在数值上等于电场力把单位正电荷由一点移到另一点所做功。

电压的单位是伏特，简称伏，用符号 V 表示。如果电场力将 1C 电量的正电荷从 a 点移到 b 点所做的功为 1J，则 a、b 间的电压为 1V，即：

$$1V = 1J/C$$

电压的其他单位有毫伏(mV)、微伏(μV)和千伏(kV)，关系如下：

$$1V = 10^3 mV = 10^6 \mu V \quad 1kV = 10^3 V$$

2. 电位

在电路分析计算中，特别是在电子电路中，除了应用电压这一概念外，还经常应用电位的概念。若在电路上任选一点作为参考点，则电路中某点电位就是该点到参考点之间的电压，数值上等于电场力将单位正电荷从电路中某点移到参考点所作的功。电位用符号 ϕ 表示，如参考点为 O 点，则 a 点的电位为 $\phi_a = U_{ao}$。

参考点本身的电位就是参考点到参考点之间的电压，即参考点的电位为零，所以参考点又叫零电位点。高于参考点的电位为正，低于参考点的电位为负。电位的单位与电压的单位相同，也用伏特(V)表示。

电路中任意两点间的电压就等于两点间电位之差，所以电压又叫电位差。各点的电位与参考点的选择有关，而任意两点间的电压与参考点的选择无关。这一性质说明在直流电路中任意两点间的电压是唯一的，与所取路径无关。

3. 电压的方向

习惯上，把电压的实际方向规定为电位降的方向，即高电位指向低电位的方向，所以电压又称为电位降。

为了计算和研究问题的方便，电压也和电流一样，应选定一个正方向，并且规定：当电压的实际方向与所选正方向一致时，则电压值为正；当电压的实际方向与所选正方向相反时，则电压值为负。在选定的电压正方向参照下，电压值的正和负，就可以反映出电压的实际方向。当选择电流和电压的参考方向一致，称为关联参考方向。电流和电压的参考方向不一致时，称为非关联参考方向。关联参考方向电流和电压符号相同，非关联参考方向电流和电压相差一个负号。

4.1.2.3 电动势

1. 电源力

电路中在电场力的作用下，电荷定向移动就形成了电流，这是电源外部。在电源内部，由于其他形式能量的作用产生一种对电荷的作用力，叫做电源力。正电荷在电源力的作用下，从低电位移向高电位。不同的电源中，电源力的来源有所不同。例如，电池中的电源力是由电解液与极板间的化学作用产生的；发电机的电源力则是由电磁作用产生的。这样在电源的外部，正电荷在电场力的作用下形成电流，从电源的正极经负载流向负极；在电源的内部，正电荷在电源力的作用下形成电流，从电源负极流向正极。

2. 电动势

电源力移动正电荷的过程中要做功，为了衡量电源力做功的能力，引进了电动势这个物理量。其定义为：电源内部电源力将单位正电荷从电源的负极移到正极所做的功叫做电源的电动势，简称电势，用符号 E 表示，即：

$$E = A/Q \tag{4-3}$$

式中　E——电源的电势，V；

A——电源力所做的功，J；

Q——正电荷的电量，C。

电动势的方向是由电源的负极指向正极，也就是电位升高的方向。可见，电动势的实际方向与电压的实际方向是相反的。

在电源端断开的情况下(即没有接入负载)，电源的电势与端电压在数值上相等。若选择电势与电压的正方向相反，则有 $E = U$。若选择电势和电压的正方向相同，则有 $E = -U$。

应当指出，尽管电源的开路电压和电势在数值上相同，并且使用同样的单位(V)，但是电源的电势和电压的物理意义是不同的。前者是电源力将单位正电荷从电源的负极通过电源的内部移到正极所做的功，而后者是电场力将单位正电荷从电源的正极通过电源的外部移到负极所做的功。

4.1.2.4 电功率

在外电路电场力做功，把电能转化成热能、光能和机械能等。在电源内部，电源力做功，把其他形式的能转换成电能。不同的电路在相同的时间内转换能量的多少是不同的。通常用电功率衡量电路转换能量的速度。电功率简称电功，等于单位时间内电路吸收或释放的电能，用 P 表示，记为：

$$P = \frac{W}{t} \tag{4-4}$$

或

$$P = UI \tag{4-5}$$

在国际单位制中，功率的基本单位是瓦，符号为 W。工程中常用千瓦(kW)作单位，1kW =

1000W。

4.1.2.5 电阻元件

1. 电阻的概念

导体中电流由自由电子的定向移动所形成，当自由电子在金属导体里做定向移动时与导体中的原子和分子相碰撞，使自由电子的运动受到一定的阻力。导体对电流呈现的阻力叫做电阻。日常生活中用到的电灯、电炉、电烙铁和实验用的电阻器等实际设备，可以抽象为理想电路元件——电阻元件，简称电阻，用符号 R 表示。因此，电阻既代表消耗电能的理想电阻元件，又表示衡量电流在电阻元件内流动时所受阻力大小的物理量。

电阻的单位是欧姆，简称欧，用符号“Ω”表示。电阻的其他单位是千欧(kΩ)和兆欧(MΩ)。其关系为：

$$1\text{k}\Omega = 10^3\Omega \quad 1\text{M}\Omega = 10^6\Omega$$

2. 金属导体电阻

(1) 导体电阻　实验证明，在一定温度下，导体的电阻与导体的几何尺寸、材料之间的关系可以表示为：

$$R = \rho \frac{L}{S} \tag{4-6}$$

式中　R——导体电阻，Ω；

L——导体长度，m；

S——导体截面积，mm^2；

ρ——电阻系数，$\Omega\cdot\text{mm}^2/\text{m}$。

电阻系数决定于导体的材料，是导体导电性能的反映。电阻系数是指长度为 1m、截面积为 1mm^2 的导体所具有的电阻值，可从有关手册查到。金、银、铜、铝电阻系数较小，是良导体。金、银价格太贵，不适于做一般的导电材料，作特殊应用。铜、铝做导线应用。康铜、锰铜、镍铬、铝铬铁等合金材料的电阻系数比较大，是制成电阻丝的材料，如制成绕线电阻、电炉、变阻器等。

(2) 导线电阻与温度关系　实验发现，220V、100W 的白炽灯在白炽状态下的电阻值为 484Ω，冷状态下的电阻为 36Ω，阻值相差很大。这说明导体的电阻与温度有关。金属材料的电阻值，一般随着温度的升高而增大。为了计算在不同温度下的电阻，采用了电阻温度系数。其定义是：温度每升高 1℃时，每欧姆导体电阻的增加值，叫做电阻温度系数，用符号 α 表示，可从有关手册查到。

3. 电导

导体的电阻反映了导体阻碍电流通过的能力，但有时也引用电导这一物理量来表示导体导通电流的能力。若导体的电阻大，导电性能就不好，电导就小；若导体的电阻小，导电性能就好，电导就大。电阻倒数叫电导，用符号 g 表示，即：

$$g = \frac{1}{R} \tag{4-7}$$

电导的单位为西门子，简称西，用符号 S 表示。

4. 导体、绝缘体、半导体和超导体

在电工技术中，各种材料按照它们的导电能力，一般可分为导体、绝缘体、半导体和超导体。

(1) 导体　导电能力强的材料称为导体。按照它们的导电物理过程又可将其分为两类：第一类导体多为金属，如铜、铝、铁等属于这一类。这类导体含有大量的自由电子，在电场力的作用下，自由电子很容易产生定向运动而形成电流。这类导体的电阻系数小，约为 $10^{-2}\Omega\cdot mm^2/m$。

第二类导体指电解液，如酸、碱、盐的溶液属于这一类。这类导体中含有大量的正负离子，在电场力的作用下，正负离子产生定向运动而形成电流，导电性能很好。气体电离后，也具有导电性能。

(2) 绝缘体(又称电介质)　导电性能很差的材料称为绝缘体，它们的电阻系数很大，约为 $10^{12}\sim10^{24}\Omega\cdot mm^2/m$。这是由于这类材料的原子核对其周围的电子"束缚"很紧，自由电子很少，因此导电性能很差。其电阻值常以兆欧计算，称为"绝缘电阻"。

常用的绝缘体有橡胶、塑料、树脂、玻璃、云母、陶瓷、绝缘漆、变压器油等。通常情况下，空气也是良好的绝缘体。

(3) 半导体　这类材料的导电性能介于导体和绝缘体之间。常见的半导体材料有硅、锗、硒等。

(4) 超导体　某些金属的电阻随着温度的下降而不断减小，当温度降到一定值(称临界温度 T_c)以下时，此金属的电阻突然变为零，这种现象叫做超导现象。电阻为零的导体称为超导体。超导体具有完全导电性和完全抗磁性的特点。

4.1.2.6　电容元件

电容元件是电容器的理想化模型，简称电容。电容器是用来储存电荷的电器。电容器由两片金属板中间用绝缘材料隔开，两边引出电极而组成。

电容器所容纳的电荷量与端电压成正比，可表示为：

$$Q = CU \tag{4-8}$$

式中 Q 为电容器所储存的电荷量，U 为两极板之间的电压，比值 C 称电容器的容量，也称电容。

在国际单位制中，电容的单位为法，符号为 F。电容器的容量不大，常用微法(μF)和皮法(pF)表示，它们之间的关系为：

$$1F = 10^6\mu F = 10^{12}pF$$

电容器可以储存电荷，可以充电和放电。在直流电路中，电容器不通电，只是储存电能。但在交流电路中，由于电容器的充电和放电作用，电路中有电流通过。电容对交流电有阻碍作用，这种阻碍作用以容抗表示，记为 X_C，单位为欧(Ω)。电容器的容抗 X_C 与电容量 C 和交流电的频率 f 成反比，用公式表示为：

$$X_C = \frac{1}{\omega C} = \frac{1}{2\pi fC} \tag{4-9}$$

由上可知，对于交流电，频率越高，X_C 越小；反之，频率越低，X_C 越大。对于直流电来说，$f=0$，$X_C=\infty$，可视为断路。因此，电容器有通交流、隔直流或通高频、阻低频的特性。

4.1.2.7　电感元件

电感元件是电感线圈的理想模型，亦称电感。实际电感线圈是用导线绕制成的。常见有电力变压器的线圈、日光灯镇流器的线圈都绕制在铁芯上，称铁芯电感线圈。绕在非铁磁性材料上的线圈称为空心电感线圈。由物理学知，当电流通过线圈时，就会有磁通穿过线圈。

磁通的方向和电流的方向由右手螺旋定则确定，当磁通的参考方向和电流的参考方向符合右手螺旋定则时，磁通和电流成正比，可表示为：

$$\Phi_{总} = LI \tag{4-10}$$

式中 $\Phi_{总}$ 为穿过线圈的总磁通，亦称磁链，磁链等于每一匝磁通 Φ 和匝数 N 的乘积。总磁通和电流的比值 L 称为线圈的电感。

在国际单位制中，磁通和磁通链的单位都是韦(Wb)，电流的单位为安(A)，电感的单位为亨(H)。另有毫亨(mH)和微亨(μH)。

在交流电路中，常用电感线圈作为负载。当电感线圈中的电流发生变化时，线圈中将产生感应电动势反抗电流的变化。常用感抗表征电感线圈对电流的阻碍作用，记为 X_L，单位是欧(Ω)。感抗 X_L 与电感 L 以及电源频率成正比，用公式表示为：

$$X_L = \omega L = 2\pi fL \tag{4-11}$$

由上式知，对于交流电，频率越高，X_L 越大；反之，频率越低，X_L 越小。对于直流电来说，$f=0$，$X_C=0$，可视为短路。因此，电感有通直流、隔交流，或通低频、阻高频的特性。

4.1.3 电磁基础

1. 电流的磁场

电流形成的磁场是有方向的，磁场的方向与产生磁场的电流之间的关系可用右手螺旋定则来判断。在通电直导线形成的磁场中，用右手握住导线，大拇指指向电流方向，其余四指所指方向就是磁力线环绕方向。在通电螺旋管所形成的磁场中，用右手握住螺旋管，其余四指指向电流环绕方向，那么大拇指所指方向就是螺旋管内部的磁场方向。

2. 磁通量(Φ)

磁通量是用来反映磁场中通过某一平面上磁力线多少的量，即衡量磁场强弱，简称磁通，用字母 Φ 表示。

3. 磁感应强度(B)

磁感应强度是表示磁场中某点磁场强弱及方向的物理量，在数值上等于垂直通过单位面积的磁力线条数。磁感应强度是一个矢量，既有大小，又有方向。磁感应强度的方向与该点的磁场方向一致。磁感应强度的单位为特斯拉(T)，$1T=1Wb/m^2$，在工程上常采用较小的单位高斯(G)，$1T=10^4G$。用 S 表示磁力线通过的面积，磁感应强度的计算公式为：

$$B = \frac{\Phi}{S} \tag{4-12}$$

4. 导磁系数(μ)

导磁系数 μ 表示物质导磁能力的一个物理量，又称为导磁率。导磁率的单位是亨/米(H/m)。真空中的导磁系数 $\mu_0 = 4\pi \times 10^{-7}$ H/m 是一个常数。导磁系数大的媒质磁感应强度大，导磁系数小的媒质磁感应强度小。通常将铁、钴、镍及其合金等 μ 值大的一类物质称为铁磁物质。

5. 磁场强度(H)

磁场强度也能描述磁场的强弱和方向，它只决定于磁感应强度 B 与介质的导磁系数 μ 的比值，即：$H=B/\mu$。若 B 的单位用 T(特斯拉)表示，μ 的单位用 H/m 表示，则磁场强度的单位就是 A/m。磁场强度也是一个矢量，它的方向与磁感应强度的方向一致。

6. 电磁感应

电流产生磁场称为电流的磁效应。相应的其逆效应也存在，即利用运动的磁场来获得电流，称为电磁感应。运动的磁场就是变化的磁场，当导体回路所包围的磁通量发生变化时，在回路中产生感应电动势和感应电流。另外，当导体与磁场之间有相对运动致使导体切割磁力线时，也能使导体产生感应电动势，若此时导体位于一个回路中，则回路中就会流过感应电流。上述两种情况统称为电磁感应。

导体在磁场中运动切割磁力线，产生感应电动势 e，其数值与磁感应强度 B、导体在磁场中的有效长度 L 以及导体的运动速度 v 有关。感应电动势 e 的大小为：

$$e = BLv \tag{4-13}$$

感应电流的方向可用右手定则来判断，伸开右手，让拇指与其余四指垂直，并在同一平面上使掌心对着磁力线方向，拇指指向导体运动方向，则四指所指方向就是感应电流的方向。

4.2 直流电路

4.2.1 电阻串并联

电阻的连接可分为串联、并联、混联等联接方式。

4.2.1.1 电阻串联

几个电阻依次连接，中间没有分支，称为串联。如图 4-1 所示为三个电阻组成的串联电路。电阻串联的实例很多，如直流电流表的内阻和被测负载的电阻是串联的。电阻串联电路具有以下特点：

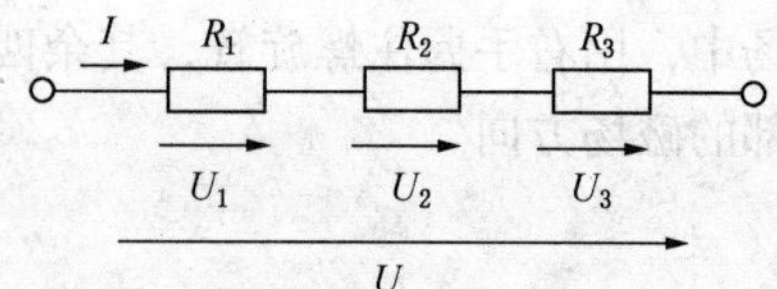

图 4-1 电阻串联电路

(1) 通过各电阻的电流是同一电流。

(2) 外加电压等于各电阻电压之和。

$$U = U_1 + U_2 + U_3 \tag{4-14}$$

(3) 总电阻为各个电阻之和。

$$R = R_1 + R_2 + R_3 \tag{4-15}$$

(4) 如果 n 个电阻串联，其总电阻为 n 个电阻之和。

$$R = R_1 + R_2 + \cdots + R_n \tag{4-16}$$

总电阻 R 也称等效电阻。用等效电阻代替串联电阻后，电路的伏安特性相同。各电阻上电压与它们的阻值成正比。各电阻串联具有分压作用，串联电阻的分压原理应用广泛，工程实际中常用来降压、调压、扩展电压表量程等。

4.2.1.2 电阻并联

将几个电阻接到同一对结点上称为电阻并联。如图 4-2所示为三个电阻组成的并联电路。

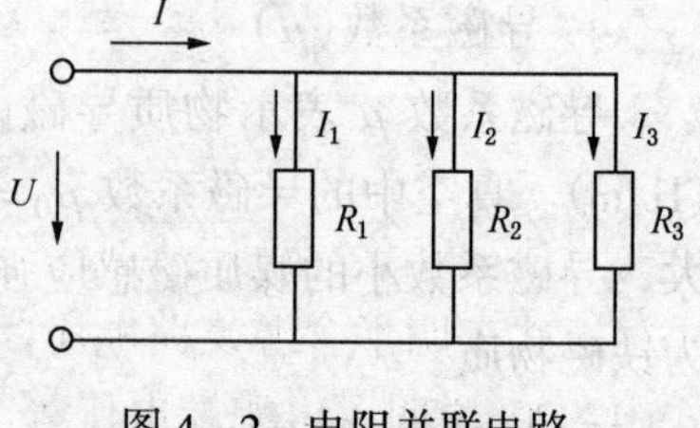

图 4-2 电阻并联电路

电阻并联的实例也很多，生产中的电动机、日常生活中的照明设备都采用并联接法，电压表内阻和被测负载电阻也是并联电阻。电阻并联电路具有以下特点：

(1) 各并联电阻连接同一电压。

(2) 各电阻电流之和等于总电流。

$$I = I_1 + I_2 + I_3 \tag{4-17}$$

(3) 等效电阻的倒数等于各并联电阻的倒数之和。如果 n 个电阻并联，其等效电阻可表示为：

$$\frac{1}{R}=\frac{1}{R_1}+\frac{1}{R_2}+\cdots\cdots\frac{1}{R_n} \tag{4-18}$$

(4) 电阻并联具有分流作用。电阻并联的分流原理在电工技术中经常使用。例如用来分流、调节电流、扩展磁电系电流表的量程等。

4.2.2 欧姆定律

前面已经介绍了电路中的电流、电压和电动势等三个基本物理量，还讨论了直流电路中的重要参数——电阻。现在进一步分析电路中这些物理量的相互关系从而揭示电路的基本规律——欧姆定律。

4.2.2.1 无源支路欧姆定律

在图 4–3 所示一段无源支路中，通过支路中的电流 I 与加在这段电路两端的电压 U 成正比，而与该段电路的电阻 R 成反比。在电流与电压参考方向一致的条件下，其表达式为：

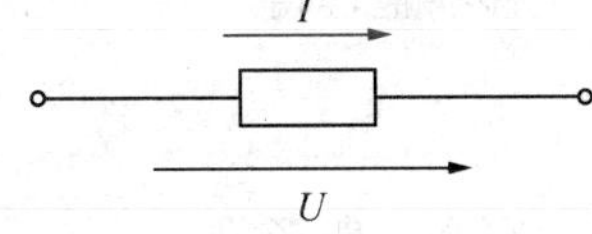

图 4–3　无源支路电路图

$$I=\frac{U}{R} \tag{4-19}$$

这就是一段无源支路的欧姆定律。

一段无源支路的欧姆定律，可以用三种不同的形式来表达，即：

$$I=\frac{U}{R}\text{ 或 }\quad U=IR\text{ 或 }\quad R=\frac{U}{I}$$

欧姆定律是电工学中基本定律之一，它是分析和计算电路的基础。需要指出，欧姆定律的三个公式，在选择电压 U 和电流 I 的正方向一致的情况下才成立。如果选择电压 U 和电流 I 的正方向相反，则欧姆定律的数学表达式带负号。

4.2.2.2 含源支路欧姆定律

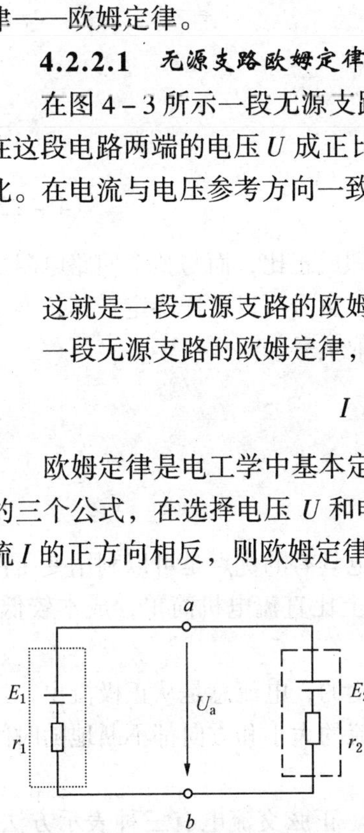

图 4–4　含源支路电路图

图 4–4 所示充电电路。电路中 r_1、r_2 分别为电源和蓄电池内部的电阻，简称内阻。E_1 为电源的电动势，E_2 为蓄电池的电动势。当 $E_1>E_2$ 时，E_1 克服 E_2 在电路中产生电流 I，其方向与 E_1 方向相同，而 E_2 的方向与电流方向相反，所以 E_2 为反电势，可看作一种负载。

左半部分支路，根据图中所示电压、电流及电动势的正方向，可列出公式：

$$U_{ab}=E_1-Ir_1 \tag{4-20}$$

或

$$Ir_1=E_1-U_{ab}$$

得

$$I=\frac{E_1-U_{ab}}{r_1}$$

上式表明了含源支路电压、电流、电势和电阻之间的关系，称为含源支路的欧姆定律。式(4–20)说明了电源端电压等于电源电势减去内阻电压降。

对于右半部分含有反电势的支路，由电压、电流及电势正方向，可写成：

$$U_{ab}=E_2+Ir_2 \tag{4-21}$$

或

$$Ir_2=U_{ab}-E_2$$

得 $$I = \frac{U_{ab} - E_2}{r_2}$$

上式表明了具有反电势的含源支路中，电压、电流、电势和电阻之间的关系，也称为含源支路的欧姆定律。同样式(4－21)表明了被充电的蓄电池两端的电压等于反电势与内阻电压降之和。

4.2.2.3 全电路欧姆定律

图4－4所示电路中，U_{ab}既是电源两端的电压，也是被充电的蓄电池两端的电压，所以两式应相等，即：

$$E_1 - Ir_1 = Ir_2 + E_2$$

移项整理得

$$I = \frac{E_1 - E_2}{r_1 + r_2}$$

写为一般形式

$$I = \frac{\sum E}{\sum R} \tag{4-22}$$

上式表示了无分支电路中的电流与整个回路电势的代数和成正比，而与整个回路电阻之和成反比，这一结论称为全电路的欧姆定律。式中电势的正、负号可以这样确定：其正方向与电流的正方向一致取正号，其正方向与电流的正方向相反取负号。

4.3 交 流 电

4.3.1 单相交流电

在工农业生产及日常生活中绝大多数应用交流电。交流电具有的优点是可以利用变压器方便地改变电压，便于输送、分配和使用。交流电机在结构上比直流电机简单，成本较低，使用维护方便。

直流电的特点是电势、电压及电流的大小和方向都是不变的，电流总是从正极流出，经负载流回负极。与此不同，交流电的特点是电势、电压及电流的大小和方向都不断地随时间而变化。

正弦交流电是指按正弦规律变化的电流、电压和电动势。正弦交流电有三种表示方法，即波形图、三角函数式和矢量表示法，波形图如图4－5所示。

$$i = I_m \sin(\omega t + \varphi_0) \tag{4-23}$$

1. 周期、频率、角频率

周期 正弦交流电按正弦规律变化，每完成一个循环需要的时间叫周期，用符号 T 表示，单位为秒(s)。

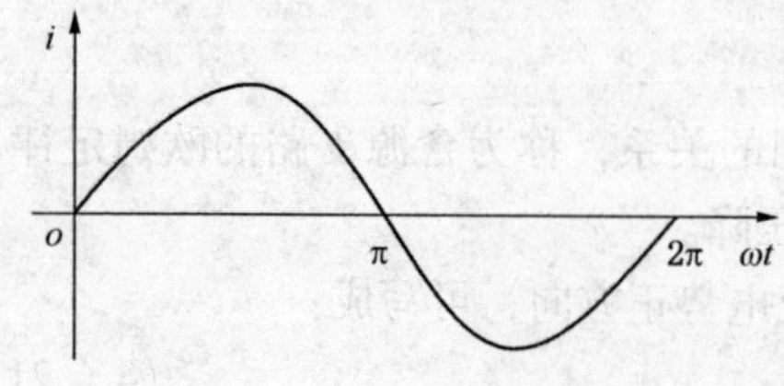

图4－5 正弦交流电波形图

频率 正弦交流电在1s内完成的周期数叫频率，用符号 f 表示，单位为赫兹(Hz)。

由周期和频率的定义知，二者互为倒数。在我国的电力系统中，国家规定动力和照明用电的标准频率为50Hz，习惯上称为工频，其周期是0.02s。

角频率 正弦交流电在单位时间内变化的弧度

(或角度)数称为角频率。在一个周期 T 内，正弦交流电变化了 2π 弧度，角频率为 $\omega = 2\pi f$，角频率的单位为弧度/秒(rad/s)。

2. 瞬时值、最大值、有效值

瞬时值　正弦交流电在某一瞬间的大小叫瞬时值。电动势、电压和电流的瞬时值分别用小写字母 e、u、i 表示。

最大值　正弦交流电变化时出现的最大瞬时值叫最大值。电动势、电压和电流的最大值分别用大写字母 E_m、U_m、I_m 表示。

有效值　有效值是根据交流电的热效应定义的。一个交流电流和一个直流电流分别通过同一电阻 R，如果在相同的时间内产生的热量相等，则此直流电的数值称为该交流电的有效值。交流电动势、电压和电流的有效值分别用大写字母 E、U、I 表示。根据理论计算，正弦交流电的有效值是最大值的 0.707 倍。

有效值在电气工程中应用非常广泛。如照明电路的电源电压为 220V，动力线路的电源电压为 380V，都是指有效值。用交流电工仪表测量出来的电流、电压也是指有效值。大多数电器产品铭牌上标注的额定电压、额定电流都是有效值。

3. 相位、初相位、相位差

相位　在 $i = I_m\sin(\omega t + \varphi_0)$ 中，$\omega t + \varphi_0$ 是随时间变化的角度，可以反映出在不同瞬间正弦交流电的值，能够确定正弦量的状态，把 $\omega t + \varphi_0$ 称为正弦交流电的相位角，简称相位。

初相位　在 $t = 0$ 时的相位称为初相位，即式 $i = I_m\sin(\omega t + \varphi_0)$ 中的 φ_0。初相位反映了正弦量在计时起点的状态。初相位可以为正、负，也可以为零，但规定其绝对值不大于 180°。

相位差　两个相同频率正弦量的相位之差称相位差。例如有两个交流量的相位分别为 $\omega t + \varphi_1$ 和 $\omega t + \varphi_2$。则其相位差为：

$$\varphi = (\omega t + \varphi_1) - (\omega t + \varphi_2) = \varphi_1 - \varphi_2 \tag{4-24}$$

频率相同的交流电的相位差等于它们的初相位之差。因此，相位差在任何瞬间都是一个常数。相位差是两个频率相同的正弦量进行比较的重要参数。

通常把频率、最大值(或有效值)和初相位称为正弦量的三要素。

4.3.2　三相交流电

三相交流电在生产中应用最广泛，发电厂的发电和输电一般都采用三相制，动力设备大多应用三相交流电。所谓三相交流电，就是三个单相交流电按一定的方式进行的组合。这三个单相交流电频率相同，最大值相等，而相位互差 120°。三相交流电的瞬时表达式：

$$u_1 = U_m\sin\omega t$$

$$u_2 = U_m\sin(\omega t - 120°)$$

$$u_3 = U_m\sin(\omega t + 120°)$$

三相交流电的波形图及矢量图如图 4-6 所示。这种最大值相等，频率相同，相位相差 120°的电动势称为三相电动势。产生三相电动势或三相电压的电源，叫做对称三相电源。

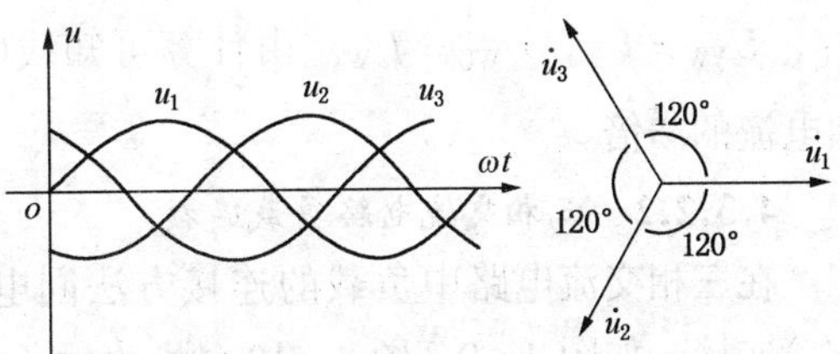

图 4-6　三相交流电的波形图及矢量图

三相电动势达到最大值(或零值)的先后次序叫做三相交流电的相序。三相交流电的相序

是 $U \to V \to W$，在工程上通常用黄、绿、红三种颜色来分别表示 U 相、V 相和 W 相。按 $U \to V \to W$ 的次序循环下去的称正(顺)相序。而按 $U \to W \to V$ 的次序循环下去的称负(逆)相序。

4.3.2.1 三相交流电源的连接

三相交流电在接线方法上可分星形(Y)和三角形(△)两种接线方法。

1. 三相交流电源的星形(Y)连接

三相交流电源的星形(Y)连接如图 4-7 所示。将发电机的三相绕组的尾端 U_2、V_2、W_2 连成一点 N，从首端 U_1、V_1、W_1 引出三相线，这种供电线路叫做三相三线制。高压电力系统一般都采用三相三线制。

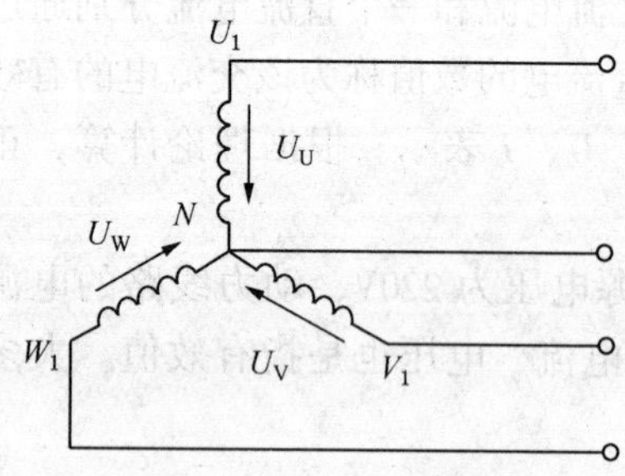

图 4-7　三相四线制供电线路

在供电线路中，除了引出三根端线(又称为火线、相线)之外，还由接点 N 引出一条线，叫做中性线(简称中线)，接点 N 叫做中性点(简称中点)。如果 N 点接地，则 N 点就叫零点，中性线又称为零线。由配电变压器引出的四根线，即构成了三相四线制的供电系统。

每相绕组始端与末端之间的电压称为电源相电压，分别用 U_U、U_V 和 U_W 来表示 U、V、W 相的相电压有效值。显然，星形连接的相电压也就是相应的火线和中线之间的电压。两根火线之间的电压称为电源线电压，分别用 U_{UV}、U_{VW}、U_{WU} 表示线电压的有效值。在对称情况下，星形连接线电压和相电压之间存在如下关系，即线电压等于相电压的 $\sqrt{3}$ 倍。

$$U_{UV} = \sqrt{3}U_U \qquad U_{VW} = \sqrt{3}U_V \qquad U_{WU} = \sqrt{3}U_W \tag{4-25}$$

流过电源每相绕组或负载的电流叫做相电流，流过端线的电流叫做线电流，从上图可知，当电源绕组为星形连接时，线电流和相电流相等，即 $I_{线} = I_{相}$。

在低压供电系统中，最常用的是三相四线制系统，因为它可以同时提供 380V 和 220V 交流电源，生产中三相感应电动机普遍使用的是 380V 三相电源，而照明和家用电器使用的是 220V 单相电源。

2. 三相交流电源的三角形(△)连接

三相交流电源的三角形连接是将一相绕组的尾端与另一相绕组的首端依次相连，即 U_2 端接 V_1，V_2 端接 W_1、W_2 端接 U_1，构成一个闭合回路，并从三个接点各引出一根线，即端线(火线)，如图 4-8 所示。一般情况下三相绕组都是对称的，对称电源三角形(△)连接时线电压和相电压是相等的。即 $U_{UV} = U_U$，$U_{VW} = U_V$，$U_{WU} = U_W$。由计算可知线电流等于相电流的 $\sqrt{3}$ 倍。

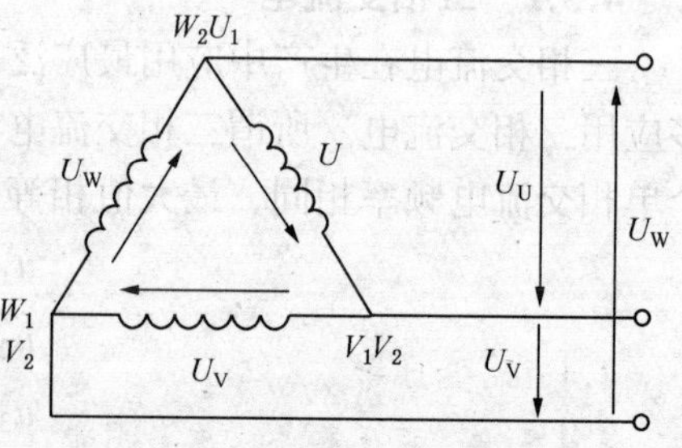

图 4-8　三相电源△形连接

4.3.2.2 三相交流电路负载连接

在三相交流电路中负载的连接方法同电源的连接方法相同，也分成星形(Y)和三角形(△)连接。如图 4-9、图 4-10 分别表示负载星形(Y)连接的三相四线制和负载三角形(△)连接的两种接线方法。若负载是对称的，各相电流相等，相位相差 120°，这时中线电流等于零。三相电动机就是这种负载。由于中线电流等于零，所以中线可以省去，改成三线制接法。但在负载不对称时是不能采用这种接法的，因为负载不对称各相电流不相等，有了中线才能保证三相负载成为三个互不影响的回路。所以具体接线时，不允许断开中线，也不允许在中线上安装保险丝。

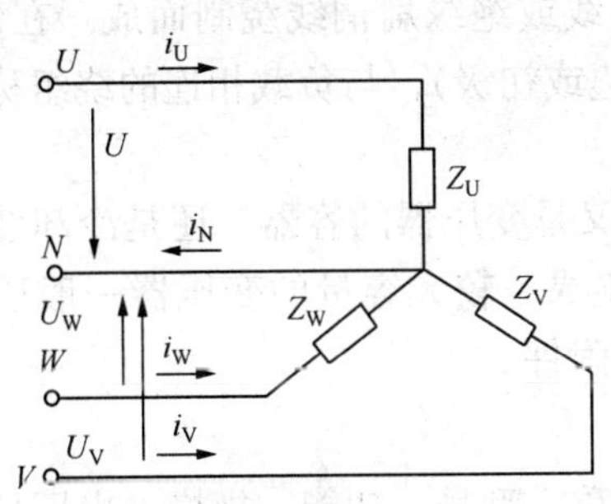

图 4－9　三相负载 Y 形连接

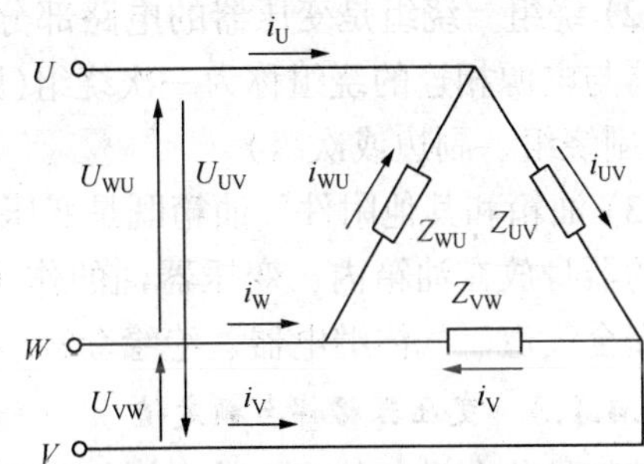

图 4－10　三相负载△形连接

将负载接在电源的两根相线之间，这种连接方法叫做三角形(△)接法。在这种连接中，各相负载上的电压是由电源的线电压维持的，负载上的电压等于电源的线电压。三相负载接到三相电源上，采用何种连接方法(星形或三角形)，应根据三相电源的线电压和负载额定电压的具体情况确定。如果三相负载的额定电压等于电源线电压，则该三相负载应进行三角形(△)连接；若电源线电压为负载额定电压的$\sqrt{3}$倍，该三相负载应进行星形(Y)连接。例如，三相电动机的铭牌上标明的额定电压是 220V，当对称电源的线电压是 380V 时，此时电动机应接成星形(Y)。

4.3.2.3　三相电功率

对于三相对称负载，不论负载是接成星形(Y)还是三角形(△)，计算功率的公式都是一样的。

视在功率　$$S=\sqrt{3}UI \quad (4-26)$$

有功功率　$$P=\sqrt{3}UI\cos\varphi \quad (4-27)$$

无功功率　$$Q=\sqrt{3}UI\sin\varphi \quad (4-28)$$

式中 U 为电源线电压的有效值，I 为电源线电流的有效值，φ 为每相的电压和电流的相位差。

4.4　基本电气设备

4.4.1　变压器

4.4.1.1　变压器的作用与用途

变压器的基本作用是变电压。实际工作中，常常需要各种不同的电源电压。例如日常使用的电压为 220V，三相电动机的电压是 380V，发电厂发出的电压一般是 6～10kV。在电能输送过程中，为减少线路损失，通常将电压升高到 110～500kV。凡此都需要变压器升高或降低电压，因此变压器是电力系统的关键设备。变压器除变电压外，也可用于变电流、变阻抗、变相位和电气隔离。

4.4.1.2　变压器基本结构

变压器的基本部件是铁芯和绕组，称为器身，此外还包括油箱和其他附件。

(1) 铁芯　铁芯是变压器的磁路部分。为减少铁芯内部的热损耗(包括涡流和磁滞损耗)，一般用0.35mm厚的冷轧硅钢片叠成。

(2) 绕组　绕组是变压器的电路部分。它用漆包线或绝缘扁铜线绕制而成。在铁芯上，变压器与电源相连的绕组称为一次绕组(原绕组、原边或初级)，与负载相连的绕组称为二次绕组(副绕组、副边或次级)。

(3) 油箱和其他附件　油箱既是变压器的外壳，又是变压器的容器，还是冷却装置。变压器的器身放在油箱内，变压器油的作用是冷却与绝缘。较大容量的变压器一般还有储油柜、安全气道、气体继电器、绝缘套管、分接开关等附件。

4.4.1.3　变压器铭牌与额定值

铭牌是装在设备外壳上的金属标牌，上面标有名称、型号、功能、规格、出厂日期、制造厂等字样。变压器的铭牌数据主要有以下几种：

(1) 型号　表示变压器的结构特点、额定容量和高压侧的电压等级。如S-100/10表示三相油浸铜绕组变压器，额定容量为100kVA，一次侧电压等级为10kV。

(2) 额定电压 U_{1N}/U_{2N}　单位为V或kV。U_{1N}是指变压器正常工作时加在一次绕组上的电压。U_{2N}是一次侧加 U_{1N}时，二次侧的开路端电压，即 U_{2N}。在三相变压器中额定电压是指线电压。

(3) 额定电流 I_{1N}、I_{2N}　单位为A。I_{1N}、I_{2N}是指变压器一次、二次绕组连续运行所允许通过的电流。在三相变压器中，额定电流是指线电流。

(4) 额定容量 S_N　单位为VA或kVA。S_N是指变压器额定的视在功率，即设计功率，通常称为容量。在三相变压器中，S_N是指三相总容量。

额定容量 S_N，额定电压 U_{1N}、U_{2N}，额定电流 I_{1N}、I_{2N}三者之间的关系如下：

单相变压器
$$S_N = U_{1N}I_{1N} = U_{2N}I_{2N} \tag{4-29}$$

三相变压器
$$S = \sqrt{3}U_{1N}I_{1N} = \sqrt{3}U_{2N}I_{2N} \tag{4-30}$$

除了额定电压、额定电流和额定功率，铭牌上还标有额定频率、效率、温升、短路电压标称值、联结组别和相数等。

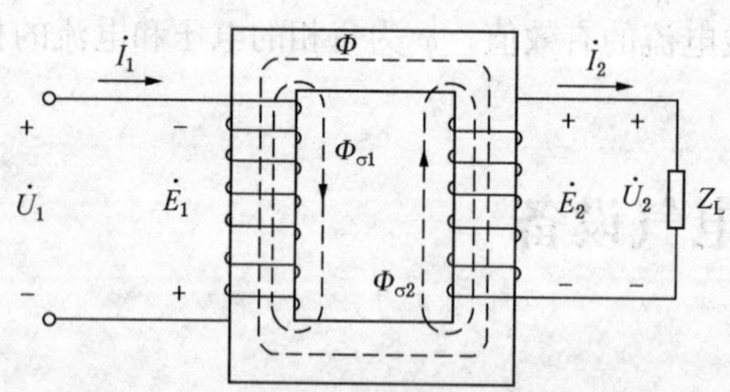

图4-11　变压器工作原理图

4.4.1.4　变压器工作原理

变压器的简单工作原理如图4-11所示。变压器的输入端加上交流电压 U_1，一次绕组中便产生一次电流 I_1 和交变磁通 Φ_m。其频率与电源电压的频率相同。由于一次、二次绕组套在同一铁芯柱上，Φ_m 同时穿过一次、二次绕组，根据电磁感应定律，在一次绕组中产生自感电动势 E_1，在二次绕组中产生互感电动势 E_2。其大小分别正比于一次、二次绕组的匝数。在二次绕组中有了电动势 E_2，便在输出端形成电压 U_2，接上负载后，产生二次电流 I_2，向负载供电，实现了电能的传递。只要改变一次、二次绕组的匝数，就可以改变一次、二次绕组的感应电动势的大小，从而达到改变电压的目的。这就是变压器工作原理。变压器的变压关系为一次绕组电动势 E_1 与二次绕组电动势 E_2 之比等于匝数之比：

$$\frac{E_1}{E_2} = \frac{N_1}{N_2} = K \tag{4-31}$$

当 $K>1$ 时，为降压变压器。当 $K<1$ 时，为升压变压器。

根据能量守恒定律，变压器输入输出的视在功率相等(忽略损耗)。变压器的变流关系为一次、二次电流之比等于匝数之反比：

$$\frac{I_1}{I_2} = \frac{N_2}{N_1} = \frac{1}{K} \tag{4-32}$$

4.4.2 三相异步电动机

4.4.2.1 三相异步电动机基本结构

三相异步电动机主要由定子和转子两部分组成。静止部分称为定子，旋转部分称为转子。

(1) 定子　由定子铁芯、定子绕组和机座三部分组成。定子铁芯是异步电动机磁路的一部分。它用 0.5mm 厚的硅钢片冲制、叠压而成的，紧紧地装在机座内部。在定子铁芯的内圆上开有均匀分布的槽，用以嵌置定子绕组。定子绕组是电动机的电路部分。定子绕组是由许多线圈按一定规律连接而成。定子绕组通常用高强度漆包线绕制而成的。机座的主要作用是固定定子铁芯的端盖，中小型电动机的机座通常采用铸铁制成，而大型电动机的机座则由钢板焊接而成。

(2) 转子　由转子铁芯、转子绕组和转轴组成。转子铁芯也是电动机磁路的一部分，用 0.5mm 厚的硅钢片冲制、叠压而成的。转子铁芯与定子铁芯之间有一个很小的气隙。转子铁芯外圆有均匀分布的槽，用以嵌置转子绕组。转子绕组的作用是产生感应电动势的电磁转矩。根据结构不同，转子绕组可分为笼型和绕线型两大类。笼型转子的每个槽内与转子两端的端环都用熔化的铝液浇注而成。

4.4.2.2 三相异步电动机的铭牌及额定值

电动机的铭牌上标出了电动机型号、规格和有关技术数据。主要内容有：

(1) 型号　电动机的品种代号，由产品代号和规格代号组成。以 Y－112M－4 电动机为例说明。Y：异步电动机；112：中心高度(mm)；M：机座类型(L 长，M 中，S 短)；4：磁极数。

(2) 额定功率　表示电动机在额定工作状态下，从轴上输出的机械功率，单位为 kW。

(3) 额定电压　表示电动机在额定工作状态下，加到定子绕组上的线电压，单位为 V。

(4) 额定电流　表示电动机在额定工作状态下，输出额定功率时，定子绕组中线电流，单位为 A。

以上三个额定值之间的关系为：

$$P_N = \sqrt{3}\,U_N I_N \cos\varphi_N \eta_N \tag{4-33}$$

式中 η_N 为电动机的额定效率。

(5) 额定转速　表示电动机在额定工作状态时的转速，单位为 r/min。

此外，电动机铭牌上还有相数、频率、接法、绝缘等级、允许温升等。

4.4.2.3 三相异步电动机工作原理

三相异步电动机的定子绕组通入三相交流电后，在气隙中产生旋转磁场，通过电磁感应，在转子绕组中产生感应电动势和电流，该电流与旋转磁场作用产生电磁转矩，从而驱动转子旋转。

1. 旋转磁场的产生

三相异步电动机的三相定子绕组，对称地嵌放在定子铁芯的槽中，并接成 Y 形。三相绕组接到三相对称交流电源后，将产生三相对称交流电流，电流形成磁场。由于电流是按正弦规律变化的，且相差 120°，所以三相对称电流产生的磁场，不是静止的，而是旋转的，其旋转方向与三相绕组在空间的排列次序对应。若任意调换两相绕组的电流，旋转磁场将反转。电流流过绕组后产生两个磁极即一对磁极。若电源频率为 50Hz，其旋转磁场的同步转速 n_1 与电源频率 f_1 的关系为 $n_1 = 60f_1 = 3000\text{r/min}$。

如果每相绕组由 p 个线圈串联组成，通入三相交流电后，则可产生 p 对磁极的旋转磁场，使旋转磁场的转速降低为 $1/p$，其旋转磁场的转速为：

$$n_1 = \frac{60f}{p} \tag{4-34}$$

由上可知，三相对称交流电流流过三相对称绕组产生的旋转磁场具有以下性质，即是一个旋转磁场；转向取决于电流的相序，任意调换两根电源线即可改变转向；转速为 $n_1 = \frac{60f}{p}$。

2. 三相异步电动机工作原理

三相异步电动机的定子绕组通入三相交流电后，会产生旋转磁场。开始时转子不动，转子导体切割磁力线产生感应电动势，由右手定则判定。因转子绕组通过短路环闭合，所以转子导体中有电流流过。转子电流又会与磁场作用产生电磁力，方向由左手定则确定。转子导体在电磁力作用下将产生一个电磁力矩，使转子沿旋转磁场的方向转动，其转速为 n。三相异步电动机工作时，转子的转速 n 不等于旋转磁场的转速 n_1，因得名“异步”。转子与旋转磁场之间有一个转速差，简称转差。它反映了转子导体切割磁力线的快慢程度。将转差 $n_1 - n$ 与旋转磁场转速 n_1 的比值定义为转差率，通常用 s 表示。转差率 s 是三相异步电动机的重要参数。

4.4.2.4 电动机控制

石油化工生产中，电动机的控制主要是启动、连续运转、各种保护和停止运转。根据这些要求，一般采用接触器自锁控制线路。电动机控制分主电路和控制电路。主电路是电动机的电源电路，主要包括电源开关、熔断器、交流接触器的主触头和热保护元件。控制电路包括起动按钮、停止按钮、交流接触器和热继电器等组成。如图 4-12 所示。

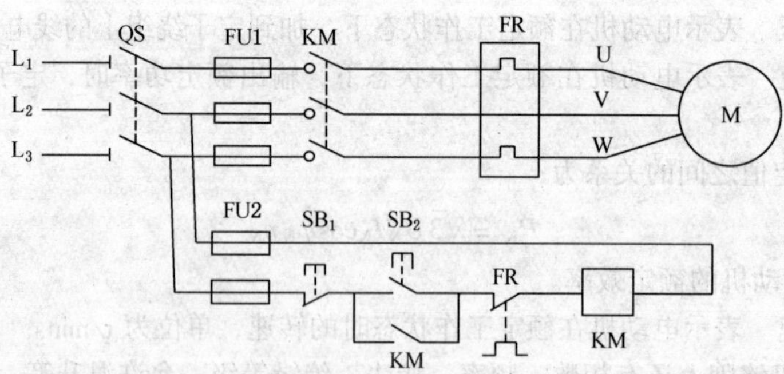

图 4-12　电动机的控制

设动力电路的电源开关 QS 已合上送电。

启动过程：按下启动开关 SB_2，SB_2 的常开触头闭合，交流接触器 KM 线圈得电。KM 的主触头闭合，KM 的辅助触头闭合，主触头闭合使电动机 M 起动运转。当松开启动开关 SB_2

时，SB_2 的常开触头恢复断开，但由于交流接触器的辅助触头已闭合，已将 SB_2 短接，控制电路仍保持接通状态，所以交流接触器 KM 线圈继续得电，电动机持续运转，这称为“自锁”或“自保”。

停止过程：按下停止开关 SB_1，SB_1 的常闭触头断开，交流接触器 KM 线圈失电。KM 的主触头断开，KM 的自锁触头断开，主触头断开使电动机 M 停止运转。当松开停止开关 SB_1 时，SB_1 常闭触头闭合，但 KM 的自锁触头已经断开，控制电路已断开，交流接触器 KM 线圈已失电，电动机停止运转。要想使电动机重新转动，必须再次启动。

过载保护：当由于某种原因而使电动机电流过载发热，热继电器 FR 动作，断开主电路，电动机停止运转。

该电路还有短路保护和失压保护功能。熔断器用作短路保护，接触器用作失压保护。

控制电路可以用可编程序控制器(PLC)完成。将启动开关 SB_2，停止开关 SB_1，热继电器 FR 作为 PLC 的输入，PLC 的输出是 KM 辅助触头，控制程序由 PLC 执行完成电动机的控制。

4.4.3 变频器

变频技术是应交流电动机无级调速的需要而诞生的。自 20 世纪 60 年代以来，电力电子器件发展迅速，从晶闸管到功率晶体管、功率场效应晶体管、绝缘栅双极晶体管、智能电力模块等，为变频技术的发展提供了坚实的基础。20 世纪 70 年代出现了脉冲宽度调制变压变频(PWM－VVVF)技术。20 世纪 80 年代 VVVF 变频器投入市场。这是第一代变频器。

VVVF 变频器的控制相对简单，机械特性也较好，能够满足一般传动调速要求，在生产的各个领域得到广泛应用。但是，在低频时，这种控制方式由于输出电压较小，受定子电阻压降影响比较显著，造成输出最大转矩减小。另外其机械特性终究不如直流电机硬，动态转矩能力和静态调速性能都还不尽人意，这就出现了矢量控制变频调速器。

矢量变频器是变频器的第二代，它是将异步电动机在三相坐标系下的定子交流电流通过三相－二相变换，等效成两相静止坐标系下的交流电流，再通过按转子磁场定向旋转变换，等效成同步旋转坐标系下的直流电流，然后模仿直流电动机的控制方法，求得直流电动机的控制量，经过相应的坐标反变换，实现对异步电动机的控制。矢量控制技术意义重大，然而在实际应用中，由于转子磁链较难准确测试，系统特性受电动机参数影响较大，矢量变换复杂，难以达到理想分析效果，又出现了直接转矩控制变频技术。

直接转矩控制的优点是直接在定子坐标系下分析交流电动机的数学模型，控制电动机的磁链和转矩，省去了矢量旋转变换中的许多复杂计算。

VVVF 变频、矢量控制变频、直接转矩控制变频都是交流－直流－交流变频中的一种。其共同的缺点是输入功率因数低，谐波电流大，直流回路需要很大的储能电容器，再生能量又不能返回电网。为此，出现了矩阵式交流－交流变频技术，它省去了中间直流环节，省去了电容，减少体积，降低了成本，实现了功率因数为 1。该项技术目前正处于研究阶段。

4.4.3.1 变频器组成及基本原理

变频器是将电压、频率固定的交流电变成电压、频率可调的交流电的变换器。与外部的联系基本上分三部分。

主电路接线端子：连接工频电网的输入端(R、S、T)，连接电动机的输出端(U、V、W)。

控制端子：包括各种外部信号控制变频器的端子，变频器的工作状态指示端子，变频器与微机、可编程序控制器或其他变频器的通讯接口等。

操作面板：包括液晶显示器和键盘。

整流、逆变单元：整流器和逆变器是变频器的两个主要功率变换单元，电网电压由输入端(R、S、T)输入变频器，经过整流器整流成直流电压，整流器通常是由大功率二极管构成的三相桥式整流。直流电压由逆变器逆变成交流电压，交流电压的频率和电压可以调整，其大小受逆变器中开关器件的基极驱动信号控制。这个可以调整的交流电压和频率，由输出端(U、V、W)输出驱动交流电动机，达到对交流电动机调速的目的。变频器的主要组成如图 4－13 所示。

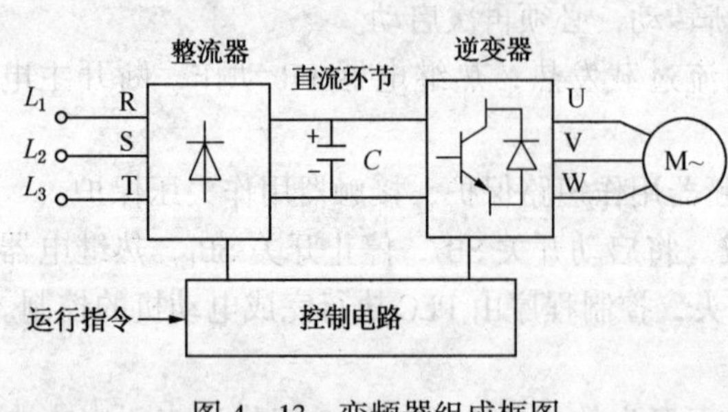

图 4－13 变频器组成框图

驱动控制单元：驱动控制单元主要包括脉冲宽度调制 PWM 信号分配电路、输出信号电路等。主要作用是产生符合系统控制要求的驱动信号，驱动控制单元受中央处理单元(CPU)的控制。

中央处理单元(CPU)：中央处理单元(CPU)包括控制程序、控制方式等部分，是变频器的控制中心。外部控制信号(如频率设定 IRF、正转信号 FR、反转信号 RR 等)、内部检测信号(如整流器输出的直流电压、逆变器输出的交流电压等)、用户对变频器的参数设定信号等送到 CPU 处理后，对变频器进行相关的控制。

保护及报警单元：变频器通常都有故障自诊断功能和自保护功能。当变频器出现故障或输入、输出信号异常时，由 CPU 控制驱动控制单元，改变驱动信号，使变频器停止工作，实现自我保护功能。

参数设定和监视单元：该单元主要由操作面板组成，用于对变频器的参数设定和监视变频器当前的运行状态。

4.4.3.2 变频器额定值和频率指标

(1) 变频器额定值包括输入侧额定值和输出侧额定值。

输入侧额定值：输入侧的额定值主要是电压和相数。小容量的变频器输入指标有以下几种：380V/50Hz，三相，用于国内设备；230V/50Hz 或 60Hz，三相，主要用于进口设备；(200～230)/50Hz，主要用于家用电器。

输出侧额定值包括如下内容：

输出电压最大值 U_N(V)：由于变频器在变频的同时也要变压，所以输出电压的额定值是指输出电压中的最大值。

输出电流最大值 I_N(A)：是指允许长时间输出的最大电流。

输出容量 S_N(kVA)：S_N 与 U_N 和 I_N 的关系为：$S_N=\sqrt{3}U_N I_N$

配用电动机容量 P_N(kW)：是变频器长期连续运行的电动机容量。

超载能力：变频器的超载能力是指输出电流超过额定值的允许范围和时间。大多数变频器规定为 150% I_N、60s，180% I_N、0.5s。

(2) 频率指标包括频率范围、频率精度、频率分辨率。

频率范围：频率范围是变频器能够输出的最高频率 f_{max} 和最低频率 f_{min} 之差。各种变频器规定的频率范围不一样，一般最低工作频率为 0.1～1Hz，最高工作频率为 120～650Hz。

频率精度：频率精度是指变频器输出的准确程度。以变频器的实际输出和设定频率之间的最大误差与最高工作频率之比的百分数来表示。例如富士 G9S 的频率精度为 ±0.01，是指在 −10℃ ~ +15℃环境下通过参数设定所能达到的最高频率精度。

频率分辩率：是指输出频率的最小改变量。

4.4.3.3　变频器的功能

变频器可以通过外部接线端或面板设定完成对电动机的多种控制操作。变频器一般具有输入控制端，包括正转控制端、反转控制端、调速控制端、多段速度选择端、输出停止端、复位控制端、故障信号输出端、运行状态信号输出端、频率测量输出端等。为了和计算机通信，一般设有通讯接口。

变频器具有给定控制功能，如频率给定功能有模拟量给定方式和数字量给定方式。模拟量给定方式有电压给定、电流给定、电位器给定。数字量给定方式如面板给定。

变频器具有对电动机的起动、升速、降速、制动功能。可以设定起动频率，升速、降速时间，升速、降速方式等。

为了对变频器自身保护，变频器设有多种保护功能，包括变频器过压保护、过流保护、过载保护等。

4.4.4　不间断电源(UPS)

不间断电源简称为 UPS，主要作用是在交流供电正常时将交流电转变成直流电储存电能量，一旦交流供电中断，便将存储的电能量转变成交流电输出，以确保用电设备的连续用电。

1. 不间断电源(UPS)工作原理

UPS 电源主要包括以下几个部分。交流输入滤波电路及整流器，蓄电池及充电电路，PWM 脉冲宽度调制型逆变器，以及控制电路和各种保护电路，交流供电与 UPS 逆变器供电之间的自动切换装置等。UPS 不间断电源基本组成如图 4-14 所示。

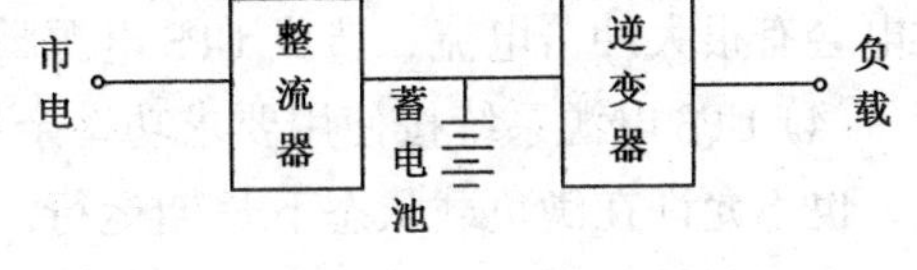

图 4-14　UPS 组成框图

整流器：整流器将工频 50Hz 的交流电源进行整流成直流电对蓄电池充电。

逆变器：逆变器是将中间直流电转变成 50Hz 的交流电源。逆变器使用大功率电力电子器件作为开关元件，采用脉冲宽度调制(PWM)技术。

蓄电池：存储直流电能。

控制电路和各种保护电路：完成对逆变器等开关器件的控制，交流供电与 UPS 逆变器供电的自动切换，以及各种保护功能。常以微处理器与相应的驱动电路为主。

2. 不间断电源(UPS)分类

目前，可供用户选择的 UPS 电源品种很多，可分为后备式、在线式、在线互动式三大类。

后备式 UPS 电源：在市电正常供电时，市电通过交流旁路通道再经转换开关直接向负载供电，机内的逆变器处于停机工作状态，即实质上相当于一台市电稳压器。其特点是：除了对市电电压的幅度波动有改善外，对市电的频率及串入的电网干扰等不良影响几乎没有任何改善。只有当市电中断或低于 170V 时，蓄电池才通过逆变器，向负载提供稳压、稳频的交流电。

在线式 UPS 电源：无论市电正常供电，还是在市电中断时，对负载的供电均是由 UPS 电源的逆变器提供。即平时为：交流电—整流—逆变器方式向负载供电。在一旦市电中断时，就立即由蓄电池—逆变器方式向负载提供交流电源。其特点是：完全消除了来自市电电网的任何电压波动等干扰对负载的影响，真正实现了对负载的无干扰稳压供电，实现由市电供电到蓄电池供电转换切换时间为零的突破。

在线互动式 UPS 电源：介于后备式与在线式 UPS 之间的设备，集中了后备式 UPS 的效率高及在线式 UPS 的供电质量好的优点。其特点是：逆变器始终处于工作状态，与后备式 UPS 相比，转换时间非常短，其交流输出电压稳定性好，不过充电器由双向变换器组成，充电效果不十分满意，不宜作长延时的 UPS 电源使用。

UPS 电源系统因其智能化程度高，储能电池采用了免维护蓄电池，这虽给使用带来了许多便利，但在使用过程中还应在多方面引起注意，才能保证使用安全。

3. UPS 电源的使用

(1) UPS 电源主机对环境温度要求不高，+5～+40℃都能正常工作，但要求室内洁净，少灰尘，否则灰尘加上潮湿会引起主机工作紊乱。储能蓄电池对温度要求较高，标准使用温度为 25℃，平时不能超出 +15～+30℃。温度太低，会使蓄电池容量下降。放电容量会随温度升高而增加，寿命降低。

(2) 主机中设置的参数在使用中不能随意改变。特别是对电池组的参数，会直接影响其使用寿命，但随着环境温度的改变，对浮充电压要做相应调整。通常以 25℃为标准。

(3) 避免 UPS 带负载启动。在没有外部电源供电，仅靠 UPS 电源系统自行供电时，应避免带负载启动 UPS 电源。应先关断负载，等 UPS 电源系统起动后再开启负载。因负载瞬间供电会有很大冲击电流，造成 UPS 电源瞬间过载，严重时损坏变换器。

(4) UPS 电源系统按使用要求功率余量不大，在使用中要避免随意增加大功率的额外设备，也不允许在满负载状态下长期运行。但工作性质决定了 UPS 电源系统几乎是在不间断状态下运行的，增加大功率负载，即使是在基本满载状态下工作，都会造成主机出故障，严重时将损坏变换器。

(5) 自备发电机的输出电压、波形、频率、幅度应满足 UPS 电源对输入电压的要求，另外发电机的功率要远大于 UPS 电源的额定功率，否则任一条件不满足，将会造成 UPS 电源工作异常或损坏。

(6) 由于组合电池组电压很高，存在电击危险，因此卸装导电连接条、输出线时应注意安全，使用工具应采用绝缘措施，特别是输出接点应有防触摸措施。

(7) 不论是在浮充工作状态，还是在充电、放电检修测试状态，都要保证电压、电流符合规定要求。过高的电压或电流可能会造成电池的热失控，电压、电流过小会造成电池亏电，都会影响电池的使用寿命。

(8) 在任何情况下，都应防止电池短路或深度放电，因为电池的循环寿命与放电深度有关。放电深度越深、循环寿命越短。在容量试验或放电检修中，通常放电达到容量的30%～50%就可以了。

(9) 避免电池大电流充放电。大电流充放电会造成电池极板膨胀变形，使得极板活性物质脱落，电池内阻增大，温度升高，严重时将造成容量下降，降低使用寿命。

4.5 安全用电

4.5.1 化工生产对电气要求

由于化工生产的特殊性，对电气提出如下要求：

(1) 化工生产易燃易爆。对电气设备和线路提出防火防爆的要求。

(2) 化工生产环境恶劣、有毒有害。对电气设备要求自动控制，自动调节，远距离操作等。

(3) 化工生产腐蚀严重。要求电气设备具有相应的绝缘性和较强的耐腐蚀性。

(4) 化工生产的连续性，要求供电不间断。一般采用双电源供电，并且有备用电源自动投入装置，保证不间断供电。

4.5.2 人身防护

1. 触电对人身的危害

电击是电流通过人体内部，使人的心脏、肺部及神经系统受到损伤。电伤是电流的热效应、化学效应或机械效应对人体外部造成局部伤害。

2. 触电方式

(1) 单相触电是指人体在地面上或其他接地导体上，人体某一部位触及一相带电体的触电事故。

(2) 两相触电是指人体两处部位触及两相带电体的触电事故。

(3) 跨步电压。当带电体发生接地故障时，在接地点附近地面，形成圆形降压电压分布，当人体在接地点附近，两脚所处的电位不同而产生的电位差即为跨步电压。

3. 影响触电危险程度的因素

(1) 电流大小。通过人体电流大小不同，人的生理反应和感觉不同，危险程度也不同。感知电流是引起人的感觉的最小电流，一般交流 1mA，直流 5mA。摆脱电流是人触电后不需要别人帮助，能自主摆脱电源的最大电流，一般交流 10mA，直流 50mA。可以自行摆脱的电流称为安全电流。

(2) 安全电压。安全电压即为人触及不能引起生命危险的电压。我国规定：在高度危险的建筑物中为 36V，在特别危险建筑物中为 12V。

(3) 电源频率。25 ~ 300Hz 的交流电对人体的伤害程度最为严重。

(4) 影响触电危险程度的因素还有电流流经人体的途径，电流通过人体的时间，身心健康状况等。

4. 防触电措施

(1) 提高电气设备完好状态，加强绝缘。

(2) 提高电气工程质量。

(3) 建立健全规章制度。

(4) 树立“安全第一”的自我保护意识，工作严肃认真。

(5) 全面应用漏电保护装置。

(6) 保护接地和保护接零。保护接地，就是将电气设备在正常情况下将不带电的金属外壳与接地体之间做良好的金属连接，以保护人体的安全。保护接地只应用在中性点不接地的三相三线制系统中，在三相四线制系统中不准使用保护接地。保护接零，是将电气设备不带电的金属部分与系统中的零线作良好的金属连接，以避免人体遭受触电危险。这是因为一旦设备外壳带电，可以迅速地使电气设备的漏电一相与零线产生强大电流，使电气保护装置动作，断开设备电源，使漏电设备外壳电压迅速消失，以防人体触电。可见在三相四线制系统中，电气设备的保护装置必须灵敏可靠。在采用保护接零时，还要采取重复接地，即在零线上的一处或多处重复接地。

5. 触电急救

人触电后，会出现神经麻痹、呼吸中断、心脏停止跳动等假死症状，应当立即抢救。首先是如何使触电者迅速脱离电源，然后进行人工呼吸，直至恢复自我呼吸。触电后 1min 开始救治，90% 有良好效果；触电后 6min 开始救治，只有 10% 有良好效果；触电后 12min 开始救治，救活的可能性很小。

4.5.3 静电防护

在化工生产中，因其易燃易爆特点，静电给生产带来极大危害，应特别重视。

1. 工业静电

"静电"是在一定物体中或其表面上存在的电荷集团。带电区的电荷量是该区正负电荷的代数和，带静电物体的各种物理效应为该区正负电荷所起作用的几何之和。工业静电是生产、贮运过程中，在物料、装置、人体、器材和建筑物上产生和积累起来的静电。

2. 静电危害

静电放电能够引起可燃、易燃气体、液体爆炸或着火；引起某些粉尘爆炸或着火；引起某些气体爆炸或着火；输送汽油、乙炔等设备不接地而引起火灾；使人遭受静电电击，因静电电击而引起二次伤害；妨碍生产，引起电气元件误动作等。静电危害主要包括：

(1) 静电的力学效应。在实际生产过程中发生各种危害。如堵塞筛网，发生纺机缠绕而被迫停车。

(2) 静电的放电效应。物体带有静电，其周围形成电场，使带电体周围空间的气体电离而放电。表面放电有电晕放电、刷形放电、火花放电三种。

(3) 人体放电。身穿化纤衣服，在干燥的情况下，人体会产生很高电位，当皮肤或手指接近或接触导体时，或脱衣服时，会将人体所积聚的大量电荷一次性放掉，产生电火花，很容易引爆周围的易燃、易爆混合气体，造成严重的事故。

(4) 物料输送过程中的危害。带电的液体在管道中流动，与管道内壁的突出物产生放电，因没有空气不会引起燃烧或爆炸，但在管口或管路破损喷出时，就可能引起爆炸或火灾。固体粉状物在管路中输送，因管内有空气助燃也是危险的。

3. 工业静电消除措施

化工生产中发生静电事故具备的条件：有产生静电危害的静电电荷；有产生火花放电的条件；有能引起火花放电的合适间隙；静电火花具有一定的能量；放电环境有可燃性气体或爆炸性混合气体。

防止静电危害的主要措施，一是技术措施，另一方面是各项管理措施。

(1) 工艺控制法。是从工艺流程、材质选择、设备结构、操作管理等方面，采取有效的防止静电电荷产生的各项措施。

(2) 泄漏导走法。用泄漏导走法，使带电体上的静电荷能够顺利地向大地泄漏消散。如利用加抗静电添加剂、空气增湿等工艺手段，使带电体电阻率下降，或规定静置时间等，使带电区电荷得以泄漏出来，并通过接地系统导入大地。

(3) 复合中和法。利用物体上不同极性电荷间的结合，使物体上的静电消失称为复合。可用降低电阻率、增湿、规定静置时间达到复合的目的。利用外界相反极性的离子或电荷，去消除物体所带的静电称为中和。可用静电消除器、物质匹配来达到中和的目的。

(4) 静电屏蔽法。用静电屏蔽、尖端放电和电位随电容变化的特性，使带电体不致成为事故的根源。将带电体用接地的金属板、网或缠上线匝，将电荷对外的影响局限在屏蔽层内，同样处在屏蔽层里的物质也不会受到外电场的影响。

(5) 整净措施。尖端放电能造成事故，故带电体及其生产设备、贮存容器、输送管道等所有部件，应制造成表面光滑，无棱角毛刺，保持干净整洁。

(6) 人体防静电措施。工作地面应具有导电性，或铺设导电性垫；在有静电危害的岗位，工作人员应穿防静电工作服、鞋和手套，禁止穿化纤工作服；在人体必须接地的场所，应装设金属接地棒，在手腕上带接地的腕带，以消除人体带静电。

(7) 安全操作。在工作中避免人体带电的有关行动；穿戴按规定的个人防护服装；工作有序，按规定操作；不携带与工作无关的金属物，如钥匙、硬币、手表、戒指等。

加强企业管理，改变作业环境，减少易燃易爆物质的泄漏、散发，改善环境卫生条件，是防止静电危害的根本措施。

第5章 化工仪表及自动化

5.1 基础知识

5.1.1 化工仪表基本知识

5.1.1.1 测量过程与测量误差

用实验的方法，求出某个量大小的过程称为测量。测量可分为直接测量和间接测量。

无论采用哪种方法进行测量，实质上都是将被测参数与其相应的基本测量单位进行比较的过程，而测量仪表就是实现这种比较的工具。各种测量仪表不论采用哪一种原理，都是要将被测参数经过一次或多次的信号能量的转换，最后获得便于测量的信号能量形式，并由指针位移或数字形式显示出来。

在测量过程中，由仪表读得的被测值(测量值)与被测参数的真实值之间，总是存在一定的差距，这种差距就称为测量误差。测量误差按其产生原因的不同，可以分为三类。

(1) 系统误差(又称规律误差) 这种误差的大小和方向(即符号)均不随测量过程而改变。产生这种误差的原因，主要有仪表本身的缺陷，观测者的习惯或偏向，环境条件的变化等。由于这种误差有一定规律，所以在测量过程中容易消除或加以修正。

(2) 疏忽误差 产生这种误差的原因，是由于测量者在测量过程中疏忽大意所致，比较容易被发觉，并应将它从测量结果中去掉。只要在测量过程中认真仔细，就可以避免产生这类误差。

(3) 偶然误差 就是在同样条件下反复多次测量，每次结果都不重复的误差。这种误差是由一些随机的偶然原因引起的，因此它不易被发觉和修正。偶然误差的大小反映了测量过程的精度。

测量误差通常有两种表示方法，即绝对表示法和相对表示法。

绝对误差在理论上是指仪表指示值 X_i 和被测量的真实值 X_t 之间的差值，可表示为：

$$\Delta = X_i - X_t \tag{5-1}$$

在工程上，要知道被测量的真实值 X_t 是困难的。因此，所谓测量仪表在其标尺范围内各点读数的绝对误差，一般是指用被校表(准确度较低)和标准表(准确度较高)同时对同一参数测量所得到的两个读数之差，用下式表示：

$$\Delta = X - X_0 \tag{5-2}$$

式中 Δ——绝对误差；

X——被校表的读数值；

X_0——标准表的读数值。

测量误差还可以用相对误差来表示。某一被测量的相对误差等于这一点的绝对误差 Δ 与它的真实值 X_t(或 X_0)之比，可用式子表示：

$$\gamma = \Delta / X_0 = \frac{X - X_0}{X_0} \text{ 或 } \gamma = \frac{X - X_0}{X} \tag{5-3}$$

式中　γ——仪表在 X_0 处的相对误差。

求取测量误差的目的在于判断测量结果的可靠程度。

5.1.1.2　测量仪表的品质指标

测量仪表性能优劣，可用它的品质(性能)指标来衡量。常用指标如下。

1. 测量仪表的准确度

测量仪表的准确度又称精确度、精度。仪表的测量误差可以用绝对误差 Δ 来表示。仪表的绝对误差在测量范围内的各点上是不相同的。仪表的“绝对误差”指的是绝对误差的最大值 Δ_{max}。由于仪表的准确度不仅与绝对误差有关，而且还与仪表的标尺范围有关。因此工业仪表是将绝对误差折合成仪表标尺范围的百分数来表示，称为相对百分比误差 δ，即：

$$\delta = \frac{\Delta_{max}}{\text{标尺上限值} - \text{标尺下限值}} \times 100\% \tag{5-4}$$

仪表的标尺上限值与标尺下限值之差，一般称为仪表的量程。

根据仪表的使用要求，规定一个在正常情况下允许的最大误差，这个允许的最大误差就叫允许误差。允许误差一般用相对百分误差来表示，即仪表的允许误差是指在规定的正常情况下允许的相对百分误差。

$$\delta_{\text{允}} = \pm \frac{\text{仪表允许最大绝对误差}}{\text{标尺上限} - \text{标尺下限}} \times 100\% \tag{5-5}$$

仪表的允许误差 δ 越大，表示它的准确度越低。反之允许误差 δ 越小，表示仪表的准确度越高。

将仪表的允许相对百分误差去掉“±”号及“%”号，便可以用来确定仪表的准确度等级。目前仪表常用的准确度等级有 0.005，0.02，0.05，0.1，0.2，0.4，0.5，1.0，1.5，2.5，4.0 等。如果某台测温仪表的允许误差为 ±1.4%，则认为该仪表的准确度等级符合 1.5 级。

【例 5-1】　某台测温仪表的测温范围为 200～600℃，仪表的最大绝对误差为 ±3℃，试确定该仪表的相对百分误差与准确度等级。

解：仪表的相对百分误差为

$$\delta = \pm \frac{3}{600-200} \times 100\% = \pm 0.75\%$$

如果将仪表 δ 去掉“±”号和“%”号，其数值为 0.75。由于国家规定的精度等级中没有 0.75 级仪表，同时，该仪表的误差超过了 0.5 级仪表所允许的最大误差，所以这台测温仪表的精度等级为 1.0 级。

仪表准确度等级是衡量仪表质量优劣的重要指标之一。数值越小，准确度等级越高，仪表的准确度也越高。仪表准确度等级一般用不同的符号形式标志在仪表面板上，如 ⓵.⓪（圆圈内 1.0）、△（三角内 1.5）等。

2. 测量仪表的恒定度(变差)

测量仪表的恒定度常用变差来表示，又称回差，它是在外界条件不变的情况下，用仪表测量同一参数值正、反行程指示值间的最大绝对差值与仪表标尺范围之比的百分数表示，即：

$$\text{变差} = \frac{\text{正反行程最大绝对差值}}{\text{标尺上限} - \text{标尺下限}} \times 100\% \tag{5-6}$$

造成变差的原因很多，例如传动机构的间隙、运动件间的摩擦、弹性元件弹性滞后的影响等。必须注意，仪表的变差不能超出仪表的允许误差，否则应及时检修。

3. 灵敏度与灵敏限

仪表指针的线位移或角位移，与引起这个位移的被测参数变化量的比值称为仪表的灵敏度。所以仪表的灵敏度，在数值上就等于单位被测参数变化量所引起的仪表指针移动的距离(或转角)。如一台测量范围为 0～100℃的测温仪表，其标尺长度为 20mm，则其灵敏度为 0.2mm/℃，即温度每变化 1℃，指针移动了 0.2mm。

所谓仪表的灵敏限，是指引起仪表指针发生动作的被测参数的最小变化量。通常仪表灵敏限的数值应小于仪表允许绝对误差的一半。

灵敏限指标适用于指针式仪表，在数字式仪表中，用分辨力来表示仪表灵敏度。数字式仪表的分辨力就是在仪表的最低量程上最末一位改变一个数字所需被测参数变化量。以七位数字电压表为例，在最低量程满度值为 1V 时，它的分辨力为 0.1μV。数字式仪表能稳定显示的位数越多，则分辨力越高。

4. 反应时间

当用仪表对被测量物进行测量时，被测量物突然变化以后，仪表指示值总是要经过一段时间后才能准确地显示出来。反应时间就是用来衡量仪表能否尽快反应出参数变化的品质指标。反应时间大，说明仪表需要较长时间才能给出准确的指示值，那就不宜用来测量变化频繁的参数。所以仪表反应时间的长短，反映了仪表动态特性的好坏。

仪表的反应时间有不同的表示方法，当输入信号突然变化一个数值后，输出信号将由原始值逐渐变化到新的稳态值。对于一阶系统，仪表输出信号(即指示值)由开始变化到新稳态值的 63.2%所用的时间，称为时间常数。对于二阶系统，仪表输出信号由开始变化到新稳态值的 95%所用的时间，称为反应时间。

5. 线性度

线性度用来说明输出量与输入量的实际关系曲线偏离直线的程度。线性度通常用实际测得的输入－输出的特性曲线(称为标定曲线)与理论拟合直线之间的最大偏差与测量仪表满量程输出范围之比的百分数来表示。

6. 重复性

重复性表示测量仪表在被测参数按同一方向作全量程连续多次变动时所得标定特性曲线不一致的程度。

5.1.1.3 测量系统的信号

1. 信号类型

作用于测量装置输入端的被测信号，通常要转换成以下几种便于传输和显示的信号类型。

(1) 位移信号　位移信号包括直线位移和角位移两种形式，它属于一种机械信号。在测量力、压力、质量、振动等物理量时，通常都首先要把它们转换成位移量，然后再作进一步处理。

(2) 压力信号　压力信号包括气压信号和液压信号，工业检测中主要应用气压信号。在气动检测及执行系统中，以净化的恒压空气作为能源。采用气－电转换器，可将气压信号转换为电信号。

(3) 电气信号　常用的电气信号有电压、电流、阻抗和频率信号等。电气信号传送快、滞后小、可以远距离传递，便于和电子计算机连接。传感器将被测工艺参数的变化直接或间接地转换为电信号输出。

(4) 光信号　光信号包括光通量信号、干涉条纹信号、衍射条纹信号、莫尔条纹信号等。利用各种光学元件构成的光学系统可将光信号进行传递、放大和处理。在非电量电测技术中，利用光电元件可以将光信号转换成电信号。光信号的形式，既可以是连续的，又可以是断续(脉冲)式的。

2. 信号传递形式

从传递信号的连续性观点看，在检测系统中传递信号的形式可以分为模拟信号、数字信号和开关信号。

(1) 模拟信号　在任何时刻是连续变化的信号，即在任何瞬时都可以确定其数值的信号，称为模拟信号。在生产过程中常遇到的各种连续变化的物理量和化学量都属于模拟信号。模拟信号可以变换为电信号，即是平滑地、连续地变化的电压或电流信号。

(2) 数字信号　数字信号是一种以离散形式出现的不连续信号，通常用二进制数“0”和“1”组合的代码序列来表示。数字信号变换成电信号就是一连串的窄脉冲和高低电平交替变化的电压信号。

连续变化的工艺参数(模拟信号)可以通过数字式传感器直接转换成数字信号。然而大多数情况是首先把这些参数变换成电形式的模拟信号，然后再利用模/数(A/D)转换技术把模拟量再转换成数字量。

(3) 开关信号　用两种状态或用两个数值范围表示的不连续信号叫做开关信号。例如，用水银触点温度计来检测温度的变化时，可以利用水银触点的“断开”与“闭合”来判断温度是否达到给定值。在自动检测技术中，利用开关式传感器(如干簧管、电触点式传感器)可以将模拟信号变换成开关信号。

5.1.1.4　测量仪表分类

测量仪表依据所测参数的不同，可分成压力(差压、负压)测量仪表、流量测量仪表、物位测量仪表、温度测量仪表、物质成分分析仪表及物性检测仪表等。

测量仪表按指示数的方式不同，可分成指示型、记录型、讯号型、远传指示型、累积型等。

按精度等级及使用场合的不同，可分为实用仪表、范型仪表和标准仪表，分别使用在现场、实验室和标定室。

5.1.2　计量基础知识

第六届全国人大常务委员会第十二次会议于1985年9月6日通过的《计量法》明确规定，国家采用国际单位制(SI)和国家选定的其他计量单位为国家法定计量单位。非国家法定计量单位应当废除。

1. 法定计量单位

国家法定计量单位是国家以法律或法令形式规定允许使用的计量单位。我国的法定计量单位包括：

(1) 国际单位制的基本单位(见附表一)。

(2) 国际单位制中具有专门名称的导出单位(见附表二)。

(3) 国家选定的非国际单位制单位(见附表三)。

(4) 由以上单位构成的组合形式的单位。

(5) 由词头和以上单位所构成的十进倍数和分数单位(见附表四)。

2. 误差与数字修约规则

本部分内容可参考《石油化工通用知识》教材。

3. 量值传递

量值传递系统是指通过检定，将国家基准所复现的计量单位量值通过标准逐级传递到工作用计量器具，以保证被测对象所测到的量值准确一致的工作系统。量值传递是计量领域中的常用术语，其含义是指单位量值的大小，通过基准、标准直至工作计量器具逐级传递下去。它是依据计量法、检定系统和检定规程，逐级地进行溯源测量的范畴。其传递系统是根据量值准确度的高低，规定从高准确度量值向低准确度量值逐级确定的方法、步骤。计量器具很多，主要有容器计量、流量计计量、衡器计量等。

4. 企业计量标准

企业计量标准分成两部分，一是企业最高标准，二是次级标准，也称工作标准。对于石化、化肥、氯碱行业等大中型企业，在力学和电磁学传递系统中有企业最高标准和工作标准，对于中小型企业、橡胶行业、精细化工行业，一般只有企业最高标准而不设工作标准。

5.2 压力测量

5.2.1 基本知识

测量压力和真空度的仪表很多，按照其转换原理的不同，大致可分为四大类。

1. 液柱式压力计

它是根据流体静力学原理，将被测压力转换成液柱高度进行测量的。按其结构形式的不同，有U形管、单管和斜管压力计等。这种压力计结构简单，使用方便。但其精度受工作液的毛细管作用、密度及视差等因素影响，测量范围较窄，一般用来测量低压力或真空度。

2. 弹性式压力计

它是将被测压力转换成弹性元件变形的位移进行测量的。例如弹簧管压力计等。

3. 电气式压力计

它是通过机械和电气元件将被测压力转换成电量(如电压、电流、频率等)进行测量的仪表。例如电容式、电阻式、电感式、应变片式和霍尔片式压力计等。

4. 活塞式压力计

它是根据水压机液体传递压力的原理，将被测压力转换成活塞上所加平衡砝码的重量进行测量的。它的测量精度很高，允许误差可小到0.05%～0.02%。但结构较复杂，价格较贵，一般作为标准压力测量仪器，可检验其他类型的压力计。

5.2.2 弹性式压力计

弹性式压力计是利用各种形式的弹性元件，在被测介质压力的作用下，使弹性元件受压后产生弹性变形的原理而制成的测压仪表。这种仪表结构简单、使用可靠、读数清晰、牢固可靠、价格低廉、测量范围广且有足够的精度等。

弹簧管是压力计的测量元件，它是一根弯成270°圆弧的椭圆截面的空心金属管。金属管的自由端封闭，另一端固定在接头上。当通入被测压力 p 后，由于椭圆形截面在压力 p 作用下，将趋于变圆，弯成圆弧形的弹簧管随之产生向外挺直的扩张变形。由于变形，使弹簧管自由端产生位移。这就是弹簧管压力计的基本测量原理，如图 5－1 所示。

弹簧管自由端位移量很小，通过拉杆、扇形齿轮、中心齿轮等放大机构，带动指针偏转指示压力值。游丝用来克服因扇形齿轮和中心齿轮间的传动间隙而产生的仪表变差。改变调整螺钉的位置，可以实现压力表量程的调整。

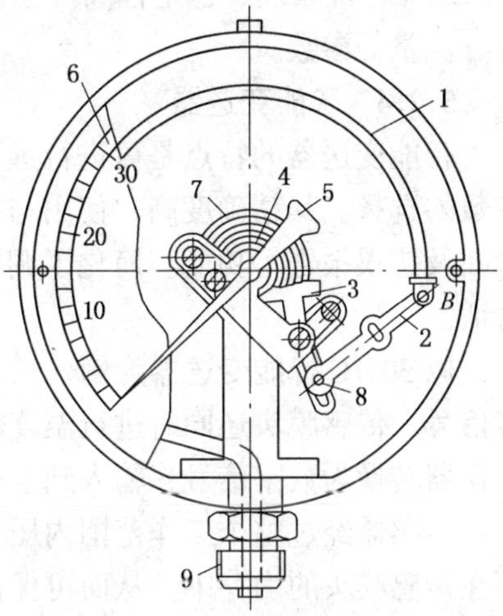

图 5－1　弹簧管压力表

1—弹簧管；2—拉杆；3—扇形齿轮；4—中心齿轮；5—指针；6—面板；7—游丝；8—调整螺钉；9—接头

5.2.3　电气式压力计

把压力转换为电信号输出，然后测量电信号的压力表叫电气式压力计。电气式压力计一般由压力传感器、测量电路和信号处理装置所组成。常用的信号处理装置有指示器、记录仪、控制器及微处理机等。

压力传感器的作用是把压力信号检测出来，并转换成电信号输出。各种弹簧管式电气压力计，如电阻式、电感式和霍尔片式等。但这类压力计不适应快速变化的脉动压力和高真空、超高压等场合下测量需要，因而出现了另一类电气式压力传感器，如压阻式、电容式和振弦式压力(差压)变送器等。

1. 压阻式压力变送器

压阻式压力变送器是利用单晶硅的压阻效应而构成。采用单晶硅片为弹性元件，在单晶硅膜片上利用集成电路加工工艺，在单晶面的特定方向扩散一组等值电阻，并将电阻接成桥路，将单晶硅片置于传感器腔内。当压力发生变化时，单晶硅产生应变，使直接扩散在上面的应变电阻产生与被测压力成比例的变化，再由桥式电路测量获得相应的电压输出信号。

压阻式压力变送器具有精度高、工作可靠、频率响应快、迟滞小、尺寸小、重量轻、结构简单等特点，适应恶劣的环境条件下工作，便于实现数字化。压阻式压力变送器不仅可以用来测量压力，还可用来测量差压、液位和流量等参数。

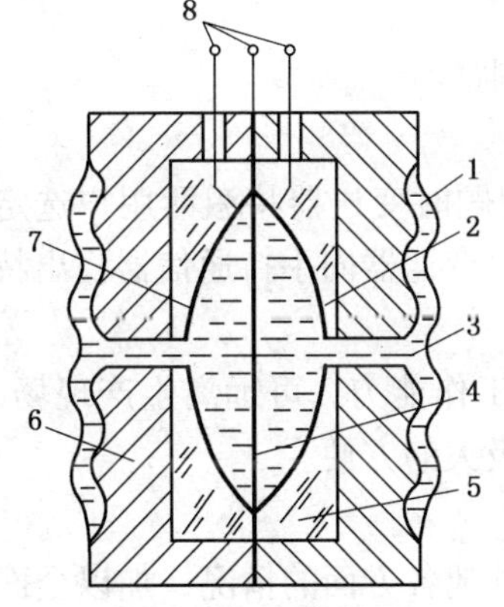

图 5－2　电容式差压变送器原理图

1—隔离膜片；2、7—固定电极；3—硅油；4—测量膜片；5—玻璃层；6—底座；8—引线

2. 电容式差压(压力)变送器

电容式差压(压力)变送器是将压力的变化转换为电容量的变化进行测量的。电容式差压变送器的测量部分如图 5－2 所示。测量膜盒内充有硅油，测量膜片(可动电极)和其两边弧形壳体(固定电极)分别形成电容 C_1 和 C_2。当被测压力加在测量侧的隔离膜片上后，通过腔内填充液的液压传递，将被测压力引入到中心测量膜片，使中心测量膜片产生位移，使测量膜片与两边弧形固定电极的距离不再相等，从而使 C_1 和 C_2 的电容量不再相等。通过转换部分的检测和放大，转换为 4～20mA 的直流电信号输出。

电容式压力变送器的精度较高，允许误差不超过量程的

±0.25%，可靠性、稳定性高。当测量膜盒两侧通以不同压力时，便可以用来测量差压、液位、流量等参数。

5.2.4 智能变送器

智能变送器的特点是可进行远程通信，利用手持通信器，可对现场变送器进行各种运行参数的选择。其精确度高，使用与维护方便。通过编程，使变送器具有自修正、自补偿、自诊断及错误报告等功能。简化了调整、校准与维护过程。使变送器与计算机、控制系统直接对话。

以3051C智能变送器为例，它是将被测压力通过电容传感器转换为与之成正比的差动电容信号。传感膜头还同时进行温度测量，用于补偿温度变化影响。电容和温度信号通过A/D转换器转换为数字信号，输入到电子线路板模块进行运算处理。

传感器经过整个工作范围内压力与温度循环测试，根据测试数据所得到的修正系数，储存在传感膜头的内存中，从而可保证变送器在运行过程中能精确地进行信号修正。

电子线路板模块包括微处理器、内存储器、D/A转换和数字通信等。它接收来自传感膜头的输入信号和修正系数，然后对信号加以修正与线性化。输出部分再将数字信号转换成4~20mADC电流信号，并与手持通信器进行通信。

在电子线路板模块的永久性EEPROM存储器中存有变送器的组态数据，当遇到意外停电，其中数据仍然保存，所以恢复供电后，变送器能立即工作。

数字通信格式符合HART协议，该协议使用了工业标准Bell 202频移调制(FSK)技术。通过在4~20mADC输出信号上叠加数字信号完成远程通信。模拟输出和数字通信同时进行，不影响回路完整性。

3051C型差压变送器所用的手持通信器为275型，其中带有键盘和液晶显示器。它可以接在现场变送器的信号端子上就地设定各参数，也可以在远离现场的控制室中，接在某个变送器的信号线上进行远程设定及检测。为了便于通信，信号回路必须有不小于250Ω的负载电阻。手持通信器能够实现下列功能。

(1) 组态　组态可分为两部分。首先，设定变送器工作参数，包括测量范围、线性或平方根输出、阻尼时间常数、工程单位选择；其次可向变送器输入信息性数据，对变送器进行识别与物理描述，包括给变送器指定工位号、描述符等。

(2) 变更测量范围　当需要更改测量范围时，不需到现场调整。

(3) 校准变送器　包括零点和量程的校准。

(4) 自诊断　3051C型变送器可进行连续自诊断。当出现问题时变送器将激活用户选定的模拟输出报警。手持通信器可以询问变送器，确定问题所在。变送器向手持通信器输出特定的信息以识别，从而可以快速地进行维修。

由于智能型差压变送器具有优良的总体性能及长期的稳定工作能力，可远离生产现场，尤其是危险或不易到达的地方，给变送器的运行和维护带来了极大的方便。

5.2.5 压力计选用

压力计选用应根据工艺生产过程对压力测量的要求，结合其他各方面的情况，加以全面考虑和具体分析。一般应该考虑以下几个方面的问题。

1. 类型选择

仪表类型的选用必须满足工艺生产的要求。例如是否需要远传变送、自动记录或报警；被测介质的物理化学性质(如腐蚀性、温度高低、黏度大小、脏污程度、易燃易爆等)是否对测量仪表提出特殊要求；现场环境条件(如高温、电磁场、振动及现场安装条件等)对仪表类型有否特殊要求等。总之，根据工艺要求正确选用仪表类型是保证仪表正常工作及安全生产的重要前提。

如普通压力计的弹簧管多采用铜合金，高压采用碳钢。而氨用压力计弹簧管的材料却都采用碳钢，不允许采用铜合金，因为氨气对铜的腐蚀极强，所以普通压力计用于氨气压力测量很快就要损坏。氧气压力计和普通压力计在结构和材质上完全相同，只是氧用压力计禁油。因为油进入氧气系统会引起爆炸，所以氧气压力计在校验时，不能像普通压力计那样采用变压器油做工作介质，并且氧用压力计在存放中要严格避免接触油污。

2. 测量范围的确定

仪表的测量范围是指被测量可按规定精确度进行测量的范围，它是根据操作中需要测量的参数大小来确定的。

在测量压力时，为了延长仪表使用寿命，避免弹性元件因受力过大而损坏，压力计的上限值应该高于工艺生产中可能的最大压力值。在测量压力时，最大工作压力不应超过满量程的2/3；为了保证测量值的准确度，被测压力值不能太接近于仪表的下限值，一般被测压力的最小值应大于仪表满量程的1/3为宜。

根据被测参数的最大值和最小值计算出仪表的上、下限后，还应按仪表系列规格或产品目录确定。如量程为 $0 \sim 1$、1.6、2.5、4、6×10^n，n 为 0、1、2 等。

3. 仪表准确度等级选取

仪表准确度是根据工艺生产上所允许的最大测量误差来确定的。一般来说，所选用的仪表精度越高，测量结果越准确误差越小。但不能认为选用的仪表准确度越高越好，因为精确度越高的仪表，一般价格越贵，操作和维护越费事。因此，在满足工艺要求的前提下，应尽可能选用准确度较低、价廉耐用的仪表。

5.3 流量测量

5.3.1 基本知识

流量是指单位时间内流过管道某一截面的流体数量的大小。测量流量方法很多，其测量原理和所应用的仪表结构形式各不相同。

1. 速度式流量计

这是一种以测量流体在管道内的流速作为测量依据来计算流量的仪表。例如差压式流量计、转子流量计、电磁流量计、涡轮流量计等。

2. 容积式流量计

这是一种以单位时间内所排出的流体的固定容积的数目作为测量依据来计算流量的仪表。例如椭圆齿轮流量计、腰轮流量计和活塞式流量计等。

3. 质量式流量计

这是一种以测量流过的质量为依据的流量计，例如惯性力式质量流量计、补偿式质量流量计等。它具有被测流量的数值不受流体的温度、压力、黏度等变化的影响。

5.3.2 差压式流量计

差压式(节流式)流量计是基于流体流动的节流原理，利用流体流经节流装置时产生的压力差而实现流量测量的。它是目前生产中测量流量最成熟、最常用的方法之一。通常是将被测流量转换成压差信号的节流装置(如孔板、喷嘴、文丘里管)将管道中流体流量的大小转换成相应的压差大小，由导压管引出，并用相应的差压计或差压变送器来测量。目前主要是通过差压变送器转换成相应的电信号以供显示，记录或调节之用。所以差压式流量计一般应由节流装置、导压管、差压计或差压变送器三部分组成。

5.3.2.1 节流原理与流量基本方程式

1. 节流原理

流体在有节流装置的管道中流动时，在节流装置前后的管壁处，流体的静压力产生差异的现象称为节流现象。

所谓节流装置就是在管道中放置的一个局部收缩元件，应用最广泛的是孔板，其次是喷嘴、文丘里管。以孔板为例说明节流原理。

具有一定能量的流体，才可能在管道中形成流动状态。流动流体的能量有两种形式，即静压能和动能。流体由于有压力而具有静压能，又由于流体有流动速度而具有动能。这两种形式的能量在一定条件下可以互相转化。根据能量守恒定律，流体所具有的静压能和动能，再加上克服流动阻力的能量损失，在没有外加能量的情况下，其总和是不变的。由于节流装置造成流束的局部收缩，使流体的流速发生变化，即动能发生变化。与此同时，流体静压能的静压也要变化。

节流装置前流体压力较高，称为正压，以“+”标志；节流装置后流体压力较低，称为负压，以“-”标志。节流装置前后压差的大小与流量有关。管道中流动的流体流量越大，在节流装置前后产生的压差也越大，只要测出孔板前后侧压差的大小，即可获得流量的大小，这就是节流装置测量流量的基本原理。

2. 流量基本方程式

流量基本方程式是阐明流量与压差之间的定量关系的基本流量公式。它是根据流体力学中的伯努利方程式和连续性方程式推导的，即：

$$Q = \alpha\varepsilon F_0\sqrt{\frac{2}{\rho_1}\Delta p} \tag{5-7}$$

$$M = \alpha\varepsilon F_0\sqrt{\rho_1\Delta p} \tag{5-8}$$

式中 Q——体积流量；

M——质量流量；

α——流量系数，与节流装置的结构形式、取压方式、孔口截面积与管道截面积之比 m、雷诺数 Re、孔口边缘锐度、管壁粗糙度等因素有关；

ε——膨胀校正系数，与孔板前后压力的相对变化量、介质的等熵指数、孔口截面积与管道截面积之比等因素有关。运用时可查阅有关手册，但对不可压缩的液体来说，常取 $\varepsilon=1$；

F_0——节流装置的开孔截面积；

Δp——节流装置前后实际测得的压力差；

ρ_1——节流装置前的流体密度。

由流量基本方程式可以看出，要知道流量与压差的确切关系，关键在于 α 的取值。α 是一个受许多因素影响的综合性系数，例如节流装置型式、尺寸、取压方式、工艺条件等等。

对于标准节流装置，其值可从有关手册中查出；对于非标准节流装置，其值要由实验方法确定。

由流量基本方程式还可以看出，流量与压力差 Δp 的平方根成正比。所以，使用这种流量计测量流量时，如果不加开方器，流量标尺刻度是不均匀的。起始部分的刻度很密，后来逐渐变疏。因此，在用差压法测量流量时，被测流量值不应接近于仪表的下限值，否则误差将会很大。

5.3.2.2 标准节流装置

差压式流量计由于使用历史长久，已经积累了丰富的实践经验和完整的实验资料。因此国内外已把最常用的节流装置：孔板、喷嘴、文丘里管进行了标准化，并称为“标准节流装置”。采用标准节流装置进行设计计算时都有统一标准规定、要求和计算所需要的实验数据。需要时可查阅有关手册或资料。

标准节流装置在使用时必须满足一定条件。液体应充满圆型管道并连续流动；管道内液体应该是稳定的；液体必须是单相、均匀、洁净的；液体在流进节流装置前流束必须与管道平行，不能有旋转流。标准节流装置不适应脉动流和临界流的流量测量。标准节流装置的安装管道应是圆直管道，管道内壁洁净，节流件前后要有一定长度的直管段。标准节流装置适应管道直径为 50 ~ 1000mm。

5.3.3 其他流量计

5.3.3.1 转子流量计

转子流量计适应管道直径在 50mm 以下的小流量测量。

1. 工作原理

转子流量计和差压式流量计不同，差压式流量计是在节流面积不变的条件下，以差压变化来反映流量的大小。而转子流量计是以压降不变，利用节流面积的变化来测量流量的大小，即转子流量计采用恒压降、变节流面积的流量测量方法。

转子流量计由两部分组成，一是由下往上逐渐扩大的锥形管，另一个是放在锥形管内可自由运动的转子。被测流体由锥形管下端进入，沿锥形管向上流动，推动转子上移，流经转子与锥形管之间的环形面积，经上端流出。当流体向上推力与转子浸没在液体里的重力相等时，转子稳定在一定高度。转子在锥形管中的平衡位置高度与被测流体的流量大小相对应。这就是转子流量计的测量原理。

2. 转子流量计指示值修正

转子流量计是一种非标准仪表，其流量标尺上的刻度值，是在工业标准状态(20℃，0.10133MPa)下用水和空气进行刻度的。即用于测量液体是代表 20℃水的流量值，用于测量气体是代表 20℃，0.10133MPa 压力空气的流量值。所以在实际使用时，如果被测介质的密度和工作状态不同，必须对流量指示值按照实际被测介质的密度、温度、压力等参数的具体情况进行修正，参见有关修正公式。

5.3.3.2 椭圆齿轮流量计

1. 工作原理

椭圆齿轮流量计的测量部分是由两个相互啮合的椭圆型齿轮 A 和 B、轴及壳体组成。椭圆型齿轮与壳体之间形成测量室，如图 5 – 3

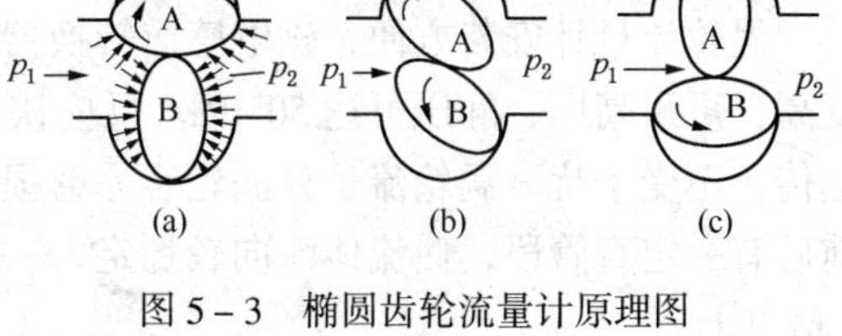

图 5 – 3 椭圆齿轮流量计原理图

所示。

当流体流过椭圆齿轮流量计时，使进口侧压力大于出口侧压力，在此压力差的作用下，产生作用力矩使椭圆齿轮连续转动。由于 $p_1 > p_2$，在 p_1 和 p_2 的作用下所产生的合力矩使 A 轮顺时针方向转动。此时 A 轮为主动轮，B 轮为从动轮。继续转动，A、B 同为主动轮，继续转动，B 轮为主动轮，A 轮为从动轮，并将吸入的半月形容积内的介质排除出口。如此循环，A 轮和 B 轮相互交替地由一个带动另一个转动，并将被测介质以半月形容积 V_0 为单位一次一次由进口排至出口，椭圆齿轮每转一周可排出 4 个半月形容积的被测介质，n 为椭圆齿轮的旋转速度。故通过椭圆齿轮流量计的体积流量 Q 为：

$$Q = 4nV_0 \tag{5-9}$$

由上式可知，在椭圆齿轮流量计的半月形容积 V_0 已定的条件下，只要测量出椭圆齿轮的速度 n，便可知道被测介质的流量。

2. 椭圆齿轮流量计使用特点

由于椭圆齿轮流量计是基于容积式测量原理的，与流体的黏度等性质无关，因此，特别适应高黏度介质的流量测量，测量精度较高，压力损失较小，安装使用较方便。但在使用时被测介质不能含有固体颗粒，否则会引起齿轮磨损乃至卡死失灵。为此椭圆齿轮流量计入口应加装过滤器。另外椭圆齿轮流量计有一定温度适应范围，结构复杂，加工较为困难，成本较高是其不足。

5.3.3.3 涡轮流量计

在流体流动的管道内，安装一个可以自由转动的叶轮，当流体流过叶轮时，流体的动能使叶轮旋转，流体的流速越高，动能越大，叶轮转速也就越高。在规定的流量范围和一定的流体黏度下，转速与流量成线性关系。因此测出叶轮的转速或转数，就可确定流过管道的流体流量或总量。这种仪表称为流速式仪表，涡轮流量计就是根据这种原理工作的。

1. 涡轮流量计工作原理

涡轮流量计主要由涡轮、导流器、磁电感应转换器和前置放大器等部分组成。涡轮是用高导磁系数的不锈钢材料制成，叶轮芯上装有螺旋形叶片，流体作用在叶片上使之转动。导流器用于稳定流体的流向和支承叶轮。磁电感应转换器由线圈和磁钢组成，用于将叶轮的转速转换成电信号，以供前置放大器放大处理。整个涡轮流量计安装在外壳上，外壳由非导磁不锈钢材料制成。

涡轮流量计工作原理。当流体通过涡轮叶片与管道之间的间隙时，由于叶片前后压差产生的力推动叶片，使涡轮旋转。在涡轮旋转的同时，高导磁性的涡轮周期性的扫过磁钢，使磁钢的磁阻发生周期性的变化，线圈中的磁通量也跟着发生周期性的变化，线圈中便感应出交流电信号。交变电信号的频率与涡轮的转速成正比，也即与流量成正比。此信号经前置放大器放大后，送电子计数器、电子频率计或计算机，以累计或指示流量。

2. 涡轮流量计特点

涡轮流量计安装方便，磁电感应转换器与叶片间不需密封和齿轮传动机构。因而测量精度高，可耐高压，静压可达 50MPa。反应快，可测脉动流量。输出信号为电频率信号，便于远传，不受干扰。涡轮流量计涡轮容易磨损，被测介质应洁净，或加过滤器。安装必须保证前后有一定直管段，使流体流向较稳定，一般入口直管段为管道内径的 10 倍以上，出口为 5 倍以上。

5.3.3.4 电磁流量计

当被测介质是具有导电性的液体介质时，可用电磁感应方法测量流量，电磁流量计能够测量酸、碱、盐溶液及含有固体颗粒或纤维液体的流量。

1. 电磁流量计工作原理

电磁流量计通常由变送器和转换器两部分组成，被测介质的流量经变送器变换成感应电势后，再经转换器把电势信号转换成统一的直流信号输出，以便进行指示、记录使用。

在一段非导磁材料制成的管道外面，安装有一对磁极 N 和 S，用以产生磁场。当导电流体流过管道时，因流体切割磁力线而产生感应电势。此感应电势由与磁极成垂直方向的两个电极引出。当磁感应强度不变，管道直径一定时，这个感应电势的大小仅与流体流速有关，与其他因素无关。将此感应电势经放大、转换、传送给显示仪表或计算机显示。

2. 电磁流量计特点

电磁流量计的测量导管内无可动和突出部件，因而压力损失很小。采用防腐衬里后，可测量各种腐蚀性液体流量，亦可测量含有颗粒、悬浮物等流量。另外输出信号不受流体物理性质(如湿度、压力、黏度等)变化和流动状态的影响。反应速度快，可测量脉动流量。

电磁流量计只能测量导电流体流量，不能测量气体、蒸气及石油制品等。电势信号小，系统复杂，成本高，易受外界电磁场干扰，使用中应特别注意。

5.3.3.5 质量流量计

质量流量计能够直接测量管道中被测介质的质量流量，不受介质工作状态的影响。质量流量计一般可分为直接式和推导式两类。直接式有热力式、科氏力式和差压式等。推导式质量流量计可分为温度压力补偿式和密度补偿式两种。

科氏力式质量流量计测量系统一般由传感器、变送器及数字式指示累计器等三部分组成的。传感器是根据科里奥利(Coriolis)效应制成的。由传感管、电磁驱动器和电磁检测器三部分组成。传感管的结构种类很多，有的是两根 U 形管，有的是两根 Ω 形管，有的是两根直管等。

当液体流过 U 形管传感器的两个平行的测量管时，会产生一个与液体方向横向的速度及相应的科里奥利力，该力使测量管振荡而发生扭曲。这一扭曲现象被称为科里奥利现象。电磁驱动器使传感器以其固有频率振动，而流体使 U 形管传感器在科里奥利力的作用下产生扭曲，在它的左右两侧产生一个相位差，该相位差与质量流量成正比。电磁检测器输出信号经滤波、积分、放大等处理后，转换成与质量流量成正比例的 4 ~ 20mADC 模拟信号和一定频率信号两种形式输出。

科氏力式质量流量计的主要特点是可直接测量质量流量，输出信号仅与质量流量成正比，与被测介质的温度、压力、密度和黏度等参数的变化无关。无可动部件，可靠性较高，维护容易，输出线性，测量精度高，可达 0.1% ~ 0.2%，并可以和 DCS 计算机连用。适应于高压气体、各种液体的测量，如腐蚀性、脏污介质、悬浮液及两相流体等。

5.4 物位测量

5.4.1 基本知识

容器中液体介质的高低叫液位，容器中固体或颗粒状物质的堆积高度叫料位。测量液位的仪表叫液位计，测量料位的仪表叫料位计，而测量两种密度不同液体介质的分界面的仪表叫界面计。上述三种仪表统称为物位仪表。测量物位的仪表种类很多，按工作原理分为下列几种类型。

(1) 直读式液位计　这类仪表中主要有玻璃管液位计、玻璃板液位计等。

(2) 差压式液位计　又可分为压力式液位仪表和差压式液位仪表，利用液柱或物料堆积对某定点产生的压力的原理而工作。

(3) 浮力式液位计　利用浮子高度随液位变化而改变或液体对浸沉于液体中的浮子的浮力随液位高度而变化的原理工作。它又可分为浮子带钢丝绳的、浮球带杠杆的和沉筒式的等几种。

(4) 电磁式物位计　使物位的变化转换为一些电量的变化，通过测出这些电量的变化来测知物位。它可以分为电阻式(即电极式)物位仪表、电容式物位仪表和电感式物位仪表等。还有利用压磁效应工作的物位仪表。

(5) 核辐射式物位计　利用核辐射线透过物料时，其强度随物质层的厚度而变化的原理而工作的。目前应用较多的是γ射线。

(6) 声波式物位计　由于物位的变化引起声阻的变化、声波的遮断和声波反射距离的不同，测出这些变化就可测知物位。所以声波式物位仪表可以根据它的工作原理分为声波遮断式、反射式和声阻尼式。

(7) 光学式物位计　利用物位对光波的遮断和反射原理工作，它利用的光源可以有普通白炽灯光或激光等。

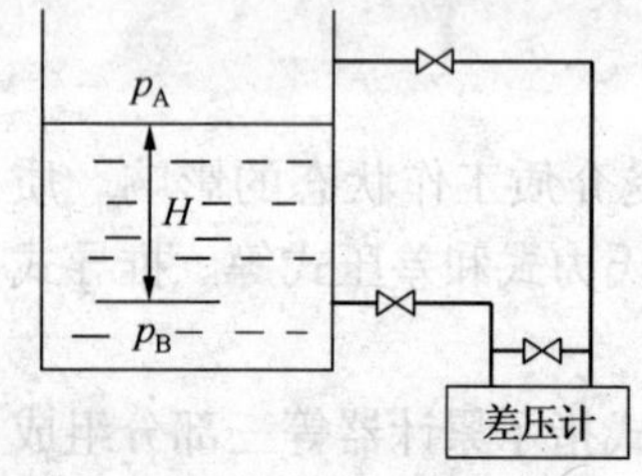

图 5-4　差压式液位计原理图

5.4.2　差压式液位计

5.4.2.1　工作原理

差压式液位计是利用容器内的液位变化时，由液柱产生的静压也相应变化的原理而工作的，如图 5-4 所示。

当差压计的一端接液相，另一端接气相时，根据流体静力学原理可知：

$$p_B = p_A + H\rho g \tag{5-10}$$

式中　p_A、p_B——分别是 A、B 两处的压力；

H——液位高度；

ρ——介质密度；

g——重力加速度。

由上式得：

$$\Delta p = p_B - p_A = H\rho g$$

通常被测介质的密度是已知的。因此，差压计测得差压与液位高度 H 成正比。这就是差压式液位测量原理。

当用差压式液位计来测量液位时，若被测容器是敞口的，气相压力为大气压，则差压计的负压室通大气就可以了，也可以用压力计来直接测量液位的高低。若是密封受压容器，则需将差压计的负压室与容器的气相相连接。

5.4.2.2　零点迁移

在使用差压变送器或差压计测量液位时，一般来说，其压差 Δp 与液位高度 H 之间有如下关系：

$$\Delta p = H\rho g \tag{5-11}$$

这属于一般的“无迁移”情况。当 $H=0$ 时，作用在正、负压室的压力是相等的。但是在实际应用中，往往 H 与 Δp 之间的对应关系不那么简单。例如图 5-5 所示，为防止容器内液体和气体进入变送器而造成管线堵塞或腐蚀，并保持负压室的液柱高度恒定，在变送器正、负压室与取压点之间分别装有隔离罐，并充以隔离液，差压变送器与取压口的高度由安装现场决定，一般不与最低液面相同。若被测介质密度为 ρ_1，隔离液密度为 ρ_2，这时正、负压室的压力分别为：

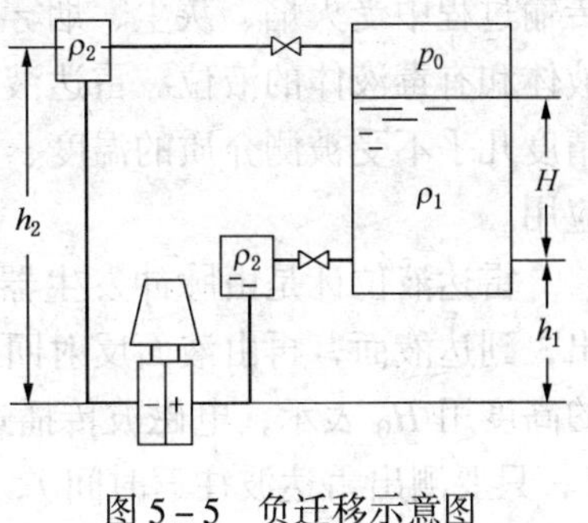

图 5-5　负迁移示意图

$$p_1 = h_1\rho_2 g + H\rho_1 g + p_0 \quad (5-12)$$

$$p_2 = h_2\rho_2 g + p_0 \quad (5-13)$$

正、负压室间的压差为：

$$\begin{aligned}\Delta p &= p_1 - p_2 = H\rho_1 g + h_1\rho_2 g - h_2\rho_2 g \\ &= H\rho_1 g - (h_2 - h_1)\rho_2 g\end{aligned} \quad (5-14)$$

式中　Δp——变送器正、负压室的压差；

H——被测液位的高度；

h_1——正压室隔离罐液位到变送器的高度；

h_2——负压室隔离罐液位到变送器的高度。

由上式可知，当 $H=0$ 时，$\Delta p = -(h_2 - h_1)\rho_2 g$，不等于零，负压室多了一项固定压力值$(h_2 - h_1)\rho_2 g$，变送器的输出不等于 4mA，小于 4mA。同理，当 $H = H_{max}$时，变送器的输入小于 Δp_{max}，其输出必小于 20mA。为了使仪表的输出能正确反映液位的数值，使液位的零位与满量程能与变送器的输出上、下限值相对应，必须设法抵消固定差压$(h_2 - h_1)\rho_2 g$，使得当 $H=0$ 时，变送器的输出仍然回到 4mA，而当 $H = H_{max}$时，变送器的输出能为 20mA。采用的方法是在仪表上加一弹簧装置，以抵消固定差压$(h_2 - h_1)\rho_2 g$ 的作用，这种方法称为“零点迁移”。用来进行迁移的弹簧称为迁移弹簧。

迁移弹簧的作用是改变变送器的零点，同时改变了测量范围的上、下限，相当于测量范围的平移，它不改变量程的大小。例如，某差压变送器的测量范围为 0～5000Pa，当压差由 0 变化到 5000Pa 时，变送器的输出将由 4mA 变化到 20mA，这是无迁移的情况。当有迁移时，Δp 从 -2000Pa 到 +3000Pa 变化时，变送器的输出应从 4mA 变化到 20mA。它保持原来的量程 5000Pa 大小不变，只是向负方向迁移了一个固定压差值$[(h_2 - h_1)\rho_2 g = 2000\text{Pa}]$，这种情况称之为负迁移。

由于工作条件不同，有时会出现正迁移的情况。当 $H=0$ 时，正压室多了一项附加压力。

5.4.2.3　法兰差压变送器测量液位

在测量具有腐蚀性或含有结晶颗粒以及黏度大、易凝固等液体液位时，为了解决引压管线不被腐蚀堵塞的问题，可用法兰式差压变送器。变送器的法兰直接与容器上的法兰相连接。作为敏感元件的测量头(金属膜盒)，经毛细管与变送器的测量室相通。在膜盒、毛细管和测量室所组成的封闭系统内充有硅油，作为传压介质，并使被测介质不进入毛细管与变送器，以免堵塞。法兰式差压变送器的测量原理同上。

5.4.3　其他物位计

5.4.3.1　雷达液位计

雷达液位计是一种采用微波技术的液位检测仪表。由于微波具有良好的定向辐射性，在传输过程中受火焰、灰尘、烟雾及强光的影响极小，因此可以连续测量腐蚀性液体、高黏度液体和有毒液体的液位。雷达液位计没有可动部件、不接触介质、没有测量盲区，而且测量精度几乎不受被测介质的温度、压力、相对介电常数的影响，在易燃易爆等恶劣工况下仍能应用。

雷达液位计是由脉冲发生器、发送器、接收器、计时器和天线组成。雷达波由天线发出，到达液面，再由液面反射回来被同一天线接收，其间的往返时间用 t 表示。天线到液面的高度用 H_0 表示，电磁波传播速度是常数为 300000km/s。天线到容器底部参考点的距离为 L，只要测出雷达波往返时间 t，就可以知道液位的高度 $H(H = L - H_0)$，这就是雷达液位计测量原理。

由于电磁波的传播速度很快，要精确地测量雷达波的往返时间是比较困难的。目前雷达探测器对时间的测量有微波脉冲法及连续波调频法两种测量方法。

微波脉冲法是脉冲发生器生成一系列脉冲信号，由发送器送到天线发出，到达液面并由液面反射后由接收器接收。计数器收到由脉冲发生器和由信号接收器来的脉冲信号后，要直接计算时间差往往达不到要求的精度。微波脉冲法通常采用合成脉冲波的方法，即先对发送波和反射波进行合成，得到合成脉冲雷达波，然后通过测量发送波和反射波的频率差，间接计算脉冲波的往返时间 t，这样就可计算出被测液位高度 H。

5.4.3.2 超声波物位计

超声波是指高于 20kHz 的声波。利用超声波进行液位测量，首先要解决超声波发射和接收问题，超声波的发射和接收是利用超声换能器实现。超声换能器是实现电能－超声能相互转换器件。常用的有压电晶体换能器，它是根据“压电效应”和“逆压电效应”原理工作的。压电效应是压电晶体在外力的作用下，在晶体两个受力端面上产生异性电荷。当受力作交替变化时，形成交变电场，通过外电路形成电信号。逆压电效应是在压电晶体两个端面上施加交变电压时，压电晶体将产生机械振动，向附近介质发出声波。

1. 基本原理

当声波从一种介质向另一种介质传播时，在两种密度不同、声速不同的介质的分界面上，传播方向发生变化。一部分被反射，另一部分被折射。当声波从液体或固体传播到气体，或相反情况，由于两种介质的密度相差悬殊，声波几乎全部被反射。因此，当置于容器底部的换能器向液面发射短促的声脉冲时，经过时间 t，换能器便可接收到从液面反射回来的回波声脉冲。设探头到液面的距离为 H，声波在液体中的传播速度为 v，则存在关系为：

$$H = \frac{1}{2}vt \tag{5-15}$$

对于一定液体来说 v 是已知的，因此只要测出时间 t，便可确定距离，即液位高度 H。

2. 超声波物位计的特点

超声波液位计的特点是检测元件(探头)可以做到不和介质接触，进行非接触测量；测量范围广，可测液体、粉末等；可测量低温介质；仪表无可动部件，探头压电晶体振幅小、寿命长；缺点是不能承受高温，声速受介质影响，电路复杂。

5.4.3.3 核辐射物位计

放射性同位素的辐射线射入一定厚度的介质时，部分粒子因克服阻力与碰撞动能消耗被吸收，另一部分粒子则透过介质。射线的透射强度 I 随着通过介质层厚度的增加而减弱。入射强度为 I_0 的放射源，随介质厚度 H 增加其强度呈指数规律衰减，μ 为介质对放射线的吸收系数，其关系为：

$$I = I_0 e^{-\mu H} \tag{5-16}$$

不同介质吸收射线的能力是不同的，一般固体吸收能力最强，液体次之，气体最弱。当放射源一定，被测介质不变时，则 I_0 和 μ 都是常数，由上式可知，只要测知通过介质后射线强度 I 就可知道介质的厚度 H，即液位或料位的高度。这就是放射线测量物位法。

核辐射物位计由放射源射出强度为 I_0 的射线，接受器用于检测透过介质后的射线强度 I，经信号处理配显示仪表指示物位高度。

核辐射物位计特点是核辐射线能够穿透钢板等各种物质，可不与被测介质接触，适应于高温、高压容器、强腐蚀、剧毒、有爆炸性、黏滞性、易结晶或沸腾状态的介质的物位测量，还可测量高温熔融金属液位。核辐射线特性不受温度、湿度、压力、电磁场等影响，所以可在高烟雾、粉尘、强光及强电磁场等环境工作。但由于放射线对人体有害，使用范围受到一定限制。

5.5 温度测量

5.5.1 基本知识

温度是表征物体冷热程度的物理量。温度参数是不能直接测量的，一般只能根据物质的某些特性值与温度之间的函数关系，通过对这些特性参数的测量间接地获得。按照测量方式的不同，温度测量仪表可以分为接触式与非接触式两类。

接触法可以直接测得被测物体的温度，因而简单、可靠、测量精度高。但由于测温元件与被测介质需要进行充分的热交换，因而产生了测温的滞后现象。非接触法测温，是利用物体的热辐射特性，通过对辐射能量的检测实现测温，化工生产中不常用。

5.5.1.1 温标

用来度量物体温度高低的标尺叫做温度标尺，简称“温标”，它是用数值表示温度的一种方法。它规定了温度的读数起点(零点)和测量温度的基本单位。各种温度的刻度数值均由温标确定。目前使用较多的温标有摄氏温标、华氏温标、热力学温标和国际实用温标。

5.5.1.2 温度测量仪表分类

由于温度参数不能直接测量，一般只能根据物质的某些特性值与温度之间的函数关系实现间接测量，温度测量的基本原理是与这些特性值的选择密切相关。工业常用测温仪表分类如下。

1. 玻璃液体温度计

利用液体受热时产生热膨胀的原理制成的膨胀式温度计。玻璃液体温度计按其充填的工作液不同可分为水银温度计和有机液温度计。玻璃液体温度计由于液体膨胀系数比玻璃大，因此当温度升高时，温包中工作液因膨胀而沿毛细管上升，根据玻璃管刻度标尺可以指示被测温度的高低。

玻璃液体温度计主要特点是直观、结构简单、使用方便、测量准确、价格低廉，但容易破损、读数麻烦，一般只能现场指示，不能记录与远传。一般测温范围是有机液 -100～150℃，水银 0～350(-80～650)℃。

2. 双金属温度计

双金属温度计中的感温元件是用两片线膨胀系数不同的金属片叠焊在一起制成的。双金属片受热后由于两金属片的膨胀长度不同而产生弯曲，弯曲的位移大小或角度反映了被测温度。温度越高，产生的线膨胀长度差越大，因而引起弯曲的角度就越大。双金属温度计就是根据这一原理制成的。

用双金属片制成的温度计，通常被用于温度继电控制器(如烘箱、恒温箱的温度控制)、极值温度信号器或其他仪表的温度补偿器。

双金属温度计主要特点是结构简单、机械强度大、价格低、报警与自控。但精度低，不能离开测量点测量，量程与使用范围均有限，一般测温范围为 0～300(－50～600)℃。

3. 电阻温度计

热电阻温度计是利用导体或半导体的电阻随温度变化的性质制成的温度计。电阻温度计测量精度高，便于远距离、多点、集中测量和自动控制，结构较复杂、不能测量高温，由于体积大，测点温较困难。测温范围为铂电阻－200～600℃，铜电阻－50～150℃，热敏电阻－100～300℃。

4. 热电偶温度计

利用金属的热电性质可以制成热电偶温度计。热电偶温度计测温范围广，精度高，便于远距离、多点、集中测量和自动控制，需要冷端温度补偿，在低温段测量精度较低。

5.5.2 热电偶温度计

热电偶温度计是基于热电效应原理测量温度的。它的测温范围很广，可测量生产过程中 0～1600℃范围内液体、蒸气和气体介质温度。这类仪表结构简单、使用方便、测温准确可靠、便于远传、自动记录和集中控制，因而在生产中应用普遍。

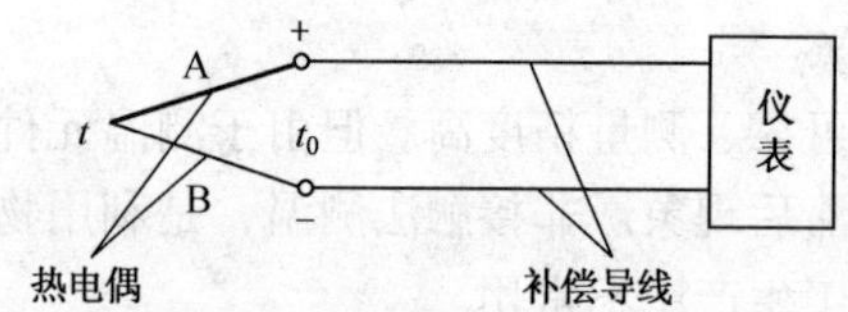

图 5－6　热电偶温度计测温系统图

图 5－6 是热电偶测温系统示意图，它主要由热电偶、测量仪表、连接导线三部分组成。热电偶是系统中的测温元件；测量仪表是用来检测热电偶产生的热电势信号；导线用来连接热电偶与测量仪表。为了提高测量精度，一般都要采用补偿导线和冷端温度补偿。

5.5.2.1 热电偶

在热电偶测温系统中，热电偶是测温元件，是由两种不同材料的导体 A 和 B 焊接而成，如图 5－6 所示。焊接的一端插入被测介质中，感受被测温度，称为热电偶的工作端(亦称热端)，另一端与导线连接，称为自由端(亦称冷端)。导体 A、B 称为热电极，合称热电偶。

1. 热电现象及测温原理

两根不同材料的金属导线 A 和 B，将其两端焊在一起，组成一个闭合回路。如将其一端加热，使热端温度 t 高于冷端温度 t_0，那么在此闭合回路中就有热电势产生。如果在此回路中串接一只直流毫伏计，就可见到毫伏计中有电势指示，这种现象称为热电现象。当冷端温度固定，热端温度与热电势成对应关系，这就是热电偶测温原理。

2. 常用热电偶的种类

常用热电偶及其主要特性如表 5－1。

将热电偶自由端固定为 0℃，分别测出热电偶高温端温度所对应热电势值，并列成表格，称为分度表，不同的热电偶具有不同分度表。热电偶的分度表用于标定显示仪表的刻度和校验热电偶。

表 5-1 工业用热电偶

热电偶名称	代号	分度号	热电偶材料		测温范围/℃	
			正热电极	负热电极	长期使用	短期使用
铂铑$_{30}$-铂铑$_{6}$	WRR	B	铂铑$_{30}$合金	铂铑$_{6}$合金	300~1600	1800
铂铑$_{10}$-铂	WRP	S	铂铑$_{10}$合金	纯铂	-20~1300	1600
镍铬-镍硅	WRN	K	镍铬合金	镍硅合金	-50~1000	1200
镍铬-铜镍	WRE	E	镍铬合金	铜镍合金	-40~800	900
铁-铜镍	WRF	J	铁	铜镍合金	-40~700	750
铜-铜镍	WRC	T	铜	铜镍合金	-40~300	350

3. 热电偶结构

热电偶基本结构通常由热电极、绝缘套管、保护套管和接线盒等部分构成。

(1) 热电极　组成热电偶的两根热偶丝称为热电极，热电极有正、负之分。贵重金属电极丝直径为0.3~0.65mm，普通金属电极丝直径为0.5~3.2mm。

(2) 绝缘套管　也称绝缘子，用于防止两根热电极短路。其结构型式通常有单孔管、双孔管及四孔的瓷管和氧化铝管等。

(3) 保护套管　为使热电极免受化学侵蚀和机械损伤，确保使用寿命和测温的准确性，将热电极、绝缘子用保护套管保护。常用的保护套管有20#碳钢管、1Cr18Ni9Ti不锈钢等。

(4) 接线盒　用于连接热电偶和显示仪表。一般有普通式和密封式两种。

由于普遍热电偶较粗，时间常数大、反应慢，出现了铠装热电偶。它是由金属套管、绝缘材料和热电极经专门工艺拉伸而成的坚实组合体。目前生产的铠装热电偶的套管外径为0.25~12mm，有很多规格，其长短根据需要而定，具有测温时间常数小、反应快等特点。

5.5.2.2 补偿导线与冷端温度补偿

由热电偶测温原理可知，只有当热电偶冷端温度保持不变时，热电势才是被测温度的单值函数。但在实际工作中，由于热电偶的冷端靠近设备或管道，故冷端温度不仅受环境温度的影响，而且还受设备或管道中物料温度的影响，因而冷端温度难于保持恒定。为了准确地测量温度，就应当设法把热电偶的冷端延伸至远离被测对象且温度又比较稳定的地方。最简单的方法是将热电偶丝做得很长。由于热电偶丝是属贵金属，这样很不经济，人们采用某些便宜金属，其热电特性在0~100℃范围内与所配热电偶非常接近，用于延伸热电偶冷端。这种用来延伸冷端的专用导线称为补偿导线。例如，铜-铜镍所组成的热电偶与镍铬-镍硅热电偶在100℃以下其热电特性是一致的。常用热电偶的补偿导线见表5-2。

表 5-2 常用热电偶的补偿导线

热电偶名称	补偿导线				工作端100℃冷端0℃时标准热电势/mV
	正极		负极		
	材料	颜色	材料	颜色	
铂铑$_{10}$-铂	铜	红	镍铜	绿	0.64±0.03
镍铬-镍硅	铜	红	铜镍	蓝	4.10±0.15
镍铬-铜镍	镍铬	红	铜镍	棕	6.95±0.30

必须指出使用补偿导线时，应当注意补偿导线的正、负极，必须与热电偶的正、负极各端对应相接。此外正、负两极的接点温度 t_1 应保持相同，延伸后的冷端温度 t_0 应比较恒定且比较低。对于镍铬-铜镍等用廉价金属制成的热电偶，则可用其本身材料作补偿导线，将冷端延伸到环境温度较恒定的地方。

用补偿导线可以延伸热电偶自由端并补偿一部分热电势，但还不能完全补偿，还不能与分度表对应。为使显示仪表或计算机显示真实温度，必须采取其他补偿措施。常用的冷端温度补偿方法还有冷端温度校正法和补偿电桥法等。

5.5.3 热电阻温度计

热电偶一般适用于较高温度的测量，热电阻适用于500℃以下的中、低温(300℃以下)测量。

热电阻是基于金属导体的电阻值随温度变化的特性进行温度测量的。对于热电阻材料一般要求电阻温度系数、电阻率要大，热容量要小，在整个测量范围内应有稳定的化学和物理性质以及良好的复现性，电阻值与温度应呈线性关系。工业上常用的热电阻有铜电阻和铂电阻两种。

铜电阻的温度与电阻值的关系，在-50~150℃范围内是线性关系：

$$R_t = R_0(1 + \alpha t) \tag{5-17}$$

式中 R_t、R_0——铜电阻在温度为 t、0℃时的阻值；

α——铜电阻的电阻温度系数。

铜电阻的分度号为 Cu50($R_0 = 50\Omega$)及 Cu100($R_0 = 100\Omega$)两种。

铂电阻温度与电阻值的关系，在0~630.74℃的范围内可用下式表示：

$$R_t = R_0(1 + At + Bt^2 + Ct^3) \tag{5-18}$$

式中 R_t、R_0——铂电阻在温度分别为 t、0℃时的电阻值；

A、B、C——铂电阻的电阻温度系数。

工业用铂电阻的分度号有 Pt50($R_0 = 50\Omega$)及 Pt100($R_0 = 100\Omega$)等。

热电阻由电阻体、绝缘子、保护管和接线盒四个部分组成。除电阻体外，其余各部分结构、形状均与热电偶的相应部分相同。

热电阻测温系统中热电阻与测量桥路连接是采用三根导线，称为三线制接法。三根导线分别接在两对边桥臂和电源，并使三根导线电阻相等并要求固定每根导线的电阻值，这样可以消除引线电阻及环境温度变化造成的误差。

5.6 基本控制规律

控制器的基本控制规律有位式控制、比例控制、积分控制和微分控制规律。

5.6.1 位式控制

双位控制是位式控制的最简单形式。双位控制的动作规律是当测量值大于给定值时，控制器的输出为最大；当测量值小于给定值时，控制器的输出为最小(或反之)。偏差 e 与输出 P 的关系为：

$$P = P_{max} \quad e > 0(\text{或 } e < 0) P = P_{min} \quad e < 0(\text{或 } e > 0) \tag{5-19}$$

双位控制只有两个输出值，相应的控制机构也只有两个位置，不是开就是关。而且从一个位置到另一个位置在时间上是很快的。

5.6.2 比例控制

双位控制有两个输出，即控制阀只能处于两个位置，不能满足连续控制要求。比例控制能使控制阀的开度与被控变量的偏差成比例的变化，从而使被控变量趋于稳定，达到平衡状态。这种控制器输出的变化量(亦即阀门开度变化量)与被控变量的偏差成比例的控制规律，称为比例控制规律，用字母 P 表示。

5.6.2.1 比例控制规律及其特点

比例控制规律可以用下述数学式表示：

$$\Delta P = K_c e \tag{5-20}$$

式中 ΔP——控制器的输出变化量；

e——控制器的输入，即偏差；

K_c——比例控制器的放大倍数。

放大倍数 K_c 是可调的，所以比例控制器实际上是一个放大倍数可调放大器。K_c 值可以大于 1，也可以小于 1。也就是说，比例作用可以放大也可以缩小。

5.6.2.2 比例度及其对控制过程的影响

1. 比例度

从比例控制规律的数学式可以看出，比例控制器的放大倍数 K_c 是一个重要的参数，它决定了比例作用的强弱。工业控制器习惯采用比例度 δ(也称比例带)，而不用放大倍数 K_c 来衡量比例控制作用的强弱。所谓比例度就是指控制器输入的相对变化量与相应的输出的相对变化量之比的百分数，可表示为：

$$\delta = \frac{\dfrac{e}{X_{max} - X_{min}}}{\dfrac{\Delta P}{P_{max} - P_{min}}} \times 100\% \tag{5-21}$$

式中 e——控制器的输入变化量(即偏差)；

ΔP——相应于偏差为 e 时的控制器输出变化量；

$X_{max} - X_{min}$——仪表的量程；

$P_{max} - P_{min}$——控制器输出的工作范围。

如某比例作用的温度控制器，其量程为 200～400℃，控制器的输出是 0～10mA，如当指示值从 240℃变化到 270℃时，相应的控制器输出从 5mA 变化到 8mA，计算得此时的比例度为 $\delta = 50\%$。

由该例可知比例度的意义是当温度变化全量程的 50%时，控制器的输出从 0mA 变化到 10mA。在这个范围内，温度的变化和控制器的输出变化 ΔP 是成比例的。但是当温度变化超过全量程的 50%时(即温度变化超过 100℃时)，控制器的输出就不能再变化。所以比例度实际上就是使控制器输出变化全范围时，输入偏差改变量占满量程的百分数。

在单元组合仪表中，控制器的输入信号来自变送器，而控制器和变送器的输出信号都是统一的标准信号，因此由上式可知比例度 δ 和放大倍数 K_c 互为倒数关系，$\delta = \frac{1}{K_c} \times 100\%$。

比例控制是比例控制器的输出与输入成比例关系，控制作用及时，但比例控制有余差存在，即新的稳态值与给定值不相等，这是由比例控制规律所决定的，所以比例控制又称有差控制。

2. 比例度对过渡过程的影响

比例度对余差的影响是比例度越大，放大倍数 K_c 越小，由于 $\Delta P = K_c e$，要获得同样的控制作用，所需的偏差就越大。因此，在同样的负荷变化大小下，控制过程终了时的余差就越大。反之，减少比例度，余差也随之减少。

比例度对系统稳定性的影响。比例度越大，过渡过程曲线越平稳；比例度越小，则过渡过程曲线越振荡；比例度过小时，就可能出现发散振荡的情况。一般来说，若对象是较稳定的，也就是对象的滞后较小、时间常数较大及放大倍数较小时，控制器的比例度可以选得小一些，以提高整个系统的灵敏度，使反应加快一些。反之，若对象滞后较大、时间常数较小以及放大倍数较大时，比例度就必须选得大些，否则由于控制作用过强，会达不到稳定的要求。一般要求衰减比为 4:1 到 10:1 的衰减振荡过渡过程。

5.6.3 积分控制

比例控制的结果不能使被控变量回到给定值而存在余差，控制精度不高，所以有时把比例控制比作“粗调”，这是比例控制的缺点。当对控制精度有更高要求时，必须在比例控制的基础上，再加上能消除余差的积分控制作用。

5.6.3.1 积分控制规律及其特点

当控制器的输出变化量 ΔP 与输入偏差 e 的积分成比例时，就是积分控制规律，用字母 I 表示。积分控制规律的数学表示式为：

$$\Delta P = K_I \int e \mathrm{d}t \tag{5-22}$$

式中 K_I——积分比例系数，称为积分速度。

由上式可知，积分控制作用输出信号的大小不仅取决于偏差信号的大小，而且主要取决于偏差存在的时间长短。只要有偏差，尽管偏差可能很小，但它存在的时间越长，输出信号就变化越大。

积分控制作用的特性可以由阶跃输入下的输出来说明。当控制器的输入偏差 e 是一常数 A 时，可写为：

$$\Delta P = K_I \int e \mathrm{d}t = K_I A t \tag{5-23}$$

积分控制器输出的变化速度与偏差成正比。只要偏差存在，控制器输出就会变化，调节机构就要动作。只有当偏差消除时，输出信号才不再变化，调节机构才停止动作，系统才稳定下来。这也就是说，积分控制作用在最后达到稳定时，偏差等于零，这是一个显著特点，也就是它的一个主要优点。但积分控制作用使控制时间延长，系统稳定性变差。

5.6.3.2 比例积分控制规律与积分时间

比例控制规律是输出信号与输入偏差成比例，作用快，但有余差。而积分控制规律能消除余差，但作用较慢。比例积分控制规律是这两种控制规律的结合，因此也就吸取了两者的优点，是生产上常用的控制规律，一般用字母 PI 表示。比例积分控制规律可用下式表示：

$$\Delta P = K_c \left(e + K_I \int e \mathrm{d}t\right) \tag{5-24}$$

当输入偏差是一幅度为 A 的阶跃变化时，比例积分控制器的输出是比例和积分两部分之和。由于比例积分控制是在比例控制的基础上，又加上积分控制，相当于在“粗调”的基础上再加上“细调”，所以既具有控制及时、克服偏差有力的特点，又具有能克服余差的性能。

在比例积分控制器中，经常用积分时间 T_I 来表示积分速度 K_I 的大小，在数值上有 $T_I =$

$1/K_I$。在比例积分控制器输入一幅度为 A 的阶跃偏差信号，当控制器总的输出等于比例作用输出的两倍时，其时间就是积分时间 T_I。

积分时间 T_I 越小，表示积分速度 K_I 越大，积分特性曲线的斜率越大，即积分作用越强。反之，积分时间 T_I 越大，表示积分作用越弱。若积分时间为无穷大，则表示没有积分作用，控制器就成为纯比例控制器。

5.6.3.3 积分时间对系统过渡过程的影响

在比例积分控制器中，比例度和积分时间都是可以调整的。

积分时间对过渡过程的影响具有两重性。当缩短积分时间、加强积分控制作用时，一方面克服余差的能力增加，这是有利的一面。但另一方面会使过程振荡加剧，稳定性降低。积分时间越短，振荡倾向越强烈，甚至会成为不稳定的发散振荡，这是不利的一面。

积分时间过大或过小均不合适，积分时间过大，积分作用太弱，余差消除很慢。当 $T_I \to \infty$ 时，成为纯比例控制器，余差将得不到消除。积分时间太小，过渡过程振荡太剧烈。只有当 T_I 适当时，过渡过程能较快地衰减而且没有余差。

因为积分作用会加剧振荡，对于滞后大的对象更为明显。所以，控制器的积分时间应按控制对象的特性来选择，对于管道压力、流量等滞后不大的对象，T_I 可选得小些；温度对象一般滞后较大，T_I 可选大些。

5.6.4 微分控制

当对象滞后大时，比例积分控制时间长，最大偏差较大，系统的稳定性较差。为提高控制质量再增加微分作用。

5.6.4.1 微分控制规律及其特点

微分控制规律按被控变量变化的速度确定控制作用大小，用字母“D”表示。

具有微分控制规律的控制器，其输出 ΔP 与偏差 e 的关系可用下式表示：

$$\Delta P = T_D \frac{de}{dt} \tag{5-25}$$

式中 T_D——微分时间；

$\frac{de}{dt}$——偏差对时间的导数，即偏差信号的变化速度。

由上式可知，偏差变化的速度越大，则控制器的输出变化也越大，即微分作用的输出大小与偏差变化的速度成正比。对于一个固定不变的偏差，不管偏差有多大，微分作用的输出总是零，这是微分作用的特点。

5.6.4.2 比例微分控制系统的过渡过程

实际微分控制器是一个比例微分控制器。比例作用和微分作用结合构成比例微分控制规律，用字母“PD”表示。

理想比例微分控制规律可用下式表示：

$$\Delta P = \Delta P_P + \Delta P_D = K_C\left(e + T_D \frac{de}{dt}\right) \tag{5-26}$$

式中 K_C——比例放大倍数；

T_D——微分时间；

e——偏差。

比例微分控制器的输出 ΔP 等于比例作用的输出 ΔP_P 与微分作用的输出 ΔP_D 之和。改

变比例度 δ(或 K_C)和微分时间 T_D 分别可以改变比例作用的强弱和微分作用的强弱。

微分作用具有抑制振荡的效果。适当地增加微分作用后，可以提高系统的稳定性，减少被控变量的波动幅度，并降低余差。但是，微分作用也不能加得过大，否则由于控制作用过强，控制器的输出剧烈变化，不仅不能提高系统的稳定性，反而会引起被控变量大幅度的振荡。特别对于噪声比较严重的系统，采用微分作用要特别慎重。微分作用具有预先控制的性质，这种性质是一种“超前”性质。因此微分控制有人称它为“超前控制”。微分控制的“超前”控制作用，能够改善系统的控制质量。对于一些滞后较大的对象，例如温度对象特别适用。

5.6.5 比例积分微分控制

比例微分控制过程是存在余差的。为了消除余差，生产上常引入积分作用。同时具有比例、积分、微分三种控制作用的控制器称为比例积分微分控制器，简称为三作用控制器，习惯上常用 PID 表示。比例积分微分控制规律的输入输出关系可用下式表示：

$$\Delta P = \Delta P_P + \Delta P_I + \Delta P_D = K_C\left(e + \frac{1}{T_I}\int e\mathrm{d}t + T_D\frac{\mathrm{d}e}{\mathrm{d}t}\right) \tag{5-27}$$

由上式可见，PID 控制作用就是比例、积分、微分三种控制作用的叠加。当有一个阶跃偏差信号输入时，PID 控制器的输出信号 ΔP 就等于比例输出 ΔP_p、积分输出 ΔP_I 与微分输出 ΔP_D 三部分之和。PID 控制器中，有三个可以调整的参数，比例度 δ、积分时间 T_I 和微分时间 T_D。适当选取这三个参数的数值，可以获得良好的控制质量。

由于三作用控制器综合了各类控制器的优点，因此具有较好的控制性能。对于一台实际的比例积分微分控制器，如果把微分时间调到零，就成为一台比例积分控制器；如果把积分时间放到最大，就成为一台比例微分控制器；如果把微分时间调到零，同时把积分时间放到最大，就成为一台纯比例控制器。

目前在 DCS 中，除了基本 PID 控制算法外，还有多种 PID 变型算法，如不完全微分 PID 算法、积分分离 PID 算法、变速积分 PID 算法及带死区 PID 算法等，合理使用这些算法，可以有效提高控制质量。

5.7 气动执行器

5.7.1 气动执行器组成与分类

5.7.1.1 气动执行器组成

气动执行器一般是由气动执行机构和控制阀两部分组成，根据需要还可以配上阀门定位器和手轮机构等附件。气动执行器如图 5-7 所示。

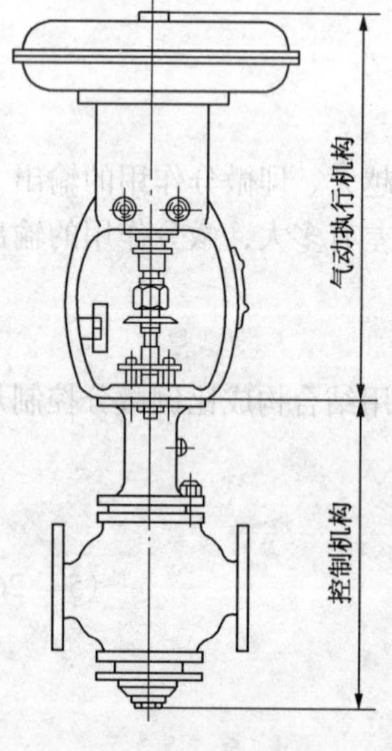

图 5-7 气动执行器示意图

气动薄膜控制阀是一种典型的气动执行器。气动执行机构接受控制器的输出气压信号(0.02～0.1MPa)，按一定的规律转换成推力，去推动控制阀。控制阀为执行器的调节机构部分，它与被调介质直接接触，在气动执行机构的推动下，使阀门产生一定位移，用改变阀芯与阀座间的流通面积控制被调介质的流量。

5.7.1.2 气动执行机构分类

气动执行机构主要有薄膜式与活塞式两种。其次还有长行程执行机构与滚筒膜片执行机构等。

薄膜式执行机构具有结构简单、动作可靠、维修方便、价格便宜等特点。产品分为正作用式与反作用式两类。当信号压力增大时，推杆向下移动的叫正作用执行机构，当信号压力增大时，推杆向上移动的叫反作用执行机构。正作用执行机构的信号压力是通入波纹膜片上方的薄膜气室，而反作用执行机构的信号压力是通入波纹膜片下方的薄膜气室。通过更换个别零件，两者便能互相改装。

活塞式执行机构在结构上是无弹簧的汽缸活塞式，允许操作压力为 0.5MPa，且无弹簧抵消推力，故具有很大的输出力，适用于高静压、高压差、大口径的场合。

长行程执行机构由于采用了力平衡原理和杠杆放大机构，因而提高了精度与灵敏度，可用于大转矩的蝶阀、风门、挡板等场合。

滚筒膜片执行机构是专门与偏心旋转控制阀配用的。

5.7.1.3 控制阀分类

控制阀是按信号压力的大小，通过改变阀芯行程来改变阀的阻力系数，以达到调节流量的目的。根据不同的使用要求，控制阀的结构有很多种类，如直通单座、直通双座、角型、高压阀、隔膜阀、蝶阀、球阀、凸轮挠曲阀、笼式阀、三通阀、小流量阀与超高压阀等。

1. 直通单座阀

直通单座控制阀的阀体内只有一个阀座和阀芯。其特点是结构简单、价格便宜、全关时泄漏量少。它的泄漏量为 0.01%，是双座阀的十分之一。但由于阀座前后存在压力差，对阀芯产生不平衡力较大。一般适用于阀两端压差较小，对泄漏量要求比较严格，管径不大场合。当需要在高压差下工作时，应配用阀门定位器。

2. 直通双座阀

直通双座控制阀的阀体内有两个阀座和两个阀芯。它的流通能力比同口径的单座阀大。由于流体作用在上、下阀芯上的推力方向相反而大小近似相等，因此介质对阀芯造成的不平衡力小，允许使用的压差较大，应用比较普遍。但因加工精度的限制，上下两个阀芯不易保证同时关闭，所以泄漏量较大。阀体内流路复杂，用于高压差时对阀体的冲蚀损伤较严重，不宜用在高黏度和含悬浮颗粒或纤维介质的场合。

3. 角形控制阀

角形控制阀的两个接管呈直角形，它的流路简单，阻力较小。这种阀的阀体内不易积存污物，不易堵塞，适用于测量高黏度、高压差和含有少量悬浮物和颗粒状物质的流量。

4. 蝶阀

蝶阀又名翻板(挡板)阀。它是通过杠杆带动档板轴使挡板偏转改变流通面积，达到改变流量的目的。蝶阀具有结构简单、重量轻、价格便宜、流阻极小的优点，但泄漏量大。适用于大口径、大流量、低压差的场合，也可以用于浓浊浆状或悬浮颗粒状介质的调节。

5. 球阀

球阀的节流元件是带圆孔的球形体。转动球体可起到打开和切断流路的作用，常用于不需要调节流量的双位式控制。

6. 凸轮挠曲阀

凸轮挠曲阀又名偏心旋转阀。它的阀芯呈扇形球面状，与挠曲臂及轴套一起铸成，固定在转动轴上。凸轮挠曲阀的挠曲臂在压力作用下能产生挠曲变形，使阀芯球面与阀座密封圈紧密接触，密封性良好。特点是重量轻、体积小、安装方便，适用于既要求调节，又要求密封的场合。

7. 笼式阀

笼式阀又名套筒型控制阀。笼式阀的可调比大、振动小、不平衡力小、结构简单、套筒互换性好，部件所受的汽蚀也小，更换不同的套筒即可得到不同的流量特性，是一种性能优良的阀。可适用于直通阀、双座阀所应用的全部场合，特别适用于降低噪声及差压较大的场合。但要求流体洁净，不含固体颗粒。

5.7.2 气动执行器的应用

5.7.2.1 控制阀的流量特性

控制阀的流量特性是指被调介质流过阀门的相对流量与阀门的相对开度之间的关系，即：

$$Q/Q_{max} = f(l/L) \tag{5-28}$$

式中 Q/Q_{max}——相对流量，即控制阀某一开度流量与全开时流量之比；

l/L——相对开度，即控制阀某一开度行程与全开时行程之比。

流量特性能直接影响到自动控制系统的控制质量和稳定性，因而要合理选用。流量特性又有理想特性与工作特性之分。

5.7.2.2 理想流量特性

在控制阀前后压差保持不变时得到的流量特性称为理想流量特性。控制阀的理想流量特性取决于阀芯的形状，典型的理想流量特性有直线、等百分比(对数)、快开和抛物线型。

1. 直线流量特性

直线流量特性是指控制阀的相对流量与相对开度成直线关系，即单位位移变化所引起的流量变化是常数。Q/Q_{max}与 l/L 之间呈线性关系，在直角坐标系中是一条直线。

控制阀所能控制的最大流量 Q_{max}与最小流量 Q_{min}的比值，称为控制阀的可调范围或可调比，用 R 表示。Q_{min}并不是控制阀全关时的泄漏量，一般它是 Q_{max}的 2%～4%。国产控制阀理想可调范围 R 为 30。

2. 等百分比流量特性

等百分比流量特性是指单位相对位移变化所引起的相对流量变化与此点的相对流量成正比关系。即控制阀的放大系数是变化的，它随相对流量的增大而增大。Q/Q_{max}与 l/L 之间成对数关系，故也称对数流量特性。在直角坐标系中是一条对数曲线，曲线斜率(即放大系数)是随行程的增大而增大的。在同样的行程变化，负荷小时，流量变化小，调节平稳缓和。负荷大时，流量变化大，调节灵敏有效。有利于控制系统工作。

3. 快开流量特性

快开流量特性在开度较小时有较大的流量，随开度的增大流量很快就达到最大，此后再增加开度，流量变化甚小，故称为快开特性。快开特性控制阀适用于要求迅速启闭的切断阀或双位控制系统。

4. 抛物线流量特性

抛物线流量特性是指 Q/Q_{max}与 l/L 之间成抛物线关系，在直角坐标系中是一条抛物线，它介于直线流量特性与等百分比流量特性之间。

5.7.2.3 控制阀结构与特性选择

控制阀的结构形式主要根据工艺条件，如温度、压力及介质的物理、化学特性(如腐蚀性、黏度等)来选择。控制阀的结构形式确定以后，还需要确定控制阀的流量特性(即阀芯的形状)。一般是先按照控制系统的特点来选择阀的希望流量特性，然后再考虑工艺配管情况选择相应的理想流量特性。使用较多的是等百分比流量特性。

5.7.2.4 气开式与气关式选择

气动执行器有气开式与气关式两种型式。气压信号增加时阀门关小，气压信号减小时阀开大的为气关式。反之为气开式。气动执行器的气开、气关型式由执行机构的正反作用及控制阀的正反作用决定。

控制阀的气开式与气关型式的选择主要从工艺生产上的安全要求出发。考虑原则是一但输入到气动执行器的气压信号由于某种原因(例如气源故障、堵塞、泄漏等)而中断时，应保证设备和操作人员的安全。如果阀门处于打开位置时危害性小，则应选用气关阀。反之，若处于关闭时危害性小，则应选用气开阀。例如加热炉的燃料气或燃料油一般应选用气开式控制阀，即当信号中断时应切断进炉燃料，以免炉温过高造成事故。

5.7.2.5 阀门定位器

阀门定位器是气动执行器的辅助装置，与气动执行机构配套使用，它可以使阀门位置按控制器送来的信号正确定位，使阀杆位移与送来的信号保持线性关系。阀门定位器有气动阀门定位器和电－气阀门定位器。

5.8 自动控制系统

5.8.1 基本知识

5.8.1.1 自动控制系统分类

自动控制系统分类很多，按被控变量分类，如温度、压力、流量、液位等控制系统；按控制器控制规律分类，如比例、比例积分、比例微分、比例积分微分控制系统；按工艺过程需要控制的被控变量(给定值)是否变化和如何变化分类，可将自动控制系统分为三类，即定值控制系统、随动控制系统和程序控制系统。

(1) 定值控制系统　保持工艺参数不变或给定值不变的控制系统。化工生产中大都是这种类型控制系统。

(2) 随动控制系统(自动跟踪系统)　随动控制系统是给定值不断地变化，且不是预先规定的，即给定值是随机变化的。随动控制系统的目的是使控制的工艺参数准确而快速地跟随给定值的变化。在化工生产中，有些比值控制系统属于随动控制系统。串级控制系统的内回路也是随动控制系统等。

(3) 程序控制系统(顺序控制系统)　程序控制系统的给定值也是变化的，但它是一个已知的时间函数，即生产技术指标需按一定的时间程序变化。这类系统在间歇批量生产过程中应用普遍。

5.8.1.2 控制系统控制指标

控制系统的作用是克服扰动，使被控变量保持在预定的数值。在扰动发生以后，希望被控变量快速、准确地稳定到给定值。控制系统的过渡过程是衡量控制系统品质指标的依据。常以衰减振荡过程形式说明控制系统的品质指标。

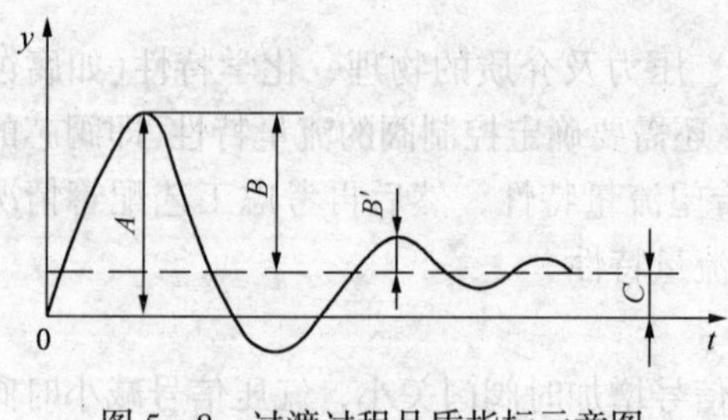

图 5－8　过渡过程品质指标示意图

设自动控制系统在阶跃干扰作用下，被控变量的变化曲线如图 5－8 所示，则其过渡过程就属于衰减振荡的过渡过程。在时间 $t=0$ 之前，系统稳定，且被控变量等于给定值，即 $y=0$。在 $t=0$ 瞬间，外加阶跃干扰，系统的被控变量开始按衰减振荡规律变化，经过相当长时间后，被控变量 y 逐渐稳定在 C 值上，即 $y(\infty)=C$。评价控制系统的质量指标如下。

(1) 最大偏差或超调量　最大偏差是指在过渡过程中，被控变量偏离给定值的最大数值，在衰减振荡过程中，最大偏差就是第一个波的峰值，用 A 表示。有时也用超调量来表征被控变量偏离给定值的程度。超调量用 B 表示。超调量 B 是第一个波峰值 A 与新稳定值 C 之差，即 $B=A-C$。如果系统的新稳定值等于给定值，最大偏差值 A 就等于超调量 B。

(2) 衰减比　衰减比是第一个峰值与第二个峰值之比，即为 $B:B'$，习惯上表示为 $n:1$。一般 n 取 4～10 之间为宜。衰减比在 4:1 至 10:1 之间，这是生产人员的操作经验。

(3) 余差　当过渡过程结束时，被控变量所达到的新稳态值与给定值之间的偏差，叫作余差。余差就是过渡过程结束时的残余偏差，用 C 表示。

(4) 过渡时间　从干扰作用发生的时刻起，到系统重新建立新的平衡为止，过渡过程所经历的时间叫过渡时间或控制时间。规定过渡时间是从干扰开始作用之时起，到被控变量进入新稳态值的 ±5%(或 ±2%)的范围内所经历的时间。

(5) 振荡周期或频率　过渡过程的同向两个波峰(或波谷)之间的间隔时间叫振荡周期或工作周期，其倒数称为振荡频率。

过渡过程的品质指标主要有最大偏差、衰减比、余差、过渡时间和振荡周期等。这些指标在不同的系统中各有侧重，并且有联系又相互矛盾。

5.8.2　简单控制系统

5.8.2.1　简单控制系统

简单控制系统主要由四个基本环节组成，测量元件及变送器、控制器、执行器或控制阀和生产对象。测量元件及变送器是将工艺被控参数测量变送成统一信号送控制器。控制器接收变送器输出信号与给定值进行比较得出偏差，按一定的运算规律进行计算输出控制信号去执行机构。执行器接收控制器输出信号改变阀门开度以改变生产对象被控参数，形成闭环负反馈系统。通常将变送器、控制器和控制阀称为自动化装置。为了方便，在自动化系统分析中常将控制阀、生产对象和测量变送称为广义生产对象。

图 5－9 的液位控制系统与图 5－10 的温度控制系统都是简单控制系统的例子。图中圆

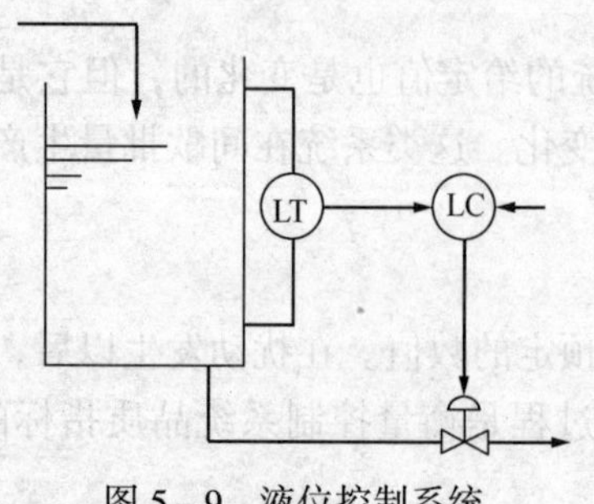

图 5－9　液位控制系统

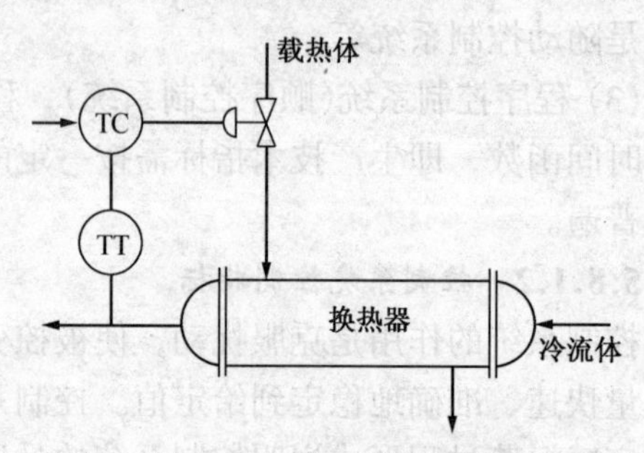

图 5－10　温度控制系统

圈中 LT、TT 表示测量元件及变送器。控制器用小圆圈表示，圈内写有两位(或三、四)字母，第一位字母表示被测变量，后继字母表示仪表的功能。常用被测变量和仪表功能的字母代号说明。在带控制点的工艺流程图中，变送器也用圆圈表示，分别标有被测量和仪表功能字母，例 LT 表示液位变送器，TT 表示温度变送器。

图 5－9 所示的液位控制系统中，贮槽是被控对象，液位是被控变量，变送器将反映液位高低的信号送往液位控制器 LC，控制器的输出信号送控制阀，控制阀开度的变化使贮槽输出流量发生变化以维持液位在一定高度稳定。

图 5－10 所示的温度控制系统，是通过改变进入换热器的载热体流量，以维持换热器出口物料的温度在工艺规定的数值上。简单控制系统典型方块图如图 5－11 所示。

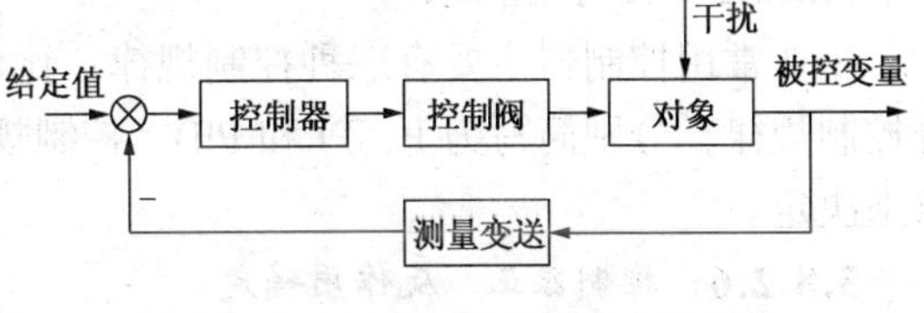

图 5－11　简单控制系统方块图

以下介绍简单控制系统的基本组成，简单控制系统的分析方法，控制器控制规律的选择及控制器参数的工程整定，控制系统的投运及运行中的问题分析等。

确定控制方案，就是选择被控参数、控制参数、自动化设备，构成自动控制回路。

5.8.2.2　被控参数选择原则

首先确定被控参数，被控参数的选择和工艺生产是密切相关的。根据工艺操作特点选择被控参数有两个途径：一是以工艺指标(温度、压力、液位等)作为被控参数，这叫做直接指标控制。二是当工艺按质量指标进行操作时，由于质量信号测量困难或滞后较大，应采取间接指标控制。一般取与直接指标有单值关系而反应又快的参数，如温度、压力、流量等来作为被控参数。选择被控参数的原则如下：

被控参数尽量采用直接指标，当无法获得直接指标信号，或测量变送信号滞后很大时，可选择与直接指标有单值关系的间接指标；被控参数必须易于测量，并有足够大的灵敏度；被控参数必须是独立的可调的；被控参数必须在工艺上是合理的，同时考虑仪表使用现状。

5.8.2.3　控制参数选择

用来克服干扰影响的参数叫做控制参数。干扰作用通过干扰通道施加于对象上，起的是破坏作用，使被控参数偏离给定值，而控制参数与干扰相反，它是通过控制通道施加于对象，把被控参数拉回到给定值，起到校正作用。这两个变量，都与对象特性密切相关。如对象的放大系数、时间常数及纯滞后等。具体可按以下原则来选择控制参数。

对象控制通道放大倍数要适当大，时间常数要适当小，纯滞后时间越小越好；干扰通道放大倍数要尽可能小，时间常数应尽可能大，并使干扰作用点尽量靠近控制阀，纯滞后时间无要求。同时要注意工艺的合理性。

5.8.2.4　信号测量与变送

信号的测量变送装置是控制系统的感受器，要求测量准确，反应快。要达到这两点需考虑三个方面的问题。

1. 测量元件安装点选择

由于测量元件(如热电阻、热电偶等)安装位置选择的不太合理，会造成纯滞后加大，给控制质量带来很大影响，因此安装点应使纯滞后尽量减小。

2. 测量元件特性

测量元件的滞后影响控制质量。如温度测量，测量元件由于传热阻力和热容存在，本身具有一定的时间常数，造成测量滞后，这种滞后对控制质量的影响也是不可忽视的。可选用较小时间常数的测量元件，或在测量元件后加入微分作用。

3. 传递滞后

测量信号传递滞后，一般指气压信号在管路中的传递滞后，这种滞后同样使调节质量降低。减小传递滞后的办法是限制气压信号管路的长度，采用其他辅助装置，如气－电转换器、电－气转换器、阀门定位器、气动继动器等。

5.8.2.5 控制规律选择

工业常用控制器主要有三种控制规律：比例控制规律、比例积分控制规律和比例积分微分控制规律，分别简写为 P、PI 和 PID。控制规律选择主要是根据广义对象的特性和工艺要求来决定。

5.8.2.6 控制器正、反作用确定

自动控制系统是具有被控变量负反馈的闭环系统。也就是说，如果被控变量值偏高，则控制作用使之降低；相反，如果被控变量值偏低，则控制作用使之升高。控制作用对被控变量的影响与干扰作用对被控变量的影响相反，才能使被控变量值回复到给定值。控制器的正反作用是关系到控制系统能否正常运行与安全操作的重要问题。

在控制系统中，不仅控制器有作用方向，被控对象、测量变送和执行器都有作用方向。在系统投运前必须检查各环节的作用方向，其目的是通过改变控制器的正、反作用，以保证整个控制系统是一个具有负反馈的闭环系统。

所谓作用方向，就是指输入变化后，输出的变化方向。当某个环节的输入增加时，其输出也增加，则称该环节为"正作用"方向；反之，当环节的输入增加时，输出减小的称"反作用"方向。

对于测量元件及变送器，其作用方向一般都是"正"的，因为当被控变量增加时，其输出信号一般也增加。对于执行器，它的作用方向取决于是气开阀还是气关阀。当控制器输出信号增加时，即执行器信号增大，流过控制阀的流量增大，为气开阀是"正"方向。反之，当执行器信号增大，流过控制阀的流量减小，为气关阀是"反"方向。执行器的气开、气关型式主要应从工艺安全角度来确定。被控对象的作用方向，则随具体对象的不同而各不相同。当控制变量增加时，被控变量也增加的属于"正作用"。反之，被控变量随控制变量的增加而降低的属于"反作用"。

由于控制器的输出决定于被控变量的测量值与给定值之差，所以被控变量的测量值与给定值变化时，对输出的作用方向是相反的。对于控制器的作用方向是当给定值不变，被控变量测量值增加时，控制器的输出也增加称为"正作用"方向；反之，如果测量值增加时，控制器的输出减小的称为"反作用"方向。

对于一个具体控制系统，首先应从工艺安全角度选择控制阀，确定执行器作用方向，其次根据工艺机理判断对象的作用方向，再确定测量变送单元的方向，控制器的作用方向由整个控制系统构成负反馈的闭环系统而定。如单回路控制系统中，各环节作用方向连乘为"－"负号。

对简单加热炉出口温度控制系统，加热炉是对象，燃料气流量是控制变量，被加热的原料出口温度是被控变量。当控制变量燃料气流量增加时，被控变量是增加的，故对象是"正"作用方向。从工艺安全的条件出发选择执行器是气开阀，"正"作用方向，测温元件是"正"作用。为了保证系统是负反馈，控制器应该选为"反"作用。这样才能当炉温升高时，控制器的

输出信号减小，燃料气阀门关小，使炉温降下来。

控制器的正、反作用方向可以通过控制器的正、反作用开关进行选择。

5.8.2.7 控制器参数工程整定

一个自动控制系统的过渡过程或控制质量，与被控对象的特性、干扰形式与大小、控制方案及控制器的参数整定有着密切关系。一旦控制方案确定，对象各通道的特性就已确定。控制质量只取决于控制器参数的整定。所谓控制器参数的整定，就是按照已定的控制方案，选取控制质量最好时的控制器参数值。即控制器比例度 δ、积分时间 T_I 和微分时间 T_D。

1. 临界比例度法

这是使用较多的一种方法。它是先通过试验得到临界比例度 δ_K 和临界周期 T_K，然后根据经验总结出来的关系求出控制器各参数值。具体方法是在闭合的控制系统中，先将控制器变为纯比例作用，即将 T_I 放在"∞"位置，T_D 放在"0"位置。在干扰作用下，从大到小地逐渐改变控制器的比例度，直到系统产生等幅振荡(即临界振荡)，这时的比例度叫临界比例度 δ_K，周期为临界振荡周期 T_K，记下 δ_K 和 T_K，然后利用有关经验公式计算出控制器的各参数整定数值。

临界比例度法简单方便，容易掌握和判断，适用于一般的控制系统。但对于临界比例度很小的系统不适用。对于工艺不允许产生振荡的系统亦不适用。

2. 衰减曲线法

衰减曲线法是通过使系统产生衰减振荡来整定控制器的参数值，具体方法是

在闭合的控制系统中，先将控制器变为纯比例作用，比例度放在较大数值上，在达到稳定后，用改变给定值的办法加入阶跃干扰，观察曲线的衰减比，然后从大到小改变比例度，直至出现 4:1 衰减比为止，记下此时的比例度 δ_S(4:1 衰减比法)，并从曲线上得出衰减周期 T_S，然后根据有关经验公式，求出控制器的参数整定值。亦有 10:1 衰减曲线法，方法相同。

3. 经验凑试法

经验凑试法根据经验先将控制器参数放在一定数值上，直接在控制系统中通过改变给定值加干扰，观察过渡过程曲线，运用 δ、T_I、T_D 对过渡过程的影响，整定各个参数。按先调比例度的方法，使过渡过程曲线最好；再加积分作用改变积分时间使曲线又最好；最后加微分作用调整微分时间使曲线再达到最好。这样逐个整定，直到获得满意的过渡过程曲线为止。

5.8.3 复杂控制系统

5.8.3.1 概述

单回路控制系统解决大部分控制问题，但是控制功能单一。对纯滞后较大、时间常数较大、干扰多而剧烈的对象，控制质量较差，控制系统相互之间会出现干扰等。

(1) 串级控制系统　串级控制系统的特点是两个控制器相串联，主控制器的输出作为副控制器的给定，适用于时间常数及纯滞后较大的对象，如加热炉的温度控制等。

(2) 比值控制系统　比值控制系统可以控制两个或两个以上的物料流量保持一定的比值关系。

(3) 均匀控制系统　均匀控制可以控制两个相关的变量，例如精馏塔塔釜的液位和塔底出料流量，使它们都呈缓慢的变化，以缓和供求的矛盾并使后续设备的操作较为平稳。

(4) 分程控制系统　由一个控制器去控制两个或两个以上的控制阀，可应用于一个被控

变量需要两个以上的操纵变量来分阶段进行控制或者操纵变量需要大幅度改变的场合。

(5) 选择性控制系统　控制器的测量值可以根据工艺的要求自动选择一个最高值、最低值或者可靠值，也可以根据工艺的工况来自动选择预先设计好的几种控制系统的结构组成。

(6) 前馈控制系统　控制器根据干扰大小，不等被控变量发生变化，直接进行校正控制。它常与反馈控制结合在一起使用，以消除某几个影响最大的干扰。

复杂控制系统除以上几种外，还有模糊控制系统、解耦控制系统、预测控制系统、多输入多输出控制系统、自适应控制系统、极值控制系统、最优控制系统等。

5.8.3.2　串级控制系统

1. 串级控制系统组成

串级控制系统是在简单控制系统的基础上发展起来的。如管式加热炉是炼油、化工生产中重要装置之一。由于加热炉调节通道容量滞后很大，时间常数约 15min 左右，反应缓慢，工艺要求炉出口温度变化范围为 ±(1~2)℃。单回路控制系统难以满足要求。

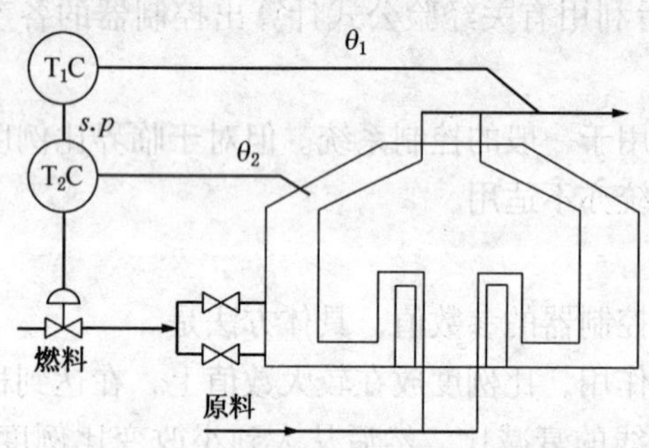

图 5-12　管式加热炉温度串级控制系统

如图 5-12 所示管式加热炉温度串级控制系统，将管式加热炉对象分为两部分。温度对象 2 的输出参数为炉膛温度 θ_2，干扰 F_2 表示燃料油的压力、组分等的变化，它通过温度对象 2 首先影响炉膛温度，然后再通过管壁影响炉出口温度 θ_1。干扰 F_1 表示原料本身的流量、进口温度等的变化，它通过温度对象 1 直接影响炉出口的温度 θ_1。

在这个控制系统中，有两个控制器，分别接受来自对象不同部位的测量信号。其中一个控制器的输出作为另一个控制器的给定值，而后者的输出去控制阀以改变操纵变量，从系统的结构来看，这两个控制器是串接工作，因此称为串级控制系统。串级控制系统中常用名词如下：

主变量：是工艺控制指标，在串级控制系统中起主导作用的被控变量。如本例炉出口温度 θ_1。

副变量：串级控制系统中为了稳定主变量或因某种需要而引入的辅助变量。如上炉膛温度 θ_2。

主控制器：按主变量对给定值的偏差而动作，其输出作为副控制器给定值，称为主控制器。如上温度控制器 T_1C。

副控制器：其给定值由主控制器的输出所决定，并按副变量对给定值的偏差而动作的控制器，称为副控制器。如上温度控制器 T_2C。

主对象：为主要变量表征其特性的生产设备。如从炉膛温度检测点到炉出口温度检测点间的工艺生产设备，当然还包括必要的工艺管道。

副对象：为副变量表征其特性的工艺生产设备。如控制阀至炉膛温度检测点间的工艺设备。由上可知，在串级控制系统中，被控对象分为两部分——主对象与副对象，具体与主变量和副变量的选择有关。

主回路：是由主测量、变送，主、副控制器，控制阀和副对象所构成的回路，亦称外环或主环。

副回路：由副测量、变送，副控制器，控制阀和副对象所构成的回路，亦称内环或副环。

根据以上串级控制系统的专用名词，各种形式的串级控制系统都可以画成典型形式的方块图，如图 5-13 所示。

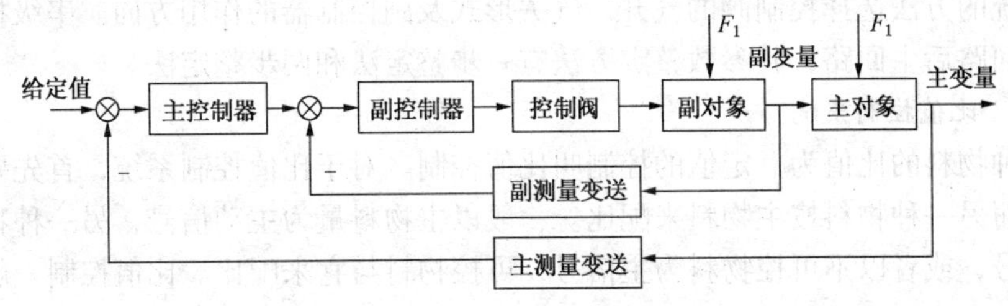

图 5-13　串级控制系统方块图

2. 串级控制系统的特点

(1) 在系统结构上，串级控制系统有两个闭合回路，主回路和副回路；有两个控制器，主控制器和副控制器；有两个测量变送器，分别测量主变量和副变量。串级控制系统中主、副控制器是串联工作的。主控制器的输出作为副控制器的给定值，系统通过副控制器的输出去操纵执行器动作。实现对主变量的定值控制。所以在串级控制系统中，主回路是定值控制系统，而副回路是随动控制系统。

(2) 在串级控制系统中，有两个变量，主变量和副变量。一般主变量是反映产品质量或生产过程运行情况的主要工艺变量。控制系统设置的目的就在于稳定这一变量，使它等于工艺规定的给定值。所以，主变量的选择原则与简单控制系统中被控变量选择原则是一样的。副变量的选择视具体情况而定。

(3) 在系统特性上，串级控制系统由于副回路的引入，改善了对象的特性，使控制过程加快，具有超前控制的作用，从而有效地克服滞后，提高了控制质量。

(4) 串级控制系统由于增加了副回路，因此具有一定的自适应能力，可用于负荷和操作条件有较大变化的场合。

3. 串级控制系统副回路的确定

所谓副回路的确定就是根据生产工艺的具体情况，选择一个合适的副变量，从而构成一个以副变量为被控变量的副回路，充分发挥串级控制系统的优势，副回路的确定应考虑以下原则：

串级控制系统主、副变量间应有一定的内在联系；应使系统的主要干扰包括在副回路以内及副回路包括更多的次要干扰；副变量选择应考虑到主、副对象时间常数的匹配，以防“共振”发生；副对象尽量少包含纯滞后或不包含纯滞后。

4. 主、副控制器控制规律及正、反作用的选择

串级控制系统中主、副控制器控制规律是根据控制的要求进行选择的。串级控制系统的目的是为了提高控制质量，稳定主变量，一般主变量不允许有余差，所以主控制器通常选用比例积分控制规律，以实现主变量的无差控制。对象控制通道容量滞后较大时，为了克服容量滞后，可选择比例积分微分控制规律。副变量本来就是变化的，设置副回路的目的是快速克服干扰，稳定主变量，所以副控制器一般选用比例控制规律。

控制器正、反作用的选择。串级控制系统中主控制器作用方向的选择完全由工艺情况决定，与执行器的气开、气关型式及副控制器的作用方向完全无关。副控制器的作用方向与单

回路控制系统相同。因此，串级控制系统中主、副控制器的选择可以按先副后主的顺序，即先确定执行器的气开、气关形式及副控制器的作用方向，然后确定主控制器的作用方向。也可以先主后副的顺序，即先按工艺过程特性的要求确定主控制器的作用方向，然后按一般单回路控制系统的方法选择控制阀的气开、气关形式及副控制器的作用方向。串级控制系统的投运是先副回路后主回路，其参数整定方法有一步整定法和两步整定法。

5.8.3.3 比值控制系统

保持两种物料的比值为一定值的控制叫比值控制。对于比值控制系统，首先要明确哪种是主物料，而另一种物料按主物料来配比。一般以主物料量为主动信号，另一种物料量的信号为从动信号，或者以不可控物料为主信号，可控物料与它来配比。比值控制一般有三种控制方案。

1. 开环比值控制

开环比值控制如图 5－14 所示，这是最简单的比值控制方案，其中 Q_1 是主物料或主动量，在生产过程或控制系统中起主导作用；Q_2 是从动物料或从动量。当 Q_1 变化时，要控制 Q_2 跟上 Q_1 变化，使 $Q_2/Q_1=K$，以保持一定的比值关系。由于测量信号取自 Q_1，而控制器的输出信号却送至 Q_2，所以是开环系统。

该方案优点是简单，只需一台纯比例控制器，其比例度可以根据比值要求设定。但这种方案仅适合于从动物料 Q_2 在阀门开度一定时，流量相当稳定的场合，否则不能保证两流量的稳定。由于 Q_2 的流量往往波动，所以该方案使用较少。

2. 单闭环比值控制

单闭环比值控制系统如图 5－15 所示。这种方案与开环比值控制相比，增加一个从动物料 Q_2 的流量闭环控制系统，并由主物料的流量控制器(或其他比值装置)的输出作为副控制器的给定。当主物料 Q_1 变化时，通过主、副控制器去控制 Q_2 以跟踪 Q_1 的变化，保持一定的比值关系。当 Q_1 不变化，Q_2 自己波动时，通过副控制器来稳定 Q_2 的流量。

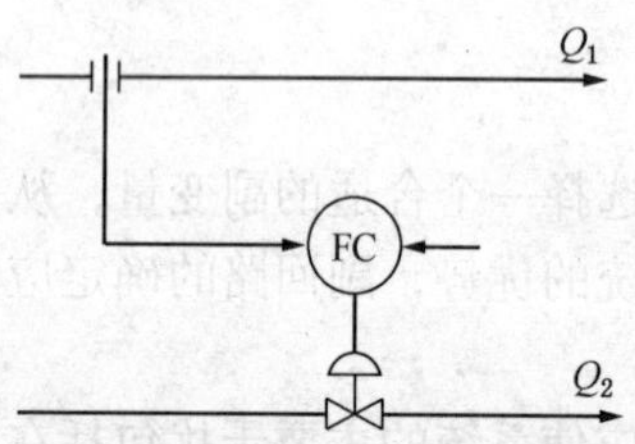

图 5－14 开环比值控制系统图

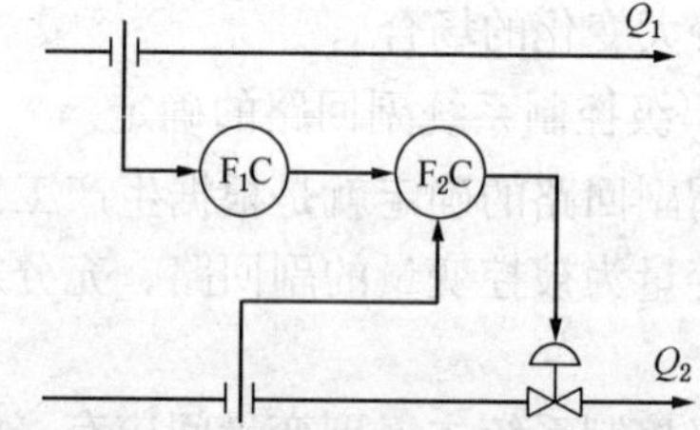

图 5－15 单闭环比值控制系统图

这种方案结构简单，能确保两流量比值不变，是应用最多的方案。但是，如果主物料流量亦有变化，虽然两物料的比值保持一定，但总流量就会变化。为保持主物料流量也一定，可以采用双闭环比值控制。

这种方案中的副控制器 F_2C 除接受主控制器的给定外，还要稳定 Q_2 的流量，应当采用比例积分控制器。而主控制器 F_1C 的作用只是对主流量信号乘以比值系数，可以选用纯比例控制器，或者用比值器、乘法器、除法器等，代替主控制器实现比值控制。

在比值控制系统中，一般用比值系数 K' 来表示两种物料经过变送器以后的流量信号之间的比值，它与两种物料的比值 K 是不一样的。假定：

$$K = Q_2/Q_1 \tag{5-29}$$

当流量信号与流量成线性关系时，则有：

$$K' = KQ_{1\max}/Q_{2\max} \tag{5-30}$$

当流量信号与流量成平方关系时，则有：

$$K' = K^2Q_{1\max}^2/Q_{2\max}^2 \tag{5-31}$$

式中 $Q_{1\max}$、$Q_{2\max}$分别为主物料和从动物料的最大值或仪表量程。

比值控制器要求从动物料快速跟踪主动物料量的变化，且越快越好，一般不希望振荡。所以在比值控制系统中进行控制器参数整定时，不希望得到衰减振荡过程，而是要通过参数整定，得到一个没有振荡或有微弱振荡的过程。

5.8.3.4 分程控制系统

简单控制系统是一个控制器的输出带动一个控制阀动作，而分程控制系统是一个控制器的输出同时控制几个工作范围不同的控制阀。例如一个控制阀在 20～60kPa 范围内工作，另一个控制阀在 60～100kPa 的范围内工作。其方块图如图 5－16 所示。

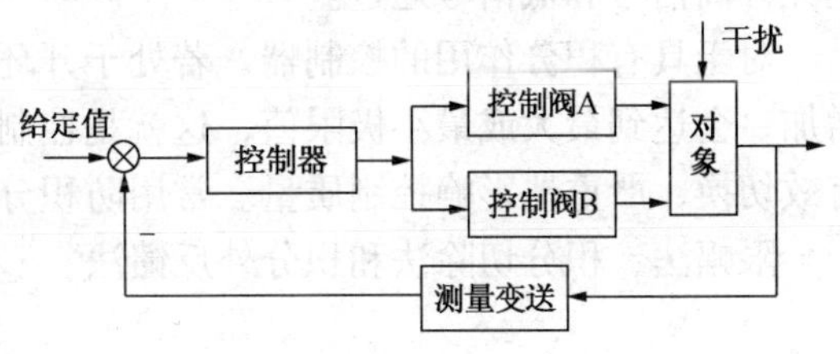

图 5－16 分程控制系统方块图

分程控制是靠阀门定位器或电－气阀门定位器来实现的。如某控制器的输出信号范围是 4～20mADC 信号，要控制 A、B 两个控制阀，只要在 A、B 控制阀上分别安装电－气阀门定位器，A 阀定位器调整为当输入为 4～12mADC 时，输出为 20～100kPa。而 B 阀定位器调整为当输入为 12～20mADC 时，输出为 20～100kPa。即当控制器输出在 4～12mADC 时，A 控制阀动作。而控制器输出在 12～20mADC 时，B 控制阀动作，从而达到了分程的目的。

5.8.3.5 选择性控制系统

一般控制系统都是在正常工况下工作的。当生产不正常时，处理方法通常有两种。一种是切入手动，进行遥控操作；另一种是联锁保护紧急停车，防止事故发生，即所谓硬限控制。由于硬限控制对生产和操作都不利，出现了安全软限控制。所谓安全软限控制，是指当一个工艺参数将要达到危险值时，就适当降低生产要求，让它暂时维持生产，并逐渐调整生产，使之向正常工况发展。能实现软限控制的控制系统称为选择性控制系统，又称为取代控制系统或超驰控制系统。

在正常工况下，选择器选中正常控制器 A，输出信号送至控制阀，实现对参数的正常控制。这和一般的控制系统一样。一旦被控参数将要达到危险值，选择器就自动选中控制器 B 的信号，从而取代控制器 A 操纵控制阀。这时可能控制质量下降，但生产仍在继续进行，并通过控制器 B 的调节使生产逐渐趋于正常。待到恢复正常后，控制器 A 又取代控制器 B 正常工作。这样，就保证在参数达到越限前就自动采取新的控制手段，不必硬性停车。如图 5－17 所示。

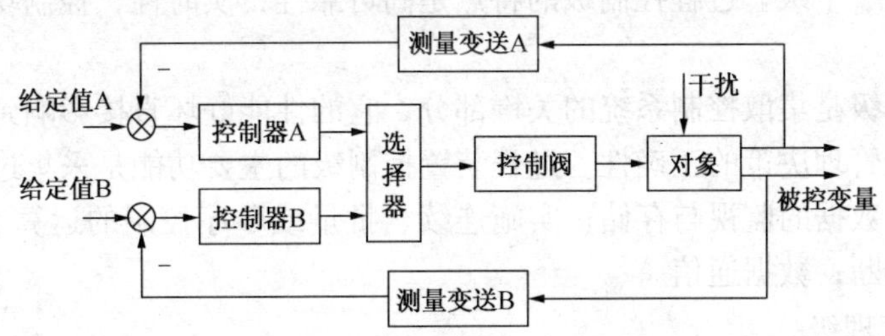

图 5－17 选择性控制系统方块图

选择性控制系统在结构上是使用了选择器。选择器可以接在两个或两个以上的控制器的输出端，也可接在几个变送器的输出端，对测量信号进行选择。选择性控制系统分两类。选择器装在控制器与控制阀之间。这类选择性控制器公用一个阀，其中一个控制器在正常工况下工作，另一个处于待命备用状态，遇到工艺生产不正常时，就由它取而代之，直到工况恢复正常，再由原来的控制器进行控制。选择器装在变送器与控制器之间。其特点是几个变送器合用一只控制器。选择的目的有两种。选出最高或最低的测量值，选取可靠测量值。对关键检测点，为避免变送器故障失灵，可在同一检测点安装两个以上的变送器，通过选择器选出可靠的检测信号进行自动控制，以提高系统运行的可靠性。选择器有高选器和低选器，分别允许高信号和低信号通过。

对于具有积分作用的控制器，若处于开环状态，由于偏差存在，控制器的输出随着时间增加，会达到最大或最小极限值，这就是控制器的积分饱和现象。积分饱和不能使两控制器有效切换，严重地影响控制质量。常用防积分饱和方法有

限幅法、积分切除法和积分外反馈法。

5.9 集散控制系统

5.9.1 集散控制系统的基本构成

集散控制系统按照多级计算机分布控制系统的设计思想，采用功能分层方法，充分反映了分散控制、集中管理的特点。

5.9.1.1 集散控制系统各层的功能

1. 现场控制级

微处理器进入现场变送器、传感器和执行器，以及现场总线的应用，形成了现场控制级。根据现场总线的网络结构，现场控制级可组成星形、树形和总线形结构。现场控制级的特性与现场总线的特性、智能设备的特性有关。其主要表现为系统的开放性，双向的多变量通信，更高精度和可靠性，系统的自诊断、自校正功能更强，维护、校验更方便，互操作性，多端存取，低的成本和安装费用。

随着控制器与变送器、传感器和执行器的整体安装式智能仪表的问世，现场控制级可以部分或全部完成过程装置控制级的功能。现场控制级的功能是采集过程数据，对数据进行转换；输出过程操纵命令；进行直接数字控制；完成与过程装置控制级的数据通信；对现场控制级的设备进行监测与诊断。

2. 过程装置控制级

集散控制系统采用过程装置控制柜和I/O卡件组成的过程装置控制级，通过通信网络把过程信息传送到上、下级。过程控制级的特点是高可靠性，实时性，控制功能强，通信速度高，信息量大。

过程装置控制级是集散控制系统的关键部分，它的性能好坏直接影响到信息实时性、控制质量的好坏以及管理决策的正确性。过程装置控制级的主要功能是采集过程数据，进行数据的转换与处理；数据的监视与存储；实施连续、批量或顺序控制的运算和输出控制作用；数据和设备的自诊断；数据通信。

3. 车间操作管理级

车间操作管理级以中央控制室操作站为中心，辅以打印机、拷贝机、记录仪等外部设备

组成，它是人机的界面。因此，它的质量与操作的效果有直接关系。该级的主要特征是：采用屏幕显示过程参数数据；操作方便、简捷；存储数据量大，显示信息量大；报警与故障诊断的处理；数据通信。车间操作管理级的功能是数据显示和记录；过程操作(含组态操作、维护操作)；数据存储和压缩归档；报警、事件的诊断和处理；系统的组态、维护和优化处理；数据通信；报表打印和画面硬拷贝。

4. 全厂优化和调度管理级的功能

全厂的优化和调度管理是从系统观点出发，从原料到产品销售，从订货、库存到交货、生产计划，进行一系列的优化协调，使成本下降，产量和质量提高。该级的功能主要是优化控制，自适应和自组织等功能；协调和调度各车间生产计划和各部门的关系；主要数据的显示、存储和打印；数据通信。

5.9.1.2 集散控制系统基本组成

集散控制系统的基本构成主要由三部分组成，即分散过程控制装置、操作管理装置以及通信系统部分，如图 5－18 所示。

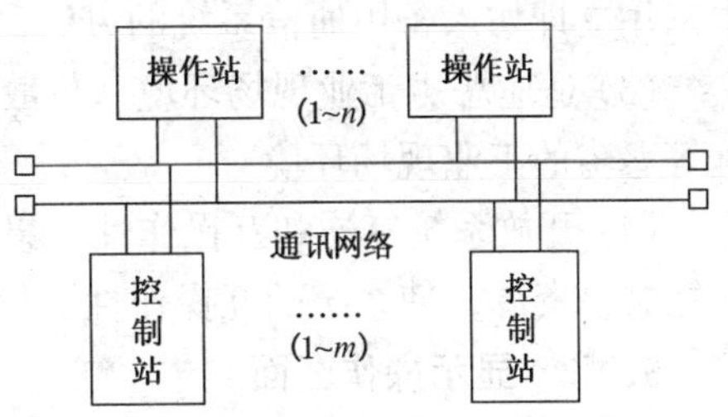

图 5－18　集散系统的基本构成

1. 分散过程控制装置(控制站)

它的主要功能是分散的过程控制，是系统与过程的接口。结构特征如下：

(1) 需适应恶劣的工业生产过程环境。分散过程控制装置能适应环境温度、湿度变化，适应电网电压波动变化，适应工业环境中电磁干扰的影响。

(2) 分散控制　分散过程控制装置体现了控制分散的系统构成。控制装置分散，控制功能也分为常规控制、顺序控制和批量控制等。把监视和控制分离，把危险分散，使得系统的可靠性提高。

(3) 实时性　分散过程控制装置能准确反映过程参数的变化，具有实时性强的特点。从软件来看，运算的程序精练、实时和多任务作业。

(4) 独立性　分散过程装置具有较强的独立性。在上一级设备出现故障或与上一级的通信失败的情况下，能正常运行，从而使过程控制和操作得以进行。

2. 分散管理装置(操作站)

主要由操作站、管理机和外部设备，如打印机、拷贝机等组成。主要功能是集中各分散过程控制装置送来的信息，通过监视和操作，把操作和命令下送各分散控制装置。上传信息用于分析、研究、打印、存储并作为确定生产计划、调度的依据。因此具有信息量大、易操作、容错性好等特征。

(1) 信息量大　从硬件看，具有较大的存储容量，允许较多画面显示。从软件看，应采用数据库压缩技术、分布式数据库技术及并行处理技术等。

(2) 易操作性　操作管理装置是操作人员、管理人员直接与系统联系的界面，通过 CRT、打印机等了解过程运行情况并发出指令。除部分现场手动操作外，操作人员和管理人员通过装置提供的输入设备，如键盘、鼠标、跟踪球等操作设备的运行。应具有良好的操作性。

(3) 容错性好　为防止操作人员的误操作，应有良好的容错特性。应区分不同授权人员的操作。设置硬件密钥、软件加密，对误操作不予响应等安全措施。

3. 通信系统(网络)

通信系统是集散控制系统的中枢。连接着分散过程控制装置、集中操作和管理系统等进行信息交换和数据共享，组成计算机通信网络。具有实时性好、动态响应快，可靠性高，适应性强等特点。

(1) 实时性好动态响应快　主要数据通信是实时过程信息和操作管理信息，所以网络要有良好的实时性和快速响应性，一般响应时间在 0.01~0.5s。快速响应要求的开关、阀门或电机运转都在毫秒级，高优先级信息对网络存取时间也不超过 10ms。

(2) 可靠性高　通信网络应有极高的可靠性。集散系统是采用冗余技术，如双网备份方式。当发送站发出信息后在规定时间内未收到接收站的响应时，除采用重发等差错控制外，也采用立即切入备用通信系统的方法，以提高可靠性。

(3) 适应恶劣工业现场环境　集散控制系统能适应于各种电磁干扰、电源干扰、雷击干扰等恶劣的工业现场环境。

(4) 开放系统互连和互操作性　集散系统的通信网络采用网桥实现互连。开放系统的互连能共享资源，使系统的互操作性、信息资源管理的灵活性、可选择性得到增强。

5.9.2 显示操作画面

集散控制系统的显示画面主要指操作站、工程师站的显示画面。管理站或上位机的显示画面还包括一些统计画面以及电子表格。

5.9.2.1 显示画面分层结构

为了有效地进行管理和操作，操作站的显示画面是分层次的。集散控制系统提供大量的画面显示信息，这些信息可以以图形的形式，也可以以一览表的形式显示。对于每种类型的显示，可以从区域到单元到组到细目进行逐层的细分，从而了解过程的全局、局部直到各细节。集散控制系统的显示画面大致可分为四层。

1. 区域显示

区域显示是最上层的显示，在每幅区域显示画面中包含的过程变量的信息量最多。在操作显示级，它以概貌显示画面出现；在趋势显示级，以区域趋势显示画面出现。其他级的情况以此类推。

画面一览表等显示画面用于显示全局的画面名称、描述以及报警点类型、报警性质、报警时的数值等报警属性，具有较大的信息量，也属于区域显示层次。

2. 单元显示

单元显示常被用于过程操作。对于操作显示来说，以过程画面出现。过程画面以工艺流程图为蓝本，进行合理分割而成。单元显示的信息量相对区域显示来说要小，通过单元显示画面。在操作显示级，操作员可以了解过程检测点和控制回路的组成，监视过程运行情况并实施过程操作。

3. 组显示

组显示通常以仪表面板图的形式出现。仪表面板图可以一行或二行排列，每行 4~5 台仪表面板，对于一行排列的可达 8~10 台仪表面板。仪表面板图以模拟仪表为参照，直接显示棒图与数字显示。在仪表面板图上，一般有仪表位号、仪表描述，棒图及各棒图的刻度单位，棒图显示相对应的数据、报警状态、扫描时间等。

组趋势显示与组显示的仪表面板画面相对应，用于显示被测、被控变量，设定值和输出值等模拟量的变化趋势。与单元趋势显示比较，组趋势显示的信息量少，每个组趋势显示画面最多只能 3 ~ 4 个变量。如被控变量，本地和远程设定及输出值。而单元趋势显示通常有 4 ~ 8 个变量。

4. 细目显示

细目显示通常以点的形式出现。点可以是输入点，也可以是输出点，点也可以是功能模块，例如 PID 功能模块、累加器模块等。点的含义相当于一台仪表或一个功能模块。因此在操作显示级，细目显示将包括该仪表的仪表面板、趋势画面，还包括该仪表的调整参数和非调整参数，以及用于调整的各种状态、标志的显示。总之，它包括了有关该仪表的所有信息。通过该画面，操作员可以改变控制方式，手自动切换等，调整设定值，也可以进行开关控制的切换，手自动输入或输出的切换等。组态工程师可以对有关参数进行调整，对非调整参数进行检查，并了解有关的状态和标志状态。

5.9.2.2 概貌显示画面

概貌显示画面仅用于显示过程中各被测和被控变量的数值，可以用绝对值，也可以用与设定值的偏差，或者时间变化率表示。

概貌显示画面显示方式有多种，最简单的显示方式是根据动态点画面制成。根据字符大小、CRT 分辨率、显示信息大小和多少，可以确定一幅概貌显示画面能提供的信息量或操作点数量。通常由制造商提供标准显示画面格式。

1. 工位号一览表方式

这种显示方式按仪表的工位号列出，整幅显示画面分为若干组，每组有若干工位号组成。正常值工位号通常用绿色显示。当超过正常值范围时，工位号颜色变化，如变成黄色或红色，并显示其超限的报警类型，如低限、负偏差等。

2. 棒图方式

棒图方式有两种显示方式。一种方式是对模拟量采用棒图显示，棒图中数量大小由棒长度来反映，满量程为 100%，正常值时棒颜色显示绿色。当超过报警限值时，棒颜色改变为红色。对开关量一般用充满方块框表示开启泵、电机或闭合电路等逻辑量为 1 的信号，用空方块框表示停止泵、电机或者电路断开等逻辑量为 0 的信号。对开关量除提供方块框外，也显示相应仪表工位号。

棒图显示的另一种方式是用一个时间轴，模拟量在该时间段内有若干个采样值。如果其值超过设定值，则向上；如不足，则向下。其偏差的大小是向上或向下的棒长度。

5.9.2.3 过程显示画面

过程显示画面是由用户过程决定的显示画面，它的显示方式有两种，一种是固定式，另一种是可移动式。固定式的画面固定，通常一个工艺过程分解为若干个固定式画面，各画面之间可以有重叠部分。可移动式的画面是一个大画面，在屏幕上仅显示其中一部分，如四分之一。通过光标的移动，画面可以上下左右移动，有利于对工艺全过程的了解，在工艺过程不太复杂且设备较少时可方便操作。

过程显示画面中动态点的位置、扫描周期应有利于工艺操作并与过程变化要求相适应。过程显示画面具有下列特性：有利于对工艺过程及其流程的了解；有利于了解控制方案和检测、控制点的设置；有利于了解设备和参数的关联情况；信息量通常比较大；调整参数、观察参数变化后的响应不够直观。

5.9.2.4 仪表面板显示画面

仪表面板显示画面以仪表面板组的形式显示其运行状况。仪表面板格式通常由集散控制系统制造商提供。有些系统允许用户自定义格式。对不同类型的仪表(或功能块)有不同的显示格式。仪表面板显示画面的显示格式通常采用棒图加数字显示相结合的方式。既具有直观的显示效果，又有读数精度高的优点。每幅画面可设置 8 ~ 10 个仪表面板显示，有一行或两行显示两种设置。每个仪表面板显示画面都包括仪表位号、仪表类型、量程范围、工程单位、所用的系统描述、各种开关、作用方式的状态等。

5.9.2.5 操作点显示画面

操作点显示画面是仪表的细目显示画面。用于模拟量的连续控制、顺序控制或者批量控制。操作点显示画面提供改变控制操作的深层参数的功能，这些参数包括原始组态数据及过程中刷新的动态数据。

操作点显示画面常被控制工程师使用，用于调整参数时看到当前数据，也可看到变化趋势，且调整参数比较方便。操作点显示画面仅在调整参数时使用。一般情况下，组态时的一些参数，如比例度、积分时间、微分时间、微分增益、滤波器时间常数等在组态时不做改动，采用系统的默认值，而在系统投运时才根据对象特性做调整，这样可以节约组态时间，及时投运。

5.9.2.6 趋势显示画面

趋势显示画面有二类，一类趋势显示画面的采样数据不进行处理。另一类则进行数据归档处理，例如取最大或最小等。对于每一个采样时刻的采集数据都显示在趋势显示画面的趋势显示，称为实时趋势显示。若在趋势显示画面上的一个显示点与一段时间内若干个采样数据有关，例如是这段时间内各采样数据的最大值、最小值或平均值等，则称为历史归档趋势显示。

5.9.2.7 报警显示画面

报警显示是十分重要的显示。报警显示采用多种方法多种层次实现。报警信号器的显示是从模拟仪表的闪光报警器转化而来。它的显示画面和闪光报警器类似，采用多个方框表示报警点。当某一变量的绝对偏差或者变化率达到报警限值时，与该变量相对应的方框就发生报警信号。报警信号包括闪烁、颜色变化及声响信号。当按下确认按键后，闪烁成为常亮，颜色变为红色或黄色，声响停止。显示画面方框内标有变量名、位号、报警类型等信息。

5.9.2.8 系统显示画面

系统显示画面包括系统连接显示画面和系统维护显示画面。系统连接显示画面指所使用的集散控制系统是怎样组成的。一种方法是采用连接图的形式，表明系统中各硬件设备之间的连接关系。另一种方法采用树状结构的形式，它表明某设备有哪些外围设备各与它相连接。

5.9.3 先进控制技术(APC)简介

随着 DCS 广泛应用，生产控制水平有了很大提高。但是多数 DCS 仍然使用以常规 PID 为主的控制功能，没有充分发挥其作用。基于模型计算的先进控制和优化控制，为计算机的应用开辟了广阔的环境。预测控制是 20 世纪 70 年代末出现的一种基于模型的计算机控制算法。所谓模型，就是生产对象的数学模型，它是用数学关系描述生产对象的输入输出关系。在工业生产中，由于预测控制的先进性和有效性，在多输入多输出过程、时变、非线性及大纯滞后等大型复杂生产过程中，解决了常规控制系统难以处理的问题。如在炼油厂催化裂化、重油加氢、乙烯裂解等装置中，有效地提高了控制质量。目前一些著名过程控制公司(如 Setpoint、DMC、Aspen 等)的先进控制软件的核心是模型预测控制方法。这些多变量约束控制软件包在几千个工业装置上成功应用，获得了巨大的经济效益。Setpoint 公司和 DMC 公司先后被 AspenTech 收购，推出了 DMCplus 和 RT－OPT 优化软件包。

控制和优化是正常生产和取得经济效益的重要保证，控制处于动态回路级，优化处于稳态单元级或流程级。控制和优化之间是给定和指导的关系。即稳态优化得到的最优操作条件作为给定值送到下面的控制层。

控制包括基本调节控制、先进过程控制、约束控制等不同的控制方案。基本调节控制构成整个生产自动化的基础。主要功能是采用 PID 常规控制器，使生产过程的某些工艺参数稳定在给定值附近，实现安全生产和平稳操作。

先进过程控制比基本调节控制具有更好的控制效果，并且能够适应复杂情况，在操作条件变化时仍有较好的控制性能。采用先进控制可充分发挥装置的潜力。

在线优化是自动化系统取得最佳经济效益的关键所在，通过采集现场数据，对过程操作状况作出在线评价和分析，不断更新模型参数，不断修正约束条件，根据原料、产品、辅助设备费用等寻求过程的最佳操作条件并实施，使生产过程始终处于最优工况附近。

预测控制主要由预测模型、滚动优化、反馈校正和参考轨迹等四大部分组成。预测模型的功能是根据对象的历史信息和未来输入预测未来输出。只要是具有预测功能的信息集合，不论其有什么样的表现形式，均可作为预测模型。预测模型具有展示系统未来行为的功能。利用预测模型来预测未来时刻被控对象的输出变化及被控变量与给定值的偏差，作为确定控制作用的依据。预测控制的最主要特征是在线优化。这种优化控制算法是通过某一性能指标的最优确定未来控制作用。优化不是一次完成，而是反复在线进行，这就是滚动优化。由于实际系统存在非线性、时变、模型失配、干扰等因素，预测模型不可能和实际情况完全相符，这就需要对模型进行在线修正，即反馈校正。参考轨迹使系统的输出能够平滑地达到给定值。

由于预测控制具有上述几个基本特征，使得它在复杂的工业环境中得以应用。在许多场合下，只需测定对象阶跃脉冲响应，便可直接得到预测模型，而不必进一步导出传递函数及状态方程，这使问题大为简化。预测控制汲取了优化控制的思想，利用滚动的有限时段优化取代了全局优化，由于实际上不可避免地存在着模型误差和环境干扰，这种建立在实际反馈信息基础上的反复优化，能不断顾及不确定性并及时加以校正。

5.10 其他控制设备

5.10.1 可编程序控制器

随着微电子技术和计算机技术的迅猛发展，可编程序控制器也有了突飞猛进的发展，有人称其为现代工业控制的三大支柱之一。其最大特点是可编程序，通过改变软件来改变控制方案和逻辑规律。同时功能丰富、可靠性强，可组成集中分散控制系统或接入局部网络。PLC 语言简单、编程简便、面向用户、使用方便。

1. PLC 主要组成及工作原理

PLC 采用了典型的计算机结构。主要包括中央处理器 CPU、存储器和输入输出接口电路等。其内部采用总线结构，进行数据与指令的传输。

CPU是PLC的运算控制中心。它的作用是按PLC中系统程序赋予的功能，接收并存储从编程器键入的用户程序和数据；用扫描方式接收输入设备的状态或数据；诊断电源、PLC内部电路工作状态和编程语法错误等；CPU从存储器逐条读取用户程序，并经过命令解释后按指令规定的任务产生相应的控制信号，去控制有关的电路，从而执行数据的存取、传送、组合、比较和变换等，完成用户程序中规定的逻辑和数学运算任务。根据运算结果，实现相应的输出控制、打印制表或数据通信等功能。

PLC的存储器用来存储系统程序和用户程序。系统程序主要包括监控程序、模块化应用子程序、命令解释子程序以及各种系统参数等。用户程序主要是指由用户编制的梯形图程序等。PLC在运行过程中的输入、输出数据(或状态)亦存储到相应的状态表或数据寄存器中。

PLC输入、输出接口电路是用来连接现场设备或其他外部设备的信号通道。外部的各种开关信号、模拟信号、传感器检测的各种信号，经过PLC外部输入端子(包括数字量I/O接口和模拟量I/O接口等)，并将输入端不同的电压或电流信号转换成数字信号送入CPU内部寄存器，然后进行逻辑运算或其他各种运算。其运算结果转换成电压或电流信号送输出端子，对外围设备进行各种控制。PLC的外围连接设备包括信号灯、各种电磁装置、接触器、执行器、电动机等。PLC还可配置盒式磁带机、打印机、彩色图形监控系统。可以通过通讯接口与另外PLC或上位机通信。一般的小型PLC输入、输出点数为8~64，可以配备I/O扩展接口用来扩展输入、输出点数。PLC的输出触点容量一般为2A，可直接驱动接触器、电磁铁等强电元件。

2. PLC编程语言

PLC采用面向过程、面向问题的编程语言，其特点是简单、易懂、易学、便于掌握。不同类型的PLC有不同的编程语言，目前IEC规定有梯形图(LD)、指令表(IL)、功能块图(FBD)、顺序功能图(SFC)和结构化文本(ST)等五种语言。但最简单的是梯形图(LD)、指令表(IL)语言，一般小型PLC都配有这两种语言。

任何继电器控制系统，都是由输入部分、逻辑部分和输出部分组成。输入部分是由一些控制开关、操作开关、限位开关、光电管信号等组成，接收来自被控对象的各种开关信息，或操作控制台的操作指令。逻辑部分是根据被控对象的要求而设计的各种继电器控制线路。输出部分是根据用户需要而选择的各种输出设备，如电磁阀线圈、接通或断开电动机的各种接触器、信号灯等。

为方便用梯形图编程，PLC内部提供了等效继电器，有输入继电器、输出继电器、辅助继电器、定时器、计数器等。输入继电器与输入端子相连接，用来接受外部输入设备信号，输出继电器与输出端子连接，用来控制外部输出设备。通过梯形图或指令表可以完成各种逻辑控制。

5.10.2 紧急停车系统(ESD)

20世纪80年代科技人员将宇航专利技术的模块级三重化冗余(TMR)技术应用到工业安全系统的设计上。它将安全系统的关键电路三重化，每个通道各自独立，但又同时完成同一功能，TMR技术保证了安全系统的连续性和可预测性，从而在本质上提高了大型工业生产装置的安全水平，最大限度地消除了误停车。目前已经广泛应用到石油化工、油气开采、石油天然气加工、化学工业以及电力系统等工业领域。事实证明，在避免工业灾难，减少工业事故损失方面起到了积极和重要的作用。

90年代以来，安全系统进一步建立在以Windows和Windows NT为基础的人机界面，软件编程进一步向国际标准 IEC1131 – 3 靠拢，提高监控和诊断水平、维护能力和对外通信能力，在加强事件顺序记录(SOE)功能上有很大发展。

许多厂商利用 TMR 技术先后推出了紧急安全停车系统(ESD)。如 TRICONEX 公司的 TRICON容错控制系统，TRIPLEX 公司的 Regent 安全系统，ABB 公司的 August System，深圳某公司开发的 Regent 安全系统等。

容错控制系统可以识别和检测控制元件的故障，并允许在继续完成指定控制任务的同时，对故障元件进行修复，不中断过程操作。容错控制系统一般用于对安全和可用率要求较高的关键工业过程的控制。

TRICON 容错控制系统是基于三重模块冗余(TMR)结构的最现代化的容错控制器，它将三路隔离、并行的控制系统(每路称为一个分电路)和广泛的诊断集成在一个系统中，用三取二表决提供高度完善、无差错、不间断的过程操作，不会因为单点故障而导致系统失效。

现场变送器的输出信号在进入输入模件中被分成相互隔离的三路，通过三个独立的通道，分别被送到三个主处理器中，处理器之间以内部总线联系，TRICON 按多数原则对数据进行表决，并纠正任何输入数据的偏差，用这个过程保证了每个主处理器使用相同的表决数据完成应用程序。

主处理器的输出沿着三个通道，被送到输出模件，并在输出模件中再次进行表决/选择。数字输出的表决通过“方形表决器”硬件电路完成，而模拟信号则是在模拟输出选择器中进行选择。表决电路中包含反馈电路，用于对输出状态做检验和诊断潜在的故障。

TRICON 容错控制系统使用非常简单，TMR 控制的使用跟普通单控制系统通道一样，用户将变送器的输出和执行器接在单一接线端子上，只编写一套程序，剩下的工作全由 TRICON系统自动处理。

TRICON 系统对每个独立的分电路、每个模件和每个功能电路都进行广泛的诊断，对操作错误进行检测和报告。所有的诊断信息都贮存在系统变量里或由 LED 报警指示。这些信息可以供应用程序使用以调整控制作用，或直接进行维护。所有故障元件都可以进行在线更换。

TRICON 容错控制系统主要特点是：不会因为单点的故障而导致系统失效；可以在 3、2 或 1 个主处理器完好的情况下正确操作；完整透明的三重化结构；全面的系统诊断功能；全系列的输入输出(I/O)模块；模块在线更换简单；极高的可靠性和可用率。

第 6 章　化工机械与设备基础

6.1　化工机械基础

6.1.1　化工常用材料

化工常用材料分为两大类：一是金属材料，二是非金属材料。

非金属材料分为无机非金属材料(陶瓷、搪瓷、岩石、玻璃等)和有机非金属材料(塑料、涂料、不透性石墨等)两大类。本部分主要介绍金属材料。

6.1.1.1　金属材料的性能

化工生产中所使用的各种机械设备，如塔器、储罐、反应器、换热器、压缩机等都是由金属材料或非金属材料制成的。为了保证它们在生产上经久耐用、价格低廉、安全可靠和在制造过程中工艺性能良好，就必须了解材料的物理性能、化学性能、工艺性能、机械性能。这样才能在选材上做到技术可靠、经济合理。现就材料的各种性能做一简单介绍。

1. 物理性能

金属材料的物理性能有热膨胀性、导电性、导热性、熔点、密度等。化工生产中使用异种钢焊接的设备，要考虑到他们的热膨胀性能要接近，否则会因膨胀量不等而使构件变形或损坏。有些加衬里的设备也应注意衬里材料的热膨胀性能要和基体材料相同或相近，以免受热后因膨胀量不同而松动或破坏。

2. 化学性能

金属材料的化学性能主要是耐腐蚀性和抗氧化性。

(1) 耐腐蚀性　材料在室温或高温条件下，抗化学介质侵蚀的能力称材料的耐腐蚀性能。金属材料的耐腐蚀性，常用腐蚀速率来表示，一般认为介质对材料的腐蚀速率在0.1mm/a以下时，在这种介质中的材料是耐腐蚀的。

(2) 抗氧化性　在高温下使用的化工设备的材料与氧气或其他气体介质如水蒸气、CO_2、SO_2等产生化学反应而使材料氧化。因此高温使用的设备其材料要具有抗氧化性。

3. 工艺性能

工艺性能是指金属材料进行冷、热加工时的难易程度，主要包括金属材料的可切削性能、可铸造性能、可熔化性能、可焊接性能和热处理性能(包括正火、淬火、回火、退火及表面热处理)等。

4. 机械性能

任何机械零件，在使用过程中，都受到外力作用。这就要求金属材料必须有抵抗外力的能力。这种能力就是材料的机械性能，包括强度、硬度、塑性、韧性、弹性、疲劳和蠕变等。

6.1.1.2　化工常用金属材料简介

1. 碳素钢与合金钢

钢是以铁、碳为主要成分的合金，其含碳量小于2.11%。根据钢的化学成分，人们把钢分为碳素钢(简称为碳钢)和合金钢两大类。碳钢除含主要成分的铁、碳外，还含有少量的硅、锰、磷、硫等元素。碳钢具有一定的机械性能，又具有良好的工艺性能，而且价格低廉。所以，碳钢得到了广泛应用。随着科学技术与现代工业的迅速发展，碳钢的性能已经不能满足需求，于是人们在碳钢的基础上，有目的的加入某些合金元素获得合金钢。与碳钢相比，合金钢性能有了显著提高，应用也更加广泛。

1) 常用结构钢简介

生产上使用的钢材主要是结构钢，即用于制造各种机器零件及工程结构的钢。通常有碳素结构钢、优质碳素结构钢、合金结构钢等。

(1) 碳素结构钢　碳素结构钢是工程中应用最多的钢，其产量约占钢总产量的70%~80%。

碳素结构钢牌号是以钢材厚度(或直径)不大于16mm的钢的屈服点(σ_s)来划分，并还有质量等级和脱氧方法的细划分。

例如：Q235—A·F即表示屈服点数值235MPa的A级沸腾钢。

(2) 优质碳素结构钢　优质碳素结构钢中有害杂质(主要指硫、磷)及非金属杂物含量较少，化学成分控制较严格，塑性和韧性较高，多用于制造较重要零件。

按其含碳量优质碳素结构钢可分为低碳钢(含碳量≤0.25%)；中碳钢(含碳量为0.25%~0.6%)和高碳钢(含碳量>0.6%)。

这类钢的编号方法是以平均含碳量的万分数表示，如45号钢，其平均含碳量为0.45%。优质碳素钢的牌号及化学成分等见GB699。

(3) 合金结构钢　合金结构钢是指用来制造各种工程结构(船舶、桥梁、车辆、压力容器等)和各种机器零件(轴、齿轮、各种联接件等)的钢种，是合金钢中用途最广、用量最大的一类钢。

合金结构钢牌号的表示方法，按照国家标准(GB221)的规定，采用“数字+化学元素+数字”的方法，前面的数字表示含碳量的万分数，后面的数字表示含相应合金元素的百分数。

如20Cr——含碳量为0.2%，铬含量为1%左右。

60Si2Mn——含碳量为0.6%，硅含量为2%左右，锰含量为1%左右。

2) 不锈钢

不锈钢是指对腐蚀介质具有很高化学稳定性的钢，它并不是不腐蚀，只是腐蚀速度很慢。在同一介质中，不同种类的不锈钢腐蚀速度很不相同。在不同介质中，同一种不锈钢的腐蚀速度也不一样。因此，掌握各类不锈钢特点，对正确选用材料十分重要。

不锈钢的牌号采用“数字+元素符号+数字”表示，前面数字表示含碳量的千分数(0表示含碳量不超过0.08%，00表示含碳量不超过0.03%)，后面数字表示元素含量的百分数。常用不锈钢的耐蚀性及应用举例见表6-1。

表6-1　不锈钢的耐蚀性及应用

牌　号	耐蚀性	应用举例
0Cr13	耐水蒸气、碳酸氢铵母液及540℃以下含硫石油等介质腐蚀	制造设备衬里、内部元件、垫片等
1Cr13	在30℃以下的弱腐蚀介质有良好的耐蚀性，在淡水、蒸汽和潮湿的大气中有足够的耐蚀性	一般使用温度450℃以下，制造法兰、汽轮机叶片、螺栓螺母等零件

续表

牌　号	耐 蚀 性	应 用 举 例
1Cr17	对氧化性酸(如一定温度及浓度的硝酸)耐蚀性良好	制造腐蚀性不强的防污染的设备、家庭用品、家用电器部件
00Cr18Ni8	对氧化性酸(如硝酸)有强的抗腐蚀性，对碱液及大部分有机酸和无机酸也有一定的抗腐蚀性，有一定耐晶间腐蚀能力	制作食品设备、化工设备、输酸管道、容器等
00Cr18Ni10	耐腐蚀性比 0Cr18Ni9Ti 好，耐硝酸、大部分有机酸和无机酸的水溶液、碱等的腐蚀，能耐晶间腐蚀	使用温度 - 196 ~ 600℃，制造硝酸、维尼纶、制药等工业设备和管道
Cr17Ni12Mo2	在海水和其他介质中耐蚀性比 0Cr18Ni9Ti 好，主要用作耐小孔腐蚀材料，高温下有良好的蠕变强度	大型锅炉过热器、蒸汽管道、高温耐蚀螺栓、耐孔蚀的零件等
1Cr18Ni9Ti	在不同温度和浓度的各种强腐蚀性介质中耐蚀性好	使用温度 - 196 ~ 600℃，广泛用于制造耐酸设备、管道、衬里层等

此外，近年来从北美诸国以及澳大利亚进口的设备中用的不锈钢也很多，但钢号表示方法不同。如 316 与我国的 0Cr17Ni12Mo2 近似，316L 与 00Cr17Ni14Mo2 近似。

3）耐热钢

耐热钢是指在高温下具有高的热稳定性和热强性的特殊钢。热稳定性指的是高温化学稳定性，也就是钢在高温下抵抗氧化的能力；热强性是指钢在高温下的强度性能。在高温工作的零件必须具有这两方面性能。

如 15CrMo、12CrMoV、2Cr12MoVNbN 等。常用耐热钢很多，使用时可参阅有关资料。

2. 其他常用的金属材料

1）铸铁

铸铁是含碳量大于 2.11% 的铁碳合金。与钢相比，主要区别在于铸铁含碳、硅较高，含硫、磷杂质元素较多，所以，铸铁与钢的组织和性能差别较大。工业上常用灰铸铁制造机座、带轮、不重要的齿轮等。用球墨铸铁代替钢制造一些如曲轴、阀门等机械零件。

2）有色金属材料

除了钢铁材料外，其他的金属及其合金是不以铁为基体的则称为有色金属及合金。有色金属及合金的种类很多，其产量和使用量不及钢铁，但由于它们具有某些独特的性能和优点，因而成为现代工业不可缺少的材料。

(1) 铜及其合金　包括纯铜、黄铜及青铜。

① 纯铜　纯铜呈紫色，又称为紫铜，是使用广泛的有色金属之一。它有很高的导热性、导电性和塑性，在低温下可保持较高的强度和冲击韧性，因此多用来制造深冷低温设备，也可用于制造换热器的管子及离心机转鼓等。

② 黄铜　铜和锌的合金称为黄铜。黄铜常用于制造深冷设备的筒体、管板、法兰及衬套等。

③ 青铜　铜与锌以外的元素(Al、Si、Pb、Mn、Be 等)组成的合金统称为青铜。通常

青铜系指以锡(Sn)为主要合金元素的锡青铜。锡青铜的耐磨性高，多用于制造轴瓦、轴套、泵壳、阀门、滑动轴承、蜗轮、旋塞等零件。此外，锡青铜还具有无磁性、无冷脆现象。

(2) 铝及其合金　铝的导电性和导热性都很好，仅次于银和铜，因此被广泛用于制造导电材料和热传导器件。铝及其合金在石化工业中常用来制造泵、阀、各种储槽、塔器、换热器及深冷设备中的过滤器、分馏塔等构件。

(3) 钛及其合金　钛对氯化物具有很高的耐腐蚀性，与氧具有较大的亲和力，很容易在表面形成一层致密的氧化膜，其稳定性高于铝和不锈钢的氧化膜，常用于制作泵壳、叶轮、管道、设备衬里等。

(4) 轴承合金　轴承合金是制造滑动轴承的轴瓦及内衬的耐磨材料。最常用的轴承合金是锡基或铅基"巴氏合金"。

锡基轴承合金是以锡为基础，加入锑(Sb)、铜(Cu)等元素组成的合金。锡基轴承合金具有良好的减磨性、耐腐蚀性、导热性与韧性，但疲劳极限较低，其工作温度不能超过150℃。

6.1.2 化工常用零件

6.1.2.1 轴承

轴承的作用是支承轴及轴上转动的零件，使其回转并保持一定的旋转精度，减少相对转动零件之间的摩擦和磨损。合理地选择和使用轴承对提高机器的使用性能，延长寿命都起着重要的作用。

根据摩擦性质的不同，轴承可分为滑动轴承和滚动轴承两大类。滚动轴承是由专门工厂制造的标准件，它具有摩擦阻力小、起动灵敏、效率高，且类型、规格较多，易于选购和互换等优点，故在一般机器中被广泛使用。对于高速、重载、高精度或较大冲击载荷的机器，滑动轴承有其优异的性能，而对于需要剖分结构的场合，一般采用滑动轴承。所以我们应了解两大轴承的特点，合理选用。

1. 滑动轴承

1) 滑动轴承的类型

按轴承所承受的载荷的方向不同，可分为向心轴承、推力轴承和组合轴承。向心滑动轴承只能承受径向载荷，轴承上的反作用力与轴的中心线垂直；推力滑动轴承只能承受轴向载荷，轴承上的反作用力与轴的中心线方向一致。如将向心轴承和推力轴承组合设计在轴的某一支点上，或设计成圆锥面形状，即为组合轴承，既可以承受径向载荷，又可以承受轴向载荷。

2) 滑动轴承的典型结构

(1) 向心滑动轴承　向心滑动轴承一般由壳体、轴承(轴瓦)和润滑装置组成。轴承壳体可以直接利用机器的箱壁凸缘或机器的一部分做成，例如减速器或金属切削机床主轴箱。有时为了加工、装拆方便，轴承壳体可以做成独立的轴承座。

根据结构需要，具有独立轴承座的向心滑动轴承可做成整体式或剖分式(基本结构如图6-1所示)。轴承座通常采用铸铁材料制作，轴承(轴套)采用减摩材料制成并镶入轴承座中，轴套上开有油孔，可将润滑油输入至摩擦面上。整体式结构较简单，但装拆时要求轴或轴承作轴向移动，这在某些机器的结构上是不允许的。整体式轴套磨损后轴承间隙难以调整。因此，整体式多用在间歇工作或低速轻载的简单机械中。

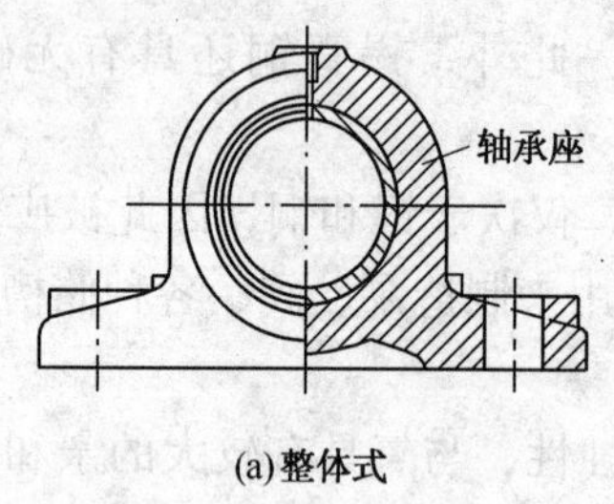

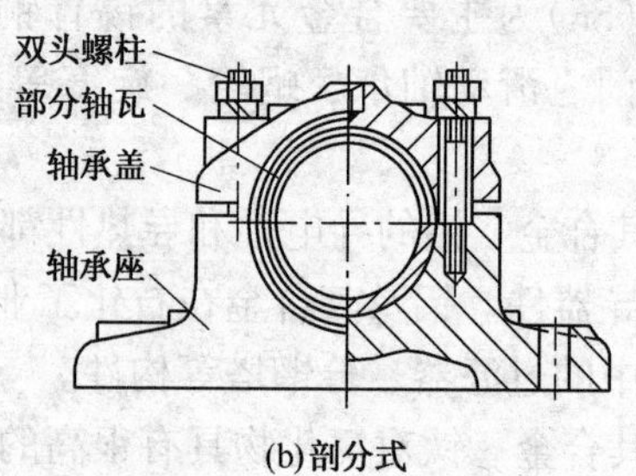

图 6－1　滑动轴承基本结构

剖分式的轴套叫做轴瓦。这种结构的优点是装拆方便，轴承间隙可以在一定范围内调整。轴承盖和轴承座的剖分面处通常做成阶梯形，以便定位和防止工作时发生横向错位。

为了适应各种特殊的工作条件，有的滑动轴承具有某种特殊结构。如自动调心轴承，其轴瓦外表面作成球状，与轴承座的球状内表面相配合，当轴弯曲变形或两轴承轴线不对中时轴瓦就能自动调心。如可调间隙轴承，通过转动螺母，改变轴套的轴向位置，或利用开有一纵向通槽的轴套的弹性变形调节轴套和轴颈间的间隙。

(2) 推力滑动轴承　实心端面推力轴承，结构最简单，但由于止推面上不同半径处的线速度不同，因而磨损不同，压力分布不同，靠近轴心处的压强最高。为改善这种结构的缺点，常将轴颈设计为环形或空心端面。如载荷较大，可做成多环式轴颈。

3) 液体摩擦滑动轴承简介

按滑动轴承的摩擦状态不同，滑动轴承还可分为非液体摩擦滑动轴承和液体摩擦滑动轴承两大类。非液体摩擦滑动轴承中的润滑剂不能将轴承(轴瓦)与轴颈的表面完全分开，它们之间的直接接触点依然存在。这种轴承结构简单，精度要求不高，主要用于速度较低，载荷不大，工作要求不高，难以维护等条件下。液体摩擦滑动轴承按其承载油膜形成机理的不同可分为液体动压滑动轴承和液体静压滑动轴承两类。

液体动压滑动轴承由摩擦表面的相对运动将黏性流体带入楔形间隙，形成动压承载油膜。液体静压滑动轴承承载油膜的形成是依靠润滑系统泵入具有足够压力的黏性流体。本节仅对动压轴承做简单介绍。

如图 6－2 所示，向心滑动轴承与轴颈之间有一定的间隙，由于轴的自重，在静止状态下自然形成楔形间隙。当轴颈转动，“泵入”润滑油并经过一定阶段的运转后，楔形间隙内逐渐形成了压力而将轴颈抬起，两摩擦表面完全脱离接触，从而实现液体动压润滑。沿轴承圆周方向上的油膜承载能力如图 6－2 所示。

图 6－2　油膜承载能力

由于单油楔动压轴承有可能产生“油膜振荡”而影响其工作的稳定性，所以在实际生产中多采用多油楔动压滑动轴承。图 6－3 所示为常用的五油楔倾斜块式径向轴承的结构形式。

2. 滚动轴承

滚动轴承是轴承工厂大规模生产的标准组件，其种类繁多，用量极大。轴承的类型、尺寸、计算方法和精度等级都有相应的国家标准。实际应用中只需要根据工作条件选用适合的类型和尺寸即可。

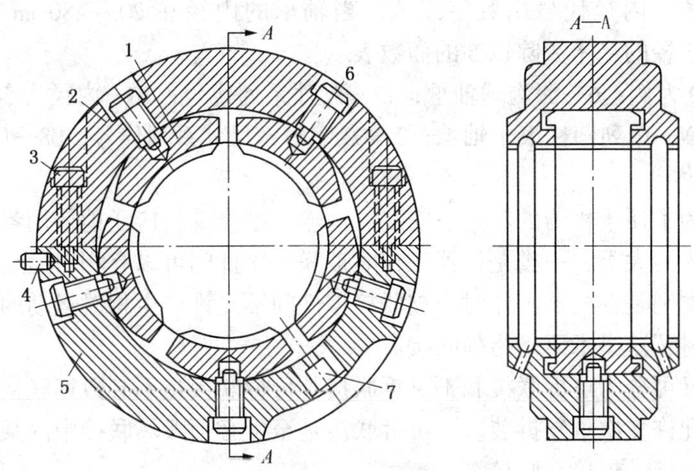

图 6-3　五油楔倾斜块式径向轴承

1—瓦块；2—上轴承套；3—螺栓；4—圆柱销；5—下轴承套；6—定位螺钉；7—进油节流圈

1) 滚动轴承的构造

滚动轴承的基本构造如图 6-4 所示。滚动轴承是由内圈、外圈、滚动体、保持架四个基本元件组成的，有的轴承还有其他的附属元件。内圈装在轴颈上，外圈和轴承座孔配合。内圈外表面和外圈内表面上均有滚道。当内、外圈之间相对旋转时，滚动体沿滚动道滚动，变滑动摩擦为滚动摩擦。保持架使滚动体互不接触，且等距分布，以减少滚动体之间的摩擦和磨损。

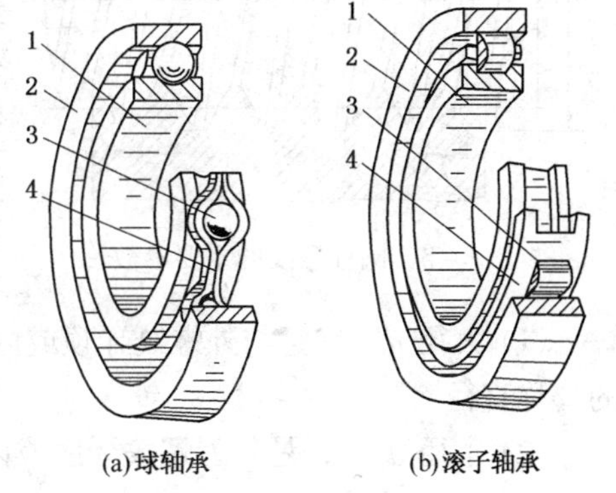

图 6-4　滚动轴承的基本构造

1—内圈；2—外圈；3—滚动体；4—保持架

2) 滚动轴承的类型和特点

滚动轴承按其所承受的负荷方向或公称接触角 α 的不同，可分为向心轴承和推力轴承两大类。公称接触角 α 是垂直于轴心线的平面与经轴承套圈或垫圈传递给滚动体的合力作用线之间的夹角，接触角越大，承受轴向负荷的能力越强。

按滚动体形状的不同，可将轴承分为球轴承和滚子轴承。滚子的形状有圆柱形、圆锥形、球面滚子、螺旋滚子、滚针等。一般相同直径下，滚子轴承比球轴承的承载能力大。

3) 滚动轴承的代号

滚动轴承是标准件，为便于轴承制造厂和用户之间的交流，国家规定使用字母加数字来描述滚动轴承的类型、尺寸、公差等级和结构特点，即规定轴承的代号，并将代号打印在轴承的端面上。GB 272/T—93 规定了轴承代号的表示方法。轴承代号由基本代号、前置代号和后置代号三部分构成。

基本代号是核心部分，由“类型代号 + 尺寸系列代号 + 内径代号”组成。

(1) 类型代号　类型代号是由一位(或两位)数字或英文字母表示。

(2) 尺寸系列代号　尺寸系列代号由两位数字组成。前一个数字表示轴承的宽度或推力轴承的高度；后一个数字表示轴承的外径。两者组合使用后，表示同一内径轴承具有不同的外径和宽度。

(3) 内径代号　内径代号由数字组成。当轴承的内径在 20 ~ 480mm 范围内(22、28、32mm 除外)，用内径的毫米数除以 5 的商数表示。

以轴承 61710 为例：6—深沟球轴承；17—尺寸系列代号；10—内径为 50mm。

轴承 N208：N—单列圆柱滚子轴承；2—02 缩写，尺寸系列代号；08—内径为 40mm。

6.1.2.2　联接

在机械中，为了便于机器的制造、安装、运输、维修等，广泛地使用各种联接。

机械联接分为两大类：一类是机器工作时被联接零件间可以有相对运动的联接，称为机械动联接。另一类则是在机器工作时，被联接零件间不允许产生相对运动的联接，称为机械静联接。通常“联接”这一术语是指静联接。

机械静联接又可分为可拆联接和不可拆联接，可拆联接是不必毁坏联接中的任一零件就可拆开的联接，允许多次重复拆装。不可拆联接是至少必须毁坏联接中的某一部分才能拆开的联接，如铆钉联接、焊接、胶接等。

本节主要介绍机器中常用的联接(螺纹联接和键联接)方法及其应用。

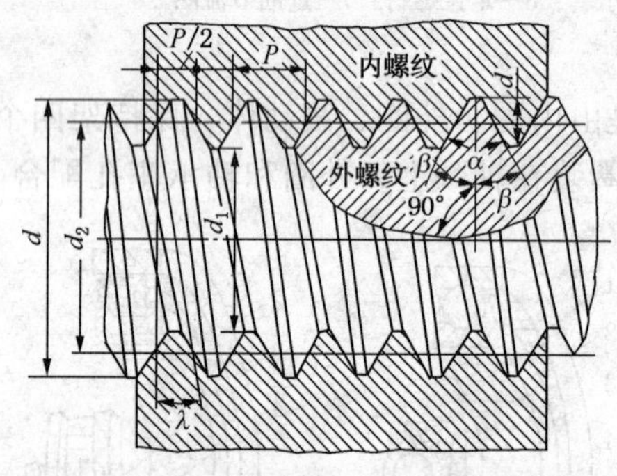

图 6-5　圆柱螺纹的主要参数

1. 螺纹联接

1) 螺纹的类型和应用

螺纹有外螺纹和内螺纹之分，共同组成螺纹副使用。按螺纹的旋向可分为左旋及右旋，常用的为右旋螺纹。按螺纹的螺旋线数分为单线、双线及多线，联接螺纹一般用单线。螺纹又可分为米制和英制两类，我国除管螺纹外，一般都采用米制螺纹。

常用螺纹联接分为普通螺纹联接和管螺纹联接。标准螺纹的基本尺寸，可查阅有关标准。

2) 螺纹的主要参数(如图 6-5 所示)

(1) 大径 d　它是与外螺纹牙顶或内螺纹牙底相重合的假想圆柱的直径，一般定为螺纹的公称直径。

(2) 小径 d_1　它是与外螺纹牙底或内螺纹牙顶相重合的假想圆柱的直径，一般取为外螺纹危险剖面的计算直径。

(3) 中径 d_2　它是一个假想圆柱的直径，该圆柱的母线通过牙型上沟槽和凸起宽度相等的地方。

(4) 螺距 P　相邻牙在中径线上对应两点间的轴向距离称为螺距。

(5) 导程 L　同一螺旋线上的相邻两牙在中径线上对应两点间的轴向距离。导程与螺距的关系为 $L = nP$，式中 n 为螺纹线数。螺栓与螺母相对转动一转时，则相对移动一个导程。

(6) 升角 λ　在中径圆柱面上螺旋线展开后与底面的夹角 λ。

(7) 牙型角 α　在轴向剖面内螺纹牙型两侧边之间的夹角。

管螺纹的主要参数中，其公称直径不是螺纹大径，而是近似等于管子内径。具体尺寸查阅有关标准。一般情况下 $\lambda < 6°$就可以获得自锁，而普通联接用的三角形螺纹 $\lambda = 1.5° \sim 3.5°$，所以在静载荷下都能自锁。

3) 螺纹联接的主要类型

螺纹联接的主要类型有螺栓联接、双头螺栓联接、螺钉联接、紧定螺钉联接。此外，还有地脚螺栓联接、吊环联接等。其中螺栓联接还分为普通螺栓联接(螺栓与孔之间留有间隙)

和铰制孔螺栓联接(孔与螺栓杆之间没有间隙，常用基孔制过渡配合)两种结构。螺栓、螺母的常用材料有：Q235、35号钢等。

4）螺纹联接的装配

用螺栓、双头螺栓、螺母联接紧固后，其结合面应当紧密，不松动、不泄漏。为此在装配中应注意：①螺钉或螺母与零件贴合的表面要光洁。②拧紧时要控制预紧力的大小。M16以下的螺栓不应用在高压管件上，以防预紧力过大而扭断。为了保证所需的预紧力，常使用定力矩扳手、测力矩扳手或电动、风动扳手。③在同一设备中有多个螺栓时，装配时应注意拧紧次序，并应分数次拧紧螺母，不应一次把螺母紧死。④重要的螺栓或螺钉联接，应采用防松措施。防松的方法有弹簧垫圈防松、双螺母防松、槽形螺母和开口销防松、带翅垫片防松、止动垫片防松等。

2. 键联接

轴与轮状零件(如齿轮、带轮等)的轮毂间的联接，其作用是实现周向固定或轴向导向移动。常用的键可分为平键、半圆键、楔键、切向键等多种类型，且已标准化。现将其主要形式及应用特性简介如下。

1）平键联接

平键的两侧面是工作面，与键槽配合，工作时靠键与槽侧面互相挤压传递扭矩。平键联接结构简单、工作可靠、装拆方便、对中良好，但不能实现轴上零件的轴向固定。

按用途平键可分为普通平键、导键、滑键。

普通平键用于静联接，即轴与轮毂间无相对轴向移动的联接。按端部形状可分为A型(圆头)、B型(方头)、C型(单圆头)三种。圆头平键键在槽中固定良好，方头平键不利于键的固定，单圆头平键用于轴端与毂的联接。普通圆头平键应用最广，它也适用于高精度、高速或冲击、变载情况下的静联接。

平键的主要尺寸为键宽 b、键高 h 与长度 L。键宽 b 与键高 h 可根据轴的直径 d 按手册推荐选取。键的长度一般略短于轮毂长度，但所选定的键长应符合标准中规定的长度系列。

导键和滑键都用于动联接，即轴与轮毂间有相对轴向移动的联接。

2）半圆键联接

键的两侧面为工作面。半圆键能在轴槽中摆动，以适应毂槽底面的倾斜。用于静联接，定心性好，装配方便，但键槽较深，对轴的强度削弱很大。主要用于轻载荷和锥形轴端。

3）楔键联接和切向键联接

楔键的上、下两面是工作面。键上表面和轮毂槽底面各有1∶100的斜度，装配时需打入，靠楔紧产生的摩擦力传递扭矩，能轴向固定零件或承受单向轴向力。打入时破坏了轴与毂的对中性，在冲击、振动和承受变载荷时易松动。仅适用于传动精度要求不高，载荷平稳和低速的场合。

切向键是由一对楔键组成。装配时，两键的斜面相互贴合，共同楔紧在轴毂之间。切向键适用于对中要求不严，载荷很大，大直径轴的联接。

此外，在轴与毂联接中还常用花键联接，花键联接是由多个键齿构成，键齿沿轴和毂孔的周向均布。齿侧面为工作面，适用于静、动联接。花键联接按齿形(花键齿形已标准化)分为矩形花键、渐开线花键、三角形花键，其中矩形花键应用最广。

6.1.3 机械传动

6.1.3.1 常用机械传动的类型

图6-6所示带式运输机为一种物料输送机器。在带式运输机中，由电动机提供机械能，

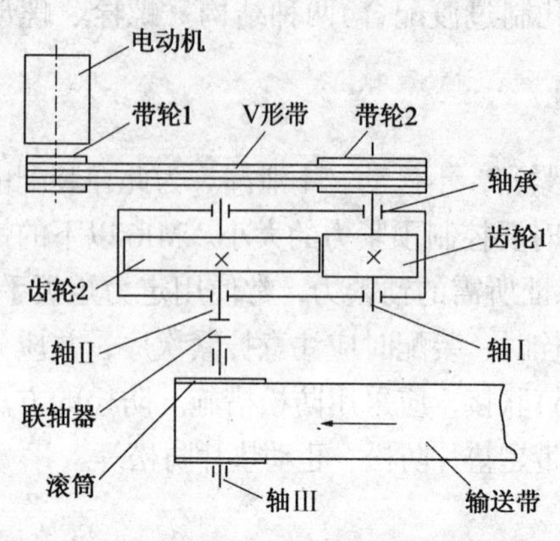

图 6-6　带式运输机传动示意图

即提供机器动力的来源称为原动机，输送带直接运载物料完成预定的工作任务，是工作机。V 形带及带轮、齿轮及传动轴和联轴器等是把电动机输出的运动和动力传递给工作机构的中间环节，称为机械传动系统。一台完整的机器，主要由原动机、工作机和传动系统组成。

机械传动的作用，一是改变原动机输出的转速和动力的大小以满足工作机的要求；二是把原动机输出的运动形式转变为工作机所需要的运动形式。如果原动机的工作性能完全符合工作机的要求，传动系统可省略。可将原动机和工作机直接联接，如电动机通过联轴器直接驱动离心泵。

常用机械传动按工作原理可分为两大类：一是摩擦传动，包括 V 带传动、平带传动、摩擦轮传动等；二是啮合传动，包括齿轮传动、蜗杆传动、螺杆传动、链传动等。

6.1.3.2　带传动与链传动

1. 带传动

如图 6-7 所示，简单的带传动有小带轮 1、大带轮 2 和紧套在带轮上的传动带 3 所组成。输入运动的小带轮 1 称为主动轮，被驱动的大带轮 2 称为从动轮。

带呈封闭的环形，以一定的张紧力紧套在两带轮上，使带与带轮的接触面间产生正压力。依靠带与带轮之间的摩擦力，使带随主动轮运动，带又依靠与从动轮之间的摩擦力，使从动轮转动，从而将主动轴上的运动和动力传递给从动轴，实现了带传动。

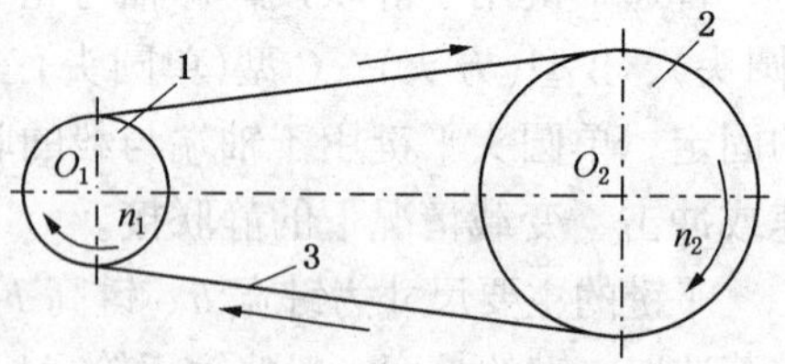

图 6-7　带传动示意图

1）带传动的种类

常用的带传动以 V 带和平带使用最多，由于楔面摩擦产生的摩擦力大于平面摩擦的摩擦力，所以 V 带的承载能力高于平带。由于齿形带和针孔带是啮合传动，因此具有较高的承载能力。

2）带传动的特点

①由于带有弹性，所以在传动中能缓冲、吸振，使带传动工作平稳，无噪声；但也由于带与轮存在弹性滑动，使带传动的效率较低，约为 0.90～0.94。②由于带传动依靠摩擦力传动，因此当传递的动力超过负荷时，会在带轮上打滑，从而避免其他零件的损坏；但也同时使带传动不能保持恒定的传动比。③带传动可以用在两传动轴中心距较大的场合；但不适宜用在高温、易燃、易爆的场合。④带传动结构简单，维护方便，容易制造，成本低廉；但使用寿命较短。

带传动一般使用功率小于 100kW，工作速度 5～25m/s，传动比小于 7。

2. 链传动

链传动由主动链轮、从动链轮和链条组成，依靠链轮与链条的啮合传递运动和动力。

1）链传动的特点

链传动与带传动相比，没有带传动的相对滑动，平均传动比准确，传动效率高，承载能力大；相同工作条件下比带传动尺寸小；能在高温、有灰尘、有水或油等恶劣环境中工作。与齿轮传动相比从动链轮转速和链速是变化的，传动平稳性差，高速时冲击和噪声较大；仅能用于两平行轴之间的传动。

链传动一般传递的功率小于 100kW，传动比小于 6，链速小于 15m/s，中心距不超过 8m，传动效率 0.95～0.97。

2) 链传动常用类型

链传动中最常用的是套筒滚子链和齿形链。

(1) 套筒滚子链　套筒滚子链是标准件，主要由套筒、滚子、销轴和呈 8 字形的内外链板组成。滚子链上相邻两滚子中心之间的距离称为链节距，它是滚子链的主要规格参数。节距越大，链条零件尺寸越大，承载能力越大。

(2) 齿形链　齿形链有一组齿形链板铰接而成，齿形链传动较平稳，噪声小，一般用于高速传动。齿形链也已标准化。

6.1.3.3　齿轮传动

1. 齿轮传动的类型

在两个齿轮组成的传动中，两个齿轮相互啮合，其中一个齿轮的齿用力拨动另一个齿轮的齿，从而使另一个齿轮随之转动，这种传动就称为齿轮传动。齿轮传动的类型很多，分类方法也很多。常用的分类方法如下：

(1) 按齿轮的形状　可分为圆柱齿轮传动(包括直齿轮传动、斜齿轮传动和人字齿齿轮传动)、齿条传动和圆锥齿轮传动。

(2) 按两齿轮轴线的相对位置　可分为两平行轴之间的齿轮传动、两相交轴之间的齿轮传动和空间两交错轴之间的齿轮传动。

(3) 按齿轮传动的工作条件　可分为开式齿轮传动和闭式齿轮传动。开式齿轮传动中的齿轮完全暴露在外面，闭式齿轮传动中的齿轮全部在密闭的箱体内。

(4) 按齿轮齿面硬度的不同　可分为软齿面齿轮(齿面硬度小于 350HBS)传动和硬齿面齿轮(齿面硬度大于 350HBS)传动。

2. 齿轮传动的特点

与带传动、链传动相比，齿轮传动的特点是：

(1) 能保证恒定的瞬时传动比，传递运动准确可靠。

(2) 传递的功率和圆周速度范围大，传递的功率可以大到十几万千瓦，也可以很小；圆周速度可高达 300m/s，也可慢似蜗牛。

(3) 结构紧凑、体积小，使用寿命长。

(4) 传动效率比较高，一般圆柱齿轮的传动效率可达 0.98。

(5) 齿轮制造、安装要求高，成本较高。

3. 渐开线直齿圆柱齿轮各部分名称和主要参数

齿轮轮齿的曲线轮廓形状有渐开线、圆弧线、摆线等多种形式，其中渐开线齿轮应用最为广泛。

1) 齿轮各部分名称

对圆柱齿轮(见图 6－8 所示)，所有轮齿顶部所在的圆称为齿顶圆，其直径和半径以 d_a 和 r_a 表示；过所有轮齿底

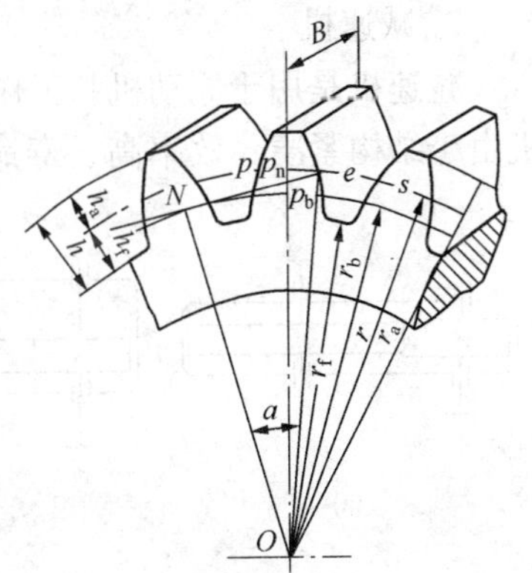

图 6－8　齿轮各部分的名称及尺寸

部的圆称为齿根圆，其直径和半径以 d_f 和 r_f 表示；人为的规定一个圆作为度量齿轮尺寸的基准圆称为分度圆，其直径和半径以 d 和 r 表示。在圆柱齿轮的端面上，相邻两齿同侧齿廓之间的分度圆弧长称为齿距，用 p 表示，它包括齿厚 s 和槽宽 e 两部分，即 $p=s+e$，对于正常齿标准齿轮 $s=e$；齿顶圆与齿根圆之间的径向距离为齿高，用 h 表示，其中齿顶圆与分度圆之间的径向距离为齿顶高 h_a，齿根圆与分度圆之间的径向距离为齿根高 h_f。

2）齿轮的主要参数

在齿轮整个圆周上均匀分布的轮齿总数称为齿数，以 z 表示。

在分度圆上，分度圆的周长为 $d\pi$，也可表示为 zp，即 $d\pi=zp$，所以 $d=zp/\pi$，式中 π 是无理数，为了不使 d 为无理数，以便于设计、制造和检验，人为地规定 p/π 的值为标准值，称为模数，用 m 表示，单位是 mm。齿数相同的齿轮，模数越大，轮齿越大，承受载荷的能力越强。模数是齿轮尺寸计算和反映齿轮性能的重要参数，国标规定了一系列的标准模数值。

我国规定标准齿轮分度圆上的压力角 $\alpha = 20°$。

3）齿轮的正确啮合条件与传动比

（1）正确啮合条件　只有两个齿轮的模数相等，压力角相等时，才能正确啮合，

即：$m_1 = m_2 = m; \alpha_1 = \alpha_2 = \alpha$

（2）传动比

因为每分钟两轮转过的齿数相同，所以有 $n_1 z_1 = n_2 z_2$，

即
$$\frac{n_1}{n_2} = \frac{z_2}{z_1}$$

所以传动比
$$i = \frac{n_1}{n_2} = \frac{z_2}{z_1}$$

两个互相啮合的齿轮齿数确定后，齿轮的传动比就是定值。

6.1.3.4　轮系及减速机

1. 轮系

由一系列齿轮组成的传动系统称为轮系。利用轮系可以实现分路传动或获得多种转速；也可以实现较远轴之间的运动和动力传递；可以获得较大的传动比；实现运动的合成或分解。

通常根据轮系运动时各轮几何轴线的位置是否固定而将轮系分为定轴轮系和周转轮系两大类。传动时所有齿轮的几何轴线都是固定不动的称为定轴轮系(如齿轮减速机中的传动)；轮系中至少有一个齿轮的几何轴线是不固定的轮系称为周转轮系(如行星齿轮减速机中的传动)。

2. 减速机

减速机是用于原动机和工作机之间独立而封闭的机械传动装置，它主要用于降速。减速机由于结构紧凑、效率高、寿命长，传动准确可靠，使用维修方便，因此得到了广泛的应用。化工机械中常见的减速机都已有标准系列产品供应，配套方便，可根据需要选用。

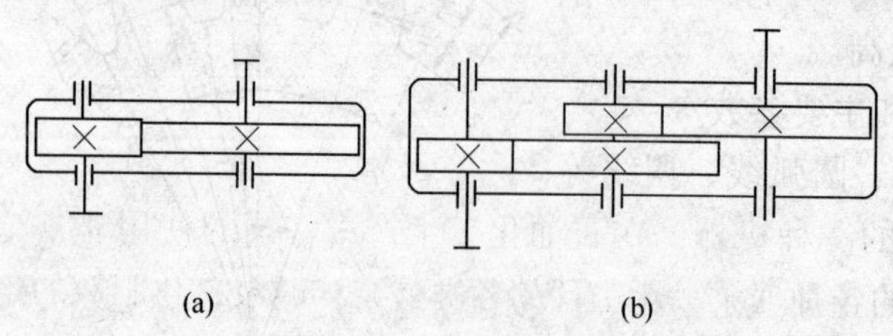

图 6-9　圆柱齿轮减速机示意图

（1）圆柱齿轮减速机

圆柱齿轮减速机按其齿轮传动的级数可分为单级、两级、三级减速机等多种。单级减速机如图 6-9(a)所示，当

采用直齿轮传动时，其传动比 $i \leqslant 5$；采用斜齿轮、人字齿轮时，传动比 $i \leqslant 10$。两级减速机如图 6－9(b)所示，其传动比范围大，可达 8～40。

(2) 蜗杆减速机

如图 6－10 所示，蜗杆减速机的两根轴在空间垂直交错，对于单头蜗杆，蜗杆转动一圈，蜗轮才转过一个齿；同理，双头蜗杆转一圈蜗轮转过两个齿，故传动比大，单级传动比可达 10～70。

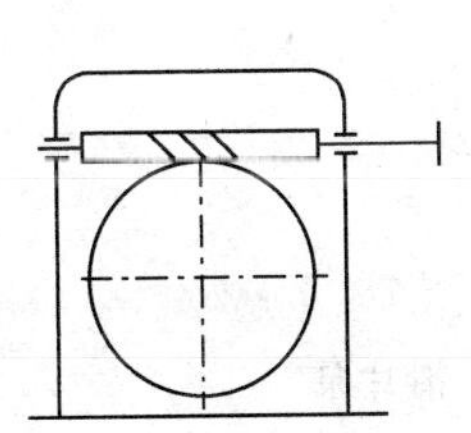

图 6－10　单级蜗杆减速

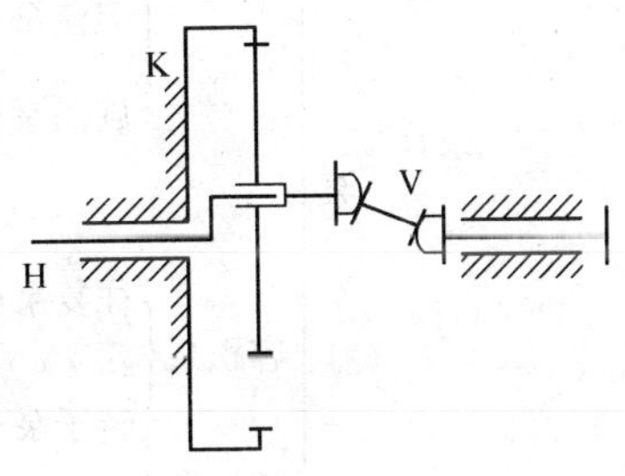

图 6－11　少齿差行星齿轮减速

(3) 渐开线少齿差行星齿轮减速机

如图 6－11 所示少齿差行星齿轮减速机中，行星齿轮的齿数与中心大齿轮的齿数只差很少几个齿(常用的齿数差为 1～4)，以系杆为原动件，把行星轮的转动输送出来。由于行星轮对中心轮有个偏心，故传动时行星轮不仅要作转动，而且要作平动。因此就需要一个能够传递平行轴之间的旋转运动的联轴器(即偏心输出机构)以便把行星轮的转动输送出来。

这种行星轮系，只有一个中心轮(用 K 代表)，一个系杆(用 H 代表)和一个用于平行轴的联轴器(用 V 代表)构成，常简称为 K—H—V 机构。

它适用于中小型的动力传动(传递功率≤45kW)。其传动效率约为 0.8～0.94；当其用于增速传动时，则可能出现自锁。

(4) 摆线针轮减速机

摆线针轮传动是一种一齿差的行星齿轮减速机，它的传动简图和传动比的计算方法，与渐开线少齿差行星齿轮传动完全相同。因此它也是一种 K—H—V 机构，即只有一个固定的中心轮，一个行星轮，和一个将行星轮的转动平行输出的联轴器(偏心输出机构)。但是它不采用渐开线齿廓而改用摆线齿廓。摆线齿轮同时进入啮合的齿数多，承载能力大，所以摆线针轮传动在一定程度上克服了渐开线少齿差行星齿轮传动的效率低、传动功率小的缺点。摆线针轮传动的效率约为 0.9～0.97，传递的功率可达 100kW。

6.2　转动设备简介

6.2.1　泵

6.2.1.1　化工常用泵的类型、型号

泵是用来输送液体并增加液体能量的一种机器。在石油化工生产中，泵的使用非常广泛，并占有极为重要的地位。如炼油厂的各种油泵；化工厂的各类酸泵、碱泵；化肥厂的熔融尿素泵及各种给排水用的清水泵、污水泵等。

按泵的工作原理泵可以分为三大类，各类型泵的分类关系如下：

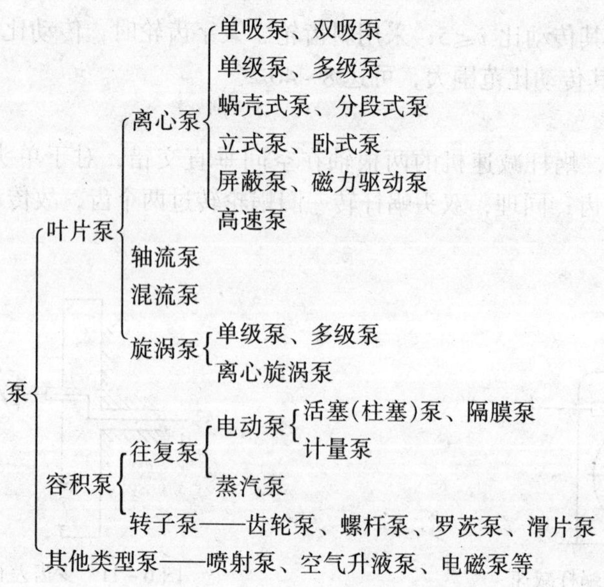

1. 离心泵

离心泵主要适用于大、中流量和中等压力的场合。其分类和应用详见第7章。

2. 屏蔽泵

屏蔽泵的结构特点是泵与电机直连，叶轮直接固定在电机轴上，并安装在同一个密闭的壳体内，如图6-12所示。轴采用耐腐蚀材料制造，泵与电机之间无密封装置，电机转子与叶轮一起浸没在液体中旋转。采用耐腐蚀、非磁性材料做成薄壁圆形屏蔽套将电机定子和转子分别与被输送的液体隔绝。泵的轴承以石墨制成。

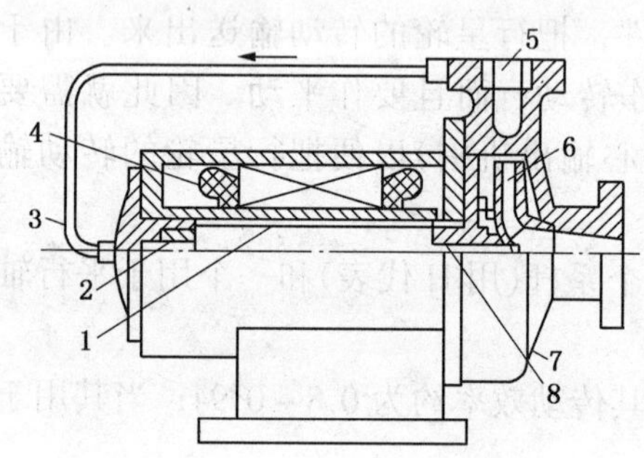

图6-12 普通型屏蔽泵

1—转子；2—后轴承；3—循环管路；4—定子；5—过滤器；6—叶轮；7—泵体；8—前轴承

对于输送一般常温液体的屏蔽泵，轴承的冷却与润滑，以及电机的冷却，是由泵的排液口引一股液体，从电机后面的轴承进入，经转子与定子间的间隙和前轴承返回叶轮，形成循环系统。有些屏蔽泵在转子上也有屏蔽套，有些屏蔽泵在泵外壳有显示石墨磨损情况的装置，以便在石墨磨损后及时更换。

屏蔽泵的优点是无外泄露，结构紧凑，轴承不需要另外加润滑剂。但制造困难、成本高、转子旋转摩擦阻力大，故泵的效率低。屏蔽泵主要用于输送易燃、易爆、具有放射性或贵重的液体。我国屏蔽泵的系列是P型，有立式和卧式两种；一般大容量机组采用立式，小容量机组则采用卧式。工作温度为-35~100℃(常温型)和100~350℃(高温型)；流量为0.9~200m^3/h，扬程为16~98m。

型号示例：40GP—40A 表示吸入口直径为40mm，高温型(C为低温型)屏蔽泵，设计点扬程为40m，叶轮经过一次切割。

型号示例：PW $\frac{1}{40}$卧式屏蔽泵，设计点流量为1m^3/h，设计点扬程为40m。

3. 高速泵

高速泵一般指高转速泵，转速范围：5000~25000r/min，采用一级或二级齿轮箱增速。国内高速泵转速达到20700r/min。国外高速泵单级扬程可达2280m，最大功率1855kW。

GSB 系列高速泵主要由泵机组、增速装置、润滑及监控系统、底座及电机等部分组成，具有稳定的小流量工作稳定性、高汽蚀性能和高效率，同时还具有明显的结构紧凑、维护方便、适用范围广、可靠性好及使用寿命长等优点。图 6-13 为立式高速泵示意图。

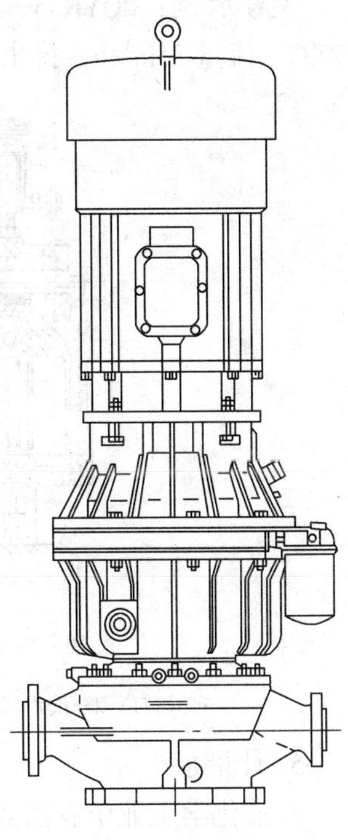

图 6-13　高速泵

GSB 系列高速泵型号示例：GSB18—280 表示 GSB 型立式高速泵，流量为 $18m^3/h$，扬程为 280m。

4. 往复泵

往复泵是典型的容积泵，与离心泵相比往复泵结构复杂、易损件多，流量有脉动，大流量时机器笨重。但是在高压，小流量、输送黏度大的液体，要求精确计量及要求流量随压力变化小的情况下，仍采用各种形式的往复泵。

按动力来源往复泵可分为电动往复泵和蒸汽直接作用往复泵两大类。

(1) 电动往复泵　电动往复泵通常有两部分组成，一是将机械能转换为压力能，并直接输送液体的部分，称为液缸部分；二是动力传动部分。液缸部分由活塞(或柱塞)、泵体(泵缸)、吸入阀、排出阀等组成。动力传动部分主要有曲轴、连杆、十字头等组成。

电动往复泵的型号编制：

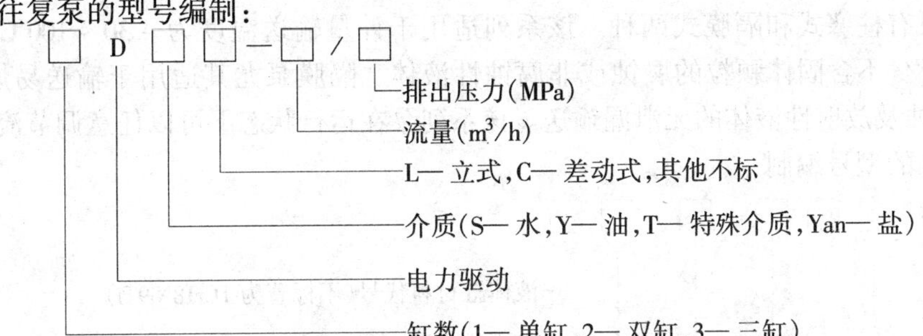

型号示例：2DY—10/0.6　表示卧式双缸电动油泵，流量 $10m^3/h$，排出压力 0.6MPa。

(2) 蒸汽直接作用往复泵 蒸汽直接作用往复泵也有液缸部分和动力传动部分组成，不同的是它通过配汽机构改变汽缸活塞的运动方向，再通过拉杆、摇臂使泵缸活塞往复运动。图 6-14 是蒸汽直接作用往复泵的结构图。

蒸汽往复泵的型号编制：

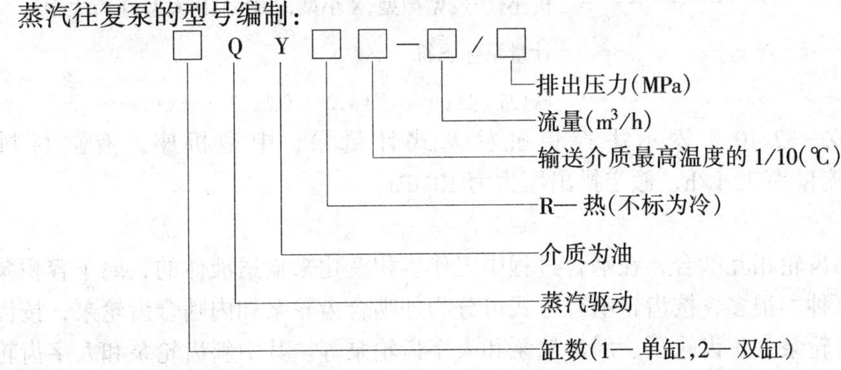

型号示例：2QYR35—35/3　表示卧式双缸蒸汽往复式热油泵，输送油最高温度为350℃，流量 $35m^3/h$，排出压力 3MPa。

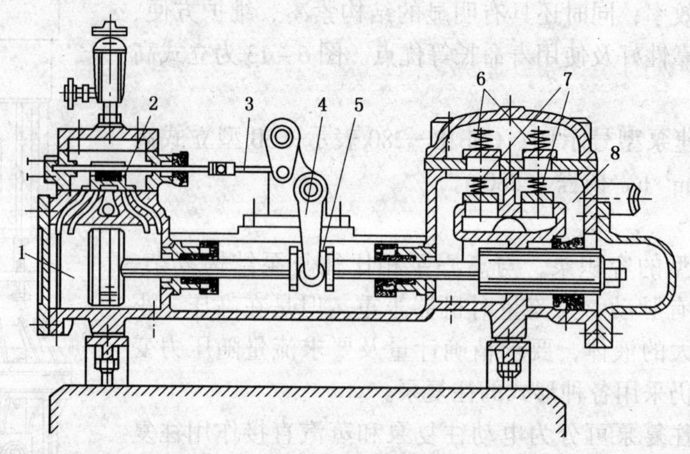

图 6-14　蒸汽直接作用往复泵

1—汽缸；2—配汽机构；3—拉杆；4—摇臂；5—联轴器；6—排出阀；7—吸入阀；8—泵缸

5. 计量泵

石油化学工业中有需要计量输送的介质，如加注缓蚀剂、输送酸、碱等，这种能够进行计量输送液体的泵称为计量泵，又称为比例泵或定量泵。多缸计量泵能实现两种以上介质按准确比例进行混合和输送。

J 计量泵有柱塞式和隔膜式两种。该系列适用于计量输送温度为 -30~100℃，黏度为 $0.3 \sim 800mm^2/s$ 不含固体颗粒的腐蚀或非腐蚀性液体。隔膜泵尤其适用于输送易燃、易爆、剧毒、强腐蚀及放射性液体的无泄漏输送。该系列泵在运行状态下可以任意调节流量。

J 计量泵的型号编制：

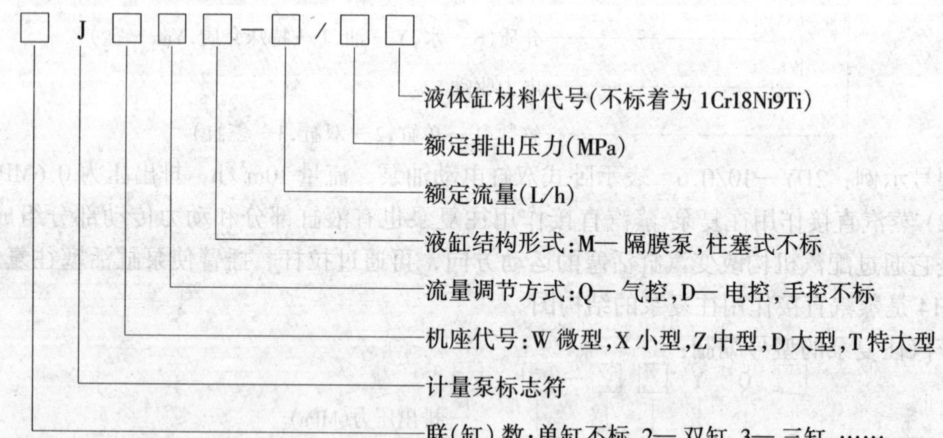

型号示例：JZ—32/10　表示手控单缸柱塞式计量泵，中型机座，液缸材料为 1Cr18Ni9Ti，额定流量为 32 L/h，额定排出压力为 10MPa。

6. 齿轮泵

齿轮泵是依靠齿轮相互啮合，在啮合过程中工作容积变化来输送液体的，属于容积泵的一种类型。齿轮泵种类很多，按齿轮啮合方式可分为外啮合齿轮泵和内啮合齿轮泵；按齿轮齿形可分为圆弧齿轮泵、正齿轮泵、斜齿轮泵和人字齿轮泵等。其中斜齿轮泵和人字齿轮泵运转平稳，应用较多。但小型齿轮泵仍多采用正齿轮。

齿轮泵的特点是：流量与排出压力基本无关，流量和压力有脉动，无进、排阀，结构较简单，制造容易，维修方便，运转可靠。齿轮泵常用于输送无腐蚀性的油类等黏性介质，不适用于输送含有固体颗粒的液体及高挥发性、低闪点的液体。

图 6 - 15 所示为 KCB 型齿轮油泵的结构，主要有泵体、主动齿轮、从动齿轮、机械密封、安全阀和侧板等组成。

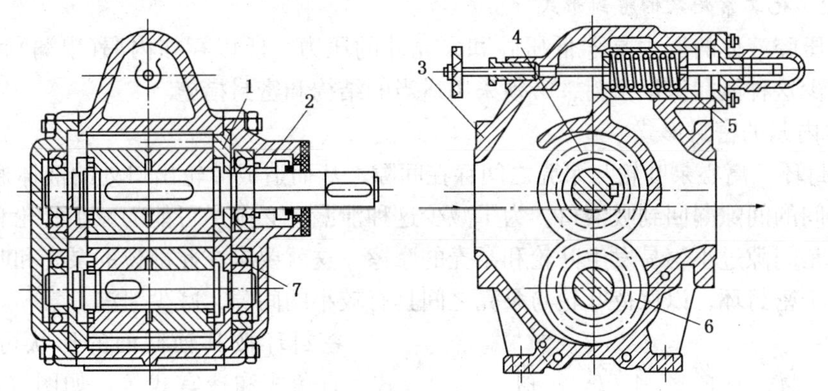

图 6 - 15　KCB 型齿轮油泵结构

1—侧板；2—机械密封；3—泵壳；4—主动齿轮；5—安全阀；6—从动齿轮；7—轴承

KCB 型齿轮泵的型号编制：

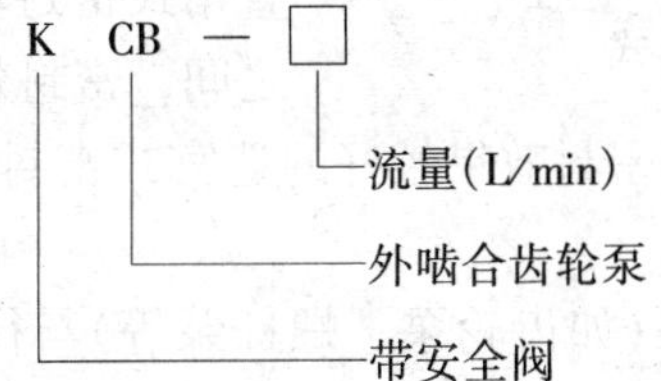

型号示例：KCB—1200　表示带安全阀的外啮合齿轮泵，流量为 1200 L/min。

7. 螺杆泵

螺杆泵是利用相互啮合的一根或数根螺杆使容积变化来吸、排液体的容积泵。如图 6 - 16所示，主动螺杆与从动螺杆螺纹旋向相反。螺杆泵具有流量范围宽，排出压力大，效率高和工作平稳的特点。它适于输送油类液体，还可输送气液混合相液体、高黏度液体，如腈纶浆液等，故在油品、合成橡胶、合成纤维生产中得到广泛应用。

图 6 - 16　双螺杆泵

1—主动螺杆；2—填料函；3—从动螺杆；4—泵壳；5、6—齿轮

螺杆泵按相互啮合的螺杆数目分为单螺杆泵、双螺杆泵、三螺杆泵和五螺杆泵等。

型号示例：GNF40 × 2

其中：G—单螺杆；N—高黏度；F—耐腐蚀泵(W—高温泵)；40 × 2—结构参数。

型号示例：2GCLS150D × 2 - WF

其中：2G—二螺杆；C—船用；L—立式；S—双吸；150—主动螺杆外径(mm)；D—短螺距；2—螺距数；W—带加热套；F—耐腐蚀泵。

型号示例：3GR20×4

其中：3G—三螺杆；R—燃油泵；20×4—结构参数。

石油化工、化纤行业使用的泵类型非常广泛，结构形式不同、性能特点各异，型号编制方法也较多，需要时可查相关的国家标准或企业标准。

6.2.1.2 化工常用泵的密封形式

泵内高压腔液体的压力高于低压腔和泵壳外的压力，所以存在内漏(串漏)和外漏的问题。为了减少这种泄漏保证密封，必须采用适当的结构和密封措施。

1. 减少内漏的密封形式

(1) 密封环　离心泵叶轮与泵壳之间存在间隙，从而造成叶轮出口处的液体通过叶轮进口与泵盖之间的间隙漏回到吸液口。为了减少这种泄漏，必须尽可能的减小叶轮和泵壳之间的间隙。但是间隙过小容易发生叶轮和泵壳的摩擦，这就要求在此部位的泵壳和叶轮前盖入口处安装一个密封环，以保持叶轮与泵壳之间具有较小的间隙，减少泄漏。

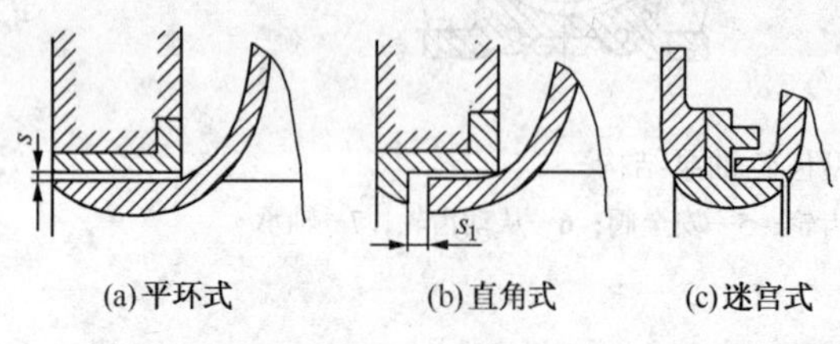

图 6-17　密封环的形式

密封环按其轴截面的形状可分为平环式、直角式和迷宫式等，如图 6-17 所示。平环式和直角式由于结构简单、便于加工和拆装，在一般离心泵中得到了广泛的应用。一般单侧径向间隙 s 约在 0.1～0.2mm 之间。直角式密封环的轴向间隙 s_1 一般在 3～7mm 之间，密封效果较平环式好。在高压离心泵中，由于单级扬程较大，可采用密封效果较好的迷宫式密封环。密封环应选用耐磨材料(优质灰铸铁、青铜或碳钢)制造。

(2) 选择适当的间隙 转子泵(如齿轮泵、螺杆泵等)与往复泵等高、低压腔存在串漏问题。为了保证密封，应选择适当的间隙。间隙大，则漏损增加，但不易卡死，机械效率高。在轴向间隙与径向间隙中，轴向间隙是主要的，一般应在 0.04～0.10mm 范围内，径向间隙在 0.10～0.15mm 范围内。

2. 减少外漏的密封形式

(1) 填料密封　填料密封是各种泵阻止外界空气漏入泵内或高压液体向外泄漏，提高泵的容积效率而常用的密封装置。填料密封是依靠填料和轴(或轴套)的外圆表面接触来实现密封的，它由填料箱(又称填料函)、填料、液封环、压盖、双头螺栓等组成。如图 6-18 所示为带有液封环的填料密封。为了避免泵工作时填料与泵轴摩擦过于剧烈，填料不应压得过紧，注意松紧适度，允许液体成滴状漏出，以每分钟 10～60 滴的液体泄漏量为宜。

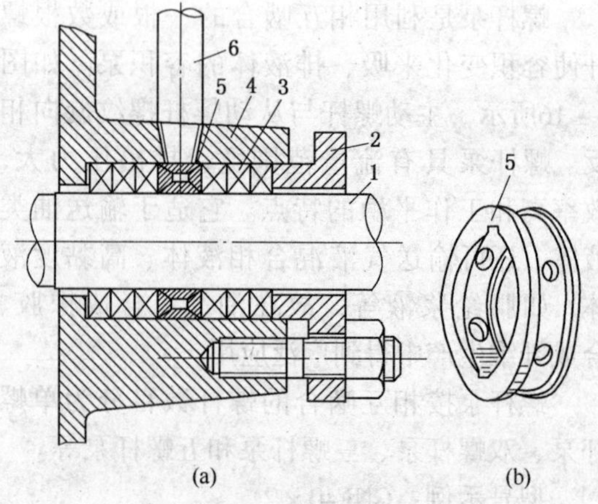

图 6-18　带有液封环的填料密封

1—轴；2—压盖；3—填料；4—填料箱；5—液封环；6—引液管

常用填料有三种：①石墨或黄油浸透的棉织填料，常用于输送低压常温清水。②石墨浸透的石棉填料，适于输送温度低于523K，压力不超过1MPa的液体。③金属箔包石棉芯子填料，适于输送石油产品，允许工作压力为2.5MPa，最高温度为673K。

(2) 机械密封　机械密封又称端面密封，它是依靠一组研配的密封端面形成的动密封。机械密封的种类很多，但工作原理基本相同，其典型结构如图6-19所示。

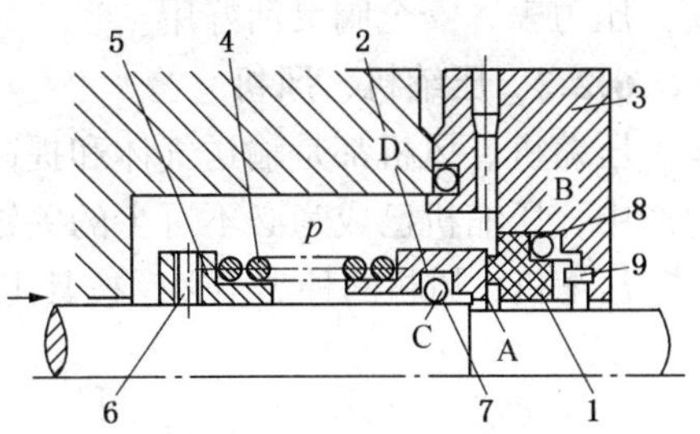

图6-19　机械密封结构图

1—静环；2—动环；3—压盖；4—弹簧；5—传动座；6　固定销钉；7,8—O形密封圈；9—防转销

机械密封的主要组成部分有：①主要动密封件，动环和静环。动环随泵轴一起转动，静环固定在压盖内并用防转销防转。②辅助密封元件，包括各静密封点(B、C、D)所用的O形(或V形)密封圈。③压紧元件，弹簧。④传动元件，传动座及键或固定销钉。

机械密封泄漏量和摩擦力耗功相对都比较小。

(3) 干气密封　干气密封与一般机械密封的平衡型集装式结构一样，但端面设计有所不同，表面上有极浅的沟槽，端面宽度较宽。开槽的密封面分为两个功能区，气体进入外区域沟槽中将受到压缩，在槽根部形成局部的高压区，并形成一定厚度的气膜。这个气膜具有较强的刚度使两个密封端面完全分离，并保持一定的密封间隙(一般为几微米)。为了获得必要的泵送效应，动压槽必须开在高压侧。密封的内区域是平面，靠它的节流作用而限制泄漏量。

干气密封泄漏量和摩擦力耗功比机械密封的小，但制造、安装要求更高。

6.2.1.3　化工常用泵的使用与维护

1. 离心泵的使用与维护保养

离心泵的操作方法随其形式和用途不同而有所差异，特别是石油化工用泵，与工艺过程和输送介质的性质有密切关系。具体的操作方法应按制造厂提供的产品使用说明书中的规定进行。因为工作原理相同，所以使用与维护基本上还是相同的。

(1) 开泵前盘车检查泵轴转动是否灵活；关闭出口阀打开排气阀，灌泵；启动油泵，保证轴承润滑良好；打开轴承冷却水给水阀；打开液封系统阀门及高温液体泵的预热阀等，使各辅助系统投入运行。

(2) 启动泵，正常运转后，缓慢打开出口阀，定时检查出口压力、噪音和振动、密封泄漏、轴承温度、流量和功率等情况，发现异常要立即报告和及时处理；保持泵体和电机清洁。

(3) 备用泵要定期盘车，定期切换；对于热油泵停车后每半小时要盘车一次，直至泵体温度降到80℃以下；冬季停车的泵应注意防冻。

2. 往复泵的使用与维护保养

在运泵要严格按操作规程进行操作。

对蒸汽往复泵要定时检查：流量、压力、往复次数、泵体振动及声音是否正常；注油器注油情况及液面情况；各部件(活塞杆、十字头、螺栓、销轴等)有无松动或脱落；密封是否漏油；冷却水是否畅通。定期将注油器加足合格的汽缸油，液面保持在1/2~2/3之间。每班向各注油点加入合格的润滑油。备用泵或长期停用泵要定期在传动机构的各注油点注油，以防长期不用而锈蚀或卡死。冬季要做好防冻防凝工作。

对电动往复泵还应定时检查各部位轴承的温度；定时检查各出口阀压力、温度；定时检查润滑油压力，定期检查润滑油油质；检查填料密封泄漏情况，适当调整压盖螺栓松紧；检查各传动部件紧固情况，防止松动；泵在正常运行中不得有异常振动声响，各密封部位无滴漏，压力表、安全阀灵活好用。

6.2.2 压缩机、风机

压缩机、风机都是输送气体和提高气体压力的机器，用途十分广泛，尤其是在石油化工生产中，压缩机已成为必不可少的关键设备。

压缩机、风机的种类很多，按其工作原理可分为容积式和速度式两大类，具体分类如下。

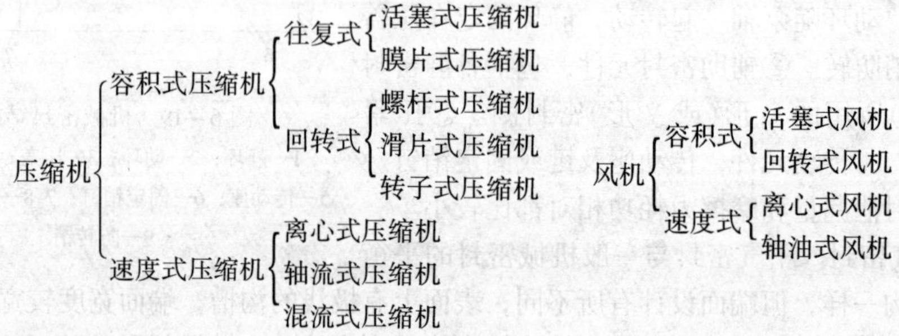

6.2.2.1 化工常用压缩机、风机的类型、型号

1. 活塞式压缩机

容积式压缩机的特征是工作过程具有周期性。气体压力的提高是压缩机中气体容积被缩小，气体分子彼此接近，单位体积内气体分子密度增加的结果。此类压缩机的典型代表为活塞式压缩机。

(1) 活塞式压缩机的分类

活塞式压缩机种类繁多，为便于了解活塞式压缩机的性能和特点，习惯上按它的特点进行分类，详见表 6－2。

表 6－2 压缩机的分类

分　类	型号名称	参数范围及结构特点
按排气压力	低压压缩机	0.3～1.0MPa
	中压压缩机	1.0～10MPa
	高压压缩机	10～100MPa
	超高压压缩机	＞100MPa
按排气量（按进气状态计）	微型压缩机	＜$1m^3$/min
	小型压缩机	1.0～$10m^3$/min
	中型压缩机	10～$60m^3$/min
	大型压缩机	＞$60m^3$/min
按汽缸中心线位置	立式压缩机	汽缸中心线与地面垂直
	卧式压缩机	汽缸中心线与地面平行
	对置式压缩机	卧式且汽缸布置在机身两侧（如 M 型、H 型）
	角式压缩机	汽缸中心线互呈一定角度（如 L 型、V 型、W 型）
按级数	单机压缩机	气体经一次压缩达到终压
	两级压缩机	气体经两次压缩达到终压
	多级压缩机	气体经三次以上压缩达到终压
按汽缸工作容积情况	单作用压缩机	仅活塞一侧的汽缸容积工作
	双作用压缩机	活塞两侧汽缸容积交替进行工作
	级差式压缩机	同一列同一侧中有两个以上不同级的活塞组装在一起进行工作

在对置式压缩机中，如果相对列活塞相向运动的压缩机，通常又称为对称平衡式压缩机。此外，活塞式压缩机还可按有无十字头，分为有十字头压缩机和无十字头压缩机；按机器工作地点固定与否，分为固定式压缩机和移动式压缩机等。

各类活塞式压缩机示意图见图 6-20 所示。

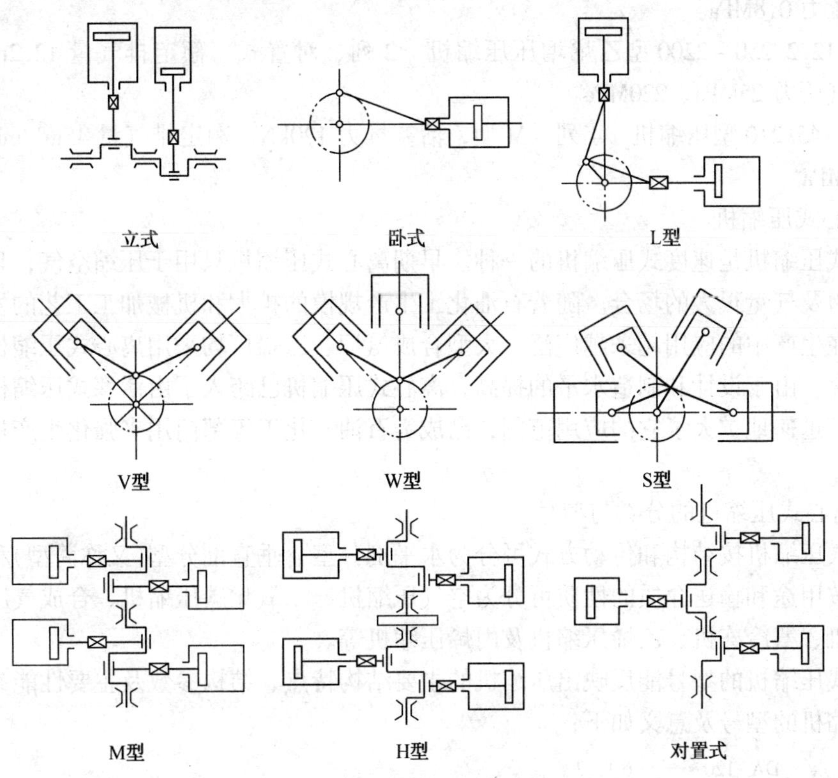

图 6-20　各类活塞式压缩示意图

(2) 活塞式压缩机的型号表示

活塞式压缩机的型号反映出压缩机的主要结构特点、结构参数及主要性能参数。其型号由大写汉语拼音字母和阿拉伯数字组成，表示方法如下：

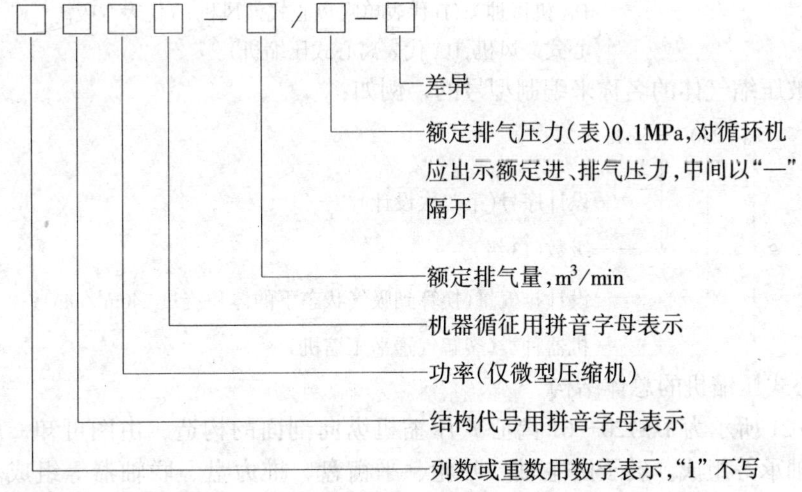

原动机功率小于 0.18kW 的压缩机不标排气量与排气压力值。

活塞式压缩机型号及全称示例：

4VY－12/7 型压缩机：4 列、V 型、移动式，额定排气量 12m³/min，额定排气压力 0.7MPa。

5L5.5－40/8 型空气压缩机：设计序号 5、L 型，活塞推力 55kN，额定排气量 40m³/min，额定排气压力 0.8MPa。

2DZ－12.2/250－2200 型乙烯增压压缩机　2 列、对置式，额定排气量 12.2m³/min，额定进、排气压力 25MPa、220MPa。

4M12－45/210 型压缩机　4 列、M 型，活塞推力 120kN，额定排气量 45m³/min，额定排气压力 21MPa。

2. 离心式压缩机

离心式压缩机是速度式压缩机的一种。早期离心式压缩机只用于压缩空气，且只适用于中、低压力及气量很大的场合。随着石油化工生产规模的扩大和机械加工工艺的发展，离心式压缩机在生产中的应用越来越广泛。大型合成氨厂、乙烯厂均采用离心式压缩机，并实现了单机配套。由于设计和制造水平的提高，离心式压缩机已跨入了由活塞式压缩机所占据的高压领域，迅速地扩大了它的应用范围，已成为石油、化工等部门用来强化生产过程的关键设备。

(1) 离心式压缩机的分类与型号

离心式压缩机按结构和传动方式可分为水平剖分型、垂直剖分型(又称筒型)和等温型压缩机等。按用途和输送介质的性质可分为空气压缩机、二氧化碳压缩机、合成气压缩机、裂解气压缩机、氨冷冻机、乙烯压缩机及丙烯压缩机等。

离心式压缩机的型号能反映出压缩机的主要结构特点、结构参数及主要性能参数。国产离心式压缩机的型号及意义如下：

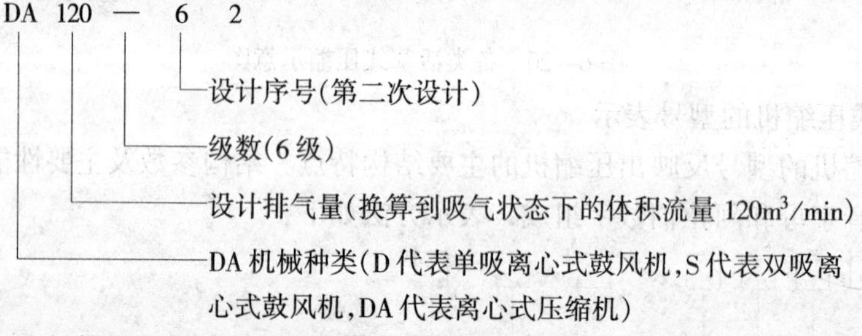

也有以被压缩气体的名称来编制型号的，例如：

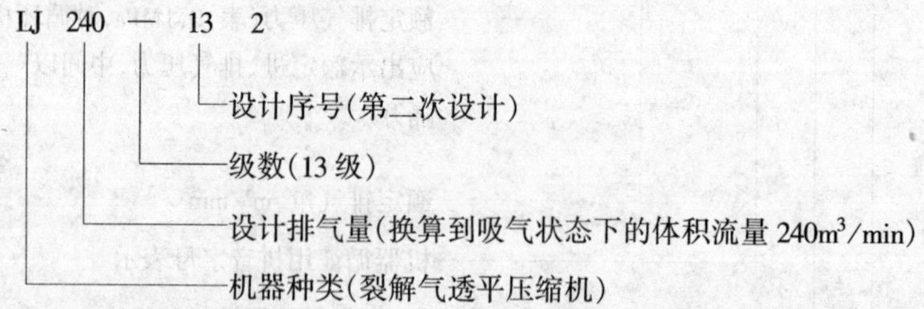

(2) 离心式压缩机的总体结构

如图 6－21 所示为 DA120—61 离心式压缩机纵向剖面的构造，由图可知，压缩机由转子、定子、轴承等组成。转子由主轴、叶轮、平衡盘、推力盘、联轴器等组成。定子由机壳、扩压器、弯道、回流器、蜗壳等组成，定子又称为固定元件。除这些组件以外，为了减少机器的内、外泄漏，还有轴端密封装置和级间密封装置。

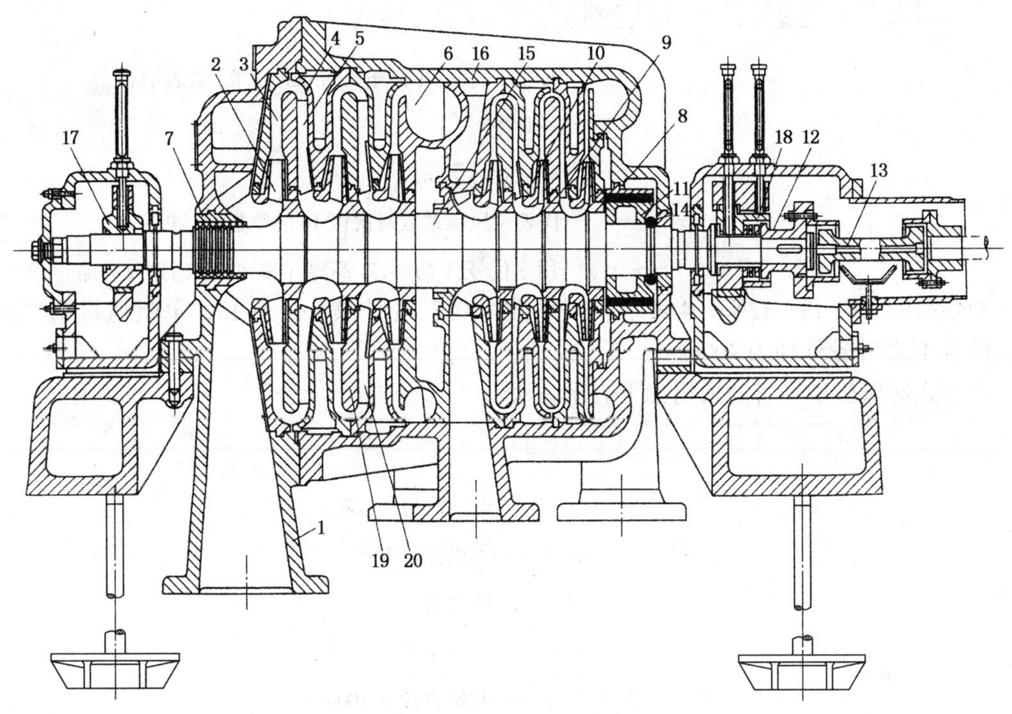

图 6-21　DA120—61 离心式压缩机纵向剖面构造

1—吸气室；2—叶轮；3—扩压器；4—弯道；5—回流器；6—蜗室；7、8—轴端密封；9—隔板密封；10—轮盖密封；11—平衡盘；12—推力盘；13—联轴器；14—卡环；15—主轴；16—机壳；17—支持轴承；18—止推轴承；19—隔板；20—回流器导流叶片

3. 风机

风机按产生的风压不同可分为通风机、鼓风机两类。通风机产生的风压小于 9.8kPa，鼓风机的风压为 9.8～300kPa。

离心式鼓风机结构与离心式压缩机相同；往复式鼓风机结构与往复式压缩机相同。罗茨鼓风机属于回转式风机，是化工生产中经常使用的一种风机，主要由机壳和转子组成。气体的输送工作由两个断面形状为渐开线的∞形转子旋转来完成，两转子通过齿轮相连，以相同的转速做相反的旋转。其特点是：当压力在一定范围内变化时，流量不变。其结构与齿轮泵相似(如图 6-22 所示)，通常用在压力不高而流量较大的场合，如原料气的输送等。

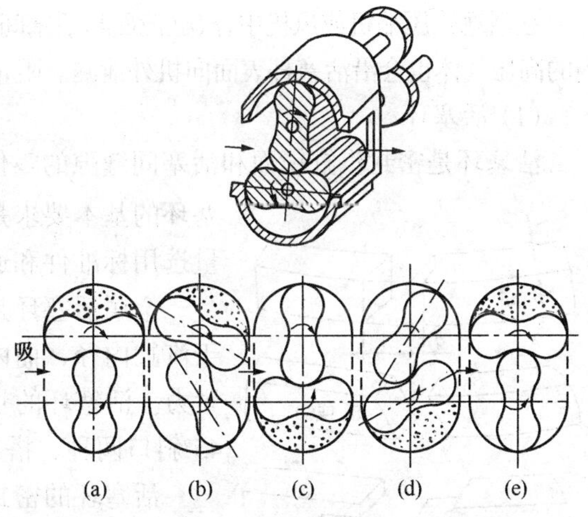

图 6-22　罗茨鼓风机的工作过程

(a)(c)(e)吸气；(b)(d)压缩、排气

离心式通风机主要用于气体输送，工业锅炉的送风和引风等，其工作原理和离心泵相似，而结构又比离心泵简单。

离心式通风机的型号组成：

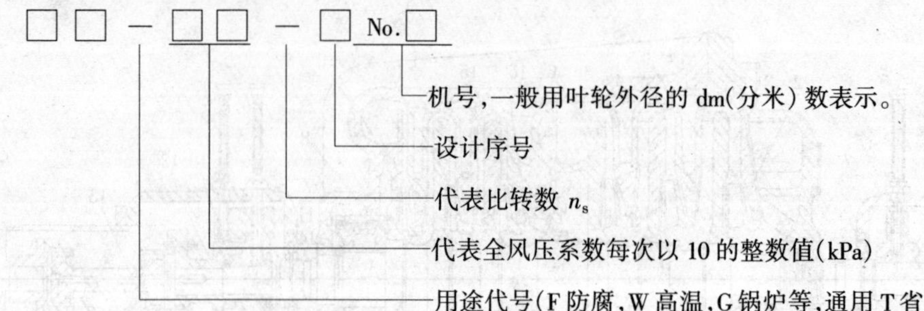

型号示例：8—18—12No．4 表示风压系数为 0.8，比转数 n_s 为 18，单吸风机第二次设计，机号 4(即叶轮外径为 400mm)。

离心式通风机型号有的采用如下表示方法：

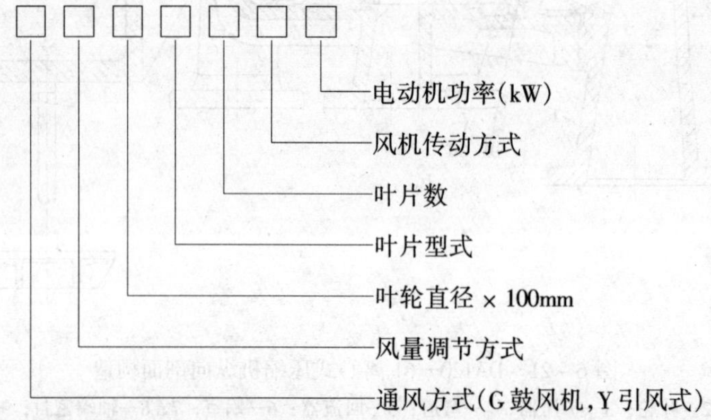

型号示例：G—ZFJ 36B4—VS22 表示鼓风式，自动调角风机，叶轮直径 3600mm，B 型玻璃钢叶片，叶片数 4 个，悬挂式电动机电机轴朝上 V 带传动，电动机功率 22kW。

罗茨鼓风机型号示例：L62LD—60/5000 L—表示罗茨鼓风机，62—进气口直径(mm)，L—直立式，D—电动机直联，60—风量(m^3/min)，5000—出口静压力(Pa)。

6.2.2.2 化工常用压缩机、风机的密封形式

1. 活塞式压缩机、风机的密封形式

在活塞式压缩机或风机中，汽缸镜面与活塞间有缝隙会造成高压侧向低压侧的介质串漏，汽缸内的高压气体也会沿活塞杆表面向机外泄漏。阻止这种泄漏常用活塞环和填料等密封形式。

(1) 活塞环

活塞环是密封汽缸镜面和活塞间缝隙的零件，另外，它还起到布油和导热的作用。对活塞环的基本要求是密封可靠和耐磨损。活塞环是易损件，应尽量选用标准件和通用件。

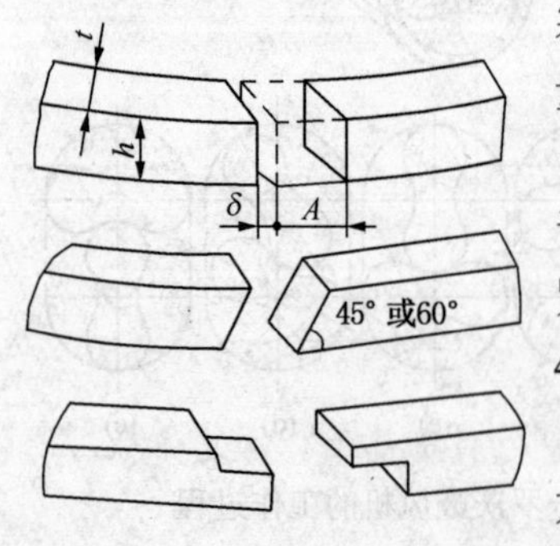

图 6-23　活塞环切口形式

金属活塞环是一个开口的圆环，在自由状态下，其外径大于汽缸内径，而内径小于活塞外径，因此装入汽缸后产生了预紧力。活塞环的切口形式(如图 6-23 所示)通常采用直口和 45°斜口两种，搭口的安装时易断，所以很少使用。

活塞环的密封主要靠前三道，且第一道环承受的压力差最大，所以活塞环数不宜过多，过多会增加磨损和功耗。一般高转速，从泄漏上考虑环数可少些；对于易漏气体可多些；采用

塑料活塞环时，因密封性能好，环数可比金属环少些。

(2) 填料密封

填料函是用于密封汽缸内的高压气体，使气体不能沿活塞杆表面泄漏的组件，其基本要求是密封性能良好且耐用。填料是填料函中的关键零件，其密封原理与活塞环类似，利用“阻塞”和“节流”作用实现密封。最常用的是金属填料。

在填料函中目前采用最多的是自紧式填料，它按密封圈结构不同可分为平面填料和锥面填料两类，前者用于中低压，后者用于高压。

① 平面填料　低压三瓣斜口密封圈结构简单，易于制造。但其内圆磨损后，在相邻两瓣的接口处易出现泄漏，故只适用于低压级。

压力在10MPa以下的中压密封，多采用三瓣、六瓣密封圈(见图6-24)。密封圈安装在填料函内的密封盒中，每个盒中都装有两个密封圈(见图6-25)。六瓣圈为主密封圈，安装在密封盒内的低压侧，它是防止气体沿活塞杆作轴向泄漏的主要元件。主密封圈由三块弧形片及三块帽形片组成。并在外圈的周向槽内装有镯形小弹簧将此六片箍紧，使三块弧形片抱紧活塞杆而产生密封作用。三块帽片从径向堵住了气体的泄漏，从轴向堵住泄漏气体的任务由设置在密封盒内高压侧的副密封圈完成。副密封圈由三块扇形片组成，它同样用镯形弹簧从外圈箍紧。

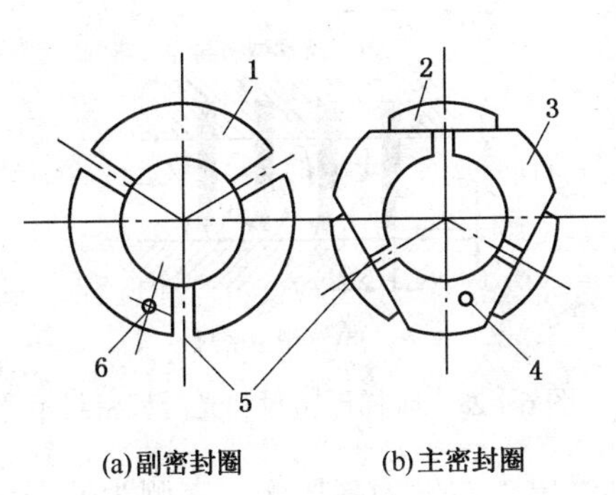

图6-24　三瓣、六瓣式平面密封圈

1—扇形片；2—帽形片；3—弧形片；4—定位销；5—收缩缝；6—定位孔

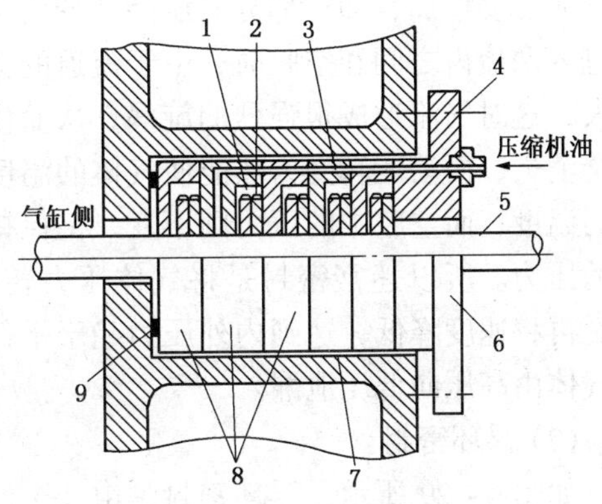

图6-25　平面填料及填料函

1—副密封圈；2—主密封圈；3—油道；4—螺栓；5—活塞杆；6—压盖；7—填料函；8—密封盒；9—垫片

② 锥面填料　当最大密封压差大于10MPa时，填料函内常设置锥面填料，锥面填料结构如图6-26所示。在密封盒内装有外圈和固定圈，此两圈的锥形内口合成一个双锥面的密封腔，密封腔内装有一个T形密封环和两个梯形密封环。固定圈高压侧设有轴向小弹簧，推挤两圈将三环夹紧。梯形环为主密封环，T形环从径向和轴向将梯形环的收缩缝堵死。轴向弹簧的推力通过固定圈与密封环间的锥面传递给各密封环。

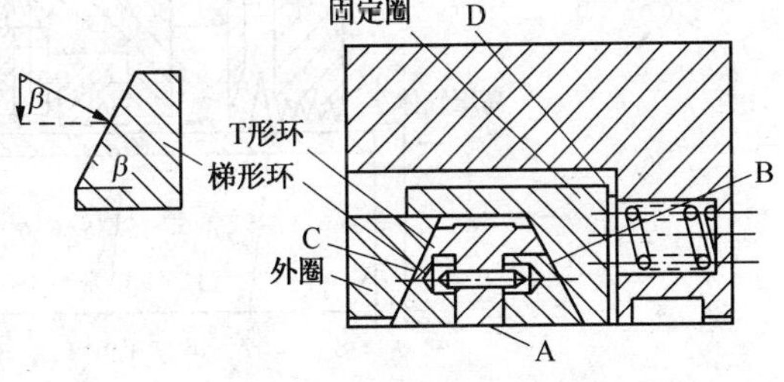

图6-26　锥面填料结构

A—主密封面；B、C—固定圈和外圈与梯形、T型环之间的接触面；D—固定圈与填料盒接触面

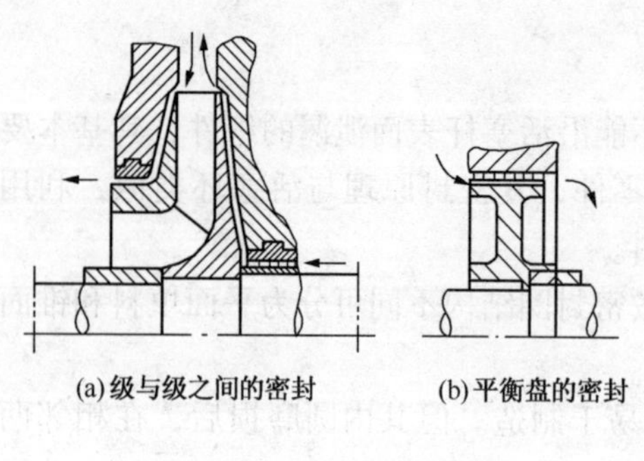

(a) 级与级之间的密封　(b) 平衡盘的密封

图 6-27　级和平衡盘的密封

根据不同的密封压差，调整夹角即可得到适宜的密封力，既不加剧磨损，又有良好的密封性能，这是它较之平面填料的优点。

2. 离心式压缩机、风机的密封形式

在离心式压缩机、风机中，为了阻止级与级之间、机内与机外之间气体的泄漏，必须采用密封装置。在级与级之间一般采用迷宫密封，在两轴端一般采用迷宫密封、浮环密封、气体密封等。

(1) 迷宫密封

这是一种比较简单的密封装置，目前在离心式压缩机上应用较普遍。迷宫密封一般用于级与级之间的密封，如轮盖与轴的内密封及平衡盘上的密封，如图 6-27 所示。端部的密封是为了减少外界空气经端部向机器内的泄漏（如吸入端为负压时），以及防止气体从内部向外部泄漏。

阶梯形和光滑型密封示意图如图 6-28，气流在梳齿状的密封间隙中流过时，由于流道狭窄，这时气流近似于理想膨胀过程，所以气流的压力和温度均下降，而速度增加，即一部分静压能转变为动能。当气流进入两梳齿之间和空腔时，由于流道的截面积突然扩大，这时气流形成很强烈的旋涡，从而使速度几乎完全消失，而动能转变为热能使气体的温度上升至原来的温度；而空腔中的压力则不变，仍保持降低后间隙的压力。所以迷宫密封是将气体压力转变为速度，然后再将速度降低，达到内外压力趋于平衡，从而减少气体由高压向低压泄漏。

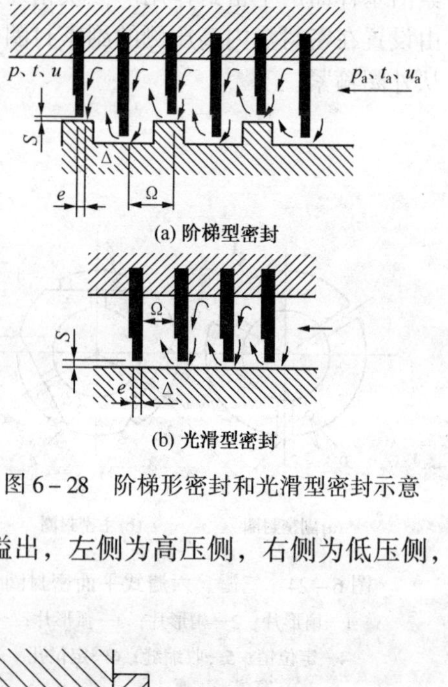

(a) 阶梯型密封

(b) 光滑型密封

图 6-28　阶梯形密封和光滑型密封示意

(2) 浮环密封

如图 6-29 所示，浮环密封是由几个浮动环组成的，高压油由进油孔 12 注入密封体，然后向左右两侧溢出，左侧为高压侧，右侧为低压侧，

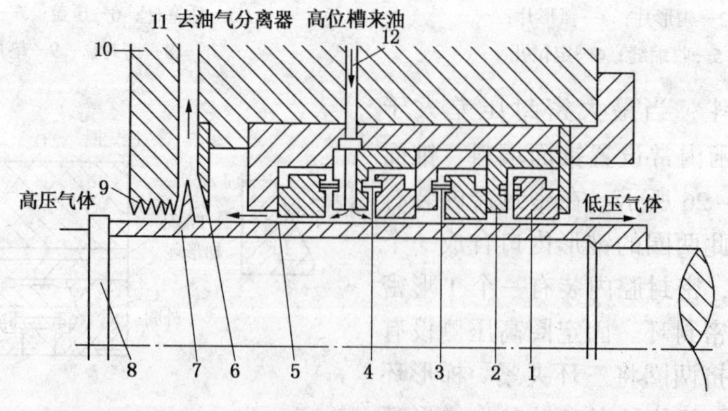

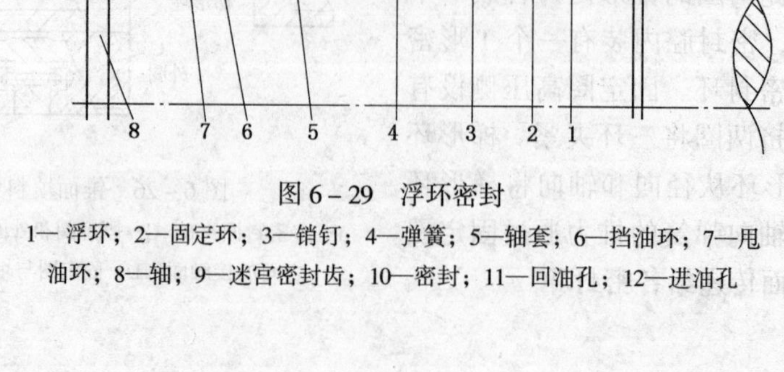

图 6-29　浮环密封

1—浮环；2—固定环；3—销钉；4—弹簧；5—轴套；6—挡油环；7—甩油环；8—轴；9—迷宫密封齿；10—密封；11—回油孔；12—进油孔

流入高压侧的油通过高压浮环、挡油环6及甩油环7，由回油孔11排出。因为油压一般控制在略高于气体的压力，压差较小，所以向高压侧的漏油量很少。流入低压侧的油通过几个浮环后流出密封体。因为高压油与大气的压差较大，因此向低压侧的漏油量是很大的。浮环挂在轴的轴套5上，在径向是活动的。浮环与轴套的间隙很小，内侧环相对间隙 $\delta_1/D=0.5/1000\sim1/1000$，外侧环相对间隙 $\delta_2/D=1/1000\sim1.5/1000$，内侧环较外侧环的间隙小。当轴转动时，浮环被油膜浮起，为防止浮环转动，一般加有销钉3来控制，这时所形成的油膜将间隙封闭，以防止气体外漏。

浮环密封主要是高压油在浮环与轴套之间形成油膜而产生节流降压阻止机内与机外的气体相同。由于是油膜起主要作用，所以又称为油膜密封。浮环密封对于压差大、转速高的离心式压缩机具有良好的适应性，且结构不太复杂，所以浮环密封仍然应用很广泛。

(3) 抽气密封

当压缩机压缩有毒气体时，严格要求机内气体不允许外漏，单独使用迷宫密封又不能达到要求时，可采用迷宫密封、浮环密封配合，并与气体密封配合使用。

气体密封分为充气式和抽气式两种。充气式密封是将密封用气体(如空气、氮气等)加压后注入迷宫密封的外腔，然后将漏到密封内腔的气体和密封气体引入压缩机的吸气室；而抽气式密封是将泄漏气体在漏至大气之前抽出机外。

抽气密封装置如图6－30所示。该装置需要一个气源(如空气、蒸汽等)，将气体通过引射器1，形成低于大气压力的抽气系统，密封外腔2的压力低于大气压力。气体与有毒气体的混合气通过管道7被引射器抽出进行处理，内密封腔3、4与吸气室5相通，引射器1的压力必须低于内腔3、4中的压力，压力调节器6控制外腔2的压力，这样有毒气体就不会外漏了。

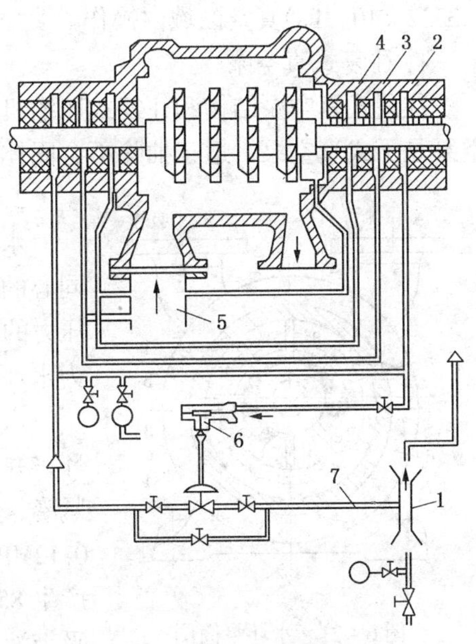

图6－30　抽气密封装置

1—引射器；2—外腔；3、4—内密封腔；5—吸气室；6—压力调节器；7—管道

6.2.2.3　化工常用压缩机、风机的使用与维护

1. 活塞式压缩机的使用与维护

化工厂所使用的活塞式压缩机，所压缩的气体有空气、氧气、氮气、氨气、乙烯气、氮氢混合气以及其他可燃有毒气体等。排气压力不同，排气量各异，因此操作要求也各不尽相同。本节仅介绍通用性的使用与维护保养事项。

(1) 开车前应确保电器开关、连锁装置、指示仪表、阀门、控制和保安系统齐全、灵敏、准确、可靠；油系统、冷却系统符合要求；盘车无卡涩现象；对于压缩气体属于易燃易爆性质的，应用氮气将缸内、管路和附属容器内的空气或其他非工作介质置换干净，并达到合格要求。

(2) 机器运转中，要定时巡检，定时检查各摩擦部位的温度，滑动轴承及十字头滑道不超过65℃，滚动轴承不超过70℃，填料温度不大于140℃；定时检查油温、油压、油位、油质；定时检查各段进出口压力、温度、流量、各气阀温度及冷却水出口温度；定时检查各级密封泄漏、活塞杆位移；定期检测机组振动。

(3) 定期清理机组卫生，清除机体表面、油系统基础面及周围地面的油污或积水；备用润滑油泵定期进行自启动试验；备用压缩机停用时间较长时，应半月开空车运行约半小时。

2. 离心式压缩机的使用与维护保养

离心式压缩机的特点是转速高，排气量大，结构复杂，制造安装精度高，许多企业都用来压缩原料气，成为生产过程中的关键设备。其使用与维护保养应注意的事项如下。

(1) 检查确认电器开关、声光信号、连锁装置、轴位计、防喘振装置、安全阀以及报警装置等均应灵敏、准确、可靠；润滑油质量、温度符合要求；油路系统、水路系统畅通；进排气阀动作灵敏。

(2) 严格按操作规程启动压缩机组；定时巡检，定期检测机组振动情况，机组严禁在喘振工况下运行；定时检查轴承温度、润滑油液位、油温、油压等，定期分析润滑油质量；定时检查出入口及中间冷却器压力、流量、温度；定时检查各密封部位是否泄漏；检查各辅助设备运行情况。备用机组要定期盘车。

6.2.3 真空设备

用来获得低于一个大气压(绝对压强小于0.1MPa)的设备，通常称为真空泵或真空抽气机。

在工业部门中常常要使用真空泵来制造某种程度的真空，使过程得以实现，如化工过程中液体的过滤、蒸发、干燥、结晶等过程。化工生产中，一般在中、低压($1.3332\times10^{3}\sim1.3332\times10^{-4}$Pa)真空区域内操作。真空泵按结构可分为往复式、回转式和喷射式几大类。

1. 往复式真空泵

往复式真空泵结构和往复式压缩机基本相同，只是吸气阀和排气阀结构不同。往复式真空泵是干式真空泵，适于抽除不含固体颗粒的、无腐蚀性的气体，但结构复杂，维修量大。

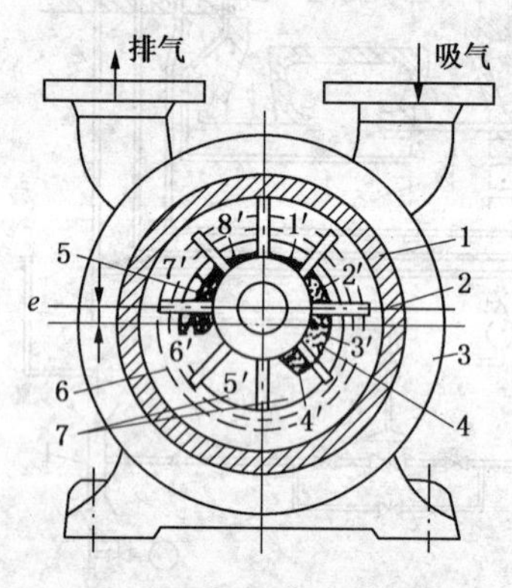

图 6-31 水环泵简图

1—泵壳；2—叶轮；3—端盖；4—吸入孔；5—排出孔；6—液环；7—工作室

2. 水环式真空泵

水环式真空泵是在工作时，液体在泵体内形成与泵体同心的液环，并通过此液环完成能量的转换以形成真空或压力的泵。在一般情况下，能量转换的介质是水，所以称为水环泵，见图 6-31 所示。

水环泵工作时要不断的向泵内供水，以保持恒定的水环，并及时排走压缩气体所产生的热量。泵内结构简单、紧凑，不需要润滑。作为压缩机用时(排气压力为 0.1 ~ 0.12MPa)适用于输送易燃、易爆气体；作为真空泵用时能产生 85%的真空度(极限真空 7.3326 ~ 16.265kPa)，适于抽吸带液体的气体。

3. 喷射泵

喷射泵是将高能流体作为工作介质的一种流体动力学泵，利用流体流动时静压能与动压能相互转换的原理来输送流体。与其他类型泵完全不同，泵内无一运动件，无传动设备，结构简单，工作真空度宽，约为 $101.33\times10^{3}\sim133.32\times10^{-3}$ Pa，用于制冷、抽吸真空等过程。

用于喷射泵的工作流体，可以是空气，也可用蒸汽。一般用蒸汽作喷射气体的较多。其具体结构可参考图 6-32。

6.2.4 制冷机

工业上常用的制冷方法有：压缩制冷、吸收制冷和喷射制冷三种方法。其中压缩制冷应用较为广泛。

6.2.4.1 压缩制冷机

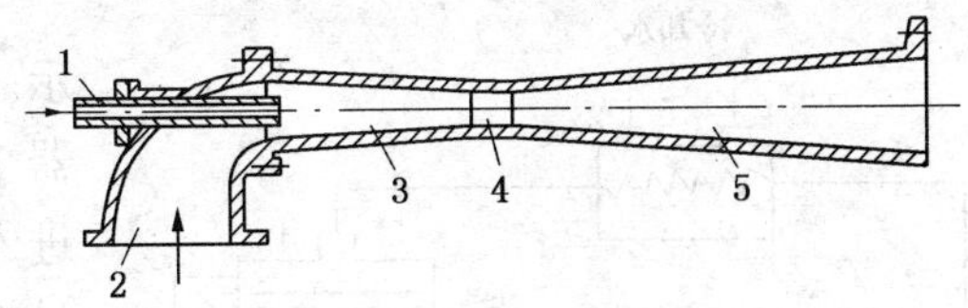

图 6-32 喷射真空泵结构简图

1—工作流体入口；2—输送流体入口；3—收缩管段；4—喉部；5—扩压管段

压缩制冷装置主要由制冷压缩机、冷凝器、膨胀阀(节流阀、调节阀)、蒸发器等四大部件及其他附属设备共同组成，它们之间用管路连接成一封闭系统。压缩机将蒸发器内的制冷剂蒸气压缩成为压力、温度较高的气体排入冷凝器。在冷凝器内通过与冷却介质换热冷凝成液体。再经过膨胀阀节流膨胀变成低温低压的液体进入蒸发器。在蒸发器中吸收被冷却物质的热量又汽化成蒸气，然后又被压缩机吸走，进行新的循环过程，从而完成制冷过程。

制冷剂是用来吸取冷却物的热量，并将热量传递给周围介质的工作物质。对其要求是：①单位容积的制冷量较大，导热系数高。②临界温度高，凝固温度低，高温下不分解。③密度、黏度小。④无毒、无害、无刺激性，对材料无腐蚀性。⑤质优价廉，易于取得。

工程上常用的制冷剂有水、氨、氟里昂以及某些碳氢化合物(如乙烯、丙烯等)。

压缩制冷中制冷压缩机是其主要设备之一，通常称其为冰机或冷冻机，用它来压缩和输送制冷剂蒸气，是制冷循环的动力装置。制冷压缩机的型式较多，有活塞式、离心式、螺杆式和滑片式等多种。应用较多的是活塞式压缩机，随着大比容冷冻剂的推广使用，离心式压缩机也日渐增多。制冷装置均已成套供应，每套均配有一定规格的压缩机。

离心式制冷机型号示例：

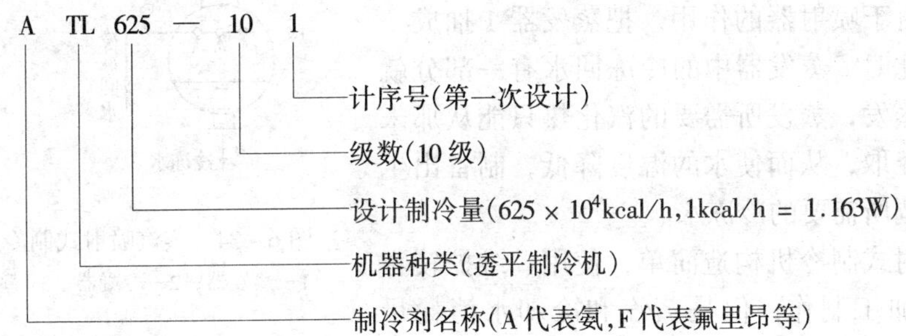

活塞式制冷机型号示例：

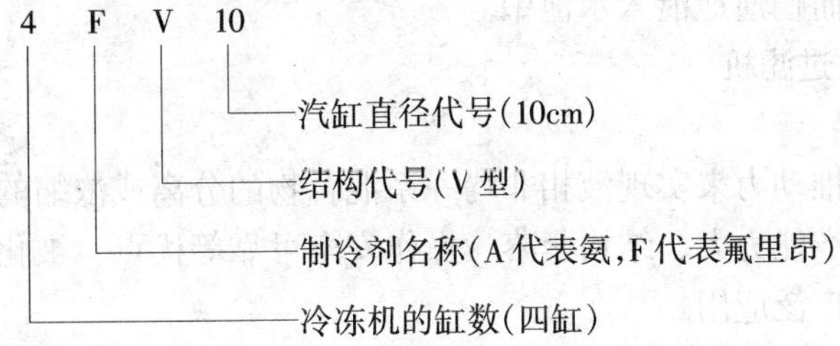

6.2.4.2 其他制冷机

1. 吸收式制冷机

吸收式制冷是一种直接利用热能来启动制冷装置的人工制冷方法。吸收制冷装置中采用沸点较高的物质作为吸收剂，而用沸点较低的易挥发物质作为冷冻剂。其中溴化锂吸收式制冷应用较多。溴化锂吸收式制冷机是以水为制冷剂，以溴化锂为吸收剂，制取4℃以上的空调或工艺过冷水的制冷装置。

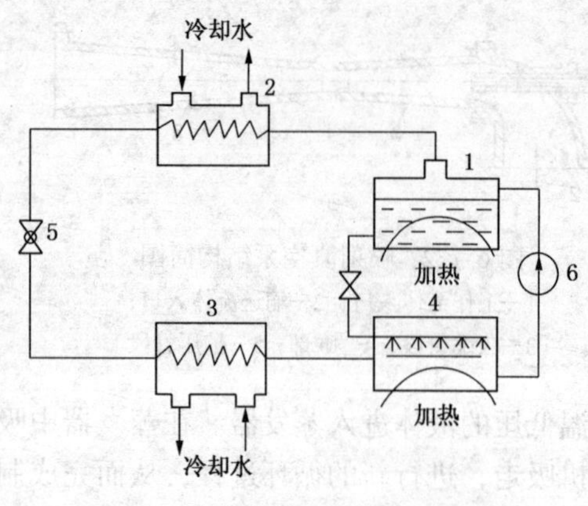

图 6-33 溴化锂吸收制冷工作过程
1—发生器；2—冷凝器；3—蒸发器；
4—吸收器；5—节流装置；6—泵

溴化锂吸收式制冷的工作过程如图 6-33 所示。由发生器 1 中产生的制冷剂水蒸气，在冷凝器 2 中被冷却为水，再经节流装置 5 节流降压后进入蒸发器 3 吸收热量蒸发(冷却水温度降低成为过冷水)，进入吸收器 4 被溴化锂浓溶液吸收而变成稀溶液(放热过程)，稀溴化锂溶液由泵送入发生器 1 被加热使水气化后变浓再送入吸收器 4。

溴化锂吸收式制冷系统的特点是所用工质无臭、无毒，对人体无害，无爆炸危险。结构简单，制造容易，维护简便；能在 37 ~ 38℃高温下正常运转。但是，溴化锂水溶液在空气存在的情况下，对金属具有强烈的腐蚀性，影响传热，缩短寿命，所以要确保系统运行中的真空度；溴化锂吸收式制冷以热能为动力，在吸热过程中又要放热，不仅在冷凝器中需要冷却水，吸收器中也要冷却水，冷却水用量很大。

溴化锂吸收式制冷机的结构有单效(筒)、双效(筒)及三效(筒)等形式。

2. 蒸汽喷射式制冷

蒸汽喷射式制冷装置的工作过程如图 6-34 所示。它由蒸发器 1、冷凝器 2 和蒸汽喷射器 3 等主要设备组成。当压力在 0.5MPa 以上的蒸汽通过喷射器 3 时，由于喷射器的作用，把蒸发器 1 抽成一定的真空。此时，蒸发器中的冷冻回水有一部分就要在低压下蒸发，蒸发所需要的汽化热只能从那未蒸发的水中夺取，从而使水的温度降低，制备出生产工艺和空调所需要的冷冻水。

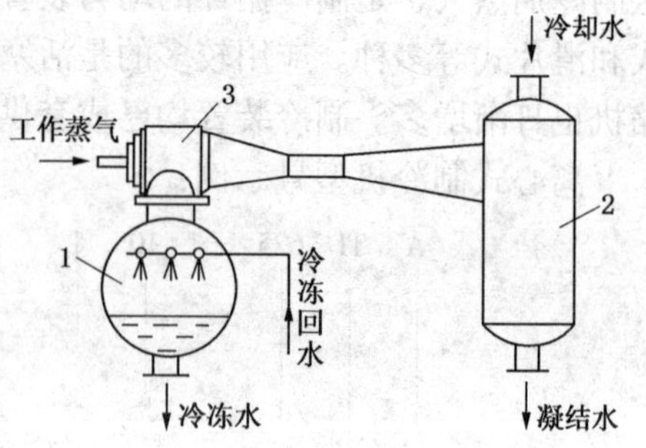

图 6-34 蒸汽喷射式制冷工作过程
1—蒸发器；2—冷凝器；3—蒸汽喷射器

蒸汽喷射式制冷机构造简单，使用、维护较容易，可自行加工制作；但是蒸汽和冷却水消耗量多，噪音大。一般成套设备都安装在 10m 以上的平台或屋顶上，以便冷冻水和冷凝水能依靠自重克服大气压力而畅通地泄入水池中。

6.2.5 离心机、过滤机

6.2.5.1 离心机

利用离心力作为推动力来实现液相非均一系混合物的分离或浓缩的机器称为离心机。它具有分离效率高、生产能力大、结构紧凑、操作安全可靠等优点，被化工、石油、医药、食品、轻纺等工业领域广泛应用。

1. 离心机的分类

离心机的品种规格较多，分类方法也很多，通常可按以下几种方法进行分类：

(1) 按运转的连续性分为：间歇运转离心机和连续运转离心机。

(2) 按分离过程分为：过滤式离心机、沉降式离心机和分离机。

(3) 按分离因数分为：常速离心机、高速离心机和超高速离心机。

(4) 按卸料方式分为：人工卸料、机械卸料(刮刀卸料、活塞卸料、螺旋卸料)等。

2. 离心机的型号表示方法

离心机的型号表示方法较多，选用时可参考相应标准。

(1) 离心机的型号

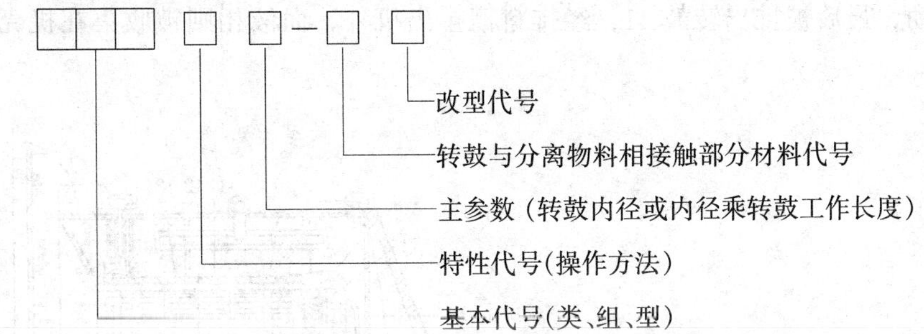

SGZ1000 - N：三足式过滤离心机，刮刀下部卸料自动操作，转鼓内径 1000mm，转鼓与分离物料相接触部分材料为耐蚀钢。

HRZ500 - N：卧式柱/锥双级活塞推料过滤式离心机，最大级转鼓内径 500mm，转鼓与分离物料相接触部分材料为耐蚀钢。

LW450 × 1030 - N：卧式螺旋卸料沉降式离心机，转鼓内径 450mm，转鼓的有效工作长度为 1030mm，转鼓与分离物料相接触部分材料为耐蚀钢。

(2) 分离机型号

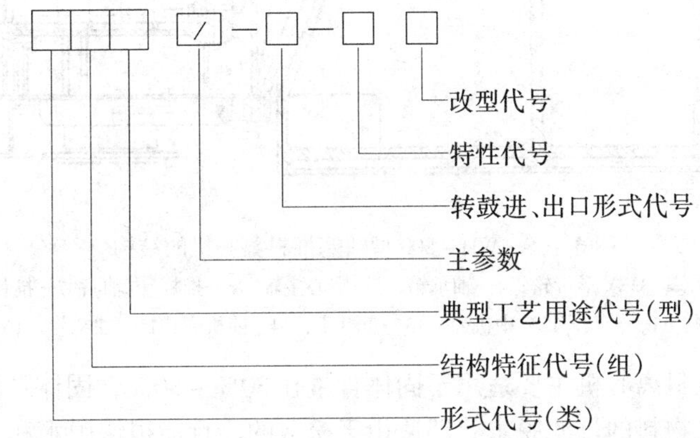

GQ105：管式澄清分离机，与物料接触的材料为不锈钢，转鼓内径 105mm。

SQ400：七室型室式分离机，转鼓内径 400mm。

DHY350/8 - 03 - 31A：环阀排渣碟片式分离机，转鼓内径 350mm，当量沉降面积为 $8 \times 10^7 cm^2$，轻液、重液出口均设有离心泵，用于矿物油分离，皮带传动，第一次该型设计。

3. 离心机的结构

离心机的品种规格很多，对于一种具体形式的离心机，无论采用哪一种分类方法，都不能完整的反映其结构、操作等特点。本节只简要介绍 WH - 800 型卧式活塞推料离心机的结构组成，如图 6 - 35 所示。

WH - 800 型卧式活塞推料离心机主要由转鼓、推杆、推料盘和复合油缸等零部件组成。转鼓 11 用键固定在空心主轴 5 上，转鼓 11 内的推料盘 7 用键固定在推杆 6 上，空心主轴 5 的左端与复合油缸 1 和三角带轮 3 固装为一个整体，而推杆 6 左端与活塞 2 相连，活塞 2 通过导键与复合油缸 1 相连。因此推杆 6 与空心主轴 5 同步转动，推料盘 7 与转鼓 11 也同角速度旋转。工作时，空载启动达到全速后，悬浮液不断从加料管 15 进入布料斗 13，布料斗 13

和转鼓 11 一起旋转而产生离心力，使料液均匀地分布在转鼓 11 内壁的筛网 10 上，滤液经过滤孔被甩出转鼓外，固相被截留在筛网上形成圆筒状滤饼层。在液压系统的控制下，推料盘 7 作往复运动推动滤饼层向前移动一段距离，推料盘 7 不停地往复运动，滤饼层不断地形成和向前推动，最后被推出转鼓 11，经排料槽排出机外，而液相则被收集在机壳内通过排液口排出。

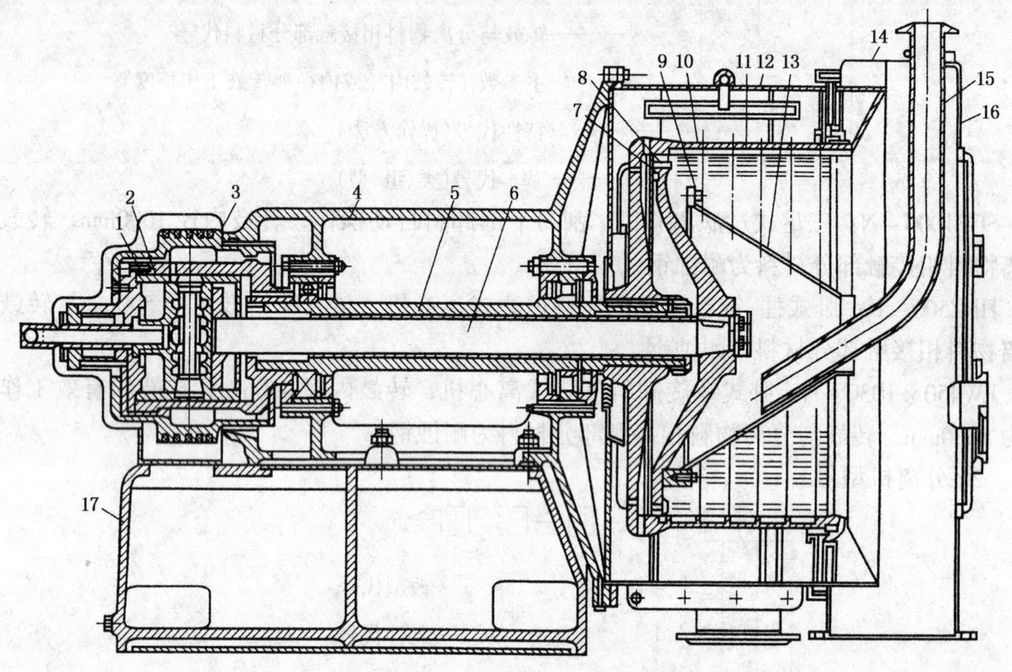

图 6-35　WH-800 型活塞推料离心机的结构

1—复合油缸；2—活塞；3—V 形带轮；4—轴承箱；5—空心主轴；6—推杆(内轴)；7—推料盘；8—推料环；9—调整环；10—筛网；11—转鼓；12—中机壳；13—布料斗；14—前机壳；15—加料管；16—门盖；17—机座

这种卧式活塞推料离心机主要适用于固体含量在 30%～80%，固体颗粒粒度大于 0.1mm 的结晶颗粒或纤维状物料的过滤脱水，即适用于松散的、且能很快脱水和失去流动性的悬浮液。对固相分散度高的悬浮液以及澄清要求高的液体不宜采用此种离心机，尤其是分离胶状物料、无定型物料及摩擦系数大的物料，更不宜采用活塞推料离心机。

6.2.5.2　过滤机

过滤主要是用来分离液固非均相系的一种单元操作。在化工生产中，悬浮液的种类很多，性质差别很大，过滤操作的目的以及原料的处理量各不相同，因此生产了许多类型的过滤机。在化工生产中比较常用的有以下几种。

1. 板框式压滤机

板框式压滤机是由许多按一定顺序排列的滤板和滤框组成的。滤板具有棱状的表面，构成了许多沟槽型的通道，板与框之间加有滤布，装合时用压紧装置将一组板框压紧，每个框与其两侧滤板所形成的空间就构成了一个过滤空间，如图 6-36 所示。每台过滤机所用滤板、滤框的数量可随生产能力的大小而调节。

板框式压滤机的操作是间歇式的，每个操作循环周期由装合、过滤、洗涤、卸渣、清洗等几个阶段组成。为了在装合时不致搞错，在板框的外缘分别铸有不同数目的小钮。过滤板

(没有洗涤液通道)一个钮，滤框两个钮，洗涤板三个钮。

板框式压滤机的结构简单，制造方便，所需辅助设备少，过滤面积大，操作压力高(可达 1.5MPa)，管理简单，使用可靠等优点，适用于难过滤或液相黏度很高的、有腐蚀性的悬浮液，是间歇式过滤机中应用最广泛的一种。

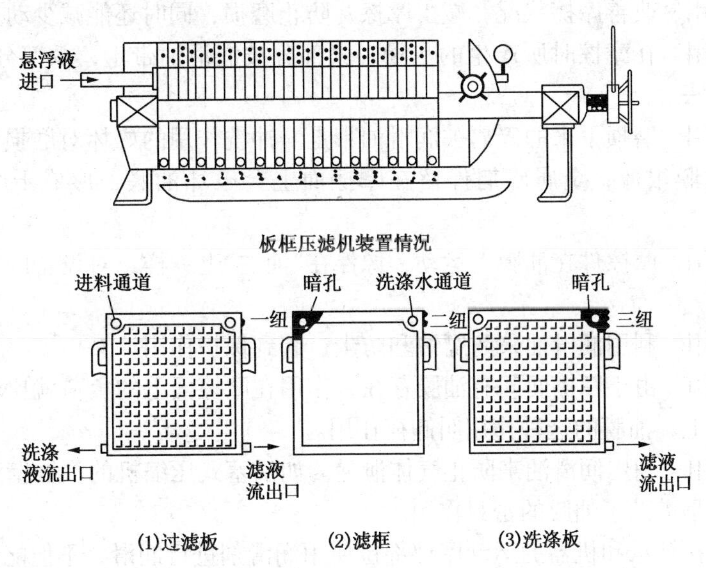

图 6-36　板框式压滤机的结构

2. 转筒真空过滤机

转筒真空过滤机是一种连续式的过滤机，其特点是把过滤、洗涤、吹干、卸渣和清洗滤布等几个阶段的操作在转筒的旋转过程中完成，转筒每转一转，过滤机完成一个循环周期。

转筒真空过滤机的主要部件是一个水平放置的圆筒(转筒)。筒上有许多孔，外包金属网和滤布，筒内用隔板分为 12 个互不相通的扇格，一端与分配头相接。

分配头有两块圆盘构成，一个是转盘，上面有 12 个孔道与筒内 12 个扇格相对应。另一个是固定不动的静盘，又称固定盘，它上面有大小不等的四个孔，分别与减压管路和压缩空气管路相通。分配头的作用就是通过转盘与静盘的相对运动，使转筒内各个扇形格顺次与真空管路或压缩空气管路相通，从而在转筒回转过程中来控制过滤操作中的各个阶段的顺利进行。

转筒真空过滤机的最大优点在于操作的自动化和连续化，单位过滤面积的生产能力大，只要改变过滤机的转速，便可调节滤饼的厚度等。其缺点是过滤面积小，设备结构比较复杂，滤渣的含湿量较高(一般为 10% ~ 30%)，洗涤不够彻底等。它适用于过滤各种物料，包括温度较高的悬浮液，但温度过高容易使真空失效。

一般滤机的产品含湿率都较高(通常可达 30% ~ 50%)，这样就会加大后续干燥过程的能量消耗，特别是当悬浮液中固体粒子的颗粒很小或者液相黏度很大时，进行过滤的时间很长，甚至根本无法操作。在此情况下一般都采用离心过滤。

6.2.6　润滑

机械设备在工作过程中，相互接触的零件在相对运动时必然要产生摩擦，由于摩擦而引起零件表面材料的磨损，降低设备的机械效率，使能量急剧增加，生产能力显著下降。据统计，约 80% 的机械零件是由于磨损而失效。

减少磨损的措施之一就是加强润滑，在摩擦面之间加入润滑剂，使原来直接接触的表面相互隔开，以减少和防止磨损，同时减小摩擦消耗的能量。

6.2.6.1 润滑剂

1. 润滑剂的主要作用

(1) 润滑作用　改善摩擦状况，减少摩擦，防止磨损，同时还能减少动力消耗。

(2) 冷却作用　在摩擦时所产生的热量，大部分被润滑油带走，少部分热量经过传导、辐射直接散发出去。

(3) 冲洗作用　磨损下来的碎屑被润滑油带走。冲洗作用的好坏对磨损影响很大，在摩擦面间形成的油膜很薄，金属碎屑停留在摩擦面上会破坏油膜，形成干摩擦，造成磨粒磨损。

(4) 减振作用　摩擦件在油膜上运动，像浮在"油枕"上一样，对设备的振动起一定的缓冲作用。

(5) 保护作用　利用润滑油来防腐蚀和防尘，起到保护作用。

(6) 卸荷作用　由于摩擦面间有油膜存在，作用在摩擦面上的负荷就比较均匀的通过油膜分布在摩擦面上，油膜的这种作用叫卸荷作用。

(7) 密封作用　利用润滑油来防止气体泄漏。如活塞式压缩机的汽缸壁与活塞环之间的润滑油密封，就是借助了油膜的密封作用。

由此可见，在轴承和机器的运动摩擦部位使用润滑剂进行润滑，不但能降低摩擦，减少磨损，防止表面损坏，同时还可以起到冷却、吸振、防尘、防锈等作用。

2. 常用的润滑剂的分类及命名

(1) 分类

常用的润滑剂有液体(润滑油)、半固体(润滑脂)和固体三类。

国际标准化组织(ISO)已对润滑剂这一大类产品进行了分类，我国等效采用 ISO 的分类方法，并以 GB 7631 发布，分类情况见表 6－3。

表 6－3　润滑剂和有关产品(L类)的分类(根据应用场合划分)

序号	组别	应用场合	序号	组别	应用场合
1	A	全损耗系统	11	P	风动工具
2	B	脱模	12	Q	热传导
3	C	齿轮	13	R	暂时保护防腐蚀
4	D	压缩机(包括冷冻机和真空泵)	14	T	汽轮机
5	E	内燃机	15	U	热处理
6	F	主轴、轴承和离合器	16	X	用润滑脂的场合
7	G	导轨	17	Y	其他应用场合
8	H	液压系统	18	Z	蒸汽汽缸
9	M	金属加工	19	S	特殊润滑剂应用场合
10	N	电器绝缘			

(2) 命名

在分类标准中，各产品名称系用统一的方法命名，产品名称的一般形式如下所示：

类—品种—数字

类：类别(润滑剂)名称用英文字母“L”表示。

品种：一个组的详细分类是由产品的品种确定的，该品种又应符合该组所要求的主要应用场合。每个品种由一组大写英文字母所组成的符号来表示，它构成一个编码，编码的第一个字母总是表示该产品所属的组别，任何后面所跟的字母单独存在时有无意义在有关组的详细分类标准中予以明确规定。

数字：GB3141 规定的润滑油黏度等级或润滑脂稠度等级。

示例：

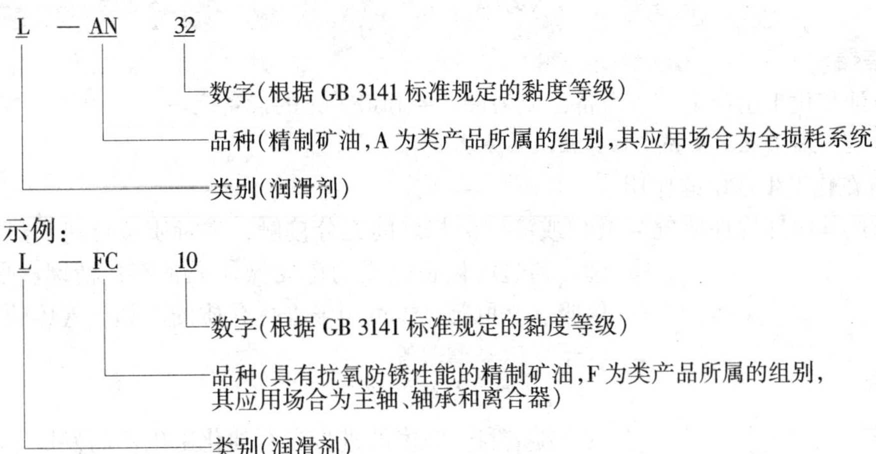

3. 润滑剂的选择原则

要得到良好的润滑，必须选择合适的润滑剂。润滑剂的选择应考虑轴承上载荷的大小和性质，润滑表面相对速度的大小，以及轴承的工作温度等因素。选择的基本原则是：轻载、高速、低温的轴承应选用黏度较小的润滑油；重载、低速、高温的轴承应选用黏度较大的润滑油。

6.2.6.2　*润滑方式选择*

1. 润滑油润滑

采用润滑油润滑时，常用的润滑方式可分为间歇式供油和连续式供油两大类。间歇式供油(如用油壶定期加油)只能用于低速、轻载轴承。对较重要的滑动轴承应采用连续式供油。常用的连续供油方式有以下几种。

(1) 滴油润滑　用针阀油杯，使润滑油流到轴颈上去。可以通过旋动螺母，调节供油量的大小。

(2) 油环润滑　轴套上套有油环，油环下部浸在油池里，当轴回转时，油环随之转动，把油带到轴上去。一般适用的转速范围为 100～2000r/min。

(3) 飞溅润滑　利用转动零件(例如齿轮、曲轴的曲柄或装在轴上的甩油盘)浸入油池中，在旋转时把润滑油溅到轴承中。

(4) 压力润滑　用油泵把油通过油管打进轴承等位置。常用于高速或重载的机器中。

2. 润滑脂润滑

润滑脂的润滑只能是间歇地供应。通常采用的方法有：

(1) 旋盖式注油杯，这是应用较广泛的油脂润滑装置，也称黄油杯，杯内充满润滑脂，旋紧杯盖时，便可将润滑脂压到轴承油孔中。

(2) 压注油杯，使用这种油杯必须定期用油枪向油孔内压注润滑脂。

据一些工厂设备事故的分析，由于润滑不良引起的故障约占30%左右，如通常所说的“抱轴”、“烧瓦”等设备事故，多数是由于润滑不当所引起的。搞好设备润滑有利于节约能源、材料和费用等，有助于提高生产效率和经济效益。因此，必须重视设备润滑工作，加强设备润滑管理。

在设备润滑工作中，要做到：定点、定质、定量、定人、定时，即所谓“五定”。

6.3 静止设备简介

6.3.1 塔器

在现代石油和化工生产中，塔设备已成为最重要和最关键的设备之一。

6.3.1.1 塔设备在化工生产中的作用及其分类

1. 塔设备在化工生产中的作用

塔设备通过其内部构件使气 – 液相或液 – 液相之间充分接触，进行质量传递和热量传递。通过塔设备完成的单元操作通常有：精馏、吸收、解吸、萃取等。也可用来进行介质的冷却、气体的精制与干燥以及增湿等。

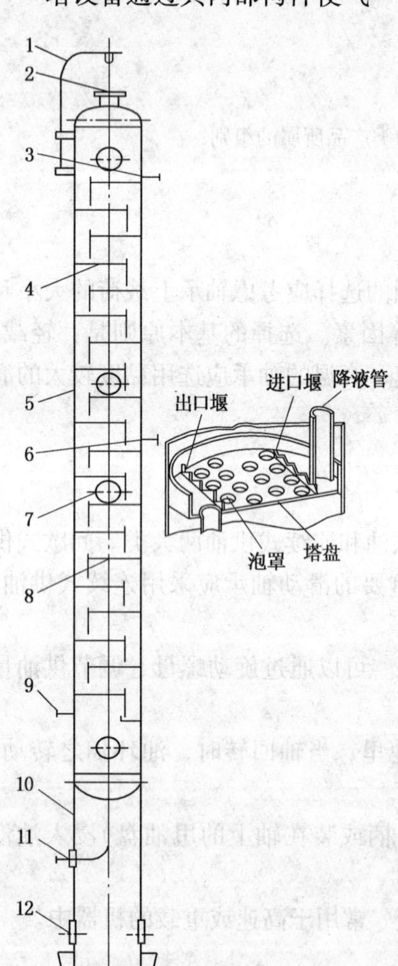

图 6 – 37　板式塔的总体结构
1—吊柱；2—气体出口；3—回流液入口；4—精馏段塔盘；5—壳；6—料液进口；7—人孔；8—提馏段塔盘；9—气体入口；10—裙座；11—釜液出口；12—出入口

2. 塔设备的分类

随着科学技术的进步和石油化工生产的发展，塔设备形成了多种多样的结构，以满足各种不同的工艺要求。按操作压力可分为加压塔、常压塔、减压塔；按单元操作可分为精馏塔、吸收塔、萃取塔、反应塔和干燥塔等。工程上最常用的是按塔的内部结构分为板式塔和填料塔等。

6.3.1.2 板式塔的结构特点

板式塔的内部装有多层相隔一定间距的开孔塔板，是一种逐级(板)接触的气液传质设备。塔内以塔板作为基本构件，气体自塔底向上以鼓泡喷射的形式穿过塔板上的液层，而液体则从塔顶部进入，顺塔而下。上升气体和下降液体主要在塔板上进行接触而传质、传热。

1. 板式塔的总体结构

板式塔的总体结构如图 6 – 37 所示，有以下几部分组成。

(1) 塔顶部分　塔顶是气液分离段，具有较大空间以降低气体上升速度，便于液滴从气体中分离出来。为此，在塔顶安装一些除沫装置，常用的有惯性分离器、离心分离器和丝网除沫器等。塔顶通常装有气体出口接管。

(2) 塔体部分　塔体内部装有板式塔的主要结构元件之一的塔盘。塔盘上设有溢流装置，包括溢流堰、降液管和受液盘。塔体外表面上安装有物料的进出口、人孔、视孔和各种仪表接管等。另外，在塔外侧还设有便于人上塔操作的扶梯和平台等。

(3) 裙座部分　塔体的最下部为支承和固定塔体的裙座。

2. 板式塔的种类

板式塔按塔盘的结构可分为泡罩塔、浮阀塔、筛板塔和舌形塔等。

(1) 泡罩塔　最早应用于工业生产的典型板式塔。圆筒形泡罩(见图 6 – 38a)是应用最广泛的一种，它是由升气管和带有梯形齿缝的圆筒形泡罩组成，升气管下端固定在塔盘上，而泡罩则由弯管固定在升气管上。气体(或蒸汽)由下一层塔板上升，进入升气管，通过泡罩齿缝鼓泡与液体充分接触，进行传质或传热。

泡罩塔结构复杂，造价较高，安装维修麻烦，气相压力降较大，使用受限。

(2) 浮阀塔　20 世纪 50 年代发展起来的板式塔。浮阀塔塔盘结构的特点是在塔板上开设有阀孔，阀孔里装有可上下浮动的浮阀(见图 6 – 38b)。当气速大时，浮阀被吹起；当气速减小时，浮阀下落。浮阀的开度随塔内气相负荷的大小自动调节。

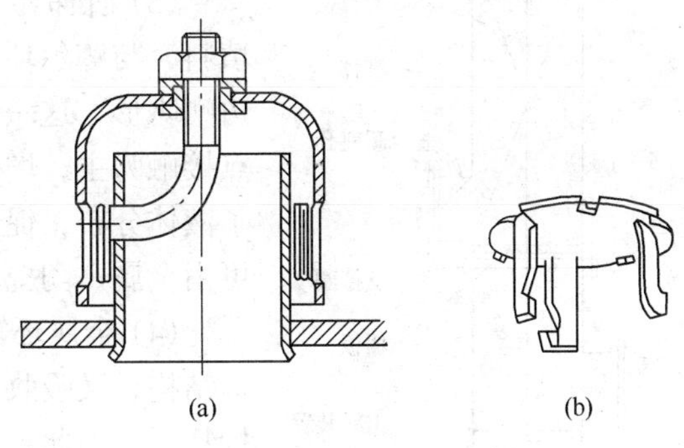

图 6 – 38　泡罩、F_1 型浮阀

浮阀塔生产能力大，操作弹性大，塔板效率高，塔板清洗较容易，结构简单，易装省材成本低。

(3) 筛板塔　筛板塔的结构与浮阀塔相类似，不同之处是塔板上不是开设装置浮阀的阀孔，而只是在塔板上开设许多直径 3 ~ 5mm 的筛孔，因此结构非常简单。当塔内上升的气速很低时，塔板上无法维持液层。随着气速的增加，液层的高度不断增加，气液通过鼓泡进行传质、传热。

筛板塔生产能力、塔板效率都较高，且结构简单，制造、安装、检修容易；但筛孔易生锈或被堵塞，操作弹性小。

(4) 舌形塔　舌形塔属于喷射塔，20 世纪 60 年代开始应用。与开有圆形孔的筛板不同，舌形塔板的气体通道是按一定排列方式冲出的舌片孔。由于舌孔方向与液流方向一致，所以气体从舌孔喷出时，可减小液面落差，减薄液层，减少雾沫夹带。

舌形塔处理量大，压降小，结构简单，安装方便。但操作弹性小，塔板效率低。

6.3.1.3　填料塔的结构特点

填料塔是一种以连续方式进行气、液传质的设备，其特点是结构简单、压降小、填料种类多、具有良好耐腐蚀性能，特别是在处理容易产生泡沫的物料和真空操作时，有其独特的优越性。填料塔主要由塔体、填料、喷淋装置、液体分布器、填料支承结构、支座等组成，如图 6 – 39 所示。

1. 填料

填料是填料塔气、液接触的元件，填料性能的优劣直接决定着填料塔的操作性能和传质效率。填料形式、规格很多，所用材料也很多。在石油化工生产中，使用较多的填料有以下几种(如图 6 – 40 所示)。

(1) 拉西环　拉西环是一个外径和高度相等的空心圆柱体。它可以用陶瓷、塑料、金属制造，以陶瓷环应用的为多。

拉西环的特点是结构简单、价格便宜、应用技术比较成熟。但阻力大，通量小，传质效率较低。

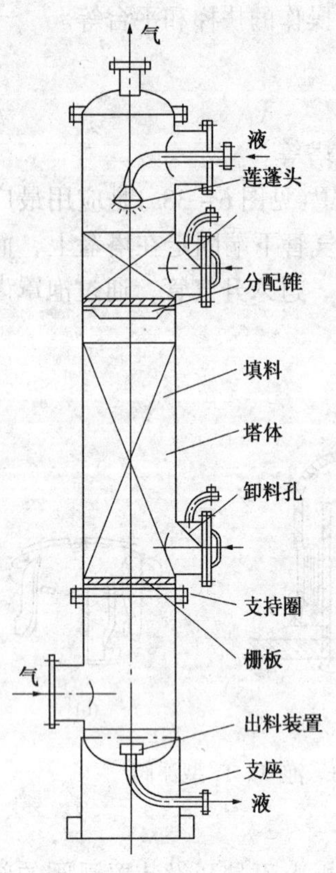

图 6-39　填料塔总体结构

(2) 鲍尔环　鲍尔环是在拉西环的基础上改进的环形填料。在填料的侧壁上开设二层长方形窗孔，小窗的舌片一端连在侧壁上，另一端弯入环心。

由于开设了小窗，使得液体分散度增大，内表面利用率增加，阻力降低，通量提高，从而也提高了传质效率。特别适用于真空蒸馏操作。

(3) 阶梯环　阶梯环是在鲍尔环的基础上发展起来的一种填料，与鲍尔环相比，高度减小了一半，而填料的一端做成翻边喇叭形，这一改进，不仅使填料在堆积时由线接触为主变为点接触为主，增加了填料颗粒的空隙，减少了阻力，而且改善了液体分布，促进了液膜更新，提高了传质效率。阶梯环填料可由金属、陶瓷和塑料等材料制造。

(4) 金属环矩鞍填料　环矩鞍填料既保留了鞍形填料的弧形结构，又吸收了鲍尔环的环形形状和具有内弯叶片小窗的结构特征。因此，它具有通过能力大、压力降低、带液量小、容积重量轻、填料层结构均匀等优点，是一种开敞结构的、综合性能较好的填料。特别适用于乙烯、苯乙烯等减压操作。

(5) 丝网波纹填料　丝网波纹填料由若干平行直立放置的波网片组成。网片的波纹方向与塔轴线成 30°或 45°，相邻两片波纹方向相反，使得波纹网片之间形成一个相互交叉又相互贯通的三角形截面的通道网。组装在一起的波纹片周围用带状丝网圈箍住，构成一个圆柱形的填料盘。可在大型塔器中应用。

金属丝网波纹填料效率高，但造价高、抗污能力差，且清洗困难。常用不锈钢、铜、碳钢、聚丙烯、聚四氟乙烯等材料制成。

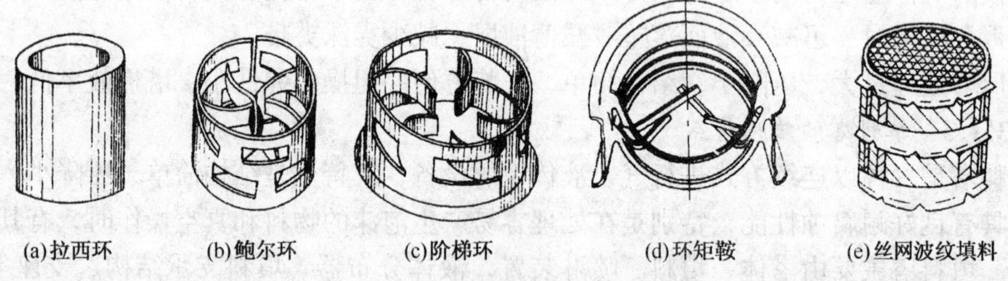

图 6-40　常用的几种填料

2. 填料支承装置

填料的支承装置结构对填料塔的操作性能影响很大。若设计不当，将导致填料塔无法正常工作。对填料支承装置的基本要求是：有足够的强度以支承填料的重量；有足够的自由截面，以使气、液两相通过时阻力较小；装置结构要有利于液体的再分布；制造、安装、拆卸要方便。常用的填料支承装置有栅板、格栅板、开孔波形板等。

3. 液体喷淋装置

液体从管口进入塔内要均匀的喷淋，这是保证填料塔达到预期分离效果的重要条件。液体喷淋装置有多种结构形式，按操作原理可分为喷洒型、溢流型、冲击型等，按结构又可分为管式、喷头式、盘式、槽式等形式。

4. 液体再分布装置

当液体沿填料层流下时，由于周边液体向下流动阻力较小，故液体有逐渐向塔壁方向流动的趋势，使液体沿塔截面分布不均匀，降低了传质效率。为了克服这种现象，必须设置液体再分布装置。同时，应将填料层分段，各段之间也应安装液体再分布器。当采用金属填料时，各段高度不应超过 7m；采用塑料填料时，各段高度不应超过 4.5m。

实际应用中多为锥形液体再分布器，结构简单的分配锥只能用于直径小于 1 m 的塔。槽形分配锥可用于较大直径的塔。

6.3.1.4 塔器的使用与维护

塔设备在日常运行过程中，受到内部介质压力、操作温度的作用，还受到物料的化学腐蚀和电化学腐蚀作用。为了保证塔安全稳定运行，必须做好日常的维护检查，并认真记录检查结果，以作为定期停车检修的历史资料。

塔类设备日常检测或检查的主要项目是：原料、成品、回流液等的流量、温度、纯度及公用工程流体(如水蒸气、冷却水、压缩空气等)的流量、温度和压力等；塔顶、塔底等处的压力及塔的压力降，塔底温度；连接有无松弛，密封有无泄漏，仪表是否正常、灵敏可靠；塔体保温材料是否完整，基础是否下沉等。无论是什么原因造成的不正常现象，一经发现，就应及时处理，以免造成事故。

塔类设备日常维护的要点是：塔器操作中，不准超温、超压；要定时检查安全附件，保持安全附件灵活、可靠；定时检查人孔、阀门和法兰等密封点的泄漏；定时检查受压元件等。保持塔体油漆完整，注意清洁卫生。

6.3.2 换热器及空冷设备

6.3.2.1 换热器在化工生产中的作用及其分类

1. 换热器在化工生产中的作用

在化工生产中，一般都包含有化学反应过程。为了使化学反应顺利进行，适宜的反应温度是非常重要的外部条件。即使是在一些物理处理的生产中，提高或降低物料的温度，也有利于获得更好的处理效果。因此，在化工工艺流程中常常需要将低温流体加热或将高温流体冷却，将液体汽化成气体或将气体冷凝成液体，这些过程都与热量传递密切相关，都可以通过换热设备来实现。

2. 换热器的分类

根据传热的原理和实现热量交换的形式，换热器可以分为混合式、蓄热式和间壁式三大类。其中间壁式换热器能将冷、热两种流体截然分开，适应了生产的要求，所以它的应用最为广泛。

常用的间壁式换热器可以分为管式换热器和板面式换热器两大类。

管式换热器是以管子作为传热元件的传热设备。常用的管式换热器有套管式、蛇管式、螺旋管式和管壳式，其中管壳式换热器是应用最多的一种。

板面式换热器的传热元件是板面，其传热性能优于管式换热器。常用的结构形式有板式换热器、螺旋板换热器、板翅式换热器、板壳式换热器等。

换热器的种类很多，结构形式也各不相同，但是它们都应该首先满足工艺条件所规定的温度、压力、流量等要求；其次应具有较高的传热效率，传热性能要好，流体阻力要小；再次应具有足够的机械强度和刚度，整体结构可靠。此外还应便于制造、安装及维修。

6.3.2.2 常用换热器的基本结构与维护

1. 管壳式换热器

管壳式换热器结构坚固、操作弹性大、材料范围广、适应性强，所以成为化工生产中换热设备的主要形式，特别是在高温、高压和大型换热器中仍占有绝对的优势。

管壳式换热器有管束、管板、壳体、各种接管等主要部件组成。根据其结构特点，可分为固定管板式、浮头式、U形管式、填料函式等四种形式，如图6-41所示。

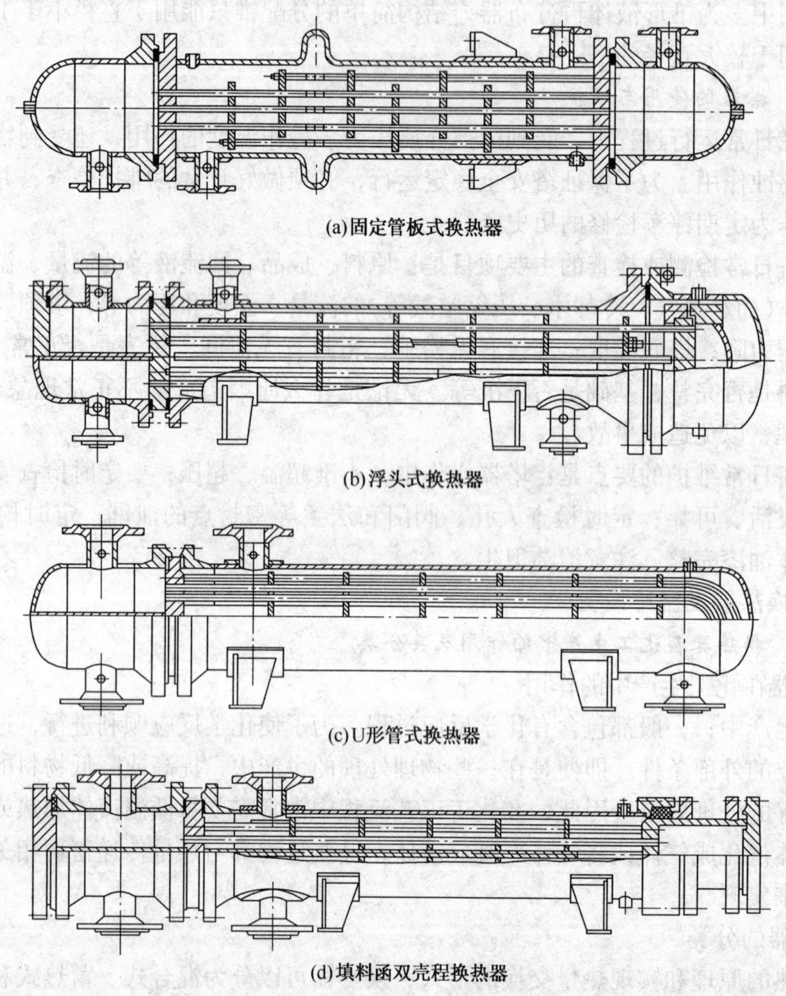

(a)固定管板式换热器

(b)浮头式换热器

(c)U形管式换热器

(d)填料函双壳程换热器

图6-41 管壳式换热器典型结构

(1) 固定管板式换热器 固定管板式换热器的管束两端通过焊接或胀接固定在管板上，如图6-41(a)所示。它的优点是结构简单，在同一内径的壳体中布管数多，管程清洗容易，造价较低，堵管和更换管子方便。但壳程清洗困难，且管程和壳程介质温差较大时，温差应力也大，故常需设置温差补偿装置。固定管板式换热器适用于壳程介质清洁，两流体温差较小的场合。

(2) 浮头式换热器 浮头式换热器一端管板与法兰用螺栓固定，另一端可在壳体内自由移动(称为浮头)，如图6-41(b)所示。浮头式换热器有浮头管板、钩圈和浮头端盖所组成。此结构的优点是管束可以抽出，便于管子内外清洗，管束伸长不受约束，不会产生温差应力。缺点是结构较复杂，造价较高，若浮头密封失效，将导致两种介质混合，并且还不易觉察到。浮头式换热器适用于两种流体温差较大且容易结垢，需要经常清洗的场合。

(3) U形管式换热器　U形管式换热器只有一块管板，管束弯成U形，管子两端都固定在同一块管板上，如图6-41(c)所示。其优点是管束可以抽出清洗，操作时不会产生温差应力。缺点是由于受弯管弯曲曲率半径的影响，布管数较少，管板利用率低，壳程流体易形成短路，管内难于清洗，拆修、更换管子困难。U形管式换热器适用于两流体温差大，特别是管内流体清洁的高温、高压、介质腐蚀性强的场合。

(4) 填料函式换热器　填料函式换热器如图6-41(d)所示。两管板中一块与法兰通过螺栓固定联接，另一块类似于封头，与壳体间隙处通过填料密封，可作一定量的移动。此结构的特点是结构较简单，制造、检修、清埋较为方便，但填料密封处容易产生泄漏。填料函式换热器适应压力和温度都不高、非易燃、难挥发的介质传热。

2. 常用的几种板面式换热器

(1) 螺旋板式换热器　螺旋板式换热器是由两块薄金属板位于中心的一块挡板上，并卷成螺旋形而构成，因而在换热器内构成两条螺旋形通道，分别走冷、热两股流体。这种换热器的传热面是螺旋板面，因而传热面积大、效率高，有自清洗作用，不易结垢。但因板面承压性能差，因而它使用于压力不高的场合。

(2) 板翅式换热器　板翅式换热器是在金属板上放一波纹状金属导热垫片，然后再放一金属薄板，两边以侧条密封并用钎焊焊牢而组成单元体。将一定数量的单元体按不同方式叠合起来，并用钎焊固定，成为常用的板翅式换热器组件(板束)。再将板束焊在带有进出口的集流箱上，就构成了板翅式换热器。它传热面积大、效率高，适应性广，可用于冷凝和蒸发，特别适应低温和超低温操作。但制造难度大，清洗与检修困难。

(3) 平板式换热器　平板式换热器主要由传热板、垫片和压紧装置三部分组成。板片一般是薄金属板并冲压成各种形式的规则波纹。每两块板的周边上安上垫片，通过压紧装置压紧后可达密封的目的，并使两块板面之间形成流体通道。采用不同厚度的垫片，可以调节流体通道的大小。每块板的四个角上各开有一个孔道，借助于垫片的配合使两个对角方向的孔与板面上的流道接通。而另外的两个孔靠垫片与板面的流道隔开。这样，冷热两流体分别在同一块板的两侧流过。平板式换热器结构紧凑，传热效率高，便于组装和拆卸，清洗、除垢方便，但流道狭窄，处理量小，密封圈长，承压能力差，适应于温差和压力都不大的场合。

3. 换热器的日常维护

装置开停工过程中，应缓慢升温和降温，避免造成压差过大和热冲击，停工时先退热介质，再退冷介质；开工时先进冷介质，后进热介质。认真检查设备运行参数，严禁超温、超压。定时巡检，检查基础支座稳固及设备泄漏等。经常对冷、热介质的温度及压降进行检查，分析换热器泄漏和结垢情况，若不能满足工艺要求，应及时处理。经常检查换热器的振动情况；装置系统蒸汽吹扫时，尽可能避免对有涂层的冷换设备进行吹扫，以免造成涂层破坏，保持防腐涂层、保温层完好。

6.3.2.3　常用空冷设备介绍

1. 常用空冷设备简介

常用空冷设备是空冷式换热器(简称空冷器)，它是利用空气在翅片管的外面流过，以冷却或冷凝管内流体的工业热交换装置。

空冷器由管束、风机、构架及百叶窗等部件组成。管束是空冷器的主要部分，有着自己的独立结构，可以完整地在空冷器构架上进行装拆。管束由翅片管、管箱和框架(侧梁和横梁等受力构件)组成。空冷器有干式、湿式和干－湿联合式，干式空冷器是空冷器的基本型式(见图 6－42 所示)，湿式空冷器和干－湿联合式空冷器是其发展型式。空冷器按通风型式有鼓风和引风两种。

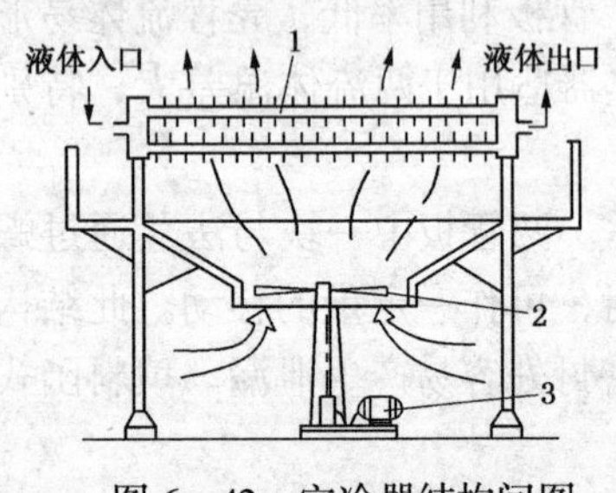

图 6－42　空冷器结构间图

1—管束；2—鼓风机；3—电动装置

(1) 干式空冷器　干式空冷器是以环境空气作为冷却介质，虽操作简单，使用方便，但由于其冷却温度取决于进口空气的干球温度，在接近热物流出口温度与空气入口温度之差且高于 15～20℃时才经济，由于受环境影响较大，所以不能将管内热流体冷却到环境温度。

(2) 湿式空冷器　湿式空冷器通过向入口空气喷雾状水，增大空气入口温度与工艺流体出口温度之间的温差，来强化管外传热，一般可把热物流出口温度冷却到接近环境温度。但翅片管外易结垢，而且在寒冷地区的冬季，管束喷淋水易结冰，影响其传热性能。

(3) 干湿联合空冷器　干湿联合空冷器是将干空冷器和湿空冷器组合成一体，在工艺物流的高温区用干空冷器，起气体冷凝作用；在低温区域用湿空冷器，起冷凝液过冷的作用。

2. 空冷器型号的表示方法

(1) 干式空冷器型号的表示方法

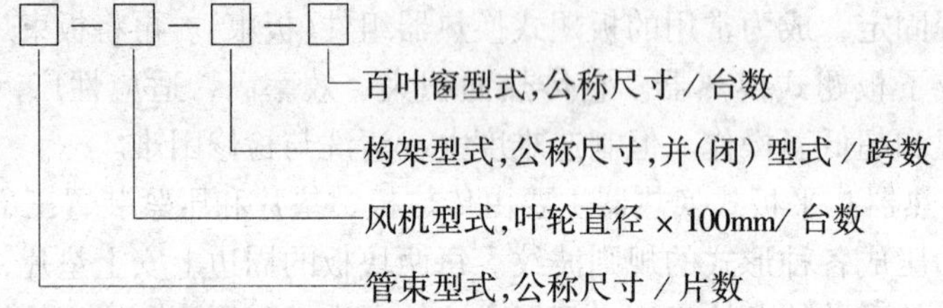

空冷器型号示例：GP9 × 3/4 – TF36/4 – GJP9 × 6B/1 – SC9 × 3/4

GJP9 × 6K/1

表示：鼓风式空冷器，水平式管束，长 × 宽为 9m × 3m，4 片；停机手动调节风机，风机叶轮直径 3600mm，4 台；水平式构架，长 × 宽为 9m × 6m；一跨闭式构架，一跨开式构架；手动调节百叶窗，4 台，长 × 宽为 9m × 3m 的空冷器。

也采用：P9 × 3—4—129—40L—13.7/RL—IIa，表示：水平管束，管长 9m，宽 3m，4 排，换热面积 $129m^2$，设计压力 $40kgf/cm^2$(4.0MPa)法兰式管箱，翅化比 13.7，L 型缠绕片，2 管程光滑密封法兰。

(2) 湿式及干湿联合空冷器型号的表示方法

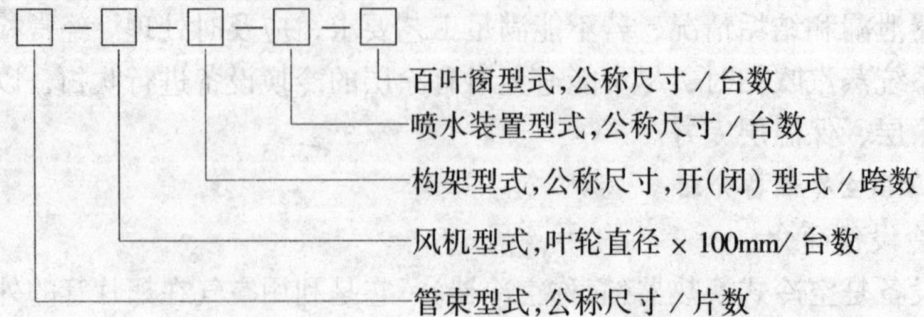

空冷器型号示例：SX6 × 3/2 – ZFJ24/1 – JL6 × 3/1 – P6 × 3/2 – ZC6 × 3/1

SL6 × 3/2　TF24/1　　　　　　　　　SC6 × 3/1

表示：湿式斜置管束、长 × 宽为 6m × 3m、2 台，湿式立置管束、长 × 宽为 6m × 3m、2 台；自动调角风机、直径 2400mm、1 台，停机手调角风机、直径 2400mm、1 台；干湿联合构架、长 × 宽为 6m × 3m、1 台；喷水装置、长 × 宽为 6m × 3m、2 台；自动调节百叶窗，长 × 宽为 6m × 3m、1 台；手动调节百叶窗，长 × 宽为 6m × 3m、1 台的空冷器。

3. 空冷器的维护

设备运行中严禁超温、超压、超负荷；定时对各密封面及胀口、管束进行检查，发现泄漏及时处理，检查维护时，人员不得在管束的翅片上行走；定时检查喷水设施，保持喷水畅通；管束应定期用压缩空气吹掉翅片上的灰垢；冬季应做好防冻防凝工作；定时对构件及其他物件进行防腐处理。

6.3.3　干燥设备

6.3.3.1　干燥设备在化工生产中的作用

利用加热除去固体物料中的水分或其他溶剂的单元操作称为干燥。干燥是化工生产中经常使用的一种去湿的单元操作。它的主要作用：一是为了保证产品的质量，便于固体产品的贮藏、运输、使用，固体产品的一项重要指标就是含水量，若含水过多，久藏就可能变质；二是有些工序要求物料干燥后方可进一步加工，例如当塑料颗粒含水超过规定时，在往后的成型加工中将会产生气泡，影响产品质量。因此，要进行有效的干燥处理。

6.3.3.2　干燥设备的使用与维护

1. 沸腾干燥炉的使用与维护

沸腾干燥炉主要是用于处理粒状物料，对易黏结、成团的和含水量较高、流动性差的物料不适宜。

(1) 使用　开炉前应检查送风机、引风机是否正常，轴承润滑油是否满足；打开疏水阀、排水阀和放空阀，缓慢开启蒸汽阀进行烤炉，除去炉内湿气；烤炉达到规定温度后，停机向炉内铺洒干料，料层高度约 250mm。开动送风机、引风机，向炉内送热风，并开动给料机抛洒湿物料，布料要均匀，由少渐多；注意观察炉内沸腾情况并根据进料多少及时调节风量和温度，保证成品合格。

(2) 维护　经常检查轴承温度、机身振动、管线腐蚀及密封情况；停炉时应将炉内物料清理干净，冷凝水排净，保持温度层完好；经常清理风机粘贴的物料，保持分离器畅通、炉壁不锈蚀。常见故障与处理见表 6 – 4。

表 6 – 4　沸腾干燥炉常见故障与处理

故障名称	产生原因	处理方法
死　床	(1) 入炉物料太湿或块多； (2) 热风量小或温度低； (3) 床面干料层高度不够； (4) 热风分配不均匀	(1) 降低物料水分； (2) 增加风量、提高温度； (3) 缓慢加料，增加干料层厚度； (4) 调整进风阀开度
尾气含尘量大	(1) 分离器破损，效率下降； (2) 风量大或炉内温度高； (3) 物料颗粒变细小	(1) 检查修理； (2) 调整风量和温度； (3) 检查操作指标变化
沸腾床流动不好	(1) 风量小或物料多； (2) 热风温度低； (3) 风量分布不合理	(1) 调节风量和物料； (2) 加大加热器蒸汽量； (3) 调节进风阀开度

2. 喷雾干燥设备的使用与维护

喷雾干燥器是用喷雾器将液状的稀物料喷成雾滴分散在热气流中，使水分迅速蒸发来达到干燥目的的一种干燥器。

(1) 使用　检查泵、风机等运转设备是否正常；各种阀门是否灵活好用；排出凝结水，清洗雾化器，预热、送热风。启动供料泵向雾化器送料，观察压力和输送量，保证雾化器需要；控制好干燥塔压力，检查、调节雾化器喷嘴位置、转速，确保雾化颗粒合格。

(2) 定时检查各运转设备工作情况、轴承温度和润滑状况；雾化器、管路、阀门停车时应清洗干净，防止凝固堵塞；经常清理塔内粘挂的物料；定期检修。常见故障与处理见表 6-5。

表 6-5　喷雾干燥器常见故障与处理

故障名称	产生原因	处理方法
产品水分含量高	(1) 溶液雾化不均匀，喷出的颗粒大； (2) 热风的相对湿度太大； (3) 溶液供量大，雾化效果差	(1) 提高溶液压力和雾化器转速； (2) 提高送风温度； (3) 调节雾化器进料量或更换雾化器
产品颗粒太细	(1) 溶液的浓度低； (2) 喷嘴孔径太小； (3) 溶液压力太高； (4) 离心盘转速太快	(1) 提高溶液浓度； (2) 换大孔喷嘴； (3) 适当降低压力； (4) 减低转速
尾气含尘量大	(1) 分离器堵塞或积料多分离效果差； (2) 过滤带破裂； (3) 风速大，细粉含量大	(1) 清理物料； (2) 修补破口； (3) 降低风速
塔壁粘有积粉	(1) 进料太多，蒸发不充分； (2) 气流分布不均匀； (3) 个别喷嘴堵塞； (4) 塔壁预热温度不够	(1) 减小进料量； (2) 调节热风分布器； (3) 清洗或更换喷嘴； (4) 提高热风温度

6.3.4　常用阀门及管件

6.3.4.1　常用阀门

1. 阀门的作用

阀门是化工管路上控制介质流动的一种重要附件，其主要作用有：切断或沟通管内流体流动的启闭作用；调节管内流量、流速的作用；使流体通过阀门后产生很大压力降的节流作用。还有一些阀门能根据一些条件自动启闭，具有控制流体流向、维持一定压力、阻汽排水或其他作用。

2. 阀门的常用类型

阀门的种类繁多，而且不断有新结构、新材料、新用途的阀门开发。阀门通常用铸铁、铸钢、不锈钢以及合金钢等制成。工程上比较常用的有以下几种。

(1) 截止阀　截止阀是化工生产中使用最广泛的一种截断类阀门，它利用阀杆升降带动与之相连的圆形盘(阀头)，改变阀盘与阀座间的距离达到控制阀门的启闭。为了保证关闭严密，阀盘与阀座应研磨配合，阀座用青铜、不锈钢等软质材料制成，阀盘与阀杆应采用活动连接，这样可保证阀盘能正确地落在阀座上，使密封面严密贴合。

根据连接方式不同，截止阀有螺纹连接和法兰连接两种。根据阀体结构形式不同，又分为标准式、流线式、直线式和角式几种。流线式截止阀阀体内部呈流线状，其流体阻力小，目前应用最多。如图 6-43 所示。

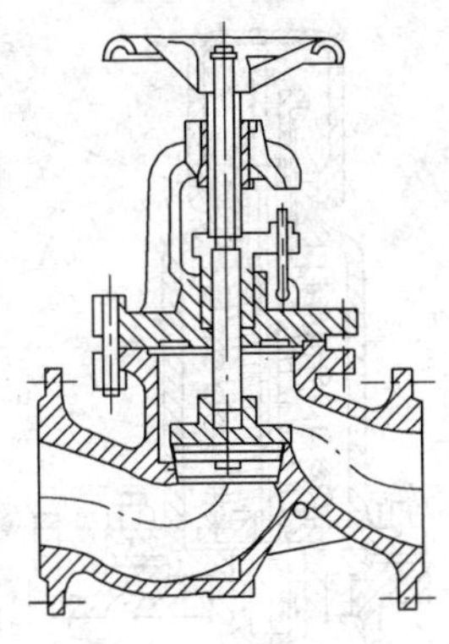

图 6-43　截止阀

截止阀结构较复杂，但操作简便、不费力，易于调节流量和截断通道，启闭缓慢无水锤现象，故使用较为广泛。截止阀安装时要注意流体流向，应使管路流体由下向上流过阀座口，即所谓“低进高出”，目的是减小流体阻力，使开启省力和关闭状态下阀杆、填料函部分减少受压。

截止阀主要用于水、蒸汽、压缩空气及各种物料的管路，可较精确地调节流量和严密地截断通道。但不能用于黏度大、易结焦、含悬浮和结晶颗粒的介质管路。

(2) 节流阀　节流阀又称为针形阀，它与截止阀相似，只是阀芯有所不同。截止阀的阀芯为盘状，而节流阀的阀芯为锥状或抛物线状。节流阀比截止阀调节性能好，但密封性差，不宜作隔断阀。

节流阀适用于温度较低，压力较高的介质和需要调节流量和压力的管路上。

(3) 闸阀　闸阀又称闸板阀或闸门阀。它是通过闸板的升降来控制阀门的启闭，闸板垂直于流体流向，改变闸板与阀座间相对位置即可改变通道大小，闸板与阀座紧密贴合时可阻止介质通过。为了保证阀门关闭严密，闸板与阀座间应研磨配合，通常在闸板和阀座上镶嵌耐磨耐蚀的金属材料(青铜、黄铜、不锈钢等)制成的密封圈。

闸阀具有流体阻力小，介质流向不变、开启缓慢无水锤现象，易于调节流量等优点；缺点是结构复杂、尺寸较大、启闭时间较长、密封面检修困难等。闸阀可以手动开启，也可以电动开启，在化工厂应用较广。适用于输送油品、蒸汽、水等介质，由于在大直径给水管路上应用较多，故又有水门之称，适用于公称压力 PN 为 0.1～2.5MPa，公称直径 DN 为 15～1800mm。

(4) 旋塞阀　旋塞阀俗称考克。其阀芯是一带孔的锥形塞，利用锥形柱塞绕中心线旋转来控制阀门的启闭，它在管路上主要用作启闭、分配和改向。

旋塞阀具有结构简单、启闭迅速、操作方便、流动阻力小等优点，但密封面的研磨修理较困难，对大直径旋塞阀启闭阻力较大，旋塞阀适用于输送 150℃和 1.6MPa(表)以下的含悬浮物和结晶颗粒液体的管路以及黏度较大的物料的管路；输送压缩空气或废蒸汽与空气混合物的管路，DN < 20mm。不可用于精确调节流量，输送蒸汽及高温高压的其他液体管路。

(5) 止回阀　止回阀是利用阀前后介质的压力差而自动启闭，控制介质单向流动的阀门，又称止逆阀或单向阀。止回阀按结构不同分升降式(跳心式)和旋启式(摇板式)两种。

止回阀可用于泵和压缩机的管路上，疏水器的排水管上，以及其他不允许介质作反向流动的管路上。

(6) 安全阀　安全阀是一种根据介质压力自动启闭的阀门，当介质压力超过规定值时，它能自动开启阀门排放卸压，使设备管路免遭破坏的危险，压力恢复正常后又能自动关闭。

安全阀按其结构分为杠杆重锤式、弹簧式和脉冲式三种。杠杆式安全阀，其工作压力的调整，是靠改变重锤的位置来实现的。弹簧式安全阀(见图 6-44 所示)，其工作压力的调整，是靠改变弹簧的压力大小来实现的。脉冲式安全阀是由一个大的安全阀(主阀)与一个小的安全阀(辅阀)配合动作，通过辅阀的脉冲作用带动主阀启闭。

安全阀主要设置在受内压设备和管路上(如压缩空气、蒸汽和其他受压力气体管路等)，为了安全起见，一般在重要的地方都装置两个安全阀。为了防止阀盘胶结在阀座上，应定期

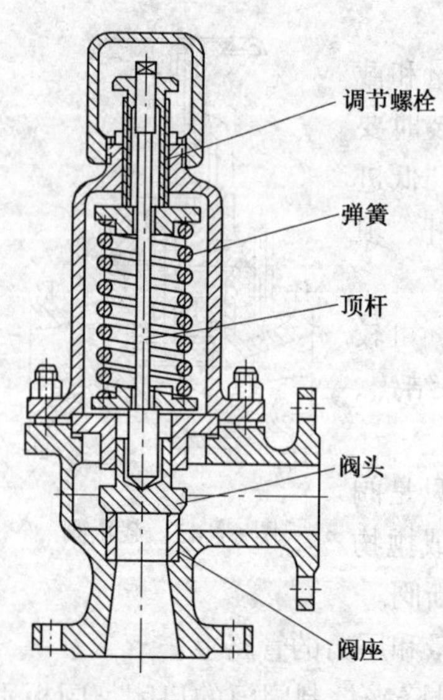

图 6-44　弹簧式安全阀

地将阀盘稍稍抬起，用介质来吹涤安全阀，对于热的介质，每天至少吹涤一次。

此外，化工管路上还常用到减压阀，其作用是降低设备和管道内介质压力，符合生产需要，并能依靠介质本身的能量，使出口压力自动保持稳定；蒸汽设备或管路中常见的一种阀门叫疏水阀，其作用是能自动间歇的排出冷凝水，而又能防止蒸汽泄出，故又称为阻汽排水器或疏水器。

化工管路中的阀门种类繁多，结构各异，作用也不尽相同，在选用阀门时，应根据具体的设备或工艺管路的具体要求，进行选择和配备。

3. 阀门的基本参数

阀门的基本参数是公称通径、公称压力、工作温度和适用介质。

(1) 公称通径　阀门的进出口通道的名义直径(即规格大小)叫做阀门的公称通径，用 DN 表示，单位 mm。在一般情况下，阀门的公称通径等于实际进出口通径，也有一些阀门因结构特点，其实际通径与公称通径不相等，而选用了规定系列的近似值。国家标准对阀门的公称通径已做了规定。

(2) 公称压力　是指阀门在基准温度状态下的名义压力，用 PN 表示，单位 MPa。国家标准对阀门的公称压力数值已做了规定。

(3) 工作温度　制造阀门的材料不同，其耐温强度各异，为保证阀门在某温度下不发生变形和破裂，规定了各种材质阀门的使用温度。铸铁阀门的使用温度一般不超过 300℃；碳钢阀门的使用温度一般不超过 450℃；不锈钢阀门的使用温度一般不超过 600℃。

(4) 适用介质　在化工生产过程中，通过阀门的介质有的具有极强的腐蚀性，为了保证阀门的使用寿命，选用阀门时要考虑其材质的耐腐蚀性能。

应该说明的是：阀门的最大工作压力不一定等于其公称压力，在基准温度下两者相等，当工作温度超过基准温度后，则允许的最大工作压力便有所降低。

4. 阀门的型号

1) 阀门的型号

我国阀门产品型号的表示方法有下列 7 个单元组成：

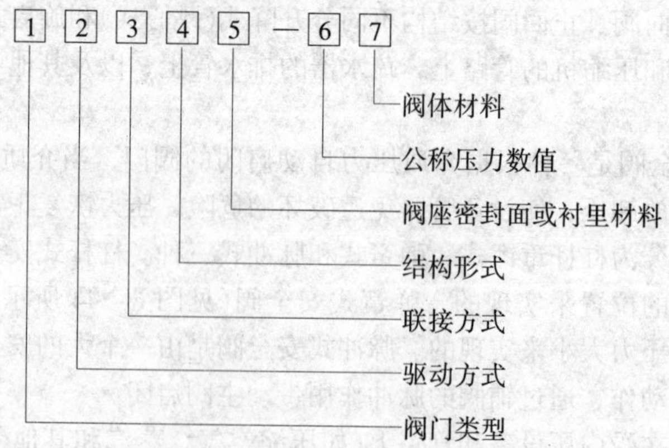

1 ——用汉语拼音字母表示阀门类型，称为类型代号。如：Z 表示闸阀，J 表示截止

阀，X 表示旋塞阀，Q 表示球阀，A 表示安全阀等。

[2]——用阿拉伯数字表示阀门的传动方式，称为传动方式代号。如：0 表示电磁场，3 表示蜗轮，7 表示液动，9 表示电动等。

[3]——用阿拉伯数字表示阀门与管道或设备接口的联接形式，称为联接形式代号。如：1 表示内螺纹，2 表示外螺纹，4 表示法兰，6 表示焊接等。

[4]——用阿拉伯数字表示阀门的结构形式，称为结构形式代号。由于阀门类型较多，故其结构形式代号按阀门的种类分别表示。同一代号，对于不同的阀门，所代表的意义是不同的。如：1 在截止阀和节流阀中表示直通式结构，而在闸阀中表示明杆单闸板结构等。

[5]——用汉语拼音字母表示阀门密封面或衬里材料代号。如：T 表示铜合金，F 表示氟塑料，H 表示合金钢，Q 表示衬铅等。

[6]——表示阀门的公称压力数值。阀体上的公称压力数值标志值等于 10MPa 数。

[7]——用汉语拼音字母表示阀体的材料，称为阀体材料代号。如：Q 表示球墨铸铁，T 表示铜及铜合金，C 表示碳素钢，P 表示 1Cr18Ni9Ti，V 表示 12CrMoV 等。

2) 阀门产品的标志

对于阀门可以通过阀体上铸造、打印的文字、符号、铭牌、外部形状，再加上在阀体上、手轮及法兰外延上的涂漆颜色来进行识别。

铭牌、阀体上铸造的文字、符号等标志表明该阀门的型号、规格、公称直径和公称压力、介质流向、制造厂家及出厂时间等。阀体正面铸出的标志形式，其含义见表 6-6。

表 6-6 阀体上标志的含义

<table>
<tr><th rowspan="2">标志形式</th><th colspan="4">阀门规格</th><th rowspan="2">阀门型式</th><th rowspan="2" colspan="2">介质流向</th></tr>
<tr><th>公称通径/mm</th><th>公称压力/MPa</th><th>工作压力/MPa</th><th>介质温度/℃</th></tr>
<tr><td>PN40 → 50</td><td>50</td><td>4.0</td><td></td><td></td><td rowspan="2">直通式</td><td rowspan="2" colspan="2">介质进口与出口的流动方向在同一或相平行的中心线上</td></tr>
<tr><td>$P_{51}10$ → 100</td><td>100</td><td></td><td>10</td><td>510</td></tr>
<tr><td>PN40 → 50</td><td>50</td><td>4.0</td><td></td><td></td><td rowspan="2">直角式</td><td rowspan="2">介质进口与出口的流动方向成 90°角</td><td>介质作用在关闭件下</td></tr>
<tr><td>$P_{51}10$ → 100</td><td>100</td><td></td><td>10</td><td>510</td><td>介质作用在关闭件上</td></tr>
<tr><td>PN16 ↔ 50</td><td>50</td><td>1.6</td><td></td><td></td><td>三通式</td><td colspan="2">介质具有几个流动方向</td></tr>
</table>

标志阀体材料的油漆涂于阀体的非加工面上，其颜色规定见表 6-7。

表 6-7 阀体材料涂色规定

阀体材料	涂漆颜色	阀体材料	涂漆颜色
灰铸铁、可锻铸铁	红	耐酸钢或不锈钢	浅蓝
球墨铸铁	黄	合金钢	淡紫
碳素钢	铝白		

5. 阀门的使用和维护

(1) 阀门在生产过程中的使用维护

(1) 阀门阀杆的螺纹部分应经常保持有一定的油量，以减少摩擦，防止咬住，保证启闭灵活；不经常启闭的阀门，要定期转动手轮。阀门的机械传动装置(包括变速箱)应定期加油。

(2) 室外阀门，特别是明杆闸阀，阀杆上应加保护套，以防风露雪的侵蚀和尘土锈污。

(3) 启闭阀门，禁止使用长杠杆或过分加长的阀门扳手，以防扳断手轮、手柄和损坏密封面。

(4) 对于平行式双闸板闸阀，有的结构两块闸板采用铅丝系结，如开启过量，闸板容易脱落，影响生产，甚至可能造成事故，也给拆卸修理带来困难，在使用时应特别注意。一般说来，明杆阀门，应记住全开和全闭时的阀杆位置，避免全开时撞击上死点，并便于检查全闭时是否正常，假如阀瓣脱落或阀瓣密封面之间嵌入较大杂物，全闭时阀杆的位置就要变化。

(5) 开启蒸汽阀门前，应先微开预热，并排除凝结水，然后慢慢的开启阀门，以免发生汽水冲击。当阀门全开后，应将手轮再倒转少许，使螺纹之间严密。

(6) 刚投运的管道和长期开启着的阀门，由于管道内部脏物较多或在密封面上可能黏有污物，关闭时，可将阀门先行轻轻关上，再开启少许，这样可以利用介质的高速流动将杂质污物冲掉，然后再轻轻关闭(不能快关猛闭，以防残留杂质损伤密封面)，特别是新投产的管道，可如此重复多次，冲净脏物，再投入正常生产。

(7) 某些介质在阀门关闭后冷却，使阀件收缩，应在适当时间后再关闭一次，使密封面不留细缝，以免介质从密封面高速流过，冲蚀密封面。

(8) 使用新阀门，填料不宜压得太紧，以不漏为度，以免阀杆受压太大，启闭费力，又加快磨损。

(9) 阀门零件，如手轮、手柄等损坏或丢失，应尽快配齐，不可用活扳手代替，以免损坏阀杆头部的四方，启闭不灵，以致在生产中发生事故。

(10) 减压阀、调节阀、疏水阀等自动阀门启闭时，均要先开启或利用冲洗阀将管路冲洗干净，未装旁路和冲洗管的疏水阀，应将疏水阀拆下，吹净管路，再装上使用。

(11) 长期闭停的水阀、汽阀，应注意排除积水，阀底如有丝堵，可将其打开排水。

(12) 应经常保持阀门的清洁。不能依靠阀门来支持其他重物，更不能在阀门上站立。

(2) 阀门常见故障及消除方法(见表 6－8)。

表 6－8　阀门常见故障及消除方法

常见故障	故障原因	消除方法
关闭件损坏	关闭件材料选择不当	改用适当材料
密封圈不严密	(1) 阀座与阀体(或密封圈与关闭件)配合不严密 (2) 阀座与阀体的螺纹加工不良，因而阀座倾斜 (3) 拧紧阀座时用力不当	(1) 修理密封圈 (2) 如无法修补则应更换 (3) 拧紧阀座时，用力要适当

续表

常见故障	故障原因	消除方法
密封面损坏	(1) 将闭路阀门经常当作调节阀用，高速介质的冲刷侵蚀，使密封面迅速磨损 (2) 阀门安装前，没有很好清理阀体内腔的污垢与尘土，阀门安装时，有焊渣、铁锈、尘土或其他机械杂质进入，使介质中含有固体颗粒夹杂物对密封面压伤，造成划痕、凹痕等缺陷	(1) 不应将闭路阀门做调节阀用 (2)严格遵守安装规程，研磨密封面
阀杆升降不灵活	(1) 螺纹表面粗糙度不合格 (2) 阀杆及阀杆衬套采用同一种材料或材料选择不当 (3) 润滑不当致使油脂受高温，产生积灰而卡住 (4) 明杆阀门装在地下，在潮气作用下，阀杆产生锈蚀 (5) 螺纹磨损	(1) 螺纹表面粗糙度应符合设计要求 (2) 应采用不同材料，宜用黄铜、青铜、碳钢或不锈钢作阀杆衬套材料 (3) 应采用纯净的石墨粉做润滑剂，有轻微卡住时，可用手锤沿阀杆衬套轻轻敲击 (4) 在地下应尽量装暗杆阀门 (5) 更换新阀杆衬套
填料室泄漏	(1) 填料室内装入整根填料 (2) 阀杆有椭圆度或划痕、凹坑等缺陷 (3) 填料里有油，高温时油被烧焦，而使填料收缩，油变成的积碳刮伤阀杆	(1) 用正确方法填装填料 (2) 修整或更换阀杆，杆面粗糙度应不低于 Ra 6.3 (3) 介质温度超过 100℃时，不采用油浸填料，而采用石墨填料
安全阀或减压阀的弹簧损坏	(1) 弹簧材料选择不当 (2) 弹簧制造质量不佳	(1) 更换弹簧材料 (2) 采用质量优良的弹簧

6.3.4.2 常用管件

化工管路由管子、管件、管子连接件、管路附件和阀门等零部件组成。

1. 化工用管子

在石油、化工生产中，钢管占有相当大的比例。

1) 常用钢管的种类

常用的钢管有有缝钢管和无缝钢管两大类。

(1) 有缝钢管也称为焊接钢管，正常工作温度不宜超过 200℃，它分为低压流体输送钢管(一般用于输送水、煤气、压缩空气等介质的钢管)和电焊钢管(可用于压力不高或无严格要求的管路上)。

(2) 无缝钢管是钢坯经穿轧或冷拉制成的管子，无缝钢管的品种和规格很多，根据它的材质、化学成分和力学性能以及它的用途，又可分为普通(低碳钢或低合金钢)无缝钢管、石油裂化用无缝钢管、化肥用高压无缝钢管、锅炉用高压无缝钢管、不锈钢耐酸无缝钢管等。无缝钢管强度高，主要用在高压和较高温度的管路上或作为换热器和锅炉的加热管。在酸、碱强的腐蚀介质管路上，可采用不锈钢耐酸无缝钢管。

2) 管子的公称直径、公称压力和工作压力

(1) 公称直径(或称公称通径)是为了保证管子、管件、阀门之间的互换性而规定的一种名义直径，它并不一定与管子的内径或外径相等。只要是管子与附件的公称直径相等，就能互相连接。公称直径用 DN 表示，单位是 mm，如 DN50，表示公称直径为 50mm。表 6-9 为部分常用管子的公称直径尺寸与英制管螺纹尺寸的换算。

(2) 公称压力是指制品在基准温度(钢的基准温度为 200℃)下的耐压强度。公称压力用 PN 表示，单位为 MPa。如 PN2.0MPa，表示公称压力为 2.0MPa。

(3) 工作压力是指管子及附件在介质最高温度时的允许压力。如介质最高温度为225℃，工作压力为10MPa，则工作压力表示为 p_{22}10MPa(最高工作温度225除以10取整数为22)。

表6-9 公称直径尺寸与英制管螺纹尺寸的换算

公称直径/mm	相当的管螺纹/in	公称直径/mm	相当的管螺纹/in	公称直径/mm	相当的管螺纹/in
15	½	40	1½	100	4
20	¾	50	2	125	5
25	1	65	2½	150	6
32	1¼	80	3	200	8

2. 常用管件

化工管路一般采用管件连接来实现改变管路的方向、管径的大小、管路的分支和汇合。管件的种类和规格很多，并且大多已经标准化。按其材质和用途可分为低压流体输送钢管的管件，电焊钢管和无缝钢管及有色金属管件，铸铁管件三种类型。

(1) 低压流体输送钢管的管件　低压流体输送钢管的管件是用可锻铸铁(或铸钢)经浇铸、加工管螺纹而成的，它通过螺纹连接在管路中。常用的管件有管接头(外螺纹或内螺纹)、弯头、三通、四通和管堵等。

(2) 电焊钢管和无缝钢管的管件　电焊钢管和无缝钢管的管件是经冲压、挤压、焊接、铸造或锻造等方法制造成型的，是通过对焊连接在管路中的，所以也称为对焊钢制管件。常用的管件有冲压弯头(45°、90°、180°)，锻造异径管(同心或偏心)，各种方法制造的三通、四通等。

(3) 管法兰　法兰连接在石油、化工管路中应用极为广泛，它的优点是强度高、密封性能好、适用范围广、拆卸与安装方便。管法兰早已标准化，中、低压管路常采用平焊法兰连接。低压采用光滑密封面，压力较高时则采用凹凸型密封面，通常采用的垫片为非金属软垫片。高压管路连接常采用平面型和锥面型两种连接法兰。平面型要求的密封面必须光滑，采用软金属铝或紫铜等做垫片；锥面型的断面为光滑锥形面。垫片为凸透镜式，用低碳钢制成。

压力不大的(PN≤2.5MPa)管法兰，一般采用半精制螺栓和半精制螺母连接；压力较高的法兰应采用光双头螺栓和精制六角螺母连接。

3. 安全保护性组合管件

1) 补偿器

管道材料基本上都具有热胀冷缩的特性，由于管道在安装和使用时的温度不同，特别是当高温介质通过管路时，管子会受热伸长，造成管路的破坏。所以在两固定支架之间都要设置某种形式的装置(补偿器)来消除管路的这种膨胀伸长量。除利用管路的自然弯曲(L形和Z形)来消除其膨胀伸长量外，化工管路上还常采用方形补偿器、波形补偿器、波纹管补偿器和球形补偿器等。

(1) 方形补偿器是最常用的一种补偿器，广泛用于碳钢管道、有色金属管道和塑料管道。它是用管子弯制而成，或用四个90°弯头组对焊接而成。

(2) 波形补偿器是利用金属薄壳挠性件的弹性变形来吸收其两端连接直管的伸缩变形。结构形式有波形、鼓形、盘形等，使用最普遍的是波形的。波形补偿器结构紧凑，流体阻力小。但补偿能力不大，为了增加补偿能力可将数个(一般不超过4个)补偿器串联安装。一般用于 0.1～0.3MPa；最大不超过 0.5MPa 的低压、大口径气体管路上。

(3) 球形补偿器也称为球形接头，多用于热力管网。球形补偿器可使管段的连接处呈铰接状态，利用两球形补偿器之间的直管段为角变形以吸收管道的变形。一般使用工作压力≤2.5MPa，工作温度≤250℃。

2) 过滤器

过滤器是采用从流体中分离固体颗粒(如金属屑、氧化皮、结晶物等)杂质，提高产品纯度，保护设备(压缩机、泵、仪表等)安全的装置。

过滤器有很多种类型、结构形式，但一般都由壳体、过滤芯、端盖、密封垫片及其与管路连接的法兰或其他接头等组成。

3) 阻火器

阻火器是用来阻止易燃气体、液体的火焰蔓延和防止回火而引起爆炸的安全装置。通常装在输送或排放易燃易爆气体的储罐和管线上。如火炬、加热燃烧系统、石油气体回收系统或其他易燃气体系统。

阻火器有很多种类型、结构形式，但一般都主要由壳体、阻火芯和连接法兰等组成。

4) 呼吸阀

呼吸阀是固定在储罐顶上的通风装置，以保证罐内压的正常状态，维护储罐气压平衡，确保储罐在超压或真空时免遭破坏，且减少介质挥发和损耗的安全节能装置，常与阻火器配套使用。

5) 除沫器

除沫器又称除雾器，主要用于分离塔中气体夹带的雾沫和液滴，以保证传质效率，降低有价值的物料损失，确保气体纯度和改善塔后压缩机的操作。常用的除沫器有丝网除沫器、折流板除沫器、旋流板除沫器等。一般多在塔顶设置丝网除沫器。

丝网除沫器有丝网、格栅、支承结构等组成，丝网可由金属和非金属材料制成。它可有效去除 3～5μm 的雾滴，丝网除沫器主要用于气液分离，也可为空气过滤器用于气体分离。丝网除沫器比表面积大、质量轻、空隙率大、压降小、效率高且使用方便，适用于洁净的气体，不宜用于液滴中含有易黏结物的场合。

6.3.5 化工容器

在化工企业使用的设备中，有的用来贮存物料，如各种储罐、计量罐、高位槽；有的用来对物料进行物理处理，如换热器、精馏塔等；有的用于进行化学反应，如聚合釜、反应器、合成塔等。尽管这些设备作用各不相同，形状结构差异很大，尺寸大小千差万别，内部构件更是多种多样，但是它们都有一个外壳，这个外壳就叫做容器。化工容器是化工生产中所用设备外部壳体的总称。

6.3.5.1 压力容器

在化工生产中，介质通常都具有一定的压力，所以化工容器通常又称为压力容器。

1. 压力容器的分类

压力容器的种类很多，可以从不同的角度加以分类。

1) 按压力等级分

按压力容器的设计压力，可分为四个压力等级。①低压容器(代号 L)，$0.1\text{MPa} \leq p < 1.6\text{MPa}$；②中压容器(代号 M)，$1.6\text{MPa} \leq p < 10\text{MPa}$；③高压容器(代号 H)，$10\text{MPa} \leq p < 100\text{MPa}$；④超高压容器(代号 U)，$p \geq 100\text{MPa}$。

2) 按管理等级分

《压力容器安全技术监察规程》考虑容器压力与容积乘积大小，又考虑介质危害程度以及容器品种，将压力容器分为三类。

(1)一类压力容器　除了第二类、第三类压力容器以外的所有低压容器。

(2)第二类压力容器　①除第三类容器以外的所有中压容器；②剧毒介质的低压容器；③易燃或有毒介质的低压反应器和储运器；④内径小于 1m 的低压废热锅炉。

(3)第三类压力容器　①高压或超高压容器；②剧毒介质且工作压力 p 与容积 V 的乘积：$pV \geqslant 0.2m^3 \cdot MPa$ 的低压容器或剧毒介质的中压容器；③易燃或有毒介质且 $pV \geqslant 0.5m^3 \cdot MPa$ 的中压反应器，或 $pV \geqslant 10m^3 \cdot MPa$ 的中压储运器；④中压废热锅炉或直径大于 1m 的低压废热锅炉。

压力容器还有很多其他的分类方法，如按容器形状可分为球形容器、圆筒形容器、矩形容器等；按相对壁厚可分为薄壁容器和厚壁容器；按中心线位置可分为立式容器和卧式容器；按容器制造材料可分为碳钢容器、不锈钢容器等等。

2. 化工生产对压力容器的基本要求

压力容器在化工生产过程中起着非常重要的作用。化工生产的物料通常是有毒有害、易燃易爆的，如果一旦发生了设备事故，造成的破坏和危害是极其严重的。为了保证化工生产能安全、正常地进行，就必须使压力容器具有足够的安全可靠性，同时还需满足化工工艺条件的要求，这是化工生产对压力容器的基本要求。

(1) 安全方面的要求　在使用年限内安全可靠是化工生产对压力容器最基本的要求。压力容器要有足够的强度和刚度、良好的耐腐蚀性和可靠的密封性。对于外压(真空)容器还需要具有足够的稳定性，以保证不会突然发生较大的变形。

(2) 经济方面的要求　产品成本低，操作维修方便是设备技术经济指标中最综合、最重要的指标。尽可能地达到结构合理、制造简单，运输与安装方便；操作、控制、维护与维修简便。只有这样，才能取得好的经济效益。

GB150《钢制压力容器》对设计压力不大于 35MPa 的钢制压力容器的设计、制造、检验及验收做了明确的规定，需要时请参阅。

《压力容器安全技术监察规程》对压力容器及其安全附件的制造、使用、维护、检验做了明确的规定，应遵照执行。

6.3.5.2 储罐

在现代化的化工企业中，储罐是用来储存液体原料和成品的容器，是不可少的重要设备。简单的小型罐也称为储槽，主要有筒体、封头、接管(管台)、法兰、人孔、手孔、鞍座及内件(内梯)等附件组成。大型储罐应用较多的主要是立式圆筒形储罐和球罐。

1. 立式圆筒形储罐

立式圆筒形储罐最常用的是拱顶储罐和浮顶储罐。

(1) 拱顶储罐　拱顶储罐是最常用的固定顶储罐，其构造示意如图 6 - 45 所示。它具有结构简单、制造、使用和维护方便等特点。主体结构是由罐底、圆筒形罐壁、包边角钢和罐顶等组成。附属结构有盘梯和顶部平台。储罐特有配件，如人孔、透光孔、量油孔、防火呼吸阀及消防设施等。

我国制造这种储罐的容积范围一般在 100 ~ 20000m^3。

(2) 浮顶储罐　浮顶储罐有外浮顶储罐和内浮顶储罐两种。

外浮顶储罐主体结构由罐底、罐壁、浮船、加固圈、抗风圈、包边角钢及密封装置、泡沫消防设施及储罐附件、配件所构成。其特点是顶部结构为浮船结构，漂浮在油面上，浮船周围与油罐壁有一定间隙，用聚氨酯泡沫塑料及密封橡胶带使其密封，整个浮船随油面上下升降。

内浮顶储罐的构造特点是具有固定顶结构，又有浮顶结构，因此储油挥发损耗很小，具有良好的储存性能。

目前，我国外浮顶储油罐的容量范围为 $1000\sim50000m^3$，内浮顶储罐容量范围为 $100\sim30000m^3$。

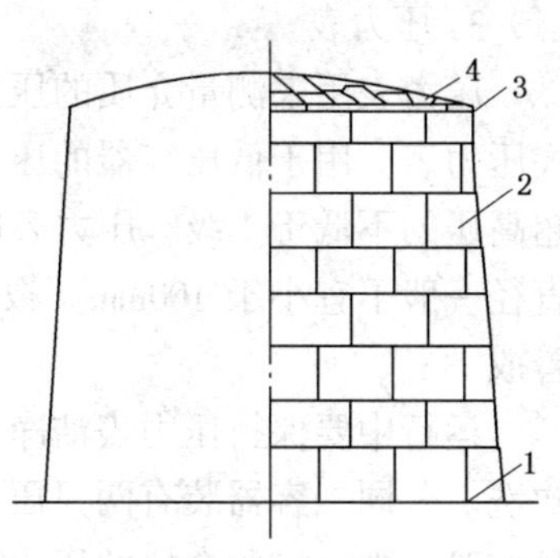

图 6－45　拱顶储罐的构造
1—底；2—罐壁；
3—包边角钢；4—罐顶

2. 球罐

球罐是由许多块球瓣连接构成的。其附属构件有平台、盘梯、栏杆等。球罐的支承有赤道位置支承柱和下部位置承托两种。

$120m^3$ 以下的球罐可采用半球法组装；$300\sim1000m^3$ 的球罐可采用分带法组装；大规格的球罐可采用散装法，将单块球壳板逐块吊起，直接安装成整体球罐。

6.3.6　安全附件

6.3.6.1　种类

压力容器的安全附件主要有安全阀、防爆膜、压力表、温度计、液位计、紧急切断阀和紧急排放装置等。

6.3.6.2　结构及特点

1. 安全阀

为了确保操作安全,在重要的化工容器上都装设安全阀。常用的弹簧式安全阀(见图 6－42)是由阀座、阀头、顶杆、弹簧、调节螺栓等零件组成。靠弹簧力将阀头与阀座紧闭。当容器内压力升高时,作用在阀头上的力超过弹簧力,则阀头就会上移使安全阀自动打开,泄放超压气体使器内压力降低,从而保护了化工容器。当器内压力降低到安全值时,弹簧力又会使安全阀自动关闭。拧动安全阀上的调节螺栓,可以改变弹簧力的大小,从而控制安全阀的开启压力。根据容器的工作压力 p_w 确定安全阀的开启压力 p_z,通常取 $p_z \leqslant (1.1\sim1.05)p_w$。

安全阀应按规定进行定期检验，一般每年至少检验一次。

2. 防爆膜

防爆膜也称“爆破片”，它也是一种压力容器的超压泄放装置。当容器内盛装易燃易爆的物料，或因物料的黏度高、腐蚀性强、容易聚合、结晶等，使安全阀不能可靠的工作时，应当装设防爆膜。防爆膜是一片金属或非金属的薄片，由夹持器夹紧在法兰中(见图 6－46)，当容器内的压力超过最大工作压力，达到防爆膜的爆破压力时，防爆膜破裂使器内气体迅速泄放，从而保护了化工容器。防爆膜爆破迅速、惰性小、结构简单、价格便宜，但爆破后必须停车才能更换。因此预定的爆破压力要比最大工作压力高一些。

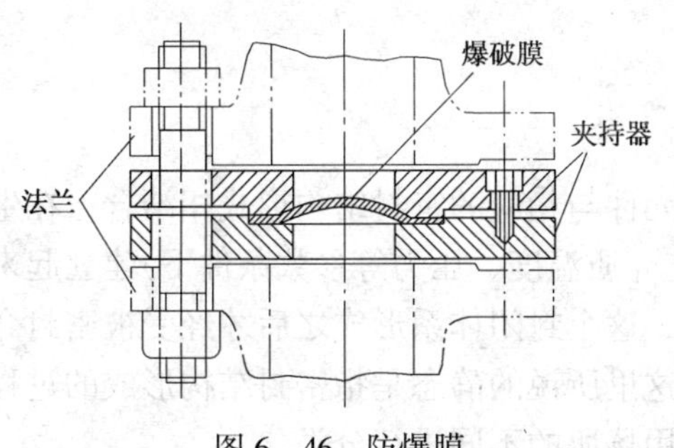

图 6－46　防爆膜

通常情况下，防爆膜每年更换一次。发生超压而未爆破的应立即更换。

3. 压力表

压力表用来测量介质的压力。压力表的种类较多，在化工生产中应用最广泛的是弹簧管式压力表。用于低压容器的压力表，其精度应不低于2.5级；中压的不低于1.5级；高压、超高压的不低于1级。压力表的量程通常为最高工作压力的1.5～3倍，最好为2倍。表盘直径一般不宜小于100mm。根据容器允许的最高工作压力，在表盘上画上条红线，以示警戒。

运行中要保持压力表洁净，表盘上玻璃清晰明亮。为了防止连接管堵塞，压力表应定期吹洗。若同一容器装有两只压力表，则应经常核对。压力表按规定作定期校验。一般每六个月校验一次，校验合格的压力表应该封印。

4. 测温仪表

常用的测温仪表有热电偶温度计、热电阻温度计和膨胀式温度计。水银温度计一般只在一些反应釜及设备比较低矮、又不需要进行自动控制的场合应用。大部分压力容器都采用热电偶温度计和热电阻温度计。

温度计与设备的接口结构形式有带套管和无外加套管的两类。无外加套管的温度计接口有法兰连接和螺纹连接两种。法兰连接一般采用DN32或DN40两种公称直径。这种接口适用于碳钢、不锈钢或复合钢板制设备。螺纹连接适用于公称压力PN$\leqslant$6.28MPa的场合。带套管的温度计接口安全可靠，应用比较广泛，在中、高压反应容器中常被采用，套管与压力容器外壳的连接也有螺纹连接和法兰连接两种。

5. 液面计

液面计种类很多，应用广泛，常用的有玻璃板式液面计和玻璃管式液面计并且都已标准化，设计时可直接选用。

对于公称压力超过0.07MPa的设备所用玻璃板式液面计，可以直接在设备上开长条孔，利用矩形凸缘或法兰把玻璃固定在设备上。对于承压设备($p<1.6$MPa)，常用双层玻璃板式或管式液面计。液面计与设备的联接常用法兰、活接头或螺纹接头。

在压力容器的运行操作中，应加强维护管理，保持液面计完好清晰，防止假液位，在液面计的最高和最低安全液位，应做出明显的标记，定期检修。

6.4 密　封

能阻止或切断介质间传质过程的有效方法统称为密封。

密封原理：采用某种特制的结构，以彻底切断泄漏介质通道、堵塞或隔离泄漏介质通道、增加泄漏介质通道中流体流动阻力的方法建立一个有效的封闭体系，达到无泄漏的目的。

密封可分为静态密封和动态密封两大类。

6.4.1 静态密封

静态密封是指人们经常使用的密封材料、密封元件与相应的密封结构形式相结合，在生产系统处于安装、检修、停产状态下(即在没有工艺介质温度、压力等参数条件下)建立起来的封闭体系，也就是说密封是在静的条件下实现的，这个封闭体系形成之后才经受被密封介质温度、压力、振动、腐蚀等因素的作用。因此，这里所说的静态是指密封结构形成的过程中不受任何工艺介质因素的影响。静态密封可按使用场所的不同进行分类。

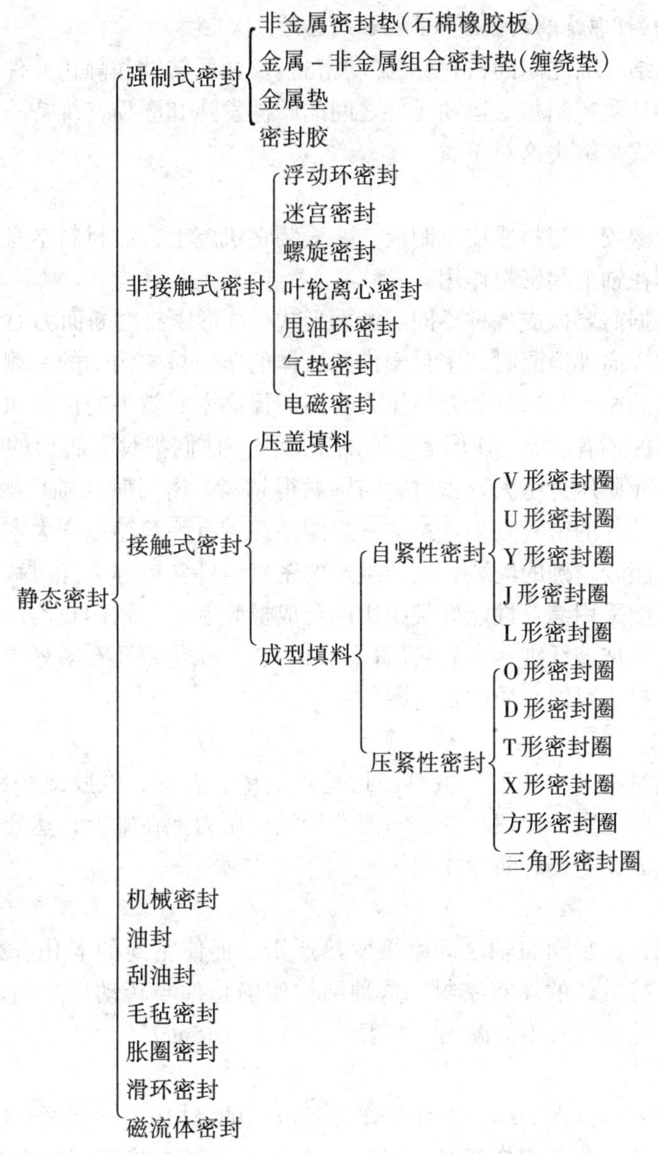

6.4.1.1 静密封(即强制式密封)

两个相对静止的结合面之间的密封称为“静密封”。静密封没有相对滑动问题，主要保证两结合面间有连续闭合的压力区，即可防止泄漏。

最简单的静密封方式是靠结合面加工平整、光洁，在一定压力下贴紧密封，但加工要求较高，密封效果往往也不够理想。

在结合面间加垫片密封是较常用的。用纸、软金属、塑料、复合软木或石棉做成垫片，采取螺栓固紧方式以一定压力压在结合面间，垫片产生弹塑性变形，填塞密封面上的不平，消除间隙而起密封作用。

生产中还广泛使用密封胶代替垫片。液态密封胶有一定流动性，容易充满结合面的缝隙，黏附在金属表面上，能大大减少泄漏，即使在较粗糙的加工面上密封效果也很好。结合面隙缝若大于0.2mm，可考虑垫片与密封胶合用，此时垫片主要填塞结合面间隙，而密封胶则充满结合面间的凹坑，形成不易泄漏的压力区。

6.4.1.2 动密封(即接触式密封和非接触式密封)

两个相对运动结合面之间的密封称为“动密封”。如回转轴和静止元件间的密封，其密封件既要保证密封，又要控制相对运动元件之间的摩擦发热和磨损，维持一定寿命。各种密封结构采取不同的方式来解决这对矛盾。

(1) 密封圈

密封圈用耐油橡胶、塑料或皮革制成，一般装在机座上，靠材料本身的弹力或弹簧的作用以一定压力紧套在轴上起密封作用。

密封圈可以根据需要做成各种不同的断面形式。O 形密封圈断面为 O 形，结构简单，装拆方便。当液体油要向外泄漏时，密封圈借助流体的压力挤向沟槽的一侧，在接触边缘上压力增高，构成有效的密封。这种随介质压力升高而提高密封效果的性能叫“自紧作用”。

回转轴中常用的还有 J 形、U 形等断面的密封圈。他们都具有唇形的结构，使用时将开口面向密封介质，介质压力越大，密封唇与轴贴得越紧，密封唇与轴接触面积比 O 形圈大，在稍高速度下也有较好的密封效果。这类密封圈往往带有弹簧箍以增大密封压力，有的还有金属外壳，可与机座较精确的配装，这样组成的密封组件常被称为“油封”。

绝大部分密封圈采用综合性能好又耐用的合成橡胶制造。聚四氟乙烯摩擦系数小，耐腐蚀能力强，常用填充玻璃纤维、金属粉(青铜、钼)、二硫化钼及石墨等物提高其强度和耐磨性，用以制造高低温或腐蚀介质的密封圈。

(2) 毡圈密封

毡圈密封属填料密封的一种。填料密封是将毛毡、石棉、橡胶或塑料等密封材料作为“填料”，用压盖轴向压紧，使填料受压缩而产生径向压力抱在轴上，达到密封的目的。一般只用在低速脂润滑处，主要起防尘作用。

(3) 迷宫密封

如果轴转速高，密封圈与轴之间摩擦发热严重，促使密封圈老化、磨损，大大缩短寿命，此时宜采用非接触式的迷宫密封。这种结构使静止件与转动件之间设有多个拐弯的缝隙，构成“迷宫”，使油或气不易漏出。一般隙缝 0.2 ~ 0.5mm。

(4) 机械密封

最简单的机械密封是由动环、静环及弹簧等组成的(结构示意间图见图 6 – 19)。动环固定于轴上，随轴转动。静环固定于基座端盖上。由于动环与静环端面在弹簧压力下互相贴合，起到很好的密封作用，故又称端面密封。

(5) 干气密封

也是有动、静环及弹性元件组成的，不同的是其动环或静环端面上开有几微米至几十微米深的沟槽，并且在两密封面间产生了一个具有较强刚度的、稳定的气膜。用“气体阻塞”替代传统的“液体阻塞”，即用带压密封气替代带压密封液实现密封。一般来说，凡使用机械密封的场合均可采用干气密封。

6.4.2 动态密封

动态密封是指原有的密封结构一旦失效或设备、管道出现孔洞，流体介质正处于外泄的情况下，采用特殊手段所实现的一种密封途径。动态密封技术实现密封的过程中，生产装置及输送管道中介质的工艺参数温度、压力、流量等均不降低，整个密封结构建立过程中始终受到介质温度、压力、振动、腐蚀、冲刷的影响，即是在动态的条件下实现的，最终阻止泄漏，达到重新密封之目的。动态密封技术可按使用的材料和手段的不同进行分类。

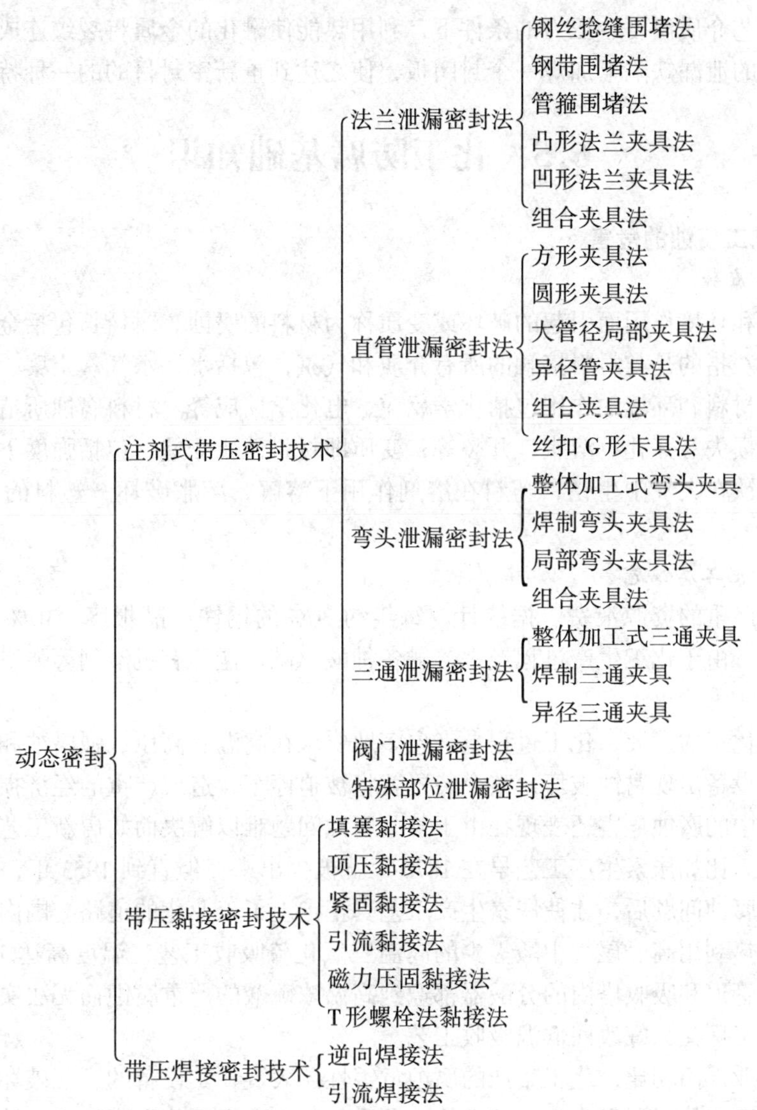

6.4.2.1 注剂式带压密封技术

当泄漏量较大，压力较高时，采用注剂式带压密封技术处理管道泄漏是最安全、最可靠的技术手段。其基本原理是：密封注剂在人为外力的作用下，被强行注射到夹具与泄漏部位部分外表面所形成的密封空腔内，迅速的弥补各种复杂的泄漏缺陷，在注剂压力远远大于泄漏介质压力的条件下，泄漏被强行止住，密封注剂自身能够维持住一定的工作密封比压，并在短时间内由塑性体转变为弹性体，形成一个坚硬的、富有弹性的新的密封结构，达到重新密封的目的。

6.4.2.2 带压黏接密封技术

对于发现及时、泄漏处于萌芽状态时，采用带压粘接密封技术处理管道泄漏是最经济、最简便的技术手段。其基本原理是：采用某种特制的机构在泄漏缺陷处形成一个短暂的无泄漏介质影响区间，利用黏合剂适用性广、流动性好、固化速度快的特点，在泄漏处建立起一个有黏合剂和各种密封材料构成的新的固体密封结构，达到止住泄漏的目的。

6.4.2.3 带压焊接密封技术

带压焊接密封技术是指金属设备或金属工艺管道一旦出现裂纹，发生压力介质外泄，如何在不降低工艺介质温度、压力的条件下，利用热能使融化的金属将裂纹连成整体焊接接头或在可焊金属的泄漏缺陷上加焊一个封闭板，使之达到重新密封目的的一种特殊技术手段。

6.5 化工防腐基础知识

6.5.1 化工腐蚀的危害

6.5.1.1 腐蚀

材料由于和环境作用而引起的破坏或变质称为材料的腐蚀。“材料”包括金属材料和非金属材料。“环境”指的是与材料接触的所有介质和气氛，包括水、水气、土壤、化工介质、压力、温度等。材料和环境的作用包括化学反应，电化学反应等。材料腐蚀所造成的破坏或变质指的是重量损失、穿孔、溶胀、开裂等；变质即材料性质变差，包括强度下降、脆性增大等。例如，钢铁在大气中生锈，塑料在溶剂作用下溶解、溶胀破坏，塑料的老化等都属于腐蚀。

6.5.1.2 化工腐蚀危害

腐蚀造成严重的资源浪费。据统计，每年约30%的钢铁产品报废，10%的钢铁全部变为无用的铁锈。由于化工生产过程经常接触各种酸、碱、盐和有机溶剂等强腐蚀介质，所以化工行业腐蚀尤为严重。

随着现代化工的发展，化工过程愈来愈多地要求在高温、高压、强腐蚀和连续操作条件下运行，一旦设备出现腐蚀破坏，整个装置就将被迫停车，造成严重的经济损失。

化工生产中的腐蚀危害还表现在由于某些腐蚀问题难以解决而妨碍新工艺上马和化工装置的正常运行。比如尿素生产工艺早在1870年就被提出来，但直到1953年，解决了尿素装置结构材料的腐蚀问题后，才使尿素生产工艺真正走上了工业化的道路。国内有两家硫酸厂曾采用过一种热利用高、尾气中酸雾少的高温三氧化硫吸收工艺，温度高达120℃，但整个系统中的泵、管道和吸收塔内的分酸器都遭到高温浓硫酸的严重腐蚀而无法实现生产的正常运行，这两家工厂又只好改回低温吸收工艺。

和其他工业部门相比，化工生产的腐蚀危害性还表现在其设备的腐蚀破坏更容易引起火灾、爆炸、有毒气体泄漏等突发恶性事故，严重危及人身安全、污染环境。美国保险公司曾公布近几年发生的重大化工事故中，因腐蚀而造成的占31.1%。例如某天然气管线多次发生破裂爆炸，引起火灾，其中最严重的一次伤亡20多人，就是硫化氢应力腐蚀破裂所致。某化肥厂废热锅炉进口管突然爆炸着火，造成7人死亡，就是由于氢腐蚀引起的。

腐蚀使化工设备发生跑、冒、滴、漏，有毒气体及化工物料泄漏，污染了大气、河流、湖泊。除此之外，大量腐蚀报废的各种金属、玻璃钢、塑料、橡胶、石墨、涂料回收处理问题难以解决，对生态环境的危害也是其他部门无法相比的。

还有，化工设备大量采用含铬、镍的不锈钢以及铜、锌、铅、钼、钛等金属，这些元素中大多数在地球上已经所剩无几，可是化工生产仍在大量吞噬这些宝贵资源。因此，加强防腐工作，减少材料的损耗，防止地球上有限的资源过早枯竭，具有战略意义。

6.5.2 腐蚀机理及常见的腐蚀类型

6.5.2.1 腐蚀机理

腐蚀的机理是复杂的，通常认为是由于化学作用和电化学作用引起的，分别称为化学腐蚀和电化学腐蚀。

(1) 化学腐蚀

化学腐蚀是指金属与介质发生纯化学作用而引起的破坏。其反应过程的特点是，非电解质中的氧化剂直接与金属表面的原子相互作用，电子的传递是在它们之间进行的，因而没有电流产生。例如金属钠在氯化氢气体中的腐蚀，属化学腐蚀。实际生产中单纯的化学腐蚀较少见。

(2) 电化学腐蚀

电化学腐蚀是金属与介质之间由于电化学作用而引起的破坏。其特点是在腐蚀过程中有电流产生，它的反应过程特点与电池中的电化学作用原理是一样的。如图 6－47 所示，是锌和铜在稀硫酸溶液中所构成的电池。因为锌的电极电位比铜低，所以锌不断以离子状态进入溶液，将电子遗留在金属锌上。这是一个失去电子的氧化反应，叫做阳极反应。阳极反应就是锌被溶解。

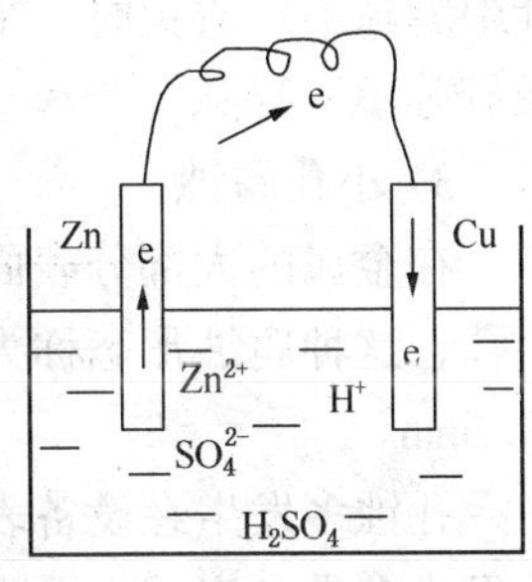

图 6－47　Zn－Cu 电池

阳极反应产生的电子经过外部导线可以移到铜片处，在铜片上电子被吸收电子的物质——H^+ 所吸收，结果在铜片上放出氢气

$$2H^+ + 2e \longrightarrow H_2\uparrow$$

这是一个得电子的还原反应，叫阴极反应。

在这一电池反应中，锌片不断被溶解，即锌片被腐蚀了。

大多数情况下，金属表面的组织结构是不均匀的，其电化学性能也是不同的，即相邻两个区域的电极电位是不同的。在腐蚀介质中，金属表面存在许多局部的微电池，而使金属受到腐蚀。

6.5.2.2　全面腐蚀与局部腐蚀

1. 全面腐蚀

全面腐蚀遍布金属结构的整个表面上，腐蚀的结果是质量减少，壁厚减薄，也称均匀腐蚀。控制全面腐蚀，可以通过设计时增加设备的壁厚来保证设备具有一定的寿命。

2. 局部腐蚀

局部腐蚀只集中局部区域而大部分金属表面几乎不被腐蚀。在化工生产中，局部腐蚀对设备和人身安全的危害比全面腐蚀大得多，预测和防止也比较困难，许多突发的恶性事故都是由局部腐蚀引起的，因此要重视局部腐蚀。以下介绍几种局部腐蚀发生的条件和防腐蚀的措施。

1) 电偶腐蚀

两种不同金属在同一腐蚀介质中接触时，原来电极电位较负的金属因接触而引起腐蚀速度增大的现象叫电偶腐蚀，也称双金属腐蚀。例如，在换热器碳钢管板与铜换热管胀接处，碳钢管路与不锈钢阀门连接处等，碳钢件会受到电偶腐蚀。因此尽量避免不同电极电位的金属材料直接接触，或者用绝缘材料隔开相接触的两金属，以防电偶腐蚀。

2) 缝隙腐蚀

在腐蚀介质中，由于金属与金属、或金属与非金属之间形成很小的缝隙，使缝内介质处于滞流状态所引起的缝内金属的加速腐蚀，称为缝隙腐蚀。能产生缝隙腐蚀的缝隙宽度一般为 0.025～0.1mm，实际生产中，这样的缝隙是常见的，因此缝隙腐蚀是十分普遍的。例如，法兰的连接面间、螺母或螺钉头的底面、灰尘、污物或锈层沉积在金属表面所形成缝隙以及未经胀贴的换热管与管板孔间的间隙内，都有可能由于积存少量静止的腐蚀介质而产生缝隙腐蚀。

几乎所有的金属在各种介质中，都可能发生缝隙腐蚀，但不同的金属在不同介质中产生缝隙腐蚀的趋势不同。例如在含有氯化物的中性介质中，易钝化的金属(如不锈钢和铝等)最易发生缝隙腐蚀。一般溶液的温度越高，越容易引起缝隙腐蚀。

防止缝隙腐蚀，首先要合理进行结构设计，尽量避免狭缝结构和液体滞流区。当结构设计中缝隙不可避免时，采用含有缓蚀剂的密封剂进行密封，或用不吸湿的有机聚合物膜片、橡胶等填实缝隙。

3）小孔腐蚀

在金属的大部分表面不发生腐蚀(或腐蚀轻微)时，只在局部区域出现向深处发展的腐蚀小孔，这种腐蚀形态称为小孔腐蚀，亦称孔蚀或点蚀。所形成的腐蚀小孔，孔口直径一般小于2mm。

孔蚀多发生在设备表面的水平面上，蚀孔沿重力方向生长。少数发生在垂直面上，极少数发生在设备底部水平面上。在实践中发现，容易钝化的金属或合金，如不锈钢、铝和铝合金等，在含有氯离子的介质中经常发生孔蚀。碳钢在表面有氧化皮或锈层有孔隙的情况下，在含氯离子的水中也会出现孔蚀现象，但实践证明碳钢比不锈钢的抗孔蚀能力强。

介质温度升高会增加孔蚀发生的速度，而增大液体介质的流速，却使孔蚀减速。例如不锈钢泵在静止的海水中会发生孔蚀，而在运转中不易产生孔蚀。

孔蚀是破坏性和隐患性最大的腐蚀形态之一。由于蚀孔很小且常被腐蚀产物覆盖，孔蚀难以被发现，又因设备失重很少，宏观上难以估量到孔蚀发生的程度，且孔蚀一旦发生其小孔发展的速度又很快，常使设备穿孔破坏突然发生，而引起严重后果，因此要重视对孔蚀的控制。

可采用选择耐孔蚀的材料制造设备或在介质中添加缓蚀剂及控制介质温度和流速等方法控制孔蚀。

4）晶间腐蚀

大多数金属都是由若干小晶体(晶粒)组成的多晶体，其中晶粒与晶粒之间存在着边界(晶界)。当沿着晶界或晶界的邻近区域发生严重腐蚀，而晶粒本身腐蚀轻微时，这种腐蚀形态被称为晶间腐蚀。

晶间腐蚀使晶粒之间的结合力大大降低，严重时可使材料的机械强度完全丧失，虽然金属外表似乎没有变化，但金属材料已经发不出清脆的金属声音，在稍大力量的打击下，金属材料可以碎成碎块。由于晶间腐蚀不易被发现，所以容易造成设备的突然破坏，危害很大。

不锈钢、镍基合金、铝合金等都是对晶间腐蚀敏感性高的材料。其中不锈钢的晶间腐蚀是其常见的腐蚀形态。应主要从材料的化学成分上采取措施防止晶间腐蚀，如降低不锈钢的含碳量，在不锈钢中加入增强抗晶间腐蚀能力的合金元素等。

5）应力腐蚀

在拉伸应力和特定腐蚀介质共同作用下发生的破坏称为应力腐蚀破裂。应力腐蚀破裂发生前没有明显征兆，而且几乎没有宏观的塑性变形，在材料所受应力远低于其许用应力时，突然发生材料脆性断裂，引起重大事故，危害极大。

(1) 产生应力腐蚀的条件：①产生应力腐蚀必须存在一定的拉应力，拉应力的来源可以是载荷，也可以是设备制造过程中的残余应力，如焊接应力、形变应力、装配应力等。当拉应力大于产生应力腐蚀临界应力值时才会产生应力腐蚀破裂。②金属本身对应力腐蚀有敏感性。一般说来，合金和含有杂质的金属比纯金属容易产生应力腐蚀破裂。③存在能引起该金属发生应力腐蚀破裂的特定介质。每种合金的应力腐蚀只发生在某些特定的介质中。表6-10列出部分合金发生应力腐蚀的某些常见介质。

表6-10　产生应力腐蚀破裂材料与介质的组合

金属材料	腐蚀介质
碳钢和低合金钢	NaOH溶液、硝酸盐溶液，含 H_2S 和 HCl 溶液，CH_3COOH 水溶液，沸腾的 $MgCl_2$ 溶液，海水、海洋大气和工业大气，NH_4Cl 溶液等
18-8型铬镍不锈钢	氯化物溶液，NH_3 气和溶液，NaOH，KOH，$H_2SO_4+CuSO_4$，浓缩锅炉水、海水、海洋大气等
铜和铜合金	NH_3 气和溶液，$AgNO_3$，湿 H_2S，含 SO_2 大气，水蒸气等
镍和镍合金	NaOH水溶液
铝合金	熔融NaCl，NaCl水溶液，海水，水蒸气，含 SO_2 大气

(2) 防止应力腐蚀的措施：①在特定环境中选择没有应力腐蚀破裂敏感性的材料。②设备制造中设法消除加工残余拉应力。③严格控制腐蚀环境，如控制诱发应力腐蚀介质的含量、介质种类、介质的温度等。④添加缓蚀剂。对一些有应力腐蚀敏感性的材料，添加缓蚀剂，能有效地降低应力腐蚀敏感性。⑤采用覆盖层使金属设备与腐蚀环境隔开。⑥降低环境温度、降低介质中氧含量及提高溶液pH值通常可降低应力腐蚀的敏感性。

6.5.2.3　金属的高温气体腐蚀

在化工生产中高温气体对金属的腐蚀经常发生。如石油化工生产中，各种管式加热炉的炉管，其外壁常受高温氧化而破坏；在合成氨工业中，氨合成塔的内件常受高温高压的氢、氮、氨等气体的腐蚀。

常见的高温气体腐蚀有以下三种：

(1) 钢铁的高温氧化　碳钢在空气中加热到570℃以上时，表面金属迅速被氧化，形成氧化亚铁，丧失原有的力学性能。

(2) 钢的脱碳　当碳钢在高于700℃加热时，除生成氧化铁皮外，钢中的铁碳化合物 Fe_3C 与介质中的氧、氢、二氧化碳、水等发生反应，而出现“脱碳”现象，会使钢的耐腐蚀性和表面的强度、硬度降低。

(3) 氢腐蚀　在高温环境中，碳钢中的碳和氢发生反应而生成甲烷，使钢的机械强度大大降低，直至开裂。

常用的防腐措施主要从改变材料的化学成分上采取措施防止金属的气体腐蚀，如开发耐热钢中的抗氧化钢等材料。

6.5.3　化工机械常用的防腐措施

1. 改善介质的腐蚀条件

(1) 去掉介质中的有害成分(如 O_2、Cl^- 等)　例如锅炉用水先加热至沸腾后，除去氧气再使用。

(2) 添加缓蚀剂　缓蚀剂是一种可使腐蚀速率减慢的物质，添加缓蚀剂是一种常用的、很有效的防腐措施。对应不同的介质和材料体系要选用与之相适应的缓蚀剂，即不同的缓蚀剂只在特定的环境中有效。

2. 采用电化学保护

由电化学腐蚀的机理可知，受腐蚀的材料是腐蚀电池的阳极。由此人为的采取措施，使被保护的金属成为腐蚀电池的阴极，或者通过阳极极化，使被保护金属钝化而免遭腐蚀。具体方法有以下三种。

(1) 利用外加电流使需要保护的金属成为阴极　这种方法仅消耗外加电池的能量，常用于保护地下管道及设备、海上石油平台、海船、铁塔脚、在有水及弱电解质的环境下工作的金属结构等。但在强酸性电解质中，采用此法保护钢材需消耗过多的电能，意义不大。

(2) 牺牲阳极保护法　在被保护的金属设备上接上一种电极电位更负的金属或合金，使其成为腐蚀电池的阳极而被消耗。牺牲阳极保护法所用阳极材料有 Mg 及其合金(大多用于海水中)和 Zn 等，它们在使用中要损耗。

(3) 阳极保护法　将被保护的金属构件与外加直流电源的正极相连，在电解质溶液中使金属阳极极化至一定电位而成为稳定的钝态，从而阳极溶解受到抑制，腐蚀速度显著降低，使设备得到保护。

阳极保护只适用于能钝化的材料，如不锈钢、钛等，且是在特定的环境介质中。如保护成功，可控制这些金属的全面腐蚀，而且能防止孔蚀，应力腐蚀破裂，晶间腐蚀等局部腐蚀，但对不能钝化的金属如增高电位则使其腐蚀加剧。

在化工生产中，阳极保护已用于保护生产硫酸的设备如碳钢贮槽、各种换热器、二氧化硫发生器等。在氨和铵盐生产中用于保护碳化塔、氨水储槽等，效果良好。

3. 表面覆盖层

表面覆盖层是一种较经济、方便的防腐蚀方法，在工业中应用广泛。

1) 金属覆盖层

它的主要特点是用金属材料作覆盖层，主要用于弱腐蚀介质或高温场合。按覆盖层性质分为阳极覆盖层和阴极覆盖层及钝化覆盖层等三种。

在基体金属表面覆盖一层电极电位更正的金属(如 Au、Ag、Cu、Ni、Sn 等)，以起到隔离保护作用，此金属层称阴极覆盖层。覆盖层必须完整连续才有保护作用。

在基体金属表面覆盖一层电极电位更负的金属，覆盖层为阳极，基体为阴极，当覆盖层有一些微孔时，仍能使基体金属受到保护，此覆盖层称牺牲阳极覆盖层。

另一类覆盖层是利用产生钝化的金属(如 Cr、Al、Ti)作覆盖层起隔离保护作用，常用覆盖方法有电镀法(镀 Cr、镀 Ni 等)、喷镀法及辗压法等。

2) 非金属覆盖层

在金属设备上覆盖一层有机或无机的非金属材料以起隔离保护作用，有涂层、玻璃鳞片保护层和衬里层三种。

(1) 涂层　涂层中的无机覆盖层主要是搪瓷，有机覆盖层是涂料。涂料覆盖层施工方便，成本低，广泛用于耐蚀要求不高的常温场合，常用的涂料有酚醛树脂、环氧树脂、环氧酚醛涂料等，各适用于不同的腐蚀环境。值得注意的是，由于难以保证设备表面涂料层的完整连续，因此在化工生产中涂料覆盖层不能单独用于强腐蚀介质中的设备防腐。

(2) 玻璃鳞片覆盖层　玻璃鳞片涂料是在耐蚀树脂的基础上加 20% ~ 40% 的玻璃鳞片为填料的一种涂料。由于大量鳞片状玻璃重叠在金属表面，使这种覆盖层具有优异的防腐性能。

(3) 衬里层　衬里层是在设备内层衬上耐蚀材料，以使金属基体与腐蚀介质隔离的一种防腐方法。常用的衬里层有砖板衬里、橡胶衬里、玻璃钢衬里、塑料衬里等多种。大多数衬里层具有较强的耐强腐蚀介质腐蚀的能力，在化工设备中应用广泛。

第 7 章　流体流动与输送

7.1　流 体 流 动

流体是指具有流动性的物体，包括气体和液体。一般来说，气体是可以压缩的，液体则由于其可压缩性很小，工程上近似地认为是不可压缩的。流体流动和输送是化工生产中必不可少的一个单元操作。

本章主要介绍流体静力学、流体动力学、流体阻力的理论和计算以及流体的输送等。

7.1.1　流体静力学

流体静力学的任务是研究流体在静止状态下内部压力的变化规律。为此首先要了解流体的一些主要物理性质。

7.1.1.1　密度、相对密度和比容

1. 密度

单位体积的流体所具有的质量称为流体的密度，用符号 ρ 表示。它与物体的体积 V 和质量 m 之间的关系为：

$$\rho = \frac{m}{V} \tag{7-1}$$

在 SI 制中，密度的单位为 kg/m^3。液体的密度受压力的影响很小，一般可忽略不计，但密度随温度变化而变化。如纯水在 277K 时的密度为 $1000kg/m^3$，在 293K 时为 $998.2kg/m^3$，在 373K 时为 $958.4kg/m^3$。因此，在选用密度数值时，一定要注意到它的温度。

2. 相对密度

在一定温度下，物体的密度与 277K(4℃)时纯水密度之比，称为相对密度，用符号 d_{277}^{T} 表示，它是一个无因次的物理量。

$$d_{277}^{T} = \frac{\rho}{\rho_{水}} \tag{7-2}$$

式中　ρ——流体在温度 T K 时的密度；

$\rho_{水}$——纯水在 277K 时的密度。

3. 比容

单位质量流体所具有的体积称为比容。用符号 v 表示，单位为 m^3/kg。

$$v = \frac{V}{m} = \frac{1}{\rho} \tag{7-3}$$

气体因具有可压缩性和膨胀性，其密度受温度和压力的影响较大。当查不到气体的密度数据时，在温度不太低和压力不太高的情况下，可近似地利用理想气体状态方程式算出。

由理想气体状态方程式

$$pV = nRT = \frac{m}{M}RT$$

得

$$p = \frac{mRT}{MV} = \frac{\rho RT}{M}$$

则 $$\rho = \frac{pM}{RT} \tag{7-4}$$

式中 p——气体的压力，kPa；

T——气体的温度，K；

M——千摩尔质量，kg/kmol；

R——通用气体常数，8.314kJ/kmol·K。

【例 7-1】 求乙炔在 323K 和 0.2MPa 时的密度。

解： 已知 $p = 0.2\text{MPa} = 2\times10^2\text{kPa}$ $T = 323\text{K}$ $M = 26.04\text{kg/kmol}$ $R = 8.314\text{kJ/kmol·K}$

代入式(7-4)得

$$\rho = \frac{2\times10^2\times26.04}{8.314\times323} = 1.94 \quad (\text{kg/m}^3)$$

实际生产中的流体，大多数是液体或气体的混合物。液体混合物的平均密度可近似的按下式计算：

$$\frac{1}{\rho_{均}} = \frac{X_{W1}}{\rho_1} + \frac{X_{W2}}{\rho_2} + \cdots\cdots + \frac{X_{Wn}}{\rho_n} \tag{7-5}$$

式中 ρ_1，ρ_2，…，ρ_n——液体混合物中各组分的密度，kg/m³；

X_{W1}，X_{W2}，…，X_{Wn}——液体混合物中各组分的质量分数。

【例 7-2】 在一个容器中，盛有苯与甲苯的混合物。已知苯的质量分数为 0.4，甲苯的质量分数为 0.6，求 293K 时容器中混合物的密度。

解： 已知 $X_{W1} = 0.4$ $X_{W2} = 0.6$，293K 时苯和甲苯的密度分别为：

$$\rho_1 = 879\text{kg/m}^3 \quad \rho_2 = 867\text{kg/m}^3$$

代入式(7-5)得 $$\frac{1}{\rho_{均}} = \frac{0.4}{879} + \frac{0.6}{867} = 1.147\times10^{-3}$$

$$\rho_{均} = \frac{1}{1.147\times10^{-3}} = 872(\text{kg/m}^3)$$

对于气体混合物，仍可按式(7-4)计算，但应以混合气体的平均千摩尔质量 $M_{均}$ 代替式中的 M。混合气体的平均千摩尔质量可以按下式计算：

$$M_{均} = M_1y_1 + M_2y_2 + \cdots\cdots + M_ny_n \tag{7-6}$$

式中 M_1，M_2，…，M_n——气体混合物中各组分的千摩尔质量，kg/kmol；

y_1，y_2，…，y_n——气体混合物中各组分的摩尔分数(亦等于体积分数)。

【例 7-3】 已知某混合气体的组成为 18% N_2，54% H_2 和 28% CO_2(均指体积分数)，试求 100m³ 的混合气体在温度为 300K 和 5MPa 下的质量。

解： 已知：$M_1 = M_{N_2} = 28$，$M_2 = M_{H_2} = 2$，$M_3 = M_{CO_2} = 44$

$y_1 = 0.18$ $y_2 = 0.54$ $y_3 = 0.28$

根据式(7-6) $M_{均} = 28\times0.18 + 2\times0.54 + 44\times0.28 = 18.44(\text{kg/kmol})$

再由式(7-4) $\rho = \frac{pM}{RT}$ 计算

已知 $p = 5\times10^3\text{kPa}$ $T = 300\text{K}$ $R = 8.314\text{kJ/kmol·K}$

则 $$\rho_{均} = \frac{5\times10^3\times18.44}{8.314\times300} = 36.97(\text{kg/m}^3)$$

根据式(7-1)得

$$m = V\rho_{均} = 100 \times 36.97 = 3.697 \times 10^3(\text{kg})$$

7.1.1.2 流体的压力

化工生产一般都是在一定的温度、压力和一定的物质浓度下进行的，压力的计算与测量，是化工生产中必须解决的重要问题之一。

1. 流体的压力及其单位

流体垂直作用于单位面积上的力，称为流体的压力强度，简称为压力。若以符号 p 表示压力，以 F 表示流体垂直作用在面积 A 上的力，则压力

$$p = \frac{F}{A} \tag{7-7}$$

压力是工程上处理流体动力过程中极为重要的一个参数，在各种单位制中对压力都规定了各自的计量单位：绝对单位制(cgs 制)中为 dyn/cm^2(达因/厘米^2)或称巴(bar)；绝对实用单位制(MKS 制)中为 N/m^2(牛顿/米^2)；工程单位制中为 kg/m^2；国际单位制(SI)中为 N/m^2，称为帕斯卡，代号为 Pa。除此之外，科学技术上还广泛采用了一些不属于上述任何一种单位制，并具有特定名称的单位，它们是：标准大气压(代号为 atm)、工程大气压(代号为 at)、公斤力/厘米^2(kgf/cm^2)、毫米汞柱(mmHg)、米水柱(mH_2O)以及毫米水柱(mmH_2O)等。

为了表示的方便，在国际单位制中规定了一套词冠来表示单位的倍数和分数。在压力中常用的有 MN/m^2，或写成 MPa(读兆帕)；kN/m^2，或写成 kPa(读千帕)；mN/m^2，或写成 mPa(读毫帕)等。它们的换算关系为：

$$1\text{MPa} = 10^3\text{kPa} = 10^6\text{Pa} = 10^9\text{mPa}$$

为了使用方便，现将目前常用的各种压力单位的换算关系列举如下：

$$\begin{aligned}1\text{atm} &= 760\text{mmHg} = 10.33\text{mH}_2\text{O} = 1.033\text{kgf/cm}^2 = 1.033 \times 10^4\text{kgf/m}^2 \\ &= 101.3 \times 10^3\text{Pa} = 1.013\text{bar} \\ 1\text{at} &= 735.6\text{ mmHg} = 10\text{mH}_2\text{O} = 1\text{kgf/cm}^2 = 1 \times 10^4\text{kgf/m}^2 \\ &= 9.81 \times 10^4\text{Pa} = 0.981\text{bar}\end{aligned}$$

【例 7－4】 某流体的压力为 600mmHg，试换算成以 kgf/cm^2 和 kPa 表示的压力。

解：由上述换算关系可得

$$600\text{mmHg} = \frac{600}{760} \times 1.033 = 0.82(\text{kgf/cm}^2) = 0.82 \times \frac{9.81 \times 10^4}{10^3} = 80.44(\text{kPa})$$

【例 7－5】 已知某气体的压力为 100kPa，试换算成以 kgf/cm^2 和 atm 表示的压力。

解：由上述换算关系可得

$$100\text{kPa} = \frac{100 \times 1000}{9.81 \times 10^4} = 1.02(\text{kgf/cm}^2)\text{或 } 1.02(\text{at})$$

$$100\text{kPa} = \frac{100 \times 1000}{101325} = 0.987(\text{atm})$$

2. 绝对压力、表压和真空度

尽管压力单位很多，按压力大小分只有两类：一类是大于大气压力的，一类是小于大气压力的。为了表现出这种差别，通常把大气压力作为一条分界线，把大于大气压、并以大气压力为起点计算的压力称为表压。把单位面积上的作用力为零的压力称为绝对零压。凡是以绝对零压为起点计算的压力称为绝对压力。显然

$$\text{绝对压力} = \text{表压} + \text{大气压力}$$

为了表示实际压力比大气压力低的状态，我们把比大气压力低的部分称为真空度

真空度 = 大气压力 - 绝对压力

绝对压、表压和真空度的关系可由图 7 - 1 表示。以大气压为零点的上侧为表压，下侧为真空度，所以真空度又称负表压，或称负压。有一种既可测量表压，又可测量真空度的弹簧管压力表(称真空压力表，又称联成表)正是以这种方式来标注的，见表 7 - 2。而通常使用的弹簧管压力表所指示的读数则都是指表压。

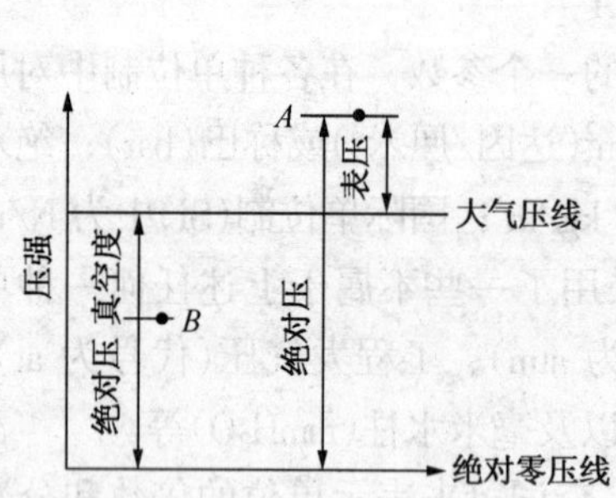

图 7 - 1　绝对压、表压与真空度的关系

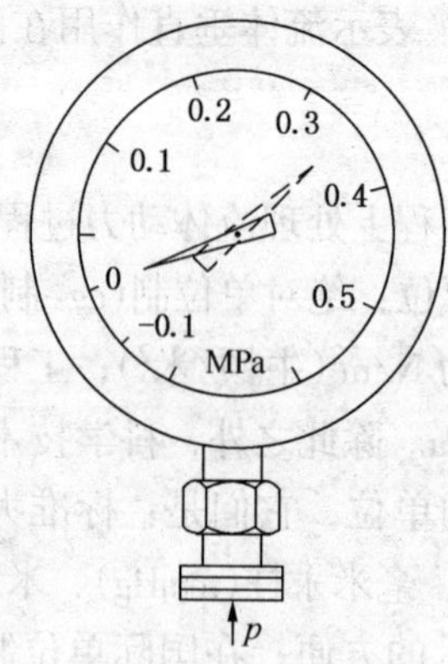

图 7 - 2　真空压力表示意图

为了避免不必要的错误，当压力以表压或真空度表示时，必须在其单位后注明。

例如：5kPa(表压)、2kg/cm^2(表压)、600mmHg(真空度)等。如没有注明，即表示绝对压。

【例 7 - 6】 某设备进、出口测压仪表的读数分别为 45mmHg(真空度)和 700mmHg(表压)，求两处的绝对压力差为多少 kPa?

解：根据

真空度 = 大气压 - 绝对压力

进口的绝对压力

$$p_1 = p_0 - 45\text{mmHg}$$

根据

绝对压力 = 大气压 + 表压

出口的绝对压力

$$p_2 = p_0 + 700\text{mmHg}$$

则

$$p_2 - p_1 = (p_0 + 700) - (p_0 - 45) = 745(\text{mmHg})$$

$$= \frac{745}{760} \times 101.3 \times 10^3 = 99.3 \times 10^3(\text{Pa}) = 99.3(\text{kPa})$$

7.1.1.3　流体静力学方程式

如前所述，流体静力学的任务是研究流体处于静止状态时流体内部压力变化的规律。其公式为(推导从略)

$$p = p_0 + h\rho g \tag{7 - 8}$$

式中 p——静止液体内部某液面压力；

p_0——液面上方的压力；

h——液体内部某液面所处深度；

ρ——液体的密度。

从这一方程式中可以看出静止流体内部的压力变化规律：

(1) 静止流体内任一点的压力，与流体的性质以及该点距液面的深度(垂直距离)有关；液体的密度越大，深度越深，压力越大。对确定的液体而言，ρg 为常数。因此，可以利用液柱的高度 h 来表示压力的大小。

(2) 同一静止液体内同一水平面上的各点所受压力相等。这一条规律很重要，它是解决许多静力学问题的基础。

(3) 当液体上方的压力 p_0 有变化时，其他各点的压力将发生同样大小的变化。换句话说，作用于容器或管道内液体任一处的压力，能以相同大小传递到液体内的各点。液柱压力计就是根据这一基本原理设计和制造出来的。

静力学基本方程式是以液体为例推导出来的，对气体也适用。但由于气体的密度很小，特别是在高度相差不大的情况下，可以近似地认为，静止气体内部各点的压力相等。另外必须注意，静力学基本方程式只适用于连通着的同一流体中。例如在图 7－3 所示的 $p_3 \neq p_4$，但 $p_A = p_B$。

【例 7－7】 图 7－4 所示的贮槽内，盛有相对密度为 1.2 的某种溶液，假设液面上的压力 $p_0 = 100\text{kPa}$，试求距底 2m 处 A 点所受的压力。

解：根据静力学基本方程式 $p_A = p_0 + h\rho g$

已知 $p_0 = 100\text{kPa}$ $h = 8 - 2 = 6\text{m}$ $\rho = 1.2 \times 10^3\text{kg/m}^3$ $g = 9.81\text{m/s}^2$

$$h\rho g = 6 \times 1.2 \times 10^3 \times 9.81 = 70.6 \times 10^3(\text{N/m}^2) = 70.6(\text{kPa})$$

则

$$p_A = 100 + 70.6 = 170.6(\text{kPa})$$

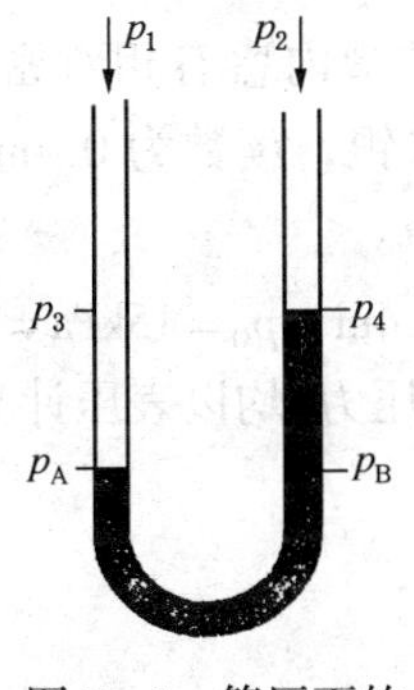

图 7－3 等压面的确定示意图

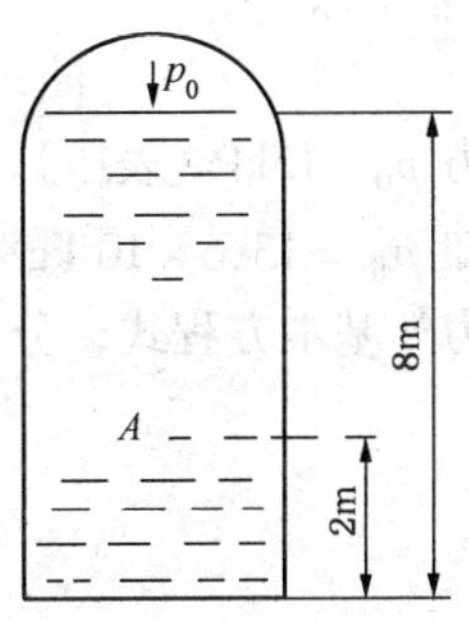

图 7－4 例 7－7 附图

7.1.1.4 流体静学基本方程式的应用

流体静力学基本方程式虽然很简单，但化工生产中某些装置和仪表的操作原理都是以它为依据的，其主要应用有如下几个方面：

1. 测定压力

利用液体静压平衡原理的压力计称为液柱压力计，它的种类很多，最常用的是 U 形管压力计，其结构如图 7－5 所示。U 形玻璃管内，装有被称为指示液的某种液体，指示液必须和被测流体不互溶，且不产生化学作用。测量时，将管的两端与测压点 1、2 相连。假定 1 点的压力大于 2 点的压力，$p_1 > p_2$，则出现一个液位差 R，当平衡时，$p_3 = p_4$。设被测流体的密度为 ρ，指示液的密度为 $\rho_{指}$，根据静力学基本方程式

$$p_3 = p_1 + (m + R)\rho g$$

$$p_4 = p_2 + m\rho g + R\rho_{指} g$$

因为 $$p_3 = p_4$$

所以 $$p_1 + (m + R)\rho g = p_2 + m\rho g + R\rho_{指} g$$

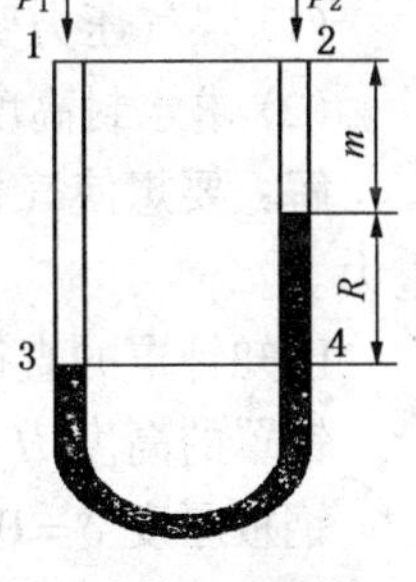

图 7－5 U 形管液柱压力计

移项化简后得到 $$\Delta p = p_1 - p_2 = R(\rho_{指} - \rho)g \tag{7-9}$$

如被测流体为气体，其密度与指示液的密度比较可以忽略不计，则

$$\Delta p = R\rho_{指} g \tag{7-10}$$

从式(7－9)可以看出：液体压力计所测定的压力差，只与读数 R、指示液和被测流体的密度差有关，而与U形管的粗细和长短无关。当 Δp 一定时，$(\rho_{指} - \rho)$ 的数值越小，读数 R 越大，读数越清楚。常用的指示液有水银、四氯化碳、水、煤油等，尤以水银最普遍。

当用U形管压力计来测量某一点的压力时，可将U形管与测压点相连，另一端通大气，此时，U形管的读数 R 表示测压点的绝对压力与大气压力的差值。如果 R 是在通大气的一侧，则为表压；如果 R 是在测压点一侧，则为真空度。

2. 测量液面

为了知道一个设备内储存、流进或流出的流体的量，常常需要测定容器内液体的液面。测量液面的装置很多，有玻璃管液面计、浮标液面计、液柱压力液面计等。如图7－6所示，将U形管差压计的一端与容器底部相连，根据流体静力学基本方程式，可以求得读数 R 与容器中液面高度的关系，从而可算出液面的高度。

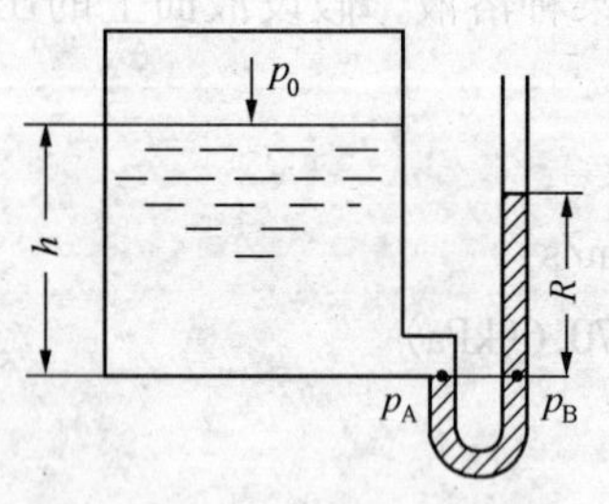

图7－6 例7－8附图

【例7－8】 图7－6所示的贮槽内盛有相对密度为0.8的油，U形管压力计中的指示液为水银，读数为0.4m，设容器液面上方的压力 $p_0 = 15\text{kPa}$(表压)，求容器内的液面距底的高度 h。

解：已知 $\rho_{指} = 13.6 \times 10^3\text{kg/m}^3$ $\rho = 0.8 \times 10^3\text{kg/m}^3$ $R = 0.4\text{m}$ $p_0 = 15\text{kPa} = 15 \times 10^3\text{Pa}$

根据流体静力学基本方程式，分别算得左右两侧液面分界处的压力(均以表压计)

$$p_A = p_0 + h\rho g$$

$$p_B = R\rho_{指} g$$

由于 $$p_A = p_B \quad 整理得$$

$$h = \frac{R\rho_{指} g - p_0}{\rho g} = \frac{0.4 \times 13.6 \times 10^3 \times 9.81 - 15 \times 10^3}{0.8 \times 10^2 \times 9.81} = 4.9(\text{m})$$

3. 确定液封高度

用液体高度形成的压力来防止气体外泄的装置，称为液封。液封在化工生产上应用的很普遍，其中最主要的问题是确定液封高度。

【例7－9】 有一个煤气柜，其钟罩由5mm厚钢板制成的，直径8m，高6m，设已知钢的相对密度为7.85，忽略钟罩浸入水中的浮力，试求

(1) 煤气压力要达到多大才能将气柜钟罩顶起?

(2) 求水封高度(罐内外的水面差) h。

解：要想使气柜钟罩顶起，必须使得气体对气柜钟罩产生的升力大于或等于钟罩的重力。

已知钟罩的直径 $D = 8\text{m}$

钟罩的高度 $H = 6\text{m}$

钢板厚度 $\delta = 0.005\text{m}$

钢板密度 $\rho_{钢} = 7.85 \times 10^3\text{kg/m}^3$

将钟罩近似地视为平顶，则钟罩的重力

$$F = V\rho g = \left[\frac{\pi}{4}D^2 + H(\pi D)\right] \times \delta\rho g$$

$$= \left[\frac{\pi}{4} \times 8^2 + 6 \times 8 \times \pi\right] \times 0.005 \times 7.85 \times 10^3 \times 9.81 = 77.38(\text{kN})$$

气体对钟罩的升力 $= p \times A = \frac{\pi}{4}D^2 p = \frac{\pi}{4} \times 8^2 p = 50.24p$

当气体对钟罩的升力和钟罩的重量相等时，则

$$50.24p = 77.38 \times 10^3$$

解出 $$p = 1.54 \times 10^3(\text{Pa})$$

必须注意,这里的压力 p 是指表压,因为在钟罩外部要受到大气压力的作用。从图 7-7 中可以看出,当压力平衡时,气柜内的压力 p 与水封高度所造成的压力相等,或者说

$$p + p_0 = p_0 + h\rho_{水} g$$

经整理得 $$h = \frac{p}{\rho_{水} g} = \frac{1.23 \times 10^3}{1 \times 10^3 \times 9.81} = 0.126(\text{m})$$

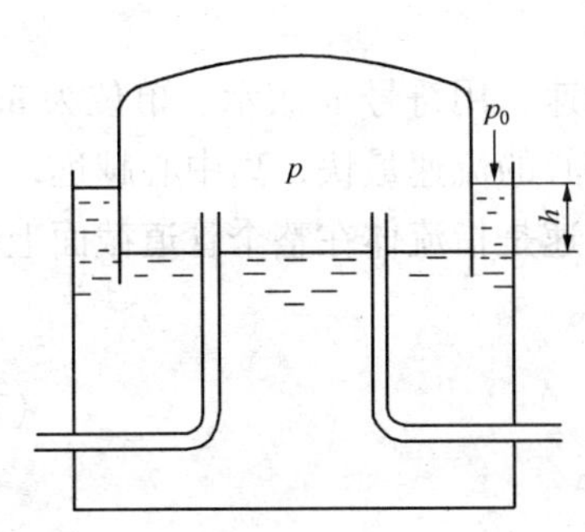

图 7-7　气柜水封

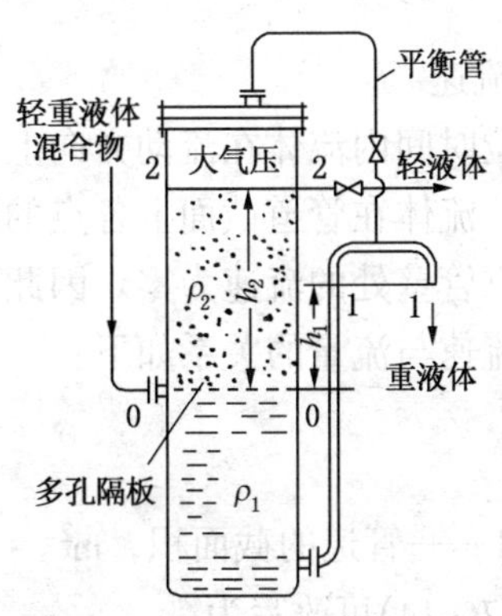

图 7-8　静止分离器

4. 在静止分离器中确定管子的安装尺寸

静止分离器是用来分离两种密度不同、且不互溶的液体混合物的装置。实践证明，两种液体的界面位置会影响到分离的质量。因此界面与重液出口的距离 h_1 必须加以控制。如图 7-8 所示，重液体就如同 U 形管压力计中的指示液一样，当平衡时作用于 0-0 平面上的压力必须相等。即：

$$h_1\rho_1 g = h_2\rho_2 g$$

则 $$h_1 = \frac{\rho_2}{\rho_1}h_2 \qquad (7-11)$$

【例 7-10】 用一静止分离器来分离某液体混合物，已知重液和轻液的相对密度分别为 1 和 0.9，轻液层高度为 3m，试确定重液出口管的高度。

解：已知　$h_2 = 3\text{m}$，$\rho_1 = 1000\text{kg/m}^3$，$\rho_2 = 900\text{kg/m}^3$

代入式(7-11)得 $$h_1 = \frac{900}{1000} \times 3 = 2.7(\text{m})$$

7.1.2　流体动力学

研究流体流动规律的科学，称为流体动力学。它包括研究流体在什么情况下流动；流体在流动过程中有关物理量(如压力、流速等)的变化规律；流体输送过程中所需要的外加机械

能等。下面先介绍有关流体流动的基本概念。

7.1.2.1 流量与流速

1. 流量

在流体流动过程中，单位时间内通过任一截面的流体量，称为流量。通常有两种表示方法：

(1) 体积流量 单位时间内通过管道任一截面的流体体积，称为体积流量。我们生产中通常所说的流量，就是指的体积流量。如以符号 Q 表示流量，t 表示时间(s 或 h)，V 表示 t 时间内流过某截面的流体总体积(m^3)，则

$$Q = \frac{V}{t} \tag{7-12}$$

(2) 质量流量 单位时间内通过管道任一截面的流体质量，称为质量流量，以符号 W 表示，单位为 kg/s 或 kg/h。

质量流量和体积流量的关系为

$$W = Q\rho \tag{7-13}$$

2. 流速

单位时间内流体在流动方向上流过的距离，称为流速，用符号 u 表示，单位为 m/s。实验表明：流体在管道截面上各点的流速并不相同，管中心的流速最快，离中心越远，流速越慢，紧靠管壁处的流速为零。因此，我们通常所说的流速是指流体在整个管道截面上的平均流速。流速与流量的关系如下：

$$u = \frac{Q}{A} = \frac{W}{\rho A} \tag{7-14}$$

式中 A——管道的截面积，m^2。

式(7-14)可改写为

$$Q = uA \tag{7-15}$$

$$W = uA\rho \tag{7-16}$$

在流体流动过程中，液体的密度可以认为不变；当管径不变时，流体的流速亦保持不变。由于气体的体积随温度和压力的变化而变化，气体的密度相应地也要发生变化，因此，当气体在等截面的管道中流动、且质量流量为定值时，其流速将相应地改变。为此，引出了质量流速的概念。所谓质量流速是指单位时间内流过单位管道截面积的流体质量，以符号 G 表示，单位 $kg/m^2 \cdot s$。

$$G = \frac{W}{A} \tag{7-17}$$

从式(7-17)中可以看出，质量流速仅仅与质量流量和管道的截面积有关，而与流体的温度、压力无关，故质量流速常用在气体流动的计算上。

【例 7-11】 用截面积为 $0.1m^2$ 的管道来输送相对密度为 1.84 的硫酸，要求每小时输送硫酸 662.4t，求该管道中硫酸的体积流量、流速和质量流速。

解： 每小时输送硫酸的质量为 662.4t。

则 $$W = \frac{662.4 \times 10^3}{3600} = 184(\text{kg/s})$$

已知硫酸的相对密度为 1.84，则硫酸的密度为 $1.84 \times 10^3 kg/m^3$

根据式(7-13) $Q=\dfrac{W}{\rho}=\dfrac{184}{1.84\times10^3}=0.1(\mathrm{m^3/s})$

根据式(7-14) $u=\dfrac{Q}{A}=\dfrac{0.1}{0.1}=1(\mathrm{m/s})$

根据式(7-17) $G=\dfrac{W}{A}=\dfrac{184}{0.1}=1840(\mathrm{kg/m^2\cdot s})$

7.1.2.2 稳定流动与不稳定流动

1. 稳定流动

流体在管道中流动时，任一截面处的流速、流量和压力等，均不随时间而变化者，称为稳定流动。

2. 不稳定流动

流体在流动时，任一截面处的流速、流量和压力等物理量均随时间而变化者，称为不稳定流动。化工生产多属于连续生产，故流体的流动多数都属于稳定流动。不稳定流动只是在某些设备开车或停车时发生。本章只讨论稳定流动。

7.1.2.3 稳定流动下的物料衡算

当流体在截面大小不同的管道内作稳定流动时，管中总是充满着流体。换句话说，流体必定是连续流动的。根据质量守恒原理，单位时间内通过管道任一截面的流体质量应该相等，即 $W_1=W_2$。

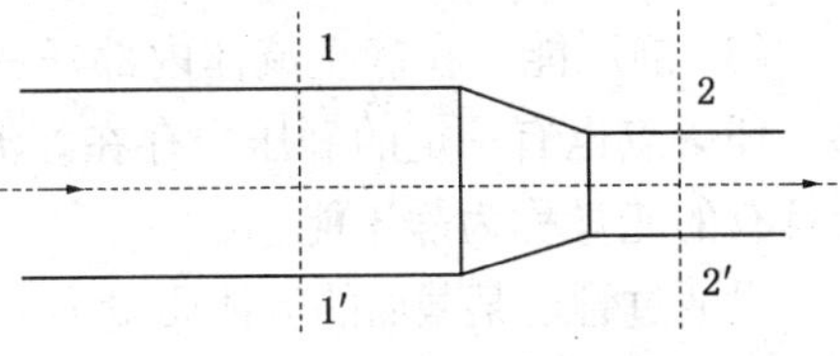

图 7-9 连续性方程式的推导

设流体通过图 7-9 中所示 1-1′和 2-2′截面的面积为 A_1 和 A_2，流速为 u_1 和 u_2，密度为 ρ_1 和 ρ_2，则

$$A_1u_1\rho_1=A_2u_2\rho_2 \tag{7-18}$$

若在总管上分出若干支管，则总管的流量为各个支管流量之和。即

$$W=W_1+W_2+\cdots+W_n \tag{7-19}$$

式(7-18)和(7-19)均称为流体在管道中作稳定流动时的连续性方程式，它是研究流体流动问题中很重要的方程式之一。

当流体为液体时，$\rho_1=\rho_2$，则式(7-18)变为

$$A_1u_1=A_2u_2 \tag{7-20}$$

式(7-20)表明，在稳定流动时，流体的流速与管道的截面积成反比。

对于圆形截面的管道，$A=\dfrac{\pi}{4}d^2$，则式(7-20)又可改写为

$$\frac{u_1}{u_2}=\left(\frac{d_2}{d_1}\right)^2 \tag{7-21}$$

即流速与管道直径的平方成反比。

7.1.2.4 稳定流动下的能量衡算

为了研究流体的流动，必须研究流体在流动(稳定流动)过程中的各种能量及其转换关系。为了讨论的方便，我们以液体为讨论对象，这样，系统的内能没有变化，而只有机械能的变化。

1. 流体流动时所具有的机械能

(1) 位能 流体在重力作用下，因质量中心高于某一基准面而具有的能量，称为位能。如图 7-10 中，质量为 m 的流体，位置高于基准水平面 z_1 时所具有的位能，相当于将其从

基准水平面升至 z_1 高度时为克服重力所做的功。同理，质量为 m 的流体因位置高于基准面 z_2 所具有的位能，相当于将其升至 z_2 高度所做的功。它的通式为：

$$位能 = mgz \qquad (J)$$

单位质量流体的位能 $E_{位} = mgz/m = gz \qquad (J/kg)$

单位重量流体的位能称为位压头，位压头 $= mgz/mg = z$，单位为 m。但必须注意，以压头表示能量大小时，应说明是哪一种流体，而不要简单地说压头是多少米。

(2) 动能　流体以一定的速度流动而具有的能量，称为动能。其计算式与计算固体动能的公式相同。因此，当质量为 m 的流体以速度 u 流动时，所具有的动能为：

$$动能 = \frac{1}{2}mu^2 \qquad (J)$$

单位质量流体的动能 $E_{动} = \dfrac{\frac{1}{2}mu^2}{m} = \dfrac{1}{2}u^2 \qquad (J/kg)$

单位重量流体的动能称为动压头，数值为 $u^2/2g$，单位亦为 m。

(3) 静压能　在静止流体内部任一点都有一定的静压力存在。同样，在流动着的流体内部，任一点也有一定的静压力存在。流体在管道内流动时，受静压力的推动使液体向前运动所具有的能量称为静压能。

设通过管道某截面的流体质量为 m，体积为 V，该截面的面积为 A，那么，把流体压入系统的作用力为 $F = pA$，流体通过该截面被静压力所推动的距离 $S = V/A = m/\rho A$。根据功 = 力 × 距离，则与此功相当的静压能为：

$$静压能 = FS = pA\frac{m}{\rho A} = \frac{mp}{\rho} \qquad (J)$$

单位质量流体的静压能　$E_{静} = \dfrac{mp}{m\rho} = \dfrac{p}{\rho} \qquad (J/kg)$

单位重量流体所具有的静压能，称为静压头，数值为 $p/\rho g$，单位亦为 m。

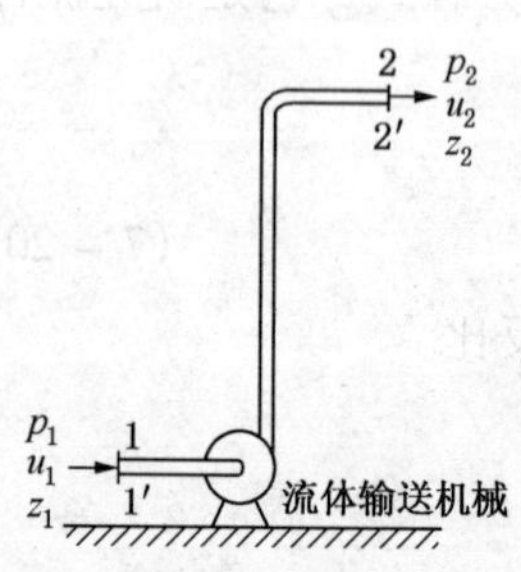

图 7-10　能量衡算示意图

2. 外加能量

在图 7-10 所示系统中，在所讨论的 1-1′ 和 2-2′ 截面之间，安装有流体输送机械，它将机械能输入流体中。我们把单位质量流体从泵获得的外加能量，称为外加功，用符号 W 表示，单位为 J/kg；把单位重量流体从泵获得的能量称为泵的扬程，用符号 H 表示。

3. 损失能量

流体在流动过程中，要克服各种阻力而损失掉一部分能量。这部分能量转化为热能，一部分为流体吸收而提高了流体的温度，另一部分则通过管壁散失在周围介质中。对液体而言，前一部分可以忽略不计。因此，通常把它全部列为系统向外损失的能量。我们把单位质量流体损失的能量以 $E_{损}$ 表示，单位为 J/kg。把单位重量流体所损失的能量称为压头损失，以符号 $h_{损}$ 表示，单位也是 m。

4. 流体稳定流动下的能量衡算式

在图 7-10 所示 1-1′ 和 2-2′ 截面之间的系统内进行能量衡算。根据能量衡算式：

输入的能量 = 输出的能量 + 能量损失

设流体在 1-1′ 和 2-2′ 处的流速为 u_1 和 u_2，压力为 p_1 和 p_2，流体为液体，密度为 ρ

(其数值在整段管道中不变)。现以 1kg 流体考虑，流体带进的总机械能为 $E_{位1}+E_{动1}+E_{静1}$ 或等于 $z_1g+\frac{1}{2}u_1^2+\frac{p_1}{\rho}$。输出的机械能为 $E_{位2}+E_{动2}+E_{静1}$ 或等于 $z_2g+\frac{1}{2}u_2^2+\frac{p_2}{\rho}$。系统中的外加能量为 W，损失能量 $E_{损}$，将其代入能量衡算式，得：

$$z_1g+\frac{1}{2}u_1^2+\frac{p_1}{\rho}+W=z_2g+\frac{1}{2}u_2^2+\frac{p_2}{\rho}+E_{损} \qquad (7-22a)$$

若能量以压头表示，则得：

$$z_1+\frac{u_1^2}{2g}+\frac{p_1}{\rho g}+H=z_2+\frac{u_2^2}{2g}+\frac{p_2}{\rho g}+h_{损} \qquad (7-22b)$$

这两个方程式是不可压缩流体稳定流动下的能量衡算式，习惯上称为柏努利方程式。其中尤以式(7－22b)在工程上应用较广，下面就这个方程式加以讨论。

(1) 如果在我们所考察的截面 1－1′和 2－2′之间，没有外加能量和压头损失，则式(7－22b)变为：

$$z_1+\frac{u_1^2}{2g}+\frac{p_1}{\rho g}=z_2+\frac{u_2^2}{2g}+\frac{p_2}{\rho g} \qquad (7-23)$$

式(7－23)就是人们通常所说的理想流体的柏努利方程式。从式中可以看出：流体在没有外加能量和摩擦阻力的情况下作稳定流动时，在不同截面上总的机械能量为一常数。

(2) 如果管道的截面积或位置发生变化，流体在不同截面上的各种能量亦将发生变化。在许多情况下，流体的流动就靠它本身各种能量之间的转换。

(3) 在没有外加压头的情况下，流体只能从高压头处流向低压头处，之间有能量的损失。如果要使流体从低压头处流向高压头处，则必须通过输送机械加入外加机械能，其值可以从式(7－22b)变换得出：

$$H=\Delta z+\Delta\frac{u^2}{2g}+\Delta\frac{p}{\rho g}+h_{损} \qquad (7-24)$$

式中的 Δz，$\Delta u^2/2g$ 和 $\Delta p/\rho g$ 表示在所取系统内两个截面之间位压头、动压头以及静压头的差值。从式(7－24)中可以看出，系统中输送机械的作用在于分别或同时提高流体的位压头、动压头和静压头，以及弥补输送过程中的压头损失。

(4) 如果流体处在静止状态，即 $u_1=u_2=0$，而且 $H=0$，$h_{损}=0$，此时柏努利方程式变成：

$$z_1+\frac{p_1}{\rho g}=z_2+\frac{p_2}{\rho g}$$

这就是前面提到的静力学基本方程式。由此可见，柏努利方程式不仅说明了流体流动的规律，也说明了静止流体的规律，静止不过是流动的一种特殊形式而已。

必须指出，上面所介绍的柏努利方程式只适用于液体。对于气体，如果压力变化不大 $[(p_1-p_2)/p_1<20\%]$，亦可按此式计算，但其中的密度应以平均密度 $\rho_{均}=(\rho_1+\rho_2)/2$ 来代替。关于压力变化较大情况的计算，本教材不予介绍。

7.1.2.5 柏努利方程式应用举例

柏努力利方程式是研究流体流动问题中最重要的一个方程式，下面通过几个例子来说明柏努利方程式的应用。

1. 计算流体的流速和流量

【例 7－12】 图 7－11 所示高位槽的水面距出水管的垂直距离保持 6m 不变，水管系采用内径 68mm 的钢管，设总的压头损失为 5.7m 水柱，试求每小时可输送的水量。

解：取水槽液面为 1－1 截面，水管出口为 2－2 截面，以过 2－2 中心的水平面为基准水平面，列出该系统的柏努利方程式

$$z_1+\frac{u_1^2}{2g}+\frac{p_1}{\rho g}+H=z_2+\frac{u_2^2}{2g}+\frac{p_2}{\rho g}+h_{损}$$

已知　$z_1=6\text{m}$　$H=0$　$z_2=0$　$p_1=p_2=0$(以表压计)　$h_{损}=5.7\text{m}$　$u_1=0$

代入上式得：

$$6=\frac{u_2^2}{2g}+5.7$$

解得
$$u_2=2.43\quad(\text{m/s})$$

每小时可输送的水量为：

$$Q=\frac{\pi}{4}d^2u_2\times3600=\frac{\pi}{4}\times0.068^2\times2.43\times3600=31.75(\text{m}^3/\text{h})$$

2. 确定送料的压缩气体的压力

【例 7－13】 某车间利用压缩空气来压送 98% 的浓硫酸，每批压送量为 0.3m³，要求 10min 内压送完毕。已知硫酸温度为 293K，采用内径为 32mm 的无缝钢管，总的压头损失为 0.8m 硫酸柱，试求压缩空气的压力。设高位槽与大气相通。

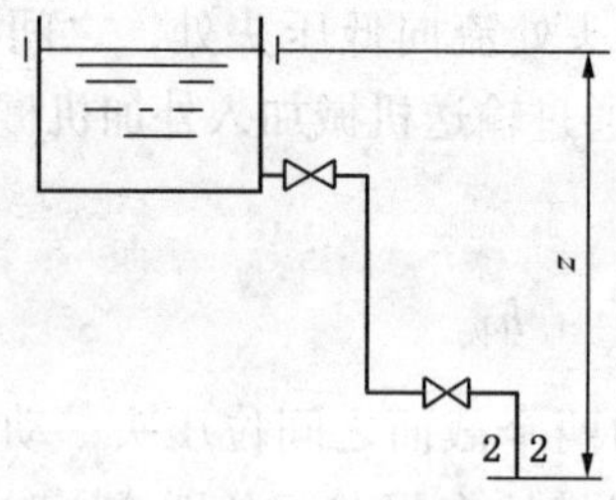

图 7－11　例 7－12 附图

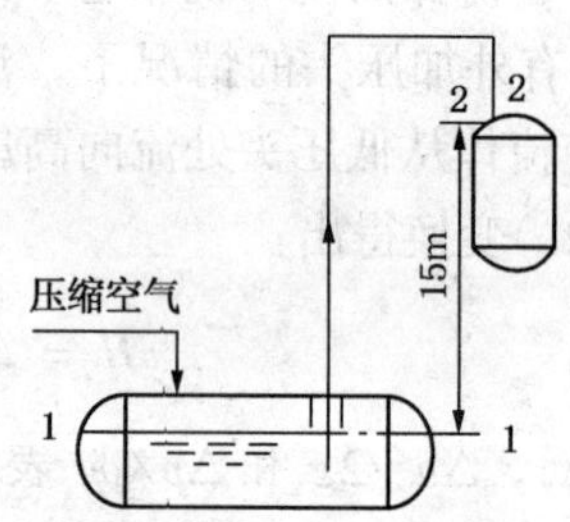

图 7－12　例 7－13 附图

解：取贮罐中的液面为 1－1 截面，并作为基准水平面(实际上，在压送过程中，液面位置不断变化，但因截面积较大，液面垂直距离变化很小而忽略不计 $u_1=0$)。取管出口为 2－2截面，列出柏努利方程式：

$$z_1+\frac{u_1^2}{2g}+\frac{p_1}{\rho g}=z_2+\frac{u_2^2}{2g}+\frac{p_2}{\rho g}+h_{损}$$

或
$$p_1=\rho g\left[(z_2-z_1)+\frac{1}{2g}(u_2^2-u_1^2)+\frac{p_2}{\rho g}+h_{损}\right]$$

已知 293K，98% 的浓硫酸的密度为：$\rho=1840\text{kg/m}^3$

以表压计算
$$p_2=p_0=0$$

硫酸在管内的流速，可由流量方程式(7－14)求得：

$$u_2=\frac{Q}{\frac{\pi}{4}d^2}=\frac{\frac{0.3}{10\times60}}{0.785\times0.032^2}=0.622(\text{m/s})$$

则

$$p_1 = 1840 \times 9.81 \times \left(15 + \frac{0.622^2}{2 \times 9.81} + 0.8\right) = 1840 \times 9.81 \times (15 + 0.0197 + 0.8)$$
$$= 285600(\text{N/m}^2) = 285.6(\text{kPa})(\text{表压})$$

3. 求泵的外加能量

【例7-14】 图7-13所示为二氧化碳水洗塔的供水系统，水塔内绝对压力为210kPa，贮槽水面绝对压力为100kPa，塔内水管入口处高于贮槽水面18m，管道内径为52mm，送水量为$15m^3/h$，塔内水管出口处水的绝对压力225kPa，设系统中全部的能量损失为5m水柱，求输水泵所需的外加压头。

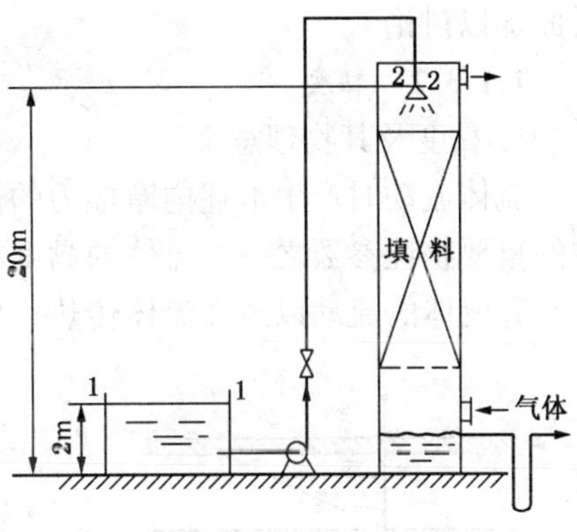

图7-13　例7-14附图

解：取水槽液面为1-1截面，塔内水管出口处为2-2截面，基准水平面定为与1-1截面重合。截面2-2不能取在喷头出口，因喷头尺寸不知道，将无法计算喷头出水口的流速。

列出该系统的柏努利方程式：

$$z_1 + \frac{u_1^2}{2g} + \frac{p_1}{\rho g} + H = z_2 + \frac{u_2^2}{2g} + \frac{p_2}{\rho g} + h_{损}$$

或
$$H = (z_2 - z_1) + \frac{1}{2g}(u_2^2 - u_1^2) + \frac{1}{\rho g}(p_2 - p_1) + h_{损}$$

已知　$z_2 - z_1 = 18\text{m}$　$u_1 = 0$　$p_1 = 100\text{kPa}$　$p_2 = 225\text{kPa}$　$h_{损} = 5\text{m}$　$\rho = 1000\text{kg/m}^3$

根据题意算出　$u_2 = \dfrac{15}{0.785 \times 0.052^2 \times 3600} = 1.96(\text{m/s})$

将以上各值代入上式，得

$$H = 18 + \frac{1.96^2}{2 \times 9.81} + \frac{(225 - 100) \times 10^3}{1000 \times 9.81} + 5 = 35.94(\text{m})$$

7.1.3　流体阻力的计算

前面已经提到：流体在流动过程中会遇到阻力，为了克服阻力，需要消耗一定的能量。在能量衡算中，$h_{损}$就代表单位重量流体因克服阻力而损失的能量，称为压头损失。下面介绍关于它的计算问题。

7.1.3.1　*流体阻力的来源*

在观察河水流动的时侯可以发现，河道中央的水流最急，愈靠近河岸，水流愈慢。流体在管道中的流动情况也是如此，中心处速度最快，愈靠近管壁，速度越小，在贴近管壁处，由于流体对壁面有附着力的作用，速度为零。但流体内部的分子之间也有吸引力，静止的流体层对相邻流体层产生一种约束作用，使得该层流体的速度变慢，离开壁面越远其约束作用越弱，从而造成了流体内部各层之间流速的差异。也就是说，流体在圆管内流动时，好像被分割成无数极薄的圆筒，一层套一层，各层以不同速度向前运动。

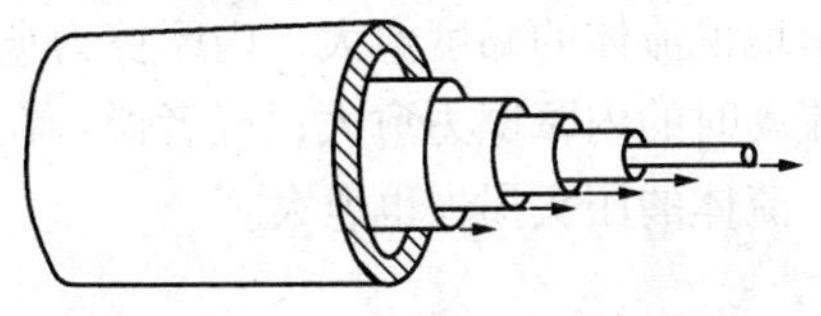
图7-14　流体在管内分层示意图

由于流体各层之间产生了相对运动，"快层"对"慢层"产生了一种牵引力，"慢层"对"快层"产生一种阻碍力，这两种力大小相等、方向相反。由于这种相互作用是在流体内部发生的，因此通常称为流体的内摩擦力。流体流动时，必须克服这种摩擦力作功。

当流体流动激烈、呈紊乱状态时，流体内部充满了大小旋涡，流体质点速度的大小和方向都发生急剧变化，质点之间的相互碰撞和位置的交换，也要损耗一部分能量，流体流动的愈激烈，损耗的能量愈大。所以，我们说流体的流动状态也是产生流体阻力的一种原因。

此外，管壁的粗糙程度、管道的直径和长度，也对流体的阻力产生影响。这种影响将在后面加以讨论。

7.1.3.2 黏度

1. 黏度及其物理意义

流体流动时产生上述内摩擦力的性质称黏性，而表示黏性大小的量称为黏度。黏度是流体的重要物性参数之一，流体的黏度越大，则表示流体的流动性越差。研究流体的黏度，对于研究流体的流动以及在流体传热、传质等过程中具有重要的意义。

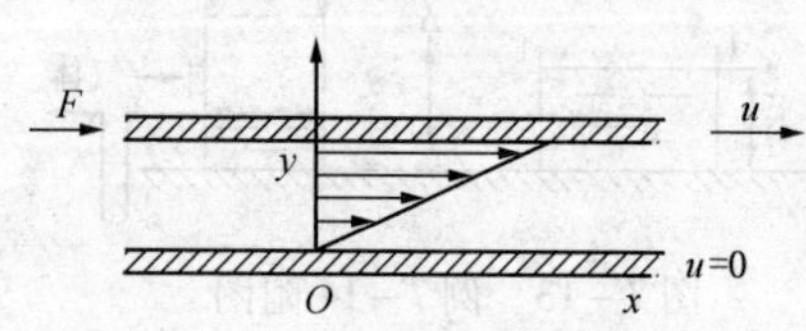

图 7－15 平面间液体流动分布图

为了明确黏度的物理意义，我们可以作如图 7－15 所示的设想：两块面积为 A 而相距很近的平板，中间夹着某种液体，将下面的平板保持不动，对上面的平板施加一个恒定的压力 F，使它以速度 u 朝 x 方向运动。此时，两板之间的液体便分成无数薄层而运动，附着在上板底面的那一薄层液体以速度 u 随着木板运动，以下各层的速度逐渐降低，附着在下板表面的这一薄层流速为零。

由此可见，液层之间将由于内摩擦力的作用而产生相对运动，这种促使液层之间产生相对运动的作用力 F 称为剪力，而单位面积上的剪力称为剪应力。根据力学定律，流体的内摩擦力的大小与作用力 F 大小相等，方向相反。设单位面积上的内摩擦力(亦称为剪应力)，以符号 τ 表示，则 $\tau = F/A$。

实验证明：对于一定的液体，两块板的相对速度 u 愈大，板的面积 A 愈大，两板之间的距离 y 愈小，则所需外加的剪力 F 愈大。把这种比例关系写成等式，就需要引入一个比例常数 μ，则

$$F = \mu \frac{uA}{y} \tag{7-25}$$

或

$$\tau = \mu \frac{u}{y} \tag{7-26}$$

式中的比例常数 μ 随流体黏性不同而不同。黏性愈大，μ 值愈大。所以称 μ 为黏度系数，简称黏度，其数值主要由实验确定。显然，上面两式只适用于 u 与 y 成直线关系的场合。当流体在圆管内流动时，u 与 y 成曲线关系，则式(7－26)应以微分式表示。

$$\tau = \mu \frac{\mathrm{d}u}{\mathrm{d}y} \tag{7-27}$$

式中 $\mathrm{d}u/\mathrm{d}y$ 是与流动方向垂直的 y 方向上流体速度的变化率，称为速度梯度。

式(7－27)表示的关系称为牛顿黏性定律。它说明流体的剪应力与速度梯度成正比。从这个公式中，可以看出黏度的物理意义是：促使流体流动产生单位速度梯度时，流体所产生的内摩擦力。因此，黏度只有在运动时才显示出来。而且，简单地说流体的黏度愈大，内摩擦力愈大是不正确的；只能说：流体的黏度愈大，在相同速度下流动时的内摩擦力愈大；或者说：在相同的流动情况下，流体的黏度愈大，流体的阻力也愈大，流体的压头损失也愈大。

2. 黏度的单位

在不同的单位制中规定了各自的黏度单位，为了使用的方便，在此对它们予以简单的

介绍。

(1)物理单位制　一般物化手册中均采用物理单位制，其单位可由式(7－27)导出

$$\mu = \frac{\tau}{\frac{du}{dy}} = \frac{dyn/cm^2}{(cm/s)/cm} = \frac{dyn \cdot s}{cm^2}$$

$1\frac{dyn \cdot s}{cm^2}$称为 1 泊，以符号 P 表示。由于泊的单位太大，例如 293K 时，水的黏度为 0.01P，空气的黏度为 0.000184P，用起来很不方便，所以在一般手册中均以厘泊表示，符号为 cP，1P＝100cP。

(2)工程单位制

$$\mu = \frac{\tau}{\frac{du}{dy}} = \frac{kg/m^2}{(m/s)/m} = \frac{kg \cdot s}{m^2}$$

在工程计算中均采用工程单位制。

(3) 国际单位制

$$\mu = \frac{\tau}{\frac{du}{dy}} = \frac{N/m^2}{(m/s)/m} = Pa \cdot s$$

三种黏度单位之间的换算关系如表 7－1 所示。

表 7－1　黏度单位换算表

物理单位制 cP(厘泊)	工程单位制 $kg \cdot s/m^2$	国际单位制 $Pa \cdot s$	物理单位制 cP(厘泊)	工程单位制 $kg \cdot s/m^2$	国际单位制 $Pa \cdot s$
1	1.02×10^{-4}	10^{-3}	10^3	0.102	1
9810	1	9.81			

用上述方法表示的黏度，称为动力黏度或绝对黏度。工程上还常常采用运动黏度，它是流体的绝对黏度与密度之比，用符号 ν 表示。

$$\nu = \mu/\rho \tag{7-28}$$

在物埋单位制中，运动黏度的单位为沲(St)，1St＝100cSt。润滑油常以其运动黏度的厘沲数为代号，如 40 号机油在 323K 时的运动黏度大约就是 40cSt。国际单位制中，运动黏度的单位为 m^2/s，$1m^2/s = 10^6cSt$。

3. 混合物的黏度

流体的黏度是由实验测定的，其数值可从有关手册中查得。同样一种流体，其黏度随温度变化而变化。液体的黏度随温度升高而减小，而且，黏度越大的液体其变化越明显，这是因为温度升高液体分子之间的距离增大，造成分子间引力减小的缘故。气体分子之间的吸引力本来就不大，虽然温度升高也引起体积膨胀，但对分子间引力的影响不大，而分子运动的速度却增大了，气体层与层之间相对运动所产生的摩擦力增大了，因而造成气体的黏度随温度升高而增加。

实际生产中的流体，多数是气体或液体的混合物，其黏度通常用实验测定。在缺乏数据的情况下，对于常压下的气体混合物，可用下列经验公式计算

$$\mu = \frac{\Sigma y_i u_i M_i^{\frac{1}{2}}}{\Sigma y_i M_i^{\frac{1}{2}}} \tag{7-29}$$

式中　y_i——气体混合物中各组分的摩尔分数(即体积分数)；

μ_i——与混合气体相同温度下各组分纯态时的黏度；

M_i——气体混合物中各组分的相对分子质量。

对分子不缔合的液体混合物，可用下式计算

$$\lg\mu_{均} = \Sigma(x_i \lg\mu_i) \tag{7-30}$$

式中　x_i——液体混合物中各组分的摩尔分数；

μ_i——与混合液相同温度下各组分纯态时的黏度。

7.1.3.3　流体流动的类型

前面谈到，影响流体阻力的因素主要有两个方面：当流体缓慢流动时，流体阻力主要是流体层与层之间的内摩擦力；当流体流动剧烈时，流体阻力的大小与流体流动的激烈程度有关。这说明流体阻力的大小与流动状态有关。

流体的流动状态分为两种类型：滞流和湍流。滞流又称为层流，如图 7-16(a)表示。

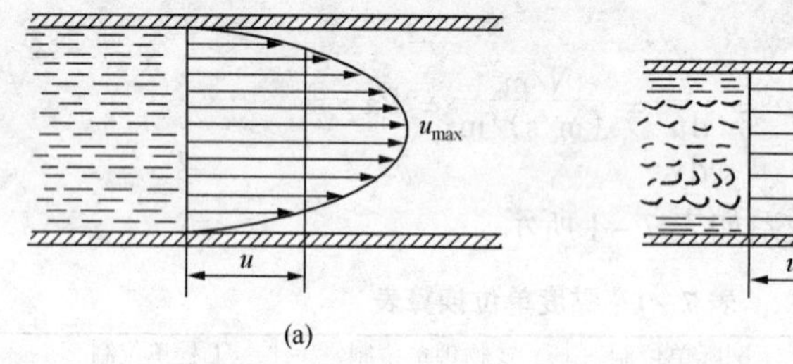

图 7-16　流体的流动形态和速度分布图

流体质点始终沿着与管道中心线平行的方向流动，流体的流速沿断面按抛物线分布，紧靠管壁的流速为零，管中央流速最大，管中流体的平均流速为最大流速的 1/2。

湍流又称为紊流，流体各质点作不规则的流动，除靠近管壁处还保留滞流的形态外，大部分流体分子之间相互碰撞，其速度的大小和方向都在改变，流速沿断面的分布和抛物线相似，但顶端较为平坦，如图 7-16(b)所示，管中流体的平均速度为管中央最大流速的 0.82 倍。

流体的流动形态可以从雷诺实验来观察。如图 7-17，在一个水位恒定的贮水桶 B 的底部，接出一段水平玻璃管，用阀门 V 调节流量，桶上部有一瓶染了色的水，靠旋塞 F 的控制，有色水经细玻璃管流到大玻璃管的中心。

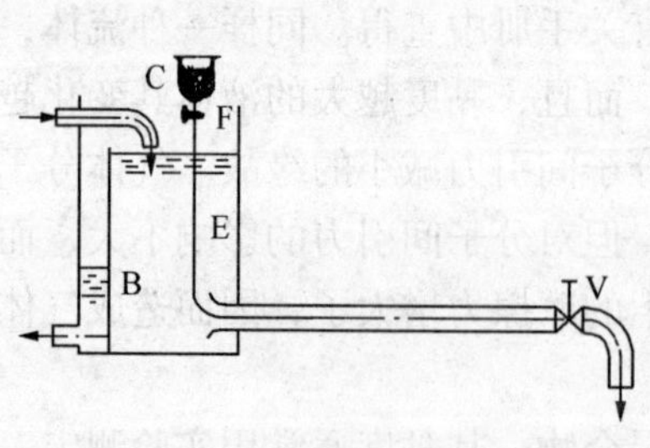

图 7-17　雷诺实验装置

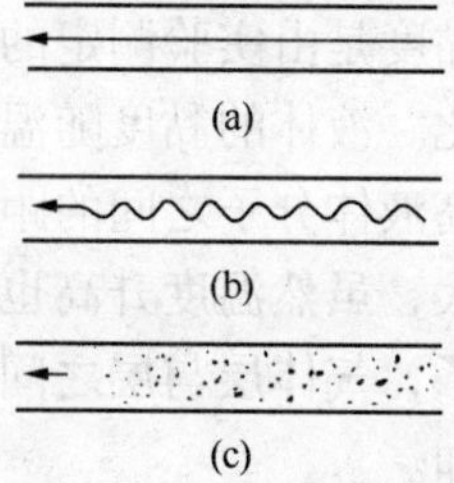

图 7-18　流体流动类型示意图

实验可以观察到，当玻璃管内水的流速不大时，有色水在玻璃管中成一直线，不和周围的水混合，这说明流体质点是始终沿着与管中心线平行的方向流动，即呈滞流状态，如图 7-18(a)所示。当流速增大到一定的数值时，有色水的细线开始出现波形，如图 7-18(b)所示。当流速再增大，细线便完全消失，有色水从细管中流出后，便立即散开，使玻璃管内的液体染成均匀的颜色，如图 7－18(c)所示。这说明，此时流体的质点已不再呈彼此平行的直线运动，而是在向管口方向流动的同时，作不规则的运动，质点彼此相撞并互相混杂，即流体呈湍流状态。流体状态发生显著变化时的流速，称为临界流速。

采用不同管径和不同流体进行实验后发现：流体的流动类型是由管道的直径 d(m)，流体的流速 u(m/s)，流体的黏度 μ(Pa·s)和密度 ρ(kg/m^3)这四个物理量所组成的无单位的数群$\frac{du\rho}{\mu}$来决定。人们通常把由多个物理量所组成的无单位的数群称为准数。由于这个准数是由英国科学家雷诺在 1883 年通过实验首先总结出来的，故称为雷诺准数，以符号 Re 表示

$$Re = \frac{du\rho}{\mu} \tag{7-31}$$

关于判别流体流动类型的雷诺准数 Re 的数值，不同文献中有不同的记载，而且差别较大，但目前多数认为，在平直的圆形管道中，当 $Re \leqslant 2000$ 时，流体的流动类型肯定是滞流。当 $Re > 4000$ 时，肯定为湍流。当 Re 在 2000～4000 之间时，可能是滞流，也可能是湍流，须视具体情况而定，称为过渡流(一般不算作一种流动类型)。雷诺准数的大小，反映了流体湍动的程度，Re 值越大，表明湍动程度越大，质点在流动时的碰撞与混合愈剧烈，内摩擦力也愈大。也就是说，Re 数越大，流体流动阻力越大。

【例 7－15】 293K 的水在内径 50mm 的管中流动，已知其流速为 2m/s，试判断其流动类型。

解：已知 $d = 0.05$m　$u = 2$m/s　293K 时水的密度 $\rho = 998$kg/m^3　黏度 $\mu = 1.005 \times 10^{-3}$ Pa·s

将以上各值代入式(7－31)，得

$$Re = \frac{0.05 \times 2 \times 998}{1.005 \times 10^{-3}} = 99304$$

此时 $Re > 4000$，故管中水的流动类型为湍流。

生产中常用到一些非圆形管道，如图 7－19 所示。计算 Re 数值时，应以当量直径计算。当量直径的定义为

$$d_{当} = 4 \times \frac{流道的截面积}{流道的润湿周边长} \tag{7-32}$$

对于矩形截面

$$d_{当} = 4 \times \frac{ab}{2(a+b)} = \frac{2ab}{a+b} \tag{7-33}$$

对于套管环形截面

$$d_{当} = 4 \times \frac{\frac{\pi}{4}(D^2 - d^2)}{\pi(D+d)} = D - d \tag{7-34}$$

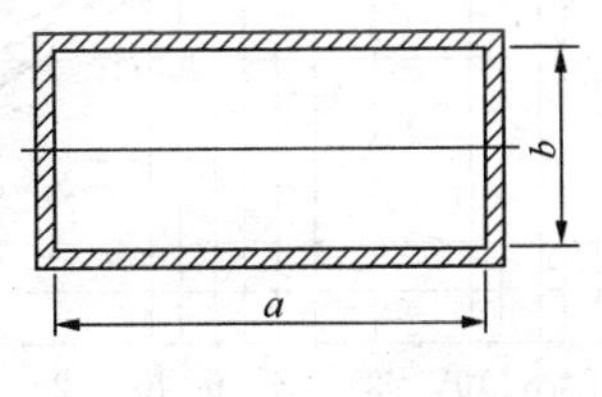

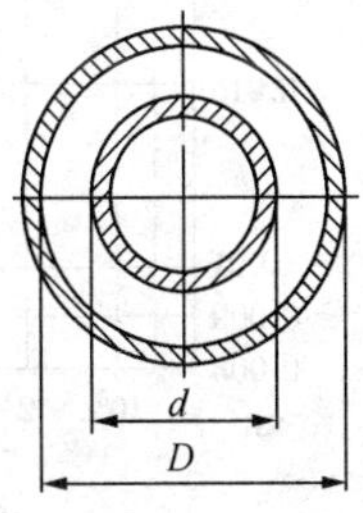

图 7－19　非圆形截面管道 $d_{当}$ 的计算

7.1.3.4　层流内层

实验证明：即使管内流体处于湍流状态，如果在紧靠管壁附近的流体薄层中注入有色液体，同样可以观察到有色液体的细流。这

说明无论流体的湍动程度多大，紧靠管壁处总是有一层滞流(层流)层存在，人们习惯上把它称为层流内层。在层流内层与湍流主体之间有一个过渡区，称为过渡层。

实验还证明，层流内层的厚度 δ 随 Re 增大而减小。例如在 100mm 的玻璃管内，当 $Re=10^4$ 时，$\delta=1.96$mm；当 $Re=10^5$ 时，$\delta=0.26$mm。

层流内层的厚度虽然很小，但由于在这一层内的流体是作平行的直线运动，质点之间不互相混合，在传热和传质过程中，其过程的阻力比湍流主体部分的阻力要大得多；为了提高传热或传质过程的速率，就必须设法减少过程的阻力，即减少层流内层的厚度。

7.1.3.5 流体阻力的计算

化工生产中的流体阻力，包括流动系统中流体通过管路和各种设备时的阻力。流体阻力通常以压头损失 $h_{损}$ 的大小来表示，有时也以与其相当的压力降表示，$\Delta p_{损}=h_{损}\rho g$。我们在此只讨论流体通过管路时的阻力计算。

流体在管路中的阻力可分为直管阻力 $h_{直}$ 和局部阻力 $h_{局}$ 两部分，总阻力为这两部分阻力之和，即 $h_{损}=h_{直}+\sum h_{局}$。

1. 直管阻力的计算

直管阻力是指流体在管径不变的直管中流动时，由于内摩擦而造成的压头损失。在流体流动系统中，绝大部分为直管，所以又称沿程阻力，以 $h_{直}$ 表示，单位 m。实验得知

$$h_{直}=\lambda\cdot\frac{l}{d}\cdot\frac{u^2}{2g}\tag{7-35}$$

式中 l——直管的长度，m；

d——直管的内径，m；

$u^2/2g$——流体的动压头，m；

λ——比例常数，称为摩擦系数。其数值与流体的流动类型和管壁的粗糙度有关，通过实验得出，如图 7-20 所示。

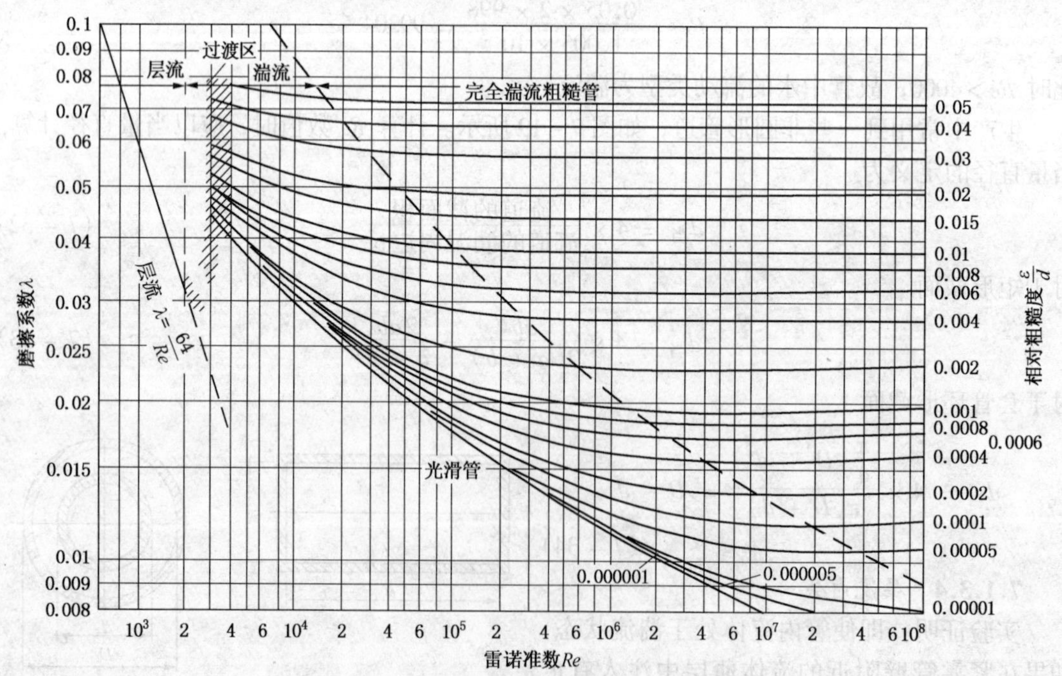

图 7-20 摩擦系数 λ 与雷诺准数 Re 的关系

【例 7-16】 有一段长 150m、内径为 38mm 的塑料管道，用来输送蒸馏水，设已知流速为 1m/s，水的密度为 996kg/m³，黏度为 1mPa·s，试求这段管道的压头损失和压力降。

解：已知 $l=150\text{m}$，$d=0.038\text{m}$，$u=1\text{m/s}$，$\rho=996\text{kg/m}^3$，$\mu=1\times10^{-3}\text{Pa·s}$

根据式(7-31)算出 $Re=\dfrac{du\rho}{\mu}=\dfrac{0.038\times1\times996}{1\times10^{-3}}=37848$

从图 7-20 查得 $\lambda=0.021$

将以上数值代入式(7-35)，得

$$h_{损}=\lambda\cdot\frac{l}{d}\cdot\frac{u^2}{2g}=0.021\times\frac{150}{0.038}\times\frac{1}{2\times9.81}=4.23(\text{m})$$

$$\Delta p=h_{损}\rho g=4.23\times996\times9.81=42000(\text{Pa})=42(\text{kPa})$$

2. 局部阻力的计算

局部阻力是流体通过管路中的管件(如三通、活管接等)、阀件、流量计以及管径的突然扩大和缩小等局部障碍而产生的阻力。在这些地方，由于流体的流动方向或流道截面积的突然变化，加剧了流体质点间的相对运动，形成旋涡，造成流体压头的较大损失，以 $h_{局}$ 表示。

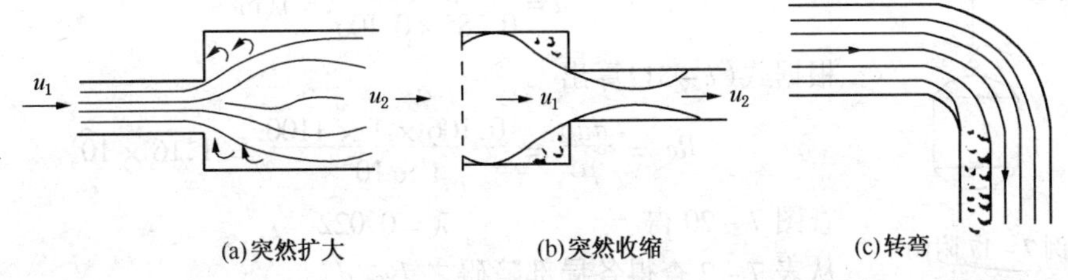

图 7-21 局部阻力的形成

局部阻力的计算通常有下述两种方法：

(1) 当量长度法 流体通过某一局部障碍处的局部压头损失，折合成相当于与其具有相同管径的一定长度的直管压头损失，这个直管长度称为该局部障碍的当量长度，用符号 $l_{当}$ 表示。这样便可以利用直管阻力的计算式来计算局部阻力，即

$$h_{局}=\lambda\cdot\frac{l_{当}}{d}\cdot\frac{u^2}{2g} \tag{7-36}$$

则

$$h_{损}=\lambda\cdot\frac{l}{d}\cdot\frac{u^2}{2g}+\Sigma\lambda\cdot\frac{l_{当}}{d}\cdot\frac{u^2}{2g}=\lambda\cdot\frac{l+\Sigma l_{当}}{d}\cdot\frac{u^2}{2g} \tag{7-37}$$

式(7-37)中的$(l+\Sigma l_{当})$习惯上称为计算长度，有时以 $l_{算}$ 表示。

当量长度 $l_{当}$ 是由实验测定的，有时以 $l_{当}/d$ 表示，表 7-2 列出了某些常用的管件、阀件、流量计等局部障碍的 $l_{当}/d$ 值。例如全开的闸阀 $l_{当}/d$ 的值为 7，若是装在内径 100mm 的管道上，则其当量长度 $l_{当}=7\times0.1=0.7\text{m}$。

【例 7-17】 某料液从高位槽流至反应器，已知该溶液的相对密度为 1.1，黏度为 1mPa·s，采用内径 106mm 的钢管，直管全长 20m，管路上有一个全开的闸阀和两个 90°标准弯头，其流量为 31.7m³/h，求总的压头损失。

表 7-2　某些管件、阀门等局部障碍的当量长度

名　称	$\frac{l_e}{d}$	名　称	$\frac{l_e}{d}$
45°标准弯头	15	截止阀(标准式)(全开)	300
90°标准弯头	30~40	角阀(标准式)(全开)	145
90°方形弯头	60	闸阀(全开)	7
180°弯头	50~75	闸阀(3/4 开)	40
三通管(标准)		闸阀(1/2 开)	200
		阀阀(1/4 开)	800
	40	带有滤水器的底阀(全开)	420
		止回阀(旋启式)(全开)	135
		蝶阀(6″以上)(全开)	20
流向	60	盘式流量计(水表)	400
		文氏流量计	12
	90	转子流量计	200~300
		由容器入管口	20

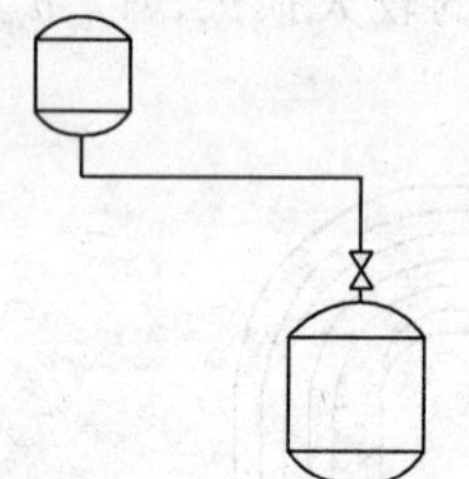

图 7-22　例 7-17 附图

解：已知 $\rho = 1100\text{kg/m}^3$　$\mu = 1 \times 10^{-3}\text{Pa·s}$　$d = 0.106\text{m}$

$$u = \frac{\frac{31.7}{3600}}{0.785 \times 0.106^2} = 1(\text{m/s})$$

根据式(7-31)算出

$$Re = \frac{du\rho}{\mu} = \frac{0.106 \times 1 \times 1100}{1 \times 10^{-3}} = 1.16 \times 10^5$$

查图 7-20 得　　　　$\lambda = 0.022$

从表 7-2 查得各局部障碍之 $l_{当}/d$

由容器入管口　　20

全开闸阀　　7

两个标准弯头 $2 \times 40 = 80$

由管口入容器　　40

$\Sigma l_{当}/d = 147$

将以上各数值代入式(7-37)，得

$$h_{损} = \lambda \cdot \left(\frac{l}{d} + \frac{\Sigma l_{当}}{d}\right) \cdot \frac{u^2}{2g} = 0.022 \times \left(\frac{20}{0.106} + 147\right) \times \frac{1}{2 \times 9.81} = 0.376(\text{m})$$

(2) 阻力系数法　当管道中流体通过某一管件和阀件时，λ 值的变化不大，而 $l_{当}/d$ 为一个定值，因此，可以将 $\lambda \cdot \frac{l_{当}}{d}$ 合并，用一个新符号 ζ 表示，称为局部阻力系数。这种计算局部阻力的方法称为阻力系数法，则

$$h_{局} = \lambda \cdot \frac{l_{当}}{d} \cdot \frac{u^2}{2g} = \zeta \cdot \frac{u^2}{2g} \qquad (7-38)$$

$$h_{损} = \lambda \cdot \frac{l}{d} \cdot \frac{u^2}{2g} + \Sigma\zeta \cdot \frac{u^2}{2g} = \left(\lambda \cdot \frac{l}{d} + \Sigma\zeta\right) \cdot \frac{u^2}{2g} \qquad (7-39)$$

【例 7-18】 试利用阻力系数法计算例 7-17 中的压头损失。

解：已知条件在例 7-17 中已经列出

从表 7－3 查得各局部障碍之 ζ 值

由容器入管口	0.5
全开闸阀	0.17
两个标准弯头	$2\times0.75=1.5$
由管口入容器	1.0
	$\Sigma\zeta=3.17$

将已知各数值代入式(7－39)，得

$$h_{损}=\left(\lambda\cdot\frac{l}{d}+\Sigma\zeta\right)\cdot\frac{u^2}{2g}=\left(0.022\times\frac{20}{0.106}+3.17\right)\times\frac{1}{2\times9.81}=0.373(\mathrm{m})$$

上面所介绍的当量长度和阻力系数的数据，是根据实验测定的结果经过整理得出的。由于实验时所用管件和阀的加工情况、实验装置等都不完全相同，两种方法的各种数据并不完全一致。因为数据并不完全，计算时可以把两种方法结合起来，一部分用当量长度法，一部分用阻力系数法。某些管件和阀的阻力系数见表 7－3。

表 7－3　某些管件和阀的阻力系数

管件和阀件名称	ζ 值										
标准弯头	45°，$\zeta=0.35$					90°，$\zeta=0.75$					
90°方形弯头	1.3										
180°回弯头	1.5										
活管接	0.08										
弯管	R/d \ φ	30°	45°	60°	75°	90°	105°	120°			
	1.5	0.08	0.11	0.14	0.16	0.175	0.19	0.20			
	2.0	0.07	0.10	0.12	0.14	0.15	0.16	0.17			
突然扩大	$\zeta=(1-A_1/A_2)^2$　$h_f=\zeta\cdot u_1^2/2$										
	A_1/A_2	0	0.1	0.2	0.3	0.4	0.5	0.6	0.7	0.8	0.9	1.0
	ζ	1	0.81	0.64	0.49	0.36	0.25	0.16	0.09	0.04	0.01	0
突然缩小	$\zeta=0.5(1-A_2/A_1)$　$h_f=\zeta\cdot u_2^2/2$										
	A_2/A_1	0	0.1	0.2	0.3	0.4	0.5	0.6	0.7	0.8	0.9	1.0
	ζ	0.5	0.45	0.40	0.35	0.30	0.25	0.20	0.15	0.10	0.05	0
流入大容器的出口	$\zeta=1$(用管中流速)										
管件和阀件名称	ζ 值										
入管口(容器→管)	$\zeta=0.5$										

续表

管件和阀件名称										
	ζ 值									
水泵进口	没有底阀	2~3								
水泵进口	有底阀	d/mm	40	50	75	100	150	200	250	300
水泵进口	有底阀	ζ	12	10	8.5	7.0	6.0	5.2	4.4	3.7
闸　阀	全　开		3/4 开		1/2 开			1/4 开		
闸　阀	0.17		0.9		4.5			24		
标准截止阀(球心阀)	全开 ζ = 6.4				1/2 开 ζ = 9.5					
蝶阀	α	5°	10°	20°	30°	40°	45°	50°	60°	70°
蝶阀	ζ	0.24	0.52	1.54	3.91	10.8	18.7	30.6	118	751
旋塞	θ	5°	10°	20°	40°	60°				
旋塞	ζ	0.05	0.29	1.56	17.3	206				
角阀(90°)	5									
单向阀	摇板式 ζ = 2				球形式 ζ = 70					
水表(盘形)	7									

局部阻力的计算比较繁琐，并且不很准确，对管件不很复杂的系统，可以把局部阻力按全部管长阻力的 30%～50%进行估算。

3. 减低流体阻力的途径

克服流体阻力所消耗的能量是无法回收的，流体阻力越大，输送流体过程中所消耗的动力越大，这从节约能源和降低生产成本两方面来说，都是应该避免的。前面已经介绍，管路上的压头损失可用式(7－37)计算

$$h_{损} = \lambda \cdot \left(\frac{l + \Sigma l_{当}}{d}\right) \cdot \frac{u^2}{2g}$$

我们从式中可以看出，要想减低流体的阻力，可从下列方面着手：

(1) 管路尽可能短些，尽量走直线，少拐弯。

(2) 没必要的管件和阀尽量不装。

(3) 适当放大管径，因为流速 $u = \dfrac{Q}{0.785d^2}$，如代入方程式中，则 $h_{损} \propto l/d^5$。在流量不变的情况下，管径增大一倍，压头损失将只有原来的 1/32。但管径大，消耗的金属材料多，基建费用高。实际生产中应从基建费用、操作费用全面考虑决定。

7.1.4 化工管路布置与安装的一般原则

管路的布置随生产设备的具体情况而定，主要应考虑安装、检修、操作的方便和操作的安全，同时尽可能减少基建费用和操作费用，并根据生产的特点、设备的布置、物料特性以及建筑物结构等方面进行综合考虑。

下面介绍一些通常应注意的事项：

(1) 为节省投资，便于安装、检修，以及考虑到操作上的安全，除了下水道、上水管和煤气总管外，管路铺设应尽可能采用明线。

(2) 各种管路应集中铺设，这样可以共同利用管架；铺设时要尽量走直线，少拐弯，少交叉，这样既可节省管材，又节约动力消耗，而且整齐美观。

(3) 为了便于操作和检修，并列管路上的管件和阀应错开，而且不得位于人行道的上空。

(4) 车间的管路应尽可能沿厂房墙壁安装，管与管之间和管与墙之间的距离以能容纳活管接头或法兰以及便于检修为宜，具体可参阅表 7-4 的数据。

表 7-4　管与墙的安装距离

公称管径/mm	25	40	50	80	100	125	150
管中心与墙距离/mm	120	150	170	170	190	210	230

(5) 管路离地面的高度以便于检修为准，但通过人行横道时，最低点距地面不得小于 2m；通过公路时不得小于 4.5m；与铁路路轨的净距不得小于 6m。

(6) 管路的跨距(两个座之间的距离)一般不得超过表 7-5 规定。

表 7-5　管路的跨距

管子内径/mm	50	76	100	125	150	200	250	300	400
跨距/m	3.0	4.0	4.5	5.0	6.0	7.0	8.0	9.0	9.0

(7) 管路的倾斜度通常为 3/1000～5/1000，对输送黏度较大、含有固体结晶或颗粒较大的物料管应不小于 1/100。

(8) 输送腐蚀性介质的管路与其他管路并列时，应保持一定距离，而且其位置应略低一些，或采用三角支架安装(见图 7-23)，这样以免发生滴漏时影响其他管路。

(9) 输送易燃易爆如醇类、醚类、液体烃类等物料时，由于在物料流动时常有静电产生，使管路成为带电体。为了防止静电积聚，必须将管路静电接地。

(10) 热的管路应该避开冷的、特别是冷冻盐水的管路。衬橡胶管或聚氯乙烯塑料管应避开热的管路。如果这些管路装在一个管架上，应将热的管路安装在最上面。

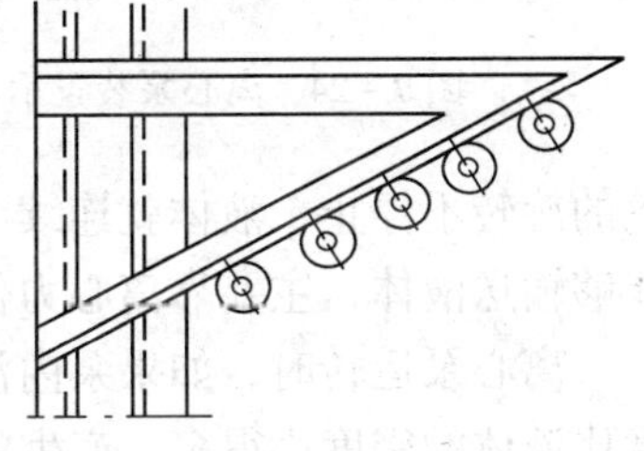

图 7-23　三角支架安装法

(11) 随着季节的变化，以及管道中介质温度的影响，管路的工作温度往往与安装时的温度相差较大，由于热胀冷缩的关系，管子的长度亦相应地要发生变化。如果管路不可以自由伸长，管材中则会有热应力产生，过大的热应力将造成管路的弯曲以至破裂等。

通常，钢管温度在 355K 以上时，就应当考虑安装伸缩器以解决冷热变形的补偿问题。

7.2　液体输送机械——离心泵

在化工生产中，常常需要将流体从低处送到高处，从低压变为高压，从低速变为高速，以及克服流体在输送过程中所消耗的能量等，这些任务就需要通过各种输送机械来完成。通常把输送液体的机械称为泵。

化工生产中输送液体的种类很多，其腐蚀性、黏性、易燃易爆性、毒性等均各不相同，温度、压力、流量等的差别也很大，有的还带有固体颗粒。为了适应这些情况，专业厂设计和生产了许多不同型式和结构的泵。根据作用原理的不同，通常可以分为三大类：

1. 容积泵

容积泵是利用工作室容积周期性的变化来输送液体，如活塞泵、柱塞泵、隔膜泵、齿轮泵、螺杆泵等。

2. 叶片泵

叶片泵是利用旋转的叶片和液体之间的作用来输送液体，如离心泵、轴流泵、旋涡泵等。

3. 流体作用泵

流体作用泵是利用另一种流体在运动过程中的能量变化来输送液体，如喷射泵、酸蛋等。

化工生产中应用最多的是叶片泵中的离心泵，大约占化工用泵的 80%～90%。

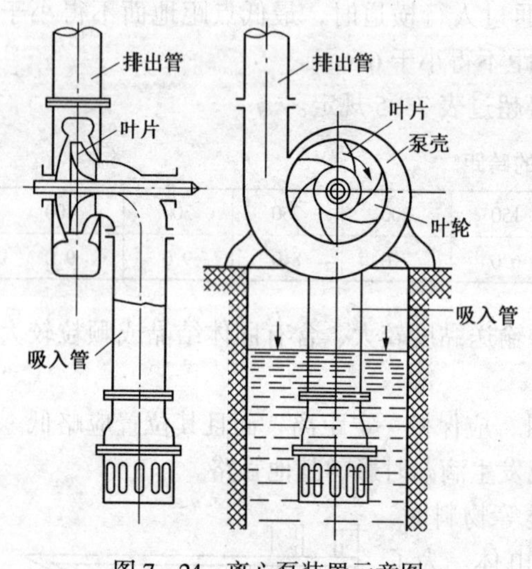

图 7－24　离心泵装置示意图

7.2.1　离心泵的工作原理

离心泵的装置如图 7－24 所示。离心泵一般由电动机带动，在开泵之前，将泵内充满所输送液体。当叶轮高速旋转时，叶轮带动叶片间的液体一道旋转，由于离心力的作用，液体从叶轮中心被甩向叶轮边缘，流速增大，动能增加。当液体进入泵壳之后，由于蜗壳形泵壳中的流道逐渐扩大，流速逐渐降低，一部分动能转变为静压能，于是液体以较高的压力而压出。与此同时，叶轮中心处由于液体被甩出而形成了一定的真空，而液面处的压力比叶轮中心处要高，因此，吸入管处的液体在压差作用下进入泵内。只要叶轮的旋转不停止，液体就连续不断地吸入和压出，这就是离心泵的工作原理。离心泵之所以能够输送液体，主要靠离心力作用，故称为离心泵。

离心泵运转时，如果泵内没有充满液体，或者在运转中泵内漏入了空气，由于空气的密度比液体的密度小得多，产生的离心力小，在吸入口处所形成的真空度较低，不足以将液体吸入泵内，这时，虽然叶轮转动，却不能输送液体，这种现象称为“气缚”。在吸入管末端安装单向底阀的作用，就是为了使在启动前灌入的或前一次停泵后管路内存留的液体不至于漏掉。

7.2.2　离心泵的主要性能参数

离心泵的主要性能参数有流量、扬程、功率和效率等。

1. 流量

流量即泵的输液能力，又称排液量，是指单位时间里排出液体的数量。通常以体积流量 Q 表示，单位为 m^3/s 或 m^3/h。

一台泵所能提供的流量大小，取决于它的结构(如单吸或双吸等)、尺寸(主要是叶轮的直径 D 和宽度 b)、转速 n 以及密封装置的可靠程度等。

2. 扬程

单位重量的流体通过离心泵所获得的能量称离心泵的压头，用符号 H 表示，其单位为米液柱，简写为 m。

离心泵的流量和扬程目前都还不能通过理论公式计算，只能用实验测定(离心泵在出厂时所标注的性能参数是以 20℃的水测定的)，实验装置如图 7－25 所示。

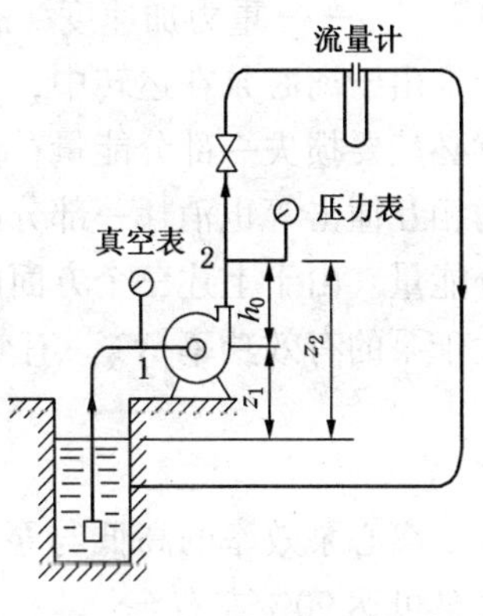

图 7－25 测定流量和扬程的实验装置

设所测液体的密度为 ρ，真空表指示的真空度 $p_{真}$，压力表所指示的表压为 $p_{表}$，大气压力为 p，出、入口的高度差为 $h_0=z_2-z_1$，由测得的流量和管径算得入口和出口处的流速为 u_1 和 u_2，列出吸入口和压出口之间的柏努利方程：

$$0+\frac{p-p_{真}}{\rho g}+\frac{u_1^2}{2g}+H=z+\frac{p+p_{表}}{\rho g}+\frac{u_2^2}{2g}+h_{损}$$

由于两处之间的管路很短，阻力损失 $h_{损}$ 可忽略不计，故离心泵的扬程：

$$H=h_0+\frac{p_{表}+p_{真}}{\rho g}+\frac{u_2^2-u_1^2}{2g} \qquad (7-40)$$

【例 7－19】 为测定一台离心泵的扬程，以 293K 的清水为物料，测得出口处压力表上的读数为 4.8kgf/cm^2(表压)，入口处真空表的读数为 147mmHg，出入口之间的高差为 0.4m，实测泵的流量为 $70.37\text{m}^3/\text{h}$，若吸入管和压出管的管径相同，试计算该泵的扬程。

解： 由式(7－40)可得

$$H=h_0+\frac{p_{表}+p_{真}}{\rho g}+\frac{u_2^2-u_1^2}{2g}$$

已知 $h_0=0.4\text{m}$ $p_{表}=\text{kgf/cm}^2=4.8\times9.81\times10^4(\text{Pa})$

$$p_{真}=147\text{mmHg}=\frac{147}{735.6}\times9.81\times10^4=0.2\times9.81\times10^4(\text{Pa})$$

$$u_1=u_2(\text{因管径和流量相等})$$

293K 时清水的密度 $\rho=998.2\text{kg/m}^3$

将以上各值代入上式，得

$$H=0.4+\frac{(4.8+0.2)\times9.81\times10^4}{998.2\times9.81}=50.5(\text{m})$$

必须注意，不要把扬程和升扬高度混同起来。用泵将液体从低处送到高处的高度差，称为升扬高度。如果有一台 2B31 型的离心泵，从泵的样本中查出，当流量为 $10\text{m}^3/\text{h}$ 时，其扬程为 34.5m，但它绝不可能把液体送到 34.5m 的高处，因为从式(7－40)中可以看出，扬程包含静压头、动压头和压头损失等几方面的能量，升扬高度只是其中的一部分而已。

3. 功率和效率

单位时间内液体经泵所实际得到的功，称为有效功率，以 $N_{效}$ 表示，单位为 J/s 或 W，1W＝1J/s。

泵的有效功率可用下式计算

$$N_{效}=QH\rho g \qquad (7-41)$$

式中 Q——泵的流量，m^3/s；

H——泵的扬程，m；

ρ——被输送液体的密度，kg/m^3；

g——重力加速度，m/s²。

由于离心泵在运转中，泵内的一部分高压液体要流回到泵的入口，甚至漏到泵外，这样就必然要损失一部分能量；而液体流经叶轮和泵壳时，流体方向和速度的变化，以及流体间的相互撞击等也消耗一部分能量；此外，泵轴与轴承和轴封之间的机械摩擦等还要消耗一部分能量。由于上述三个方面的原因，电动机传给泵的功率(称为轴功率，以 $N_{轴}$ 表示)总是要大于泵的有效功率 $N_{效}$。有效功率与轴功率之比，称为泵的总效率，以 η 表示。

$$\eta = \frac{N_{效}}{N_{轴}} \times 100\% \tag{7-42}$$

离心泵效率的高低与泵的大小、类型以及加工的状况有关，一般小泵为 50% ~ 70%，大泵可达 90% 左右。

由于泵在运转时可能出现超负荷的情况，因此，制造厂配的电动机往往按 $1.1N_{轴}$ ~ $1.2N_{轴}$ 来配备。泵铭牌上所标出的轴功率和电动机功率，都是以常温下的清水、其密度取 1000kg/m³ 而计算的，如果输送液体的密度较大，则应按上面介绍的公式(7－41)进行校核。

7.2.3 离心泵的特性曲线

实验表明，离心泵工作时的扬程、功率和效率等主要性能参数并不是固定的，而是随流量的变化而变化。生产厂把 $Q-H$、$Q-N$ 和 $Q-\eta$ 的变化关系画在同一张坐标纸上，得出一组曲线，称为离心泵的工作性能曲线或特性曲线。

图 7－26 是某离心泵在 2900r/min 时的特性曲线。

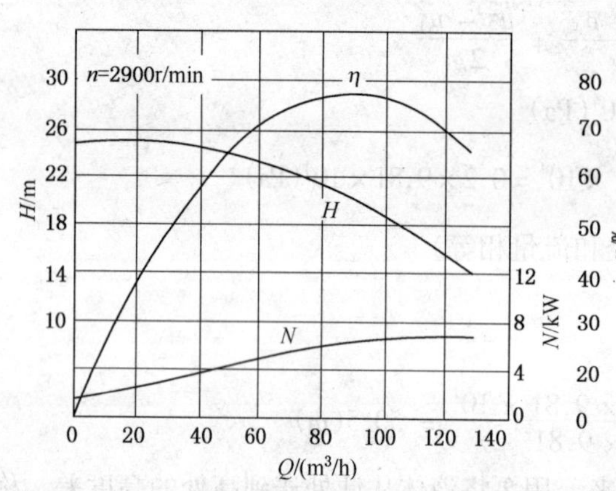

图 7－26　某离心泵特性曲线

尽管不同型式的泵有不同的曲线，但它们都具有以下特点：

(1) $Q-H$ 曲线表明：扬程 H 随流量 Q 变化而变化，流量越大，则扬程越小。

(2) $Q-N$ 曲线表明：流量越大，泵所需的功率 N 越大，当 $Q=0$，N 最小。因此在离心泵启动时，应将出口阀关闭，待启动后再逐渐打开阀门，这样可避免因启动功率过大而烧坏电机。

(3) $Q-\eta$ 曲线表明：泵的效率开始随流量增大而升高，达到最高值以后，则随流量的增大而降低。制造厂在泵的铭牌上标出的 Q、H 和 N，都是在最高效率点时的数值。选用泵时，总是希望在最高效率点工作，因为在这种条件下工作是最经济的，但实际上常常不可能正好在这一点工作，而是划定一个不低于最高效率 90% 的区域，只要泵在这一区域内工作，就认为是合理的。

为了让泵在最高效率点附近工作，有时可以改变泵的转速或叶轮的直径，此时，泵的性能则产生相应的变化。设以 Q、H、N 表示在铭牌规定的转速 n 和叶轮直径 D 时泵的特性；Q'、H'、N' 表示改变泵的转速 n' 和轮径 D' 时的特性，它们之间的换算关系如下：

$$Q/Q' \approx n/n';H/H' \approx (n/n')^2;N/N' \approx (n/n')^3 \tag{7-43}$$

$$Q/Q' \approx D/D';H/H' \approx (D/D')^2;N/N' \approx (D/D')^3 \tag{7-44}$$

另外，泵所输液体的黏度越大，则液体在泵内的能量损失越大，使泵的扬程、流量、效率都减小，而轴功率增大。当输送液体的黏度与水的黏度差别较大时(运动黏度大于 20cSt

时)，泵的特性曲线应该进行校正，校正方法可参阅有关泵的专门书刊。

输送液体的密度对扬程和流量没有影响，但从式(7-41)中可以看出，输送液体的密度越大，功率越大。如前所述，当输送液体的密度与常温时水的密度相差较大时，则原产品目录中所提供的 $N-Q$ 曲线不再适用，需要重新计算。

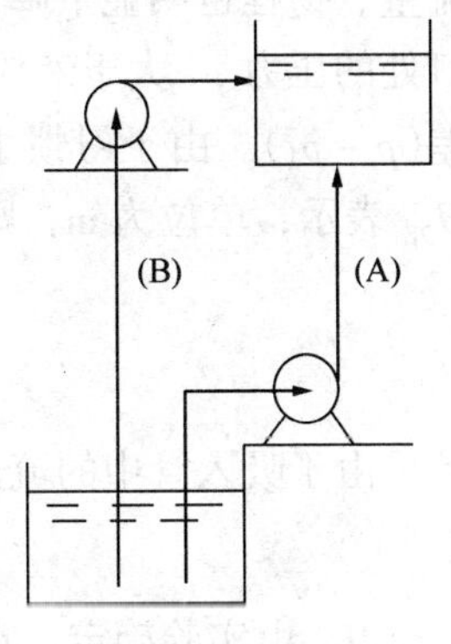

图 7-27　离心泵安装高度示意图

7.2.4　离心泵安装高度的确定

通常，离心泵安装在所吸液槽的液面之上。液面至泵入口中心线的允许最大垂直距离，称为允许安装高度或吸上高度，见图 7-27。允许安装高度可通过柏努利方程式确定。

设液面压力为 p，泵入口处的压力为 p_1，液体的密度为 ρ，吸入管路中液体的流速为 u_1，阻力损失为 $h_{损}$，泵的允许安装高度为 $z_{大}$，列出液面至泵入口之间的柏努利方程式

$$\frac{p}{\rho g} = z_{大} + \frac{p_1}{\rho g} + \frac{u_1^2}{2g} + h_{损}$$

则允许安装高度

$$z_{大} = \frac{p - p_1}{\rho g} - \frac{u_1^2}{2g} - h_{损} \tag{7-45}$$

下面我们就式(7-45)进行讨论：

(1) 假设泵入口处为绝对真空，即 $p_1=0$，并略去 $u_1^2/2g$ 和 $h_{损}$，则理论上的最大安装高度为 $p/\rho g$。如果贮槽是敞口的，p 即当地的大气压力，$p/\rho g$ 是以液柱高度表示的大气压力值，那么，海拔高度为零的地方输送常温的水，理论上最大的安装高度：

$$z_{大} = \frac{p}{\rho g} = \frac{101.3 \times 10^3}{1000 \times 9.81} = 10.33(\mathrm{m})$$

这说明安装高度是有限的，而且事实上肯定达不到这一理想状态的极限值。

值得提出，大气压力是随海拔高度的增高而降低，因而，不同地区理论上的最大安装高度值都不一样，表 7-6 列出了不同海拔高度的大气压力，即泵送水时理论上的最大安装高度度值，可供使用中参考。

表 7-6　不同高度的大气压力

海拔高度/m	0	100	200	300	400	500	600	800	1000	1500	2000	2500
大气压力/mH_2O	10.33	10.2	10.09	9.95	9.85	9.74	9.6	9.38	9.16	8.64	8.15	7.62

(2) 在 p 一定时，p_1 越低，安装的高度可以越高。这样看来，似乎 p_1 越低越好，但实际上当 p_1 降低到与液体温度相应的饱和蒸气压 $p_{饱}$ 相等时，泵入口处的液体就要气化而出现气泡，其体积突然膨胀，会扰乱入口处液体的流动。而这些大量气泡随液体进入高压区后，便被周围液体压碎，并重新凝聚为液体，气泡所在的空间形成了真空，周围液体质点就像一些射出去的子弹头一样以极大速度冲向气泡中心，从而在这些汽泡的冲击点上产生很高的局部压力，不断打击着叶轮或泵壳的表面，使其出现麻点、小的裂缝，天长日久，叶轮或泵壳将烂成海绵状，这种现象称为“气蚀”。气蚀现象发生时，泵体震动，并发出噪音，泵的

流量、扬程也明显下降，严重时，泵无法继续工作。为了防止气蚀现象的发生，必须使泵入口处的压力 p_1 大于液体的饱和蒸气压 $p_{饱}$，或者说，规定一个保证不产生气蚀现象的吸入压差$(p - p_1)$。由于习惯上把允许压差下的液柱高度称之为泵的允许吸上真空高度，以符号 $H_{允}$ 表示，单位为 m，则保证不发生气蚀现象的最大安装高度为：

$$z_{大} = H_{允} - \frac{u_1^2}{2g} - h_{损} \tag{7-46}$$

由于吸入管中的流速较小，略去$\frac{u_1^2}{2g}$，则

$$z_{大} = H_{允} - h_{损} \tag{7-47}$$

$H_{允}$ 由实验确定，在制造厂提供的泵的样本中可以查出。为了安全可靠起见，实际安装高度应比计算的 $z_{大}$ 低 0.5 ~ 1m。

必须注意，泵样本上给出的 $H_{允}$ 值，是指吸送 293K 的清水，液面压力为 10m 水柱时的数值。如果输送液体的密度、温度以及液面压力与其相差较大时，则必须按下式进行校正。

$$H'_{允} = H_{允} - 10 + 0.24 + \frac{p' - p'_{饱}}{\rho g} \tag{7-48}$$

式中 $H'_{允}$——按使用条件校正后的允许吸上真空高度，m；

$H_{允}$——泵样本上表示的允许吸上真空高度，m；

p'——在使用条件下贮槽液面的压力，Pa；

$p'_{饱}$——在使用温度下液体的饱和蒸气压，Pa；

ρ——在使用温度下液体的密度，kg/m³。

【例 7-20】 车间欲安装一台离心泵，把常压下 293K 的水从河中送到冷却器里。所用泵的铭牌上标明该泵的允许吸上真空高度为 5m，估计吸水管路的损失压头为 1.5m。试确定该泵的实际安装高度。

解：该泵的工作情况与泵出厂时的试验情况相同，可用式(7-47)计算出允许的最大安装高度

$$z_{大} = H_{允} - h_{损} = 5 - 1.5 = 3.5(\mathrm{m})$$

实际安装高度应比 $z_{大}$ 低 0.5 ~ 1m，若取 0.5m，则实际安装高度为 3m。

(3) 实验中发现，当泵入口处的压力 p_1 还没有低到与液体的饱和蒸气压 $p_{饱}$ 相等时，气蚀现象也会发生，这是因为泵入口处并不是泵内压力最低的地方，当液体从泵入口进入叶轮中心时，由于流速大小和方向的改变，压力会进一步降低。因此，为了防止气蚀现象发生，必须使泵入口处液体的动压头 $u_1^2/2g$ 与静压头 $p_1/\rho g$ 之和大于被输送液体的饱和蒸气压头 $p_{饱}/\rho g$，其差值以符号 Δh 表示。保证不发生气蚀的 $\Delta h_{最小值}$，称为允许气蚀余量，以符号 $\Delta h_{允}$ 表示，单位为 m，即

$$\Delta h_{允} = \left(\frac{p_1}{\rho g} + \frac{u_1^2}{2g}\right) - \frac{p_{饱}}{\rho g} \tag{7-49}$$

移项得 $$\frac{p_1}{\rho g} = \Delta h_{允} + \frac{p_{饱}}{\rho g} - \frac{u_1^2}{2g}$$

将其代入式(7-45)，得出能防止气蚀现象的最大安装高度

$$z_{大} = \frac{p - p_{饱}}{\rho g} - \Delta h_{允} - h_{损} \tag{7-50}$$

在输送某些低沸点液体的泵(如油泵)的目录中，常以允许气蚀余量作为泵的性能参数标出，其值亦由实验得出。同样，为了安全可靠起见，泵的实际安装高度，比按式(7-50)得出的 $z_{大}$ 还要低 0.5~1m。

【例 7-21】 用油泵从密闭贮槽中送出 318K 的丙烯，已知槽内液面压力接近于操作温度下丙烯的饱和蒸气压，泵在输送流量下的 $\Delta h_{允}=3.2$m，吸入管路的压头损失为 1m，试确定泵的安装高度。

解：由式(7-50)得泵的安装高度

$$z_{大}=\frac{p-p_{饱}}{\rho g}-\Delta h_{允}-h_{损}$$

已知 $p\approx p_{饱}$ $\Delta h_{允}=3.2$m $h_{损}=1$m

将以上各值代入，得

$$z_{大}=-3.2-1=-4.2(\mathrm{m})$$

实际安装高度应比 $z_{大}$ 低 0.5~1m；故应为 -4.7m 或 -5.2m，即泵至少应安装在液面以下 4.7m 或 5.2m。

7.2.5 离心泵工作点与流量调节

离心泵的特性曲线是表示泵本身所固有的特性，与外界使用的情况无关。但泵总是要在一定的管路系统中工作，它工作时的实际流量和扬程，不仅与泵本身的特性有关，还取决于管路的特性。

1. 管路特性曲线和泵的工作点

表示管路所需外加压头与流量之间关系的曲线，称为管路特性曲线。在上面关于柏努利方程式的应用中已经提到，液体在管路中流动时所需的外加压头

$$H=\Delta z+\frac{\Delta p}{\rho g}+\frac{\Delta u^2}{2g}+\lambda\cdot\frac{l+\Sigma l_{当}}{d}\cdot\frac{u^2}{2g}$$

式中 $\Delta z+\frac{\Delta p}{\rho g}$ 与管路的流量无关，在升扬高度和压力不变的情况下，它是一个常数，现以 A 表示。在一定的管路系统中，可以把 $\frac{\Delta u^2}{2g}+\lambda\cdot\frac{l+\Sigma l_{当}}{d}\cdot\frac{u^2}{2g}$ 写成 FQ^2。这样，上式可简化为

$$H=A+FQ^2 \tag{7-51}$$

式(7-51)表明，管路要求泵提供的外加能量随流量的平方而变化。把这一关系描述在相应的坐标上，便得到图(7-28)所示的曲线图。管路情况不同，这种曲线的形状也不同，故称之为管路特性曲线。

输送液体是靠泵和管路相互配合来完成的，两者处在同一个体系中，两者的流量和扬程必须一致。如果将两者的特性曲线画在同一张坐标纸上，两条曲线必然有一个交点 P(如图 7-29所示)，泵在这一点工作时，既满足了管路系统的需要，又能为泵的能力所保证，这一点称为泵的工作点，也就是管路的特性点。如果这一点在泵的特性曲线上所对应的效率是比较高的，则说明泵选择的比较好。

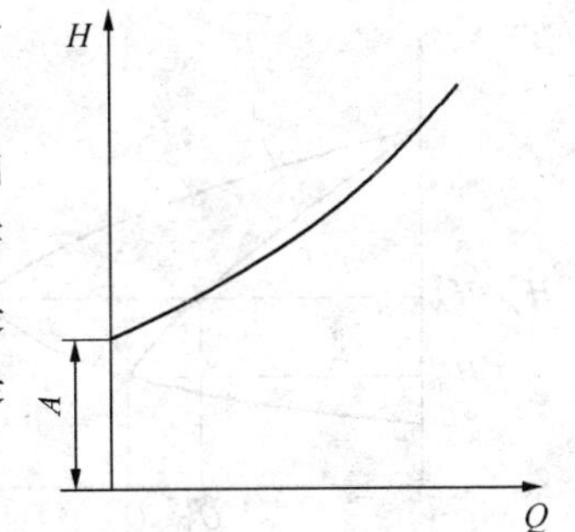

图 7-28 管路的特性曲线

2. 离心泵的调节

在实际工作中，不但需要选择好泵，还需要用好泵。选泵

时往往不可能找到一个非常合适的泵，其工作流量正好和管路所需要的流量相等，这样，就要对泵的工作点进行调节。此外，由于生产任务的变化，往往需要增大或减小流量，或者提高或减小泵的工作压力，所以，离心泵的调节是实际操作中经常遇到的问题。

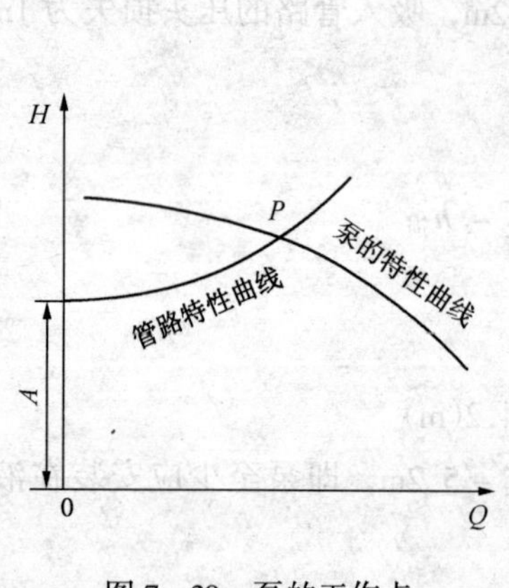

图 7-29　泵的工作点

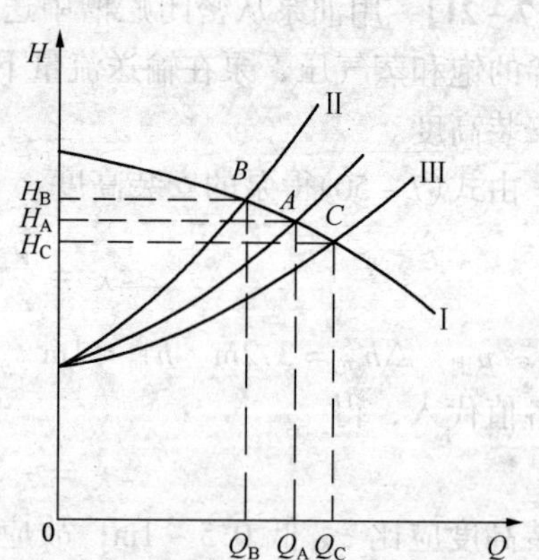

图 7-30　改变出口阀的开启程度实现离心泵的调节

前面讲到，泵的工作点是由泵的特性曲线和管路特性曲线所决定，因此，改变任一曲线都能达到调节泵的工作点的目的。

改变管路特性的最简便的办法，是调节泵出口阀的开启程度，其实际是改变了管路阻力，从而达到调节流量或工作压力的目的。如图 7-30 所示，当关小阀门时，管路的局部阻力增大，管路特性曲线变陡，泵的工作点从原来的 A 点移至 B 点，相应的流量变小；当开大阀门时，局部阻力减小，工作点移至 C 点，流量增大。显然，当关小阀门时，一部分能量将额外地消耗在克服阀门的局部阻力上，这是不经济的，但由于它简单易行，故广泛采用。

改变离心泵特性的方法有两种，即改变叶轮的转速或直径。但因为一般电动机的转速是固定的，要改变转速就必须增设变速装置，故一般很少采用。

改变叶轮直径的方法也不常用，因为制造厂一般只配有两种直径不同的叶轮，调节范围不大，拆装也不方便，只有在较长时间内改变泵的流量时才用此方案。

3. 离心泵的串联和并联

实际生产中，改变生产条件的情况是很常见的，当因此而要求提供的流量或压头超出了原来安装的离心泵的调节范围时，可以将两台或多台泵并联或串联在一起操作。

在单台泵的扬程足够，但流量不能满足的情况下，可采用两台型号相同的泵进行并联。并联操作时的特性曲线可以在相同压头下把流量增加近一倍。图 7-31 所示即为两台泵并联操作时的特性曲线。图中的曲线 1 为单台泵的特性曲线，点 A 是它的工作点；曲线 2 为两台泵并联后的特性曲线，工作点为 B。

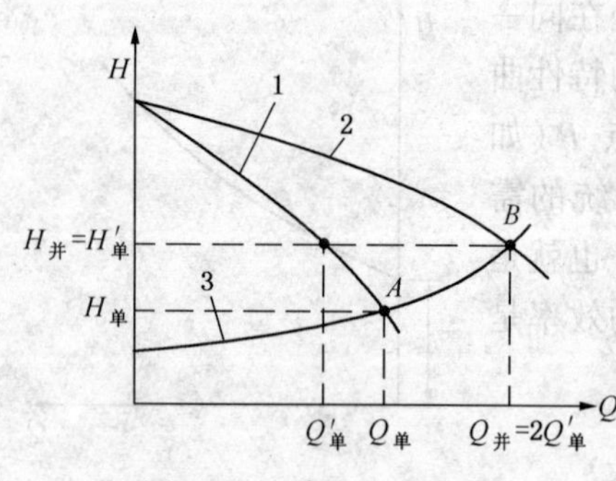

图 7-31　离心泵的并联

实践证明，不同型号的泵并联之后，其流量增加很小，这种操作已无实际意义。

在单台泵的流量足够，而扬程不能满足需要的情况下，可采用两台型号相同的泵进行串联。串联操作时的特性曲线可以在相同流量下把扬程增加近一倍。

图 7-32 所示即为两台泵串联操作时的特性曲线，图中曲线 1 为单台泵的特性曲线，点 A 是它的工作点；曲线 2 是两台泵串联后的特性曲线，工作点为 B。

必须指出，多台泵的串联操作实质上就相当于一台多级泵在工作，但却需要多台电动机，流体漏损的机会增多。当串联的台数过多时，随着每增加一级，泵所承受的压力相应增大，有可能导致最后一台泵因强度不够而损坏。因此，除了特殊情况外，不如选用一台多级离心泵更为方便、可靠。

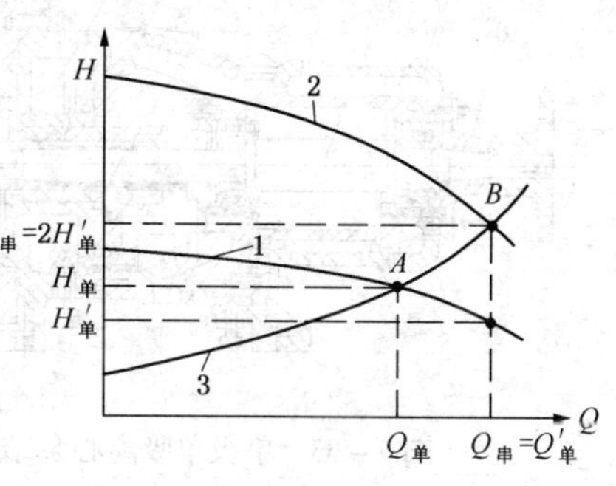

图 7-32　离心泵的串联

7.2.6　离心泵安装与运转中的注意事项

各种泵出厂时都附有说明书，对泵的性能、安装、使用、维护等也都作了介绍，这里我们主要是结合前面学到的有关知识，提出一些应当注意的事项。

(1) 为了确保不发生汽蚀现象或吸不上液体，泵的实际安装高度必须低于理论上计算的最大安装高度 $z_{大}$，同时，应尽量降低吸入管路的阻力。

为了减小吸入管路的压头损失，管路应尽可能短而直，管子直径还不得小于吸入口的直径。但如果采用较之更大的管径时，应注意变径处不能有气体积存，否则，会造成“气缚”。

(2) 为了防止“气缚”现象的产生，在泵启动前，必须向泵内灌注液体，直至泵壳顶部排气嘴处在打开状态下有液体冒出时为止。

(3) 一般电动机启动时的电流为正常运行时的 5~7 倍，如果带负荷启动，其电流值就更大，为了不致因启动时电流过大而烧坏电机，泵启动时，应将出口阀完全关闭，等电机运转正常后，再逐渐打开出口阀，并调节到所需要的流量。

(4) 为了保证密封可靠和使轴不致过度摩损，在泵运转过程中应经常检查密封的泄漏情况和发热与否。

(5) 为了保护设备，停车前应首先关闭出口阀，再停电机；否则，压出管中的高压液体可能反冲入泵内，造成叶轮高速反转，以致损坏。若停车时间长，应将泵和管路内的液体放尽，以免锈蚀或冬天冻结。

运转中，还应注意有无不正常噪音，观察压力表是否正常，并定期检查轴承是否过热等。

7.2.7　离心泵的类型

离心泵的种类很多，按所输送介质的性质不同，可分为清水泵、耐腐蚀泵、油泵、杂质泵等。按叶轮的吸液方式不同，可分为单吸泵和双吸泵。按叶轮的数目不同，可分为单级和多级泵。这里介绍几种常用的泵型：

1. 清水泵

这是化工生产中最常用的泵型，适用于输送清水，或黏度与水相近、无腐蚀以及无固体杂质的液体。其中 IS 型单级单吸式离心泵是我国第一个按国际标准设计、研制的，全系列共有 29 个品种，流量范围 6.3~400m³/h，扬程范围 5~125m。

现以 IS50-32-200 型为例说明型号的意义：

其中，IS——国际标准单级单吸清水离心泵；

50——泵吸入口直径，mm；

32——泵排出口直径，mm；

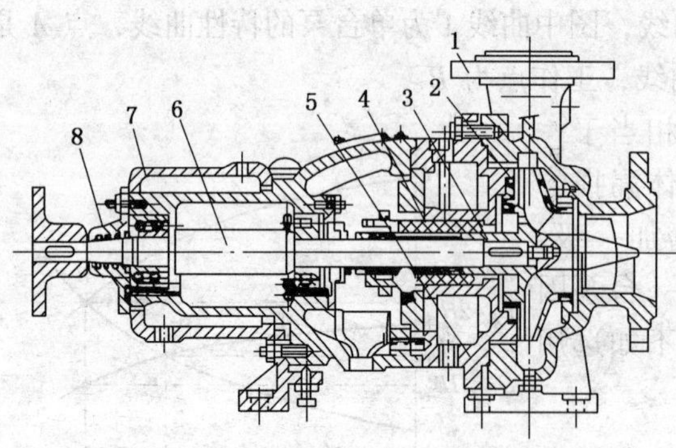

图 7-33　单级单吸离心泵结构图

1—泵体；2—叶轮；3—密封圈；4—护轴套；5—后盖；6—轴；7—托架；8—联轴器部件

200——叶轮的名义直径，mm。

单级单吸离心泵的结构如图 7-33 所示。

当输送液体的扬程要求不高而流量较大时，可选用单级双吸式离心泵，其叶轮厚度较大，有两个吸入口，如图 7-34 所示，系列代号为 S。以 100S90A 为例，其中，100 为泵入口直径，mm；S 表示单级双吸式；90 为设计点扬程值，m；A 表示叶轮经第一次切削。

当扬程要求较高时，可采用多级离心泵。这种泵实际上是将几个叶轮装在一根轴上串联地工作，液体依次通过各个叶轮时，受离心力作用，能量依次增加，所以扬程较高。我国生产的多级泵的系列代号为 D(或 DG 型)，以 D155-67×3 为例，D 为多级泵代号，155 为设计点流量，m^3/h；67 为设计点单级扬程值，m；3 表示泵的级数即叶轮数。

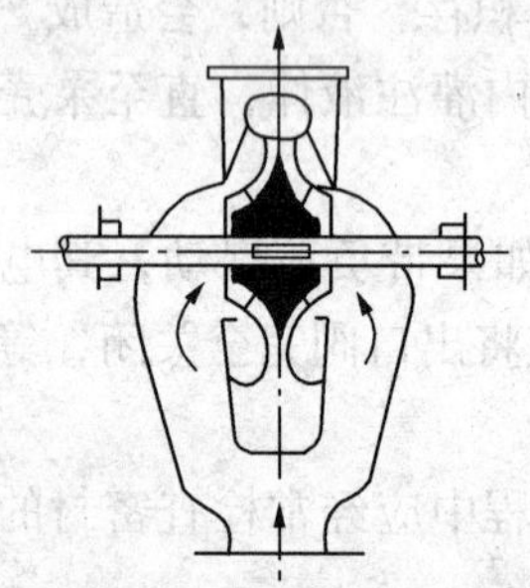
图 7-34　单级双吸离心泵示意图

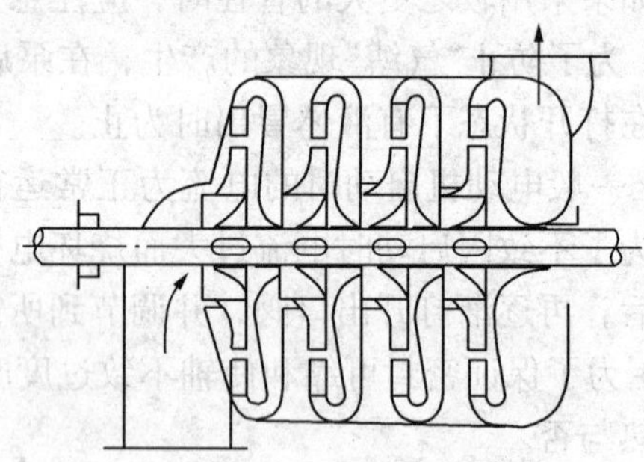
图 7-35　多级离心泵示意图

2. 耐腐蚀泵

化工生产中有许多液体都是有腐蚀性的，这就要求采用耐腐蚀泵。这种泵的结构和清水泵基本相同，主要区别在于和液体接触的部件用各种耐腐蚀材料制成。我国生产的耐腐蚀泵系列代号为 F，全系列流量为 3.6～360 m^3/h，扬程为 6～103m。以 150F-35 为例，150 为泵入口直径，mm；F 为悬臂式耐腐蚀离心泵；35 为设计点扬程值，m。

3. 油泵

输送石油产品的泵，统称为油泵。石油产品的特点之一是易燃易爆，因此对油泵的一个重要要求是密封完善可靠。

我国生产的离心式油泵的系列代号为 Y，有单级与多级，单吸与双吸等不同型式，全系列的扬程范围为 60～600m，流量范围为 6.25～500m^3/h，适用温度范围是 253～673K。Y 型泵的代号编制与 F 型泵相似，以 80Y100 和 80Y100×2A 为例，80 为泵入口直径，mm；Y 表示单级离心油泵；100 为设计点扬程值，m；×2 表示该泵为二级；A 表示叶轮经第一次切削。若为双吸式油泵，则泵的代号用 YS 代替。

除上述类型外，还有用来输送含有固体粒子悬浮液或稠液的杂质泵(包括污水泵、砂泵、泥浆泵等)，用以提取地下水的深井泵，用以输送液化乙烯、液化天然气等强挥发性液体的低温泵等。

7.2.8 离心泵的选用

离心泵有如此多的类型，每种泵又有一系列的型号，那么，在实际生产中怎样选定一个合适的型号呢？通常的选择方法和步骤如下：

(1) 根据被输送介质的性质确定泵的类别，例如输送清水则选择清水泵，输送酸则选择耐腐蚀泵，输送油则选择油泵等，同时还要确定具体的泵型。

(2) 根据管路所需要的流量计算管路要求的外加压头、有效功率和轴功率，选择泵的型号。

(3) 如果输送介质的密度与水的密度相差较大，应按式(7－41)或式(7－42)校核电动机的功率是否够用。

若几种型号的泵都能满足操作要求，应当选择经济且在高效区工作的泵。一般情况下均采用单泵操作，在重要岗位可设置备用泵。

7.3 气体压缩与输送机械

在化工生产中，除了大量使用输送液体的机械之外，还广泛使用各类气体压缩机械和其他输送气体的机械。

本节只讨论往复式压缩机和透平式压缩机的工作原理和应用。

7.3.1 往复式压缩机

7.3.1.1 往复式压缩机的工作原理

往复式压缩机主要是由汽缸、活塞、吸入阀和排出阀组成，活塞依靠传动机构的带动在汽缸内作往复运动，引起工作容积的扩大和缩小，气体被吸入和压出。其工作原理和往复泵相似，如图 7－36 所示。

由于气体的可压缩性，压缩机的实际工作过程是比较复杂的，为了讨论的方便，通常以工作容积 V 和气体压力 p 所组成的压容图来表示气体在压缩过程中的状态变化。下面我们以单级单动往复式压缩机为例加以说明：

假设汽缸内已经充满压力为 p_1 的低压气体，如图 7－36(a)所示，活塞位于右死点，汽缸中气体的压力为 p_1，体积为 V_1，其状态以 $p-V$ 图上的点 1(p_1，V_1)表示。

当活塞从右死点向左移动，缸内气体被压缩，压力升高，吸入阀自动关闭。由于出口管中的压力 p_2 大于此时缸内的压力，排出阀不能打开。随着活塞继续向左移动，缸内气体的体积继续减小，气体的压力和温度不断升高，直至压力增大到等于出口管中的压力为止，其状态以点 2(p_2，V_2)表示气体从状态 1 变为状态 2 的过程，称为压缩阶段。

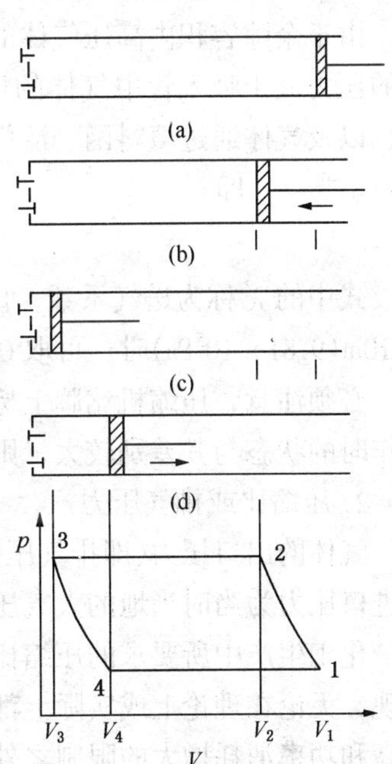

图 7－36 压缩机的实际工作循环

当活塞继续向左移动，汽缸内的压力稍大于出口管中的气体压力 p_2 时，排出阀被顶开，气体排出(此时气体压力可认为等于 p_2)，直至活塞达到左死点为止。此时的状态以点 3(p_2，V_3)表示。气体从状态 2 变为状态 3 的过程，称为排气阶段。

如图 7-36(c)所示，活塞达到左死点时，活塞与汽缸端盖之间还留有、也必须有一段很小的间隙 V_3，否则将发生碰撞。这个间隙，工程上称为“余隙”。由于余隙的存在，汽缸内还残留一部分压力为 p_2 的高压气体，当活塞从左死点向右移动时，气体逐渐膨胀，直至等于吸入管中的压力 p_1 为止，其状态以点 $4(p_1, V_4)$ 表示。气体从状态 3 变为状态 4 的过程，称为膨胀阶段。在膨胀阶段里，吸入阀处于关闭状态。

当活塞从状态点 4 继续向右移动，汽缸内的压力稍低于 p_1 时，吸入阀自动开启，吸入管中的气体开始进入汽缸。活塞继续移动，气体不断吸入，而压力保持不变，可认为等于 p_1，直至活塞到达右死点，状态回复到点 $1(p_1, V_1)$ 为止。气体从状态 4 变为状态 1 的过程，称为吸气阶段。至此，活塞做了一次往复运动，往复式压缩机实现了一次工作循环。

综合以上所述，往复式压缩机的实际工作循环，由吸气—压缩—排气—膨胀四个阶段组成。$p-V$ 图上的四条线代表了这四个阶段的变化过程。

7.3.1.2 往复式压缩机的主要性能

1. 排气量

排气量即压缩机的生产能力，用符号 Q 表示，单位为 m^3/s。因为气体只有在吸入汽缸之后才能排出，所以其生产能力均以吸入气体的量计算。

理论上的吸气量应等于活塞所扫过的汽缸容积。单动式压缩机的活塞往复一次，压缩机吸气一次，则理论上的吸气量可以按下式计算：

$$Q_{理} = \frac{\pi}{4} D^2 S f \tag{7-52}$$

式中 D——活塞的直径，m；

S——活塞的冲程，m；

f——活塞往复运动的频率，Hz 或 1/s。

由于余隙容积内高压气体的膨胀，占据了一部分汽缸的容积，加之吸入阀只能在汽缸内部的压力低于吸入管中气体的压力下打开，进入的气体立即膨胀，也占据了一部分汽缸容积，以及气体通过填料函、活门、活塞等处的泄漏等，实际送气量 Q 总是比理论上的送气量 $Q_{理}$ 要小，即

$$Q = \lambda Q_{理} \tag{7-53}$$

式中的 λ 称为送气系数，由实验测出，一般为 0.7~0.9。对于新的压缩机，当终压小于 10at(9.81×10^5Pa)时，可取 0.85~0.95；当终压大于 10at 时，可取 0.8~0.9。

必须注意，压缩机铭牌上标注的生产能力通常都是指标准状态下的体积流量，如果实际操作时的状态与其差别较大，则应进行校正。

2. 压缩比或排气压力

气体的出口压力(即排气压力)与进口压力之比，称为压缩比，用符号 ε 表示。当压缩机的进口压力为当时当地的大气压力(101.3×10^3Pa)计时，压缩比与出口压力在数值上相等。

化工生产中所要求的压缩比可高达几十至几百以上，这样大的压缩比要想在一个汽缸内实现，无论在理论上或实际上都是不可能的。这里除了受到我们在后面将要提到的气体温度升高和功率消耗增大的限制之外，另一个很重要的原因是受到容积系数的限制。所谓容积系数是吸气量与活塞扫过的容积之比，用符号 $\lambda_{容}$ 表示。从图 7-36 可以看出：

$$\lambda_{容} = \frac{V_1 - V_4}{V_1 - V_3} \tag{7-54}$$

实验证明，由于活门阻力，缸壁温度以及汽缸内各部件泄漏等原因，送气系数 λ 一般为容积系数$\lambda_{容}$ 的 0.8～0.95 倍。

如前所述，在活塞与汽缸前盖之间有一段很小的余隙，余隙中气体的温度和压力越高，其膨胀的程度越大，V_1 与 V_4 的差值越小，$\lambda_{容}$ 也就越小。理论上可以证明，当压缩比大到某一极限时，V_4 可以等于 V_1，$\lambda_{容}$ 将等于零。也就是说，压缩机将处在一种既不吸气也不排气，白白消耗动力的状态。

3. 排气温度

气体经压缩后排出时的绝对温度称为排气温度，它总是比吸气温度要高，其升高的程度与过程的性质和压缩比的大小有关。

气体压缩分等温压缩和绝热压缩两种。所谓等温压缩，是指气体在压缩过程中所产生的热量全部传到外界，压缩前后的温度自始至终保持不变。所谓绝热压缩，是指在压缩过程中气体与外界毫无热量交换。但实际操作中，既难以做到使气体迅速冷却以保持系统处于等温状态，也不可能没有一点热的损失，使系统处于绝热状态，即实际过程处于等温压缩和绝热压缩之间，称为多变过程。在多变过程中，压缩机的排气温度 T_2 可以通过下式计算：

$$T_2 = T_1\left(\frac{p_2}{p_1}\right)^{\frac{m-1}{m}} \tag{7-55}$$

式中　T_1——吸气温度，K；

p_2/p_1——压缩比，亦可用 ε 表示；

m——多变指数，由实验测出。

压缩机的排气温度不能过高，因为温度过高，汽缸中润滑油的黏度降低，润滑性能减弱，会造成零件的磨损加快，严重时甚至可能造成润滑油分解以至碳化，使机器停止运转甚至爆炸。这也是限制着一个汽缸内压缩比不能过大的原因。

4. 功率

气体在压缩机中被压缩，温度和压力都相应增高，这就必须从外部输入机械功。在多变过程中，压缩机所需要的理论功率(单位：W)

$$N_{理} = \frac{m}{m-1}p_1Q_1\left[\left(\frac{p_2}{p_1}\right)^{\frac{m-1}{m}} - 1\right] \tag{7-56}$$

式中的 Q_1 为按吸入状态计算的排气量(m^3/s)，它可以根据压缩机的排气量按气体状态方程式求得。从式(7－56)可以看出，压缩机的压缩比(p_2/p_1)越大，所消耗的功率也越多。

必须指出，式(7－55)和式(7－56)都是以理想气体导出的，对于真实气体，当温度较高而压力不太高时，即气体在压缩过程中不发生相变的条件下也可以应用，否则，计算结果与实际情况的差异较大，以至根本无法应用。

和离心泵一样，压缩机也有一个效率问题，压缩机的轴功率等于理论功率除以压缩机的总效率。

$$N_{轴} = \frac{N_{理}}{\eta} \tag{7-57}$$

式中的 η 即表示压缩机的总效率，一般由实验测出。

7.3.1.3 多级压缩

前面已经提到，要想在一个汽缸内实现很大的压缩比，无论在理论上或实际上都是不可能的。因此当压缩比大于 8 时，通常就采用多级压缩，这样的压缩机称为多级压缩机。如图 7－37 所示。

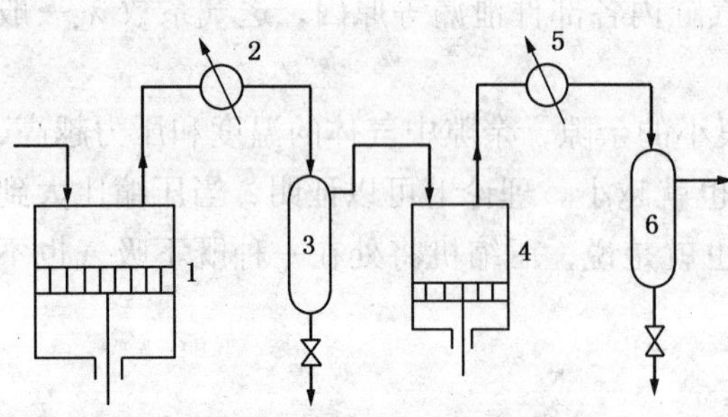

图 7－37　多级压缩

1,4—汽缸；2—中间冷却器；3、6—油水分离器；5—出口气体冷却器

多级压缩机是把两个或两个以上的汽缸串联组合在一起，气体经第一个汽缸压缩之后，又引到第二个汽缸里进一步压缩，如此经过多次压缩之后，达到设计所规定的终压。每压缩一次，称为一级，在一台机器里连续压缩的次数，就是级数。在每级汽缸之后，可以用冷却器将气体冷却，用油水分离器将气体夹带的润滑油和水分离。每级的压缩比约等于总压缩比的级次根。例如某四级压缩机的压缩比等于 81，则每级压缩比为 $\sqrt[4]{81}$。实际压缩机的每一级压缩比一般在 2～5 之间。

化工生产中广泛采用多级压缩机，这是因为多级压缩具有如下的优点：

(1) 提高汽缸的容积系数 $\lambda_{容}$。汽缸容积系数的高低，是表示压缩机性能好坏的一个重要指标。压缩比越大，容积系数越低，压缩机的排气量越小，因此，提高容积系数 $\lambda_{容}$，实际上提高了压缩机的生产能力。

(2) 避免压缩机的排气温度过高。气体经压缩后温度必然升高，压缩比越大，温度上升的越高。实验表明，在单级压缩的情况下，当压缩比为 6 时，其温度可高达 473～513K，在这样高的温度下很容易形成前面提到的润滑油碳化，以至于爆炸等严重恶果。在多级压缩机中，由于每级的压缩比不算很高，而且每级汽缸之间装有冷却器，可以做到最后一级排出气体的温度比在相同压缩比情况下单级压缩时的排气温度要低得多。

(3) 降低压缩机所需的功率。实践证明，在总压缩比相同的情况下，采用多级压缩所消耗的功率比采用单级压缩时要少，而且级数越多，减少的程度越大。但绝不是级数越多越好，因为级数越多，零部件和附属装置越多，造价也越高。当级数超过某一数值后，节省的动力费用就可能不足以抵消设备费用的增长，所以一般往复式压缩机为 2～5 级。

7.3.2 透平式压缩机

7.3.2.1 透平式压缩机的工作原理

透平式压缩机即离心式压缩机。它的工作原理和多级离心泵相似，气体在叶轮带动下做旋转运动，由于离心力的作用使气体压力增高，经过一级一级的增压作用，最后可以得到相当高的排气压力。

透平式压缩机与往复式压缩机相比，具有体积小，重量轻，占地少，运转平稳，排量大而均匀，操作维修简单等优点；但也存在着制造精度要求高，不易加工，给气量变动时压力不稳定，负荷不足时效率显著下降等缺点。

透平式压缩机在化工生产中应用很广，特别是那些要求气量较大而压力不很高的情况下，往复式压缩机已经越来越多地被透平式压缩机取代。随着技术的发展，透平式压缩机已能达到很高的工作压力，满足生产的需要。

7.3.2.2 透平式压缩机的特性曲线、工作点与气量调节

1. 特性曲线

透平式压缩机的特性曲线通常由 $Q-\varepsilon$、$Q-N$、$Q-\eta$ 三条曲线组成。但在讨论压缩机的工作点及其气流调节中，为了讨论的方便，常用出口压力 p_2 来代替压缩比 ε，即用 $Q-p$ 曲线来代替 $Q-\varepsilon$ 曲线。图 7－38 所示是某透平式压缩机的特性曲线图。

和离心泵一样，透平式压缩机的特性曲线都是对特定的压缩机、在一定的转速下、通过实验测定的，它表示了该压缩机的压缩比 ε(或排气压力 p)、功率 N，以及效率 η 随排气量(按进气状态计算)变化而变化的规律。对大多数透平式压缩机而言，$Q-\varepsilon$(或 $Q-p$)曲线是一条在气量不为零处有一最高点、呈驼峰状的曲线，在最高点右侧，压缩比(或出口压力)随着流量的增大而急剧降低。在一定范围内，透平式压缩机的功率(N)和效率(η)随流量(Q)增大而增大，但当增至一定限度后，却随流量增大而减小。

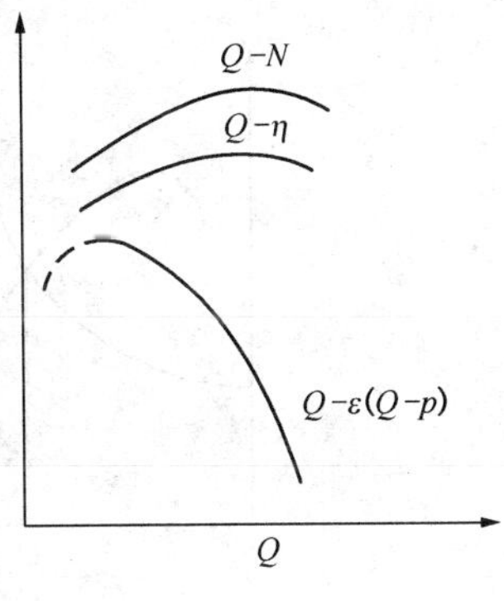

图 7－38　透平压缩机的特性曲线

2. 工作点

任何一台压缩机总是与一定的管网系统一道工作的。所谓管网系统，就是指压缩机后面，压缩气体所要经过的全部容器和管路等。气体通过管网时，要克服一系列的阻力损失，必须保持一定的压力。表示气流通过管网所需要的压力 p 和流量 Q 之间关系的曲线($Q-p$ 曲线)称为管网性能曲线。和离心泵相似，压缩机的管网特性曲线是一条抛物线，它和压缩机特性曲线的交点便是该压缩机的工作点，压缩机只有在这一点工作，其流量和压力才能满足外界管网的需要，压缩机和管网组成的整个系统处于平衡状态，如图 7－39 所示。

3. 气量调节

在实际操作中，经常会遇到管路特性和压缩机的特性不一致的情况，这时就需要改变压缩机的特性曲线，移动工作点，以满足用户的需要。这种改变特性曲线的位置以适应工作需要的方法，称为透平式压缩机的气量调节。

调节的方法很多，如调整进口或出口管阀门的开启程度、改变机器的转速，以及在机器的结构上加以改进等。改变出口阀开启程度的方法(通常称为出口节流调节法)，实质上是通过改变管网上的阻力来改变管网的特性曲线。这种方法的优点是简便易行，缺点是系统中的能量损耗增大，很不经济；改变机器的转速，经济上合理，但对转速固定的压缩机而言，一般难以实现；改变机器的结构，将使得结构复杂化，也比较少用；而通过调整进口阀门的开启程度以改变压缩机特性曲线的方法，则是一种简便而又广泛采用的方法。如图 7－40 所示，若把进口阀门关小，机器的特性曲线由原来的曲线 1 变为曲线 1′，工作点由原来的 A 变为 A'，相应的流量和压力也就产生了变化，这种方法通常称为进口节流调节法。

7.3.2.3 透平式压缩机的喘振现象

如前所述，大多数透平式压缩机的 $Q-\varepsilon(Q-p)$曲线是一条在气量不为零处有最高点、呈驼峰状的曲线。

如果压缩机的工作点 A 在 $Q-\varepsilon(Q-p)$曲线最高点的右侧，当实际操作中由于出现了某些干扰因素，如进气条件的变化、气流的不均匀、气流速度的微小变化，以及管网阻力的变化等等，都可能造成工作点的偏移，但随着机器的继续运行，工作点会自动地返回至原来的

A 点。如图 7-41(a)所示，系统的流量发生瞬间变化，从 Q 变为 Q_1，管网上的压力增大为 p_{B1}，而压缩机出口压力则降为 p_{A1}，这样压缩机与管网之间出现了压力差($p_{B1}-p_{A1}$)，它促使压缩机中的流量减小，即 Q_1 回复到 Q，工作点又返回到 A 点。同样，当出现 $Q_2<Q$ 时，压缩机的排气压力大于管网上的压力，也会形成促使流量变化、使整个系统恢复正常的趋势。因此，在 $Q-p$ 曲线最高点右侧处是一个稳定的工作区。

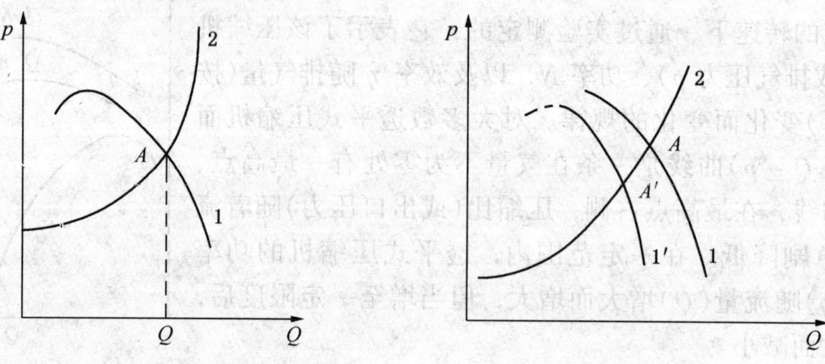

图 7-39 透平式压缩机的工作点 图 7-40 进口节流调节

1—压缩机的特性曲线；2—管网的特性曲线

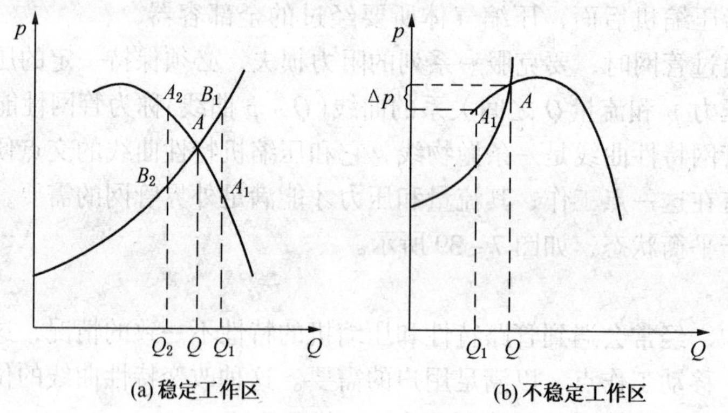

(a) 稳定工作区 (b) 不稳定工作区

图 7-41 透平式压缩机的工作状况

如果压缩机工作点是在 $Q-p$ 曲线最高点的左侧，当操作中因出现某些干扰因素而造成工作点偏移时，工作点不可能再回复到原来的 A 点，它是一个不稳定的工作区。如图 7-41(b)所示，系统的流量发生瞬间变化，从 Q 变为 Q_1，机器的出口压力相应地降为 p_{A_1}，但由于气体的可压缩性，管网上气体的压力不可能很快下降，即形成一定的压力差，通过压缩机的气流将受到阻碍而造成流量进一步减小，出口压力也进一步降低，以至最后造成管路中的气流倒流到压缩机内。这时，管路中的压力很快下降，倒流的气量迅速减少，当管网中的压力低于压缩机的出口压力时，倒流停止，压缩机又开始向管网供气，经过压缩机的气量也逐渐增大。但是，当管网中的压力恢复到原来大小时，压编机的流量又开始减少，气流倒流现象又一次产生。就这样，在整个系统内将出现周期性的气流振荡，这种现象称为喘振。喘振现象一旦发生，噪音加剧，整个机器强烈地振动，并可能损坏机器的轴承和密封，甚至造成严重的事故。

喘振现象可以凭借实际操作中的经验来判断：压缩机正常运转时，噪音较低而且是连续的，出口压力指示计上的指针总是在平均值附近摆动，而且变动的幅度不大，整个机器振动也比较小。喘振时，气流所发出的噪音加剧，而且时高时低，出现周期性的变化，压力指示计上指针的摆动幅度很大，整个机器处在强烈的振动状态。

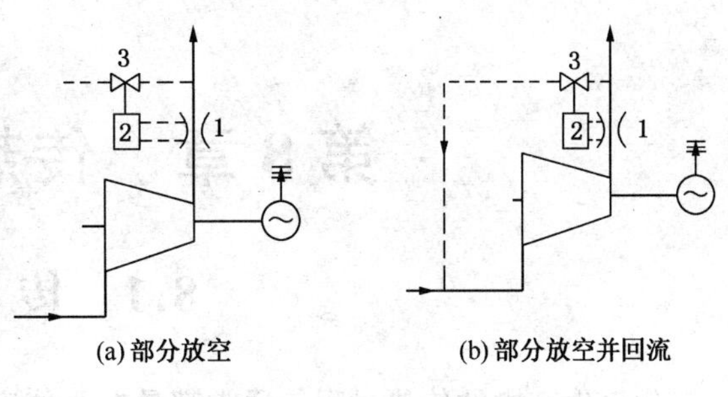

图 7－42　防止喘振的措施

1—流量传感器；2—伺服马达；3—防喘气阀

由于喘振会带来严重恶果，通常在压缩机的管路中装有防止喘振的装置。图 7－42 所示在出口管路中装放空阀或部分放空并回流就是其中的两种防止喘振的方法。当压缩机的排气量降低到接近喘振点时，通过感受气量变化的文氏管流量传感器(1)发出讯号给伺服电机(2)，使电机开始动作并将防喘振的放空阀(3)打开，这样，一部分气流经放空阀放空或回流至吸气管内，使通过压缩机的气量总是大于管网上的气量，从而保证整个系统总是处在正常的工作状态。

第8章　传热传质基础

8.1　传　　热

化工生产中的传热过程，通常都是在两种流体之间进行的，凡是参与传热的流体，称为载热体。其中温度较高并在过程中失去热量的，称为热载热体；温度较低并在过程中得到热量的，称为冷载热体。如果过程的目的是将冷载热体加热，则所用的热载热体称为加热剂；如果为的是将热载热体冷却，则所用的冷载热体称为冷却剂。工业上常用的加热剂有烟道气、水蒸气、热的油或水以及其他的高温流体等。常用的冷却剂有空气、冷水、冷冻盐水等。

实现冷、热流体之间热量传递的设备，称为换热器。

在传热过程中，传热面上各点的温度因位置不同而不同，但不随时间而改变的，称为稳定传热。如果各点温度不仅随位置变化，而且随时间而变化，称为不稳定传热。在稳定传热的情况下，单位时间里所传递的热量是不变的。除了间歇生产和连续生产中的开车与停车阶段外，化工生产中的传热多数都属于稳定传热。本节只讨论稳定传热的问题。

根据热量传递的不同特点，传热可分成传导、对流、辐射三种基本方式。

1. 传导

传导又称导热，它是由于物体内部温度较高的分子或自由电子，因振动或碰撞将热能以动能的形式传给相邻温度较低的分子的。它的特点是物体内的分子没有宏观的相对位移。固体的传热和静止流体的传热，都属于这一类。

2. 对流

由于流体质点之间产生宏观相对位移而引起的热量传递，称为对流传热。在对流传热中，同样有流体质点之间的热传导，但起主导作用的还在于流体质点之间的位置变化。

如果流体质点之间的相对位移是由于各处温度不同而引起的，称为自然对流。如果对流是由于受外力作用而引起的，称为强制对流。化工生产中的换热过程，往往是通过泵或搅拌迫使流体流动，便属于强制对流传热。由于质点的湍动，对流传热比导热的效果要好，而强制对流传热的效果又比自然对流要好。

3. 辐射

热量以电磁波形式传递的现象，称为辐射。各种物体，无论是流体或固体，都可以将热能以电磁波的形式辐射出去，也能吸收别的物体辐射过来的电磁波转变成热能，物体的温度越高，辐射出去的能量越大。

辐射传热不需要任何介质做媒介，这是辐射与传导、对流的根本区别。实际生产中的传热问题，往往不是以上述三种传热方式的某一种单独存在，而是以两种或三种方式同时出现，在不同场合却以某一种方式为主。化工生产中，冷、热流体的传热往往通过换热器的间壁进行，两种流体的温度都不很高，辐射传热不很显著，因此辐射的影响一般可以不予考虑，本教材亦不作介绍。

8.1.1 导热

8.1.1.1 傅立叶定律

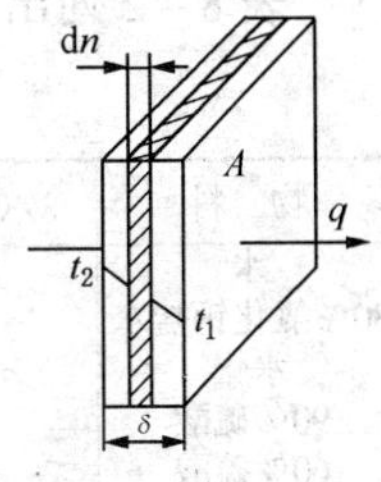

图 8－1 单层平壁的热传导

有一个如图 8－1 所示的由均匀固体物质组成的平面壁，其面积为 A，单位为 m^2；壁厚为 δ；单位为 m，壁面两侧的温度为 t_1 和 t_2，单位为 K。如果 $t_1 > t_2$，则热量以传导的方式沿着与壁面垂直的方向从 t_1 面传到 t_2 面。我们在热流方向上取任一微分长度 dn，温度梯度为 dt/dn，实践证明：单位时间里的传热量 q 与导热面积 A 和温度梯度 dt/dn 成正比，

即 $$q \propto A \cdot \frac{\mathrm{d}t}{\mathrm{d}n}$$

引入比例系数 λ 得 $$q = -\lambda A \frac{\mathrm{d}t}{\mathrm{d}n} \qquad (8-1)$$

式中 q——导热速率，J/s 或 W；

λ——导热系数，J/s·m·K 或 W/m·K；

A——导热面积，m^2；

dt/dn——温度梯度，K/m，表示沿热流方向单位长度上温度变化的程度。

式中右面的负号表示热流方向与温度梯度方向相反，温度梯度是一矢量，其方向由低温指向高温，而传热方向是从高温传向低温。

式(8－1)称为导热的基本方程式，又称傅立叶定律。

单位时间里、单位传热面积上所传递的热量，称为热流强度。导热时的热流强度

$$\frac{q}{A} = -\lambda \frac{\mathrm{d}t}{\mathrm{d}n} \qquad (8-2)$$

热流强度和导热速率一样，是表示传热体或传热设备传热性能的一个重要指标，热流强度越大，表明传热效果越好；反之，热流强度越小，表明传热效果越差。

8.1.1.2 导热系数

从式(8－1)可以看出，当传热面积 A 和温度梯度 dt/dn 为一个单元数值时，导热系数 λ 与导热速率 q 数值上相等。因此导热系数的物理意义是：当导热面积为 $1m^2$，温度梯度为 1K/m 时，单位时间内以传导方式传递的热量。导热系数的值越大，表明物质的导热能力越强。导热系数是物质导热性能的标志，是物质的重要物理性质之一。通常，在需要传热的场合，如换热管等，应该选用导热系数大的材料；而在要防止传热的场合，如保温层，则应该选用导热系数小的材料。

各种常用物质的导热系数是通过实验测定的，其数值可以从有关手册中查出。一般说来，金属的导热系数最大，固体非金属次之，液体较小，气体最小。

表 8－1 列出了某些常用固体的导热系数。

表 8－1 某些固体在 273～373K 时的导热系数

金属材料		建筑或绝热材料		金属材料		建筑或绝热材料	
物 料	λ/(W/m·K)	物 料	λ/(W/m·K)	物 料	λ/(W/m·K)	物 料	λ/(W/m·K)
铝	204	石棉	0.15	不锈钢	17.4	保温砖	0.12～0.21
青铜	64	混凝土	1.28	铸铁	46.5～93	85%氧化镁粉	0.07
黄铜	93	绒毛毯	0.047	石墨	151	锯木屑	0.07
铜	384	松木	0.14～0.38	硬橡胶	0.12	软木片	0.047
铅	35	建筑用砖	0.7～0.8	银	412	玻璃	0.7～0.8
钢	46.5	耐火砖	1.05①				

注：① 温度在 1073～1373K 时。

表 8－2 列出了某些液体在 293K 时的导热系数。

表 8－2　某些液体在 293K 时的导热系数

物　料	$\lambda/(W/m\cdot K)$	物　料	$\lambda/(W/m\cdot K)$	物　料	$\lambda/(W/m\cdot K)$	物　料	$\lambda/(W/m\cdot K)$
水	0.6	苯　胺	0.175				
30%氯化钙盐水	0.55	甲　醇	0.212	甲　苯	0.139	乙　酸	0.175
水银	8.36	乙　醇	0.172	邻二甲苯	0.142	煤　油	0.151
90%硫酸	0.36	甘　油	0.594	间二甲苯	0.168	汽　油	0.186(303K)
60%硫酸	0.43	丙　酮	0.175	对二甲苯	0.129		
苯	0.148	甲　酸	0.256	硝基苯	0.151	正庚烷	0.14

工业上实际碰到的液体大多是混合物，其导热系数以实验测定比较可靠。在缺乏实测条件的情况下，可按下述公式进行估算：

$$\lambda_{混} = \Sigma X_{Wi} \cdot \lambda_i \tag{8-3}$$

式中　$\lambda_{混}$——液体混合物在某温度下的导热系数；

X_{Wi}——混合物中 i 组分的质量分数；

λ_i——混合物中 i 组分在同温度下的导热系数。

如果是有机化合物的水溶液，用下式估算更为准确：

$$\lambda_{混} = 0.9\Sigma X_{Wi} \cdot \lambda_i \tag{8-4}$$

表 8－3 列出了某些气体在大气压力下导热系数与温度的关系。

表 8－3　某些气体在大气压下导热系数与温度的关系

温度/K	$\lambda/(10^{-3}W/m\cdot K)$									
	空气	N_2	O_2	蒸汽	CO	CO_2	H_2	NH_3	CH_4	C_2H_4
273	24.4	24.3	24.7	16.2	21.5	14.7	174.5	16.3	30.2	16.3
323	27.9	26.8	29.1	19.8	24.4	18.6	186		36.1	20.9
373	32.5	31.5	32.9	24.0		22.8	216	21.1		26.7
473	39.3	38.5	40.7	33.0		30.9	258	25.8		
573	46.0	44.9	48.1	43.4		39.1	300	30.5		
673	52.2	50.7	55.1	55.1		47.3	342	34.9		
773	57.5	55.8	61.5	68.0		54.9	384	39.2		
873	62.2	60.4	67.5	82.3		62.1	426	43.4		
973	66.4	64.2	72.8	98.0		68.9	467	47.4		
1073	70.5	67.5	77.7	115.0		75.2	510	51.2		
1173	74.1	70.2	82.0	133.1		81.0	551	54.8		
1273	77.4	72.4	85.9	152.4		86.4	593	58.3		

和液体一样，生产实际中所遇到的气体大多是气体混合物，其导热系数可按式(8－5)进行估算

$$\lambda_{混} = \frac{\Sigma y_i \lambda_i M_i^{\frac{1}{3}}}{\Sigma y_i M_i^{\frac{1}{3}}} \tag{8-5}$$

式中　$\lambda_{混}$——气体混合物在常压下和某温度下的导热系数；

y_i——气体混合物中 i 组分的体积分数；

λ_i——纯 i 组分在与混合气体同温度下的常压导热系数；

M_i——气体混合物中 i 组分的相对分子质量。

必须指出，对高压气体来讲，压力对导热系数的影响往往是不能忽略的，具体计算可参

考有关资料。

8.1.1.3 平面壁的导热

1. 单层平面壁的导热

图 8-1 所示的平壁就是一个由均匀固体物质组成的单层壁，如前所述，其导热速率为

$$q = -\lambda A \frac{dt}{dn}$$

将上式进行积分并整理得

$$\frac{q}{A} = \frac{t_1 - t_2}{\frac{\delta}{\lambda}} = \frac{\Delta t}{R} \tag{8-6}$$

上式中的温度差 Δt 称为导热的推动力，而 $R = \delta/\lambda$ 称为导热的热阻。

由式(8-6)可以看出，单位时间里通过壁面所传递的热量和壁面的导热系数 λ，传热面积 A，以及壁面两侧的温度差 Δt 成正比，与壁面的厚度成反比；或者说，与导热过程的推动力 Δt 成正比，与过程的阻力(或称热阻)R 成反比。

2. 多层平壁的导热

平壁由多层不同厚度、不同导热系数的材料所组成，如图 8-2 所示。

设各层壁厚分别为 δ_1、δ_2、δ_3；导热系数分别为 λ_1、λ_2、λ_3；层与层之间接触良好，接触面上的温度相等。由于是稳定传热，各层传热速率都是 q，则根据导热方程式可以计算传热速率

$$\frac{q}{A} = \frac{\Delta t}{\frac{\delta_1}{\lambda_1} + \frac{\delta_2}{\lambda_2} + \frac{\delta_3}{\lambda_3}} \tag{8-7}$$

从式(8-7)可以看出：多层平壁导热过程中，其推动力为总的温度差，总的热阻为各层热阻之和。

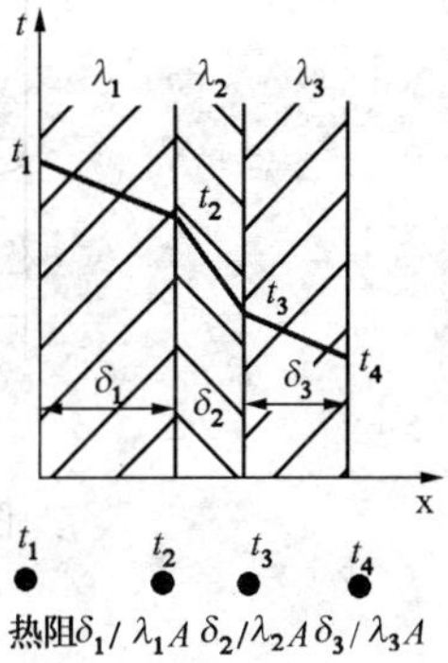

图 8-2 多层平壁导热

8.1.1.4 圆筒壁的导热

化工生产中，常用的是圆筒形的管道和设备。热量在这种圆筒形壁层上的传递，同样是导热过程，可以利用傅立叶定律计算，所不同的是圆筒的导热面积不是一个定值，而是沿着半径方向而逐渐变化。

1. 单层圆筒壁的导热

设有图 8-3 所示的单层圆筒壁，其内半径为 r_1，外半径为 r_2，内、外表面的温度为 t_1 和 t_2，筒长为 l，在任一半径 r 处取一厚度为 dr 的薄层，根据傅立叶定律

$$q = -\lambda A \frac{dt}{dr} = -\lambda \cdot 2\pi r l \frac{dt}{dr}$$

积分并整理得

$$q = \frac{2\pi l \lambda \Delta t}{\ln \frac{r_2}{r_1}} \tag{8-8}$$

上式的物理意义不容易看清楚，为此将其改写成

$$q = \frac{\lambda}{r_2 - r_1} \cdot 2\pi l \frac{r_2 - r_1}{\ln \frac{r_2}{r_1}} \cdot \Delta t$$

式中 r_2-r_1 为筒壁的厚度 δ，$\dfrac{r_2-r_1}{\ln\dfrac{r_2}{r_1}}$为筒壁的对数平均半径 $r_{均}$，$2\pi l r_{均}$ 即为筒壁的平均导热面积$A_{均}$，则

$$\frac{q}{A_{均}} = \frac{\lambda}{\delta}\cdot\Delta t = \frac{\Delta t}{\dfrac{\delta}{\lambda}} = \frac{\Delta t}{R} \tag{8-9}$$

这样，圆筒壁的导热计算式就和平壁的计算式完全相似了。计算中，如果 $r_2/r_1\leqslant 2$，平均面积可以用半径的算术平均值$\dfrac{r_1+r_2}{2}$计算。实践证明在这种条件下，使用算术平均半径计算，与使用对数平均半径相比较，误差不大于4%，故工程上常常作这样的简化处理。

2. 多层圆筒壁的导热

多层圆筒壁的导热方程式可以采用多层平壁相同的方法导出。

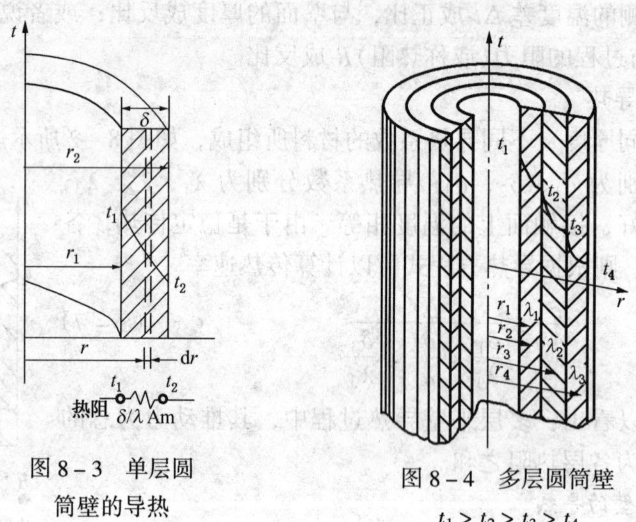

图 8-3　单层圆筒壁的导热

图 8-4　多层圆筒壁

$t_1>t_2>t_3>t_4$

今设有图 8-4 所示的双层圆筒壁，各层壁面的尺寸和壁温如图所示，两层的导热系数为 λ_1 和 λ_2，并假定两层之间接触良好，接触面上的温度相等，根据式(8-9)可得

$$q = \frac{\Delta t}{\dfrac{\delta_1}{\lambda_1 A_{1均}} + \dfrac{\delta_2}{\lambda_2 A_{2均}} + \dfrac{\delta_3}{\lambda_3 A_{3均}}} \tag{8-10}$$

多层圆筒的导热式还有另外一种形式，它可以根据式(8-8)导出：

$$q = \frac{2\pi l\cdot\Delta t}{\dfrac{1}{\lambda_1}\ln\dfrac{r_2}{r_1} + \dfrac{1}{\lambda_2}\ln\dfrac{r_3}{r_2} + \dfrac{1}{\lambda_3}\ln\dfrac{r_4}{r_3}} = \frac{2\pi l\Delta t}{\Sigma\dfrac{1}{\lambda_i}\ln\dfrac{r_{i+1}}{r_i}} \tag{8-11}$$

多层圆筒壁传热计算主要用在热力管道和设备的绝热保温上。

【例 8-1】 有一 $\Phi325\times8$ 的蒸汽管道，设已知其内壁温度为 473K，内壁和外壁的温差为 1K，管道上敷以 100mm 的保温层(其导热系数 $\lambda=0.06\text{W/m·K}$)，保温层外表温度为 $273K$，试比较保温前后每小时、每米管道上的热损失。

解：先根据式(8-8)计算不保温时的热损失

$$\frac{q}{l} = \frac{2\pi\Delta t}{\dfrac{1}{\lambda_1}\ln\dfrac{r_2}{r_1}}$$

已知钢的导热系数 $\lambda_1 = 46.5\text{W/m}\cdot\text{K}\quad \Delta t = 1\text{K}$

$$r_2 = 0.325/2 = 0.1625\text{m} \qquad r_1 = 0.1625 - 0.008 = 0.1545\text{m}$$

将以上各值代入上式，得

$$q/l = \frac{2\pi \times 1}{\frac{1}{46.5}\ln\frac{0.1625}{0.1545}} = \frac{2\pi}{0.0215 \times 0.05} = 5841.9(\text{W/m})$$

$$= 5.84(\text{kJ/s}\cdot\text{m}) = 3600 \times 5.84 = 21024(\text{kJ/h}\cdot\text{m})$$

然后根据式(8－11)计算保温以后的热损失

$$q'/l = \frac{2\pi\Delta t}{\frac{1}{\lambda_1}\ln\frac{r_2}{r_1} + \frac{1}{\lambda_2}\ln\frac{r_3}{r_2}}$$

已知 $\lambda_2 = 0.06\text{W/m}\cdot\text{K}\quad r_3 = 0.1625 + 0.1 = 0.2625\quad \Delta t = 473 - 273 = 200\text{K}$

将各值代入上式，得

$$q'/l = \frac{2\pi \times 200}{\frac{1}{46.5}\ln\frac{0.1625}{0.1545} + \frac{1}{0.06}\ln\frac{0.2625}{0.1625}} = \frac{2\pi \times 200}{0.001086 + 7.993}$$

$$= 157.2(\text{W/m}) = 0.1572(\text{kJ/s}\cdot\text{m}) = 565.9(\text{kJ/h}\cdot\text{m})$$

将保温与不保温进行比较

$$\frac{q'/l}{q/l} = \frac{565.9}{21024} = 0.027 = 2.7\%$$

即保温之后的热损失仅为不保温时热损失的3%左右。

8.1.2 对流传热

8.1.2.1 对流传热的概念

流体经过壁面流动时，无论其流动状态如何，在靠近壁面处总是有一层滞流层，分子之间极少有相对位移，热量是以导热的形式传递。由于大多数流体的导热系数较小，故热阻主要集中在紧贴壁面的层流内层里，温度差也集中在层流内层里。在层流内层以外的流体主体，则通常处于湍流状态，分子间剧烈地混合、碰撞，各处温差很小。因湍流主体至层流内层之间有一个过渡区，过渡区内的温度是逐步变化的。图8－5是和流体流动方向垂直截面上的温度分布图。由此可见，从流体到固体壁或从固体壁到流体的热量传递过程，是一个以层流内层为主的导热和以层流内层以外的对流传热的综合过程，我们把它称为对流传热过程。

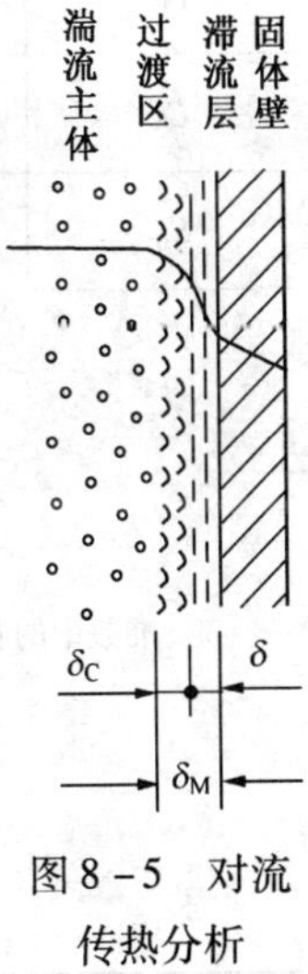

为了便于处理起见，把对流传热看作为一个厚度为 δ_M 的传热膜的传导过程，传热膜的厚度 δ_M 为层流内层的真实厚度 δ 和与层流内层外的热阻相当的虚拟厚度 δ_e 之和，即 $\delta_M = \delta + \delta_e$。因此，可以应用傅立叶定律

$$q = \frac{\lambda}{\delta_M}\cdot A \cdot \Delta t$$

由于传热膜的厚度 δ_M 是难以测定的，人为地用一个新的系数 α 来代替 λ/δ_M，则上式可以写成

$$q = \alpha \cdot A \cdot \Delta t \tag{8－12}$$

或

$$\frac{q}{A} = \alpha \cdot \Delta t = \frac{\Delta t}{\frac{1}{\alpha}} = \frac{\Delta t}{R} \tag{8－13}$$

图8－5 对流传热分析

式中　q——传热速率，W 或 J/s；

A——传热面积，m^2；

Δt——传热推动力，为流体主体与壁面之间的温度差，K；

α——传热膜系数，$W/m^2 \cdot K$ 或 $J/s \cdot m^2 \cdot K$；

R——对流传热的热阻，$R = 1/\alpha$，$m^2 \cdot K/W$。

式(8－12)称为牛顿冷却定律。这个方程式以简单的形式表达了复杂的对流传热过程，把所有影响对流传热的复杂因素都包含在了传热膜系数之内，它是计算对流传热的基本方程式。

8.1.2.2　无相变时的对流传热膜系数

影响传热膜系数的因素是很多的，其中主要有：

(1) 流体的种类　如液体、气体、蒸气的 α 值就很不相同。

(2) 流体的性质　包括密度 ρ、比热容 c、导热系数 λ、黏度 μ 等。

(3) 流体的运动状态　对同一流体而言，滞流、过渡流或湍流下的 α 值各不相同，这就是说 α 的大小与速度 u 有关。

(4) 流体的对流状况　即自然对流和强制对流的 α 不同。

(5) 传热壁的形状、位置与大小　如管或板，水平或垂直，直径、长度、高度等都对 α 的数值有所影响。

由于传热膜系数是如此之多的因素的函数，要想提出一个计算 α 的普遍公式是不可能的。目前通常将这些因素用因次分析的方法组成若干无因次的准数和准数方程式，然后根据实际情况进行大量实验，提出许多特定条件下的 α 计算式。这些准数及物理意义列于表 8－4,其中努塞尔特准数 Nu、雷诺准数 Re、普兰特准数 Pr 对于对流传热有普遍的作用，而格拉斯霍夫准数 Gr 只应用在自然对流的场合，冷凝准数 K_0 则只应用在蒸气冷凝的场合。

表 8－4　对流传热中的准数

准　数	准数形式	准数的涵义
Nu	$\alpha \dfrac{l}{\lambda}$	表明传热膜系数，导热系数以及换热器壁几何尺寸对换热的影响
Re	$\dfrac{d\mu\rho}{\mu}$	表明流体形态对换热的影响
Pr	$\dfrac{c\mu}{\lambda}$	表明流体的物理性质对换热的影响
Gr	$\dfrac{gl^3\lambda^2\beta\Delta t}{\mu^2}$	表明因受热引起的自然对流对换热的影响
K_0	$\dfrac{\gamma}{c\Delta t}$	表明蒸气冷凝对换热的影响
准数中的物理量		α——对流传热膜系数，$W/m^2 \cdot K$； λ——流体的导热系数，$W/m \cdot K$； l——传热面的特性几何尺寸(管径或平板高度等)，m； d——管内径，m； u——流体的流速，m/s； ρ——流体的密度，kg/m^3； μ——流体的黏度，Pa·s； c——流体的定压比热容，J/kg·K； β——流体的膨胀系数，L/K； Δt——流体与壁面间的温度差，K； g——重力加速度，m/s^2； r——蒸气的冷凝潜热，亦即气化潜热，J/kg。

工业上遇到对流传热的情况是很多的，不同情况下计算传热膜系数的公式各不相同。实验证明流体在圆形直管内作强制湍流时的传热膜系数可以按下式计算：

$$Nu = 0.023 Re^{0.8} Pr^{m} \tag{8-14}$$

或

$$\alpha = 0.023 \frac{\lambda}{d} Re^{0.8} Pr^{m}$$

$$= 0.023 \frac{\lambda}{d} \left(\frac{\mathrm{d}\mu\rho}{\mu} \right)^{0.8} \left(\frac{\mu c}{\lambda} \right)^{m} \tag{8-15}$$

式中的指数 m 有两个数值，当流体被加热时，$m = 0.4$；当流体被冷却时，$m = 0.3$。至于在公式中出现的其他各种符号的物理意义在表 8-4 中已有说明，这里不再重复。

必须指出，各种情况下的 α 计算式都是在一定实验条件范围内得出的，因此，在应用这些公式时，都应注意它的应用范围和条件。具体说来，要注意以下三点：

1. 应用范围

所引用的计算式中各个准数在什么范围时才可靠，以式(8-14)和(8-15)为例，当 $Re > 10^4, Pr = 0.7 \sim 160$，$l/d$(管长/管径) > 50，和黏度不大于两倍水的黏度时才比较可靠，否则应予修正。

2. 特征尺寸

准数中有关传热面的几何尺寸 l 是代表换热器哪一个部位的尺寸。在竖壁(平壁或管壁)与流体的自然对流传热时，它表示竖壁的高度。在强制湍流的情况下，如果是管内的对流传热，如式(8-14)和(8-15)所示，则为管子的内径 $d_{内}$；如果是管外对流传热，则为管子的外径 $d_{外}$；对非圆形管道则应取当量直径 $d_{当}$。

3. 定性温度

所谓定性温度就是指确定准数中流体物性(如 c、μ、ρ 等)的温度。流体在换热器内不同位置处的温度各不相同，通常以流体在换热器进出口处温度的算术平均值作为定性温度。

【例 8-2】 有一列管式换热器，某料液以 0.5m/s 的流速从列管中通过，管子的规格为 $\phi 25 \times 2$，管长为 2m，料液进口温度为 313K，出口温度为 293K，物料性质与水相近，求料液对管壁的传热膜系数。

解： 其定性温度为(293 + 313)/2 = 303K，此时水的物性数据为：

$$c = 4.183 \times 10^3 \mathrm{J/kg \cdot K} \qquad \rho = 996 \mathrm{kg/m^3}$$

$$\mu = 8.01 \times 10^{-4} \mathrm{Pa \cdot s} \qquad \lambda = 0.618 \mathrm{W/m \cdot K}$$

已知

$$d = 0.021 \mathrm{m} \qquad u = 0.5 \mathrm{m/s}$$

用上述各个数值可求得

$$Re = \frac{du\rho}{\mu} = \frac{0.021 \times 0.5 \times 996}{8.01 \times 10^{-4}} = 13056$$

$$Pr = \frac{c\mu}{\lambda} = \frac{4.183 \times 10^3 \times 8.01 \times 10^{-4}}{0.618} = 5.42$$

$$l/d = 2/0.021 = 95.2$$

故可应用式(8-15)

$$\alpha = 0.023 \frac{\lambda}{d} Re^{0.8} Pr^{0.3} = 0.023 \times \frac{0.618}{0.021} \times 13056^{0.8} \times 5.42^{0.3}$$

$$= 2214.7 (\mathrm{W/m^2 \cdot K})$$

$$\approx 2.2 (\mathrm{kJ/s \cdot m^2 \cdot K})$$

8.1.2.3 提高传热膜系数的途径

如前所述，影响传热膜系数的因素很多，有流体的种类、性质、运动状态等等。从理论上讲，改善这些因素都能对提高对流传热的速率有好处。但是，在一定的工艺条件下，有许多因素是不能随意改变的。在流体无相变的情况下，其中可能而且比较容易实现的是改变流体的流动状态。

从式(8-15)可以看出，当流体一定、温度一定的情况下，气体的各个物理特性ρ、c、μ、λ都是一定值，这时，式(8-15)可以改写为

$$\alpha = B \cdot \frac{u^{0.8}}{d^{0.2}} \tag{8-16}$$

式中的B为一常数。这个公式说明，传热膜系数与流体流速$u^{0.8}$成正比，与管道直径$d^{0.2}$成反比，即增加流速和减小管径都能增大对流传热膜系数，但以增大流速更为有效。这一规律不仅对式(8-15)表示的强制湍流下的圆形直管适用，对其它情况下流体无相变时的对流传热也大致相同。不过，随着流速的增加，流体阻力也将迅速增加($\sum h$ 损$\propto u^2$)，因此设计中要选择一个最适宜的流速。

如前所述，工业上对流传热的情况很多，计算式各不相同，而且都比较复杂，在许多情况下可以参考一些条件相似的实验数据。表8-5列出了一些工业用换热器中传热膜系数的大致范围，可以作为估算或核对计算结果的参考。

表8-5 工业用换热器中α的大致范围

对流传热的类型	α值的范围/(W/m² · K)	对流传热的类型	α值的范围/(W/m² · K)
水蒸汽的滴状冷凝	46000~140000	水的加热或冷却	230~11000
水蒸汽的膜状冷凝	4600~17000	油的加热或冷却	58~1700
有机蒸气的冷凝	580~2300	过热蒸气的加热或冷却	23~110
水的沸腾	5800~52000	空气的加热或冷却	1~58

8.1.3 间壁两侧流体的热交换

前面我们分别讨论了导热和对流传热的基本规律，下面讨论间壁两侧流体的热交换。在间壁式换热器中，在热量传递的方向上任取一截面1-1，该截面上热流体湍流主体的温度为T，冷流体湍流主体的温度为t，沿着传热方向上各点的温度分布规律如图8-6(b)所示。根据前面关于传热方式的概念，热量从热流体传给冷流体的过程中(如图8-6所示)，是由对流—传导—对流三个阶段组成的。在稳定传热条件下，每个阶段在单位时间里传递的热量均相等。因此，只要算出某一阶段的传热速率，就能算出整个换热器的传热速率。但是，在计算对流或传导的传热速率式中，都知道壁温，而壁温实际上是很难测定的，容易测定的是冷、热流体主体的温度。应用冷、热流体主体温度来求得换热器传热速率的公式，称为传热速率式，其表现形式如下：

$$q = KA\Delta t \tag{8-17}$$

式中 q——间壁换热器的传热速率，W或J/s；

K——总传热系数或传热系数，W/m² · K或J/s · m² · K；

A——间壁的传热面积，m²；

Δt——冷、热流体主体的平均温度差，K。

从式中(8－17)可以看出传热系数 K 的物理意义是：当冷、热流体主体的温差为 1K 时，单位时间里、单位传热面积所传递的热量。

显然，当工艺所要求的传热量 q 和两流体的温差 Δt 一定时，K 值越大，所需换热器的传热面积就越小。也就是说，换热器的尺寸可以小，材料消耗和施工费用就低。反之亦然。

为了说明总的传热过程速率与过程的推动力和阻力之间的关系，将式(8－17)作如下的变换：

$$\frac{q}{A}=\frac{\Delta t}{\frac{1}{K}}=\frac{\Delta t}{R} \qquad (8-18)$$

式(8－18)表明，间壁式换热器的传热速率与冷热流体的平均温差(即过程的推动力)Δt 成正比，与过程的热阻 $R(1/K)$ 成反比。因此，要想提高换热器的传热速率，就必须增大传热的推动力和降低传热的热阻。

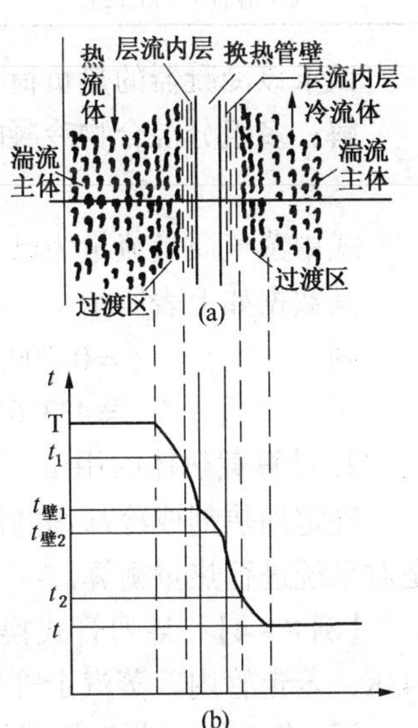

图 8－6　换热管器间两侧流体流动状况及温度分布

下面针对传热速率式中的各项分别加以讨论。

8.1.3.1　热负荷的计算

在一台换热器内，冷、热流体每单位时间所交换的热量是根据生产上换热任务的要求提出的，工艺上对换热器提出的换热要求，称为换热器的热负荷，单位为 J/s 或 W。一个能满足工艺要求的换热器，其传热速率必须等于或略大于热负荷。

根据工艺条件的不同，有下述几种计算热负荷的方法：

当流体在换热过程中有相变时，即我们前面提到的蒸发和冷凝时：

$$q = Wr \qquad (8-19)$$

式中　W——冷流体或热流体的质量流量，kg/s；

r——冷流体或热流体的气化潜热，J/kg。

当流体在换热过程中无相变时，可以用下面的公式计算：

$$q = Wc_p\Delta t \qquad (8-20)$$

式中　c_p——冷流体或热流体在定性温度下的定压比热容，J/kg·K；

Δt——冷流体或热流体在换热过程中的温差，K；

不论流体在换热过程中有无相变，其热负荷都可以按下式计算：

$$q = W\Delta I \qquad (8-21)$$

式中　ΔI——冷流体或热流体在换热过程中的焓差，J/kg。

化工生产中的许多物料是一些多组分的混合物，它们在蒸发或冷凝时的热负荷可以按下式计算：

$$q = W\sum X_{Wi}r_i \qquad (8-22)$$

式中的 W 为混合物的质量流量，kg/s；X_{Wi}为混合物中某一组质量分数；r_i 为该组分的气化潜热，J/kg；$\sum X_{Wi}r_i$ 是混合物的平均气化潜热，J/kg。值得指出，用这样类似的方法还可以计算混合物的平均比热容，以及混合物的平均焓值等，这时，只需将其中的 r_i 换成 c_i

或 I_i。

传热速率式和热负荷计算式都是我们在进行传热计算中经常用到的公式，它可以直接解决两个方面的问题：

1. 根据工艺要求确定换热器的热负荷

【例 8－3】 利用一冷凝器来冷凝某蒸馏塔的上升蒸气，已知要冷凝的蒸气量为 2875.2kg/h，其组成和各组分的气化潜热的数值如下：

	组分 1	组分 2	组分 3
质量分数 X_{Wi}	0.01	0.96	0.03
气化潜热 r/(kJ/kg)	512.4	489.3	2263.8

试求该冷凝器的热负荷。

解：多组分混合物冷凝时的换热量可根据式(8－22)求得

$$q = W\sum X_{Wi}r_i$$

式中蒸气质量流量为已知　$W = 2875.2\text{kg/h} = 0.799\text{kg/s}$

其数据如上表所示

则

$$q = 0.799\times(0.01\times512.4 + 0.96\times489.3 + 0.03\times2263.8)$$
$$= 433.67(\text{kJ/s}) = 433.67(\text{kW})$$

2. 计算载热体的用量

确定加热剂或冷却剂的消耗量，是工业生产上经常要碰到的问题之一，解决问题的依据是对系统进行热量衡算。

【例 8－4】 某列管式换热器中用 110kPa 的饱和水蒸气来加热苯，使其从 293K 加热至 343K，苯走管内，蒸汽走管外。设已知苯的流量为 5m^3/h，试求每小时蒸汽的消耗量。

解：想要求得蒸汽的消耗量，首先要计算冷、热流体之间应交换的热量，即求得换热器的热负荷。对本题来讲，可以用式(8－20)计算

$$q = W_{苯}c_{苯}\Delta t$$

根据定性温度(293＋343)/2＝318K 从手册中查得苯的物性：

$$c = 1.756\text{kJ/kg·K} \qquad \rho = 900\text{kg/m}^3$$

则

$$q = \frac{5}{3600}\times900\times1.756\times10^3\times(343-293) = 110000(\text{W}) = 110(\text{kJ/s})$$

由于蒸汽走管外，与环境之间的温差较大，肯定有一部分热损失，设以总热量的 5% 考虑，则根据式(8－19)可算出蒸汽的消耗量

$$W_{汽} = (1+0.05)q/r$$

从手册中查得 110kPa 饱和水蒸气的冷凝热 $r = 2245\text{kJ/kg}$

则蒸汽的消耗量为

$$W_{汽} = \frac{1.05\times110}{2245} = 0.0514(\text{kg/s}) = 185.2(\text{kg/h})$$

8.1.3.2 传热平均温度差的计算

在间壁式换热器中，冷、热流体在各点的温度都可能随着换热过程的进行而变化，在计算两种流体主体的平均温度差时，应考虑到流体的流动情况和温度变化的情况。

1. 恒温传热

两流体在换热过程中，沿换热器壁面的任何位置上的温度都相等，称为恒温传热。这种

情况只有在间壁一侧为沸腾的液体，另一侧用饱和水蒸气加热时才能发生，最常见的例子是蒸发器中的情况。

由于传热过程中，热流体的温度 T 和冷流体的温度 t 都保持不变，故冷、热流体的平均温度差

$$\Delta t = T - t \tag{8-23}$$

2. 变温传热

两流体在换热过程中，沿换热器壁面上各点的温度不等时，称为变温传热。它又分为两种情况：

(1) 间壁一侧的流体有相变的情况。以冷凝器为例，间壁一侧的蒸气冷凝成同温度的饱和液体，另一侧的冷却剂的温度则在沿着壁面流动的过程中不断上升。图 8-7 示意了内、外流体的温度分布。

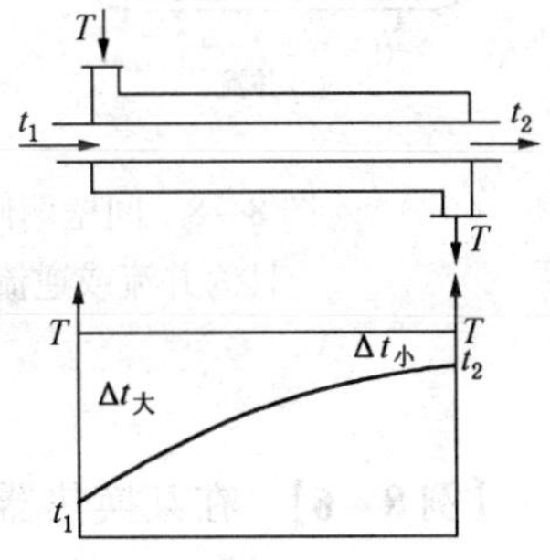

图 8-7　换热器间壁一侧有相变的温度分布示意图

在这种情况下，可以通过理论上的公式推导得出冷、热流体的平均温度等于传热过程中的较大温度差 $\Delta t_大$ 和较小温度差 $\Delta t_小$ 的对数平均值。

$$\Delta t = \frac{\Delta t_大 - \Delta t_小}{\ln \dfrac{\Delta t_大}{\Delta t_小}} \tag{8-24}$$

如果 $\Delta t_大/\Delta t_小 \leqslant 2$ 时，工程上常按算术平均值计算，

即
$$\Delta t = \frac{\Delta t_大 + \Delta t_小}{2} \tag{8-25}$$

【例 8-5】 在某冷凝器内，以 300K 的冷却水冷凝某精馏塔内上升的有机物的饱和蒸气。已知有机物蒸气的温度为 348K，冷却水的出口温度为 313K。试求冷、热流体的平均温度差。

解：首先按求对数平均温度差的方法计算

$$\Delta t = \frac{\Delta t_大 - \Delta t_小}{\ln \dfrac{\Delta t_大}{\Delta t_小}}$$

已知热流体温度不变　　$T = 348\text{K}$

冷流体进口温度　　$t_1 = 300\text{K}$　　$t_2 = 313\text{K}$

则　　$\Delta t_大 = T - t_1 = 48\text{K}$　　$\Delta t_小 = T - t_2 = 35\text{K}$

将其代入上式，得

$$\Delta t = \frac{48 - 35}{\ln \dfrac{48}{35}} = 40.6\text{K}$$

由于 $\Delta t_大/\Delta t_小 = 48/35 = 1.37 < 2$，故可以按求算术平均值的方法进行计算

$$\Delta t = (\Delta t_大 + \Delta t_小)/2 = 48 + 352 = 41.5\text{K}$$

两者进行比较，其误差为 $(41.5 - 40.6)/40.6 = 2.2\%$，说明在 $\Delta t_大/\Delta t_小 \leqslant 2$ 的情况下，用算术平均均值已足够准确。

(2) 间壁两侧流体均无相变，并且为逆流或并流的情况。如图 8-8 所示在换热器内，

间壁两侧的流体朝着相同的方向流动，称为并流；朝着相反的方向流动，称为逆流。

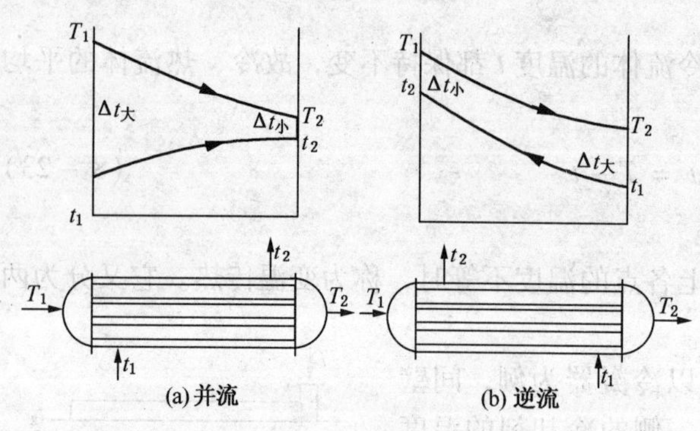

(a) 并流　　(b) 逆流

图 8-8　间壁两侧流体无相变，且为并流或逆流的温度变化

设 T_1 和 T_2 分别代表热流体的初温和终温，t_1 和 t_2 分别代表冷流体的初温和终温。如图所示，在换热器两端会出现一个温差较大的值 $\Delta t_{大}$，一个温差较小的值 $\Delta t_{小}$。此时，冷、热流体的平均温度差可用和式(8-24)相同的公式计算

$$\Delta t = \frac{\Delta t_{大} - \Delta t_{小}}{\ln \dfrac{\Delta t_{大}}{\Delta t_{小}}}$$

同样，在 $\Delta t_{大}/\Delta t_{小} \leqslant 2$ 时，可以用算术平均温度差表示

$$\Delta t = (\Delta t_{大} + \Delta t_{小})/2$$

【例 8-6】　在某换热器内，用热水加热某种溶液。已知热水的进口温度为 360K，出口温度为 340K，冷溶液则从 290K 被加热至 330K。试分别计算并流和逆流下的平均温度差。

解：并流时热流体从　　360 ⟶ 340K

冷流体从　　290 ⟶ 330K

$$\Delta t_{大} = 70\text{K} \qquad \Delta t_{小} = 10\text{K}$$

根据式(8-24)

$$\Delta t = \frac{70 - 10}{\ln \dfrac{70}{10}} = 30.8\text{K}$$

逆流时热流体从　　360 ⟶ 340K

冷流体从　　330 ⟵ 290K

$$\Delta t_{小} = 30\text{K} \qquad \Delta t_{大} = 50\text{K}$$

根据式(8-24)

$$\Delta t = \frac{50 - 30}{\ln \dfrac{50}{30}} = 39.2\text{K}$$

由于 $\Delta t_{大}/\Delta t_{小} = 50/30 = 1.7 < 2$，根据式(8-25)

$$\Delta t = (50 + 30)/2 = 40\text{K}$$

通过这个例题说明：逆流下的传热推动力比并流时要大，在热负荷一定的情况下，其所需要的传热面积较小，设备制造费用较低，因此，实用中一般都选择逆流操作。

(3) 间壁两侧流体无相变，并且为错流和折流的情况。如图 8-9 所示，在换热器内，间壁两侧的流体朝着互相垂直的方向流动，称为错流，这种情况在我们后面要介绍的板翅式换热器中比较常见。若两种流体沿部分传热面作并流，沿另一部分传热面作逆流时，称为折流，这种情况在一些多程式列管式换热器中比较常见。

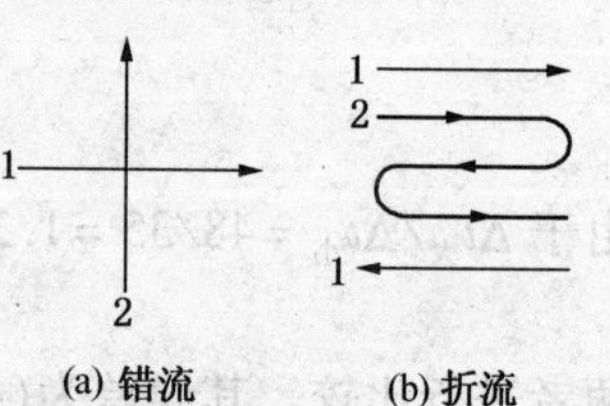

(a) 错流　　(b) 折流

图 8-9　间壁两侧流体为错流和折流的示意图

错流或折流时的平均温度差可以根据逆流时温度差的计算

法计算，然后再乘以修正系数 $\phi_{\Delta t}$，即

$$\Delta t = \phi_{\Delta t} \Delta t_{逆} \tag{8-26}$$

修正系数 $\phi_{\Delta t}$ 与冷热两种流体进出口温度的变化量有关。定义

$$R = \frac{T_1 - T_2}{t_2 - t_1} = \frac{热流体的冷却程度}{冷流体的加热程度}$$

$$P = \frac{t_2 - t_1}{T_1 - T_2} = \frac{热流体的加热程度}{两流体的最初温差}$$

$\phi_{\Delta t}$ 可根据 R 和 P 两个参数从图 8-10 查得。

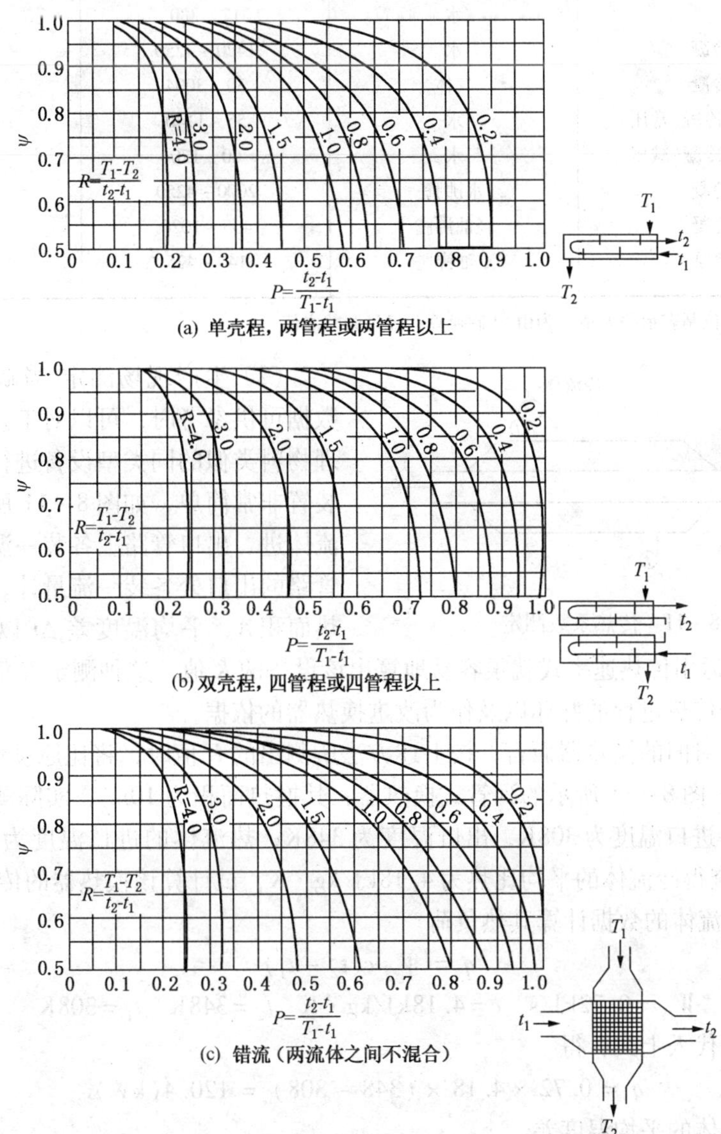

(a) 单壳程，两管程或两管程以上

(b) 双壳程，四管程或四管程以上

(c) 错流（两流体之间不混合）

图 8-10 几种流动情况的温差修正系数

8.1.3.3 传热系数的确定及其讨论

1. 传热系数的确定

为了计算传热面积，必须首先确定传热系数 K 的数值。确定传热系数 K 有三种途径：

（1）参阅工艺条件相仿、设备类似而又比较成熟的经验数据。表8－6列出了工业换热器中传热系数的大致数值范围，可以供使用参考。

表8－6　列管式换热器中 *K* 值大致范围①

热流体	冷流体	传热系数值	
		$W/m^2 \cdot K$	$kcal/m^2 \cdot h \cdot ℃$
水	水	850～1700	730～1460
轻油	水	340～910	290～780
重油	水	60～280	50～240
气体	水	17～280	15～240
水蒸汽冷凝	水	1420～4250	1220～3650
水蒸汽冷凝	气体	30～3004	25～260
低沸点烃类蒸气冷凝（常压）	水	55～1140	390～980
高沸点烃类蒸气冷凝（减压）	水	60～170	50～150
水蒸汽冷凝	水沸腾	2000～4250	1720～3650
水蒸汽冷凝	轻油沸腾	455～1020	390～880
水蒸汽冷凝	重油沸腾	140～425	120～370

注：①以工程单位制表示的 *K* 值，为由 SI 制换算并经过圆整之值。

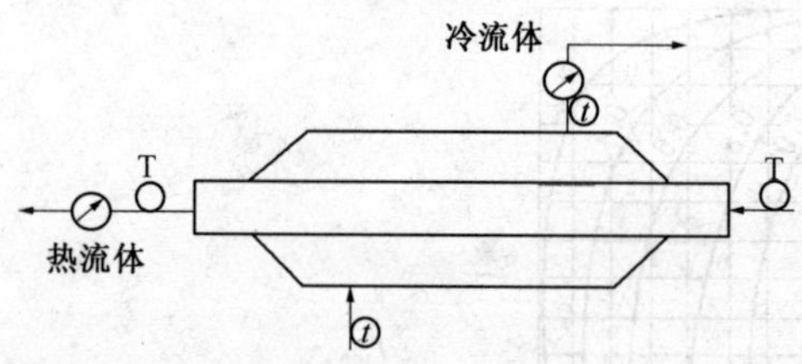

图8－11　传热系数测定

（2）生产现场测定　当缺乏现成的经验数据可供参考时，可以对工艺条件相近、处理物料类似的同类型设备进行实际测定。其装置非常简单，如图8－11所示，在冷、热流体进、出口管路上各装一温度计，在两种管路的出口处各装一流量计，根据测定的传热面积 A、平均温度差 Δt 以及通过计算得出的热负荷 q，运用传热速率式就很容易地算出该设备的 K 值。这种测定 K 值的方法，还可以用来鉴别现场传热过程的好坏以及作为改进换热器的依据。

需要指出，对旧的换热器而言，按上述方法所测出的 K 值时，将比原设计时要低一些。

【例8－7】　图8－11所示的列管式换热器，其换热面积为 $10m^2$，实际测得冷流体的流量为0.72kg/s，进口温度为308K，出口温度为348K；热流体的进口温度为383K，出口温度为348K，并查得冷流体的平均比热为4.18kJ/kg·K，试计算该换热器的传热系数。

解： 依据冷流体的数据计算其热负荷

$$q = W_{冷} c(t_2 - t_1)$$

已知　　$W_{冷} = 0.72kJ/s$　$c = 4.18kJ/kg \cdot K$　$t_2 = 348K$　$t_1 = 308K$

将以上各值代入上式，得

$$q = 0.72 \times 4.18 \times (348 - 308) = 120.4(kW)$$

然后求两流体的平均温度差

已知热流体　　　$383K \longrightarrow 348K$

冷流体　　　　　$348K \longleftarrow 308K$

$$\Delta t_{小} = 35\text{K} \qquad \Delta t_{大} = 40\text{K}$$

由于 $\Delta t_{大}/\Delta t_{小} < 2$，故可按式(8－25)计算

$$\Delta t = (40 + 35)/2 = 37.5\text{K}$$

根据传热速率可以算出

$$K = \frac{q}{A_{均} \cdot \Delta t} = \frac{120.4 \times 10^3}{10 \times 37.5} = 321(\text{W/m}^2 \cdot \text{K})$$

(3) 理论计算。设图 8－6 表示的是列管式换热器中一根管子的任一截面，如前所述，管壁换热的全过程是由热流主体对间壁的对流传热、间壁(包括垢层)的导热以及间壁对流体主体的对流传热三个分过程组成。在稳定传热的条件下，可以分别写出这三个分过程的传热速率式：

$$q = \alpha_1 A_1 (T - t_{壁1}) \text{ 或 } T - t_{壁1} = \frac{q}{\alpha_1 A_1} \tag{a}$$

$$q = \frac{\lambda}{\delta} A_{均} (t_{壁1} - t_{壁2}) \text{ 或 } t_{壁1} - t_{壁2} = \frac{q}{\dfrac{\lambda}{\delta} A_{均}} \tag{b}$$

$$q = \alpha_2 A_2 (t_{壁2} - t) \text{ 或 } t_{壁2} - t = \frac{q}{\alpha_2 A_2} \tag{c}$$

将(a)(b)(c)三式相加 $T - t = q\left(\dfrac{1}{\alpha_1 A_1} + \dfrac{\delta}{\lambda A_{均}} + \dfrac{1}{\alpha_2 A_2}\right)$

根据式(8－17)可知，$(T - t)$即为冷、热流体的平均温度差 Δt，则上式可以写成

$$q = \frac{\Delta t}{\dfrac{1}{\alpha_1 A_1} + \dfrac{\delta}{\lambda A_{均}} + \dfrac{1}{\alpha_2 A_2}} \tag{8－27}$$

在等式右边上下各乘以 $A_{均}$，则

$$q = \frac{A_{均} \Delta t}{\dfrac{A_{均}}{\alpha_1 A_1} + \dfrac{\delta}{\lambda} + \dfrac{A_{均}}{\alpha_2 A_2}} \tag{8－28}$$

将式(8－28)与传热速度式进行比较，即可得出

$$K = \frac{1}{\dfrac{A_{均}}{\alpha_1 A_1} + \dfrac{\delta}{\lambda} + \dfrac{A_{均}}{\alpha_2 A_2}} \tag{8－29}$$

2. 对传热系数计算式的讨论

下面对式(8－29)进行讨论，以进一步说明以下几个问题：

(1)如果传热壁为多层平壁，且 $A_{均} = A_1 = A_2 = A_3 = \cdots\cdots$，固体壁层的热阻可以表示成 $\dfrac{\delta_1}{\lambda_1} + \dfrac{\delta_2}{\lambda_2} + \cdots + \dfrac{\delta_n}{\lambda_n} = \Sigma \dfrac{\delta_i}{\lambda_i}$，则式(8－29)可以写成

$$K = \frac{1}{\dfrac{1}{\alpha_1} + \Sigma \dfrac{\delta_i}{\lambda_i} + \dfrac{1}{\alpha_2}} \tag{8－30}$$

(2) 实际生产中，换热器壁面上总是附有一层污垢，它的热阻本来可以通过 $\Sigma \dfrac{\delta_i}{\lambda_i}$ 表示出

来，但由于垢层系数一般很小，即使很薄的一层也会形成很大的热阻，故通常以 $R_{垢}$ 单独表示，则式(8－30)变为

$$K=\frac{1}{\frac{1}{\alpha_1}+\Sigma\frac{\delta_i}{\lambda_i}+\frac{1}{\alpha_2}+R_{垢内}+R_{垢外}} \tag{8-31}$$

垢层的厚度和导热系数不好估计，工程上通常以 $1/R_{垢}$ 的经验数据计算，并用一个新的系数 $\alpha_{垢}$ 表示，$\alpha_{垢}=1/R_{垢}$，称为垢层系数。一些常见物料的垢层系数可从表 8－7 和表 8－8中查得。

表 8－7　液体垢层系数 $\alpha_{垢}$

介　质	$\alpha_{垢}$/(W/m²·K)	介　质	$\alpha_{垢}$/(W/m²·K)
变压器油、机器油、灯油	5820	一般的水	1860～2910
液压机用油、石脑油、煤油		有聚合物沉积(较重)的有机物	582
轻有机化合物	5820	冷冻盐液	5820
加热剂油及制冷剂	5820	苛性碱液	2910
原　油	873～2910	20%NaCl 液	1630①
乙　醇	5820	25% $CaCl_2$ 液	1400①
氯化碳氢化合物	2910～5820	一般稀无机物溶液	1160①
乙　烯	2910	海水(＜323K)	1400①
污　水	1400～1860	优质的水	2910～5820

① 比较安全。

表 8－8　气体及蒸气的垢层系数 $\alpha_{垢}$

介　质	$\alpha_{垢}$/(W/m²·K)	介　质	$\alpha_{垢}$/(W/m²·K)
轻有机物蒸气	1160	烟道气	1920～5820
水蒸气(不含油)	5820～11600	压缩空气	2910
常压空气	5820～11600	制冷剂蒸气(含油)	2910
工业用溶液及有机载热体蒸气	5820	带触媒的气体	2040
氯化碳氢化合物蒸气	5820	焦炉气、柴油机废气	582
天然气	5820	HCl	1920
酸性气体	5.8	潮湿空气	3780
石油精馏塔蒸气	5820		

【例 8－8】　有一厚度为 2mm 的金属平面壁，导热系数为 46.5W/m²·K，内侧通冷水 $\alpha_1=1330\text{W/m}^2\cdot\text{k}$，外侧为饱和水蒸汽冷凝，$\alpha_2=4600\text{W/m}^2\cdot\text{K}$，试比较有无垢层时的传热系数。

解：先根据式(8－30)计算无垢层时的传热系数

$$K=\frac{1}{\frac{1}{\alpha_1}+\Sigma\frac{\delta_i}{\lambda_i}+\frac{1}{\alpha_2}}$$

已知 $\alpha_1=1330\text{W/m}^2\cdot\text{K}$，$\alpha_2=4600\text{W/m}^2\cdot\text{K}$，$\delta/\lambda=0.002/46.5=0.000043\text{m}^2\cdot\text{K/W}$
代入上式得

$$K=\frac{1}{\frac{1}{1330}+0.000043+\frac{1}{4600}}=985(\text{W/m}^2\cdot\text{K})$$

然后根据式(8－31)计算有垢层时的传热系数

$$K = \frac{1}{\frac{1}{\alpha_1} + \Sigma \frac{\delta_i}{\lambda_i} + \frac{1}{\alpha_2} + R_{垢内} + R_{垢外}}$$

查表8－7和表8－8，得水的 $\alpha_{垢} = 4000\text{W/m}^2\cdot\text{K}$，蒸气的 $\alpha_{垢} = 6000\text{W/m}^2\cdot\text{K}$，并代入上式

$$K' = \frac{1}{0.000752 + 0.000043 + 0.00022 + \frac{1}{4000} + \frac{1}{6000}} = 698.5(\text{W/m}^2\cdot\text{K})$$

两者进行比较，传热系数减小了 $\frac{K - K'}{K} = \frac{985 - 689.5}{985} = 0.29 = 29\%$

通过这个例题说明，在有污垢的情况下传热速率将大大降低，因此，生产上应采取一些必要措施，尽量防止和减小污垢的形成。如提高流体流速，使所带悬浮物不致沉积；控制冷却水的加热程度，防止水垢析出；以及定期地清除垢层等。

(3) 若传热壁为圆筒壁，由于传热面积 $A = \pi d_l$，则式(8－29)可写成

$$K = \frac{1}{\frac{d_{均}}{\alpha_1 d_1} + \Sigma \frac{\delta_i}{\lambda_i} + \frac{d_{均}}{\alpha_2 d_2} + R_{垢内} + R_{垢外}} \quad (8-32)$$

若 $d_2/d_1 < 2$，即筒径较大，或壁层较薄时，可以近似地认为 $d_{均} = d_1 = d_2$，则式(8－32)可以简化为平壁公式，而工程上实际使用的换热器，一般属于这种情况。因此，平壁下传热系数的计算式应用最广。

【例8－9】 若例8－8的换热器不是平壁，而是用 $\phi25\times2$ 无缝钢管制成的列管式换热器，其他参数与例8－8相同，试按圆筒壁公式计算其传热系数，并与平壁公式进行比较。

解： 先按圆筒壁计算式(8－32)计算

$$K = \frac{1}{\frac{d_{均}}{\alpha_1 d_1} + \Sigma \frac{\delta_i}{\lambda_i} + \frac{d_{均}}{\alpha_2 d_2} + R_{垢内} + R_{垢外}}$$

已知 $d_1 = 0.021\text{m}$，$d_2 = 0.025\text{m}$，$d_{均} = (0.021 + 0.025)/2 = 0.023\text{m}$

其余数据见例8－8

则
$$K = \frac{1}{\frac{0.023}{1330\times0.021} + \frac{0.002}{46.5} + \frac{0.023}{4600\times0.025} + \frac{1}{4000} + \frac{1}{6000}} = 674(\text{W/m}^2\cdot\text{K})$$

由于 $d_2/d_1 = 0.025/0.021 = 1.19 < 2$，故可用平壁公式，其结果已在上例中算出

$$K' = 698.5\text{W/m}^2\cdot\text{K}$$

两者进行比较，其误差 $\frac{K' - K}{K} = \frac{698.5 - 674}{674} = 0.036 = 3.6\%$

通过这个例题说明：按平壁计算的结果和圆筒壁计算的结果相差不是很大。实际上，由于膜系数的计算式都是一些经验公式，计算的结果与实际结果往往不符，计算得出的 K 值与实际 K 值相差10%～20%是常见的，而且在工程上通常也被认为是合理的。因此，利用平壁计算式来计算圆筒的传热系数是完全允许和可行的。

(4) 若固体壁为金属，壁厚很薄，并忽略垢层热阻时，由于 λ 较大，δ/λ 一项与其他项

比较可以忽略不计，则

$$K = \frac{1}{\frac{1}{\alpha_1} + \frac{1}{\alpha_2}} = \frac{\alpha_1 \alpha_2}{\alpha_1 + \alpha_2}$$

如果 $\alpha_1 < \alpha_2$，可以将上式写成 $K = \frac{\alpha_1}{\frac{\alpha_1}{\alpha_2} + 1}$，由于分母 $\frac{\alpha_1}{\alpha_2} + 1 > 1$，则 $K < \alpha_1$。

因此可以得出结论：K 值比 α_1 和 α_2 的任一项都要小。

如果 $\alpha_1 \ll \alpha_2$，可以将上式写成 $K \approx \frac{\alpha_1 \alpha_2}{\alpha_2} = \alpha_1$。因此可以得出结论：当冷、热流体的 α 值相差很大时，K 值接近于其中的较小值。因此，要想提高传热系数，其关键在于提高 α 值中较小的。在根据传热速率式 $q = KA\Delta t$ 计算传热速率时，式中的 A 可用 α 值较小一侧的传热面积计算。

【例 8-10】 有一用 $\phi 25 \times 2.5$ 无缝管制成的列管式换热器，已知管内、外流体的传热膜系数为 $\alpha_1 = 400 \text{W/m}^2 \cdot \text{K}$，$\alpha_2 = 10000 \text{W/m}^2 \cdot \text{K}$，忽略垢层热阻，试求

（1）此换热器的传热系数 K 值；

（2）将 α_1 提高一倍时的 K 值；

（3）将 α_2 提高一倍时的 K 值。

解： 由于 $\frac{d_2}{d_1} = \frac{0.025}{0.020} = 1.25 < 2$，故可按平壁公式计算。式中 α_1 和 α_2 为已知，钢管壁之 $\delta = 0.0025$，$\lambda = 46.5 \text{W/m}^2 \cdot \text{K}$

（1）计算在该条件下的传热系数

$$K = \frac{1}{\frac{1}{\alpha_1} + \frac{\delta}{\lambda} + \frac{1}{\alpha_2}} = \frac{1}{\frac{1}{400} + \frac{0.0025}{46.5} + \frac{1}{10000}} = 376.8(\text{W/m}^2 \cdot \text{K})$$

（2）将 α_1 提高一倍，其余不变

$$K = \frac{1}{\frac{1}{800} + \frac{0.0025}{46.5} + \frac{1}{10000}} = 712.3(\text{W/m}^2 \cdot \text{K})$$

（3）将 α_2 提高一倍，其余不变

$$K = \frac{1}{\frac{1}{400} + \frac{0.0025}{46.5} + \frac{1}{20000}} = 384(\text{W/m}^2 \cdot \text{K})$$

通过这个例题说明了上述两个结论是正确的。

8.1.3.4 传热面积

计算热负荷、平均温度差和传热系数的目的，都是为了确定换热器所需要的传热面积。传热面积的计算可以通过传热速率式得出

$$A = \frac{q}{K\Delta t} \tag{8-33}$$

但为了安全可靠以及在生产发展时留有余地，实际生产中还往往考虑 10% ~25% 的安全系数，即实际采用的传热面积应比计算得到的传热面积大 10% ~25%。

对于化工生产中使用较广的套管式和列管式换热器

$$A = n\pi dl \tag{8-34}$$

式中　n——管子的根数，对套管式而言，$n=1$；

d——管子的直径，如前所述，计算中应以 α 较小一侧的直径(外径或内径)计算，但通常亦可以取管子的平均直径，m；

l——管子的长度，m。

由于列管换热器在实际生产中用的最多，在这一部分仅介绍有关列管式换热器传热面积的计算问题。

在工业生产中，确定换热器的传热面积是一个比较复杂的反复核算过程。下面介绍根据生产任务和工艺条件计算换热器的传热面积的方法。

【例 8-11】 有一冷却器，用 $\phi 25 \times 2.5$ 无缝钢管制成，用来冷却某种反应气体。气体走管内，流量为 2.4kg/s，入口温度为 320K，出口温度为 290K，在平均温度下的比热容为 0.8kJ/kg·K，冷却水的流量为 1.1kg/s，进口温度为 280K，设已知气体对壁面的传热膜系数 $\alpha_1 = 50\text{W/m}^2\cdot\text{K}$，壁面对水的传热膜系数 $\alpha_2 = 1200\text{W/m}^2\cdot\text{K}$，忽略垢层影响，试求逆流换热时所需的传热面积。

解：(1)首先计算热负荷

$$q_{热} = W_{热} c_{热} \Delta t = 2.4 \times 0.8 \times 10^3 \times (320-290) = 57600(\text{W})$$

(2) 根据热量衡算

$$q_{热} = q_{冷}$$

$$q_{冷} = W_{冷} \cdot c_{冷} \Delta t = 57600\text{W}$$

已知　$W_{冷} = 1.1\text{kg/s}$　$\Delta t = t_{出} - t_{进} = t_{出} - 280$

冷却水的比热容近似以 $4.2 \times 10^3\text{J/kg}\cdot\text{K}$ 计算

将以上各值代入上式，得

$$t_{出} = \frac{57600}{1.1 \times 4.2 \times 10^3} + 280 = 292.5(\text{K})$$

求平均温度差

已知热流体从　320 ⟶ 290K

冷流体从　292.5 ⟵ 280K

$\Delta t_{大} = 27.5\text{K}$　　$\Delta t_{小} = 10\text{K}$

根据式(8-24)

$$\Delta t = \frac{\Delta t_{大} - \Delta t_{小}}{\ln \dfrac{\Delta t_{大}}{\Delta t_{小}}} = \frac{27.5-10}{\ln \dfrac{27.5}{10}} = 17.3\text{K}$$

(3) 由于 $\dfrac{d_{外}}{d_{内}} = \dfrac{25}{20} = 1.25 < 2$，故可用平壁计算式(8-31)计算换热器的传热系数

$$K = \frac{1}{\dfrac{1}{\alpha_1} + \Sigma \dfrac{\delta}{\lambda} + \dfrac{1}{\alpha_2} + R_{垢内} + R_{垢外}}$$

已知 $\alpha_1 = 50\text{W/m}^2\cdot\text{K}$ $\alpha_2 = 1200\text{W/m}^2\cdot\text{K}$ $\delta = 0.0025\text{m}$

从表 8－1 查出钢之 $\lambda = 46.5\text{W/m}^2\cdot\text{K}$

根据题意 $R_{垢内} = R_{垢外} = 0$

将以上各值代入上式，得

$$K = \frac{1}{\frac{1}{50} + \frac{0.0025}{46.5} + \frac{1}{1200}} = 47.88(\text{W/m}^2\cdot\text{K})$$

(4) 根据以上各步的计算结果，计算传热面积

$$A_{算} = \frac{q}{k\Delta t} = \frac{57600}{47.88 \times 17.3} = 69.54(\text{m}^2)$$

为考虑安全起见，取 20% 的安全系数，则

$$A = 1.2 \times 69.54 = 83.45(\text{m}^2)$$

即实际换热器的传热面积应在 84m^2 左右。

8.1.4 强化传热的途径

所谓强化传热，就是设法提高传热的速率。从传热速率方程式 $q = KA\Delta t$ 可以看出，提高 K、A、Δt 中任何一项都可以强化传热，但究竟从哪一方面着手更有效，则应作具体的分析。

8.1.4.1 增大传热面积

增大传热面积是提高传热速率的一种有效方法。对于间壁换热器而言，简单地增大传热面积，就意味着设备增大、金属耗量增加，设备费用相应增多，这不是强化的办法。但是增加单位体积的传热面，使设备更加紧凑、结构更加合理，则是强化传热的重要途径，特别是当间壁两侧的传热膜系数相差较大的场合。例如石油化工生产中管式炉的加热管、暖气片和空气冷却器等，在膜系数较小一侧增加如图 8－12 所示的翅片，不仅扩大了传热面积，增强了气体的膜系数，使传热速率显著提高，而且材料的消耗增加不多，实践证明是提高传热速率的一种有效方法。目前出现的一些新型换热器，如螺旋板式、板翅式等，就都具有上述这些特点。

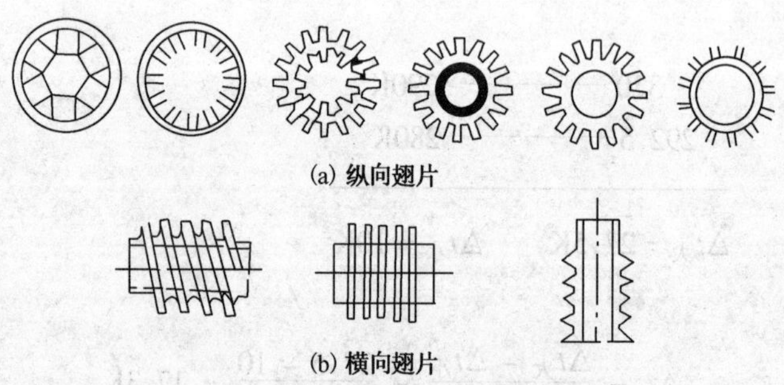

图 8－12 常见的几种翅片管型式

8.1.4.2 提高传热的温度差

如前所述，传热温度是传热过程的推动力。显然，过程的推动力越大，过程则进行得越快。生产中也常常采用增大温度差的办法来强化传热，例如，用蒸汽加热时，增加蒸汽压力以提高热流体的温度；在氨冷器中降低氨的蒸发压力，以使氨蒸发的温度降低；在水冷器中

增大冷却水的流量或降低水温，以及在冷热流体进、出口温度一定的情况下，采用逆流操作等，都可以达到提高传热温度差的效果。

但是，物料的温度是由工艺条件所决定而不能随意改变的，加热剂或冷却剂进、出口温度也往往受到客观条件的限制，是不能任意选定的。例如饱和水蒸汽的温度一般不超过450K，否则蒸气压力过高，对设备要求也高，从总的说来并不经济；冷却水的初始温度在很大程度上取决于气候条件，而其出口温度与水的流量有关，增加水量虽然可降低出口水的温度，增大温度差，但相应的操作费用增加。必须从客观条件、经济角度、以及节约能源等全面考虑决定。

8.1.4.3 提高传热系数

从传热系数的关系式

$$K = \frac{1}{\dfrac{1}{\alpha_1} + \sum \dfrac{\delta_i}{\lambda_i} + \dfrac{1}{\alpha_2} + R_{垢内} + R_{垢外}}$$

可以看出，要提高 K 值，必须设法提高 α_1、α_2 和 λ，降低 δ 和 $R_{垢}$。如前所述，提高 K 值的关键在于提高数值较小一侧的 α 值，但当两侧的 α 值比较接近时，则应同时予以提高。根据对流传热的分析，对流传热的热阻主要集中在靠近管壁的层流内层里，在层流内层里的传热以传导方式进行；而流体的导热系又很小。针对这种情况，可以相应采取这样一些措施。

1. 增加湍流程度，以减小层流内层的厚度

具体的办法有两种：

(1) 增加流体的流速。例如，在列管式换热器内可以采取增加管方的程数，在壳体内增加挡板(参见图 8－13)；在夹套式换热器内增加搅拌等，都可以增加流体的流速，并增强了流体的湍流程度。但应当提出，随着流速的增加，流体的阻力增加很大，这就是说，增加流体的流速是有一定局限性的。

(2) 改变流动条件。如图 8－13 所示的那样，流体在流动过程中不断改变流动方向，可以使流体在较低的速度下达到湍流程度。一些新型的换热器也都采用了这种方式，例如板式换热器中，流体在冲压成波形的板间流动，当 $Re = 200$ 时即进入湍流状态。

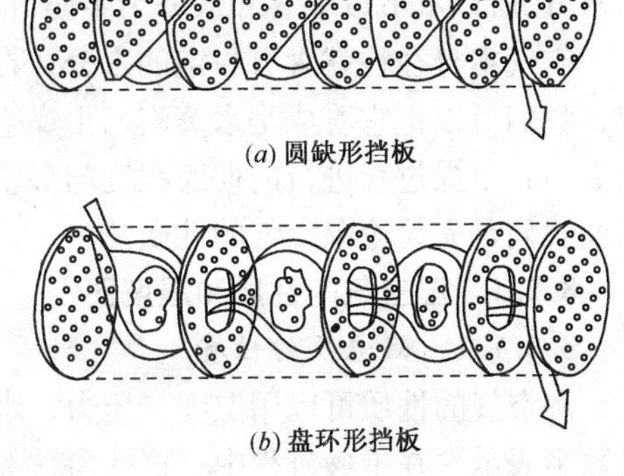

(a) 圆缺形挡板

(b) 盘环形挡板

图 8－13　壳间装设挡板的型式

2. 采用导热系数较大的载热体

选用 λ 较大载体的意义可以从两方面来理解：一是减小层流内层的热阻 $\dfrac{\delta_M}{\lambda A}$；二是可以增大流体的传热膜系数，因为从式(8－15)可以看出，当液体被加热或气体被加热和冷却时，α 随 $\lambda^{0.6}$ 的增大而增大。

3. 减小垢层热阻

从例题 8－8 中可以看出，污垢热阻将使传热系数大大降低，特别是当换热器使用时间较长、垢层较厚时，垢层热阻将成为影响传热速率的重要因素。因此，防止结垢和以简便的方法进行除垢，也成为强化传热的一个重要课题。

4. 采取积极措施

在有流体相变的换热中,如蒸气的冷凝过程,应采取一些积极的措施,使其成为滴状冷凝或减少凝液膜的厚度。例如,在蒸气中加入微量油酸等,能促进滴状冷凝的形成;在垂直管外挂设若干条金属线或开多条纵槽等,可以促使冷凝液迅速流下,使传热膜系数显著提高。

8.2 干 燥

利用加热使固体物料中的湿分(水分或其它溶剂)气化并除去的操作称为干燥。干燥是化工生产中经常使用的一个单元操作，它通常在蒸发、结晶、过滤、离心分离等过程之后，在物料中所含有的大量湿分已经被除去，为了进一步除掉其中仍然含有的少量湿分，以得到符合规格的固体产品而采用的一个操作过程。

根据热能传给湿物料的方法不同，干燥可分为：通过固体壁面传热的传导(又称间接加热干燥)、通过气流与湿物料直接接触而传热的对流干燥(又称直接加热干燥)以及辐射干燥、介电加热干燥等多种形式。目前工业上应用的最普遍的是对流干燥。本节主要讨论对流干燥过程。

对流干燥是一个传热与传质相结合的过程。热气流通过与物料的直接接触，将热量传给物料，使物料表面上的湿分首先气化，并被气流带走；与此同时，固体内部的湿分借扩散作用透过物料层，到达物料表面，然后，湿分蒸气通过物料表面的气膜而扩散至热气流的主体中，形成了一个不断传热、不断气化(传质)的过程。湿分气化的方向(即传质方向)与传热方向恰恰相反。

要想进行干燥作业,除了要有必要的设备外,还要有用来传递热量并带走湿分蒸气的热气流,工程上称之为干燥介质。最常用的干燥介质是空气,而化工生产中大多数产品所含的湿分是水分,所以本节以空气和水分为主要讨论对象,不讨论其他干燥介质和湿分的问题。

空气本身往往就含有一定的水分，在干燥过程中还会吸收一部分湿物料中的水蒸汽，所以，我们可以把它看成是水蒸汽与干燥空气的混合气体，称为湿空气，一般也简称空气。实验表明，干燥过程进行的彻底程度与湿空气的性质、物料中所含水分的多少关系十分密切。下面我们首先讨论湿空气的性质。

8.2.1 湿空气的性质和湿度图

8.2.1.1 湿空气的性质

湿空气的性质可以用湿度、压力、水蒸汽的含量以及焓等许多种能表示其性质和状态的参数来表示。在干燥过程中，这些参数都在不断的变化中，掌握这些参数的物理意义及相互关系，在进行有关干燥过程的计算中是必不可少的。

1. 湿空气的压力

由于干燥过程中的湿空气可看作理想气体，因此根据道尔顿分压定律，湿空气的总压 p 等于干空气的分压 $p_{干}$ 与水蒸汽的分压 $p_{汽}$ 之和，即

$$p = p_{干} + p_{汽} \tag{8-35}$$

总压一定时，空气中水蒸汽的分压越大，则空气中水蒸汽含量越高。湿空气中水蒸汽和干空气的物质的量之比等于其分压之比，即

$$\frac{n_{汽}}{n_{干}} = \frac{p_{汽}}{p_{干}} = \frac{p_{汽}}{p - p_{汽}} \tag{8-36}$$

2. 湿度

湿度表明湿空气中水蒸气的含量，又称湿含量或绝对湿度。即湿空气中单位质量的干空气所带有水蒸气的量，或水蒸气与干空气的质量之比(比质量分数)，用符号 H 表示，单位为 kg 水/kg 干空气。

$$H = \frac{m_{汽}}{m_{干}} \tag{8-37}$$

式中 $m_{汽}$ 和 $m_{干}$ 分别表示空气中水蒸气与干空气的质量。因为质量等于摩尔数与摩尔质量的乘积，所以又有

$$H = \frac{n_{汽} M_{汽}}{n_{干} M_{干}} \tag{8-38}$$

将式(8-36)与 $M_{汽}=18$、$M_{干}=29$ 代入上式可得

$$H = \frac{18p_{汽}}{29(p - p_{汽})} = 0.622 \times \frac{p_{汽}}{p - p_{汽}} \tag{8-39}$$

由(8-39)可看出，湿度与湿空气的总压以及水蒸气分压有关。当总压一定时，湿度仅决定于水蒸气分压，即 $H = f(p_{汽})$。

如果式(8-39)中的水蒸气分压 $p_{汽}$ 等于同温度下水的饱和蒸气压 $p_{饱}$，则表明湿空气达到饱和状态，这时湿空气的湿度称为饱和湿度。

$$H_{饱} = 0.622 \times \frac{p_{饱}}{p - p_{饱}} \tag{8-40}$$

在温度和压力一定的情况下，湿空气的绝对湿度与饱和湿度之比的百分数，称为绝对湿度百分数。

$$\frac{H}{H_{饱}} \times 100\% = \frac{(p - p_{饱})p_{汽}}{(p - p_{汽})p_{饱}} \times 100\% \tag{8-41}$$

3. 相对湿度

在一定温度和压力下，湿空气的水汽分压与饱和空气中水汽分压(亦是此温度下水的饱和蒸气压)之比称为相对湿度，用符号 ϕ 表示。习惯上相对湿度用百分数表示，故又称相对湿度百分数，即

$$\phi = \frac{p_{汽}}{p_{饱}} \times 100\% \tag{8-42}$$

若相对湿度 $\phi = 100\%$，则表示湿空气中水蒸气含量已达到饱和状态，空气中水分含量已达到最高极限值。若相对湿度 $\phi = 0$，说明空气中水蒸气的含量为零，即为绝对干燥的空气。

若相对湿度 ϕ 在 0~100% 之间，说明它处在未饱和状态。其数值越大，说明越接近饱和状态，空气的吸湿能力越弱；反之，ϕ 越小，说明吸收水汽的能力越强。所以绝对湿度 H 只能表示空中水蒸气含量的绝对值，而相对湿度 ϕ 才能反映湿空气吸收水汽的能力。

4. 湿空气的比容

1kg 干空气及其所带有的 H(单位：kg)水蒸气所占有的总容积，称为湿空气的比容，用符号 $\upsilon_{湿}$ 表示，单位 m³/kg 干空气。在常压和温度为 T 的状态下，湿空气的比容可用下式求得

1kg 干空气的容积　　$\upsilon_{干} = \frac{22.41}{29} \times \frac{T}{273} = 0.773 \times \frac{T}{273}$

1kg 水蒸汽的容积 $\upsilon_{汽}=\frac{22.41}{18.02}\times\frac{T}{273}=1.244\times\frac{T}{273}$

则湿空气的比容 $\upsilon_{湿}$ 等于 $\upsilon_{干}$ 与 H kg 水汽的容积 $\upsilon_{汽}H$ 之和

即
$$\upsilon_{湿}=\upsilon_{干}+\upsilon_{汽}H=(0.773+1.244H)\times\frac{T}{273} \tag{8-43}$$

饱和空气的比容 $\upsilon_{饱}$ 称为饱和容积

$$\upsilon_{饱}=(0.773+1.244H_{饱})\times\frac{T}{273} \tag{8-44}$$

5. 湿空气的定压比热容

在一定压力下，将 1kg 干空气及其所带有的 H kg 水蒸气升温 1K 所需要的总热量，称为湿空气的定压比热容，用符号 $c_{湿}$ 表示，单位为 kJ/kg·K，其数值可按下式计算

$$c_{湿}=c_{干}+c_{汽}H$$

工程计算中，通常把 $c_{干}$ 和 $c_{汽}$ 取作定值

$$c_{干}=1.00\text{kJ/kg·K} \qquad c_{汽}=1.93\text{kJ/kg·K}$$

则
$$c_{汽}=1.00+1.93H \tag{8-45}$$

6. 湿空气的焓

湿空气的焓为 1kg 干空气的焓 $i_{干}$ 与其带有的 H kg 水蒸气的焓 $i_{汽}H$ 之和，用符号 I 表示，单位为 kJ/kg 干空气，即

$$I_{干}=i_{干}+i_{汽}H \tag{8-46}$$

必须注意，上述湿空气的焓值是根据干空气和液态水在 273K 时焓为零作为基准来计算的。因此，对于温度为 T、湿度为 H 的湿空气其焓应该是由 273K 的水变为 273K 的水蒸气所需要的潜热，以及湿空气从 273K 升温至 T 时所需要的显热之和，即

$$I=(c_{干}+c_{汽}H)(T-273)+r_0H$$

式中 r_0 为 273K 时水的气化潜热，可取为 2492kJ/kg。

将 $c_{干}$ 和 $c_{汽}$ 等值代入上式，可以得出

$$I=(1.00+1.93H)(T-273)+2492H \tag{8-47}$$

从(8-47)可以看出，湿空气的焓随着空气的温度和湿度而变化。

7. 露点

将不饱和的空气在总压和湿度保持不变(不与水及湿物料接触)的情况下，进行冷却而达到饱和状态时的温度称为该湿空气的露点，用符号 $T_{露}$ 表示。空气达到露点时的湿度是饱和湿度，以符号 $H_{露}$ 表示，其数值等于该湿空气的湿度 H。当温度达到露点时，空气中的水汽便开始凝成露珠。

设露点时水的饱和蒸气压是 $p_{露}$，将式(8-40)整理后，可得

$$p_{露}=\frac{H_{露}p}{0.622+H_{露}}=\frac{HP}{0.622+H} \tag{8-48}$$

上式表明，当总压 p 一定时，湿空气在露点时的饱和蒸气压 $p_{露}$ 仅与空气的湿度 H 有关。湿度越大，则 $p_{露}$ 越大，露点越高。$p_{露}$、$T_{露}$ 均随 H 而变化，即 $p_{露}=f(H)$，$T_{露}=f(H)$。

露点是湿空气的一个物理性质。如果已知空气的总压 p 和湿度 H，可由式(8-48)求得饱和蒸气压 $p_{露}$，然后由饱和水蒸气性质表查得对应的温度，即空气的露点 $T_{露}$。反过来，

如果已知总压 p 和露点 $T_{露}$，可以根据 $T_{露}$ 查出 $p_{露}$，代入式(8－48)求出空气的温度 H，这就是露点法测定空气湿度的依据。

8. 干球温度与湿球温度

所谓干球温度，就是利用普通温度计测出的空气实际温度，用符号 T 表示，单位为 K。所谓湿球温度，是在普通温度计的感温球上包以湿纱布，使其在气流中所测出的稳定温度。用符号 $T_{湿}$ 表示，单位亦为 K。不饱和空气的湿球温度低于干球温度。

当空气的干球温度一定时，湿度 H 越小，则水分从湿纱布表面扩散至空气中的推动力越大。水分的气化速率越快，传热速率也越大，所达到的湿球温度 $T_{湿}$ 也越低。反之，空气的湿度 H 越大，则湿球温度 $T_{湿}$ 越接近干球温度 T。湿空气的干湿球温度差($T - T_{湿}$)，表明空气吸收气化水分的能力，也与相对湿度 ϕ 有关。对于饱和空气，$\phi = 100\%$，$T = T_{湿}$，即($T - T_{湿}$)为零。

8.2.1.2 湿空气的湿度图

如上所述，表示湿空气性质的各项参数可以用相应的公式算出，但是计算相当繁琐。工程上为方便起见，常将有关各性质参数之间的关系制成算图，称为湿空气的湿度图。湿度图依选用的坐标参数的不同有好几种形式。图 8－14 是根据空气总压 $p = 101.3\text{kPa}$ 情况下绘制的 $I - H$ 图，它由如下几组曲线构成。

1. 等温线(等 t 线)

由式(8－47)可得

$$I = 1.00t + (1.93t + 2492)H \tag{8-47a}$$

由式(8－47a)可知，当温度一定时，I 与 H 成直线关系，直线的斜率为($1.93t + 2492$)，因此，等 t 线是一组直线，直线的斜率随 t 升高而增大。所以等 t 线并不相互平行。

2. 等湿线(等 H 线)

它是一组与纵轴 I 平行的直线，在同一条等 H 线上不同的点都具有相同的 H 值。

3. 等相对湿度线(等 ϕ 线)

它是一组从坐标原点散发出来的曲线。从图中可以看出，当空气的湿度 H 一定时，温度越高，ϕ 值越小，这说明它作为干燥介质时吸收水汽的能力越大。工程上，当湿空气进入干燥器之前先预热，目的一方面是为了提高湿空气的焓值来使它作为载热体，另一方面也是为了降低其相对湿度以提高其吸湿的能力。

图中 $\phi = 100\%$ 的曲线称为饱和空气线。此时，空气中的水汽量已达到了极限，再也不能增加，该线的左上方为过饱和区，湿空气呈雾状。该线的右下方是未饱和区域，$\phi < 100\%$。干燥介质可以吸收物料中气化的水分，这是对干燥过程有实用意义的区域。

4. 等焓线(等 I 线)

它是一组与横轴平行的直线，在同一条等 I 线上不同的点都具有相同的焓值。

8.2.2 干燥器的物料衡算

干燥器的物料衡算要解决的问题是：(1)将湿物料干燥到指定的含水量所需要蒸发的水分量；(2)水气化成蒸气后被空气带走时所需的空气量。

8.2.2.1 物料含水量的表示方法

物料的含水量通常用湿基含水量和干基含水量两种方法表示。

1. 湿基含水量

以湿物料为基准的物料中水分的质量分数，称为湿基含水量。是指在整个湿物料中水分

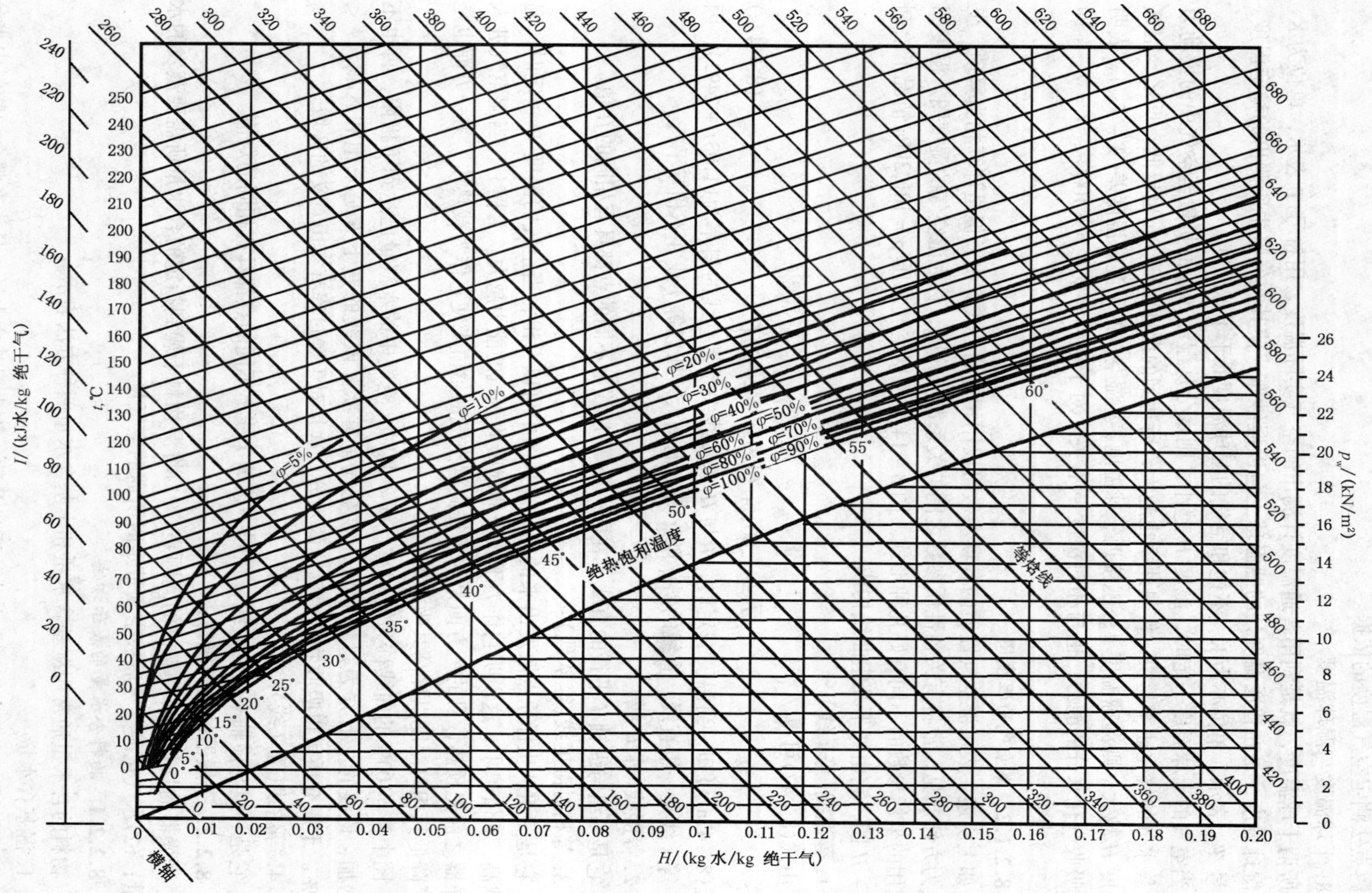

图 8-14 湿空气的 $I-H$ 图

所占的质量分数。用符号 W 表示，即

$$W = \frac{\text{湿物料中水分的质量}}{\text{湿物料的总质量}} \times 100\% \tag{8-49}$$

2. 干基含水量

以绝对干物料为基准的湿物料中所含水分的质量比称为干基含水量。是指湿物料中水分质量与绝对干料质量的比值，用符号 X 表示，即

$$X = \frac{\text{湿物料中水分的质量}}{\text{湿物料中绝对干物料的质量}} \quad \text{kg 水 /kg 饱干料} \tag{8-50}$$

由于干燥过程中绝对干料的质量不变，计算水分蒸发量时用干基含水量比较方便。两种含水量之间的换算关系如下：

$$X = \frac{W}{1 - W} \tag{8-51}$$

$$W = \frac{X}{1 + X} \tag{8-52}$$

8.2.2.2 水分蒸发量

在干燥过程中，湿物料的含水量不断减少，但绝对干料质量却不会改变(过程中无物料损失的前提下)，因此符合下列关系式

$$G_{\text{干}} = G_1(1 - W_1) = G_2(1 - W_2) \tag{8-53}$$

式中　$G_{\text{干}}$——湿物料中绝对干料量，kg/s；

G_1、G_2——干燥前后湿料总量，kg/s；

W_1、W_2——干燥前后湿料的湿基含水量。

设 $W_{\text{水}}$ 为单位时间水分蒸发量，单位为 kg/s，则干燥器的总物料衡算式为

$$W_{\text{水}} = G_1 - G_2 \tag{8-54}$$

将式(8-53)与(8-54)联立，可得

$$W_{\text{水}} = G_1 - G_2 = G_1\frac{W_1 - W_2}{1 - W_2} = G_2\frac{W_1 - W_2}{1 - W_1} \tag{8-55}$$

若已知物料最初和最终的干基含水量 X_1 和 X_2，则水分蒸发量为

$$W_{\text{水}} = G_{\text{干}}(X_1 - X_2) \tag{8-56}$$

8.2.2.3 空气消耗量

在干燥过程中，湿物料蒸发出的水分被空气带走，因此湿物料中水分的蒸发量应该等于空气中水分的增加量，即

$$G_{\text{干}}(X_1 - X_2) = W_{\text{空}}(H_2 - H_1) \tag{8-57}$$

式中　$W_{\text{空}}$——绝对干空气的消耗量，kg 干空气/h；

H_1、H_2——空气在进干燥器前后的湿度，kg 水/kg 干空气。

因此当水分蒸发量为 $W_{\text{水}}$ 时，干空气的消耗量为

$$W_{\text{空}} = \frac{W_{\text{水}}}{H_2 - H_1} \tag{8-58}$$

每蒸发 1kg 水分而消耗的绝干的空气量，称为单位空气消耗量，用符号 L' 表示，单位为 kg 干空气/kg 水，即

$$L' = \frac{W_{空}}{W_{水}} = \frac{1}{H_2 - H_1} \tag{8-59}$$

因为空气在预热前后的湿度不变，所以，预热前空气的湿度 H_0 等于干燥器进口处的空气湿度 H_1，即 $H_0 = H_1$，则上述两公式可改写为

$$W_{空} = \frac{W_{水}}{H_2 - H_0} \tag{8-60}$$

$$L' = \frac{1}{H_2 - H_0} \tag{8-61}$$

上述公式表明，空气消耗量只与空气最初和最终的湿度 H_0 和 H_2 有关，而与所经历的过程无关。

在干燥装置中，鼓风机所需的风量是根据湿空气的体积流量而定，以 $Q_{空}$ 表示，单位为 m^3/s。湿空气的体积流量可由干空气的质量流量 $W_{空}$ 与湿空气的比容 $\upsilon_{湿}$ 的乘积求得。即

$$Q_{空} = W_{空}\upsilon_{湿}$$

将式(8-44)代入，则

$$Q_{空} = W_{空}(0.774 + 1.244H)\frac{T}{273} \tag{8-62}$$

式中的 T 与 H 依鼓风机所装部位的空气状态而定。

8.2.3 干燥速率和干燥时间

8.2.3.1 物料中所含水分的性质

1. 水分与物料的结合方式

物料中所含的湿分可能是纯的液体，或是水的溶液，但我们通常指的是水分，而且是指与物料没有化学结合的水分。根据水分与物料的结合方式的不同，可以分为：

(1) 吸附水分　吸附水分是附着在物料表面的水分。它的性质和纯态水相同，在任何温度下，其蒸气压等于同温度下纯水的饱和蒸气压。

(2) 毛细管水分　毛细管水分是指多孔性物料孔隙中所含的水分。在干燥过程中，这种水分借毛细管的吸引作用转移到物料表面。物料的孔隙较大时，这种水分的性质同吸附水分一样，蒸气压等于同温度下纯水的饱和蒸气压，这类物料称为非吸水性物料。如果物料的孔隙相当小，则水分的蒸气压小于同温度下水的饱和蒸气压，而且水的蒸气压随着干燥过程的进行而下降，这类物料称吸水性物料。

(3) 溶胀水分　溶胀水分是指渗入到物料细胞壁内的水分，它成了物料组成的一部分，因此物料的体积相应地增大。

2. 平衡水分与自由水分

平衡水分和自由水分是根据在一定的干燥条件下物料中所含的水分能否用干燥的方法加以除去来划分的。

在一定的干燥条件下，物料中不能被除去的那部分水分称为平衡水分。它是物料中的水分汽化所产生的蒸气压与空气中水蒸气的分压相等时，即达到平衡时物料中所保留下来的水

分。凡是大于平衡含水量而能够通过干燥除去的水分称为自由水分。

应予指出，物料中平衡水分与自由水分的划分不仅与物料的性质有关，而且还取决于空气的状态，即使同一种物料，若空气的状态不同，则其平衡水分和自由水分的值也不相同。

3. 结合水分和非结合水分

根据水分与物料的结合力的状况即物料中水分被除去的难易程度，又可将物料中的水分分为结合水分和非结合水分。

(1) 结合水分　包括物料细胞壁内的水分及小毛细管中的水分，这些水分与物料的结合力较强，其蒸气压低于同温度下纯水的饱和蒸气压，致使干燥过程的传质推动力降低，所以结合水分较纯水更难除去。

(2) 非结合水分　包括物料中吸附的水分和孔隙中的水分，它与物料的结合力较弱，在干燥过程中容易除去。

8.2.3.2　干燥速率及其影响因素

1. 干燥速率和干燥速率曲线

单位时间内在单位干燥面积上气化的水分量，称为干燥速率，用符号 u 表示，单位为 $kg/m^2 \cdot s$，如果用微分表示，则

$$u = \frac{dW_{水}}{Adt} = \frac{G_{干}\,dx}{Adt}$$

式中　$W_{水}$——气化水分的质量，kg；

A——干燥面积，m^2；

t——干燥时间，s 或 h；

$G_{干}$——湿物料中绝对干料的质量，kg；

X——湿物料的含水量，kg 水/kg 绝干料。

为了得到干燥速率 u 与物料含水量 X 之间的关系，可以在恒定的干燥条件下进行实验测定。所谓的恒定干燥条件，是指在整个干燥过程中干燥介质的温度、湿度、流速以及与物料的接触方式均保持不变，当使用大量空气来干燥少量的湿料时，可以认为接近于恒定干燥的条件。图 8－15 表示的是在空气状态恒定时典型的干燥速率曲线。图中纵坐标是干燥速率 u，横坐标是物料的干基含水量 X。从图中可以看出，干燥过程明显地分为等速干燥和降速干燥两个阶段。

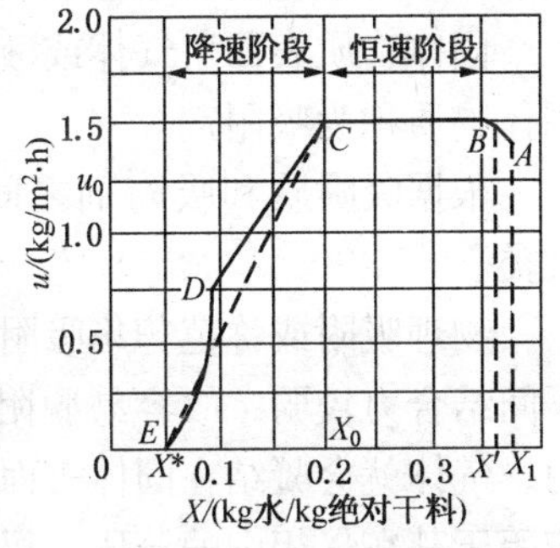

图 8－15　恒定干燥情况下的干燥速率曲线

(1) 恒速干燥阶段　又称为干燥第一阶段或表面气化控制阶段。如图中 BC 所示，其特征是空气传给湿料的热量止好等于水分气化所需的热量，干燥以不变的速率进行，不随物料含水量变化而变化，物料表面的温度始终保持为空气的湿球温度。这个阶段除去的是非结合水分。

(2) 降速干燥阶段　又称干燥的第二阶段或内部水分移动控制阶段。如图中 CDE 所示。其特征是内部水分的气化，干燥速率由 C 点的最大值逐渐下降至 E 点。这时干燥速率主要决定于物料本身的结构、形状和大小等性质，而与空气的性质关系很小。由于空气传给湿物料的热量大于水分气化所需的热量，物料表面的温度不断上升，而接近于空气的温度。

干燥速率的转折点(C 点)称为临界点，与该点对应的物料含水量 X_0 称为临界含水量，

临界点是物料中非结合水分与结合水分划分的界限。干燥速率曲线与横轴的交点 E 所表示的含水量是平衡含水量 X^*（平衡水分），此时的干燥速率为零。这也说明平衡水分是不能被干燥的水分。

2. 影响干燥速率的因素

影响干燥速率的因素主要有三个方面：湿物料、干燥介质和干燥设备。这三者又是相互关联的，现就其中主要的影响因素讨论如下。

(1) 物料的性质和形状　包括湿物料的物理结构、化学组成、形状和大小、物料层的厚薄以及水分的结合形式等。

(2) 物料本身的温度　物料的温度越高，干燥速率越大。但物料的温度与干燥介质的温度有关。

(3) 干燥介质的温度和湿度　干燥介质的温度越高、湿度越低，干燥速率越大，但应以不损害被干燥物质为原则，这在干燥某些热敏性物料时更应引起注意。

(4) 干燥介质的流速和流向　在干燥第一阶段，提高气速可以加快干燥速率，介质流动方向垂直于物料表面时的干燥速率比平行时要大。在第二阶段，气速和流向对干燥速率影响很小。

(5) 干燥器的结构　上述各因素和干燥器的结构有关，许多新型干燥器就是针对着某些因素而设计的。

8.3 吸　　附

8.3.1 概述

8.3.1.1 吸附现象及其工业应用

吸附操作在化工、炼油和环保等领域都有着广泛的应用。如气体中水分的脱除，溶剂的回收，水溶液或有机溶液的脱色、脱臭，有机烷烃的分离，芳烃的精制等。

固体物质表面对气体或液体分子的吸着现象称为吸附。其中被吸附的物质称为吸附质，固体物质称为吸附剂。

根据吸附质和吸附剂之间吸附力的不同，可将吸附操作分为物理吸附与化学吸附两大类。

物理吸附或称范德华吸附，它是吸附剂分子与吸附质分子间吸引力作用的结果，因其分子间结合力较弱，故容易脱附。如固体和气体之间的分子引力大于气体内部分子之间的引力，气体就会凝结在固体表面上，吸附过程达到平衡时，吸附在吸附剂上的吸附质的蒸气压应等于其在气相中的分压。提高温度或降低吸附质在气相中的分压，吸附质将以原来的形态从吸附剂上回到气相或液相，这种现象称为“脱附”。所以物理吸附过程是可逆的。吸附分离过程正是利用物理吸附的这种可逆性来实现混合物的分离。

化学吸附是由吸附质与吸附剂分子间化学键的作用所引起，其间结合力比物理吸附大得多，放出的热量也大得多，与化学反应热数量级相当，过程往往不可逆。化学吸附在催化反应中起重要作用，但在分离过程中应用较少，本节主要讨论物理吸附。

判断吸附现象类别的依据如下：

(1) 化学吸附热与化学反应热相近，比物理吸附热大得多。如二氧化碳和氢在各种吸附剂上的化学吸附热为 83740J/mol 和 62800J/mol，而这两种气体的物理吸附热约为 25120J/mol

和 8374J/mol。

(2) 化学吸附有较高的选择性。如氯可以被钨或镍化学吸附。物理吸附则没有很高的选择性，它主要取决于气体或液体的物理性质及吸附剂的特性。

(3) 化学吸附时，温度对吸附速率的影响较显著，温度升高则吸附速率加快，因其是一个活化过程，故又称活化吸附。而物理吸附即使在低温下，吸附速率也可能较大，因此它不属于活化吸附。

(4) 化学吸附总是单分子层或单原子层，而物理吸附则不同，低压时，一般是单分子层，但随着吸附质分压增大，吸附层可能转变成多分子层。

吸附分离是利用混合物中各组分与吸附剂间结合力强弱的差别，即各组分在固相与流体间分配能力的不同使混合物中难吸附与易吸附组分分离。适宜的吸附剂对各组分的吸附可以有很高的选择性，故特别适用于用精馏等方法难以分离的混合物的分离，以及气体与液体中微量杂质的去除。此外，吸附操作条件比较容易实现。目前工业生产中吸附过程主要有如下几种：

1. 变温吸附

在一定压力下吸附的自由能变化 ΔG 有如下关系：

$$\Delta G = \Delta H - T\Delta S \tag{8-63}$$

式中 ΔH 为焓变，ΔS 为熵变。当吸附达到平衡时，系统的自由能、熵值都降低，故式(8-63)中焓变 ΔH 为负值，表明吸附过程是放热过程。可见若降低操作温度，可增加吸附量，反之亦然。因此，吸附操作通常是在低温下进行，然后提高操作温度使被吸附组分脱附。通常用水蒸气直接加热吸附剂使其升温解吸，解吸物与水蒸气冷凝后分离。吸附剂则经间接加热、升温、干燥和冷却等阶段组成变温吸附过程，循环使用。

2. 变压吸附

变压吸附也称为无热源吸附。恒温下，升高系统的压力，床层吸附容量增多，反之系统压力下降，其吸附容量相应减少，此时吸附剂解吸、再生，得到气体产物的过程称为变压吸附。根据系统操作压力变化不同，变压吸附循环可以是常压吸附、真空解吸，加压吸附、常压解吸，加压吸附、真空解吸等几种方法。对一定的吸附剂而言，压力变化愈大，吸附质脱除得越多。

3. 溶剂置换

在恒温恒压下，已吸附饱和的吸附剂可用溶剂将床层中已吸附的吸附质冲洗出来，同时使吸附剂解吸再生。常用的溶剂有水、有机溶剂等各种极性或非极性物质。

8.3.1.2 常用吸附剂

只有具有很高选择性和很大吸附容量的固体才能作为工业吸附剂。一种优良吸附剂应满足如下要求：

(1) 具有较大的平衡吸附量，一般比表面积大的吸附剂，其吸附能力强；

(2) 具有良好的吸附选择性；

(3) 容易解吸，即希望平衡吸附量与温度或压力具有较敏感的关系；

(4) 要求吸附剂有一定的机械强度和耐磨性，性能稳定，较低的床层压降，价格便宜等。

目前工业上常用的吸附剂主要有活性炭、活性氧化铝、硅胶、分子筛等，现简述如下：

1. 活性炭

活性炭的结构特点是具有非极性表面，是一种疏水性和亲有机物的吸附剂，故又称为非极性吸附剂。活性炭的特点是吸附容量大，抗酸耐碱，化学稳定性好，解吸容易，在高温下进行解吸再生时其晶体结构不发生变化，热稳定性高，经多次吸附和解吸操作，仍能保持原有的吸附性能。活性炭常用于溶剂回收、溶液脱色、除臭、净制等过程，是当前应用最普遍的吸附剂。

通常所有含碳的物料，如木材、果壳、褐煤等都可以加工成黑炭，经活化制成活性炭。活化方法主要有两种：即药品活化和气体活化。药品活化是在原料中加入药品，如$ZnCl_2$、H_3PO_4等。在非活性气体中加热，进行干馏和活化。气体活化是通入水蒸气、CO_2、空气等在700～1100℃下反应，使之活化。炭中含水会降低其活性。一般活性炭的活化表面约为600～1700m^2/g。

2. 硅胶

硅胶是一种坚硬无定形链状和网状结构的硅酸聚合物颗粒，是一种亲水性极性吸附剂。因其是多孔结构，比表面积可达350 m^2/g左右。工业上用的硅胶有球型、无定型、加工成型及粉末状四种。主要用于气体的干燥脱水，催化剂载体及烃类分离等过程。

3. 活性氧化铝

活性氧化铝为无定形的多孔结构物质，一般由氧化铝的水合物(以三水合物为主)加热，脱水和活化制得，其活化温度随氧化铝水合物种类不同而不同，一般为250～500℃。孔径约从2～5nm，典型的比表面积为200～500m^2/g。活性氧化铝具有良好的机械强度，可在移动床中使用。对水具有很强的吸附能力，故主要用于液体和气体的干燥。

4. 分子筛

沸石吸附剂是具有特定而且均匀一致孔径的多孔吸附剂，它只能允许比其微孔孔径小的分子吸附上去，比其大的分子则不能进入，有分子筛的作用，故称为分子筛。

分子筛(合成沸石)一般可用 $M_{2/n} \cdot O \cdot Al_2O_3 \cdot ySiO_2 \cdot wH_2O$ 式表示的含水硅酸盐。其中 M 表示金属离子，多数为钠、钾、钙，也可以是有机胺或复合离子。n 表示复合离子的价数，y 和 w 分别表示 SiO_2 和 H_2O 的分子数，y 又称为硅铝比。硅铝比为2左右的称为A型分子筛，3左右的称为X型分子筛，3以上称为Y型分子筛。

根据原料配比、组成和制造方法不同，可以制成不同孔径(一般从0.3～0.8nm)和形状(圆形、椭圆形)的分子筛。分子筛是极性吸附剂，对极性分子，尤其对水具有很大的亲和力。由于分子筛突出的吸附性能，使得它在吸附分离中有着广泛的应用，主要用于各种气体的干燥、芳烃或烷烃的分离及用作催化剂和催化剂载体等。

8.3.2 吸附平衡

在一定温度和压力下，当流体(气体或液体)与固体吸附剂经长时间充分接触后，吸附质在流体相和固体相中的浓度达到平衡状态，称为吸附平衡。若流体中吸附质浓度高于平衡浓度，则吸附质将被吸附；若流体中吸附质浓度低于平衡浓度，则吸附质将被解吸，最终达到吸附平衡，过程停止。可见吸附平衡关系决定了吸附过程的方向和极限，是吸附过程的依据。单位质量吸附剂的平衡吸附量q受到许多因素的影响，如吸附剂的物理结构(尤其是表面结构)和化学组成，吸附质在流体相中的浓度，操作温度等。

8.3.2.1 吸附等温线

吸附平衡关系可以用不同的方法表示，通常用等温下单位质量吸附剂的吸附容量 q 与流体相中吸附质的分压p(或浓度 c)间的关系：$q=f(p)$表示，称为吸附等温线。由于吸附剂和吸附质分子间作用力的不同，形成了不同形状的吸附等温线。以 q 对相对压力p/p^0 作图(p^0 为该温度下吸附质的饱和蒸气压)，所得曲线即为等温线。Brunauer 等将典型的吸附等温线归纳成五类，如图 8-16所示。其中Ⅰ、Ⅱ、Ⅳ型对吸附量坐标方向凸出的吸附等温线，称为优惠等温线，它有利于吸附的完全分离，因为当吸附质的分压很低时，吸附剂的吸附量仍保持在较高水平，从而保证痕量吸附质的脱除。Ⅲ、Ⅴ型曲线在开始一段曲线向吸附量坐标方向下凹，属非优惠吸附等温线。

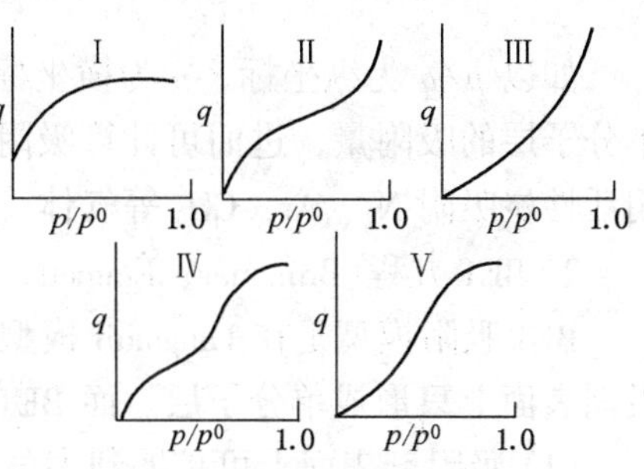

图 8-16　五种吸附等温线图

p/p^0—相对压力；q—吸附的数量

吸附作用是固体表面力作用的结果，但这种表面力的性质至今未被充分了解。为了说明吸附作用，许多学者提出了多种假设或理论，但只能解释有限的吸附现象，可靠的吸附等温线只能依靠实验测定。至今尚未得到一个通用的半经验方程。下面介绍几种常用的经验方程。

1. Langmuir(朗格缪尔)方程

朗格缪尔吸附模型假定条件为：

(1) 吸附是单分子层的，即一个吸附位置只吸附一个分子；

(2) 被吸附分子之间没有相互作用力；

(3) 吸附剂表面是均匀的。

上述条件下的吸附称为理想吸附。

吸附速率和吸附质气体分压 p 和吸附剂表面上吸附位置数成正比。若用 θ 表示吸附剂表面上已被吸附的位置的分数，则吸附速率为：$kp(1-\theta)$。已被吸附的分子会从固体表面逸出，成为脱附。显然脱附速率与已被吸附的位置数 θ 也成正比，即脱附速率为 $k'\theta$。吸附平衡时，吸附速率与脱附速率相等，即达到了动态吸附平衡，可表示为：

$$kp(1-\theta)-k'\theta$$

令 $k_1=k/k'$，则上式变为

$$\theta=\frac{k_1p}{1+k_1p} \tag{8-64}$$

若以 q 表示气体分压p 下的吸附量，q_m 表示所有吸附位置被占满时的饱和吸附量，则 $\theta=q/q_m$，式(8-64)经整理可得：

$$q=\frac{k_1q_mp}{1+k_1p} \tag{8-65}$$

式(8-65)称为朗格缪尔吸附等温线方程。

式中　q_m——吸附剂的最大吸附量；

q——实际吸附量；

p——吸附质在气体混合物中的分压；

k_1——朗格缪尔常数。

式(8-65)还可写成

$$\frac{p}{q} = \frac{p}{q_m} + \frac{1}{k_1 q_m} \tag{8-66}$$

如以 p/q 为纵坐标，p 为横坐标作图，可得一直线，从该直线斜率 $1/q_m$ 可以求出形成单分子层的吸附量，进而可计算吸附剂的比表面积。朗格缪尔方程仅适用于Ⅰ型等温线，如用活性炭吸附 N_2、Ar、CH_4 等气体。

2. BET 方程(Brunauer、Emmett、Teller)

BET 吸附模型是在 Langmuir 模型基础上建立起来的。Langmuir 模型的前提条件是假设在吸剂表面上只形成单分子层。而 BET 模型假定条件为：

(1) 吸附剂表面上可扩展到多分子层吸附；

(2) 被吸附组分之间无相互作用力，而吸附层之间的分子力为范德华力；

(3) 吸附剂表面均匀；

(4) 第一层的吸附热为物理吸附热，第二层以上为液化热；

(5) 总吸附量为各层吸附量的总和；

(6) 每一层都符合 Langmuir 公式，在此基础上推导出 BET 二参数方程为：

$$q = \frac{\dfrac{q_m k_b p}{p^0}}{\left(1 - \dfrac{p}{p^0}\right)\left[1 + (k_b - 1)\dfrac{p}{p^0}\right]} \tag{8-67}$$

式中 q——达到吸附平衡时的平衡吸附量；

q_m——第一层单分子层的饱和吸附量；

p——吸附质的平衡分压；

p^0——吸附温度下吸附质气体的饱和蒸气压；

k_b——与吸附热有关的常数。

式(8-67)的适用范围为 $p/p^0 = 0.05 \sim 0.35$，若吸附质的平衡分压远小于其饱和蒸气压，即 $p \ll p^0$，则：

$$\frac{q}{q_m} = \frac{k_b \dfrac{p}{p^0}}{1 + k_b \dfrac{p}{p^0}} \tag{8-68}$$

令 $k_0 = \dfrac{k_b}{p^0}$，则式(8-68)即为 Langmuir 方程，所以 BET 方程是广泛的 Langmuir 方程。BTE 方程可适用于Ⅰ、Ⅱ、Ⅲ型等温线。

3. Freundlich 方程

其表达式为：

$$q = k_f p^{\frac{1}{n}} \tag{8-69}$$

式中 k_f——与吸附剂的种类、特性、温度等有关的常数；

n——与温度有关的常数，且 $n > 1$，k_f 和 n 都由实验测定。

将式(8-69)两边取对数得

$$\lg q = \frac{1}{n}\lg p + \lg k_f \tag{8-70}$$

在对数坐标系中，以 q 为纵坐标，p 为横坐标作图可得一直线，该直线截距为 k_f，斜率为 $1/n$。若 $1/n=0.1\sim0.5$ 之间，表示吸附容易进行；超过 2 时，则表示吸附很难进行。式(8-69)在中压部分与实验数据符合得很好，但在低压和高压部分则有较大偏差。对液相吸附，式(8-69)常能给出较满意的结果。

8.3.2.2 单一气体(或蒸气)的吸附平衡

在某些方面气体在固体吸附剂上的吸附平衡与气体在液相中的溶解度相类似，图 8-17 表示活性炭上三种物质在不同温度下的吸附等温线。由图可知，对于同一种物质，如丙酮，在同一平衡分压下，平衡吸附量随着温度降低而增加，因为吸附是一个放热过程，所以工业生产中常用升温的方法使吸附剂脱附再生。

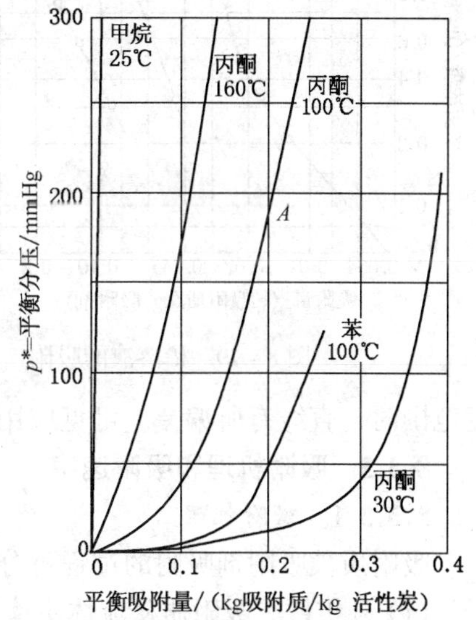

图 8-17 若干气体在活性炭上的吸附平衡曲线

同样，在一定温度下，随着气体压力的升高，活性炭上三种物质的平衡吸附量增加。如丙酮在 100℃下、气相压力为 190mmHg 时的平衡吸附量为 0.2kg 丙酮/kg 活性炭(图中 A 点所示)。提高丙酮气体分压可使更多的丙酮被吸附。反之，则将已吸附在活性炭上的丙酮解吸。这也是工业生产中用改变压力的方法使吸附剂脱附再生所依据的基本原理。

从图 8-17 还可看出：不同的气体(或蒸气)在相同条件下吸附程度差异较大，如在 100℃和相同气体平衡分压下，苯的平衡吸附量比丙酮平衡吸附量大得多。一般规律是相对分子质量较大而临界温度较低的气体(或蒸气)较容易被吸附。其次，化学性质的差异，如分子的不饱和程度也影响吸附的难易。对于所谓“永久性气体”，通常其吸附量很小，如图中甲烷吸附等温线所示。

同种气体在不同吸附剂上的平衡吸附量不同，即使是同类吸附剂，若所用原料组成、配比及制备方法不同，其平衡吸附量也会有较大差别。吸附剂在使用过程中经反复吸附解吸，其孔和表面结构会发生变化，随之其吸附性能也将发生变化，有时会出现吸附得到的吸附等温线与脱附得到的解吸等温线在一定区间内不能重合的现象，如图 8-18 所示。这一现象称为吸附的滞留现象。如果出现滞留现象，则在相同的平衡吸附量下，吸附平衡压力一定高于脱附的平衡压力。

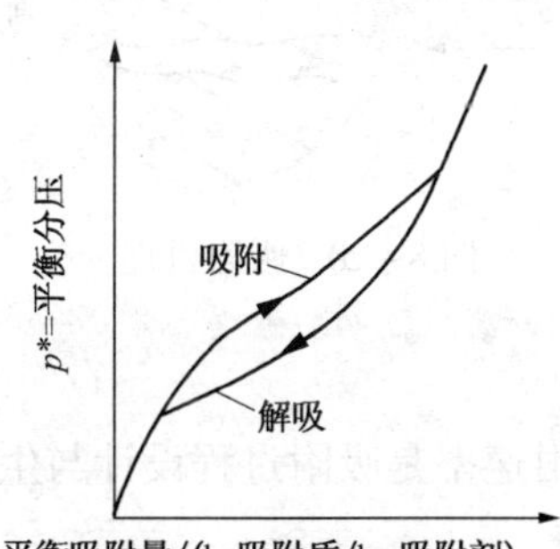

图 8-18 吸附的滞留现象

8.3.2.3 液相吸附平衡

液相吸附的机理比气相吸附复杂，对于同种吸附剂，溶剂的种类对溶质的吸附亦有影响。因为吸附质在溶剂中的溶解度不同，吸附质在不同溶剂中的分子大小不同以及溶剂本身的吸附均对吸附质的吸附有影响。一般说溶质被吸附量随温度升高而降低，溶质的溶解度越大，被吸附量亦越大。

液相吸附时，溶质和溶剂都可能被吸附。因为总吸附量难以测量，所以只能以溶质的相对吸附量或表观吸附量来表示。用已知质量的吸附剂来处理已知体积的溶液，以 v 表示单位质量吸附剂处理的溶液体积(m^3 溶液/kg 吸附剂)，由于溶质优先被吸附，溶液中溶质浓度由初始值 c_0 降到平衡浓度 c^*(kg 被吸附溶质/m^3 溶液)，若忽略溶液体积变化，则溶质的

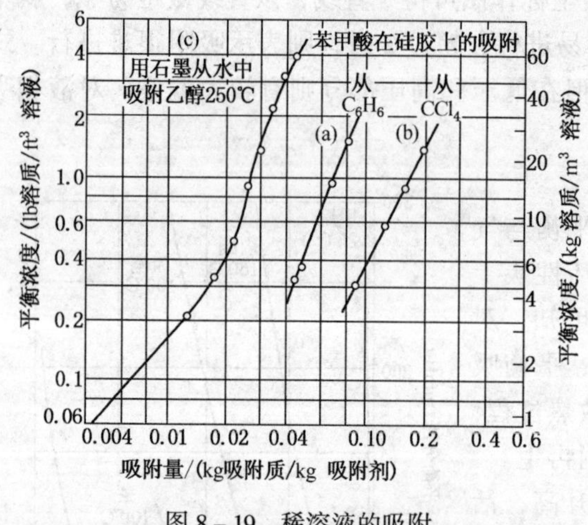

图 8－19 稀溶液的吸附

表观吸附量为 $v(c_0-c^*)$(kg 被吸附质/kg 吸附剂)。对于稀溶液，溶剂被吸附的分数很小，用这种方法表示吸附量是可行的。

对于稀溶液，在较小温度范围内，吸附等温线可用 Freundlich 经验方程式表示：

$$c^* = k[v(c_0{}^*)]^{\frac{1}{n}} \qquad (8-71)$$

式中 k 和 n 为体系的特性常数。以 c^* 为纵坐标，$v(c_0-c^*)$ 为横坐标，在双对数坐标上作图，式(8－71)表示斜率为 $1/n$、截距为 k 的一条直线。图 8－19 表示不同溶质对硅胶吸附苯甲酸的吸附等温线的影响[图中(a)、(b)两线]，(c)线则表示在高浓度范围时，直线有所偏差。可见应用 Freundlich 式有适宜的浓度范围。

8.3.3 吸附机理和吸附速率

8.3.3.1 吸附机理

吸附质被吸附剂吸附的过程可分为三步，如图 8－20 所示。

(1) 外扩散 吸附质从流体主体通过扩散(分子扩散与对流扩散)传递到吸附剂颗粒的外表面。因为流体与固体接触时，在紧贴固体表面处有一层滞流膜，所以这一步的速率主要取决于吸附质以分子扩散通过这一滞流膜的传递速率。

(2) 内扩散 吸附质从吸附剂颗粒的外表面通过颗粒上微孔扩散进入颗粒内部，到达颗粒的内部表面。

(3) 吸附 吸附质被吸附剂吸附在内表面上。

对于物理吸附，第三步通常是瞬间完成的，所以吸附过程的速率通常由前二步决定。若外扩散速率比内扩散速率小得多，则吸附速率由外扩散控制，反之则为内扩散控制。

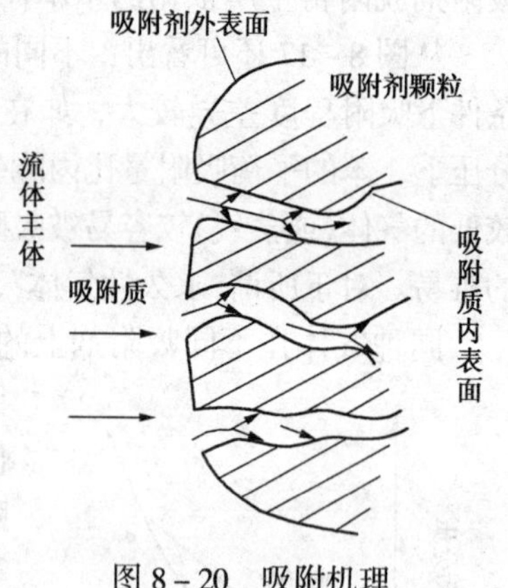

图 8－20 吸附机理

8.3.3.2 吸附速率

当含有吸附质的流体与吸附剂接触时，吸附质将被吸附剂吸附，吸附质在单位时间内被吸附的量称为吸附速率。吸附速率是吸附过程设计与生产操作的重要参量。

吸附速率与体系性质(吸附剂、吸附质及其混合物的物理化学性质)、操作条件(温度、压力、两相接触状况)以及两相组成等因素有关。对于一定体系，在一定的操作条件下，两相接触、吸附质被吸附剂吸附的过程如下：开始时吸附质在流体相中浓度较高，在吸附剂上的含量较低，远离平衡状态，传质推动力大，故吸附速率高。随着过程的进行，流体相中吸附质浓度降低，吸附剂上吸附质含量增高，传质推动力降低，吸附速率逐渐下降。经过很长时间，吸附质在两相间接近平衡，吸附速率趋近于零。

上述吸附过程为非定态过程，其吸附速率可以表示为吸附剂上吸附质的含量、流体相中吸附质的浓度、接触状况和时间等的函数。

第9章 分离方法

9.1 气体吸收

气体吸收是利用适当的液体吸收剂来处理气体混合物，以使其中的一种或多种组分由气相转入液相的操作。吸收的基本依据是利用气体混合物中各个组分在吸收剂中溶解度的不同，从而将其中溶解度最大的组分分离出来。

在吸收过程中，若只吸收混合气体中的一个组分，称为单组分吸收；若可以吸收两个以上的组分，称为多组分吸收。在吸收过程中不伴有明显化学反应的，如用水吸收二氧化碳等，一般可以认为是单纯的物理溶解过程，称为物理吸收；如果有明显的化学反应，如用碱液吸收二氧化碳，则称为化学吸收。在本节只讨论在等温条件下的单组分物理吸收过程。

9.1.1 吸收的物理基础

9.1.1.1 相组成的表示方法

1. 质量分数

混合物中某一组分的质量 G_i(单位为 kg)与混合物总质量 G(kg)的比值，称为该组分的质量分数，用符号 X_{Wi}表示。质量分数与过去习惯采用的质量百分浓度在数值上相等。

$$X_{Wi} = \frac{G_i}{G} \tag{9-1}$$

显然，任何一个组分的质量分数都小于1，而各个组分的质量分数之和等于1，即

$$X_{W1} + X_{W2} + \cdots\cdots + X_{Wn} = 1$$

2. 摩尔分数

混合物中某一组分的摩尔数 n_i 与混合物的总摩尔数 n(本节所用的单位均为 kmol)之比值，称为该组分的摩尔分数，用符号 x_i 表示，即

$$X_i = \frac{n_i}{n} \tag{9-2}$$

显然，任何一个组分的摩尔分数都小于1，而各摩尔分数之和等于1，即

$$x_1 + x_2 + \cdots\cdots + x_n = 1$$

由此可以得出 $$n = n_1 + n_2 + \cdots\cdots + n_n$$

为了便于区别液相和气相的组成，习惯上以 x 或X_W 表示液相的组成，以 y 或Y_W 表示气相的组成。

3. 比质量分数和比摩尔分数

在吸收操作中，随着过程的进行，气体的总量和溶液的总量都在不断地变化，而不溶性气体(通常称为惰性气体或载体)的量或溶剂的量却是固定不变的。为了计算上的方便，采用了比质量分数和比摩尔分数的概念。

(1) 比质量分数　混合物中某一组分的质量与其他组分质量的比值，称为该组分的比质量分数，用符号 $\overline{X}$(或 $\overline{Y}$)表示，单位为 kg/kg。因为我们讨论的是单组分吸收，则其他组分

均为载体，故习惯上采用的单位为 kg 组分/kg 载体。

$$\overline{X}_i = \frac{G_i}{G - G_i} \tag{9-3}$$

(2) 比摩尔分数　混合物中某一组分的摩尔数与其他组分的摩尔数的比值，称为该组分的比摩尔分数，用符号 X(或 Y)表示，单位为 kmol/kmol。和比质量分数一样的理由，在吸收过程中习惯以 kmol 组分/kmol 载体表示。

$$X_i = \frac{n_i}{n - n_i} \tag{9-4}$$

4. 压力分数和体积分数

气相组成除按上述各种方法表示之外，通常还用压力分数和体积分数表示。气体混合物中某一组分的分压与混合气体的总压之比值，称为该组分的压力分数。气体混合物中某一组分的体积与混合气体总体积的比值，称为该组分的体积分数。可以证明：

$$y_i = \frac{n_i}{n} = \frac{p_i}{p} = \frac{V_i}{V} \tag{9-5}$$

9.1.1.2　气液平衡关系

1. 气体在液体中的溶解度

吸收过程是气体中的被吸收组分(又称溶质或吸收质)从气相转入液相(即吸收剂)的过程。在一定条件下，当气液处于平衡时，一定数量吸收剂所能溶解的吸收质的最大数量，称为平衡溶解度，简称溶解度。此时溶液上方气相中可吸收组分的分压称为平衡分压。

溶解度的表示方法很多，其中以一定温度和一定分压条件下气液相中溶质的摩尔分数表示是一种比较常用的方法。图 9-1 和图 9-2 是分别根据 NH_3 和 SO_2 在水中溶解度的实验数据绘制而成的。图中的曲线表示了气液的平衡关系，称为溶解度曲线或平衡曲线。从图中可以看出，在相同的温度和分压下，不同气体在同一种溶剂中的溶解度不同，甚至相差很大。我们把常压下溶解度很大的气体(如 NH_3、HCl 等)称为易溶性气体，而把像 O_2、N_2 等溶解度很小的气体称为难溶性气体。

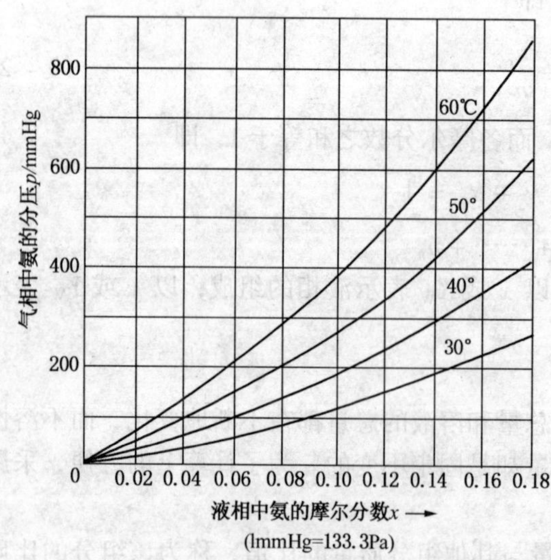

图 9-1　氨在水中的溶解度

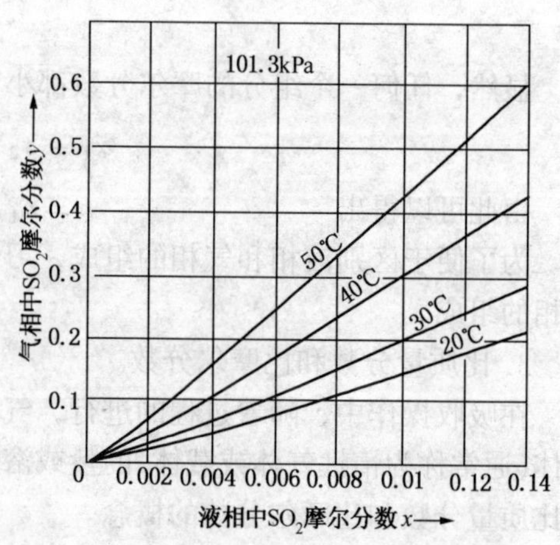

图 9-2　SO_2 在水中的溶解度

2. 亨利定律

从上面的图形中还可以看出，对同一种气体而言，温度越高，溶解度越小；分压越高，溶解度越大。亨利对许多种气体进行研究后发现：在一定温度和气体总压不超过506.5kPa的情况下，多数气体溶解后所形成的溶液为稀溶液，当气液处于平衡时，可吸收组分在液相中的浓度与其在气相中的平衡分压成正比。这一规律称为亨利定律。用数学式表达如下：

$$p^* = Hx \tag{9-6}$$

式中 p^*——可吸收组分在气相中的平衡分压，Pa；

x——溶液中可吸收组分的摩尔分数；

H——亨利系数，Pa。

从式(9-6)可以看出，当 p^* 一定时，H 与 x 成反比，即亨利系数越大的气体，溶解度越小。

如果溶液的组成不用摩尔分数 x 表示，而用浓度 c 表示，则亨利定律可以写成

$$p^* = H'c \tag{9-7}$$

式中 c——溶液的浓度，kmol 组分/m^3 溶液；

H'——溶液组成以浓度 c 表示时的亨利系数，$m^3 \cdot Pa/kmol$。

从式(9-7)可以看出，H' 越大，气体的溶解度越小。

为了将气相组成以摩尔分数表示，在式(9-6)等号两边各除以总压 p，即

$$\frac{p^*}{p} = \frac{H}{p}x$$

不难看出，等式的左边即以摩尔分数表示的气相平衡组成 y^*，等式右边的 H/p 用一个新的系数 m 代替，则

$$y^* = mx \tag{9-8}$$

式中 y^*——气液平衡时可吸收组分在气相中的摩尔分数；

m——亨利系数的另一种形式，但习惯上称为相平衡常数。

从式(9-8)可以看出，m 越大，气体的溶解度越小。

如果溶液的组成用比摩尔分数 X 表示，气相组成也用比摩尔分数 Y 表示，则可以通过将 $y = \frac{Y}{1+Y}$ 和 $x = \frac{X}{1+X}$ 代入式(9-8)而得出亨利定律的又一种表达式

$$Y^* = \frac{mX}{1+(1-m)X} \tag{9-9}$$

对于稀溶液(即 X 很小)，上式可以近似地表示为

$$Y^* = mX \tag{9-10}$$

式中 Y^*——平衡时可吸收组分在气相中的比摩尔分数，kmol 组分/kmol 载体；

X——溶液中可吸收组分的比摩尔分数，kmol 组分/kmol 溶剂。

式(9-6)至式(9-10)是采用不同相组成表示的亨利定律表达式，公式中所用的三个系数 H、H' 和 m 的换算关系如下：

$$H = \frac{H'\rho_s}{M} \quad (Pa) \tag{9-11}$$

$$H' = \frac{HM_s}{\rho} \quad (m^3 \cdot Pa/kmol) \tag{9-12}$$

$$m = \frac{H}{p} \tag{9-13}$$

式中　ρ_s——溶剂密度，kg/m^3；

M_s——溶剂的千摩尔质量，kg/kmol；

p——混合气的总压，Pa。

必须指出，式(9－11)、式(9－12)和式(9－13)都是对稀溶液而言，并把溶剂的密度近似地视为溶液的密度而推导出来的。

3. 亨利定律的意义

首先，它指出了平衡的条件，解决了过程的方向问题。图 9－3 是气、液相组成均以比摩尔分数表示的操作状态图，图中的曲线即平衡曲线，图中的 A 点、B 点代表了两种不同的状态。A 点在平衡曲线之上，$p_A > p_A^*$，表明了可吸收组分在气相中的组成 c_A 大于平衡时的组成 c_A^*，过程为吸收。B 点在平衡曲线以下，$p_A < p_A^*$，表明可吸收组分在气相中的组成 c_A 小于平衡时应有的组成 c_A^*，则液相中已经溶解的气体组分又返回到气相中去，过程为解吸。

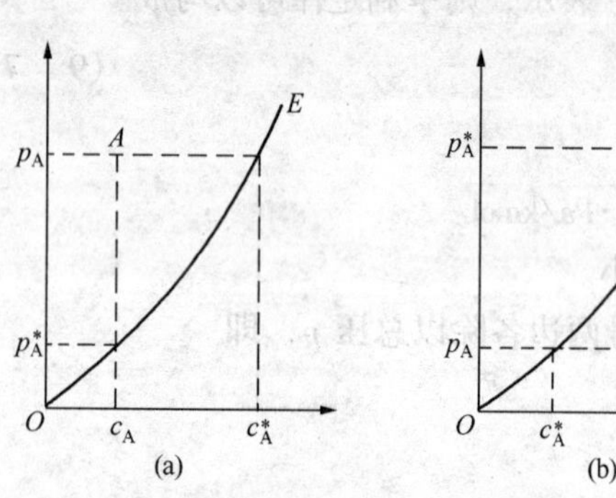

图 9－3　吸收操作状态图

其次，运用亨利定律的表达式，还可以计算吸收量，即亨利定律揭示了过程的极限问题。因为溶液的组成 X 的单位为 kmol 组分/kmol 溶剂，因此，只要知道溶剂的量 L_S(kmol 溶剂/h)，则溶液中可以吸收的最大极限量为 $L_S X$。

9.1.1.3　吸收机理——双膜理论

为了揭示吸收过程的本质，进而找到强化吸收过程的途径，有必要弄清吸收过程的机理。吸收是气相中的可吸收组分从气相转入液相的过程，在一定条件下，这个过程由以下三个阶段组成：

(1) 物质从气相主体转移到两相界面处的气相界面；

(2) 物质越过两相的界面，从气相界面转入到液相界面；

(3) 物质由液相界面转移到液相主体中。

这种传质过程和间壁两侧流体的传热过程有相似之处。在气、液相主体内部，气、液相都处于湍流状态，吸收质从高浓度传向低浓度处，这里不仅有由于分子运动所造成的分子扩散(相当于传热中的传导)，而且更主要的是由于湍流运动而引起的湍流扩散(相当于传热中的对流)而且在气液相流体中都有一层滞流内层。不过，传质过程比传热过程要复杂得多，至今还没有很成熟的理论来完善地反映相间传质的内在过程。目前应用最广而且比较成熟的是双膜理论，其要点如下：

(1) 气液两相在界面的两侧都有一层稳定的薄膜(相当于传热中的层流内层)，流体在薄膜层内作滞流运动，气相和液相的流动状态只改变自身膜的厚度。

(2) 在相的界面上，气相中的可吸收组分由于分子扩散作用从气相界面转入到液相界面，气液相中可吸收组分的浓度始终处于平衡状态，界面上不存在传质的阻力。

(3) 在滞流膜以外的气、液相主体中，因流体处于充分的湍流状态，不存在浓度差。这就是说，在两相流体主体内也不存在任何传质阻力，传质过程的阻力集中在两个膜层之内。

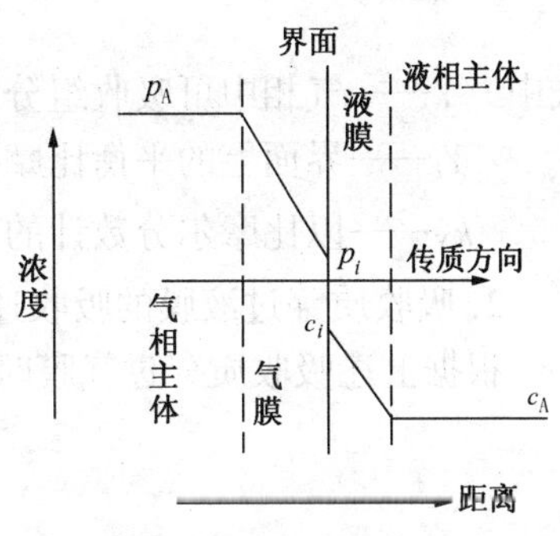

图 9－4　气体吸收的双膜型

根据双膜理论，气体中的可吸收组分是以湍流扩散的方式从气流主体达到气膜边界，通过分子扩散穿过气膜进入到界面，在界面上按平衡关系溶解在液相中，然后又通过分子扩散穿过液膜，再通过湍流扩散达到液相主体中。这种传质过程和传热中的对流－传导－对流的串联过程十分相似，但传质阻力却集中在两个膜层之内。这样，双膜理论把吸收过程仅仅作为物质通过气、液膜的分子扩散过程来处理，把实际上很复杂的问题大大简化了。根据流体力学原理，流速越大，滞流膜的厚度越小，因此，增大流体的流速，可减少过程阻力，增大吸收速率。实践证明，在流速不大的情况下，双膜理论是符合实际情况的，它为求取吸收速率提供了基础，目前仍然是传质设备设计的主要依据，对实际生产也具有重要的指导意义。

双膜理论的缺点是把界面看成是始终处于静止不变的状态，这显然是不可能的。实际上，特别是当流体流速较高、操作处于乳化或湍动状态时，气液相的界面通常在不断地变化，已形成的界面不断破灭，新的界面又不断产生，双膜理论与实验结果之间的差异就很大。但是，在流体的流速较低、处于非乳化或湍动状态下操作时，尤其是像填料塔那样具有固定界面的吸收设备中，可以得到比较符合实际的结果。

9.1.2　吸收速率方程式

9.1.2.1　气、液相吸收速率方程式

根据双膜理论对吸收过程的分析，吸收过程和传热过程非常相似。因此，可以认为在单组分稳定吸收的情况下，气相中可吸收组分在液相中的吸收速率，与两相之间的接触面积以及过程的推动力成正比，而且，也可以写出类似传热速率式 $q = KA\Delta t$ 的吸收速率方程式：

$$G_A = KA\Delta \tag{9-14}$$

式中　G_A——单位时间里吸收的组分量，kmol/h；

A——气液两相间的传质面积，m^2；

Δ——吸收推动力，其单位视气液相组成的表示方法而定；

K——吸收系数，单位为 $kmol/m^2 \cdot h \cdot \Delta$，即亦随推动力的表示方法而异。

1. 吸收质穿过气膜的吸收速率方程式

根据双膜理论，气体中可吸收组分以分子扩散的方式穿过气膜，如图 9－4 所示，在气相主体内组分的分压为 p_A，界面上的分压为 p_i，则组分穿过气膜的吸收速率

$$G_A = k_G A(p_A - p_i) \tag{9-15}$$

式中　p_A——气相中可吸收组分的平衡分压，Pa；

p_i——界面上可吸收组分的平衡分压，Pa；

k_G——气膜吸收分系数，kmol 组分/$m^2 \cdot h \cdot Pa$。

如果气相组成不是以分压表示，而是以可吸收组分的比摩尔分数表示，则式(9－15)可

以写成

$$G_A = k_Y A(Y - Y_i) \tag{9-16}$$

式中 Y——气相中可吸收组分的比摩尔分数，kmol 组分/kmol 载体；

Y_i——界面上的平衡比摩尔分数，kmol 组分/kmol 载体；

k_Y——以比摩尔分数计的气膜吸收分系数，kmol 载体/$m^2 \cdot h$。

2. 吸收质穿过液膜的吸收速率方程式

根据上述吸收质穿过气膜时的同样分析方法，可以得出穿过液膜时的吸收速率方程式

$$G_A = k_L A(c_i - c_A) \tag{9-17}$$

$$G_A = k_X A(X_i - X) \tag{9-18}$$

式中 c_i——可吸收组分在液相界面处的平衡浓度，kmol/m^3；

c_A——可吸收组分在液相主体中的浓度，kmol/m^3；

k_L——液膜吸收分系数。

X_i——可吸收组分在液相界面处的平衡比摩尔分数，kmol 组分/kmol 吸收剂；

X——可吸收组分在液相主体中的比摩尔分数，kmol 组分/kmol 吸收剂；

k_X——以比摩尔分数计的液膜吸收分系数。

在上述四个公式中，$\frac{1}{Ak_G}$、$\frac{1}{Ak_Y}$、$\frac{1}{Ak_L}$、$\frac{1}{Ak_X}$分别称为气膜阻力和液膜阻力。

3. 界面组成的确定

在上述公式中都包含有界面上的浓度 p_i、Y_i 等因数，而它们是很难直接确定的。为了解决这个问题，通常可以用图解法确定。

由于我们讨论的过程是稳定吸收过程，即在界面上没有吸收质的消耗和积累，因此，在单位时间时单位界面上通过气膜的物质量，应当和通过液膜的量相等，即

$$G_A = k_Y A(Y - Y_i) = k_X A(X_i - X) \tag{9-19}$$

则

$$\frac{Y - Y_i}{X_i - X} = \frac{k_X}{k_Y} \tag{9-20}$$

或

$$\frac{Y - Y_i}{X - X_i} = -\frac{k_X}{k_Y} \tag{9-21}$$

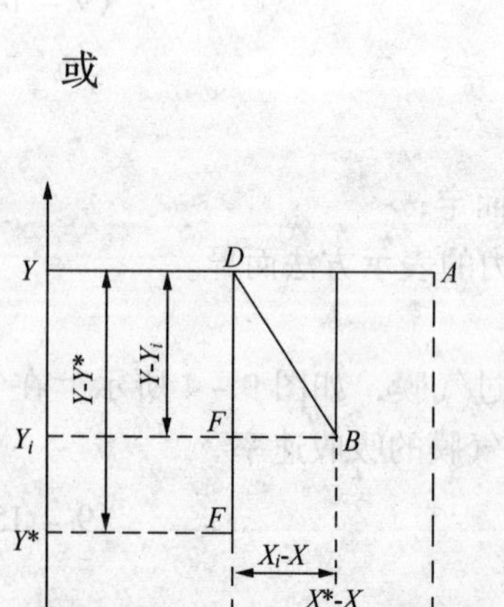

当 k_X 和 k_Y 已知时，就可以直接按图 9-5 确定界面的组成。图中的曲线 AO 为气相中可吸收组分的平衡曲线；D 点(X、Y)代表操作时可吸收组分在液相和气相中的浓度；B 点(X_i、Y_i)代表界面上气液相中可吸收组分的平衡浓度。

图 9-5 界面组成与各种推动力之间的关系

从图中可以看出：线段 DE 代表了气膜内的吸收推动力($Y - Y_i$)，线段 BE 代表了液膜内的吸收推动力($X_i - X$)，图中的直角三角形 ΔDBE 中弦的斜率 $= \frac{Y - Y_i}{X - X_i} = -\frac{k_X}{k_Y}$。反过来说，当操作中可吸收组分在液相和气相中的

组成已知，即 D 点为已知时，从点 D 引一斜率为 $-\frac{k_X}{k_Y}$的直线与平衡线相交于点 B，则 B 点的坐标即为所求的界面情况。

从图中还可以看出，F 点的纵坐标代表了与液相浓度 X 成平衡时的气相浓度 Y^*。在温度和压力一定的情况下，平衡线是一定的，因此 Y^* 完全可以反映 X 的大小，$Y-Y^*$ 代表了气液两相之间总的吸收推动力。同理，图中 A 点的横坐标代表了与气相浓度 Y 成平衡时的液相浓度 X^*，X^*-X 代表了气液两相之间总的吸收推动力。这样，也就产生了以吸收总推动力表示的吸收速率式

$$G_A = K_Y A(Y - Y^*) \tag{9-22}$$

$$G_A = K_X A(X^* - X) \tag{9-23}$$

式中 Y——可吸收组分在气相中的比摩尔分数，kmol 组分/kmol 载体；

X——可吸收组分在液相中的比摩尔分数，kmol 组分/kmol 吸收剂；

Y^*——与液相组成 X 成平衡的气相组成，kmol 组分/kmol 载体；

X^*——与气相组成 Y 成平衡的液相组成，kmol 组分/kmol 吸收剂；

K_Y——以 $Y-Y^*$ 为推动力的吸收总系数，kmol 载体/$m^2 \cdot h$；

K_X——以 X^*-X 为推动力的吸收总系数，kmol 吸收剂/$m^2 \cdot h$。

9.1.2.2 吸收总系数和分系数的关联式

前面已经介绍，k_Y 和 k_X 分别为气膜和液膜中的吸收分系数，K_Y 和 K_X 分别为以气相推动力和液相推动力表示的吸收总系数。和从对流传热膜系数求传热总系数一样，我们也可以导出吸收总系数和分系数之间的关联式。

1. 吸收总系数与分系数的关联式

吸收总系数和分系数之间的关系，仍然可以利用图 9-5 所示的几何关系求出：

$$Y - Y^* = (Y - Y_i) + (Y_i - Y^*) = (Y - Y_i) + \frac{Y_i - Y^*}{X_i - X}(X_i - X)$$

$$= (Y - Y_i) + m_1(X_i - X) \tag{9-24}$$

式中 $m_1 = \frac{Y_i - Y^*}{X_i - X}$，为割线 FB 的斜率。

由以总推动力表示的吸收速率式(9-22)可以得到

$$Y - Y^* = \frac{G_A}{K_Y A}$$

由以气膜推动力表示的吸收速率式(9-16)可以得到

$$Y - Y_i = \frac{G_A}{k_X A}$$

将以上三式代入式(9-24)中可以得出

$$\frac{G_A}{K_Y A} = \frac{G_A}{k_Y A} + m_1 \frac{G_A}{k_X A}$$

即
$$\frac{1}{K_Y} = \frac{1}{k_Y} + \frac{m_1}{k_X} \tag{9-25}$$

用同样的方法可以得到

$$\frac{1}{K_X} = \frac{1}{m_2 k_Y} + \frac{1}{k_X} \tag{9-26}$$

若溶液为稀溶液，即符合亨利定律时，平衡线为直线，$m_1 = m_2 = m = \frac{H}{P}$

若平衡关系不符合亨利定律时，平衡线为曲线，$m_1 \neq m_2$。在这种情况下，工程计算中常取 m_1 和 m_2 的平均值为 m，这样，吸收总系数和分系数的关系式可以统一写成：

$$K_Y = \frac{1}{\frac{1}{k_Y} + \frac{m}{k_X}} \tag{9-27}$$

$$K_X = \frac{1}{\frac{1}{mk_Y} + \frac{1}{k_X}} \tag{9-28}$$

2. 溶解度对吸收系数的影响

气体的溶解度对吸收系数具有较大的影响，下面按照三种不同情况加以讨论：

(1) 当气体的溶解度很大，即可吸收组分为易溶性气体时，由于亨利系数 H 很小，当气体总压一定时，相平衡常数 $m(H/p)$相应地也很小，式(9-27)中的$\frac{m}{k_X}$一项可以忽略不计，则

$$K_Y = k_Y \quad \text{或} \quad \frac{1}{K_Y} = \frac{1}{k_Y}$$

这就是说，吸收过程的总阻力 $1/K_Y$ 主要由气膜阻力 $1/k_Y$ 所构成，控制气膜吸收系数的大小，对吸收总过程的速率具有决定性的影响，故称为气膜控制。实验证明，k_Y 与气体实际速度的 0.8 次方成正比，要想增大吸收速率，主要是提高气相的流速，即提高其湍流程度。

(2) 当气体的溶解甚小，即可吸收组分为难溶性气体时，由于亨利系数 H 很大；相平衡常数也很大，式(9-28)中的$\frac{1}{mk_Y}$一项可以忽略不计，则

$$K_X = k_X \quad \text{或} \quad 1/K_X = 1/k_X$$

在这种情况下，过程总阻力 $1/K_X$ 主要由液膜阻力 $1/k_X$ 所构成，吸收总系数可以用液膜分系数来代替，这称为液膜控制。为了加快吸收速率，应增大液体的流速，亦即提高其湍流程度。

(3) 当气体的溶解度适中时，气、液相的阻力比较接近，两者都不可忽视。这时，必须严格按照式(9-27)和式(9-28)来计算吸收总系数。

由此可见，当所讨论的系统能够判别是属于气膜控制或属于液膜控制时，会给计算和强化操作等带来很大的方便。表 9-1 列举了一些经验判断，可供参考。

表 9-1　吸收过程中控制因素举例

气膜控制	液膜控制	气膜控制	气阻与液阻同时控制
水或氨水吸收 NH_3	水或弱碱吸收 CO_2	酸吸收 5% NH_3	水吸收 SO_2
氨水解吸 NH_3	水吸收 O_2	碱液或氨水吸收 SO_2	水吸收丙酮
浓硫酸吸收 SO_2	水吸收 H_2	NaOH 水溶液吸收 H_2S	浓硫酸吸收 NO_2
水或稀盐吸收氯化氢气	水吸收 Cl_2	液体蒸发或蒸气冷凝	

9.1.2.3 用平均推动力表示的吸收速率式

前面我们所讨论的吸收速率式，都是对经过充分混合、气液相组成不变的系统而言的。实际生产中的气体吸收都是在塔设备中进行的，其中填料塔的应用最普遍，如图 9－6 所示。操作时可吸收组分的浓度为 Y_1 的混合气体从塔底进入，在塔内与液相中可吸收组分的浓度为 X_2 的吸收剂逆向流动过程中不断接触，并被吸收剂吸收，离塔时的气相组成为 Y_2，液相组成为 X_1。在不同的塔截面上，气相中可吸收组分的组成都不相同。因此，要想确定塔的吸收速率，就要用全塔的平均推动力 $\Delta Y_{均}$ 或 $\Delta X_{均}$ 来作为吸收速率式中的推动力。这样，可写出以比摩尔分数差为推动力的吸收速率式：

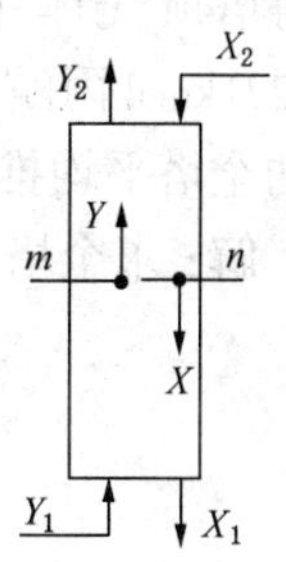

图 9－6　塔内的组成变化

$$G_A = K_Y A \Delta Y_{均} \quad \text{kmol/h} \tag{9-29}$$

及

$$G_A = K_X A \Delta X_{均} \quad \text{kmol/h} \tag{9-30}$$

式(9－29)和式(9－30)称为以平均推动力表示的吸收速率式，又称全塔吸收速率方程式。

为了求得全塔的平均推动力 $\Delta Y_{均}$(或 $\Delta X_{均}$)，可以采用对数平均推动力法、图解积分法、传质单元高度法等多种形式。在处理的浓度变化范围内平衡线为直线或接近直线，即气液平衡关系服从亨利定律的情况下，可以采用对数平均推动的方法，在此也只介绍这种方法，它的表达式如下：

对于气相

$$\Delta Y_{均} = \frac{(Y_1 - Y_1^*) - (Y_2 - Y_2^*)}{\ln \dfrac{Y_1 - Y_1^*}{Y_2 - Y_2^*}} \tag{9-31}$$

或

$$\Delta Y_{均} = \frac{\Delta Y_1 - \Delta Y_2}{\ln \dfrac{\Delta Y_1}{\Delta Y}} \tag{9-32}$$

对于液相

$$\Delta X_{均} = \frac{(X_1^* - X_1) - (X_2^* - X_2)}{\ln \dfrac{X_1^* - X_1}{X_2^* - X_2}} \tag{9-33}$$

或

$$\Delta X_{均} = \frac{\Delta X_1 - \Delta X_2}{\ln \dfrac{\Delta X_1}{\Delta X_2}} \tag{9-34}$$

式中　Y_1、Y_2——吸收塔底和塔顶的气相组成，kmol 组分/kmol 载体；

Y_1^*、Y_2^*——与塔底、塔顶液相组成成平衡的气相组成，kmol 组分/kmol 载体；

X_1、X_2——吸收塔底和塔项的液相组成，kmol 组分/kmol 吸收剂；

X_1^*、X_2^*——与塔底、塔顶气相组成成平衡的液相组成，kmol 组分/kmol 吸收剂；

ΔY_1、ΔY_2——吸收塔底和塔顶的气相推动力，kmol 组分/kmol 载体；

ΔX_1、ΔX_2——吸收塔底和塔顶的液相推动力，kmol 组分/kmol 吸收剂。

与传热中求推动力的方法一样，当 $\Delta Y_1/\Delta Y_2 \leqslant 2$ 或 $\Delta X_1/\Delta X_2 \leqslant 2$ 时，$\Delta Y_{均}$ 或 $\Delta X_{均}$ 可用算术平均值计算。

【例 9－1】 某吸收塔用清水来吸收体积分数为 0.06 的丙酮蒸气和空气的混合气，实际测得塔顶气体中丙酮的组成 $Y_2 = 0.00128$kmol 丙酮/kmol 空气，塔底液相组成为 $X_1 = 0.0221$kmol 丙酮/kmol 水，已知丙酮与水的平衡关系为 $Y = 1.68X$，试求以气相比摩尔分数表示的全塔平均推动力。

解：求全塔平均推动力可以根据式(9－31)计算

$$\Delta Y_{均} = \frac{(Y_1 - Y_1^*) - (Y_2 - Y_2^*)}{\ln \dfrac{Y_1 - Y_1^*}{Y_2 - Y_2^*}}$$

已知 $y_1 = 0.06$

则 $$Y_1 = \frac{y_1}{1 - y_1} = \frac{0.06}{1 - 0.06} = 0.0638(\text{kmol 丙酮/kmol 空气})$$

因为 $$X_1 = 0.0221\text{kmol 丙酮/kmol 水}$$

则 $Y_1^* = 1.68 \times 0.0221 = 0.037$(kmol 丙酮/kmol 空气)

已知 $Y_2 = 0.00128$kmol 丙酮/kmol 空气，溶剂为清水，即 $X_2 = 0$，则 Y_2^* 亦等于零。

将以上各值代入上式，得

$$\Delta Y_{均} = \frac{(0.0638 - 0.037) - (0.00128 - 0)}{\ln \dfrac{0.0638 - 0.037}{0.00128}} = 0.0084(\text{kmol 丙酮/kmol 空气})$$

9.1.3 吸收过程的计算

如前所述，吸收操作中主要使用填料塔，气液相在塔内连续地逆向流动中，通过在填料表面上的接触，气体中的可吸收组分溶解于液相之中。本节只讨论填料塔的计算。

9.1.3.1 全塔物料衡算——操作线方程式

为了确定在一定工艺条件下吸收剂的消耗量，我们先来讨论稳定状态下逆流连续操作填料塔的物料衡算，其流程如图 9－7 所示。由于吸收操作中吸收剂和惰性气体的量在整个吸收过程中基本上没有变化，在物料衡算时以比摩尔分数表示气液相的组成最为方便，故设

V_B——单位时间内通过吸收塔的载体量，kmol 载体/h；

L_S——单位时间内通过吸收塔的吸收剂量，kmol 吸收剂/h；

Y、Y_1、Y_2——在塔的任一截面、塔底和塔顶的气相组成，kmol 组分/kmol 载体；

X、X_1、X_2——在塔的任一截面、塔底和塔顶的液相组成，kmol 组分/kmol 吸收剂。

在塔内任取 $m-n$ 截面并与塔底之间进行物料衡算。由于是稳定吸收，在这一段内气相中可吸收组分减少的量全部为吸收剂所吸收，即

$$G_A = V_B(Y_1 - Y) = L_S(X_1 - X)$$

整理得 $$Y = \frac{L_S}{V_B}X + \left(Y_1 - \frac{L_S}{V_B}X_1\right) \tag{9－35}$$

若对全塔进行物料衡算

$$V_B(Y_1 - Y_2) = L_S(X_1 - X_2)$$

整理得 $$X_1 = \frac{V_B}{L_S}(Y_1 - Y_2) + X_2 \tag{9－36}$$

式(9－35)称为操作线方程式，当 L_S、V_B、Y_1 和 X_1 都是一定时，这个方程式在 $Y-X$ 图中是一条如图 9－8 所示、斜率为 L_S/V_B 的直线 AB。图中 B 点代表塔底的组成 X_1 和 Y_1，

A 点代表塔顶组成 X_2 和 Y_2，操作线上的任一点代表了塔中对应点的气液相组成 X 和 Y。

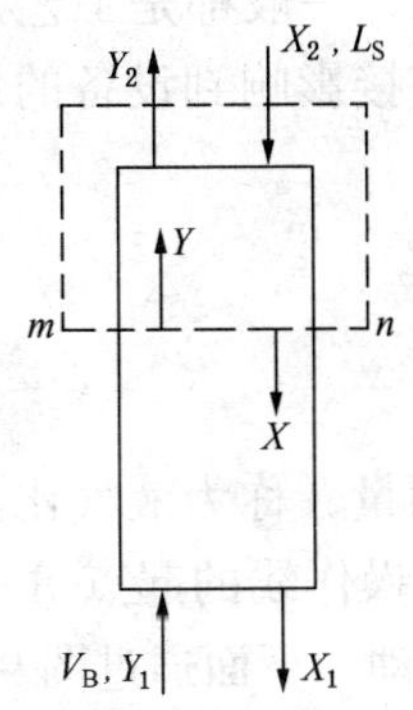

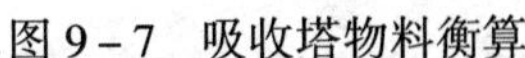

图 9－7　吸收塔物料衡算

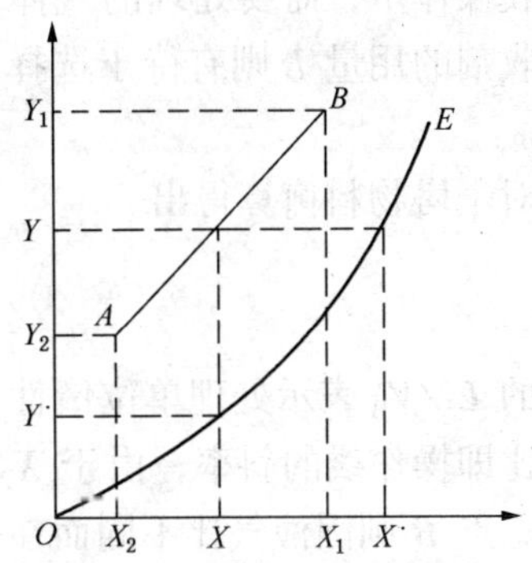

图 9－8　操作线与平衡线

如图所示，从 A、B 两点引铅垂线与平衡线相交，即可得到塔底和塔顶以气相组成表示的推动力 ΔY_1 和 ΔY_2。引水平线与平衡线相交，即可得到以液相组成表示的推动力 ΔX_1 和 ΔX_2。从图中可以看出，操作线偏离平衡线越远，过程推动力越大。

在工程计算和操作中，还经常用到吸收率这个名词。吸收率又称回收率，它是衡量吸收操作好坏的重要指标，通常按下式计算

$$\eta_{吸} = \frac{Y_1 - Y_2}{Y_1} \times 100\% \tag{9-37}$$

则

$$Y_2 = Y_1(1 - \eta_{吸}) \tag{9-38}$$

【例 9－2】　在一填料塔中用净油来吸收混合气体中的苯，已知混合气体的总量为 $1000m^3/h$，其中苯的体积分数为 4%，操作压力为 101.3kPa，温度为 293K，吸收剂的用量为 103kmol/h，要求吸收率为 80%，试求塔底溶液出口的浓度。

解：求塔底液相浓度可以通过式(9－36)算得

$$X_1 = \frac{V_B}{L_S}(Y_1 - Y_2) + X_2$$

已知

$$y_1 = 0.04$$

则

$$Y_1 = \frac{y_1}{1 - y_1} = \frac{0.04}{1 - 0.04} = 0.0417(\text{kmol 苯/kmol 载体})$$

$$Y_2 = Y_1(1 - \eta_{吸}) = 0.0417 \times (1 - 0.8) = 0.00834(\text{kmol 苯/kmol 载体})$$

已知塔顶为净油，即　$X_2 = 0$

混合气体中的惰性气体量

$$V_B = 1000 \times (1 - 0.04) = 960(m^3/h)$$

惰性气体的量　$V_B = \frac{960}{22.4} \times \frac{273}{293} = 39.93(\text{kmol 载体/h})$

吸收剂用量　$L_S = 103\text{kmol 油/h}$

将以上各值代入上式，得

$$X_1 = \frac{39.93}{103} \times (0.0417 - 0.00834) + 0 = 0.013(\text{kmol 苯/kmol 油})$$

9.1.3.2 吸收剂用量的确定

在吸收操作中，需要处理的气体量、气液相的初始浓度，一般都是工艺条件所规定了的，而吸收剂的用量 L 则有待于选择，其消耗量的大小将直接影响到设备的尺寸和操作费用的高低。

通过对全塔物料衡算得出

$$\frac{L_S}{V_B}=\frac{Y_1-Y_2}{X_1-X_2} \tag{9-39}$$

式中的 L_S/V_B 表示处理单位惰性气体所需要的吸收剂用量，称为液气比。在 $Y-X$ 图上，液气比即操作线的斜率，由于 X_2 和 Y_2 是规定了的，即操作线的起点 A 是固定的，而塔底的状态点 B 则因液气比不同而在平行于 X 轴的直线上变动。下面通过图 9-9(a)来讨论不同液气比对吸收操作的影响。

若 L_S 减小，则斜率 L_S/V_B 变小，操作线向平衡线靠近，这样溶液出口处的浓度增大，但过程的推动力相应地减小，吸收速率变小，当操作线与平衡线相交或相切时，此时的推动力为零。为了达到一定的浓度变化，则两相接触的面积应为无限大，塔高为无限高，设备费用增大，这在实际生产中显然是不可能的。也就是说，这是一种实际不存在的极限情况。这时的液气比称为最小液气比，以 $L_{S最小}/V_B$ 表示。这时溶液出口的浓度为最大，以 $X_{1最大}$ 表示。

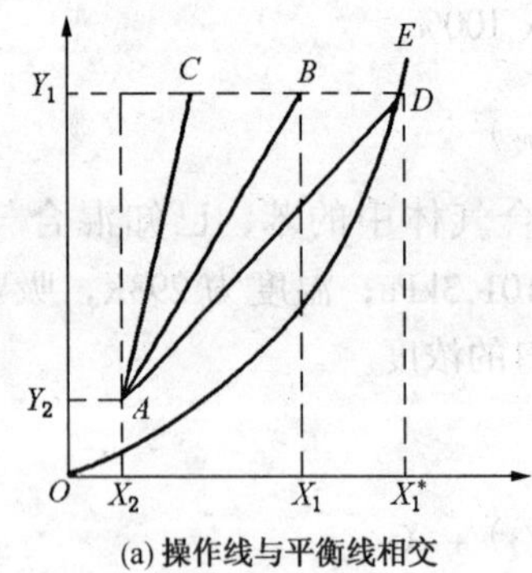

(a) 操作线与平衡线相交

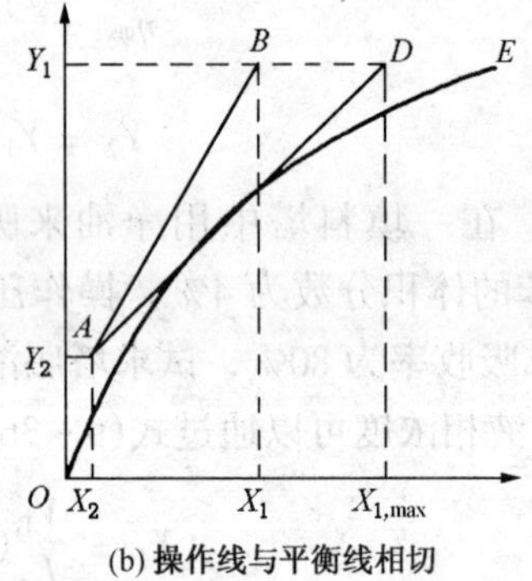

(b) 操作线与平衡线相切

图 9-9　最小液气比 $L_{S最小}/V_B$ 的确定

若 L_S 增大，则斜率 L_S/V_B 变大，操作线向远离平衡线方向移动，过程的推动力增大，吸收速率增加，在同样的生产任务下，设备尺寸可以减小，但吸收剂用量增加，操作费用增大。

因此，应该根据总费用为最少这个原则确定一个适宜的液气比，工程上通常以 $L_{S实}/V_B=(1.1\sim2)L_{S最小}/V_B$ 作为实用中适宜的液气比。在实际计算时，还应考虑到吸收剂用量能否保证填料塔充分润湿，否则，一部分填料表面起不到气液传质的作用。一般情况下应保证液体的喷淋密度(即每小时每平米塔截面上喷淋的液体量)在 5 ~ 12m^3/m^2·h 以上。

【例 9-3】 在上例中，设塔顶的液相浓度 $X_2=0.0002$kmol 苯/kmol 油，溶液的平衡关系为 $Y^*=30.9X$，$L_{S实}/V_B=1.2(L_{S最小}/V_B)$，试求吸收剂的用量和溶液出口时的组成。

解: 首先根据式(9-39)确定最小液气比

$$L_{S最小}/V_B=\frac{Y_1-Y_2}{X_{1最大}-X_2}$$

上例中已知

$$Y_1 = 0.0417\text{kmol 苯 /kmol 载体}$$

$$Y_2 = 0.00834\text{kmol 苯 /kmol 载体}$$

$$V_B = 39.93\text{kmol 载体 /h}$$

题目中给出

$$X_2 = 0.0002\text{kmol 苯 /kmol 油}$$

由平衡关系得

$$X_1^* = X_{1最大} = Y_1/30.9 = 0.0417/30.9 = 0.00135(\text{kmol 苯 /kmol 油})$$

将以上各值代入上式，得

$$L_{S最小}/V_B = \frac{0.0417 - 0.00834}{0.00135 - 0.0002} = 29$$

则 $$L_{S实} = 1.2(L_{S最小}/V_B)V_B = 1.2 \times 29 \times 39.3 = 1390(\text{kmol 油 /h})$$

最后根据式(9－36)算得

$$X_1 = \frac{V_B}{L_S}(Y_1 - Y_2) + X_2 = \frac{39.93}{1393} \times (0.0417 - 0.00834) + 0.0002$$

$$= 0.00116(\text{kmol 苯 /kmol 油})$$

9.2 液体精馏

9.2.1 相平衡的基本概念

9.2.1.1 理想二元溶液的汽液平衡关系

1. 理想二元溶液

所谓的理想溶液，是指溶液中不同组分分子之间的吸引力和纯组分分子之间的吸引力完全相同的溶液。如以 F_{A-A}代表纯组分 A 相邻分子之间的吸引力，F_{B-B}代表纯组分 B 两相邻分子之间的吸引力，F_{A-B}代表二元溶液中不同组分相邻分子之间的吸引力，则

$$F_{A-A} = F_{B-B} = F_{A-B}$$

由于分子间的吸引力没有因为两组分混在一起而产生变化，所以当混合成溶液时，既没有体积的变化，也没有热效应产生，即，既不吸热也不放热，混合后的温度不变，焓值不变。

真正的理想溶液是不存在的，但实践证明，由性质极其相似的物质所组成的溶液，如苯和甲苯、甲醇和乙醇，以及烃类同系物等所组成的溶液，相同组分的分子和不同组分分子间的吸引力基本上相等，都可以认为是理想溶液。

理想溶液服从拉乌尔定律：在一定温度条件下，溶液上方蒸气中某一组分的分压，等于该纯组分在该温度下的饱和蒸气压乘以该组分在溶液中的摩尔分数。用数学式表示如下：

$$p_A = p_A^0 x_A \tag{9-40}$$

$$p_B = p_B^0 x_B = p_B^0(1 - x_A) \tag{9-41}$$

式中 p_A、p_B——平衡时溶液上方组分 A 和 B 的蒸气分压，Pa；

p_A^0、p_B^0——纯组分 A 和 B 在平衡温度下的饱和蒸气压，Pa；

x_A、x_B——液相中组分 A 和 B 的摩尔分数。

理想溶液的蒸气也是理想气体，它服从道尔顿分压定律，在平衡时

$$y_A = \frac{p_A}{p} \tag{9-42}$$

$$y_B = \frac{p_B}{p} \tag{9-43}$$

而

$$p = p_A + p_B \tag{9-44}$$

式中 y_A、y_B——气相中组分 A 和 B 的摩尔分数；

p——气相的总压，Pa。

将式(9-40)和式(9-41)代入式(9-44)，得

$$p = p_A^0 x_A + p_B^0(1 - x_A) = (p_A^0 - p_B^0)x_A + p_B^0$$

则

$$x_A = \frac{p - p_B^0}{p_A^0 - P_B^0} \tag{9-45}$$

将式(9-40)代入式(9-42)，得

$$y_A = \frac{p_A^0}{p}x_A \tag{9-46}$$

或

$$y_A = \frac{p_A^0 x_A}{p_A^0 x_A + p_B^0(1 - x_A)} \tag{9-47}$$

式(9-45)、(9-46)、(9-47)就表示了理想二元溶液的汽液平衡关系。

2. $t-x$ 图

实验表明，在一定外压条件下，各个组分的饱和蒸气压 p_0 随温度变化而变化。那么，在不同温度下汽液相的组成也将发生变化。为了能简明地表示二元溶液在平衡时汽液相的组成，通常用温度-组成图(即 $t-x$ 图)来表示。

图 9-10 是在外界压力 $p = 101.3$kPa 下，根据实验测定的饱和蒸气压数据并按式(9-45)和式(9-46)计算的结果(见表 9-2)所绘成的 $t-x$ 图，图中的纵坐标为溶液的沸点温度。

表 9-2 苯-甲苯的汽液平衡组成

沸点/K	饱和蒸气压/kPa		$x_A = \frac{p - p_B^0}{p_A^0 - p_B^0}$	$y_A = \frac{p_A^0}{p}x_A$
	苯 p_A^0	甲苯 p_B^0		
353.2	101.3	40.0	1.000	1.000
357.0	113.6	44.4	0.830	0.930
361.0	127.7	50.6	0.639	0.820
365.0	143.7	57.6	0.508	0.720
369.0	160.7	65.7	0.367	0.596
373.0	179.4	74.6	0.255	0.452
377.0	199.4	83.3	0.155	0.304
381.0	221.2	93.9	0.058	0.128
383.4	233.0	101.3	0.000	0.000

横坐标为混合物中易挥发组分的液相组成 x 和气相组成 y。图中有两条曲线，其中靠下的实线代表平衡时的液相组成 x 与温度 t 的关系，称为液相线。靠上的虚线表示平衡时气相组成 y 与温度 t 的关系，称为气相线。这两条曲线把图形分成三个区域：$t-x$ 线以下，溶液处于未沸腾状态，称为液相区，又称过冷液相区。$t-y$ 线和 $t-x$ 线之间既有液相又有气相，称为气相－液相共存区。$t-y$ 线以上，溶液全部气化为蒸气，称为气相区，又称过热蒸气区。若将温度为 t_1、组成为 x(图中的 A 点)的溶液加热至 J 点所示的 t_2 时，溶液开始沸腾，产生第一个气泡，相应的温度称为泡点。同样，当温度为 t_4、组成为 y(图中的 B 点)的过热蒸气冷却至 H' 点所示的 t_3 时，混合汽开始冷凝，产生出第一个液滴，相应的温度称为露点。显然，在一定的外压下，泡点和露点与混合液的组成有关。所以，液相线又称为泡点曲线，气相线又称为露点曲线。

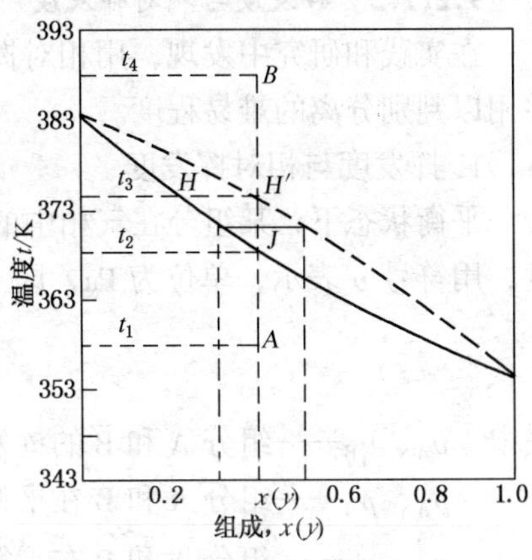

图 9－10　苯－甲苯溶液的 $t-x$ 图

$t-x$ 图在精馏过程的研究中具着重要的意义，主要表现为：

(1) 可以简便地求得任一沸点下气液相的平衡组成。例如沸点为 t_3 时的液相组成即为 H 点所对应的值($x=0.22$)，其气相组成即为 H' 点所对应的值($y=0.4$)。反之，若已知相的组成，也就能查得两相平衡时的温度。

(2) 借助于沸点－组成图，可以说明精馏操作的原理及其操作的基本方法。

一些常用二元溶液的 $t-x$ 关系数据均由实验测定，应用时可从有关手册中查阅。

3．$y-x$ 图

为了计算上的方便，工程上常把气相组成 y 和液相组成 x 的平衡关系绘在坐标图上，并称为 $y-x$ 图。图 9－11 就是利用表 9－2 的数据而绘制成的苯－甲苯混合液的 $y-x$ 图。图中的曲线为平衡线，它反映了苯－甲苯混合液中易挥发组分(苯)的组成和与其平衡的汽相组成之间的关系。例如，若液相组成 $x=0.3$，则与其平衡的汽相成 $y=0.51$。图中的对角线称为参考线，在线上的任何一点，气、液相组成相等，$x=y$。

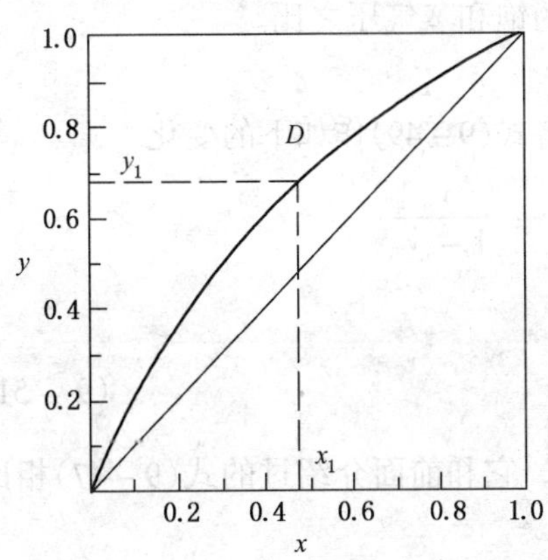

图 9－11　苯－甲苯混合液的 $y-x$ 图

对多数溶液而言，平衡线位于对角线上。这就是说，在沸腾时，气相中易挥发组分的含量总是大于液相中易挥发组分的含量，$y_A>x_A$。反过来说，由于 $y_B=1-y_A$，$x_B=1-x_A$，气相中难挥发组分的含量总是小于液相中难挥发组分的含量，$y_B<x_B$，这就为蒸馏操作提供了依据。显然，平衡线离对角线越远，该溶液越是容易分离。

应当指出，总压对 $t-x$ 关系的影响较大，不能忽略；而总压对 $y-x$ 关系的影响就不那么大。实验表明，当总压变化不大于 30% 时，一般溶液的 $y-x$ 关系的变化不超过 2%，可以忽略不计，这也是应用 $y-x$ 图比用 $t-x$ 图要方便的地方。

9.2.1.2 挥发度与相对挥发度

在实践和研究中发现，用相对挥发度的概念能够比较确切而简便地表示气液平衡关系，并用以判别分离的难易程度。

1. 挥发度与相对挥发度

平衡状态下，某组分在气相中的分压与其在液相中的摩尔分数之比，称为该组分的挥发度，用符号 υ 表示，单位为 Pa，即

$$\upsilon_A = \frac{p_A}{x_A} \quad \upsilon_B = \frac{p_B}{x_B} \tag{9-48}$$

式中 υ_A、υ_B——组分 A 和 B 的挥发度，Pa；

p_A、p_B——组分 A 和 B 在平衡时的气相分压，Pa；

x_A、x_B——组分 A 和 B 在平衡液相中的摩尔分数。

两个组分的挥发度之比，称为相对挥发度，用 α 表示。在二元溶液中，组分 *A* 对组分 *B* 的相对挥发度

$$\alpha_{AB} = \upsilon_A/\upsilon_B = \frac{p_A}{p_B} \cdot \frac{x_B}{x_A}$$

当压力不大，气相服从道尔顿定律时，$p_A = py_A$，$p_B = py_B$，则

$$\alpha_{AB} = \frac{y_A}{y_B} \cdot \frac{x_B}{x_A} \tag{9-49}$$

当溶液为理想溶液时，应服从拉乌尔定律，即符合式(9-40)和(9-41)的规律

$$p_A = p_A^0 x_A \quad p_B = p_B^0 x_B$$

则

$$\alpha_{AB} = \frac{\upsilon_A}{\upsilon_B} = \frac{p_A^0}{p_B^0} \tag{9-50}$$

即理想溶液中两组分之间相对挥发度等于两纯组分的饱和蒸气压之比。

2. 用相对挥发度表示的相平衡关系

为了导出用相对挥发度表示相平衡的关系式，我们将式(9-49)作如下的变化

$$\alpha_{AB} \cdot \frac{x_A}{x_B} = \frac{y_A}{y_B} \quad \alpha_{AB} \cdot \frac{x_A}{1 - x_A} = \frac{y_A}{1 - y_A}$$

由上式解出

$$y_A = \frac{\alpha_{AB} x_A}{1 + (\alpha_{AB} - 1) x_A} \tag{9-51}$$

式(9-51)就是用相对挥发度表示的气液平衡关系式，它和前面介绍过的式(9-47)相比较，能更加明确而简便地用来判别分离的难易程度。

相对挥发度 α_{AB}是温度、压力等的函数，对遵循拉乌尔定律的溶液来讲，相对挥发度随温度的变化很小。在精馏塔内，压力和温度的变化都比较小，计算中通常可以取塔底和塔顶相对挥发度的几何平均值作为整个塔的相对挥发度的值，即

$$\alpha_{AB} = \sqrt{\alpha'_{AB} \cdot \alpha''_{AB}} \tag{9-52}$$

式中 α'_{AB}——塔顶的相对挥发度；

α''_{AB}——塔底的相对挥发度。

9.2.1.3 精馏原理

借助于温度–组成图($t-x$ 图)，可以说明精馏操作的原理。如图 9–12 所示，将组成为 x_F、温度为 t_F 的混合液加热至 t_1，使之部分气化，并将气相和液相分开，则所得气相组成为 y_1，液相组成为 x_1。由图 9–13 可以看出，$y_1 > x_F > x_1$。这样用一次部分气化方法得到的气相产品的组成 y_1 不会大于 y_F，而 y_F 是原料液的泡点组成。同时，液相产品的组成 x_1 不会低于 x_W，而 x_W 是原料液露点的组成。

由此可见，将液体混合物进行一次部分气化(或部分冷凝)的过程只能起到部分分离的作用。要使混合物中的组分得到几乎完全的分离，必须进行多次部分气化和部分冷凝的过程。

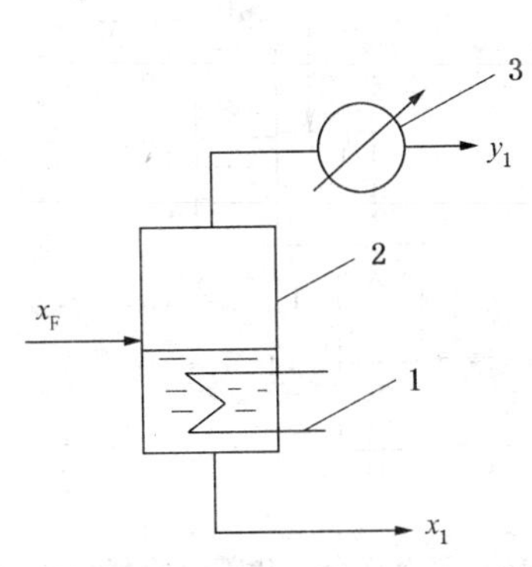

图 9–12　一次部分气化示意图

1—加热器；2—分离器；3—冷凝器

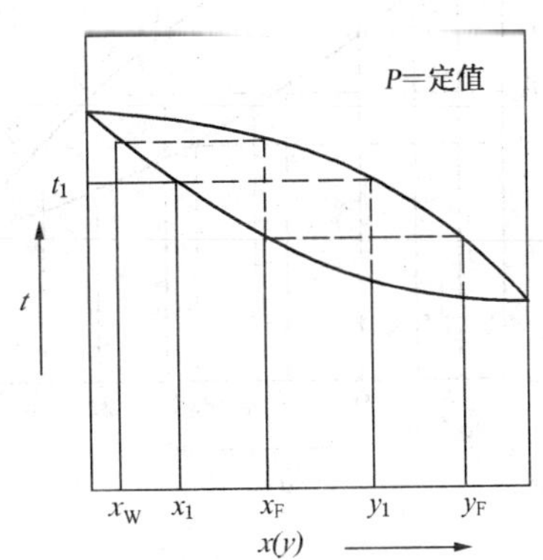

图 9–13　一次部分气化的 $t-x$ 图

设想将图 9–12 所示的单级分离加以组合，变成如图 9–14 所示的多级分离。若将第一级中溶液部分气化所得气相产品在冷凝器中加以冷凝，然后再将冷凝液在第二级中进行部分气化，所得气相组成为 y_2，且 y_2 必大于 y_1，部分气化的次数越多，所得蒸气的组成越高，最后可得几乎为纯态的易挥发组分。同理，若将从各分离器中所得液相产品分别进行多次部分气化和分离，次数越多，得到液相产品的组成越低，最后可得几乎为纯态的难挥发组分。

上述的气液组成的变化情况可以从图 9–15 中清晰地看到。因此，进行多次部分气化和部分冷凝是使混合液得以分离的必要条件。

不难看出，图 9–14 所示是工业上不能采用的。原因有二：①分离过程中得到许多中间馏分，没有实际意义；②设备庞杂，能量消耗大。

由图 9–15 可知，第二级液相产品组成 x_2 小于第一级原料液组成 x_F，但两者比较接近，因此 x_2 可返回与 x_F 相混合。同时，让第三级所产生的第三级产品 x_3 与第二级的料液 y_1 混合……这样就消除了中间产品。由图 9–15 还可以看出，当第一级所产生的蒸气 y_1 与第三级下降的液相 x_3 直接混合时，由于液相温度 t_3 低于气相温度 t_1，因此，高温蒸气将加热低温的液体，而使液体部分气化，蒸气自身

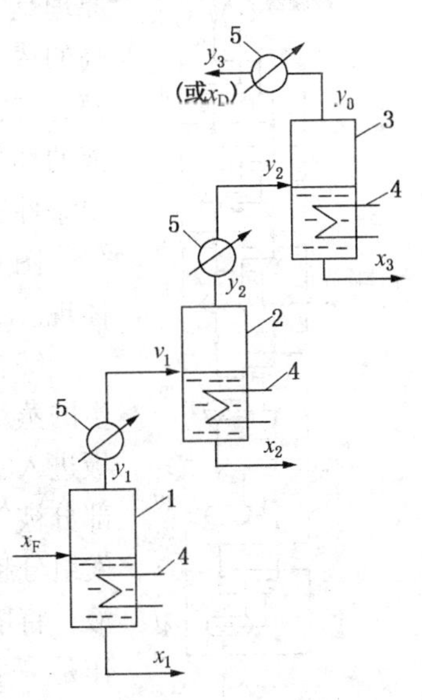

图 9–14　多次部分气化分离示意图

1、2、3—分离器；4—加热器；5—冷凝器

则被部分冷凝。由此可见，不同温度且互不平衡的气液两相接触时，必然会同时产生传热和传质的双重作用，所以使上一级液相回流与下一级气相直接接触，就可以将图 9－14 所示的流程演变为图 9－16 所示的分离流程，而省去了中间加热器和冷凝器。

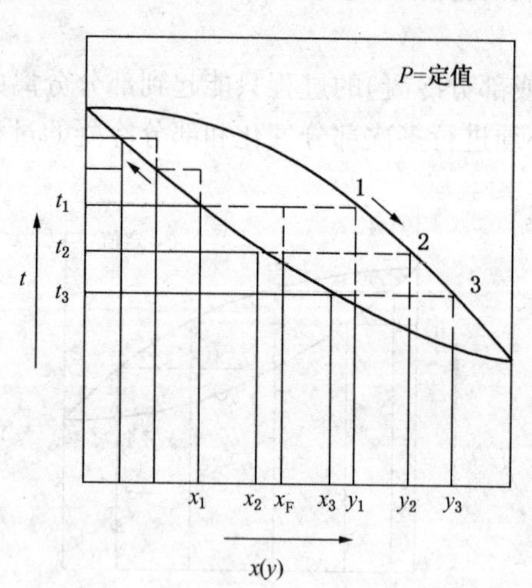

图 9－15　多次部分气化和冷凝的 $t-x$ 图

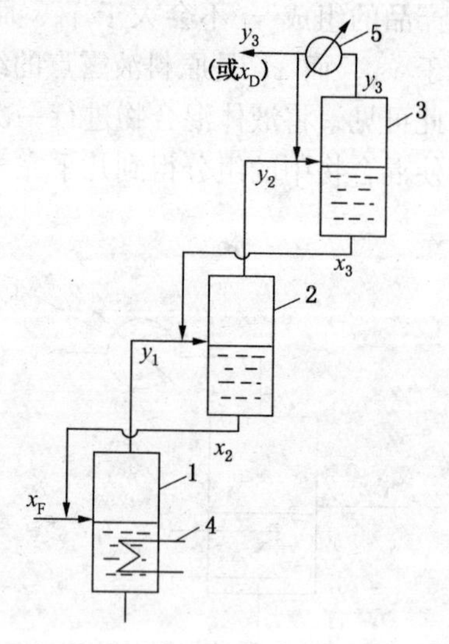

图 9－16　多次部分气化部分冷凝分离示意图

1、2、3—分离器；4—加热器；5—冷凝器

从以上分析可知，将每一级中间产品返回到下一级中，不仅可以提高产品的收率，而且是过程进行必不可少的条件。通常，将引回设备的部分产品称为回流。因此，回流是保证精馏过程连续稳定操作的必要条件之一。

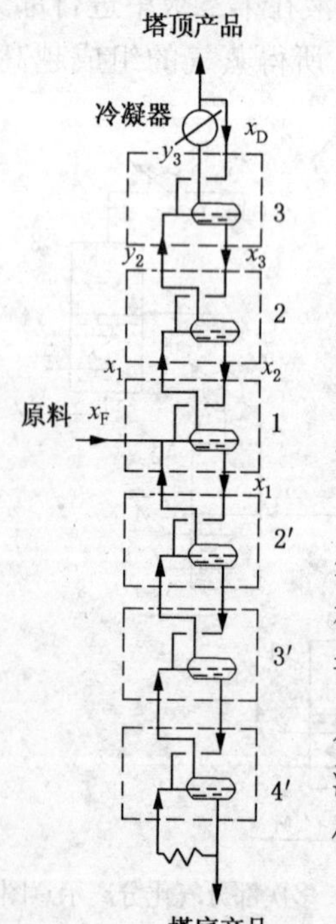

图 9－17　精馏塔模型

上面分析的是增浓易挥发组分的情况。对增浓难挥发组分来说，原理是完全相同的。此时，将加热器移至底部，使难挥发组分组成最高的蒸气进入最下一级，显然这部分蒸气只能由最下一级下降的液体部分气化而得。此时气化所需的热量由再沸器供给。所以再沸器中溶液的部分气化而产生的上升蒸气是精馏得以连续稳定操作的另一个必要条件。

图 9－17 所示的是精馏塔模型，是目前工业上使用的精馏塔的体现。

综合以上所述，精馏塔内的操作过程可以概括如下：由再沸器产生的蒸气从塔底向塔顶上升，回流液从塔顶流向塔底，原料液自加料板进入，在每层塔板上气液两相彼此接触，气相被部分冷凝，液相则部分被气化，这样，气相中易挥发组分的浓度越来越高，液相中难挥发组分越来越大，最后，将塔顶蒸气冷凝，便得到符合要求的馏出液；将塔底的液相引出，便得到相当纯净的残液。由此可见，蒸馏操作是一个传热与传质同时进行的液相分离过程。

9.2.2　连续精馏塔的计算

由于实际的精馏过程比较复杂，是一个传热与传质同时进行的过程，影响因素也比较多，为了讨论的方便，特作如下的假设：

(1) 恒摩尔气化　在精馏段内，从每一塔板上升的蒸气量(kmol/h)皆相等，提馏段内也是如此，但两段的蒸气量不一定相等。

(2) 恒摩尔溢流　在精馏段内，从每一块塔板上下降的液流量(kmol/h)皆相等，提馏段也是如此，但两段的液流量并不一定相等。

(3) 自塔顶引出的蒸气全部冷凝，因此馏出液的组成和塔顶蒸气的组成相同。

(4) 在加热釜或再沸器中采用间接蒸气使釜液加热气化。

实现恒摩尔气化和恒摩尔溢流的条件是：各组分的千摩尔气化潜热相等；塔板上物料的混合热、全塔的热损失以及相邻塔板间因温差而造成的显热变化，对于各组分的千摩尔气化潜热来讲，都是可以忽略的。实践证明，在很多情况下，是可以近似地视为恒摩尔气化与恒摩尔溢流的。

9.2.2.1　连续精馏塔的物料衡算

为了求出馏出液、残液的流量及其组成和原料液的流量及其组成之间的关系，必须对全塔进行物料衡算。

全塔的进、出料情况如图 9－18 所示，其中进入塔的为原料液，用符号 F 表示，离开塔的馏出液和残液分别用符号 D 和 W 表示。由于是连续稳定操作，进料量应该等于出料量，因此，对全塔进行物料衡算时，应符合下列关系：

$$F = D + W \tag{9-53}$$

若对易挥发组分进行物料衡算，则

$$Fx_F = Dx_D + Wx_W \tag{9-54}$$

式中的 x_F、x_D 和 x_W 分别代表原料液、馏出液和残液中易挥发组分的组成，它们可以是质量分数，也可以是摩尔分数，应用时必须注意单位的一致性。

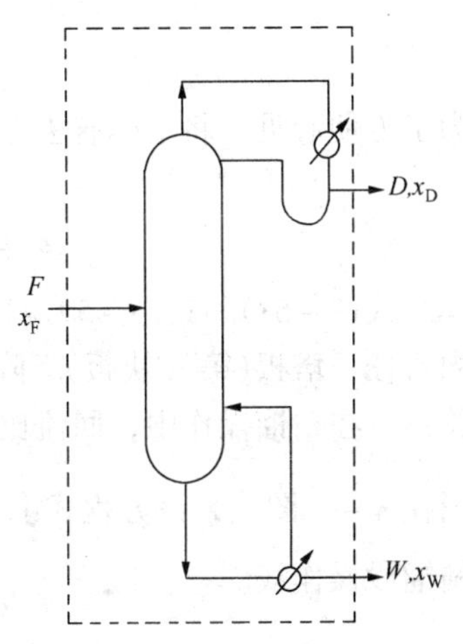

图 9　18　全塔物料衡算图

9.2.2.2　连续精馏的操作线方程式

表示任意两块相邻塔板之间气相组成和液相组成的关系式，称为操作线方程式。

操作线方程式可以通过物料衡算得出。但是，如前所述，整个精馏塔以进料板为界分成两段——精馏段与提馏段，在各段中为恒摩尔气化和恒摩尔溢流，由于有原料液的不断加入，两段的蒸气量和溢流量并不一定相等，因此，我们必须分别来讨论它们的气液相组成的变化规律。

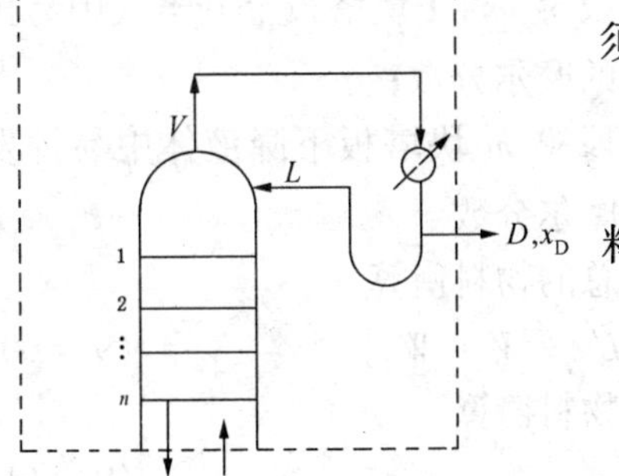

图 9－19　精馏段操作线方程式的推导

1. 精馏段操作线方程式

下面我们对图 9－19 中虚线所示的精馏段范围进行物料衡算

设　V——精馏段内每块塔板上升的蒸气量，kmol/h；

L——精馏段内每块塔板下降的液流量，kmol/h；

y_{n+1}——从精馏段第 $n+1$ 块塔板上升蒸气中易挥发组分的摩尔分数；

x_n——从精馏段第 n 块塔板下降液体中易挥发组分的摩尔分数。

在所定范围内进行总的物料衡算

$$V = L + D \tag{9-55}$$

对易挥发组分进行物料衡算

$$Vy_{n+1} = Lx_n + Dx_D \tag{9-56}$$

将式(9－55)代入式(9－56)并整理，得

$$y_{n+1} = \frac{L}{L+D}x_n + \frac{D}{L+D}x_D \tag{9-57}$$

将式(9－57)右边两项的分子分母同除以馏出液的量 D，则

$$y_{n+1} = \frac{\frac{L}{D}}{\frac{L}{D}+1}x_n + \frac{1}{\frac{L}{D}+1}x_D$$

令 $L/D = R$，R 称为回流比，即回流液量与塔顶馏出液(即产品)量之比，

$$y_{n+1} = \frac{R}{R+1}x_n + \frac{1}{R+1}x_D \tag{9-58}$$

为了方便起见，将下标省去，则

$$y = \frac{R}{R+1}x + \frac{x_D}{R+1} \tag{9-59}$$

式(9－58)和式(9－59)就是精馏段的操作线方程式，它表明在一定操作条件下，精馏段内自任一塔板(第 n 块板)下降的液相组成与来自下一层塔板(第 $n+1$ 块板)上升气相组成的关系。在精馏操作中，回流比 R 和馏出液的组成 x_D 都是由工艺规定了的，因此，如果把它画在 $y-x$ 图上，该方程式中 y 与 x 的关系是一条斜率为$\frac{R}{R+1}$、截矩为$\frac{x_D}{R+1}$的直线，称为精馏段操作线。

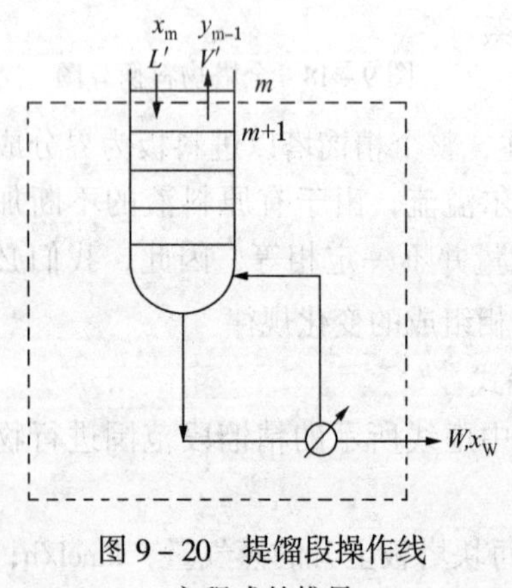

图 9－20　提馏段操作线方程式的推导

2. 提馏段操作线方程式

和求精馏段操作线方程式的方法一样，在图 9－20 所示的虚线范围内进行物料衡算。

设　V'——提馏段内每块塔板上升的蒸气量，kmol/h；

L'——提馏段内每块塔板下降的液流量，kmol/h；

y_{m+1}——从提馏段第 $m+1$ 块塔板上升蒸气中易挥发组分的摩尔分数；

x_m——从提留段第 m 块塔板下降液体中易挥发组分的摩尔分数。

在所定范围内进行总的物料衡算

$$L' = V + W \tag{9-60}$$

对易挥发组分进行物料衡算

$$L'x_m = V'y_{m+1} + Wx_W \tag{9-61}$$

将式(9－60)代入式(9－61)并整理，得

$$y_{m+1} = \frac{L'}{L'-W}x_m - \frac{W}{L'-W}x_W \tag{9-62}$$

为了方便起见，将下标省去，则

$$y = \frac{L'}{L' - W}x - \frac{W}{L' - W}x_W \tag{9-63}$$

式(9 - 62)和式(9 - 63)称为提馏段的操作线方程式，它表明在一定操作条件下，提段内任一塔板(第 m 块板)下降的液相组成与来自下一层塔板(第 $m+1$ 块板)上升蒸气组成之间的关系。在提馏段中，L'、W、x_W 也都是工艺确定了的，因此，把提馏段操作线画在 $y-x$ 图上，也是一条直线，该直线的斜率为$\frac{L'}{L' - W}$，截距为$\frac{-W}{L' - W}x_W$。不过，提馏段中的流量 L' 不像精馏段中的回流量 L 那样容易测定，即便是在 L 一定的情况下，L' 还与进料量 F 以及受热情况有关，因此，我们将在讨论进料状况对操作线的影响之后，再来介绍提馏段操作线的作图方法。

9.2.2.3　进料状况对操作线的影响

在实际生产中，进入塔内的原料可能有五种不同的受热状况：(1)温度在泡点以下的冷液体；(2)温度正好为泡点的饱和液体；(3)温度介于泡点和露点之间的气液混合物；(4)温度正好为露点的饱和蒸气；(5)温度高于露点的过热蒸气。

为了讨论的方便，我们先假定进料为气液混合物，并人为地引入原料的液化分数的概念，它表示单位原料量中液相所占的比例，用符号 q 表示，即

$$q = \text{原料中液相的千摩尔数} / \text{原料的千摩尔数} \tag{9-64}$$

当原料的总量为 F 时，则因进料而引入加料板的液体量为 qF，引入的蒸气量为 $(1-q)F$。也就是说提馏段中的液流量比精馏段增加了 qF，精馏段的上升蒸气量比提馏段增加了$(1-q)F$，即

$$L' = L + qF \tag{9-65}$$

$$V = V' + (1-q)F \tag{9-66}$$

或

$$L' - L = qF \tag{9-67}$$

$$V' - V = (q-1)F \tag{9-68}$$

这样一来，当 q 为已知时，根据式(9 - 65)算出提馏段的液流量 L'，就可以求出按照式(9 - 62)表示的提馏段操作线方程式中的斜率$\frac{L'}{L' - W}$和截矩$\frac{-W}{L' - W}x_W$，在 $y-x$ 图上作出提馏段操作线来。但实际上，由于其截矩的值一般都很小(通常在 10^{-2}以下)，作图很难准确。为了解决这一困难，下面对进料板进行物料衡算。

1. 进料板的物料衡算

$$F + L + V' = V + L'$$

或

$$V - V' = F - (L' - L) \tag{9-69}$$

对易挥发组分进行物料衡算

$$Fx_F + Lx_{f-1} + V'y_{f+1} = Vy_f + L'x_f$$

由于两相邻塔板之间的浓度变化不大，可以近似认为

$$x_{f-1} = x_f \qquad y_{f+1} = y_f$$

将上式移项并整理，得

$$(V' - V)y_f = (L' - L)x_f - Fx_F$$

或

$$y_f = \frac{L' - L}{V' - V}x_f - \frac{F}{V' - V}x_F \tag{9-70}$$

将式(9-67)和式(9-68)代入并整理，得

$$y_f = \frac{q}{q-1}x_f - \frac{x_F}{q-1}$$

为了方便起见，将下标省去，则

$$y = \frac{q}{q-1}x - \frac{x_F}{q-1} \tag{9-71}$$

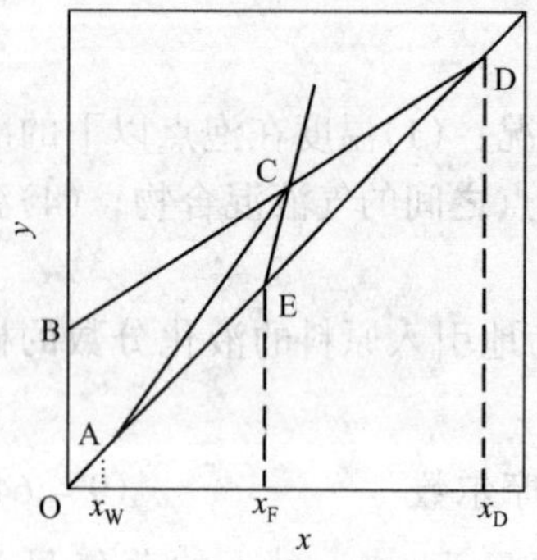

图9-21　用 q 线画提馏段操作线

从式(9-71)可以看出，在进料板上，上升蒸气组成和回流液组成之间的关系也是直线关系。因为这个方程式只取决于 q 和 x_F，所以人们把它称为 q 线(或进料线)方程式。

不难看出，当 $x = x_F$ 时，$y = x_F$，这就是说，q 线必然要通过 $y-x$ 图中(见图9-21)对角线上的 E 点(x_F，x_F)。因此，从 E 点引一斜率为$\frac{q}{q-1}$的直线即为进料线。进料线与精馏段操作线的交点 C，既反映了精馏段中进料板处气液相组成之间的关系，也应该反映提馏段中进料板处气液相组成之间的关系，或者说，图中的 C 点也应该是提馏段操作线上的一个点。而从提馏段操作方程式(9-63)可以看出，当 $x = x_W$ 时，$y = x_W$，即提馏段操作线还应该通过 $y-x$ 图中对角线上的 A 点(x_W，x_W)，这样，连接 CA 便是提馏段的操作线。

2. 进料状态对 q 线和操作线的影响

为了进一步说明进料状态对 q 线和操作线的影响，首先对进、出进料板(第 f 块板)的各种物料进行热量衡算。

设　I——塔内上升蒸气的焓，kJ/kmol；

i——塔内下降液体的焓，kJ/kmol；

i_F——原料的焓，kJ/kmol。

带到进料板上的热量有：

原料的热量　Fi_F

精馏段回流液的热量　Li_{f-1}

提馏段上升蒸气的热量　$V'I_{f+1}$

从进料板上带走的热量有：

精馏段上升蒸气的热量　VI_f

提馏段回流液的热量　$L'i_f$

根据热量守恒，有

$$VI_f + L'i_f = Fi_F + Li_{f-1} + V'I_{f+1} \tag{9-72}$$

由于在塔中的蒸气和液体都处在饱和状态，相邻两板之间温度和浓度的变化都不大，可以近似地认为

$$I_f = I_{f+1} = I \quad i_f = i_{f-1} = i$$

故式(9－72)可以写成

$$VI + L'i = Fi_F + Li + V'I$$

移项并整理，得

$$(V - V')I = Fi_F - (L' - L)I \tag{9-73}$$

将式(9－69)代入

$$[F - (L' - L)]I = Fi_F - (L' - L)i$$

移项得

$$(I - i_F)F = (L' - L)(I - i)$$

$$\frac{I - i_F}{I - i} = \frac{L' - L}{F}$$

从式(9－67)可以看出，上式中等号右边的项即为我们前面所引入的原料的液化分数 q，则

$$q = \frac{I - i_F}{I - i} = (\text{饱和蒸气的焓} - \text{原料液的焓})/(\text{饱和蒸气的焓} - \text{饱和液体的焓})$$

或 $$q = \frac{I - i_F}{I - i} = \text{每千摩尔进料变成饱和蒸气所需的热量}/\text{原料的平均千摩尔气化潜热} \tag{9-74}$$

从式(9－74)可以看出，q 的真正物理意义是：每千摩尔进料变成饱和蒸气所需要的热量与原料的平均千摩尔气化潜热之比。在有的书上把它称为进料的热状态参数，因为在进料组成 x_F 相同的情况下，不同的进料状态，就有不同的 q 值。表 9－3 列出了不同进料状况与 q 值的关系。

当进料为低于沸点的冷液体时，q 可用下式计算：

$$q = 1 + \frac{C_F(t_{沸} - t_F)}{r_{均}} \tag{9-75}$$

式中 C_F 为原料的定压比热容，kJ/kmol·K。其值随温度不同而变化，一般按平均温度 $t_{均} = (t_{沸} + t_F)/2$ 计算：

$t_{沸}$——原料的沸点，K；

t_F——原料的温度，K。

表 9－3　不同进料状况与 q 值的关系

进料状况	进料的热状况	q	位置特征
低于沸点的冷液体	$i_F < I$	>1	第一象限内(↗)
饱和液体	$i_F = I$	$=1$	铅垂线(↑)
气－液混合物	$i < i_F < I$	$0 < q < 1$	第二象线内(↖)
饱和蒸气	$i_F = I$	$=0$	水平线(←)
过热蒸气	$i_F > I$	<0	第三象限内(↙)

注：所说象限是以对角线上 $x = x_F$ 的点 E 为坐标原点而言。

对这五种不同的 q 值可以作出五条不同的 q 线，也就有五种不同的提馏段操作线。因此，利用 q 线来作提馏段操作线的方法，不仅直接解决了作图的问题，而且能比较直观地

反映出在 x_F 一定的情况下不同进料状态对操作的影响。

9.2.2.4 塔板数的确定

目前工程上确定塔板数的方法是：首先确定理论塔板数 $N_{理}$，然后再求实际塔板数 $N_{实}$。

所谓理论塔板，是指在塔板上气液两相接触十分充分、接触时间足够长，以至从该板上升的蒸气组成与自该板下降的液相组成之间处于平衡状态。即第 n 块塔板上，组成为 y_n 的蒸气与组成为 x_n 的液相互成平衡，符合式(9-51)的关系

$$y_n = \frac{\alpha x_n}{1+(\alpha-1)x_n}$$

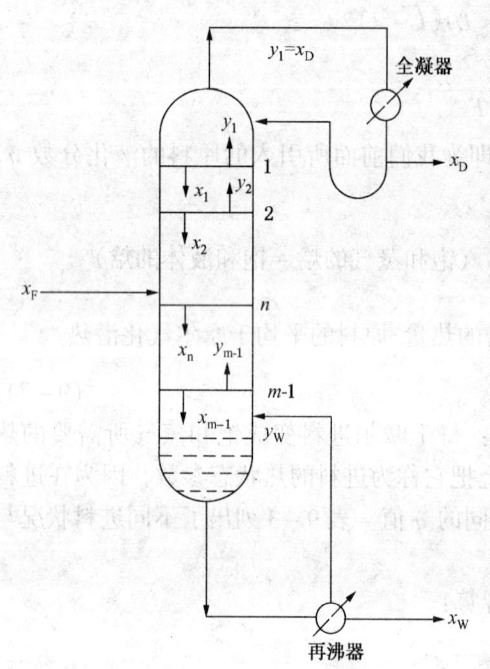

图 9-22 逐板计算法示意图

实际上，由于在塔板上汽液两相的接触面是有限的、塔板上气液相的浓度都不是那么均匀、阀孔上有液体泄漏、两相的接触时间相当短暂等等，任何塔板上的气液相都不可能达到平衡，所谓的理论塔板并不存在。但是，在计算中只要能求出理论塔板数，然后通过适当的校正，就可以求得实际需要的塔板数来。

求理论塔板数通常有两种方法：逐板计算法和简易图解法。但它们的基本依据是共同的：一是板上气液相组成的平衡关系(利用平衡关系式或平衡线)；二是相邻两塔板之间的气液相之间的操作关系(利用操作线方程式或操作线)。现分别介绍于下：

1. 逐板计算法

图 9-22 是逐板计算法的示意图，由于最上层(第一层)塔板上升的蒸气全部冷凝，所以 $y_1 = x_D$。

由于离开每一理论塔板的气液相是平衡的，故利用平衡关系式 $y_1 = \frac{\alpha x_1}{1+(\alpha-1)x_1}$ 可以算出自该板下降的液相组成 x_1。

因为 x_1 与 y_2 应符合操作线方程式，故利用式(9-59) $y_2 = \frac{R}{R+1}x_1 + \frac{x_D}{R+1}$ 可以算出 y_2。而 y_2 与 x_2 又成平衡关系，又可以利用平衡关系求出 x_2。按这种方法依次计算下去，直至 $x_n \leqslant x_F$ 为止，第 n 块板即为进料板。习惯上把进料板划为提馏段的第一块板，故精馏段需要 $n-1$ 块理论板。

用同样的方法，但是用提馏段的操作关系，直算至 $x_m \leqslant x_W$ 为止，也就可以算出提馏段所需要的理论板数。

【例 9-4】 在苯-甲苯的精馏系统中，已知物料中易挥发组分的相对挥发度 $\alpha = 2.41$，各部分的组成为 $x_F = 0.5$，$x_D = 0.95$，$x_W = 0.05$，实际采用的回流比 $R = 2$，沸点进料，试用逐步板计算法求精馏段的理论塔板数。

解： 先写出求理论塔板数所依据的两个关系式

平衡关系式 $y = \frac{\alpha x}{1+(\alpha-1)x}$

变换成　　　　　$x = \dfrac{y}{\alpha - (\alpha - 1)y} = \dfrac{y}{2.41 - 1.41y}$

操作线方程式　　$y = \dfrac{R}{R+1}x + \dfrac{x_D}{R+1} = \dfrac{2}{3}x + \dfrac{1}{3} \times 0.95 = 0.667x + 0.317$

第一块板　　已知　　　　$y_1 = x_D = 0.95$

$$x_1 = \frac{0.95}{2.41 - 1.41 \times 0.95} = 0.888$$

第二块板　　　　　　　$y_2 = 0.667 \times 0.888 + 0.317 = 0.909$

$$x_2 = \frac{0.909}{2.41 - 1.41 \times 0.909} = 0.804$$

按同样方法逐板计算下去，直至 $x_n \leqslant x_F$ 为止，并将结果列表如下：

塔板数	1	2	3	4	5	6
y	0.95	0.909	0.853	0.787	0.721	0.663
x	0.888	0.804	0.705	0.605	0.519	0.450

所以，精馏段所需要的理论塔板数为第 5 块板，第 6 块板为进料板。

2. 简易图解法

在 $y-x$ 图中的平衡线与操作线之间作直角梯级，是工程上广泛用来求理论塔板数的一种简便方法，其步骤如下：

(1) 在坐标纸上作出欲分离的二组分混合物的 $y-x$ 平衡曲线，并作出对角线。

(2) 根据对全塔的物、热衡算作出精馏段的操作线和提馏段的操作线。

(3) 从 D 点开始，在精馏段操作线和平衡线之间作出由水平线和铅垂线组成的梯级。当梯级的水平线跨过三条线的共同点 C 时，则改在提馏操作线与平衡线之间作梯级，直至梯级的水平线达到或跨过 A 点为止。

如前所述，实际操作中，任何塔板上的气液相都不可能达到平衡，即存在一个板效率的问题，而在整个精馏塔内每层塔板上的效率也均不相同，为此，采用了全塔板效率(又称总板效率)来反映整个塔内汽液相之间传质过程的完善程度，即可以列出公式：

$$\eta_{板} = \frac{N_{理}}{N_{实}} \times 100\% \tag{9-76}$$

则

$$N_{实} = \frac{N_{理}}{\eta_{板}} \tag{9-77}$$

式中　$\eta_{板}$——全塔的板效率；

$N_{理}$——完成一定分离任务所需的理论板数；

$N_{实}$——完成一定分离任务所需的实际板数。

由于影响板效率的因素很多，而且比较复杂，目前还没有比较满意的计算公式，比较可靠的是通过实验测定。

9.2.2.5　回流比的影响与选择

在精馏原理中提到，回流是维持全塔正常操作所必须的。从精馏段操作线方程式中不难看出，在进料状况和组成、馏出液和残液的组成一定的情况下，回流比 R 的大小将直接影响操作线的位置。那么，回流比的大小到底对操作有怎样的影响？在操作中怎样选择一个合适的回流比呢？下面我们就来讨论这个问题。

1. 全回流

将塔顶蒸气冷凝后又全部流至塔内的操作，称为全回流。此时，$F=0$，$W=0$，$D=0$，回流比 $R=L/D=\infty$，操作线的斜率$\frac{R}{R+1}=1$，y 轴上的截矩$\frac{x_D}{R+1}=0$，在 $y-x$ 图上的操作线与对角线重合。显然，在这种情况下，在平衡线与操作线之间作梯级的跨度最大，所需要的理论板数为最少。但是，一个没有任何产品的操作在实际生产中是毫无意义的，它只在开工阶段为迅速建立塔内气液平衡，或试车、实验研究等情况下采用。

2. 最小回流比

当回流比 R 由无限大逐渐减小时，精馏段操作线的截距$\frac{x_D}{R+1}$将逐渐增大，操作线逐渐偏离对角线而向平衡线靠近，当操作线交点落在平衡线上(非理想体系略)，在操作线与平衡线之间作梯级可以为无限多，如图 9－23 所示。

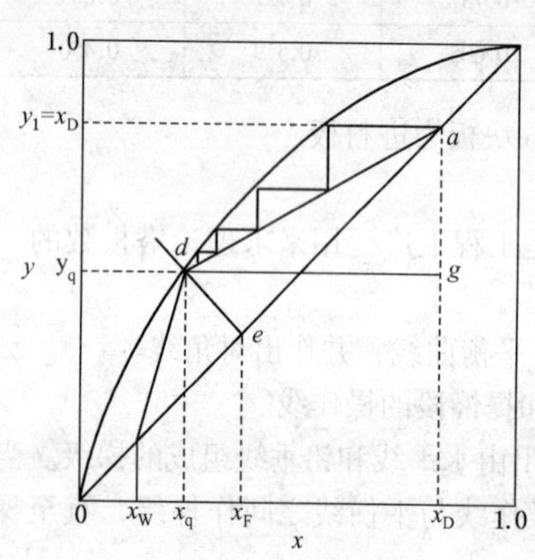

图 9－23　最小回流比及其计算示意图

这就是说，完成这种状态下的分离需要无限多块塔板，这时的回流比称为最小回流比。显然，这在实际生产中也是不可能采用的，但工程上通常以最小回流比作为计算基准，然后根据情况适当增大某一倍数作为实际回流比。

由于操作线的斜率$=\frac{R}{R+1}$，当回流比为最小时，

$$\frac{R_{最小}}{R_{最小}+1}=\frac{x_D-y_q}{x_D-x_q}$$

将 $y_1=x_D$ 代入后并整理得出

$$R_{最小}=\frac{x_D-y_q}{y_q-x_q} \qquad (9-78)$$

式中的 y_q 和 x_q 为 q 线与平衡线交点的坐标。但这个公式只能适应于像苯－甲苯一类平衡线无下凹的情况，对于平衡曲线有下凹部分(如乙醇－水的混合液)时，只能通过作图定出平衡线的切线之后，根据其最大截距$\frac{x_D}{R_{最小}+1}$求得。

3. 实际回流比

通过以上所述，全回流和最小回流都不能在实际生产中应用，实际回流比应介于这两个极限值之间。最适宜的回流比应当根据操作费用和设备折旧费用之和为最小的原则来选取。

精馏时的操作费用主要取决于塔底蒸馏釜的加热蒸汽和塔顶冷凝器的冷却水(或其他冷却剂)的消耗量，而两者又都取决于塔内上升蒸气量的大小。由精馏段的物料衡算得知，塔内的上升蒸气量

$$V=L+D=(R+1)D \qquad (9-79)$$

当塔顶的馏出液 D 一定时，上升蒸气量随回流比 R 增大而增加，因而，主要由加热蒸汽和冷却水的消耗量所决定的操作费用也会相应增加，如图 9－24 中的曲线(a)

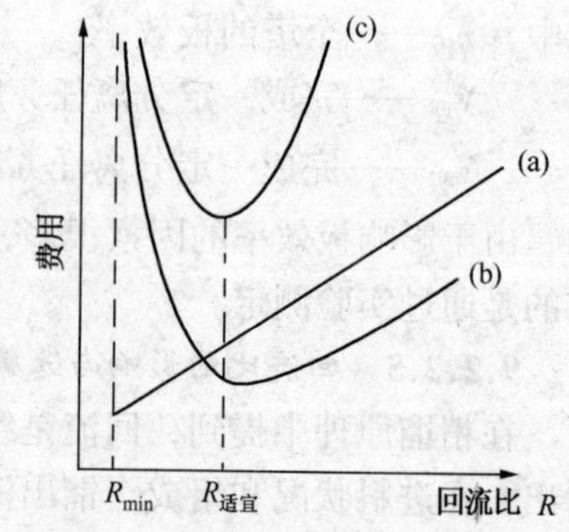

图 9－24　最适宜回流比的确定

所示。

设备折旧费是指精馏塔及其配套的成套设备的投资乘以相应的折旧率所得出的费用。在设备类型和材质一定的情况下，它主要取决于设备的尺寸。当回流比为最小时，塔板数为无限多，设备费用为无限大；但当回流比稍一增加，塔板数将从无穷大而锐减至某一个有限值，设备费用相应地减小很多；可是，当 R 继续增加时，塔板数减少有限，而随着 R 的增大，塔内上升蒸气量增加并导致塔的直径、蒸馏釜和冷凝器等设备的尺寸相应增大，设备费用又将回升，如图 9－24 中的线(b)所示。

如图 9－24 中线(c)所示，操作费与设备折旧费之和为最小所对应的回流比是实际生产中最适宜的回流比。根据实践经验的总结，这时的回流比大约为最小回流比的 1.1～2 倍，即

$$R_{实} = (1.1 \sim 2)R_{最小} \qquad (9-80)$$

9.2.2.6 连续精馏塔的操作

1. 影响精馏塔操作的主要因素

从精馏原理的讨论中可以看出，实现稳定的精馏操作必须保持两个基本条件：进料量与出料量(馏出液与残液之和)之间的物料平衡，以及全塔系统各个部分之间的热量平衡。因此，凡是与这两个平衡有关的因素，如进料量、进料的组成及其热状态，冷凝器和再沸器的换热状况，以及环境的温度等，都会在不同程度上影响精馏塔的操作。但其中的某些因素，如原料的组成、产品的质量要求、换热器的换热状况等，有的是由工艺条件所规定而必须保持不变的，有的在一个时期里可以保持相对的稳定。因此，通常认为影响精馏操作最主要的因素为：

(1) 气体流量(又称气相负荷)的大小　精馏操作中，上升气体的流量(在塔径一定下表现为气体的流速)必须适宜，过大或过小都会影响操作的好坏。

在气流上升过程中，总会夹带着一定量的液相雾滴上升到上一块塔板内，这就是说，操作中的雾沫夹带现象是不可避免的。雾沫夹带的结果，造成气液相之间传热与传质效果降低，板效率下降，严重时会影响塔顶产品的质量。气相负荷过大，雾沫夹带量也相应增大，这在操作中是应当避免的。

如果气相负荷过大，造成塔板压降增大，降液管内液面上升，甚至造成下一块塔上的液体涌到上一块塔板上，即形成液泛现象。液泛现象严重时，塔的操作根本无法进行，这在操作中是不允许的。

但气相负荷过小，气速过低，气流不足以将液流截住，液体从塔板上泄漏的量增大，塔板上建立不起足够的液层，甚至液体全部漏光，出现所谓“干板”现象，这也是必须避免的。

(2) 液体流量(又称液相负荷)的大小　和气相负荷一样，液相负荷过大或过小也都会影响塔的正常操作。液相负荷过小，塔板上不能建立足够高的液层，气液相之间的接触时间减少，会影响塔板的效率；液相负荷过大，会造成降液管内的流量超过限度，严重时以至整个塔盘空间里充满了液体，亦即出现液泛现象，使操作无法进行。另外，液流量过大，还可能使蒸馏釜的温度降低，影响到气相负荷的大小。

2. 操作负荷性能图

根据以上的分析，在精馏设备和所要分离的物系确定的情况下，气、液相负荷都必须控制在一定的范围内，这个正常的操作范围可以用负荷性能图来表示。图的横坐标为液相负荷 L，单位为 m^3/s；纵坐标为气和负荷 V，单位亦为 m^3/s；图中有五条曲线，是分别依据产生

雾沫夹带、漏液、降液管超负荷、塔板上液层厚度小以及液泛等而规定的负荷限量，它们所包围的区域，就是塔的正常操作范围。

不同的塔型有不同的负荷性能曲线，同一型式的不同塔，各曲线的相对位置也会因结构和操作条件的变化而变化，但它们全都由这样五条曲线组成。这五条曲线是：

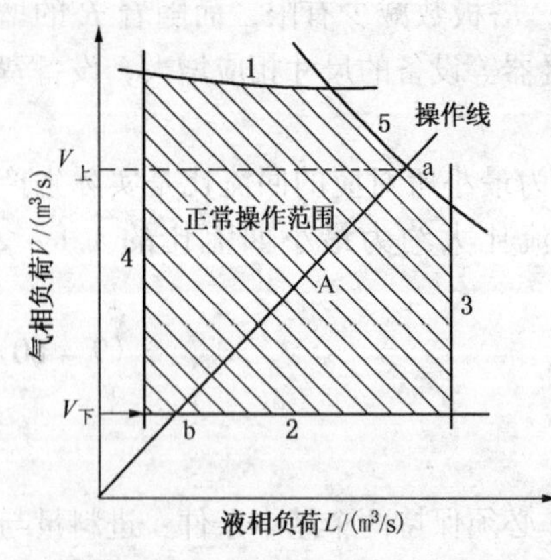

图 9－25　浮阀塔的负荷性能图

(1) 雾沫夹带限线　如图 9－25 中的曲线 1 所示，它是从雾沫夹带量的大小考虑而确定的气相负荷上限。

(2) 漏液限线　如图 9－25 中的曲线 2 所示，它是为保证液体泄漏量小于某一规定的限额而确定的气相负荷下限。

(3) 降液管超负荷限线　如图 9－25 中的曲线 3 所示，它是为保证液体在管内有足够的停留时间并防止降液管液泛而确定的液相负荷上限。

(4) 塔板液层高度限线　如图 9－25 中的曲线 4 所示，这是从保证塔板上具有一定高度液层所确定的液相负荷下限。

(5) 液泛限线　如图 9－25 中的曲线 5 所示，这是从避免出现液泛现象而确定的气、液相负荷上限。

在作负荷性能图的同时，往往还作出在一定流量下的操作线。由于精馏段和提馏段的气液比都是一定的，因此，操作线是如图 9－25 中通过坐标原点、斜率为 V/L 的一条直线。在图示的情况下，气相负荷上限以 a 点(表明受液泛限制)表示，其值为 $V_{上}$；下限以 b 点(表明受漏液限制)表示，其值为 $V_{下}$。但实际上的精馏操作不应该在极限负荷状态下操作，因为稍一波动，塔的操作就不正常。也就是说，塔的操作稳定性差。通常把塔板效率不低于正常负荷时塔板效率的 85% 时高负荷与低负荷的比值称为塔的操作弹性。操作弹性的大小是比较各种塔板操作性能的一个重要指标，操作弹性大，说明保证该塔正常操作的范围大，操作愈稳定。

3. 生产过程的控制

所谓生产过程的控制，也就是控制塔板上气相负荷和液相负荷的大小。对一个既定的设备来说，影响气、液相负荷大小的因素是很多的：回流比的大小、进料量的多少及进料状态等都直接影响到气、液相的负荷。

从理论上讲，在进料状态稳定的情况下，气相负荷的大小可以通过控制蒸馏釜的温度来实现，但实际上是调节釜内加热蒸气的通入量或压力的大小。根据实际操作状况，适当调整蒸气阀门的开启程度，就能保证塔釜内蒸发量的大小和稳定。液相负荷的大小是通过调整回流比来实现的。必须指出，调整回流比是实际操作中实现正常操作的主要手段。设计时，由于板效率的数据不很准确，加之影响精馏操作的因素很多，按照我们前面介绍过的方法所确定的塔板数往往与实际情况不符，通常都需要通过试车时的反复实践来确定一个切合实际的回流比。在生产过程中，由于某种干扰因素而导致操作不够正常，例如产品的纯度不符合要求时，也往往是首先通过调整回流比来改变。

在生产中，由于生产任务的变化，在既定设备内改变进料量，或者因为某种客观原因导致进料量发生变化的情况都是可能发生的。进料量的变化将破坏系统内已经建立起来的物料平衡，造成气、液相负荷的增大或减小，使蒸馏釜和冷凝器的热负荷相应地也发生变化，从而导致产品的质量和产率不符合要求。此外，进料的热状态也可能发生变化，它也会导致塔内气、液相负荷的增大或减小，破坏正常的操作平衡。在发生上述情况时，应及时调整系统内的回流比、蒸馏釜和冷凝器中载热体的流量，或者将进料状况调整到正常状况，从而使设备经常处于正常的操作状态。

9.3 非均相物系的分离

混合物可以分为两大类。凡物系内部各处物料性质均匀而不存在相界面者，称为均相混合物或均相物系。溶液及混合气体都是均相混合物。凡物系内部有隔开两相的界面存在而界面两侧的物料性质截然不同者，称为非均相混合物或非均相物系。含尘气体及含雾气体属于气态非均相系；悬浮液、乳浊液以及含有气泡的液体，即泡沫液，都属于液态非均相物系。

非均相物系里，处于分散状态的物质，如悬浮液中的固粒、乳浊液中的微滴、泡沫液中的气泡，统称分散物质(或分散相)；包围着分散物质而处于连续状态的流体，如气态非均相物系中的气体、液态非均相物系中的连续液体，则称为分散介质(或连续相)。

由于非均相物系中的连续相与分散相具有不同的物理性质(如密度)，故可用机械方法将它们分离。要实现这种分离，必须使分散的固粒、液滴或气泡与连续的流体之间发生相对运动。因此，分离非均相物系的单元操作遵循流体力学的基本规律。本单元只讨论分离非均相系的机械方法。

利用机械方法分离非均相系混合物，一般可有沉降、过滤和离心分离等方法。

9.3.1 重力沉降

固体微粒在流体中受到力的作用，由于两相物质的密度不同，粒子将沿着受力方向与流体产生相对运动，并从流体中分离出来，这种过程称为沉降。微粒在流体中受重力作用慢慢降落而从流体中分离出来，这种过程称为重力沉降。重力沉降适用于分离较大的固体颗粒。

固体微粒在真空中自由降落时，只受到重力的作用，微粒以等加速运动下落。但是当微粒在静止的流体中降落时，不但受到重力的作用，同时还受到流体的浮力和阻力的作用。

重力和浮力的大小对一定的粒子是固定的，而流体对微粒的摩擦阻力则随粒子和流体的相对运动速度的增大而增加。

当微粒在静止介质中，借本身重力的作用降落时，最初由于重力胜过浮力和阻力的作用，致使微粒做加速运动。由于流体阻力随着降落速度的增大而迅速增加，经过很短的时间，当阻力和浮力之和等于微粒的重力时，降落速度不再增大，即当三种力的作用达到平衡时，粒子以加速运动的末速度，作等速下降。这种不变的降落速度，称为沉降速度，沉降速度的大小表明微粒沉降的快慢。

下面讨论沉降速度的计算公式。在推导沉降速度公式时，作了以下几个假设：

(1) 颗粒是球形；

(2) 沉降的颗粒相距较远，互不干扰；

(3) 容器壁对颗粒的阻滞作用可以忽略，若容器的直径小于颗粒直径的 100 倍，这种作用影响便出现了；

(4) 颗粒直径不能小于 2 ~ 3μm，否则颗粒受到流体分子运动的影响，严重时，甚至不能沉降。

设有一球形粒子在流体介质中在重力作用下沉降，它所遇到的流体阻力 R，可用下式计算：

$$R = \zeta A \frac{\rho u^2}{2} \tag{9-81}$$

式中 ζ——阻力系数；

A——球形粒子在与沉降方向垂直的平面上的投影面积，等于$\frac{\pi}{4}d^2$，m^2；

d——粒子的直径，m；

ρ——流体介质的密度，kg/m^3；

u——沉降过程中粒子与介质的相对运动速度，m/s。

设 $\rho_{固}$ 为球形粒子的密度，kg/m^3，则它所受的重力 F(单位：N)为

$$F = \frac{\pi}{6} d^3 \rho_{固} g \tag{9-82}$$

式中 g——重力加速度，等于 $9.81m/s^2$。

此球形粒子在介质中所受的浮力 F_1(单位：N)为

$$F_1 = \frac{\pi}{6} d^3 \rho g \tag{9-83}$$

根据牛顿第二定律

$$F - F_1 - R = ma \tag{9-84}$$

式中 m——粒子的质量，等于$\frac{\pi}{6}d^3\rho_{固}$，kg；

a——粒子降落时的加速度，m/s^2。

由此可见，在降落的最初阶段，微粒作加速运动。由于阻力随相对运动速度 u 的增大而迅速增加。当介质对运动粒子的阻力增加到恰巧与重力和浮力之差相等时，则作用在粒子上的合力为零，粒子沉降就变成等速运动。这时微粒与介质的相对运动速度，称为沉降速度，用符号 u_0(单位：m/s)表示。

由于粒子一般很小，单位体积的表面积较大，阻力也较大，阻力便很快达到与重力和浮力之差相等。因此，加速阶段很短，在整个沉降过程中可以忽略。

显然，当微粒等速沉降时，

$$F - F_1 - R = 0 \text{ 或 } F - F_1 = R$$

即

$$\frac{\pi}{6} d^3 (\rho_{固} - \rho) = \zeta \frac{\pi}{4} d^2 \frac{\rho u_0^2}{2}$$

或

$$u_0 = \sqrt{\frac{4d(\rho_{固} - \rho)g}{3\rho\zeta}} \tag{9-85}$$

式(9-85)就是圆球形粒子在重力作用下沉降速度的计算式。式中的 ζ 称为粒子与流体相对运动的阻力系数。在计算 u_0 时，关键在于确定阻力系数 ζ。ζ 是雷诺准数 Re 的函数，$\zeta = f(Re)$，其值由实验确定。

$$Re = \frac{du_0\rho}{\mu} \tag{9-86}$$

式中 μ——流体介质的黏度，$N \cdot s/m^2$；

d——固体粒子的直径，m；

ρ——流体介质的密度，kg/m³。

根据实验结果，球形粒子的阻力系数 ζ 和 Re 的函数关系如图 9－26 所示。

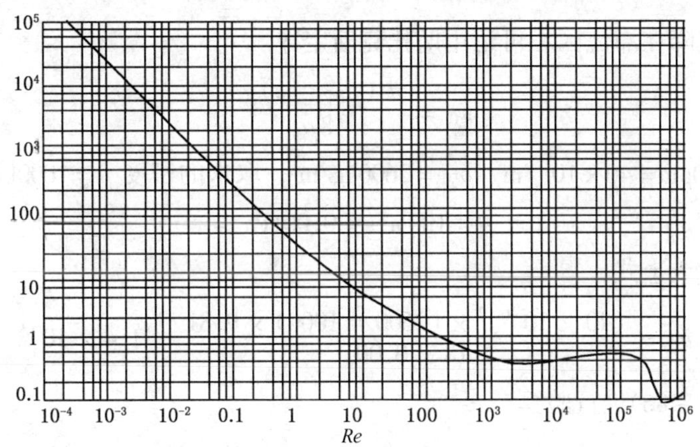

图 9－26　球形粒子的阻力系数 ζ 和 Re 的关系图

由图 9－26 可见，固体粒子在流体介质中沉降所遇到的流体阻力，与流体流动中的摩擦阻力相似，也可以分为层流、过渡流和湍流等几个区域。为了计算方便，各区域中 ζ 和 Re 的关系，可分别用公式表示如下：

(1) 层流区域　　$Re \leqslant 2，\zeta = 24/Re$　　(9－87)

(2) 过渡流区域　　$Re = 2 \sim 1000，\zeta = 18.5/Re^{0.6}$　　(9－88)

(3) 湍流区域　　$Re = 1000 \sim 2 \times 10^5，\zeta = 0.44$　　(9－89)

当 Re 值超过 2×10^5 时，边界层本身也变为湍流，实验结果显示不规则现象。

当处于层流区域沉降时，将式(9－87)代入式(9－85)中，得层流时沉降速度的计算公式

$$u_0 = \frac{d^2(\rho_{固} - \rho)g}{18\mu} \tag{9-90}$$

此式称为斯托克斯公式。

由式(9－90)可以看出，固体粒子的沉降速度，与粒子直径的平方以及粒子和流体的密度差成正比，而与流体的黏度成反比。

当处于过渡流区域沉降时，将式(9－88)代入式(9－85)中，得过渡流时沉降速度的计算公式

$$u = 0.153\left[\frac{gd^{1.6}(\rho_{固} - \rho)}{\rho^{0.4}\mu^{0.6}}\right]^{\frac{1}{1.4}} \tag{9-91}$$

此式称为阿伦公式。

当处于湍流区域沉降时，将式(9－89)代入式(9－85)中，得湍流时沉降速度的计算公式

$$u = 1.74\sqrt{\frac{d(\rho_{固} - \rho)g}{\rho}} \tag{9-92}$$

此式称牛顿公式。

计算 u_0 时，首先需要判断流动类型，然后才能确定使用哪一个计算式。因为 ζ 与 Re 值有关，而 Re 值又由 u_0 确定，所以需要用试差法。考虑到所处理的微粒一般很小，可先假设

沉降属于层流区域，直接采用式(9-90)算出 u_0，然后把算出的 u_0 代入式(9-86)中检验是否小于2。如果验算不符，再假设其他区域进行计算，然后再用 Re 值验算。

【例9-5】 有直径为40μm的球形石英微粒，其密度为2600kg/m³，试求在293K水中的沉降速度。

解：先假设沉降在滞流区，可运用斯托克斯定律

$$u_0 = \frac{d^2(\rho_{固} - \rho)g}{18\mu}$$

已知 $d = 40\mu m = 40 \times 10^{-6} m$　$\rho_{固} = 2600 kg/m^3$，取水的密度 $\rho = 1000 kg/m^3$

$$\mu = 1 mPa \cdot s = 0.001 Pa \cdot s$$

将以上各值代入上式，得

$$u_0 = \frac{(40 \times 10^{-6})^2 \times (2600 - 1000) \times 9.81}{18 \times 0.001} = 1.4 \times 10^{-3}$$

然后应用式(9-86)进行验算

$$Re = \frac{du_0\rho}{\mu} = \frac{40 \times 10^{-6} \times 1.4 \times 10^{-3} \times 10^3}{0.001} = 0.056$$

由于 $Re < 2$，与假设沉降在滞流区是符合的，说明试用的公式是合适的，故沉降速度为 $u_0 = 0.0014 m/s$。

应当指出，上述计算 ζ 和 u_0 的公式都是根据光滑球形粒子的沉降实验结果得出的。实际上，悬浮的粒子多不是球形，也不一定光滑。因此阻力系数一般比按上述公式算出的值要大，沉降速度则比计算值为低。

非球形颗粒的大小，可以用当量直径表示。当量直径有多种表示方法。计算沉降速度时常用的一种当量直径是：以体积与非球形颗粒相等的球形粒子的直径作为非球形粒子的当量直径。

非球形颗粒的形状，则用球形度表示。球形度是：体积与非球形颗粒相等的球形颗粒的表面积除以非球形颗粒表面积所得的商。非球形颗粒的球形度都小于1。颗粒越接近于球形，则球形度越接近于1。

非球形颗粒沉降时的阻力大于直径等于其当量直径的球形颗粒沉降时的阻力，因此，沉降速度较小，在层流区，颗粒形状对沉降速度的影响小一些，在其他区域则大一些。本节的计算中把颗粒一律按球形考虑，非球形颗粒沉降速度的计算方法从略。

还应指出，只有当悬浮系统中的每个粒子独自沉降而不互相干扰时，按上述各式计算出的 u_0 值才与实际沉降速度接近，这种情况称为自由沉降。当悬浮系统中粒子的浓度比较大，粒子之间相距很近，则沉降时互相干扰，这种情况称干扰沉降。可以认为干扰沉降是粒子通过由许多粒子和流体组成的悬浮介质的沉降。悬浮液中干扰沉降常常十分显著。干扰沉降速度比自由沉降速度小，其原因有二：一是颗粒实质上是在密度和黏度都比分散介质为大的悬浮系统中沉降，所受的阻力和浮力都比较大。二是颗粒向下沉降时，分散介质被置换而向上运动，阻滞了靠得很近的其他颗粒的沉降。干扰沉降速度的计算比较复杂，且不易算准，这里也从略。

9.3.2 过滤

9.3.2.1 基本概念

过滤主要是用来分离液体非均相物系的一种操作。与沉降相比，过滤具有操作时间短，

分离比较完全等优点。尤其是在液体非均相物系中含液量较少的情况下，沉降法已不大适用，过滤则成为工业生产中广泛用来获得澄清液体或固体物料的有效手段，就是在气体净化中，也有利用过滤分离气相混合物的。

过滤操作是利用一种具有很多毛细孔道的物体作为过滤介质，在过滤介质的两侧压力差的推动下，使被过滤的液体由介质的毛细孔道中通过，而将悬浮在液体中的固体微粒截留，达到分离固液两相目的的操作。

图 9–27 表示过滤操作的示意图，在过滤操作中，通常称原有的悬浮液为滤浆或料浆，被截留在过滤介质上的团体颗粒层称为滤渣或滤饼，通过滤渣和过滤介质的澄液称为滤液。

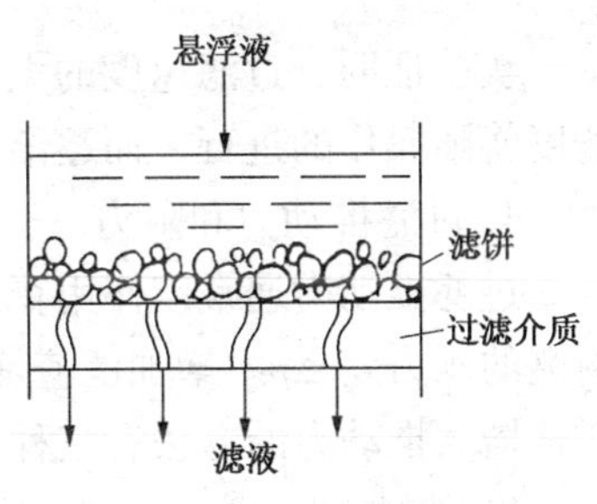

图 9–27　过滤示意简图

1. 过滤介质

化学实验室中常用的滤纸就是一种过滤介质。工业上常用的过滤介质种类很多。对过滤介质的基本要求是：

(1) 具有多孔性，阻力小，使液体容易通过，而孔道的大小应该能使悬浮粒子被截留。

(2) 具有化学稳定性、耐腐蚀性和耐热性等。

(3) 具有足够的机械强度。

工业上常用的过滤介质，主要有以下三种：

(1) 织物状介质　这是工业上使用最广泛的一种过滤介质。如用棉、麻、羊毛、蚕丝或石棉等天然纤维以及各种合成纤维或玻璃纤维织成的滤布等。也可以用不锈钢、黄铜或镍等金属丝织成滤网。滤布的选择视所过滤粒子的大小、液体的腐蚀性、温度，以及对强度和耐磨性的要求等条件而定。有时需将多层滤布迭合使用。

(2) 粒状介质　如细砂、石砾、玻璃渣、木炭屑、骨灰、酸性白土等堆积层，常用于城市和工厂给水设备的滤池，用于过滤含滤渣较少的悬浮液。

(3) 多孔性固体介质　如多孔性陶瓷板或管、多孔塑料板等。优点是耐腐蚀性较好而孔隙较小，常用丁过滤含少量微粒的悬浮液的间歇式过滤设备中。

在实际操作中，由于滤渣中的毛细孔道往往比过滤介质中的毛细孔道还要小，滤渣便成为更有效的过滤介质。

通常滤渣可以分成：不可压缩的和可压缩的两种。不可压缩滤渣由不变形的颗粒组成，如许多晶体物料就属于这一种。不可压缩滤渣中固体颗粒的大小形状，滤渣中孔道的大小，

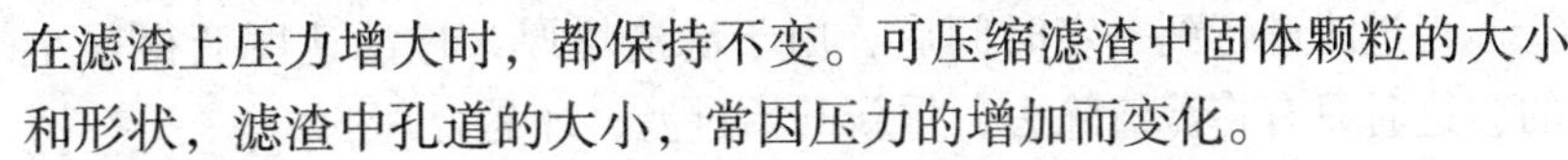
在滤渣上压力增大时，都保持不变。可压缩滤渣中固体颗粒的大小和形状，滤渣中孔道的大小，常因压力的增加而变化。

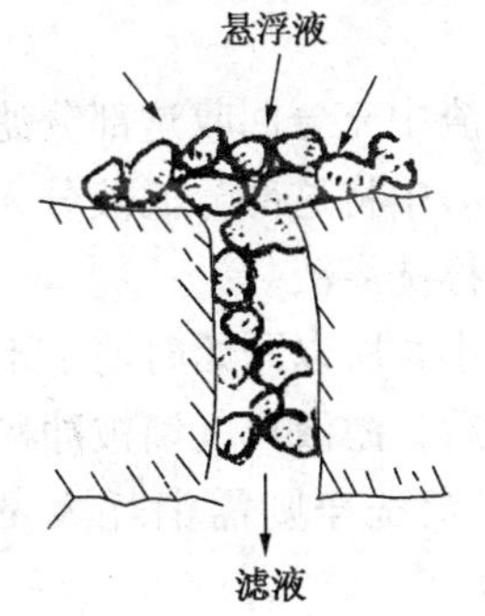

图 9–28　架桥现象

2. 助滤剂

过滤时凡大于介质滤孔的固体粒子，固然不能通过介质而被截留，小于滤孔的粒子，由于可能在滤孔中发生架桥现象(图 9–28)也会被截留。对于由胶体颗粒组成的可压缩滤渣，因其形状易被压力所改变，往往容易堵塞滤孔。为了防止这种情况发生，可以在滤布面上预涂一层颗粒均匀、性质坚硬、不被压力所变形的物料，如硅藻土、活性炭等。这种预涂物料称为助滤剂。助滤剂表面有吸附胶体的能力，而且颗粒细小坚硬，不可压缩，所以能起到对防止滤孔

堵塞的作用。过滤完毕后，助滤剂和滤渣一同除去。有时也可以将一定比例的助滤剂均匀地混合在悬浮液中，然后一起加入过滤机中。

3. 过滤速度

过滤速度是单位时间内，通过单位过滤面积上的滤液体积。设滤液体积为 dV，过滤时间为 $d\tau$，过滤面积为 A，则过滤速度为

$$u = \frac{dV}{Ad\tau} \qquad m^3/m^2 \cdot s \text{ 或 } m/s \tag{9-93}$$

实验证明，过滤速度的大小与推动力成正比，而与阻力成反比。当推动力一定时，过滤速度将随操作的进行，而逐渐降低。

4. 过滤推动力和阻力

过滤推动力通常以作用在悬浮液上的压力表示。实际起推动力作用的是滤渣和过滤介质两侧的压力差 Δp。增加滤渣面上的压力和降低滤液流出空间的压力，都可以使推动力增大。通常增大推动力的方法有三种：

(1) 增加悬浮液本身的液柱压力。一般不超过 $50kN/m^2$，称为重力过滤。

(2) 增加悬浮液面上的压力。一般可达 $500kN/m^2$，称为加压过滤。

(3) 在过滤介质下面抽真空。通常不超过 650mmHg 真空度，称为真空过滤。

此外，过滤推动力还可以用惯性离心力来增大，称为离心过滤。离心过滤将在离心分离一节中讨论。

至于过滤阻力，在过滤操作刚刚开始时，滤液流动所遇到的阻力只有过滤介质一项，当过滤操作进行一段时间，形成滤渣以后，滤液所遇到的阻力是滤渣阻力和过滤介质阻力之和。滤渣的厚度随过滤操作的进行而逐渐增加。所以，在大多数情况下，过滤阻力主要决定于滤渣阻力。滤渣越厚，颗粒越细，则阻力越大。

用粒状过滤介质(如细砂层)过滤含固体量很少的悬浮液，滤渣的阻力可以不计。用织物过滤介质(如滤布)过滤时，介质的阻力便忽略不计。

由于滤浆中所含固体粒子大小不一，所用的过滤介质的孔道会比一部分微粒为大，在大多数情况下，过滤开始时，过滤介质不能完全阻止细小粒子通过。因此，在过滤开始阶段，所得的滤液往往呈现浑浊，此滤液可送回悬浮液槽循环使用。随着过滤操作的继续进行，当介质表面上积有滤渣时，滤液方显澄清。这表明滤渣中的毛细孔道比过滤介质的小，或在介质的孔道中已有架桥现象。对于过滤操作，只有当过滤介质上形成滤渣层后才是有效的操作。事实上逐渐增厚的滤渣层才真正起到过滤介质的作用。

当过滤进行到一定时间后，由于滤渣增厚，过滤速度变得很小，再进行下去是不经济的。这时只有将滤渣除去，重新开始过滤，才是合理的。

在除去滤渣操作以前，滤渣的空隙中还存在滤液。有时为了从滤渣中充分回收这部分滤液，或者由于滤渣是有价值的产品不允许被滤液所沾污，都必须从滤渣中将这部分滤液分离出来。因此，常常需要用水或其他溶剂洗涤滤渣。洗涤后所得的溶液称洗涤液。

洗涤时，水均匀而平稳地流过滤渣的毛细孔道。由于毛细孔道很小，所以开始时清水不与滤液混合，而只是将滤液置换出来。毛细管中的滤液大部分被置换后，滤液再逐渐被冲稀而排出。由上述可见，要大致洗干净只需消耗少量的水，而要求完全洗净则需消耗大量的水。

在过滤完毕后，有时还要将滤渣用压缩空气吹干或用真空吸干滤渣中的水分，以使滤渣

中的水分尽可能地减少。这样在以后进行滤渣的干燥时，热能消耗可相应地减少。最后还要将滤渣从滤布上卸下来。卸料要求彻底干净。这样做的目的是为了最大限度地得到滤渣，也是为了清洗滤布以减少下次过滤时的阻力。如果滤渣是无用的，可以简单地用水冲洗。

对不可压缩滤渣，加压可以提高过滤速率。对可压缩滤渣，加压不能有效地提高过滤速率。

5. 过滤机的生产能力

过滤机的生产能力通常用单位时间内所得到的滤液量来表示，有时也可以用单位时间内单位过滤面积上积聚的滤渣表示。

由上述可见，过滤操作包括过滤、洗涤、去湿和卸料等几个阶段，周而复始地循环进行。因此，对于所有的过滤设备必须要求很好地实现这几个阶段的操作。

连续式过滤机的生产能力主要决定于过滤速率。间歇式过滤机的生产能力，除与过滤速率有关外，还决定于操作的循环周期。因为间歇式过滤机的操作周期包括：过滤、洗涤、卸渣和清洗滤布、重装等各个操作阶段。理论和实践证明，过滤所得的滤液总量近似地与过滤时间的平方根成正比。因此，过滤时间过长，会降低过滤机的生产能力，当过滤和洗涤滤渣的时间之和等于其他辅助操作时间时，间歇式过滤机的生产力为最大。

影响过滤速率的因素，除过滤推动力和阻力外，悬浮液的性质和操作温度对过滤速率也有影响。提高温度，可降低液体的黏度，从而提高过滤机的生产能力。但在真空过滤时，提高温度会使真空度下降，从而降低了生产能力。

9.3.2.2 过滤操作中液体通过颗粒层的流动

过滤是液体通过滤渣层和过滤介质层的流动过程。石油化工生产的多数过滤操作中，过滤介质对液体流动的阻力比滤渣层的阻力小得多，因此，在分析过滤原理时，首先考虑滤液通过滤渣层的流动过程。

滤渣层是由大量固体颗粒所组成。颗粒之间有空隙，这些空隙连通起来便成为液体流动的通道。由于颗粒很小，其间各通道的平均直径很小，而且弯曲不一，而液体在其中流动时阻力很大，流速也比较小，过滤时滤液通过滤渣层的流动都是层流。所以，在过滤的任一瞬间滤液的流动可以用泊稷叶公式表示。

$$u = \frac{d^2 \Delta p}{32\mu l} \quad \text{m/s} \tag{9-94}$$

式中 u——液体在通道里的流速，m/s；

d——各通道的平均直径，m；

Δp——液体在滤渣层前后的压力差，N/m^2；

μ——液体的黏度，$N \cdot s/m^2$；

l——各通道的平均长度，m。

式(9－94)中的流速 u 乘以滤渣里全部毛细孔通道的截面积 A，就是滤液的流量。所以，u 与过滤速率成正比。因为 d 和 l 都无法直接测出，而 l 与滤渣厚度 L 成一定的比例关系，所以可以用 L 代替 l，其比例系数合并到常数项里，又把 d 也代入常数项。因此，式(9－94)可以改写成

$$u = \frac{\mathrm{d}V}{A\mathrm{d}\tau} = \frac{\Delta p}{r\mu l} \quad \text{m}^3/\text{m}^2 \cdot \text{s 或 m/s} \tag{9-95}$$

式中 r 为常数，包括许多未知因素，只有通过实验才能确定。

式(9－95)表明，任一瞬间滤液通过滤渣的过滤速率与滤渣层前后两侧的压力差 Δp 成正比，与当滤渣层厚度 L 和滤液的黏度 μ 成反比。实验结果证明，上述自理论分析得到的关系式，在过滤介质阻力很小，而滤渣是不可压缩时，基本上是正确的。

由式(9－95)可见，过滤速率的大小决定于两个彼此相抗衡的因素：一是过滤推动力 Δp，是促使滤液流动的因素；另一个是过滤阻力 $r\mu l$，是阻碍滤液流动的因素。过滤速率就是过滤推动力与阻力之比。

过滤阻力又决定于两个因素：一是滤液本身的性质，即黏度 μ；另一是滤渣本身的性质，即 rl。显然，滤渣的厚度越大，流通的截面积越小，结构越紧密，对滤液的阻力也越大。这些因素除滤渣的厚度外，都包括在 r 里。所以，$R_0 = rl$ 可以看成是滤渣的阻力。

9.3.3　离心分离

9.3.3.1　基本概念

在离心力作用下分离液相非均一物系的过程，称为离心分离。实现这种离心分离的机器叫做离心机。

离心机有两大类：凡利用离心力来进行过滤操作的，称为离心式过滤机，如图 9－29 所示。利用离心力来进行沉降操作的称离心式沉降机，如图 9－30 所示，目前工业上使用的过滤机大多数是离心式过滤机。

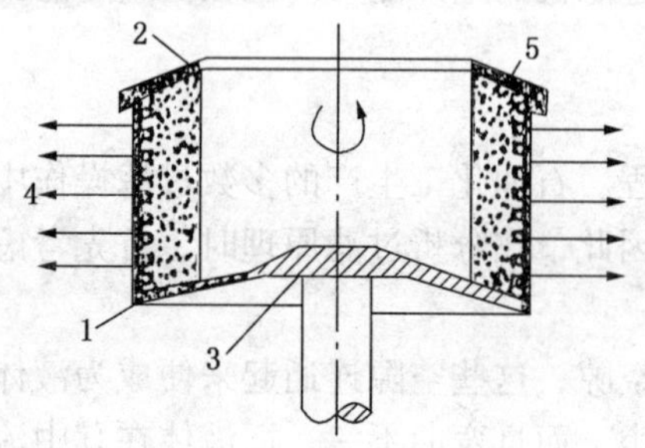

图 9－29　离心式过滤机示意图

1—鼓壁；2—顶盖；3—鼓底；4—滤液；5—滤饼

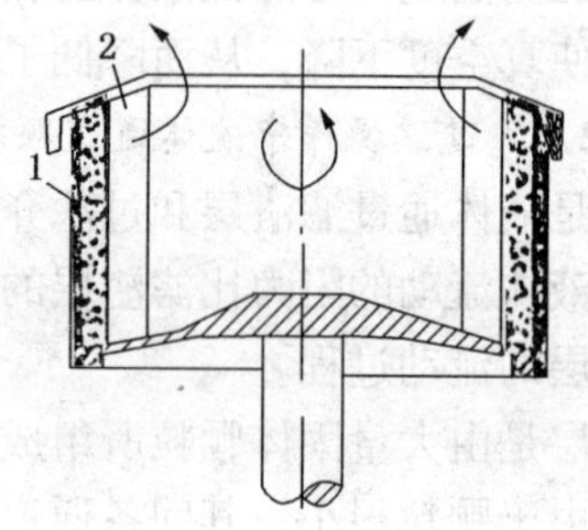

图 9－30　离心式沉降机示意图

1—固体；2—液体

离心机的主要部分是一个快速旋转的转鼓。转鼓装在一根垂直或水平的转轴上，当悬浮液加到转鼓内以后，物料随转鼓一道高速旋转，由于固体和液体密度不同，所受离心力也不同。如果转鼓上不开滤孔，固体被抛向鼓壁上而沉降，液体则溢流出转鼓而分离，这就是沉降式离心机的原理。如果离心机的鼓壁上钻有小孔，壁上再衬以金属网和滤布，则液体通过网布流出鼓外，固体被滤布截留住而成为滤饼，这就是过滤式离心机的原理。

离心过滤包括三个阶段：(1)滤饼的形成；(2)滤饼的压紧；(3)因毛细管和分子引力的影响而遗留在滤饼中的滤液进一步被甩干。

和一般过滤相比，离心过滤不但推动力大，过滤速率快，而且能得到较为干燥的滤饼，其最终含湿率一般可达到 10% 以下。正是由于离心机具有这些优点，所以在工业上应用很广泛。

9.3.3.2　影响离心分离的主要因素

如前所述，离心分离只不过是在离心力作用下的沉降过程或过滤操作，因而凡是影响沉降或过滤操作的因素都对离心分离具有影响。在同样条件下，离心力越大，分离效果越好。前面已经提到，在运转过程中，固体粒子所受的离心力的大小可以用公式(9－96)计算。

$$F = m \cdot \frac{u_{切}^2}{R} \tag{9-96}$$

因为 $u_{切} = \frac{2\pi Rn}{60}$，代入上式得

$$F = \frac{4\pi^2 mR^2 n^2}{3600R} = \frac{m\pi^2 Rn^2}{900} \tag{9-97}$$

式中　m——固体粒子的质量，kg；

R——旋转半径，由于物料是随转鼓一道转动，并紧贴在转鼓内壁面，故旋转半径可以近似地取为转鼓的内半径，m；

n——转鼓每分钟的转速，r/min。

固体粒子所受离心力与重力的比值，称为分离因数，用符号 α 表示

$$\alpha = \frac{F}{G} = \frac{m\pi^2 R^2 n^2}{900mg} = \frac{Rn^2}{900} \tag{9-98}$$

显然，分离因数 α 的数值越大，说明离心力越大，越有利于固体粒子的分离。从式(9-98)可以看出，增大转鼓的直径和转速都能增大 α 值，但增大转速比增大转鼓的直径更为有利。因此，为了增大离心机的分离因数，一般是增加机器的转速。为了考虑到不使转鼓因为转速增加、离心力增大而引起过大的应力，在增大转速的同时，要适当减小转鼓的直径，以保证转鼓有足够的机械强度。因此，高速离心机转鼓的直径通常都是比较小的。

分离因数是用来表示离心机特性的重要因素之一。工程上常根据分离因数的大小来对离心机进行分类：凡 $\alpha < 3000$ 的，称为常速离心机，主要用来分离颗粒不太大的悬浮液和物料的脱水等；凡 $\alpha = 3000 \sim 5000$ 的，称为高速离心机；凡 $\alpha > 5000$ 的称为超高速离心机。高速离心机和超高速心机能够分离一般离心机难以分离的物料，适用于分离乳浊液和澄清含固体粒子极少而且很细的悬浮液。

9.3.4 气体净制

含有固体或液体微粒的气体，称为气体非均相物系。将气体中悬浮着的固体或液体微粒除去的操作，称为气体非均相物系的分离或气体的净制。

根据操作原理的不同，气体的净制可分为：

(1) 气体的干法净制　如降尘室，旋风分离器等。

(2) 气体的湿法净制　如泡沫除尘器、文丘里除尘器、湍球塔等。

(3) 气体的过滤净制　如袋滤器等。

此外，还有电降尘器，使气体中微粒在高压电场中沉降。

本节介绍几种常用的气体净制典型设备的操作原理，以旋风分离器为主。

1. 旋风分离器的工作原理

旋风分离器又称旋风除尘室，是利用惯性离心力作用净制气体的设备。由于它的结构简单，制造方便，分离效率高，并可用于高温含尘气体，所以在工业上得到广泛的应用。

图 9-31 是一旋风分离器结构及工作原理简图。主体上部是圆筒，下部是圆锥形。含尘气体由圆筒上侧的矩形进气管，以很大流速(约 20m/s)，沿切线方向进入。气体先自上而下，后自下而上在旋风分离器壳内形成双层螺旋形运动。其中灰尘受惯性离心力作用下被抛向外围，与器壁碰撞后，失去动能而沉降下来，由降尘管排出。净制后气体从中心的出口管排出。(各部分尺寸关系为 $h = \frac{D}{2}$，$H_1 = H_2 = 2D$，$B = \frac{D}{4}$，$D_1 = \frac{D}{2}$，$D_2 = \frac{D}{4}$，$\delta = \frac{D}{8}$)。

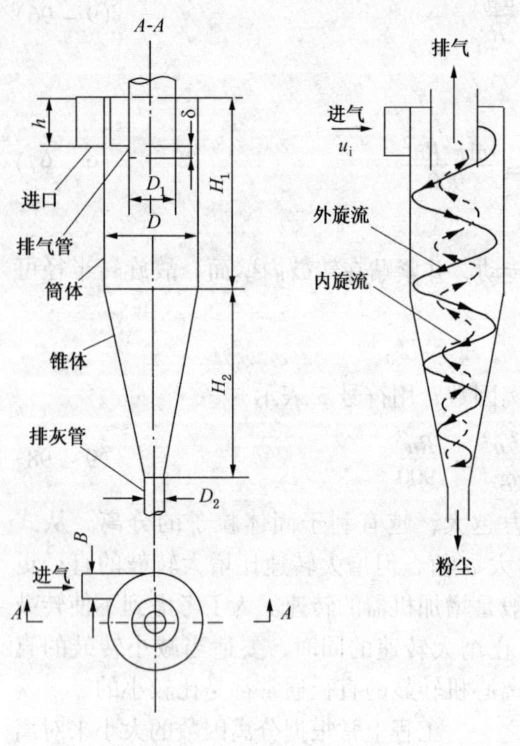

图 9－31　旋风分离器

旋风分离器的优点是：构造简单，分离效率高，约为 70%～90%，可以分离出小到 5μm 的粒子，可以分离高温含尘气体。

缺点是：对于小于 5μm 的粒子的分离效率较低，细粒子的灰尘不能充分除净；气体在器内流动阻力大，约为 40～85mmH_2O，消耗能量最多；对气体流量的变动敏感，为了避免降低分离效率，气体的流量不应太小；微粒对器壁有磨损。为了减少粒子对器壁的磨损，通常大于 20μm 的粒子最好使用重力沉降器预先除去。至于小于 5μm 的粒子可以用袋滤器或湿法除尘器。

气体和固体粒子在旋风分离中的运动很复杂，在器内任一点外都有切向、径向和轴向的速度。粒子在沉降过程中，随着旋转半径 R 和相应的圆周切线速度 $u_{切}$ 的变化，其向心加速度不断变化。所以，离心沉降速度 u_0 不是一个定值。

用测速管测量旋风分离器内各点的气体流速，发现以下规律：

(1) 设备的同一水平横切面上各点的切向速度，由器壁往中心而增大，在直径等于排气管直径的 1/2～1/3 的圆周上达到最大值，再向中心急剧减小。

(2) 切向速度最大的圆周内有一轴向速度很大的上旋气流，称气芯。

(3) 径向速度比切向速度小得多，同一水平切面上各点的径向速度变化不大，在气芯以外是指向中心，在气芯内是从中心指向外，所以在气芯周边附近气体的径向速度由正值变为负值。

用压力计测量各点的静压力表明，器壁附近压力最高，只稍低于气体进口处的压力，往中心逐渐降低，到气芯处可以降为负压。低压气芯一直延伸到最底下的出灰口。因此，出灰口密封不严，便易漏入空气，把已收集在锥形底部的粉尘重新卷起，甚至从灰斗吸进大量粉尘直冲排气管，严重地降低分离效果。由测试结果知气芯直径为排气管直径的 1/3～1/2。

2. 旋风分离器的性能

旋风分离器的性能通常以它所能分离的最小粒子直径 $d_{小}$ 表示。必须指出，气体和固体粒子在旋风分离器中的运动是很复杂的，在器内任一点处都有切向、径向和轴向的速度，而且，随着在沉降过程中其旋转半径 R 的变化，粒子的圆周切线速度 $u_{切}$、离心加速度 a 以及相应的沉降速度 u_0 都在不断地变化，因此，至今也没有得出一个确定 $d_{小}$ 的完善的计算式来。已经提出的各种计算式，有的是作了许多简化假设，有的则是以实验结果出发推导而出的。目前比较常用的计算式为

$$d_{小} = \sqrt{\frac{9\mu B}{\pi N \rho_{固} u}} \tag{9-99}$$

式中　$d_小$——可以分离出的最小粒子的直径，又称临界直径，m；

μ——流体的黏度，Pa·s；

B——旋风分离器进气管的宽度，m；

N——气体在分离器中的旋转圈数；

u——气体沿螺旋流动的流速，通常以气体在进口管中的流速计算，m/s。

从理论上讲，所有大于或等于 $d_小$ 的粒子都可以沉降出来。但实际上由于气体中有涡流存在，阻碍着尘粒的沉降，甚至可能把已经沉降到器壁的尘粒重新卷起，造成返混现象，这都能使得大于或等于 $d_小$ 的粒子不能 100% 的沉降下来。反之，有一部分小于 $d_小$ 的粒子，由于进入分离器时就已经接近器壁，或者因为互相聚结成较大的颗粒从气流中分离出来。因此，在实际操作中应控制适当的气速。实验表明：气速过小，分离效率不高；但气速过高时，返混现象严重，同样会降低分离效率。一般认为，选用入口气速为 15～20m/s 时比较合适。气体在分离器中的旋转圈数一般为 0.5～3。标准型旋风分离器，大约为 5 圈。

3. 旋风分离器的压力损失

气体通过分离器的压力损失，是指气体通过分离前后的压力降，其数值的大小将决定于分离器的结构，一般应控制在 500～2000Pa 左右。在忽略气体进出口的动压差时，可以按下式计算：

$$\Delta p = \zeta \frac{\rho u^2}{2} \tag{9-100}$$

式中　Δp——气体分离前后的压力降，Pa；

ρ——气体的密度，kg/m³；

u——气体在进口管中的流速，m/s；

ζ——阻力系数，一般由实验确定。

对于标准型分离器，可以用下式计算

$$\zeta = \frac{16AB}{D_1^2} \tag{9-101}$$

式中　A——进口管的高度，m；

B——进气管的宽度，m；

D_1——排气管的直径，m。

标准型分离器的各个尺寸比例可以适当调整。应当注意，分离器高度 H 必须大于或等于 3 倍分离器直径，即 $H \geqslant 3D$；锥形部分的高度 H_2 对分离的效果影响较大，推荐 $H_2 = 2D$；排气管直径 $D_1 = (1/3 \sim 1/2)D$；进气管的截面积必须大于宽度 B，而且保证 $A/B \geqslant 2$；排气管插入器内的深度 S 应使得其下口稍低于进口管的下沿，以免含尘气体走短路。

【例 9－6】　今有一直径为 0.4m 的标准式分离器，各部分尺寸的比例如图 9－31 所示，用来分离含有密度为 2300kg/m³ 尘粒的含尘气体已知气体黏度 $\mu = 0.036\text{mPa·s}$，密度为 0.46kg/m³，流量为 1000m³/h，试计算该分离器所能分离的最小粒子直径及其压力降。

解：分离器所能分离的最小粒子直径可按式(9－99)计算。

$$d_小 = \sqrt{\frac{9\mu B}{\pi N \rho_固 u}}$$

已知　　$\mu = 3.6 \times 10^{-5}\text{Pa·s}$　　$\rho_固 = 2300\text{kg/m}^3$　　$Q = 1000\text{m}^3/\text{h}$　　$D = 0.4\text{m}$

根据图 9－31 所示的比例尺寸得

$$A = D/2 = 0.2\text{m}$$

$$B = A/2 = 0.1\text{m}$$

则气体在吸入管中的流速

$$u = \frac{Q}{AB} = \frac{1000}{3600 \times 0.2 \times 0.1} = 13.9(\text{m/s})$$

取 $N = 5$，将以上各值代入上式

$$d_{小} = \sqrt{\frac{9 \times 3.6 \times 10^{-5} \times 0.1}{\pi \times 5 \times 2300 \times 13.9}} = 8 \times 10^{-6}(\text{m}) = 8(\mu\text{m})$$

用式(9－101)计算阻力系数

$$\zeta = \frac{16AB}{D_1^2}$$

式中出口管直径 $D_1 = D/2 = 0.2\text{m}$，则

$$\zeta = \frac{16 \times 0.2 \times 0.1}{0.2^2} = 8$$

用式(9－100)计算分离器的压力降

$$\Delta p = \zeta \frac{\rho u^2}{2}$$

已知 $\rho = 0.46\text{kg/m}^3$，则

$$\Delta p = 8 \times \frac{0.46 \times 13.9^2}{2} = 355.5(\text{Pa})$$

9.3.5 固体流态化

流态化是一种使固体颗粒与气体或液体接触而转变成类似流体状态的操作。

9.3.5.1 基本概念

在容器内筛板上，放置一层固体颗粒，当气体或液体从筛板下部通过颗粒床层时，随着流速的改变，可以观察到三个不同的阶段：

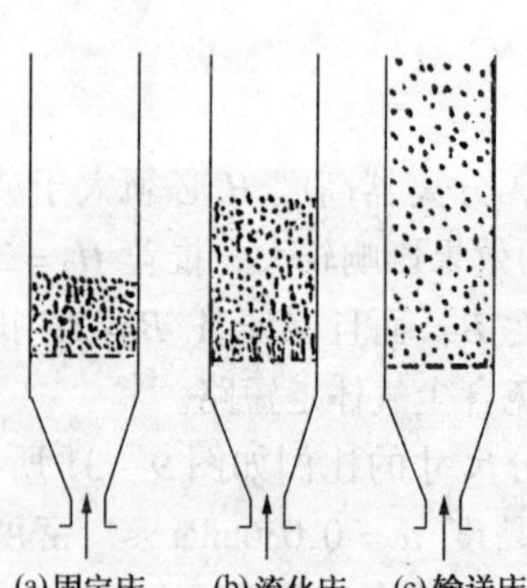

图 9－32 不同流速下床层状态的变化

(1) 固定床阶段 当流速较低时，粒子静止不动，流体从颗粒间空隙通过。这种情况称固定床阶段，如图 9－32(a)所示。

(2) 流化床阶段 当流速增大时，颗粒开始松动，粒子的位置也在一定区间内进行调整，床层略有膨胀，空隙率增大，但颗粒还不能自由运动。当流速继续增大时，粒子全部悬浮在向上流动的流体中。流速增大，床层高度随之升高，空隙率也继续增大。这种情况称流化床阶段，如图 9－32(b)所示。

(3) 输送床阶段 当流速升高到某一极限值时，流化床上界面消失，粒子分散悬浮在流体中，并被流体带走。这种情况称输送床阶段，如图 9－32(c)所示。

在流化床阶段，气固或液固系统具有类似液体的流动性。它是无定形的，随容器形状而改变，但床层有一明显的上界面。气－固系统的流化床，看起来好像沸腾着的液体，并且在

很多方面呈现类似液体的性质。例如，当容器倾斜时，床层上表面保持水平。如图 9-33(a)所示。当两床连通时，它们的床面自我找平，如图 9-33(b)所示。床层中任意两点的压力差大致等于此两点的床层中静压差，如图 9-33(c)所示。流化床也像液体一样具有流动性，如容器壁上开孔，粒子将从孔口喷出，并可像液体一样由一个容器流入另一个容器，如图 9-33(d)所示。

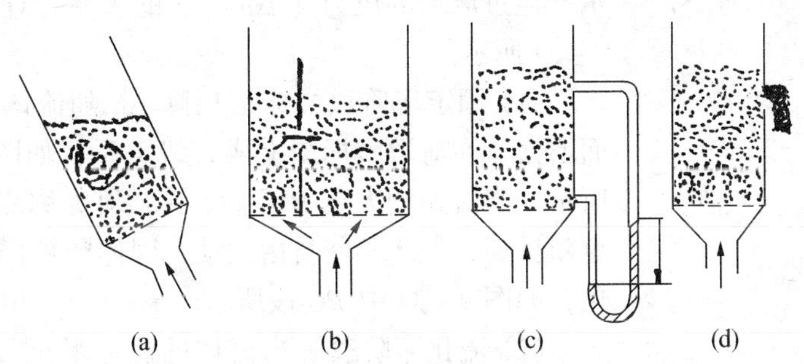

图 9-33 气体流化床类似于液体的状态

由于流化床具有某些液体的性质，因此在一定的状态下，流化床层具有一定的密度、导热系数、比热容和黏度等数值。流化床层有时也称为沸腾床或假液化床。

流化床与固定床比较，其主要优点是：

(1) 气-固或液-固间传热和传质的速率较高，床层温度均匀。流化床所用的颗粒比固定床小得多，颗粒的比表面积很大。由于流体和颗粒的激烈搅动，使床层温度分布均匀。

(2) 床层与壁面间的传热膜系数大。流化床内固体颗粒冲刷换热面的激烈运动，促使壁面气膜变薄，表面不断更新，从而提高了床层对壁面的传热膜系数。通常流化床对壁面的传热膜系数比固定床的大 10 倍左右。

(3) 操作方便，可以实现操作的连续化和自动化。在流化床中，颗粒具有类似液体的流动性，因此从床层中取出颗粒或向床层中加入新的颗粒特别方便。

(4) 设备的生产强度大，便于扩大生产规模。由于流化床的传热速率高，容易实现操作的连续化、自动化，容易控制操作条件，因此，在单位时间内设备的处理量大，还可以提高年平均操作天数。流化床的气速高，因而设备直径小，换热器的传热面积小，而且换热器的结构简单，节省金属材料，造价较低。

流化床的主要缺点是：

(1) 气体返混和大气泡的存在使反应效率下降。流化床内流体和固体颗粒沿设备轴向混合(即返混)很严重，使已反应的物质返向，稀释了参加反应的物质，使传质推动力减小并增加了产生副反应的机会。此外，床层内产生大气泡，使气固接触不均匀，气体在床层的停留时间分布不均匀，增加了副反应的生成。返混现象和气固接触不良都使催化剂的利用率下降。采用多层流化床或在流化床加设内部构件，可以减小返混现象，抑制气泡成长。

(2) 固体颗粒磨损大，消耗多，对设备的磨损也大。由于颗粒剧烈搅动，造成颗粒磨损而变成较细的粉尘，易被气流带出，因此要设置粉尘回收装置。

必须指出，流化床虽然有许多优点，甚至有些过程只能在流化床中才能实现，但是，并不是所有的固定床的过程都可以用流化床代替。

9.3.5.2 流化床的流体力学

研究流化床的流体力学的目的是了解和掌握流体和固体颗粒在流化床中运动的规律，为选择合适的流化条件，采取适当措施以防止不正常的流化现象、计算流化床的主要尺寸以及确定压头损失打下基础。

下面讨论在流体流动方向上床层直径不变的情况。

1. 压力降与流速的关系

如果流体自下而上通过颗粒床层，流速用空塔流速 u 表示。通过床层的压力降 Δp 与 u 的关系在理想情况下，如图 9-34 所示。

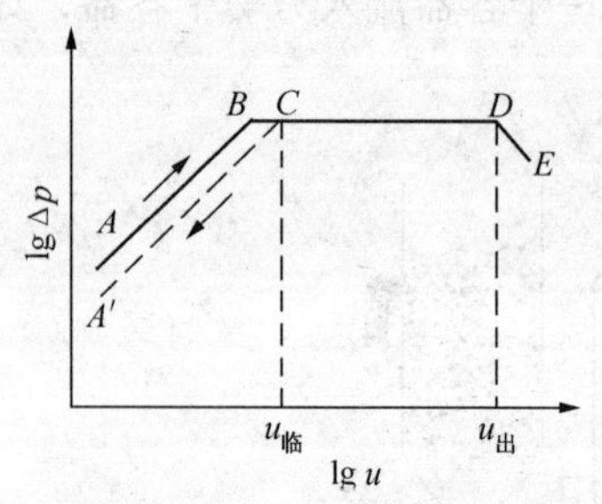

图 9-34　理想流化床的 $\Delta p-u$ 关系

(1) 固定床阶段　床层压降 Δp 随流体的流速 u 的增大而增大，在对数坐标图上成直线关系，如图 9-34 中 AB 段所示。当流速增大至 B 点后，床层开始膨胀，粒子发生振动重新排列，但还不能自由运动，固体颗粒仍保持接触而未流化，如图 9-34 中 BC 段所示。

(2) 流化床阶段　当流体的流速增至 $u_{临}$(C 点)时，床层继续膨胀，空隙率也继续增大但床层的压力降保持不变。床层开始流化，粒子开始悬浮在流体中，可以自由运动。C 点称为临界点或流化点，C 点处的流速，$u_{临}$ 称临界流化速度或最小流化速度。CD 段属于流化床阶段。在临界点后，流速继续增大，但 Δp 不变，就像气体通过一定固定高度的液层一样。这时，如果将流速降低，床层高度也随着降低，仍沿 CD 线返回，直到 C 点时，固体颗粒就互相接触而成为静止的固定床。但继续降低流速，床层压力降将不再沿 CB、BA 线，而沿 CA' 线变化。CA' 线上与 BA 线相比，流速相同而压力降较低，这是因为床层曾被吹松而落下，它原来的固定床具有较大的空隙率。

(3) 输送床阶段　当流体的流速高于某一数值 $u_{出}$(图 9-34 上 D 点以后)后，床层上界面消失，所有的颗粒悬浮在流体中，并被流体带出。这时流体中粒子浓度降低，压力降减低。这种状态称为流体输送阶段，如图 9-34 中 DE 段所示。D 点处的流速 $u_{出}$ 称为带出速度或最大流化速度。

2. 实际流化床与理想状况的差异

压力降对速度的关系图可以作为流化质量的粗略表示，特别是当不能用眼直接观察流化状态时，可以用此图判明设备内流化情况好坏。

以上所述是理想流态化时压力降对流速的关系，实际情况比较复杂。

图 9-35(a)和(b)分别表示液固和气固系统的 $\Delta p-u$ 关系。这两个系统的固定床区域之间都有一个“驼峰”。这是因为固体颗粒之间相互靠紧，对于直径较小的床层，器壁对颗粒的

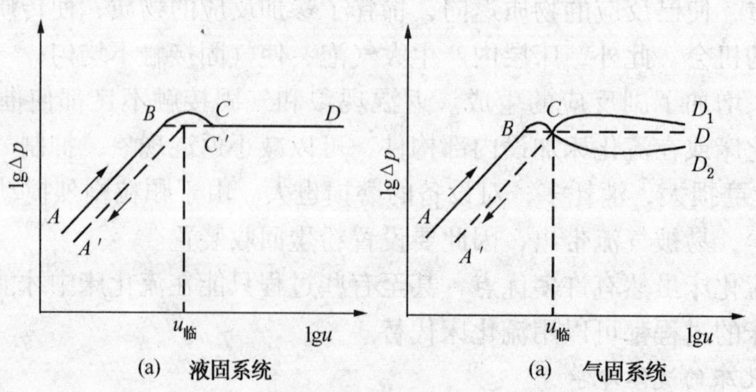

图 9-35　液固和气固系统的 $\Delta p-u$ 关系

作用力比较显著，因而需要较大的推动力使床层移动，直到颗粒松动到使其刚好能悬浮时，Δp 即从驼峰到水平阶段。当床层已经于流化床阶段而降低流速时，由于固定床层已处于最松状态，所以就不再沿驼峰途径返回，而是沿虚线返回。原来的床层颗粒越紧密，驼峰越陡峭。但是，当流化床降低流速到固定床阶段时，床层可能受到的振动情况不同或床层中流体分布不均匀而不能保持开始流化点的空隙率，即不一定还保持在 C 点。因此，临界流化速度是由固定床区域和流化床区域的两根压力降线的交点得出来的，而不是由降低流速的办法得出来的。

对液固系统的 $\Delta p - u$ 关系，除了驼峰的存在以外，还是接近理想流态化的 $\Delta p - u$ 关系图的。这是因为固体颗粒在液体中分布比较均匀，床层均匀膨胀，粒子间平均距离或空隙率均匀增大，床层高度升高，并有一稳定的上界面。这种情况称为散式流态化。

$$u_{临} = 0.00923\frac{d^{1.82}[\rho(\rho_{固}-\rho)]^{0.94}}{\mu^{0.88}\rho}\quad \text{m/s} \tag{9-103}$$

当 $Re \geqslant 5$ 时，按上式算出的 $u_{临}$ 须加校正。

3. 带出速度

带出速度 $u_{出}$ 是流化床中流体流速的上限，也是研究粒子在气流中运动的一个基本性质。

如果沉降速度为 u_0 的粒子，在速度为 $u_{气}$ 垂直向上的均匀气流中运动，粒子运动的绝对速度 u 为

$$u = u_{气} - u_0 \tag{9-104}$$

当 $u_{气} = u_0$ 时，粒子的速度 $u = 0$，即粒子在气流中原处静止。这时的气流速度 $u_{气}$ 称为悬浮速度，在数值上与 u_0 相等。但是只要 $u_{气}$ 稍大于 u_0，粒子就会以

$u = u_{气} - u_0$ 的速度随气流所带走。因此，在流化床中带出速度就直接用 u_0 表示。

流化床的操作速度，应在临界流化速度 $u_{临}$ 和带出速度 $u_{出}$ 之间。流化床的操作范围无论是大颗粒或是小颗粒，都是比较大的。小颗粒的操作范围比大颗粒更大。

9.3.6 气力输送

利用流体的流动可以输送固体颗粒。如使用的流体是气体，称为气力输送。

1. 气力输送的优缺点

气力输送装置与其他机械输送装置相比较，具有以下的优点：

(1) 系统密闭，可以防止被输送物料受潮、污损或混入异物，防止粉尘和有害气体对环境的污染，对化学性活泼的物料可以用特殊的气体，如氮气进行输送。

(2) 在输送的过程中或终端，可以同时进行对被输送物料的加热、冷却、混合、粉碎、干燥和分级除尘等操作。

(3) 设备简单、占地面积小，可以任意选择输送线路。例如，可以水平、垂直或倾斜安装管路。

(4) 操作方便，容易实现自动化。

缺点是：动力消耗大；粒子尺寸限制在 30μm 以下；物料对管路的腐蚀较大，不适用于输送具有黏结性和易带静电而有爆炸性的物料。

2. 气力输送的分类

气力输送有两种分类方法，即按气源压力和按气流中固相颗粒浓度的分类法。

(1) 按气源压力可以分为吸引式和压送式输送器。

① 吸引式输送器　当输送管中压力低于常压时，称为吸引式输送器。当气源压力小于1000mmH_2O真空度时，称为低真空式。常用在近距离小量细粉尘的除尘清扫。当气源压力小于5000mmH_2O真空度时，称为高真空式。常用在输送粒径不大，密度为1000～1500kg/m^{3}的粒子。这类输送器的输送距离不超过50～100m，输送量也有限制。

② 压送式输送器　当输送管中压力大于常压时，称为压送式输送器。当气源压力小于5000mmH_2O表压时，称为低压式。在一般工厂中用得较多，常用在粒状和粉状物料的近距离输送。当气源压力为2000～4000kN/m^{2}时，称为高压式。常用在输送密度较大粒状物料，输送距离最大可达1000m。

(2) 按气流中固相颗粒浓度可以分为稀相输送和密相输送。每m^{3}气体中所含固体颗粒的m^{3}数，称为固本相颗粒浓度。

① 稀相输送　当颗粒浓度在0.05m^3/m^{3}以下时，即气－固混合系统的空隙率大于95%时，称为稀相输送，在工业上应用很广泛。

② 密相输送　当颗粒浓度在0.2m^3/m^{3}以上时，即气－固混合系统的空隙率小于80%时，称为密相输送，又称浓相输送。常见于流化床反应器再生系统中。

9.3.6.1　稀相输送

1. 输送气体速度 $u_{气}$

在本节的重力沉降和流态化两节中曾讨论了粒子在流体中的自由沉降速度。如自由沉降速度为 u_0 的粒子在向上气流速度 $u_{气}$ 的均匀气流中流动，粒子运动的绝对速度为

$$u = u_{气} - u_0$$

当粒子处于 $u_{气} > u_0$ 的气流中时，就会被气流带动。所以，要实现气力输送，气流速度 $u_{气}$ 必须大于自由沉降速度 u_0。如果颗粒由大小不等的粒子所组成，则 $u_{气}$ 必须大于最大颗粒的 u_0。颗粒群稀相输送的最小气流速度就是悬浮速度。

关于单一粒子的自由沉降速度 u_0 的计算已在重力中讨论。在气力输送中尽管是稀相输送，但其空隙率仍在95%～99%之间，粒子间相互干扰影响不能忽略。在颗粒群中由于颗粒浓度和颗粒之间摩擦的影响，计算所得的自由沉降速度 u_0 必须乘以校正系数 f。干扰沉降速度 u'_0 为

$$u'_0 = fu_0 \tag{9-105}$$

由于干扰沉降速度 u'_0 小于自由沉降速度 u_0，设计和计算时用 u_0 代替 u'_0 是可行的。有的资料直接用 u_0 而不加校正。

在气力输送时，只要气流速度 $u_{气}$ 大于 u_0，粒子就以 $u = u_{气} - u_0$ 的速度被气流带走。如果固体颗粒是大小不同的粒子，只要 $u_{气}$ 大于最大颗粒的 u_0，全部颗粒也应能带走。但是由于输送管也不均匀，有时颗粒可能聚集，对于粉状物料，这种聚集状态更易出现。因此，在实际气力输送管路中，粒状物料所用的气流速度常是 u_0 的几倍，而粉状物料甚至几十倍。

为了降低管路系统的流动阻力，减少压气机的功率消耗，减少管路的磨损，气流速度要小一点为好。因此气流速度就有一个最适宜值的问题。

表9－4列出输送气流速度的经验数值。实际选用时应考虑管路的长短和混合比的大小。混合比 $R_{固}$ 是气固系统中固体与气体的质量之比，单位是kg固/kg气。$R_{固}$ 值高时，取较大的系数值。

混合比的经验数值见表 9-5。

表 9-4　输送气流速度的经验数值

输送物料情况	输送气流速度 $u_{气}$/(m/s)	输送物料情况	输送气流速度 $u_{气}$/(m/s)
松散物料，在垂直管中	$\geqslant(1.3\sim1.7)u_0$	有两个弯头的垂直或倾斜管	$\geqslant(2.4\sim4.0)u_0$
松散物料，在倾斜管中	$\geqslant(1.5\sim1.9)u_0$	管路布置较复杂时	$\geqslant(2.6\sim5.0)u_0$
松散物料，在水平管中	$\geqslant(1.8\sim2.0)u_0$	细粉状物料	$\geqslant(50\sim100)u_0$
有一个弯头的上升管	$\geqslant2.2u_0$		

表 9-5　混合比的范围

输送方式		混合比，$R_{固}$	输送方式		混合比，$R_{固}$
吸引式	低真空	1~8	压送式	低压	1~10
	高真空	8~20		高压	10~40

2. 输送气量 $V_{气}$ 和输料管的内径 D

输送气量 $V_{气}$ 有如下关系

$$V_{气}=\frac{m_{气}}{\rho}=\frac{m_{固}}{R_{固}\rho} \tag{9-106}$$

式中　ρ——气体的密度，kg/m^3；

$R_{固}$——混合比，$R_{固}=\frac{m_{固}}{m_{气}}$，kg/kg；

$m_{固}$——输送固体的质量流量，kg/s；

$m_{气}$——气体的质量流量，kg/s。

输料管的内径可按下式求得

$$D=\sqrt{\frac{4V_{气}}{\pi u_{气}}}=\sqrt{\frac{4m_{固}}{\pi u_{气}R_{固}\rho}} \tag{9-107}$$

9.3.6.2　密相输送

目前主要用于流化反应器循环系统，如图 9-36 中的提升管段。

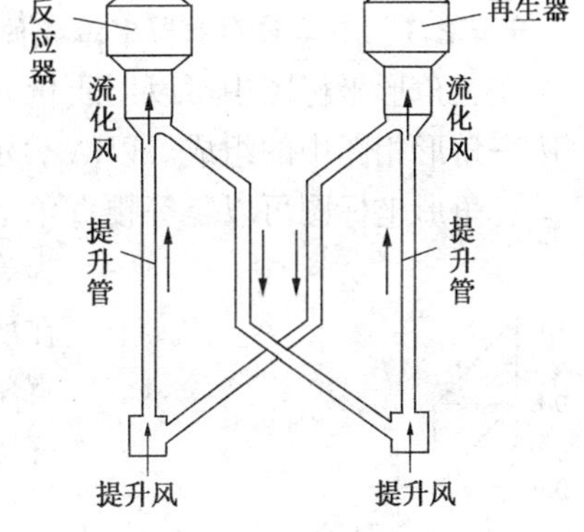

图 9-36　流化反应器双床循环系统示意图

密相输送与稀相输送比较，其特点是：

(1) 输送气速较小，粗颗粒的操作风速甚至可以在低于颗粒的带出速度下进行。

(2) 混合比 $R_{固}$ 高，可以高达 40~80，有的资料指出，可达 100。

(3) 单位料柱的压力降比稀相输送大。

9.4　液-液萃取

9.4.1　概述

溶剂萃取，也称为抽提或提取，用适当的溶剂处理液体混合物，利用混合液各组分在溶剂中具有不同溶解度的特性，使混合物中欲分离的组分溶解于溶剂中，而达到与其他组分分离的目的。

在萃取过程中，所选用的溶剂称萃取剂。混合液体中欲分离的组分称为溶质。混合液体中的溶剂称稀释剂(原溶剂)。稀释剂与所加入的萃取剂应是不互溶的或者是部分互溶的。所加入的萃取剂对欲萃出的溶质应具有较大的溶解能力，当萃取剂加入到混合液体中，经过充分混合后，溶质即由原混合液(原料液)向所加入的萃取剂中扩散，使溶质与混合液中其他组分分离，故萃取操作是一种传质过程。

蒸馏操作也是使混合液达到组分分离的一种单元操作。它是利用各组分蒸气压的不同而使组分得到分离。而萃取操作过程中则是利用各组分在萃取剂中溶解度的差异来达到组分分离的目的。例如在化工生产中以二乙二醇醚为溶剂自铂重整汽油中抽出芳烃；润滑油溶剂精制时是以酚或糠醛为溶剂将馏分油中不理想组分抽出；以及在残油脱沥青过程中以液体丙烷为溶剂将残渣油中油组分溶解，析出沥青、胶质等不理想组分等都是液－液萃取的例子。

在分离混合液体的生产过程中，萃取主要用于以下几种情况：(1)混合液的相对挥发度小，或形成恒沸物，用一般的蒸馏方法远不能达到分离要求或不经济；(2)稀溶液的分离，采用蒸馏操作消耗能量过大；(3)溶液中组分热敏性很高，用蒸馏方法容易使物料受热破坏。倘若在分离混合液体时蒸馏与萃取方法均可应用，其选择的依据主要是由经济性来确定。

本节主要讨论萃取在化工生产中的应用。

9.4.2　萃取过程的相图

在萃取过程中至少要涉及三个组分，即原料中的两个组分和萃取剂。三元物系的相平衡关系可以在三角形的坐标图上表达，也可在直角坐标图上表达，在本节只讲三角形相图。

9.4.2.1　在三角形相图中组成的表示方法

在三角形坐标图中可以用质量分数、体积分数或摩尔分数表示组成。本节采用质量分数表达三角形相图中的组成。以 A 表示溶质，以 B 表示稀释剂，以 S 表示萃取剂。

三角形坐标图可以是等腰直角三角形、等边三角形或者是不等腰直角三角形，图 9－37 为等腰直角三角形坐标图。等腰直角三角形图使用较方便。在所绘的相图中若各线较密集不便阅读时，可采用不等腰直角三角形，以便将某一边的刻度放大，使所绘制的线展开以便于阅读和查阅。

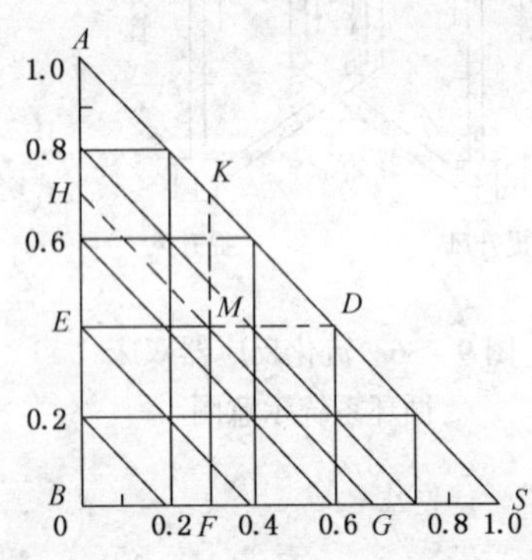

图 9－37　等腰直角三角形坐标图

三元混合物在三角坐标图上表示方法结合图 9－37 介绍如下：

(1) 图 9－37 中三角形的三个顶点分别表示某种纯物质，如 *A* 点表示溶质 A 的含量为 100%；其他二组分的含量为零。同样，*S* 点代表纯萃取剂，*B* 点则只有稀释剂一个组分。

(2) 在三角形相图中三角形任意边上的某一点代表一个二元混合物的组成。第三组分的含量为零。例如图 9－37 中 *AB* 边上的 *H* 点，代表只含有 A 与 B 组分的二元混合物，其中不含有组分 S。*H* 点的组成为 $X_A = 0.7$，$X_B = 0.3$。*H* 点各组成之和为 1.0，即

$$X_A + X_B = 0.7 + 0.3 = 1$$

(3) 三角形相图内的任意一点代表某三元混合物的组成。例如图 9－37 中的 *M* 点，它代表三元混合物，含有 A、B、S 三个组分的浓度分别以质量分数 X_A、X_B、X_S 表示。过 *M* 点作三个边的平行线 *DE*、*GH* 与 *FK*。因为在与 *BS* 边的平行线 *DE* 线上，各点所含 A 的组成均为 40%，而与 *AB* 边的平行线 *FK* 上，各点所含 S 的组成也均相同，为 30%。同理在 *GH* 线

上各点均含有30%的组分B。而直线 *DE*、*GH*、*FK* 又均通过 *M* 点，故 *M* 点所表示的三元混合物的组成可由图9－37的三角形相图上读出，其所含A、B、S的组成为

$$X_A = BE = 0.4 \quad X_B = AH = 0.3 \quad X_S = AK = 0.3$$

三个组分的质量分数之和为1，即

$$X_A + X_B + X_S = 0.4 + 0.3 + 0.3 = 1$$

9.4.2.2 液－液萃取相平衡关系在三角相图上的表示方法

1. 溶解度曲线与连结线

在萃取操作中常按由溶质A、稀释剂B、萃取剂S组成的三元混合液中各组分互溶度的不同而将三元混合液分成下述几种类型：(1)组分A可完全溶解于B和S中，但B与S不互溶；(2)组分A可完全溶于B和S中，而B与S为一部分互溶的组分；(3)组分A与B可完全互溶，而B与S及A与S为两对部分互溶的组分。

下面以第(2)类型的三元混合平衡相图为例说明在相平衡时溶质A在两相中的浓度关系。如图9－38所示，曲线 *RDPGE* 称为溶解度曲线，曲线上每一点都是匀相点，是A、B、S三组分组成的三元混含液的分层点。溶解度曲线将三角形相图分成两个区。该曲线与底边 *RE* 所围的区域为分层区或两相区，即三元混合液的组成落在互溶区内，可分为两个液层，在曲线上方的区域称为单相区，即三元混合液的组成落在曲线以上，则各组分完全互溶而形成均一的液相。两相区是萃取过程的可操作范围。

溶解度曲线数据可以通过实验测得。在三角瓶中称取一定量纯组分B，逐渐滴加萃取剂S，不断摇匀使其溶解。由于B中仅能溶解少量S，故滴加到一定数量后混合液开始发生浑浊，即出现了萃取剂S相。记录滴加的溶剂量，即为组分B中溶解萃取剂S的饱和溶解度。此饱和溶解度可用直角三角形相图中的点 *R* 表示，如图9－39中所示，该点即分层点。

在上述溶液中滴加少量溶质A，因溶质A的存在增加了B与S的互溶度，使混合液又呈透明，此时混合液的组成为 *AR* 连线上的 H_1 点。再向此溶液中滴加S，溶液再次呈现浑浊，从而可算得新的分层点 R_1 的组成，此 R_1 必在 SH_1 的连线上。在上述溶液中交替滴加A与S，重复上述实验，即可获得若干分层点 R_2、R_3……等。

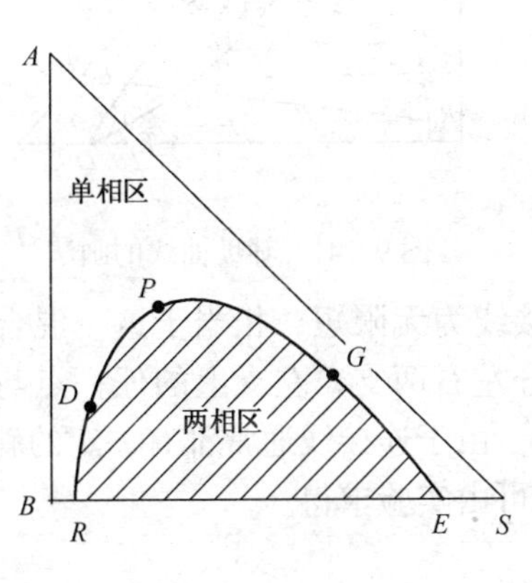

图9－38　平衡相图

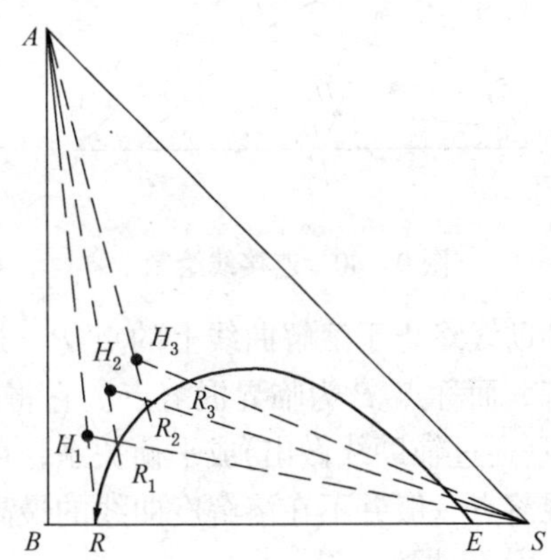

图9－39　溶解度曲线的绘制

今在另一三角瓶中称取一定量纯萃取剂S，逐渐滴加组分B，则可得分层点 *E*。再交替滴加溶质A与B，同样可得若干分层点。

将上述实验所得分层点连成一条光滑的曲线，即为溶解度曲线。整个实验均须在恒定温度下进行。

现取由稀释剂 B 与萃取剂 S 组成的双组分溶液，其组成以图 9－40 中的 H 点表示。该溶液必分成两层，其组成分别为点 D 和 Q 表示。

在此 H 混合液中滴加少量溶质 A，混合液的组成移到 MA 的连线上 M_1 点。充分摇匀，使溶质 A 在两相中的浓度达到平衡。静置分层后，取两相试样进行分析，它们的组成分别在点 R_1、E_1。此互成平衡的两相称为共轭相，R_1、E_1 的连线称为平衡连接线(或称连接线)。在上述两相混合液中逐次加入溶质 A，重复上述实验，则可在溶解度曲线下方得若干条连接线，每一条连接线的两端皆为互成平衡的共轭相。这些线段长度是随着组分 A 含量的增加而逐渐变短，当 A 的加入量增加到某一程度，混合液的组成抵达图中点 N 处，分层现象就完全消失。继续加入 A，混合液将一直保持均相状态。

第(2)类型三元混合液的典型例子有丙酮(A)－水(B)－甲基异丁基甲酮(S)、乙酸(A)－水(B)－苯(S)、丙酮(A)－氯仿(B)－水(S)等。

三元混合溶液的溶解度曲线和平衡连接线的平衡组成数据均由实验测得。常见物系的实验数据载于有关书籍和手册中。

2. 临界混溶点和辅助线

图 9－41 中 PQ 曲线称为辅助曲线，从指定点 E 做 BS 边垂线，与辅助线交于一点 K，再从 K 点作 BS 边的平行线，交溶解度曲线于点 R，则 R 点即为 E 相的共轭相。同理，亦可由确定点 R 利用辅助曲线找出对应点 E，该 E 点即为 R 的共轭相。

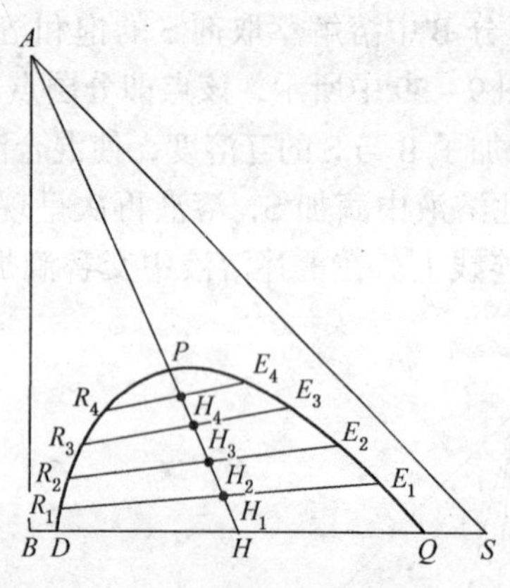

图 9－40　连接线绘制

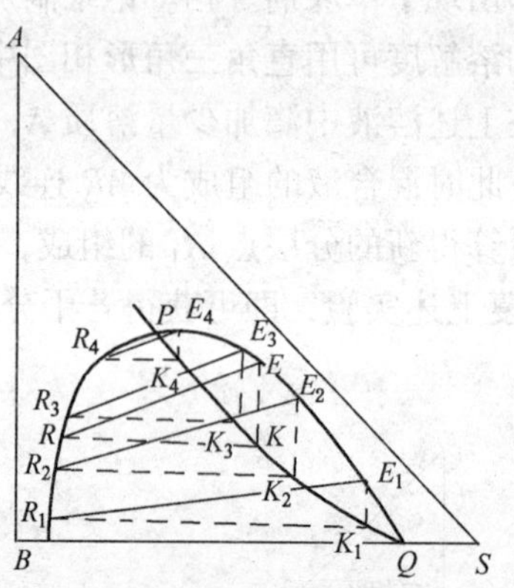

图 9－41　辅助曲线的画法

辅助线终止于溶解曲线上的点 P，过点 P 的连接线为无限短，相当于这一混合液的临界状态，而称点 P 为临界混溶点。它将溶解度曲线分左右两支，左支上的任一点与右支上某一点(通过辅助线做出)成平衡关系，可连成连接线。由于连接线通常都有一定的斜率，故临界混溶点一般并不在溶解度曲线的最高点，其位置可由实验求得。

3. 分配曲线

将三角形相图上各组相对应的平衡液层中溶质 A 的浓度转到 $x-y$ 直角坐标上，所得的曲线称为分配曲线，如图 9－42 所示。

分配曲线表达了溶质 A 在相互平衡的 R 相与 E 相中的分配关系。若已知某液相组成，可用分配曲线查出与此液相相平衡的另一液相组成，在这一点上分配曲线与辅助曲线的作用

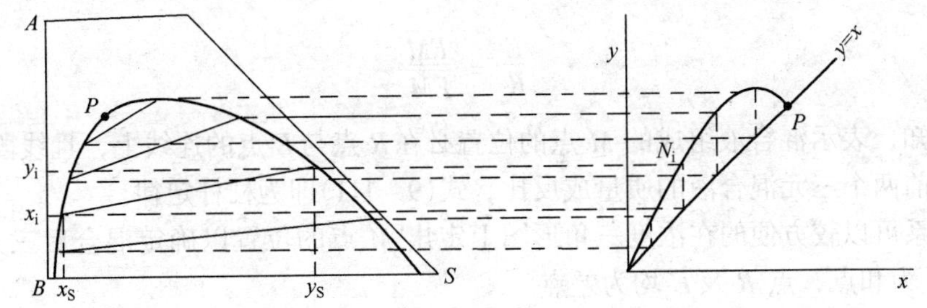

图 9-42　平衡联结线与分配曲线

是相同的。

不同物系的分配曲线形状不同，同一物系的分配曲线随温度而变。在一定温度下，于原料液中加入萃取剂后，若所形成的混合液位于分层区内，当达到平衡时富萃取剂层称为萃取相，以 E 表示；富稀释剂层称为萃余相，以 R 表示。组分在两个平衡液层中的比值称分配系数，以 k 表示，一般以富萃取剂相的浓度作分子，以富稀释剂相的浓度作分母。例如，对组分 A 为：

$$k = \text{溶质 A 在 } E \text{ 相中的组成} / \text{溶质 A 在 } R \text{ 相中的组成} = \frac{w_{EA}}{w_{RA}} \qquad (9-108)$$

溶质的组成可以是质量分数也可以是摩尔分数。

式 9-108 表示达到平衡时两液层中溶质 A 的分配关系，故又称为平衡关系式。实际上 K 值是前述的分配曲线上任意一点与原点连线的斜率。由于分配曲线不是直线，故在一定温度下，同一物系的 K 值随溶质 A 的组成而异。

4. 杠杆规则(混合规则)

图 9-43 为一浓度三角形相图。现将 R 点的三元混合液 R kg 与 E 点的三元混合液 E kg 相混合，混合后的总量为 M kg，此组成即图中的 M 点所示。

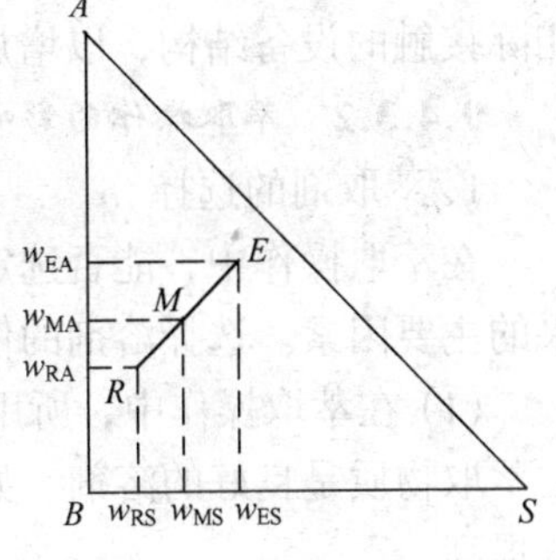

图 9-43　杠杆规则

依总物料衡算得：

$$R + E = M \qquad (9-109)$$

依溶质 A 的衡算得：

$$Mw_{MA} = Rw_{RA} + Ew_{EA} \qquad (9-110)$$

式中　R——R 点组成的质量，kg;

E——E 点组成的质量，kg

M——混合后 M 点组成的质量，kg;

w_{RA}——溶质 A 在点 R 相中的质量分数;

w_{EA}——溶质 A 在点 E 相中的质量分数;

w_{MA}——溶质 A 在点 M 相中的质量分数。

将式(9-109)代入式(9-110) 整理得：

$$\frac{E}{R} = \frac{w_{MA} - w_{RA}}{w_{EA} - w_{MA}} = \frac{w_{MS} - w_{RS}}{w_{ES} - w_{MS}}$$

由图可知：

$$\frac{E}{R} = \frac{\overline{RM}}{\overline{EM}} \tag{9-111}$$

由上可知，表示混合液组成的 M 点的位置必在 R 点与 E 点的连线上，且线段 RM 与 EM 之比与混合前两个三元混合液的质量成反比，式(9-111)即为杠杆定律。

依此关系可以较方便的在浓度三角形图上定出 M 点的位置以确定混合后三元混合液的组成。点 M 为和点，点 R 及 E 均为差点。

9.4.3 液-液萃取操作过程的主要影响因素

9.4.3.1 萃取速率

液-液萃取过程是传质过程，根据传质方程式：

$$v = KA(c^* - c) \tag{9-112}$$

式中 v——萃取速率，即单位时间里的萃取量；

c^*——与萃余相平衡的萃取相组成；

c——萃取相浓度；

A——两相传质面积；

K——萃取系数(传质系数)，$1/K$ 即为边界层之间的阻力。

由式(9-112)可见萃取速率与两相传质面积和浓度差成正比，而与阻力 $1/K$ 成反比，与以往的传质情况相仿。选用逆流操作或增加溶剂用量可以增加过程的推动力，选用能促进相际接触的设备结构，以增加两相间接触面积。

9.4.3.2 萃取操作的影响因素

1. 萃取剂的选择

在萃取操作中，能否选定一种性能优良而且价格低廉的萃取剂，这是取得较好的萃取效果的主要因素。选择溶剂的依据是：

(1) 在萃取操作中，所用溶剂应对混合物各组分具有选择性的溶解能力，即对混合物中被萃取物质是良好的溶剂。如果溶剂选择性好，则萃取操作中溶剂的用量可减少，产品质量可提高。

(2) 在保证选择性好的前提下，溶剂对溶质应有足够的溶解能力，可减少溶剂的用量，降低操作费用。

(3) 溶剂的物理性质：①密度差：不论是分级萃取还是连续逆流萃取，萃取相与萃余相之间均应有一定的密度差，以利于两个液相在充分接触以后可以较快地靠密度而分层，尤其对于某些没有外加能量的萃取设备(例如筛板塔，填料塔等)，密度差大一些能明显提高萃取设备的生产能力。②界面能力：物系的界面张力大者，细小的液滴比较容易聚结，这有利于两相分层，但也由于界面张力大时，使一相液体分散到另一相液体中的程度较差，这样就需要提供外加能量使一相较好地分散到另一相之中。界面张力过小，则易产生乳化现象，使两相较难分层。由于考虑到液滴若易于聚结，则分层快，设备的生产能力可能有所提高，故一般不宜选择界面张力过小的萃取剂。③黏度、凝固点及其他：所选择萃取剂的黏度与凝固点均应较低，以便于操作、输送及贮存。对于没有搅拌器的萃取塔，物料黏度更不宜大。此外，萃取剂还应具有不易燃、无毒性等优点。④化学性质：萃取剂应具有化学稳定性、热稳定性以及抗氧化稳定性。另外，对设备的腐蚀性较小。

(4) 萃取及回收的难易，溶剂的来源及经济指标。在萃取操作中所选定的萃取剂，一般均需回收后循环使用。所以溶剂回收的难易会直接影响到萃取的操作费用。一般回收溶剂多用蒸馏方法，若被萃取的溶质是不挥发的或挥发度很低的，则可用蒸发或闪蒸法回收溶剂。当用蒸馏或蒸发方法均不适宜时，也可通过降低物料的温度，使溶质结晶析出与溶剂分离。此外，也有采用化学方法处理以达到使溶剂与溶质分离。溶剂的来源要方便，价格要低廉。

2. 萃取剂 S 与稀释剂 B 的互溶度

萃取剂 S 与稀释剂 B 的互溶度愈小愈利于萃取。

3. 操作温度的影响

相图上两相区面积的大小，不仅取决于物系本身的性质，而且与操作温度有关，一般情况下，温度升高，溶解度增加，温度降低，溶解度减少。

9.5 膜分离技术

9.5.1 概述

9.5.1.1 膜的概念

借助于膜而实现各种分离的过程称之为膜分离。如果在一个流体相内或两个流体相之间有一薄层凝聚相物质把流体分隔为两部分，则这一薄层物质就是膜。这里所谓的凝聚相物质可以是固态的，也可以是液态或气态的。膜本身可以是均匀的一相，也可以是由两相以上的凝聚态物质所构成的复合体。

膜的种类繁多，大致可按以下几方面进行分类：

(1) 根据膜的材质，从相态上可分为固体膜和液体膜。

(2) 从材料来源上，可分为天然膜和合成膜。合成膜又分为无机材料膜和有机高分子膜。

(3) 根据膜的结构，可分为多孔膜和致密膜。

(4) 按膜断面的物理形态，固体膜又可分为对称膜、不对称膜和复合膜。对称膜又称均质膜。不对称膜具有极薄的表面活性层(或致密层)和其下部的多孔支撑层。复合膜通常是用两种不同的膜材料分别制成表面活性层和多孔支撑层。

(5) 根据膜的功能，可分为离子交换膜、渗析膜、微孔过滤膜、超过滤膜、反渗透膜、渗透气化膜和气体渗透膜等。

(6) 根据固体膜的形状，可分为平板膜、管式膜、中空纤维膜以及具有垂直于膜表面的圆柱形孔的核径蚀刻膜，简称核孔膜等。

9.5.1.2 各种膜分离过程简介

1. 反渗透

反渗透是利用反渗透膜选择性地只能透过溶剂(通常是水)的性质，对溶液施加压力，克服溶剂的渗透压，使溶剂通过反渗透膜而从溶液中分离出来的过程。反渗透可用于从水溶液中将水分离出来，海水和苦咸水的淡化是其最主要的应用，目前也在向其他应用领域扩展。反渗透膜均用高分子材料制成，已从均质膜发展至非对称复合膜，膜的制备技术相对比较成熟，应用亦十分广泛。

2. 超滤

应用孔径为 1 ~ 20nm 的超过滤膜来过滤含有大分子或微细粒子的溶液，使大分子或微细粒子从溶液中分离的过程称之为超滤。与反渗透类似，超滤的推动力也是压差，在溶液侧加压，使溶剂透过膜。

超滤膜一般由高分子材料和无机材料制备，膜的结构为非对称的。超滤用于从水溶液中分离高分子化合物和微细粒子。采用具有适当孔径的超滤膜，可以进行不同相对分子质量和形状的大分子物质的分离。

3. 微滤

微滤与超滤的基本原理相同，它是利用孔径大于 0.02μm 直到 10μm 的多孔膜来过滤含微粒或菌体的溶液，将其从溶液中除去。微滤应用领域极其广阔。

4. 渗析

渗析是最早发现、研究和应用的一种膜分离过程。它是利用多孔膜两侧溶液的浓度差使溶质从浓度高的一侧通过膜孔扩散到低浓度的一侧从而得到分离的过程。

5. 电渗析

电渗析也是较早研究和应用的一种膜分离技术，它是基于离子交换膜能选择性地使阴离子或阳离子通过的性质，在直流电场的作用下使阴、阳离子分别透过相应的膜，以达到从溶液中分离电解质的目的。目前主要用于水溶液中除去电解质(如盐水的淡化等)、电解质与非电解质的分离和膜电解等。

6. 气体膜分离

气体膜分离是利用气体组分在膜内溶解和扩散性能的不同，即渗透速率的不同来实现分离的技术。目前高分子气体分离膜已用于氢的分离、空气中氧与氮的分离等，具有很大的发展前景。无机膜也已用于超纯氢制备等领域，并有可能在高温气体分离领域获得广泛的应用。

7. 渗透气化

渗透气化也称渗透蒸发，它是利用膜对液体混合物中组分的溶解和扩散性能的不同来实现分离的新型膜分离技术。近 20 年来对渗透气化过程进行了比较广泛的研究，用渗透气化法分离工业酒精制取无水乙醇已经实现工业化，并在其他共沸体系的分离中也展示了良好的发展前景。预计渗透气化与气体膜分离可能成为 21 世纪化工分离过程中的重要技术。

8. 其他膜分离过程

其他膜分离过程有：膜蒸馏、膜萃取、生物膜分离等，均是新近发展起来的新过程，少量已在工业上应用，但大都处于研发阶段，本节不作介绍。

9.5.2 反渗透

9.5.2.1 *反渗透过程原理*

1. 反渗透过程原理

如图 9－44 所示，当纯水与盐水用一张能透过水的半透膜隔开时，纯水则透过膜向盐水侧渗透，过程的推动力是纯水和盐水的化学位之差，表现为水的渗透压 π。随着水的不断渗透，盐水侧水位升高，当提高到 h 时，盐水侧的压力 p_2 与纯水侧压力 p_1 之差等于渗透压时，渗透过程达到动态平衡，宏观渗透量为零。如果在盐水侧加压，使盐水侧与纯水侧压差 $p_2 - p_1$ 大于渗透压，则盐水中的水将通过半透膜流向纯水侧，这一过程就是所谓反渗透。

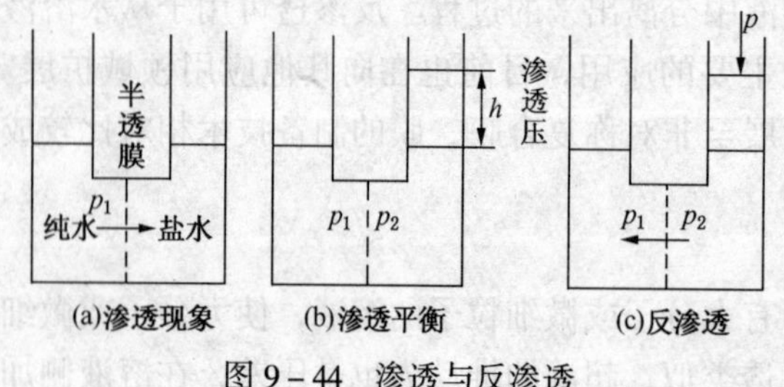

图 9－44 渗透与反渗透

显然，反渗透过程的推动力为：

$$\Delta p = (p_2 - p_1) - \pi \tag{9-113}$$

π 为组成为 x(摩尔分数)的溶液中水的渗透压。

渗透压 π 与水的活度 α_w 之间的关系如下：

$$\pi V_w = -RT\ln\alpha_w \tag{9-114}$$

$$\alpha_w = \gamma_w x_w \tag{9-115}$$

式中 V_w——水的偏摩尔体积；

R——通用气体常数；

T——温度，K；

α_w——水的活度；

γ_w——水的活度系数；

x_w——溶液中水的摩尔分数。

对理想溶液，$\gamma_w = 1$，当溶液中盐浓度极低时，则：

$$\ln x_w = \ln(1 - \Sigma x_{si}) \doteq -\Sigma x_{si} \doteq \Sigma c_i\gamma_w \tag{9-116}$$

这时渗透压可用下式计算：

$$\pi = RT\Sigma c_{si} \tag{9-117}$$

式中 x_{si}、c_{si}分别表示溶液中溶质 i 的摩尔分数与摩尔浓度，上式即为著名的 Van't Hoff 方程。

对于实际溶液，可在 Van't Hoff 方程中引入渗透系数 ϕ，以修正其非理想性：

$$\pi = \phi_i RTc_{si} \tag{9-118}$$

实际上，在等温条件下许多物质的水溶液的渗透压近似地与其摩尔浓度成正比：

$$\pi = Bx_{si} \tag{9-119}$$

在实际过程中，透过液不可能是纯水，其中多少含有一些溶质，此时过程的推动力为：

$$\Delta p = (p_2 - p_1) - (\pi_1 - \pi_2) \tag{9-120}$$

式中 π_1 与 π_2 分别为原液侧与透出液侧溶液的渗透压。

由以上分析可知，为了实现反渗透过程，在膜两侧的压差必须大于两侧溶液的渗透压差。一般反渗透过程的操作压差为 2～10MPa。

2. 反渗透过程的传质方程

反渗透过程大致可分为三步进行，如图 9-45 所示：

(1) 水从料液主体传递到膜的表面；

(2) 水从表面进入膜的分离层，并渗透过分离层；

(3) 从膜的分离层进入支撑体的孔道，然后流出膜。与此同时，少量的溶质也可以透过膜而进入透过液中，这一过程取决于膜的质量。

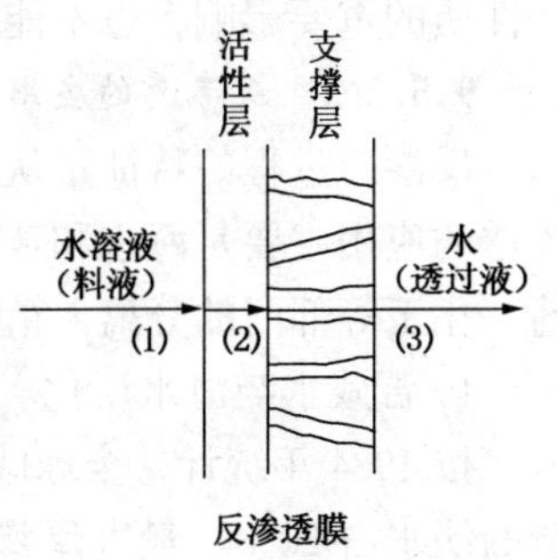

图 9-45 反渗透过程

对于水透过膜的过程的传质机理研究甚多，其中应用比较成功的有优先吸附-毛细孔流理论和溶解扩散模型。下面分别予以简单介绍。

(1) 优先吸附-毛细孔流理论

如图 9-46 所示，当水溶液与亲水的膜接触时，在膜表面水被吸附，溶质被排斥，因而在膜表面形成一层纯水层。这层水在外加压力作用下进入膜表面的毛细孔，并通过毛细孔而流出。当膜表面有效孔径等于或小于纯水层厚度的两倍时，透过的是纯水，否则溶质也将通过膜。因此膜上毛细孔径为 $2t$ 时将能给出最大的纯水通量，这一孔径称为临界孔径。

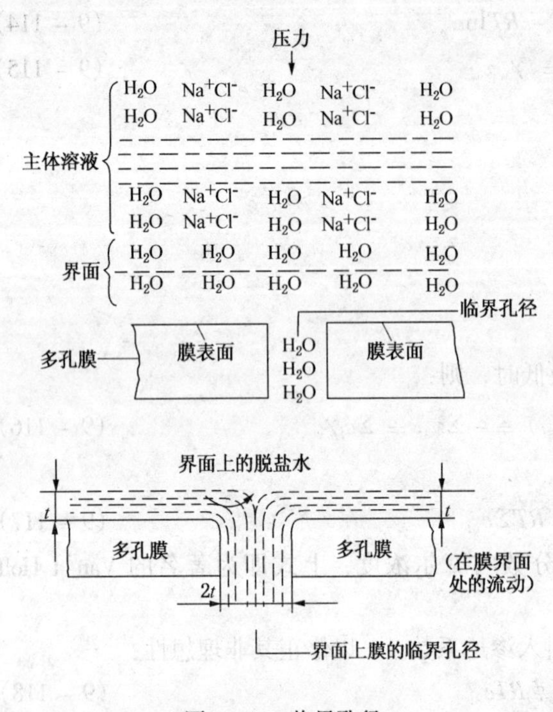

图 9-46　临界孔径

水流经毛细孔可认为属黏滞流动，其通量：

$$J_w = A\{(p_1 - p_2) - [\pi(x_i) - \pi(x_2)]\}$$
$$= A(\Delta p - \Delta\pi) \quad (9-121)$$

$$A = \frac{PWP}{M_w \cdot S \times 3600P} \quad (9-122)$$

式中　J_w——水的渗透通量，$kg/m^2 \cdot h$；

A——定义为纯水的透过常数，$kg/m^2 \cdot s \cdot Pa$；

PWP——操作压差为 p，有效膜面积为 S 时，每小时的纯水透过量，kg/h；

$\pi(x_i)$——膜的料液侧表面处(溶质组成为 z_i)溶液的渗透压，Pa；

$\pi(x_2)$——透过液的渗透压，Pa。

纯水透过常数 A 反映纯水透过膜的特性，它与膜材料和膜的结构形态以及操作条件有关，其值的大小与溶质无关，并可以用纯水透过实验进行测定。

反渗透过程也有少量溶质透过膜，这一过程可以用分子扩散理论来表述。

(2) 溶解扩散模型

与优先吸附—毛细孔流模型不同，溶解扩散模型认为膜是致密的，溶剂和溶质透过膜的过程由以下三步构成：

(1) 渗透物在膜的料液侧表面处吸附和溶解；

(2) 渗透物在化学位差的推动下以分子扩散通过膜；

(3) 渗透物在膜的透过液侧表面解吸。

溶解扩散模型是目前对于均质膜中传递的比较流行的模型，其缺点是忽略了膜结构对传递性质的重要影响，也不能解释某些对水具有高吸附性的膜材料透水性很低等现象。

9.5.2.2　*反渗透的应用*

反渗透过程的特征是从水溶液中分离出水，其应用也主要局限于水溶液的分离。目前反渗透的应用主要是海水和苦咸水淡化、纯水制备以及生活用水处理，并逐渐渗透到食品、医药、化工等部门的分离、精制、浓缩操作之中。

1. 苦咸水与海水淡化

按 1984 年统计，全球咸水淡化装置的总产水量为每天 $992 \times 10^4 m^3$。其中用反渗透法制造的淡水占 20%。最大反渗透淡水装置于 1983 年建于马耳他岛伽尔拉夫基，日产水 $20 \times 10^4 m^3$。用反渗透法生产淡水的成本与原水中的盐含量有关，盐含量越高，则淡化成本越高。

苦咸水一般比海水的盐含量低得多，因此其淡化成本亦低得多，开发苦咸水的反渗透淡化技术，前途更为光明。

2. 纯水生产

电子工业用超纯水生产过程中，一般均是采用反渗透除去大部分(90%～95%)盐后，再用离子交换法脱除残留的盐。这样既可减轻离子交换剂的操作负荷又可延长其使用寿命。类似的，市售的蒸馏水、太空水等亦可由反渗透法生产。

3. 废水处理

用反渗透法处理废水很彻底，可以直接得到清水。但其成本相当高，因此只能用来处理那些危害极大的废水，或含有回收价值的废水，如金属电镀废水处理就是反渗透技术应用的成功实例。金属电镀装置由一个电镀槽和若干个清洗槽组成，电镀好的部件在一串清洗槽中用清水逆流洗涤，得到的含金属离子的废水可用反渗透处理，所得纯水可重新用于清洗，浓缩液可加到电镀槽作原料使用。随着废水排放要求和水资源再生要求的提高，用反渗透法处理城市废水有广阔的前景。

4. 低相对分子质量物质水溶液的浓缩

食品工业中液体食品的部分脱水，与常用的冷冻干燥和蒸发脱水相比，反渗透法脱水比较经济，而且产品的香味和营养不致受到影响。

在医药工业中已成功地应用反渗透浓缩某些低相对分子质量物质(如氨基酸等)，对乙醇、丙酮等的水溶液，特别是乙醇水溶液的分离已进行了大量研究，在这类应用中的主要矛盾是膜的选择性问题。

9.5.3 超滤和微滤

9.5.3.1 过程原理

超过滤(简称超滤)和微孔过滤(简称微滤)也是以压力差为推动力的膜分离过程，一般用于液相分离，也可用于气相分离，比如空气中细菌与微粒的去除。

超滤所用的膜为非对称膜，其表面活性分离层平均孔径约为1～20nm，能够截留相对分子质量为500以上的大分子与胶体微粒，所用操作压差在0.1～0.5MPa。原料液在压差作用下，其中溶剂透过膜上的微孔流到膜的低压侧，为透过液，大分子物质或胶体微粒被膜截留，不能透过膜，从而实现原料液中大分子物质与胶体物质和溶剂的分离。超滤膜对大分子物质的截留机理主要是筛分作用，决定截留效果的主要是膜的表面活性层上孔的大小与形状。除了筛分作用外，膜表面、微孔内的吸附和粒子在膜孔中的滞留也使大分子被截留。实践证明，有的情况下，膜表面的物化性质对超滤分离有重要影响，因为超滤处理的是大分子溶液，溶液的渗透压对过程有影响。从这一意义上说，它与反渗透类似。但是，由于溶质相对分子质量、渗透压低，可以不考虑渗透压的影响。

微滤所用的膜为微孔膜，平均孔径0.02～10μm，能够截留直径0.05～10μm的微粒或相对分子质量大于100万的高分子物质。操作压差一般为0.01～0.2MPa。原料液在压差作用下，其中水(溶剂)透过膜上的微孔流到膜的低压侧，为透过液，大于膜孔的微粒被截留，从而实现原料液中的微粒与溶剂的分离。微滤过程对微粒的截留机理是筛分作用，决定膜的分离效果是膜的物理结构，孔的形状和大小。

超滤膜一般为非对称膜，其制造方法与反渗透法类似。超滤膜的活性分离层上有无数不规则的小孔，且孔径大小不一，很难确定其孔径，也很难用孔径去判断其分离能力，故超滤膜的分离能力均用截留相对分子质量来予以表述。定义能截留90%的物质的相对分子质量为膜的截留相对分子质量。工业产品一般均是用截留相对分子质量方法表示其产品的分离能力，但用截留相对分子质量表示膜性能亦不是完美的方法，因为除了分子大小以外，分子的结构、形状、刚性等对截留性能也有影响。显然，当相对分子质量一定，刚性分子较之易变形的分子、球形和有侧链的分子较之线型分子有更大的截留率。目前用作超滤膜的材料主要有聚砜、聚砜酰胺、聚丙烯氰、聚偏氟乙烯、醋酸纤维素等。

微滤膜一般均为均匀的多孔膜，孔径较大，可用多种方法测定，可直接用测得的孔径来表示其膜孔的大小。

超滤、微滤和反渗透均是以压差作为推动力的膜分离过程，它们组成了可以分离溶液中的离子、分子、固体微粒的这样一个三级分离过程。根据所要分离物质的不同，选用不同的方法。但也需说明，这三种分离方法之间的分界并不十分严格。

9.5.3.2 应用

1. 超过滤的应用

超滤技术广泛用于微粒的脱除，包括细菌、病毒、热源和其他异物的除去，在食品工业、电子工业、水处理工程、医药、化工等领域已经获得广泛的应用，并在快速发展着。

在水处理领域中，超滤技术可以除去水中的细菌、病毒、热源和其他胶体物质，因此用于制取电子工业超纯水、医药工业中的注射剂、各种工业用水的净化以及饮用水的净化。

在废水处理领域，超滤技术用于电镀过程淋洗水的处理是成功的例子之一。超滤技术也可用于纺织厂废水处理。纺织厂退浆液中含有聚乙烯醇(PVA)，用超滤装置回收 PVA，清水回收使用，而浓缩后的 PVA 浓缩液可重新上浆使用。

随着新型膜材料(功能高分子、无机材料)的开发，膜的耐温、耐压、耐溶剂性能得以大幅度提高，超滤技术在石油化工以及更多的领域应用将更为广泛。

2. 微滤的应用

微滤主要用于除去溶液中大于 0.05μm 左右的超细粒子。其应用十分广泛，在目前膜过程商业销售额中占首位。

在水的精制过程中，微滤技术可以除去细菌和固体杂质。可用于医药、饮用水的生产。在电子工业超纯水制备中，微滤可用于超滤和反渗透过程的预处理和产品的终端过滤。

9.5.4 电渗析

渗析是指用膜把一容器隔成两部分，膜的一侧是溶液，另一侧是纯水，小分子溶质透过膜向溶液侧移动的过程；或者膜的两侧是浓度不同的溶液时，溶质从浓度高的一侧透过膜扩散到浓度低的一侧的过程。但如果仅仅是纯水透过膜向溶液侧移动，使溶液变淡或者仅仅是低浓度溶液中的溶剂透过膜进入高浓度的溶液，而溶质不透过膜，则此过程称之为渗透。电渗析是指在直流电场的作用下，溶液中带电离子选择性地透过离子交换膜的过程。目前电渗析主要应用于溶液中电解质的分离。

9.5.4.1 电渗析原理

以盐水中 NaCl 的脱除来阐述电渗析过程原理。如图 9－47 所示，在正、负两电极之间交替地平行放置阳离子交换膜(简称阳膜，以符号 C 表示)和阴离子交换膜(简称阴膜，以 A 表示)。阳膜常含有带负电荷的酸性活性基团，能选择性地使溶液中的阳离子透过，而溶液中的阴离子则因受阳膜上所带负电荷基团的同性相斥作用不能透过阳膜。阴膜通常含有带正电荷的碱性活性基团，能选择性地使阴离子透过，而溶液中的阳离子则因阴膜上所带正电荷基团的同性相斥作用不能透过阴膜。阴、阳离子交换膜之间用特别的隔板隔开，组成浓缩和

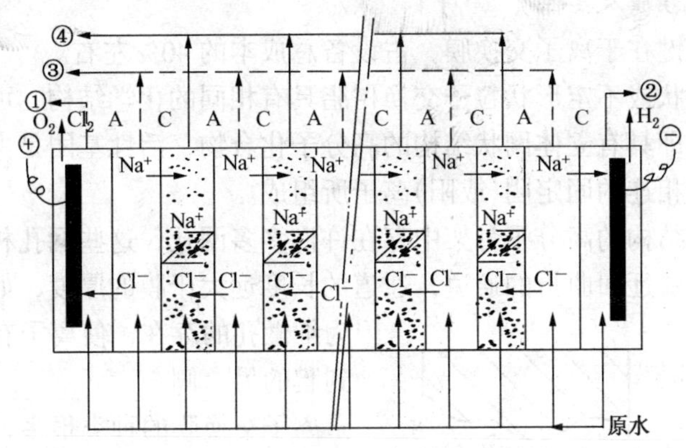

图 9－47　电渗析原理

脱盐两个系统。

当向电渗析器各室引入含有 NaCl 等电解质的盐水并通入直流电流时，阳极和阴极室即分别发生氧化和还原反应。阳极室产生氯气、氧气和次氯酸等。阳极电化反应为：

$$Cl^- - e \longrightarrow [Cl] \longrightarrow \frac{1}{2}Cl_2\uparrow \tag{9-123}$$

$$H_2O \rightleftharpoons H^+ + OH^- \tag{9-124}$$

$$2OH^- - 2e \longrightarrow [O] + H_2O \tag{9-125}$$

$$[O] \longrightarrow \frac{1}{2}O_2\uparrow \tag{9-126}$$

因此阳极水呈现酸性，并产生新生态氧和氯，通常在阳极加一张惰性多孔膜或阳极以保护电极。

阴极室产生氢气和氢氧化钠，其反应为：

$$H_2O \rightleftharpoons H^+ + OH^- \tag{9-127}$$

$$2H^+ + 2e \longrightarrow H_2\uparrow \tag{9-128}$$

$$Na^+ + OH^- = NaOH \tag{9-129}$$

可见阴极水呈碱性。当溶液中存在其他杂质时，还会发生相应的副反应，如 Ca^{2+}、Mg^{2+}之类的离子存在时就会生成 $Mg(OH)_2$ 和 $CaCO_3$ 等水垢。电极反应消耗的电能为定值，与电渗析器中串联多少对膜关系不大，所以两电极间往往采用很多膜对串联的结构，通常有 200～300 对膜，甚至多达 1000 对。在直流电流电场作用下，淡化室中带正电荷的阳离子(如 Na^+)向阴极方向移动透过阳膜进入右侧的浓缩室，带负电荷的阴离子(如 Cl^-)向阳极方向移动并透过阴膜进入左侧的浓缩室，因而淡化室中的电解质(NaCl)浓度逐渐减小，最终被除去。在浓缩室中，阳离子，包括从左侧淡水室中透过阳膜进来的阳离子，在电场作用下趋向阴极时，立即受到阴膜的阻挡留在此浓缩室中；阴离子，包括从右侧淡水室中透过阴膜进来的阴离子，趋向阳极时立即受到阳膜的阻挡也留在浓缩室中。这样，此浓缩室中的电解质(NaCl)浓度逐渐增加而被浓集。将各淡化室互相连通引出即得到淡化水，将诸浓缩室互相连通即可得到浓盐水。

9.5.4.2　离子交换膜及其性质

电渗析过程的关键在于离子交换膜，占设备总成本的40%左右。

离子交换膜与球状或不定形状粒子交换树脂具有相同的化学结构，可以分为基膜和活性基团两大部分。基膜即具有立体网状结构的高分子化合物，活性基团是由具有交换作用的阳(或阴)离子和与基膜相连的固定阴(或阳)离子所组成。

基膜的立体网状结构的高分子骨架中存在许许多多网孔，这些网孔相互沟通形成细微孔径，微观看来就是一些迂回曲折的通道，通道的长度远大于膜的厚度，如图9－48所示。正因为细微孔的存在，使离子有可能从膜的一侧运动到膜的另一侧。

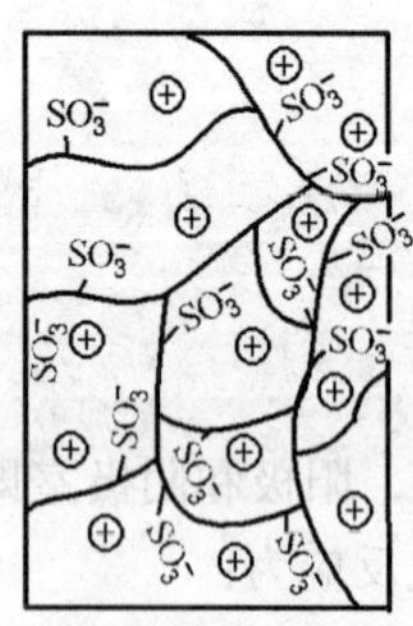

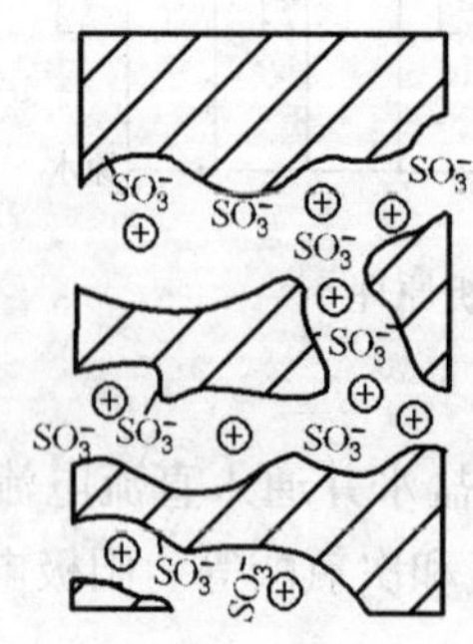

图9－48　离子交换膜

离子交换膜的种类很多，可以按照不同方法分类。

按膜中活性基团种类可分为阳离子交换膜、阴离子交换膜和特殊离子交换膜三大类。

按膜体结构(或按制造工艺)可分为异相膜、均相膜和半均相膜三大类。异相膜是直接用磨细的离子交换树脂加入黏合剂而制的薄膜，均相膜则不会含黏结剂，通常是在高分子基膜上直接接上活性基团，或用含活性基团的高分子树脂的溶液直接制得的膜。半均相膜是将离子交换树脂和黏合剂同溶于溶剂中再成膜，其外观、结构和性能均介于异相膜和均相膜之间。

离子交换膜具有选择透过性，这一过程可由双电层理论或Gibbs-Donnan膜平衡理论予以解释。

如同其他膜过程一样，电渗析过程的浓差极化现象(在反渗透过程中，由于膜的选择透过性，溶剂从高压侧透过膜到低压侧表面上，造成由膜表面到主体溶液之间的浓度梯度，引起溶质从膜表面通过边界层向主体溶液扩散，这种现象叫浓差极化)十分严重。电渗析器运行时，在直流电场作用下，水中阴、阳离子分别通过阴膜和阳膜作定向移动，并各自传递一定的电荷。反离子在膜内的迁移数大于其溶液中的迁移数，因此在膜两侧形成反离子的浓度边界层。这种浓差极化对电渗析过程产生极为不利的影响，主要表现在：

(1) 极化时淡化室附近的离子浓度比溶液主体的浓度低得多，将引起很高的极化电位。

(2) 当发生极化时，淡化室阳膜侧的水离解产生的 H^+ 透过阳膜进入浓缩室，使膜面处呈碱性，当溶液中存在 Ca^{2+}、Mg^{2+}、HCO_3^- 等离子时，易在阳膜面上形成 $CaCO_3$ 或 $Mg(OH)_2$ 沉淀。淡化室阴膜侧水解产生的 OH^- 透过阴膜进入浓缩室，则在浓缩室的阴膜侧易生成 $Mg(OH)_2$ 和 $CaCO_3$ 等沉淀。

(3) 浓差极化使水离解，产生的 H^+ 与 OH^- 代替反离子传递部分电流，使电流效率降低。

(4) 由于浓差极化将引起溶液电阻、膜电阻以及膜电位增加，使所需操作电压增加，电耗增大，在电压一定的条件下，则电流密度将下降，使水的脱盐率下降或产水量降低。

此外，浓差极化引起溶液pH值的变化，将使离子膜受到腐蚀而影响其使用寿命。

为避免极化的产生，可采用以下措施减轻浓差极化的影响：严格控制操作电流，使其低于极限电流密度，提高淡化室两侧离子的传递速率，并定期清洗沉淀或采用防垢剂和倒换电极等措施来消除沉淀。也可以对水进行预处理，除去 Ca^{2+}、Mg^{2+}，防止沉淀的产生。提高温度可以减小溶液黏度，减薄滞流层厚度，提高离子扩散系数，有利于减轻极化的影响，使电渗析有可能在较高的电流密度下操作。

9.5.4.3 电渗析的应用

电渗析过程是利用离子能选择性地通过离子交换膜的性质使离子从各种水溶液中分离出来的过程，这一基本特征使它成为将能电离成离子的物质与水(和其他非电解质)分离的一种有效手段。另一方面，也可以利用这一特征来实现某些化学反应。因此，它的应用范围十分广泛，包括原料与产品的分离精制和废水、废液处理，以除去有害杂质与回收有用的物质等。

1. 废水处理

用电渗析处理某些工业废水，既可使废水得到净化和重新使用，又可以回收其中有价值的物质。含酸、碱、盐的各种废水均可以用电渗析法处理，以除去和回收其中的酸、碱、盐。例如：(1)从金属酸洗废水中回收酸与金属；(2)电镀废水中回收铜、锌、镍、铬等金属；(3)从合成纤维厂的废水回收 $ZnSO_4$、Na_2SO_4 等；(4)从造纸废水中回收碱、亚硫酸钠和木质素等；(5)放射性废水处理。

2. 离子膜电解

应用离子膜电解盐类水溶液可以制得相应的酸和碱。目前最重要的应用是电解食盐制造氢氧化钠，其基本原理如图 9－49 所示。在阳极与阴极之间装一张全氟阳离子交换膜，构成两室电解槽。向阳极室送入饱和 NaCl 溶液，阴极室送入纯水，在直流电场作用下 Na^+ 通过膜进入阴极室。电极反应的结果，在阳极室生成氯气，在阴极室生成氢气与氢氧化钠溶液。用这种方法可以制得高纯度的氢氧化钠，又没有水银法的汞污染问题，所以有逐步取代传统的隔膜法和水银法的趋势。

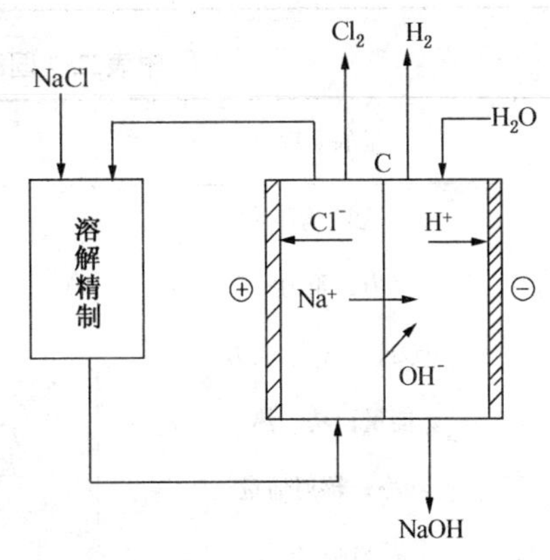

图 9－49 离子膜电解食盐水

附　表

附表一　国际单位制基本单位

量的名称	单位名称	单位符号	量的名称	单位名称	单位符号
长　度	米	m	热力学温度	开[尔文]	K
质　量	千克(公斤)	kg	物质的量	摩[尔]	mol
时　间	秒	s	发光强率	坎[德拉]	cd
电　流	安[培]	A			

附表二　国际单位制中具有专门名称的导出单位

量的名称	单位名称	单位符号	量　纲
频　率	赫[兹]	Hz	s^{-1}
力；重力	牛[顿]	N	$kg\cdot m/s^2$
压力，压强；应力	帕[斯卡]	Pa	N/m^2
能量；功；热	焦[耳]	J	N·m
功率；辐射通量	瓦[特]	W	J/s
电荷量	库[仑]	C	A·s
电位；电压；电动势	伏[特]	V	W/A
电　容	法[拉]	F	C/V
电　阻	欧[姆]	Ω	V/A
电　导	西[门子]	S	A/V
磁通量	韦[伯]	Wb	V·s
磁通量密度，磁感应强度	特[斯拉]	T	Wb/m^2
电　感	亨[利]	H	Wb/A
摄氏温度	摄氏度	℃	
光通量	流[明]	lm	cd·sr
光照度	勒[克斯]	lx	lm/m^2
放射性活度	贝可[勒尔]	Bq	s^{-1}
吸收剂量	戈[瑞]	Gy	J/kg
剂量当量	希[沃特]	Sv	J/kg
[平面]角	弧度	rad	m/m
立体角	球面度	sr	m^2/m^2

附表三　国家选定的非国际单位制单位

量的名称	单位名称	单位符号	换算关系和说明
时　间	分 [小]时 天(日)	min h d	1min = 60s 1h = 60min = 3600s 1d = 24h = 86400s
平面角	[角]秒 [角]分 度	(″) (′) (°)	1″ = (π/648000)rad(π 为圆周率) 1′ = 60″ = (π/10800)rad 1° = 60′ = (π/180)rad
旋转速度	转每分	r/min	1r/min = (1/60)s^{-1}
长　度	海里	n mile	1n mile = 1852m(航程)
速　度	节	kn	1kn = 1n mile/h = (1852/3600)m/s(航行)
质　量	吨 原子质量单位	t u	1t = 10^3kg 1u = (1．6605402 ± 0．0000010) × 10^{-27}kg
体　积	升	L，(l)	1L = 1dm^3 = $10^{-3}$$m^3$
能	电子伏	eV	1eV = (1．60217733 ± 0．00000049) × 10^{-19}J
级　差	分贝	dB	
线密度	特[克斯]	tex	1tex = 10^{-6}kg/m(纺织行业)
面　积	公顷	hm^2	1hm^2 = $10^4$$m^2$

附表四　构成十进倍数和分数单位词头表

因　数	词头名称	词头符号	因　数	词头名称	词头符号
10^{24}	尧[它](yotta)	Y	10^{-1}	分(deci)	d
10^{21}	泽[它](zetta)	Z	10^{-2}	厘(centi)	c
10^{18}	艾[可萨](exa)	E	10^{-3}	毫(milli)	m
10^{15}	拍[它](peta)	P	10^{-6}	微(micro)	μ
10^{12}	太[拉](tera)	T	10^{-9}	纳[诺](nano)	n
10^{9}	吉[咖](giga)	G	10^{-12}	皮[可](pico)	p
10^{6}	兆(mega)	M	10^{-5}	飞[母托](femto)	f
10^{3}	千(kilo)	k	10^{-18}	阿[托](atto)	a
10^{2}	百(hector)	h	10^{-21}	仄[普托](zepto)	z
10^{1}	十(deca)	da	10^{-24}	幺[科托](yocto)	y

参 考 文 献

1 天津大学普通化学教研室编．无机化学．北京：高等教育出版社，1994
2 浙江大学普通化学教研室编．普通化学．北京：高等教育出版社，1988
3 胡伟光主编．无机化学．北京：化学工业出版社，2002
4 高职高专化学教材编写组编．无机化学．北京：高等教育出版社，2000
5 尹玉英主编．有机化学．北京：中国石化出版社，1990
6 刘国璞主编．大学化学．北京：清华大学出版社，1985
7 高职高专化学教材编写组编．有机化学．北京：高等教育出版社，2000
8 全国自然科学名词审定委员会公布．化学名词．北京：科学出版社，1991
9 杜效荣主编．化工仪表及自动化．北京：化学工业出版社，1994
10 王骥程，祝和云主编．化工过程控制工程．北京：化学工业出版社，1991
11 范玉久主编．化工测量及仪表．北京：化学工业出版社，1981
12 陆德民主编．石油化工自动控制设计手册．北京：化学工业出版社，2000
13 乐嘉谦主编．仪表工手册．北京：化学工业出版社，2004
14 厉玉鸣主编．化工仪表及自动化．北京：化学工业出版社，1998
15 孙宝钧主编．机械设计基础．北京：机械工业出版社，2003
16 潘传九主编．化工设备机械基础．北京：化学工业出版社，2005
17 张涵主编．化工机器．北京：化学工业出版社，2005
18 邹安丽，张怀安主编．化工机器与设备．北京：化学工业出版社，1991
19 汤金石，赵锦全编．化工过程及设备．北京：化学工业出版社，2005
20 范德明主编．工业泵选用手册．北京：化学工业出版社，1998
21 蒋维钧，戴猷元，顾惠君编．化工原理．北京：清华大学出版社，1992
22 陈海湖主编．职业技能鉴定教材——管道工．北京：中国劳动社会保障出版社，2002
23 中石化．设备检修规程(第一册)，通用设备．北京：中国石化出版社，2004
24 机械电子工业部．机械产品目录 3．北京：机械工业出版社，1991
25 机械电子工业部．机械产品目录 4．北京：机械工业出版社，1992
26 吕兆岐，唐俊杰，王锡础，唐冰编．国内外润滑油品简明手册．北京：中国石化出版社，1996
27 王绍良主编．化工设备基础．北京：化学工业出版社，2005
28 王维中，勾维国等编．职业技能鉴定读本——检修铆工．北京：化学工业出版社，2004
29 胡亿沩编著．动态密封技术．北京：国防工业出版社，1998
30 赵凤奎，张传省，王象明编．石油化工过程及设备．济南：山东教育出版社，1993
31 陆美娟编．化工原理．北京：化学工业出版社，2000
32 赵汝溥，管国锋编．化工原理．北京：化学工业出版社，1999
33 姚玉英主编．化工原理．天津：天津科学技术出版社，1995
34 于红军主编．高分子化学及工艺学．北京：化学工业出版社，2002
35 潘祖仁主编．高分子化学．北京：化学工业出版社，2003
36 卢江，梁晖主编．高分子化学．北京：化学工业出版社，2005
37 夏炎主编．高分子科学简明教程．北京：科学出版社，2005
38 郝立新，潘炯玺编．高分子化学与物理教程．北京：化学工业出版社，1997
39 何曼君，陈维孝，董西侠编．高分子物理．上海：复旦大学出版社，1990
40 侯文顺，杨宗伟主编．高分子物理．北京：化学工业出版社，2004
41 王宗慧，侯维民编．高分子化学及物理．北京：中国石化出版社，1992
42 高俊刚，李源勋主编．高分子化学材料．北京：化学工业出版社，2002